»Auflösung der Natur Auflösung der Geschichte«

Carsten Könneker

»Auflösung der Natur Auflösung der Geschichte«

Moderner Roman
und NS -»Weltanschauung«
im Zeichen der theoretischen Physik

Verlag J. B. Metzler
Stuttgart · Weimar

Die Deutsche Bibliothek - CIP-Einheitsaufnahme

Könneker, Carsten:
»Auflösung der Natur - Auflösung der Geschichte« : Moderner Roman
und NS - »Weltanschauung« im Zeichen der theoretischen Physik/
Carsten Könneker. - Stuttgart ; Weimar : Metzler, 2001
ISBN 3-476-45262-X

Gedruckt auf säure- und chlorfreiem, alterungsbeständigem Papier.

M & P Schriftenreihe für Wissenschaft und Forschung

© 2001 J.B.Metzlersche Verlagsbuchhandlung
und Carl Ernst Poeschel Verlag GmbH in Stuttgart
Einbandgestaltung: Willy Löffelhardt unter Verwendung
des Fotos »Einstein als Indianer; Bildausschnitt aus
dem »Illustrierten Beobachter«
Druck und Bindung: Franz Spiegel Buch GmbH, Ulm
Printed in Germany

Danksagung

Die vorliegende Arbeit, im Januar 2000 von der Philosophischen Fakultät der Universität zu Köln als Dissertation angenommen, geht aus der langjährigen intensiven Auseinandersetzung mit verschiedenen, auf den ersten Blick nicht unbedingt zusammenhängenden Themenkomplexen hervor: der Entwicklung von Relativitäts- und Quantentheorie im ersten Drittel des 20. Jahrhunderts, der deutschen Literatur der sog. „klassischen Moderne" sowie dem National-sozialismus. Dafür, daß daraus am Ende eine – notgedrungen – stark interdis-ziplinär angelegte Arbeit erwachsen konnte, bin ich Walter Pape sehr zum Dank verpflichtet. Auch Rudolf Drux möchte ich für seine freundliche Betreu-ung danken, genauso wie Paul Michael Lützeler, Saint Louis, für einen glei-chermaßen regen wie anregenden Gedankenaustausch, speziell zu Hermann Broch, aber auch darüber hinaus. Meinen Freunden Martin Wieland und Mar-kus Rau gilt mein Dank für die kritische Durchsicht des Manuskripts.

Dem Niels Bohr Archive Kopenhagen, namentlich Dr. Brigitte Uhle-mann von der Außenstelle am Philosophischen Archiv der Universität Kon-stanz, danke ich für die Zusendung einer Kopie des Briefs von Brochs Freund und Lehrer Arthur Haas an Niels Bohr vom 17. November 1927; Dr. E. Ga-millscheg, dem Direktor der Handschriften-, Autographen- und Nachlaß-Sammlung der Österreichischen Nationalbibliothek, für die Erstellung und Zu-sendung eines Faksimiles der Doppelseite 86/87 aus Robert Musils Tagebuch-heft Nr. 10; dem Dahlemer Archiv für die Geschichte der Max-Planck-Gesellschaft, speziell Frau Ulrike Kohl, für die freundliche Zusendung von Kopien zweier Briefe aus der Korrespondenz Ludwig Prandtls mit Heinrich Himmler sowie zuletzt Frau Blumenberg vom Bundesarchiv in Berlin für die Zusendung einer Kopie des Briefes aus dem Büro des „Reichsführer SS" an das Reichsministerium für Wissenschaft, Erziehung und Volksbildung, Werner Heisenberg betreffend und datiert vom 26. Mai 1939.

Für eine weit mehr als nur finanzielle Förderung danke ich der *Studien-stiftung des deutschen Volkes*, und dabei ganz besonders Dr. Sibylle Kalmbach, sehr herzlich.

Der größte Dank jedoch gilt meiner Frau und meinem Sohn Louis, die mich und meine Studien in den vergangenen Jahren nicht nur verkraftet haben, sondern mir außerdem immer wieder Mut und Ansporn zur Weiterarbeit gaben, sowie meinen Eltern und Schwiegereltern, die sich regelmäßig und mit viel Liebe um ihren Enkel kümmerten, um mir dadurch so manchen Nachmittag den Rücken für Forschung und Schreiben freizuhalten.

Das Buch sei meiner lieben Frau gewidmet.

Heidelberg, im Februar 2001   *Carsten Könneker*

Inhaltsverzeichnis

2.   ... UND FLUCH DER MODERNEN PHYSIK

Abkürzungsverzeichnis

Sitzungsber. Akad. Berlin .... Sitzungsberichte der Preußischen Akademie
                              der Wissenschaften. Physikalisch-mathematische Klasse
Suggestion .... Suggestion. Monatsheft der Siemens-Studien-Gesellschaft
                                                    für psychische Naturwissenschaft
UMN .... Unterrichtsblätter für Mathematik und Naturwissenschaften
Universum .... Reclams Universum [Leipzig]
VB .... Völkischer Beobachter
Verh. Dt. Physikal. Ges. ... Verhandlungen der Deutschen Physikalischen Gesellschaft
VNGZ .... Vierteljahrsschrift der Naturforschenden Gesellschaft in Zürich
VZ .... Vossische Zeitung
Zeitschr. f. Phys. .... Zeitschrift für Physik
ZfdPh .... Zeitschrift für deutsche Philologie
ZgN .... Zeitschrift für die gesamte Naturwissenschaft
ZTK .... Zeitschrift für Theologie und Kirche
ZmnU .... Zeitschrift für mathematischen und naturwissenschaftlichen Unterricht
ZpcU .... Zeitschrift für physikalischen und chemischen Unterricht
ZS .... Zentrales Staatsarchiv

Abbildungsverzeichnis

(zu S. 371-392)

Es wurde versucht, sämtliche Inhaber von Bildrechten zu benachrichtigen. Eventuelle Irrtümer oder Auslassungen behebt der Verlag in künftigen Auflagen.

Einleitung

> Und wenn wir bedenken, daß die Wandlung des
> naturwissenschaftlichen Weltbildes am Ende der
> Renaissance das ganze geistige und kulturelle Le-
> ben der folgenden Zeit umgestaltet hat, so liegt es
> nahe, auch mit einem Einfluß der jetzt eingetrete-
> nen Wandlung auf weitere Bereiche des geistigen
> Lebens zu rechnen.[1]
>
> (Werner Heisenberg)

Nach wie vor übt die moderne Physik auf viele Menschen eine enorme Faszi-
nation aus. Einhundert Jahre, nachdem Max Planck den Anstoß zur bislang
letzten grundlegenden Revolution des physikalischen Weltbilds gab, ist der
Zauber, der auf Begriffen wie „Quantensprung", „Raum-Zeitkrümmung" oder
„vierte Dimension" liegt, ungebrochen; Unschärferelationen und $E = mc^2$-
Formeln zieren alle möglichen Arten von Literatur, und die Heroen einstiger
Forschung sind zu Ikonen unübertroffener Intelligenz und mathematischen
Genies arriviert.

Die vorliegende Arbeit dokumentiert, daß sowohl die seriöse philosophische Reflexion als auch die popularisierende Ausschlachtung der modernen
Physik bei weitem nicht erst nach dem Zweiten Weltkrieg einsetzten, sondern
sich schon zur Zeit der eigentlichen Entwicklung von Relativitäts- und Quantentheorie im ersten Drittel des 20. Jahrhunderts gleichsam *ereigneten*. Dabei
sind zwei verschiedene Phänomene respektive Auswirkungen zu unterscheiden, die man in einer ersten Näherung als *Segen* und *Fluch* der modernen Physik bezeichnen kann. So gingen von den neuen Erkenntnissen über die Beschaffenheit der Welt, über das Wesen von Raum und Zeit, die Eigenschaften
der kleinsten Materiebausteine usw. speziell in den Jahren der Weimarer Republik, in Einzelfällen aber schon vorher, wichtige Impulse auch auf andere
Kulturbereiche aus, Anstöße, die z.T. maßgeblich zur Gewinnung der bis heute

---

[1] Heisenberg: Wandlungen der Grundlagen der exakten Wissenschaft in jüngster Zeit. – In:
Ders.: Wandlungen in den Grundlagen der Naturwissenschaft, S. 5-26, hier: S. 19f.

hochgehaltenen Errungenschaften der „Moderne" beitrugen. Belegt wird dies im ersten Teil der Arbeit anhand des modernen deutschen Romans.[2] Unter Punkt 1.1 geht es dabei um den wohl ersten literarischen Rezeptionsversuch zur Relativitätstheorie, unter Punkt 1.2 um die Quantenmechanik. Die behandelten Autoren sind Carl Einstein, Hermann Broch und Robert Musil.

Carl Einsteins euphorisch als erster Roman der Moderne gefeierter *Bebuquin* ist wahrscheinlich das früheste Beispiel literarischer Bezugnahme auf – Albert – Einsteins bahnbrechende Lehre von der Relativität des Raumes und der Zeit, und es zeigt sich, daß die ungewöhnliche Form von *erzähltem* Raum und *erzählter* Zeit – und damit die vielgelobte ästhetische Innovationskraft des kleinen Romans – gerade aus dieser Anknüpfung hervorging.

Auch in Hermann Brochs *Unbekannter Größe* wurden Prinzipien und Konzepte der neuen Physik zur ästhetisch-stilistischen Gestaltung eines Romans herangezogen. In diesem Fall handelte es sich um eine Umsetzung der Quantenmechanik, deren Entwicklungsgeschichte außerdem die Vorlage für das Handlungsgerüst abgab. Ein Gang durch den Prozeß der Theoriebildung und die anschließende Analyse des Romans zeigen, daß der Schriftsteller über erstaunlich detaillierte Einsichten in die moderne Atomphysik verfügte.

Auch für Musils *Mann ohne Eigenschaften* war die Ausformulierung der Quantenmechanik von grundlegender Bedeutung. Um dies erschöpfend darlegen zu können, ist es notwendig, weiter auszugreifen und bis in die frühe Entstehungsgeschichte des Werks zurückzublicken. Von Beginn an wollte Musil seine essayistische Auseinandersetzung mit der „Moderne" am aktuellen Entwicklungsstand der „exakten" Wissenschaften orientieren – speziell an der Mathematik, die um die Jahrhundertwende in eine schwere Krise geraten war und seitdem um ihre Neuausrichtung rang. Auch das zweite Hauptanliegen des Monumentalromans, die Beschaffenheit und Funktionsweise des menschlichen Ich zu ergründen und darzustellen, war von vornherein an eine konstruktive Einbindung neuer naturwissenschaftlicher Erkenntnisse geknüpft. Als dann Werner Heisenberg, Erwin Schrödinger, Niels Bohr u.a. noch vor Abschluß des

---

[2] Der „Moderne"-Begriff ist natürlich sehr schillernd und durch seine vielfältige Verwendung zunehmend unscharf geworfen. (Vgl. dazu Bürger: Die Prosa der Moderne, S. 439f.) Im Gegensatz zu anderen neueren Arbeiten, die als literarische „Moderne" den Zeitraum von der Jahrhundertwende bis zum Ausbruch des Ersten Weltkriegs verstehen (so z.B. Sprengel, Streim: Berliner und Wiener Moderne), wird hier eine Spanne angesetzt, die mit der Zeit der Weimarer Republik gleichgesetzt werden kann.

ersten Bandes die Entwicklung der theoretischen Atomphysik zu ihrem vorläufigen Höhepunkt führten, arbeitete Musil das der sog. *Kopenhagener Deutung* zugrundeliegende epistemologische Konzept in seinen Roman ein. Seine Theorie des *anderen Zustands*, die Gegenüberstellung von Möglichkeit und Wirklichkeit, das zentrale Thema des *Mann ohne Eigenschaften* also, zeugt von einer gekonnten Einarbeitung des quantenmechanischen Modells in den werdenden Roman.

Der zweite Teil der Arbeit befaßt sich mit allgemeineren: den mentalitätsgeschichtlichen Folgen der modernen Physik, wobei unter den Punkten 2.1 bis 2.3 die Zeit der Weimarer Republik im Vordergrund der Untersuchung steht, unter Punkt 2.4 und 2.5 dagegen das „Dritte Reich". Entscheidend für die gesamte nachfolgende Argumentation ist, daß die Kernaussagen und wesentlichen Implikationen der modernen Physik nicht nur interessierten Laien und Literaten, sondern *der überwältigenden Mehrheit* der im deutschen Sprachraum lebenden Menschen bekannt waren bzw. bekannt gemacht wurden, was insbesondere auf die Relativitätstheorie zutraf, über die von 1919 an in einem für eine abstrakte wissenschaftliche Theorie bis dahin ungeahnten – und bis heute in dieser Form nicht mehr erreichten – Ausmaß von der allgemeinen Tagespresse berichtet wurde. Aus zu benennenden Gründen entwickelte sich Einsteins Theorie schnell zu einem Politikum ersten Ranges. Daß sich der Umgangston zwischen Befürwortern und Gegnern dabei zunehmend verschärfte, lag einerseits am öffentlichen Auftreten Einsteins, der aus seinen Sympathien für Pazifisten, Linke und Zionisten keinen Hehl machte, andererseits aber auch am vulgarisierten Inhalt der Theorie als solchem, wie sich gut anhand von Oswald Spenglers *Untergang des Abendlandes* aufzeigen läßt, wo die Relativitätstheorie als Kulminationspunkt einer Serie von Auflösungserscheinungen im geistigen Leben Westeuropas interpretiert wurde. Aus Presseberichten geht zudem hervor, daß die Einschätzung, mit Einsteins Liquidation der klassischen Physik gehe eine ganze Kulturepoche zugrunde, im Deutschland der Zwischenkriegszeit sehr weit verbreitet war.

Im Kapitel über „Relativitätstheorie und Relativismus" wird dokumentiert, daß nicht zuletzt die Struktur der Sprache verantwortlich dafür war, daß ein Großteil der Bevölkerung der theoretischen Physik mit Abscheu begegnete. Fast alle „volkstümlichen" und „allgemeinverständlichen" Darstellungen reduzierten eine mathematisch höchst anspruchsvolle Theorie, die Laien konzis zu erläutern bis heute eine Herausforderung für Physiker darstellt, auf das rein Sprachliche: Einstein habe wissenschaftlich bewiesen, daß *alles* relativ sei. Das neue Paradigma, es gebe nichts Absolutes (mehr) in der Welt, wurde ohne Umschweife auf sämtliche Bereiche menschlichen Lebens übertragen, und insbesondere der Transfer auf Ethik und Moral, Religion und staatliche Autorität lieferte den Vorbehalten der Konservativen immer neue Nahrung und rief eine wachsende Zahl von Reaktionären auf den Plan. Man wollte sich das Weltbild nicht von einem theoretischen Physiker, der dazu noch Jude war, „zerstören" lassen. Daß speziell der zu dieser Zeit im Entstehen begriffene Nationalsozialismus auch als eine Gegenbewegung zu der von Progressiven und Linken geschürten Relativitätseuphorie angesehen werden muß, belegt anschließend die Analyse von Joseph Goebbels' Tagebuchroman *Michael*, in dem eine einfache, bodenständige und klare nationalsozialistische Welt-Anschauung in literarischer Form zelebriert werden sollte. Aus Brochs Roman *Die Schuldlosen* geht zudem hervor, daß zeitgenössische Kritiker – im Gegensatz zu späteren Interpreten – die Zusammenhänge zwischen der Vulgarisierung der modernen Physik und dem Aufstieg des Nationalsozialismus klar erkannt hatten.

Da die nationalsozialistischen Wahlerfolge in den späten 20er und frühen 30er Jahren nicht zuletzt durch ein rapide schwindendes Vertrauen der Menschen in die christliche Religion begünstigt wurden, ist es sinnvoll, im Hinblick auf das neue physikalische Weltbild, wie es seinerzeit von der Presse kolportiert wurde, die zu Beginn des 20. Jahrhunderts noch weit verbreiteten biblischen Vorstellungen von Raum und Zeit in Erinnerung zu rufen. Nur so kann die mentalitätsgeschichtliche Wirkung der wissenschaftlichen Revolutionen nachvollzogen werden. Daß die Nachricht vom Ende des „Absoluten", die vermeintliche Verkehrung des göttlichen Kosmos in ein nur noch aus mathematischen Beziehungen bestehendes Chaos, die Rede vom Kollaps aller Kausalität usw. tatsächlich auf weite Teile der christlich, speziell der protestantisch geprägten Bevölkerung stark verunsichernd wirkten, bekunden zum einen Äußerungen von Zeitzeugen, zum anderen aber auch die „offiziellen" Reaktionen der Theologen. Daß und inwiefern der Nationalsozialismus durch seine unterschwellige Erscheinungsform als *politische Religion* von einem mentalitätsgeschichtlich entscheidenden Glaubensvakuum profitieren konnte, ist einer Vielzahl neuerer Untersuchungen zu entnehmen, auf die im Anschluß eingegangen wird.

Am Ende von Kapitel 2.1 rückt die Person Albert Einsteins bzw. das Bild, das in den verschiedenen Gesellschaftsbereichen von ihm vorherrschte, zunehmend ins Zentrum der Auseinandersetzung. Von den einen als Kultfigur des 20. Jahrhunderts umjubelt, wurde er von anderen als höchster Exponent des be-rechnenden Juden und Weltumstürzlers verwünscht. Vor dem Hintergrund der in den 20er Jahren weitverbreiteten Hetzschrift *Die Protokolle der Weisen von Zion* konnte man in Einstein sogar den neuen „König der Juden" erkennen, der durch eine von einer Geheimregierung dirigierte massive Medienkampagne in naher Zukunft zum Herrscher über die ganze Welt erhoben werden sollte. Auch der 1929 entstandene Trivialroman *Relativia* behandelt das Motiv des messianischen Heilsbringers Einstein, der durch eine von ihm „erfundene" neue Weltanschauung einer Art relativistisch-zionistischer Globalrevolution den Weg zu den Massen bahnen sollte. Brochs Filmskript *Das Unbekannte X* reflektiert Einsteins Erfolgsgeschichte dagegen mit einem nüchtern-kritischen Blick auf die Rolle der Medienberichterstattung. Daß Progressive und Linke Einstein und seine Theorie tatsächlich vor aller Welt als Protagonist ihrer Ideen auszugeben versuchten (und die entsprechenden Gegenreaktionen der Rechten damit nur noch um so nachhaltiger provozierten), zeigt abschließend die Analyse der ersten Fassung von Bertolt Brechts *Leben des Galilei*, das sich nur vordergründig um den Urheber der neuzeitlichen Physik drehte, eigentlich aber um den Begründer der Relativitätstheorie.

Unter Punkt 2.2 wird untersucht, auf welche Weise die Neuordnung des öffentlichen Lebens im „Dritten Reich" eine Restitution der von der modernen Physik angeblich verworfenen weltanschaulichen Ideale leistete. Durch die massive Förderung der Rassenbiologie wurde das Schema eines vollkommen determinierten und damit sinnvollen Weltgeschehens „wissenschaftlich" restauriert. Daß längst nicht nur notorische Antisemiten über eine persönliche Abscheu vor der als zerstörerisch empfundenen modernen Physik eine Annäherung an die von den Nationalsozialisten wortreich vorgegaukelte Scheinwelt des „Dritten Reiches" vollzogen, zeigt das Beispiel Gottfried Benns. Über die Inszenierung der Wirklichkeit wurden den Menschen Anschaulichkeit, Ganzheit und Absolutheit wiedergeschenkt. Die radikale Aufwertung des Kollektivs gegenüber dem Individuum kann außerdem als affektive Gegenreaktion auf die von der modernen Atomphysik studierten Zerfallsprozesse von (radioaktiven) Massen gedeutet werden.

Die Entwicklung der modernen Physik und ihre flächendeckende tendenziöse Vulgarisierung in die Debatte um die Hintergründe von Ursprung und Aufstieg des Nationalsozialismus einzubeziehen, stellt einen von der Forschung bislang nicht verfolgten Ansatz dar. Auch das Quellenmaterial, das der im zweiten Teil der Arbeit vorgenommenen Analyse zugrundeliegt, besteht zum Großteil aus neu erschlossenen bzw. bislang unbeachteten oder nur in anderen Zusammenhängen behandelten Texten. Dies gilt insbesondere für die angeführten Zeitungsartikel. Da andererseits jedoch schon einige Untersuchungen zum Verhältnis von Physik und Nationalsozialismus vorliegen – die sich mit Vorliebe mit der Rolle Werner Heisenbergs im NS-Staat beschäftigen –, wird unter Punkt 2.3 das Verhältnis von Politik und Wissenschaft im „Dritten Reich" noch einmal vor dem Hintergrund der neu gewonnenen Erkenntnisse nachgezeichnet.

„Auflösung der Natur Auflösung der Geschichte" – 1933 warf Gottfried Benn der modernen Physik mit diesen Worten vor, daß sie über die Zerstörung lebensnotwendiger Fundamentalbegriffe durch mathematische Formalismen die Menschen ihrer Lebenssicherheit beraube und auf diesem Weg negativ in den Lauf der (Welt-) Geschichte eingreife. – Benn ahnte nicht, wie recht er hatte, vor allem, wenn man „Geschichte" zusätzlich noch im Sinne von *erzählter* Geschichte – von Prosaliteratur – auffaßt. Und so nimmt die vorliegende Untersuchung auch beim modernen Roman ihren Ausgang, um im zweiten Teil den Übergang zur Historie zu vollziehen.

1.

SEGEN . . .

1.1 Prolog im Kaiserreich. Carl Einsteins *Bebuquin* und die Relativitätstheorie

> Seit wenigen Jahren rüttelt es an den Grundvesten [sic!] menschlichen Denkens; keine der organisierten, eingewurzelten Vorstellungen hält [...] stand. Mit einem Gemisch von Erstaunen und Verzweiflung steht das Gehirn vor den Trümmern seiner ältesten, besten Besitztümer. Keine Gedankenrevolution früherer Zeiten [...] kann sich ihr an grundstürzender Gewalt vergleichen. Pulverisiert, in Atome aufgelöst, erscheinen plötzlich die sichersten Pfeiler aller Selbstverständlichkeiten, und aus dem gestaltlosen Chaos steigt eine neue Denkform empor, unfaßbar und dennoch zwingend: *das Prinzip der Relativität.*[1]
>
> (Alexander Moszkowski)

Dieses dramatische Tremolo entstammt der Einleitung eines Aufsatzes, der 1911 im *Archiv für systematische Philosophie* publiziert wurde. Darin wurde eine intellektuelle Revolution heraufbeschworen, die „über Leichen von Begriffen neuen blitzenden Einsichten" entgegengehe, die dann, „kaum gewonnen", selbst „schon wieder als Begriffsleichen zu Boden sinken."[2] Kein überlieferter Vorstellungsinhalt, nichts Althergebrachtes könne bestehen; selbst scheinbar unantastbare Begriffe wie „Raum" und „Zeit" würden ihren angestammten Geltungsanspruch urplötzlich einbüßen. – „Was geht eigentlich hier vor?", so der Autor scheinbar ratlos. „Ist die Geometrie umgefallen? Schießt die Logik Kobolz?"[3]

Die Quelle für seine weitreichenden Befürchtungen und Mutmaßungen gab der Berliner Publizist Alexander Moszkowski[4] bereitwillig preis. Nach eigenen

---

[1] Moszkowski: Das Relativitätsproblem. – In: Archiv f. syst. Philos. 17 (1911), S. 255-281, hier: S. 255.
[2] Ebd., S. 256.
[3] Ebd., S. 267.
[4] Alexander Moszkowski, Jahrgang 1851, war von 1886 bis 1930 Schriftleiter der *Lustigen Blätter* und durch seine humoristisch-populärphilosophischen Texte einem großen Publikum bekannt.

Angaben rekurrierte er auf die in „A. Einsteins klassischer Abhandlung ‚Zur Elektrodynamik bewegter Körper'"[5] formulierten neuen Erkenntnisse über die Beschaffenheit der Welt. Eine von der Physik angestoßene Gedankenrevolution schicke sich an – und habe bereits mit Nachdruck begonnen –, die gesamte Geisteswelt zu erschüttern.

Was genau war der Anlaß für diese Reaktion? Einstein hatte in der genannten, 1905 in den *Annalen der Physik* veröffentlichten Arbeit zur speziellen Relativitätstheorie, von zwei Postulaten, dem „Prinzip der Konstanz der Lichtgeschwindigkeit" und dem „Relativitätsprinzip"[6], ausgehend, einen Satz von Formeln hergeleitet, deren Interpretation empfindliche Konsequenzen für die herkömmlichen Vorstellungen von Raum und Zeit barg. So war unter Paragraph vier der Arbeit, „Physikalische Bedeutung der erhaltenen Gleichungen, bewegte starre Körper und bewegte Uhren betreffend" überschrieben, zu lesen:

> Ein starrer Körper, welcher in ruhendem Zustande ausgemessen die Gestalt einer Kugel hat, hat [...] in bewegtem Zustande – vom ruhenden System aus betrachtet – die Gestalt eines Rotationsellipsoids [...].
> Während also die *Y*- und *Z*-Dimension der Kugel (also auch jedes starren Körpers von beliebiger Gestalt) durch die Bewegung nicht modifiziert erscheinen, erscheint die *X*-Dimension [...] verkürzt, also um so stärker, je größer *v* [die Geschwindigkeit des Körpers] ist. Für *v* = *V* [Lichtgeschwindigkeit] schrumpfen alle bewegten Objekte – vom „ruhenden" System aus betrachtet – in flächenhafte Gebilde zusammen. Für Überlichtgeschwindigkeiten werden unsere Überlegungen sinnlos [...].[7]

Moszkowski orientierte seine ironisch-panikisierenden Ausführungen sehr genau am Inhalt von Einsteins Originalabhandlung. Nachdem er schon zu anderen Punkten der Arbeit Stellung bezogen hatte, veranlaßten ihn die oben wiedergegebenen Sätze zu der laxen Bemerkung, die „leise Hoffnung" des physi-

---

5   Moszkowski: Relativitätsproblem, S. 266.

6   Einstein: Zur Elektrodynamik bewegter Körper. – In: Ann. d. Phys. 4.F. 17 (1905), S. 891-921, hier: S. 895. Das Postulat einer für sämtliche gleichförmig gegeneinander bewegte Koordinatensysteme konstanten – endlichen – Lichtgeschwindigkeit sowie die Annahme, daß physikalische Gesetze unabhängig von der Wahl des Bezugssystems stets dieselbe Form annehmen, waren durch Experimente und erkenntnistheoretische Überlegungen des späten 19. Jahrhunderts inspiriert gewesen. Konkret griff Einstein dabei vor allem auf den berühmten Versuch von Michelson und Morley (1887) zurück sowie auf bestimmte Gedanken aus Ernst Machs Werk *Die Mechanik in ihrer Entwicklung historisch-kritisch dargestellt*.

7   Ebd., S. 903.

kalisch „Verängstigten, es könne sich" bei alledem vielleicht doch „nur um einen Gelegenheitsstreik der Geometrie handeln"[8], scheitere nun „an noch schlimmeren Offenbarungen":

> Die Geometrie verkündet einfach den Generalstreik, und die sonst so arbeitswillige alte Mechanik beteiligt sich daran auf ganzer Linie. Beide vereinigt begehen nunmehr die schwersten Exzesse gegen die alte Ordnung der Dinge.

Es folgt ein nahezu wörtliches – allerdings nicht als solches kenntlich gemachtes – Zitat aus Einsteins Aufsatz:

> Ein starrer Körper, der in ruhendem Zustand ausgemessen die Figur einer Kugel hat, gewinnt in bewegtem Zustand – vom ruhenden System aus betrachtet – die Gestalt eines Rotationsellipsoids, er wird nahezu eiförmig.

Wo Einstein im Anschluß die genaue Formel für die relativistische Längenverkürzung, die sog. *Lorentz-Kontraktion*,[9] angab, offerierte Moszkowski seinen Lesern eine weitere – nunmehr geradezu kosmische – Veranschaulichung des fraglichen Sachverhalts:

> Und wenn diese Kugel zum Beispiel ein Planet ist, dessen Translation bis zum Lichttempo anschwillt, so saust er fortan in aller Körperlosigkeit durch den Weltraum als schattenhafte Kreisscheibe. Er selbst kann es nicht merken, ebensowenig wie seine Bewohner, die allesamt plattgedrückt sind, ohne sich ihrer Plattheit bewußt zu werden. [...] Nichts könnte ihnen verraten, wie sehr sie sich verändert haben. Ihr Leben und Treiben würde in ihrer eigenen Beurteilung

---

[8] Dieses und die folgenden Zitate: Moszkowski: Relativitätsproblem, S. 268.

[9] Benannt nach Hendrik Antoon Lorentz, der bei seiner Deutung des Michelsonversuchs bereits 1899 die später – unabhängig davon – auch von Einstein gefundenen Transformationsformeln für die *Raum*koordinaten aufgestellt hatte. Wie Henri Poincaré, der 1904, also ebenfalls vor Einstein, das Problem der Synchronisation gegeneinander bewegter Uhren schon erörtert hatte, war auch Lorentz den Begriffen „absoluter Raum" und „absolute Zeit" allerdings noch treu geblieben. An diesem Punkt ging Einstein entscheidend über die beiden Zeitgenossen hinaus.
Angemerkt sei an dieser Stelle, daß der Artikel „Zur Elektrodynamik bewegter Körper" die spezielle Relativitätstheorie noch nicht in vollendeter Form vorbrachte. Die bekannte Äquivalenzbeziehung von Energie und Masse etwa präsentierte Einstein erst im Jahr darauf. (Vgl. Ist die Trägheit eines Körpers von seinem Energieinhalt abhängig? – In: Ann. d. Phys. 4.F. 18 (1906), S. 639-641; Das Prinzip von der Erhaltung der Schwerpunktsbewegung und die Trägheit der Energie. – In: Ann. d. Phys. 4.F. 20 (1906), S. 627-633.) Eine andere wichtige, noch ausstehende Kontribution zur Vollendung der speziellen Theorie wurde 1908/09 von Hermann Minkowski beigesteuert, der die mathematisch elegante Zusammenfassung von Raum und Zeit in einem vierdimensionalen Raum-Zeitkontinuum leistete. (Vgl. Minkowski: Raum und Zeit. – In: Phys. Zeitschr. 10 (1909), S. 104-111.)

nicht die geringste Abweichung vom gewohnten Typus aufzeigen, nur der draußenstehende Unparteiische würde erkennen, daß sie sich sämtlich in umgekehrte Peter Schlemihle verwandelt haben: in *Schatten, die ihre Körper verloren*.[10]

Ähnlich wie Moszkowski Einsteins Initialarbeit zur Relativitätstheorie mittels imposanter Beispiele ausschmückte und paraphrasierte, wurde das von ihm entworfene Planetenszenario seinerseits 1914 in der neu gegründeten Schriftenreihe „Wissenschaftliche Satyren" aufgegriffen und stupend weitergesponnen. Würde sich die Erde anstatt mit den tatsächlichen 30 kms^{-1} mit Lichtgeschwindigkeit durch das Sonnensystem bewegen, so Leo Gilbert, so wäre die Menschheit an ihrem Ende angelangt,

> dann ist es aus mit uns. Die Lorentz-Kontraktionen sind dann kein Kinderspiel mehr. Wir werden dann ganz platt. „Platt" ist gar kein Wort dafür! Nein, unendlich dünner als „platt". [...]
> Unser Planet wäre dann eine Kreisscheibe ohne Konsistenz, aber mit Existenz. Und ebenso erginge es allen Gebilden auf ihr, den Bäumen, Bergen, Menschen, Katzen, Bierfässern [...]; allen Mastodonten, ebenso wie den Mücken und Bazillen. Alle wären nur noch Umrisse ohne Dicke, Silhouetten, die jeder Körperlichkeit entbehren. So sähe man jetzt mitleidvoll die bravsten Menschen als Homerische Schatten stöhnend und händeringend auf dem geisterhaften Erdkreis herumirren und nach ihrer dritten Dimension, wie nach einer verlorenen Unschuld suchen.[11]

Die meisten der frühen Popularisierer sparten nicht an Kritik an der Einsteinschen Theorie, die sie als phantastisch und dem „gesunden Menschenverstand" widersprechend empfanden. Eine österreichische Lehrerzeitung bemerkte dazu 1912, bei unberufener Betrachtung würde die Relativitätstheorie den „bisherigen Anschauungen" zwangsläufig „so stark widersprechen", daß sie stets nichts anderes als den Eindruck einer „völligen Ungereimtheit"[12] hinterlassen könne. Tatsächlich war bei Gilbert zu lesen, das Relativitätsprinzip entbehre jeglicher experimentellen Bestätigung und widerspreche mit seinen abstrusen Aussagen über die Nichtexistenz eindeutiger Körperformen schon dem „ersten

---

[10] Moszkowski: Relativitätsproblem, S. 268.
[11] Gilbert: Das Relativitätsprinzip, S. 61f.
[12] Von Sensel: Das Relativitätsprinzip. – In: Zeitschr. f. d. Realschulwesen 37 (1912), S. 398-409, hier: S. 398.

Grundsatz aller Logik: Ein Ding kann nicht sich selbst ungleich sein."[13] Die „Anhänger" der neuen Theorie würden sich daher in erster Linie durch „blinden Märchenglauben"[14], nicht aber durch physikalisches Verständnis auszeichnen:

> In der Freigebigkeit widersinniger Behauptungen sind die Relativitätler geradezu Verschwender. Man kann bei Minkowski die subtil hellseherische Behauptung lesen, daß es mehrere Welträume gäbe. „Mehrere Welträume!" Diese phänomenale Denk- und Sprachleistung hat auch schon ihre Zitateriche gefunden. Denn es gibt keinen Unsinn, der nicht durch das Bestechende, das im Paradoxon liegt, irgendeinen Gelehrten oder Schriftsteller oder Journalisten anregte, das Zeug brühwarm aufzuwarten. „Mehrere Welträume!!!" Ach, wie amüsant!! Wodurch diese wohl voneinander getrennt sein mögen? Durch Pappwände? Oder durch starkes Drahtglas? Wahrscheinlich durch Glasscheiben, weil ja sonst der Lichtstrahl, auf dem der ganze Relativitätsbluff basiert, nicht von einem Weltenraum in den anderen hinüberblinzeln könnte.[15]

Zu den „Zitaterichen" unter Schriftstellern und Journalisten, die den relativitätstheoretischen „Unsinn" Gilbert zufolge bereits aufgegriffen und „brühwarm" weiterverarbeitet hatten, ist neben Moszkowski unbedingt auch der zweite Einstein, der Schriftsteller Carl Einstein, zu zählen. Bereits in dessen „grotesker" und „lemurischer"[16] Romanerzählung *Bebuquin*, wahrscheinlich zwischen 1906 und 1909 entstanden und in voller Länge erstmals 1911 in der von Franz Blei herausgegebenen Zeitschrift *Die Aktion* abgedruckt,[17] hatte die

---

[13] Gilbert: Relativitätsprinzip, S. 118.

[14] Ebd., S. 9.

[15] Ebd., S. 72.

[16] Loerke: Literarische Chronik. – In: Neue Rundschau 28 (1917), S. 1277-1285, hier: S. 1283. Loerke prägte auch die Bezeichnung „*recherche de l'absolu*" (ebd.) für Carl Einsteins Prosa – allerdings ohne die Bezüge zur Relativitätstheorie erkannt zu haben.

[17] Ein Abdruck der ersten vier Kapitel erfolgte unter dem Titel „Herr Giorgio Bebuquin" bereits 1907 in der ebenfalls von Blei herausgegebenen *Opale*. In seinem eigenen *Bestiarium Literaricum* (1920) setzte Blei den Physiker und den Literaten Einstein später selbst explizit in Beziehung zueinander: „Das kleine Einstein [Carl Einstein] ist wie das große [Albert] ein Tier nur in der Relativität. Unterscheidet sich aber vom großen Einstein dadurch, daß dieses in der Relativität absolut, das kleine in ihr aber relativ lebt. Es geht zu Zeiten Beziehungen ein, die es zu absolutieren versucht, was aber nicht gelingt. Das kleine Einstein hat seine Füße am großen Kopf und geht im Kreise." (Portraits, S. 371.) Zu – Albert – Einstein schrieb Blei außerdem zwei Jahre später im *Großen Bestiarium*: „Der Einstein. Das ist eine kometarische Angelegenheit, insofern der Einstein ein Schwanz- oder Irrstern des metaphysischen Himmels ist, aus dem er zuweilen, auf nicht erklärbare

augenscheinlich von – Albert – Einstein postulierte Deformierung bewegter Körper eine imposante Literarisierung erfahren. In nicht minder revolutionärer Weise degenerierten dort erzählter Raum und erzählte Zeit zu Begriffsruinen eines überkommenen, zusammenbrechenden Weltbildes; jegliche Ereignisordnung erscheint hinfällig und der Beliebigkeit anheimgegeben. Bis auf eine Ausnahme haben alle Figuren mit der ungewohnt unwirklichen Romanwirklichkeit zu kämpfen. So klagt der Titelheld:

> *O Gott, Du gabst uns einen Körper, vielleicht identisch*; eine Seele, die den Körper an Möglichkeiten übertrifft, die ihn schon lange Zeit und oft ausrangierte; und die glänzenden Platten der Denker, die Sonne verschmäht es sich in ihnen zu beschauen, – suchen die Balance. Ich aber wünsche, daß mein Geist, der sich etwas anderes als diesen Körper [...] denken will, auch ein Neues wirkt und schafft. Ich kann absonderliche Wesen machen, Verrücktes zeichnen, auf Papier, in Worten, *ich selbst bin verzerrt*; aber mein Bauch bleibt ein Fresser. Welch geringe Versuche der Heiligen, nach Sprüchen der Evangelisten den Körper zu verwandeln. (BA I, S. 117 – Hervorhebungen v. mir, C.K.)[18]

Das absurde Gebet endet mit der verzweifelten Bitte: „O Gott, wenn Du mehr bist, als das der Wahrheit angenäherte Gesetz der Forscher, erbarme Dich doch meiner Langeweile" (ebd.) – und die Erhörung erfolgt prompt, allerdings nicht durch Gott, sondern durch Bebuquins Freund Böhm, der einem kosmischen Überwesen gleich in die Einsamkeit des Helden hineinspricht:

> Ich grüße Dich, alter Märtyrer. *Vernichte die Identität, und Du fliegst rapide; aber fraglich, ob Du das Tempo aushalten wirst.* Eins, Hallelujah, eins, Hallelujah, Amen, eins. O Notwendigkeit, Hallelujah, o Gesetz, o Gleichheit, wo alles in sich selbst schläft, o Stille, o Kontemplation, o Verdauung des Straußen, der den eigenen Kot frißt. (Ebd. – Hervorhebung v. mir, C.K.)

Laut Relativitätstheorie kommen zwei Subjekte, die die räumliche Ausdehnung ein und desselben – beliebigen – Körpers messen, zu verschiedenen, physikalisch jedoch völlig gleichberechtigten Resultaten, sofern sie sich in Meßrichtung relativ zueinander bewegen. Diese Aussage mutete den frühen Rezensen-

---

Weise, da seine Bahn nicht berechenbar, in die Erdatmosphäre abirrt, hier zum Glühen kommt und zum Sprühen und Spucken. Sein also irdisches Auftauchen ist katastrophal für bürgerliche Hirne, deren breiige Substanz bei Einsteins größter Erdnähe vor Wut zum Kochen kommt. Worauf Einstein wieder seine metaphysische Laufbahn fortsetzt" (ebd., S. 562).

18 Carl Einsteins Werke werden zitiert nach der Berliner Ausgabe (= BA), hrsg. v. Hermann Haarmann u. Klaus Siebenhaar.

ten äußerst paradox an. Gilbert empörte sich lauthals, – Albert – Einstein zufolge würden überhaupt „keine starren Formen"[19] mehr existieren. Es sei „ungeheuerlich". Allein der ruhende Körper könne noch als mit sich selbst identisch betrachtet werden: Je schneller sich ein Objekt bewege, desto mehr werde es angeblich verzerrt und seiner angestammten Form entfremdet. „Für Überlichtgeschwindigkeiten schwänden Körper nicht nur zu flächenhaften Gebilden – sie verschwänden überhaupt [aus] aller Wahrnehmung."[20]

Die Tatsache, daß die Physik revolutionäre Behauptungen allein aus scheinbar *ad libitum* gewählten Postulaten und darauf aufgeschichteten mathematischen Deduktionen und nicht mehr aus „gesicherten Erfahrungssätzen" ableitete, berührte die ersten Kommentatoren mehr als unangenehm. Gilbert schrieb, das „hochnotpeinliche Relativitätsprinzip" und der Formelapparat der „Relativisten" seien „von einem seltsamen Elternpaar gezeugt, die Mutter war die Absurdität, der Vater die mathematische Exaktheit."[21] Schon Moszkowski hatte von einer „mathematischen Diktatur"[22] gesprochen: Ein einzelner Physiker schicke sich an, vor dem zweifelhaften Hintergrund einiger abstrakten Annahmen einer völlig „neuen Welt von Relativitäten"[23] zum Durchbruch zu verhelfen. Und das schlimmste dabei sei: „Wir selbst werden relativ in dieser Relativität." Bei Einstein erscheine

in der rechnerischen Entwicklung [plötzlich] ein Dämon in Gestalt einer veränderlichen Zeitgröße, die zugleich Zeit und Raum sein soll, ein Gespenst, das sich mit der Lichtkonstanten verkuppelt, zu Null zusammenschrumpft, zu Unendlich auswächst, das rechnerische Monstrositäten hervorzaubert und jeder anschaulichen Möglichkeit ins Gesicht schlägt.[24]

---

[19] Dieses und das folgende Zitat: Gilbert: Das Relativitätsprinzip, S. 52.
[20] Ebd., S. 53. Ähnlich urteilte Ferdinand Meisel 1913, man stehe „vor etwas völlig Neuem, gänzlich Ungewohntem. Wir werden uns wohl an diese Gedanken gewöhnen müssen! – Daß wir den Begriff der *Gestalt* eines Körpers für etwas Selbstverständliches, von seiner Bewegung ganz Unabhängiges halten, erklärt sich nach der Relativitätstheorie einfach daraus, daß [...] die uns erfahrungsmäßig bekannten Geschwindigkeiten gegenüber der des Lichts verschwindend gering sind." (Wandlungen des Weltbildes und des Wissens von der Erde, S. 319.)
[21] Gilbert: Relativitätsprinzip, S. 34.
[22] Moszkowski: Relativitätsproblem, S. 256. Vgl. auch noch einmal Gilbert (Relativitätsprinzip, S. 20): Es sei den „Relativisten gelungen, das Widersinnige mathematisch auszutragen."
[23] Dieses und das folgende Zitat: Moszkowski: Relativitätsproblem, S. 256.
[24] Ebd., S. 269.

Auch im *Bebuquin*-Roman wurde der Mathematik-Diskurs angerissen: „Das Naturgesetz soll sich im Alkohol besaufen, bis es merkt, es gibt irrationale Situationen" (S. 103), verkündet Böhm frühzeitig. „Das Gesetz realisiert sich seelisch nie, *es hängt sinnlos an dem Nagel irgend eines schlechten Mathematikaxioms.*" (Ebd. – Hervorhebung v. mir, C.K.)

Bereits im ersten Satz seiner epochalen Arbeit hatte – Albert – Einstein bewegungsbedingte „Asymmetrien"[25] als Aufhänger seiner Überlegungen angeführt. Markanterweise werden im *Bebuquin*, der dem im Carl-Einstein-Archiv vorliegenden Manuskript zufolge zwischenzeitlich auch den Titel „Die Dilettanten des Wunders *oder die billige Erstarrnis*"[26] tragen sollte, bewegungsbedingte Verformungen dann auch gerade in der Szene am prägnantesten beschrieben, die den Titel „Der Abschied von der Symmetrie" (S. 106) trägt. Der Protagonist kehrt mit seiner Bekannten Euphemia in einer Bar die Nacht zum Tag und schildert, wie er sich vor kurzem in die Gestalt einer Vase verliebt hätte und welche Probleme daraus resultierten: „Der Pot hatte unbedingt die Form eines schlanken Weibes", läßt er über die unglückliche Liebschaft verlauten:

> Diese Vase ruinierte mich fast, meine Sinne waren ziemlich abstrakt gestimmt. Ich suchte wochenlang nach der Frau, welche die Proportionen der Vase habe. Selbstverständlich vergeblich. Höchstens die Puppe in Euphemias billiger Erstarrnis. Aber das stimmte alles nicht. [...] Da fand ich's. Die Symmetrie ist wie die platonische Idee eine tote Ruhe. [...] die Symmetrie ist langweilig wie die Mechanik. (Ebd.)

Offenbar hatte Bebuquins Rastlosigkeit gerade verhindert, daß er den weiblichen Körper, dem die Vase der Form nach entsprechen sollte, nicht hatte finden bzw. erkennen können. Sein fortwährendes Suchen ließ ihn *sämtliche* Körper – einschließlich des heißersehnten – nur *qua deformatio* erblicken. Das nächtliche Hin- und Herwälzen des Problems bringt den Helden dem richtigen Zugang zur Lösung des Problems bereits beachtlich nahe. Gegen Morgen ist er sich samt seinen Begleiterinnen einig, daß sie „ihres Körpers und seiner Formen unabweislich müde geworden" (S. 107) waren. Sie wollten „Visionäre werden [...] und spürten, daß sie sich verzerren müßten."

---

[25] Einstein: Zur Elektrodynamik bewegter Körper, S. 891.
[26] Vgl. Erich Kleinschmidts Kommentar in der Reclam-Ausgabe des *Bebuquin* (ebd., S. 51 – Hervorhebung v. mir, C.K.).

Im weiteren Verlauf des Romans kommt Bebuquin der allgemeinen – bewegungsbedingten – Tücke der Objekte immer mehr auf die Schliche – und damit dem gesuchten „Wunder" respektive dem Geheimnis der „billigen Erstarrnis" immer näher.[27] „Die materielle Welt und unsere Vorstellungen decken sich nie" (S. 122), stellt er ernüchtert fest. „Fertigkeit und dauerndes Ende" seien ausschließlich „in der Ruhe" (S. 123) zu finden. Da *vollkommene* Ruhe zu Lebzeiten jedoch unerfahrbar bleibt, muß sich der Held am Ende zwangsläufig an den Tod wenden, den „Herrn der Form"[28], wie er ihn anruft: „O Erstarrnis, stagnierender Tod [...]. Herr, [...] die Erkenntnisse gehen zum Wahnsinn. *Ich bin geschaffen zu erkennen und zu schauen, aber Deine Welt ist hierzu nicht gemacht; sie entzieht sich uns; wir sind weltverlassen."* (S. 125 – Hervorhebung v. mir, C.K.)

Es ist nicht bekannt, wie Carl Einstein mit der Relativitätstheorie seines Namensvetters – mit dem er *nicht* verwandt war – das erste Mal in Berührung kam. Zweifellos gehörte er zu den ersten Nicht-Physikern überhaupt, die von ihr Kenntnis nahmen, denn auch in Fachkreisen bedurfte die physikalische Sensation erst einer gewissen Zeit, um als solche wahrgenommen zu werden.[29]

---

[27] Dies ist Reto Sorg zufolge auch das einzig wirkliche Geschehen im Roman: „Die Handlung, wenn man von einer solchen überhaupt sprechen will, besteht [...] fast ausschließlich in der gedanklichen Anstrengung der Figuren, so etwas wie ein Wunder zu finden oder zu schaffen. Dieses Wunder wird [...] niemals direkt bezeichnet, sondern umschrieben." (Aus den „Gärten der Zeichen", S. 118.)

[28] Bebuquin, S. 42.

[29] Die erste wichtige Station auf diesem Weg war 1906 die positive Aufnahme von Einsteins Aufsatz durch Max Planck (vgl. Das Prinzip der Relativität und die Grundgleichungen der Mechanik. – In: Verh. d. Phys. Ges. 8 (1906), S. 115-120). Man beachte, daß zu diesem frühen Zeitpunkt noch Unklarheit über den Namen der neuen Theorie herrschte. In Einsteins Originalabhandlung ist die Bezeichnung „Relativitätstheorie" nicht zu finden, und Planck verlieh ihr zunächst den Titel „Relativtheorie" (vgl. Die Kaufmannschen Messungen der Ablenkbarkeit der β-Strahlen in ihrer Bedeutung für die Dynamik der Elektronen. – In: Phys. Zeitschr. 7 (1906), S. 753-759, hier: S. 756). Wirklich großes Aufsehen unter seinen Fachkollegen erregte Einstein erstmals 1908, als er an der *Naturforscherversammlung* teilnahm. 1911, im Vorwort zur ersten Auflage seines Lehrbuches über *Das Relativitätsprinzip*, konnte Max von Laue schließlich urteilen (S. V), die „einschlägige Literatur" zur Relativitätstheorie sei „schon zu sehr angewachsen, als daß jede Veröffentlichung hätte berücksichtigt werden können." Nach 1915 konnte den philosophisch Interessierten die Bedeutung der Relativitätstheorie kaum noch verborgen sein. In diesem Jahr erschien Moritz Schlicks vielbeachtete, fundierte Darstellung in der *Zeitschrift für Philosophie* (vgl. Die philosophische Bedeutung des Relativitätsprinzips. – In: Zeitschr. f. Philos. u. philos. Kritik 159 (1915), S. 129-175).

Größere Teile der Berliner Intelligenz dürften erstmals 1910 von der neuen Lehre gehört haben – in einem vielbeachteten Gastvortrag Poincarés im *Berliner Wissenschaftlichen Verein*.[30] Einzelne Intellektuelle aber hatten zuvor schon von der sich anbahnenden wissenschaftlichen Revolution Wind bekommen, im Extremfall bereits 1905, wie etwa der Schriftsteller und Publizist Rudolf Lämmel.[31] 1912, als *Bebuquin* erstmals auch in Buchform erschien, konnte man den Physiker Einstein dann bereits aus der Zeitung kennen. Am 16. Oktober 1911 hatte der Schriftsteller Fritz Müller[32] die spektakulären „Folgen für das Weltbild", die sich auch aus seiner Sicht aus der Relativitätstheorie ergaben, im *Berliner Tageblatt* zusammengefaßt:

1. Es gibt keine starre Zeit. Die Zeit schrumpft zusammen mit der Bewegung im Raume.

2. Es gibt keine starren Körper. Ihre Formen fließen mit der Bewegung im Raume.

3. Raum und Zeit sind vertauschbar.

4. Es gibt keinen Äther.

Entscheidend für diese erstaunlichen Folgerungen ist das Relativitätsprinzip. Was ist Relativität? Die Tatsache, daß es nichts Absolutes im Weltall gibt.[33]

Auch das unter Punkt 1 angeführte Ergebnis der Relativitätstheorie, die sog. *Zeitdilatation*, fand unter den pseudowissenschaftlichen Rezipienten eifrige Popularisierer. Im Aufsatz „Zur Elektrodynamik bewegter Körper" hatte Einstein den folgenden Satz aufgestellt:

Befinden sich in *A* zwei synchron gehende Uhren und bewegt man die eine derselben auf einer geschlossenen Kurve mit konstanter Geschwindigkeit, bis sie wieder nach *A* zurückkommt, was *t* Sek. dauern möge, so geht die letzte Uhr

---

[30]   Vgl. dazu Moszkowski: Einstein. Einblicke in seine Gedankenwelt, S. 15.

[31]   Vgl. Lämmel: Albert Einstein. – In: Kosmos 18 (1921), S. 306-307, hier: S. 306. Lämmel, 1879 als Auslandsschweizer in Wien geboren, war Autor zahlreicher populärwissenschaftlicher Schriften und außerdem Romancier. Z.T. veröffentlichte er seine literarischen Texte unter dem Pseudonym Heinrich Inführ.

[32]   Fritz Müller, Jahrgang 1875, verfaßte u.a. die Romane *Fröhliches aus dem Kaufmannsleben* (1913) und *Kramer & Friemann* (1919). Später veröffentlichte er eine Anzahl weiterer Romane und Erzählungen unter dem Doppelnamen Müller-Partenkirchen.

[33]   Müller: Das Zeitproblem. – In: Berliner Tageblatt 16.10.1911, Beilage „Der Zeitgeist", Nr. 42, S. 1-2, hier: S. 1.

bei ihrer Ankunft in *A* gegenüber der unbewegt gebliebenen um ½ *t* (*v* / *V*)² Sek. nach.[34]

Konsequenzen dieses Phänomens waren (und sind), daß zwei relativ gegeneinander bewegte Uhren niemals „synchron" laufen können, daß der Terminus „Gleichzeitigkeit" für zwei Beobachter, von denen einer sich bewegt, sogar gänzlich sinnlos wird, ebenso wie eine Verständigung über die Begriffe „vorher" und „nachher". „Es ist [...] ohne weitere Festsetzung nicht möglich, ein Ereignis in *A* mit einem Ereignis in *B* zu vergleichen; wir haben nur eine ,*A*'-Zeit und eine ,*B*'-Zeit"[35], hatte Einstein eingangs seiner Arbeit geschrieben.[36] – 1907 gestand er selbst ein, daß Aussagen wie diese dem „Charakter unserer gesamten Erfahrung" widersprächen. Allerdings betonte er im Gegenzug auch noch einmal die formale Richtigkeit seiner Behauptungen, die „rein logisch genommen" eben „keinen Widerspruch"[37] enthielten. Das freilich sahen die Kritiker ganz anders. „Machen wir uns ein Bild davon", forderte Gilbert seine Leserschaft auf:

> Die Bäuerin findet heute ein Ei im Stalle. In acht Tagen wird sie auf den Markt gehen, das Huhn kaufen, das das bereits gefundene Ei legen soll. – Wer kann was dagegen haben? Einstein ist einverstanden!
> Eine Eiche wird umgeschlagen, ein Chauffeur und drei Autoinsassen liegen mit zerschmetterten Schädeln an der Straßenböschung. Dann erst fällt es dem Chauffeur ein, die größte Geschwindigkeit einzustellen und gegen die Eiche zu rasen, hierauf die Geistesgegenwart zu verlieren und das Steuer fahren zu lassen. Das Gericht hat natürlich die vier Leichen schon vierzehn Tage vor dem Unglücksfall obduzieren lassen. Drei Jahre zurück sind sie begraben worden: *Die Wirkung vor der Ursache.*
> Wir wundern uns auch über die gelungene Erziehung eines braven alten Mannes, dessen Eltern erst noch geboren werden sollen. Alles, was Herr Professor Einstein „natürlich" finden würde.[38]

---

[34] Einstein: Zur Elektrodynamik bewegter Körper, S. 904.

[35] Ebd., S. 894. Das *Berliner Tageblatt* klärte 1911 entsprechend darüber auf, daß jeder Körper sein eigenes „Zeitreich" besitze (Müller: Zeitproblem, S. 2).

[36] Die Formel für die Zeitdilatation lieferte dann aber gerade die gesuchte Transformationsmöglichkeit.

[37] Einstein: Über die vom Relativitätsprinzip geforderte Trägheit der Energie. – In: Ann. d. Phys. 4.F. 23 (1907), S. 371-384, hier: S. 382.

[38] Gilbert: Relativitätsprinzip, S. 14f.

Punkt drei der Zusammenfassung im *Berliner Tageblatt*, die Zusammenfassung von Raum und Zeit in einem vierdimensionalen Kontinuum, veranschaulichte Gilbert dann folgendermaßen:

> Man beachte wohl den logischen Tiefsinn: Die Zeit läßt sich gegen eine der drei Raumrichtungen vertauschen. Wer lacht da nicht? Wenn also Herr Geheimrat [gemeint war hier Max Planck – C.K.], der den geheimen Sinn der Natur so abgrundtief erfaßt hat, etwa am Sonntagsmorgen in seinem Garten im Grunewald auf und ab spaziert und viel überflüssige Zeit vor sich findet, so vertauscht er sie einfach mit einer Dimension des Raumes. Er macht z.B. aus vier Stunden eine neue Etage zu seinem alten Haus. Oder wenn er sich auf der Reise im Gebirge befindet und nächtens in der schlechten Alpenhütte ein sauberes Laken vermißt, vertauscht er einige der langweiligen Nachtstunden mit einer Breitendimension und fügt diese seinem langen Bergstock zu.[39]

Einstein sei ein „Genie der A-Logik"[40]. Das physikalische Experiment gerinne in seinen Händen „zur Sinnlosigkeit. Auch der Gang unserer Uhren wird imaginär, ja selbst die Zeit in eigener Person, der Raum, alle Prozesse, unser Organismus, die Menschen; – kurz die Krankheit wird unheilbar."[41] Müller hatte zuvor schon ähnlich hervorgehoben, der „uralte Fehler", die Supposition, es gebe „eine absolute Zeit", sei von Einstein desavouiert worden – „Die Zeit ist relativ. Sie ist eine andere für den ruhenden, eine andere relativ zu dem bewegten Körper"[42] –, und andere Popularisierer der Relativitätstheorie standen in nichts nach. „Denken wir uns [...] ein Wesen mit menschlichem Intellekt auf der Sonne"[43], forderte Emil Cohn – ebenfalls 1911 – seine Leser auf. Nach

---

[39] Ebd., S. 74.
[40] Ebd., S. 15.
[41] Ebd., S. 57.
[42] Müller: Zeitproblem, S. 2.
[43] Cohn: Physikalisches über Raum und Zeit, S. 10. Weitere frühe – und dabei durchweg fundiertere – Darstellungen der Relativitätstheorie finden sich in Paul Natorps Werk *Die logischen Grundlagen der exakten Wissenschaften* von 1910 – Natorp bezeichnete die Relativitätstheorie darin (S. 401) als eine „mathematisch schwierige und in alle Gebiete der Physik eingreifende, geradezu alle ihre fundamentalsten Voraussetzungen mehr oder minder tief berührende Theorie" –, in der ebenfalls 1910 veröffentlichten Neuauflage von Paul Volkmanns *Erkenntnistheoretischen Grundzügen der Naturwissenschaften* (vgl. ebd., S. 144-148) sowie in einigen Publikationen auf dem Gebiet der Lehrerweiterbildung (vgl. z.B. Mahler: Das Prinzip der Relativität. – In: Korrespondenzblatt f. d. höheren Schulen Württembergs 18 (1911), S. 234-240; S. 278-287; Mally: Über den Begriff der Zeit in der Relativitätstheorie. – In: Jahresber. d. K.K. II. Staatsgymnasiums in Graz 9 (1911), S. 3-17).

Einstein müßten „Erdenmensch" und „Sonnenmensch" ein „verschiedenes Zeitmaß haben; ihre Uhren müssen verschiedenen Gang besitzen."[44]

In – Carl – Einsteins Roman wurde die Hypothese von der Existenz verschiedener Eigenzeiten vor allem über das Verhältnis des Protagonisten zu seinem Freund Böhm virulent.[45] Dieser führt die Existenz eines lebendigen Toten und verursacht dem Helden durch seine paradoxe Erscheinungsform wiederholt Kopfzerbrechen: „Böhm begrüßte ihn leise und freundlich. Er wollte sich nach seinem Tode noch etwas schonen, da er noch nichts Sicheres über die Unsterblichkeit wußte." (BA I, S. 99) Auch Euphemia enträstet sich, Böhm sei „ein törichter Mensch" (S. 110). Man wisse „nie, ob er lebt oder tot ist." Doch nicht nur Böhms zeitliches, auch sein räumliches Verhalten ruft bei den anderen Romanfiguren schiere Hilflosigkeit hervor: „Er kann aus der Wand kommen. Er ist außerhalb jeder Regel." (S. 112)

Der Protagonist nun begibt sich auf die schwierige Suche nach einer Erklärung für den absonderlichen Zustand seines Bekannten – was von diesem im übrigen gönnerhaft honoriert wird. „Es ist anständig und läßt Sie in gutem Licht erscheinen", so Böhms Lob an den Helden,

> wie Sie sich mit Todesverachtung um das Logische bemühen. Aber leider dürften Sie keinen Erfolg haben, da Sie nur eine Logik und ein Nichtlogisches annehmen. Es gibt viele Logiken, mein Lieber, in uns, welche sich bekämpfen, und aus deren Kampf das Alogische hervorgeht. (S. 99)

Böhm wurde vom Autor mit einem deutlichen Wissensvorsprung ausgestattet und spart gegenüber dem Helden nicht mit Anregungen und Ratschlägen – wobei er insbesondere auch auf die Natur des Lichts und den Charakter von Beobachtungsprozessen zu sprechen kommt:

---

[44] Cohn: Raum und Zeit, S. 11.

[45] In einem skizzenhaften Kommentar zu seinem bekannten Brief an Daniel Henry Kahnweiler vom Juni 1923 hielt Einstein auch selbst fest, jede Romanfigur des *Bebuquin* habe ihre „qualitativ eigene Zeit – das sich überschneiden und durchführen von Zeitarten." (Zit. n. Kiefer: Avantgarde – Weltkrieg – Exil, S. 59.) Im Kahnweilerbrief selbst hatte Einstein u.a. über Pläne berichtet, „ein theoretisches Buch raus[zu]bringen, Zeit und Raum als reine Qualitäten [...]. Solche Dinge hatte ich im Bebuquin 1906 unsicher und zaghaft begonnen." (Zit. ebd., S. 51.) Ausdrücklich beklagte sich der Schriftsteller in diesem Kontext auch darüber, daß die „Literaten [...] ja so jammervoll mit ihrer Lyrik und den kleinen Kinosuggestionen hinter Malerei und Wissenschaft her[hinken]" (ebd., S. 50). „Sehen Sie, wie funktional man jetzt in der Wissenschaft denkt, während die Worte und Metafern starr weiter stehen ohne daß man wagt, diese Worte funktionaler zu benutzen." (Ebd., S. 52.)

Denken Sie eine Frau unter der Laterne; eine Nase, ein Lichtbauch, sonst nichts. Das Licht, aufgefangen von Häusern und Menschen. Damit wäre noch etwas zu sagen. Hüten Sie sich vor quantitativen Experimenten. In der Kunst ist die Zahl, die Größe ganz gleichgültig. Wenn sie eine Rolle spielt, so ist sie bestimmt abgeleitet. Mit der Unendlichkeit zu arbeiten, ist purer Dilettantismus. Hier gebe ich ihnen noch einen Ratschlag, der Sie später vielleicht anregt. Kant wird gewiß eine große Rolle spielen. Merken Sie sich eins. Seine verführerische Bedeutung liegt darin, daß er Gleichgewicht zustande brachte zwischen Objekt und Subjekt. Aber eines, die Hauptsache vergaß er: was wohl das Erkenntnistheorie treibende Subjekt macht, das eben Objekt und Subjekt konstatiert. (S. 99f.)

Gegenüber dem weltverwirrten Titelhelden genießt Böhm ein entscheidendes Mehrwissen hinsichtlich der tatsächlich-phantastischen Beschaffenheit des Universums. „O Standpunkte, Vielfältigkeit der Logiker, Kontrapunktik der Sphären [...], die ihr die Dinge [...] vermanscht" (S. 119), ruft er überlegen aus. Raum und Zeit, von Kant als Formen der reinen Anschauung deklariert, hat er für sich zu relativen – standpunktabhängigen – Ereignishüllen degradiert,[46] und daraus gerade entspringt seine ungewöhnliche Existenzform. In der Sprache der Physik würde man Böhm als Träger eines eigenen – gegenüber den anderen Romanfiguren ständig hin und her bewegten – Bezugssystems bezeichnen. „Was springen Sie so in meiner Atmosphäre herum, Unmensch?" (S. 93), herrscht er Bebuquin in diesem Sinne schon im ersten Kapitel an – worauf der Held ihn hellsichtig beschwichtigt, auch seine Atmosphäre sei nur „ein Produkt von Faktoren, die in keiner Beziehung zu Ihnen stehen." In letzter Konsequenz wird durch Böhms Auftritte sogar der Begriff „Wirklichkeit" als solcher sinnentleert. Elanvoll verkündet der Raum-Zeitüberwinder allerorten, „in Wirklichkeit" sei er längst tot. „Sie wissen doch, ich ließ mich einsargen. Aber ich

---

[46] Eine Unterminierung der kantischen Philosophie durch die Relativitätstheorie wurde praktisch von allen frühen Rezensenten gesehen und angemahnt. (Vgl. z.B. Gilbert: Relativitätsprinzip, S. 123: „Summa Summarum: Die [...] ‚Entdeckung' ist eine Irrwischlehre. Sie ist nur unter Leuten möglich, die von Relativität und Kantscher Transzendentalität allerlei haben läuten hören, ohne das Geringste zu verstehen.") Auch in den 20er Jahren, als das Schrifttum über die „Einstein-Absurditäten" (Lewien: Apostaten-Briefe, S. 24) noch ungeahnte Ausmaße annehmen sollte, änderte sich dies nicht: „Gaukler treten auf, die dem Spießer klar vernünfteln, es gebe nur eine Kantische Wirklichkeit in der Unwirklichkeit. Und der Raum sei nur, als ob er Raum sei! Und die Zeit sei nur, als ob sie Zeit sei! Und man lebe überhaupt nur, als ob man lebe! Ja, die ganze Welt der Masse, der Bewegung sei weniger noch als ein als ob, sei nichts als Relativität! Die man mathematisch errechnen könne!" (Ebd., S. 23f.)

versprach mir, als Reklame für das Unwirkliche herumzulaufen, bis irgend ein Idiot ein Wunder an mir erlebt."

Dieses Wunder zu erleben, schickt sich der Protagonist also tatsächlich an. Entgegen dem Rat Euphemias, sich gefälligst „mit angewandten Wissenschaften" (S. 93) zu beschäftigen, beginnt er zielstrebig, in „Mathematikbüchern" (S. 95) zu blättern, und besondere Freude bereitet es ihm dabei, „mit der Unendlichkeit umherzuspringen [...]. Hier glaubte er in keinem Hinübergehen in die Dinge zu stehen, er merkte, daß er in sich sei." Daß körperliche Identität beim Gedankenspiel mit der Unendlichkeit wieder möglich wird, überrascht nicht. Carl Einstein rekurriert hier auf den Dreh- und Angelpunkt der Relativitätstheorie, das Postulat einer *endlichen* konstanten Lichtgeschwindigkeit, aus der – Albert – Einstein seine aufsehenerregenden Raum-Zeitanomalien abgeleitet hatte. Während eine *unendliche* Lichtgeschwindigkeit Garant der Unmittelbarkeit zwischen Subjekt und Objekt gewesen war, bedeutete die Festschreibung ihrer Endlichkeit den Verlust des direkten Außenweltkontakts, die totale Isolierung des Subjekts – und damit unweigerlich auch *das Ende jeder Mimesis*, nicht zuletzt in der Literatur.[47]

Schlüssel zum Geheimnis von Eigenzeit und Formerhalt ist neben der Einsicht in die Natur des Lichts vor allem Bebuquins Studium von Bewegungszusammenhängen; auch auf diesem Feld erzielt der Romanheld – wie bereits gesehen – einen sukzessiven Erkenntniszuwachs:

---

[47]   Was sich bei – Carl – Einstein erstmals überhaupt nachweisen läßt: die extreme Subjektivierung von Romanfiguren *als Kristallisationseffekt einer literarischen Reflexion der e-pistemologischen Konsequenzen der modernen Physik*, fand später eine überaus reflektierte und elaborierte Fortführung im Theoriewerk Hermann Brochs. In seinem Aufsatz „Philosophische Aufgaben einer Internationalen Akademie" (1946) konstatierte Broch, – Albert – Einstein habe in Form der Lichtgeschwindigkeitskonstante den „‚subjektoiden‘ Sehakt als physikalischen Grundkoeffizienten" in alle maßgeblichen Formeln eingebracht, was die gravierenden Konsequenzen seiner Theorie für den Wahrnehmungsakt als solchen sehr suggestiv versinnbildliche. Das „alte ‚Guckkastenverhältnis‘, das bisher zwischen Beobachtungssubjekt und -objekt bestanden" hätte, müsse als Folge der modernen Physik nun „all-überall einem wesentlich ‚dynamischeren‘ Verhältnis weichen" (Kommentierte Werkausgabe, X/1, S. 88). Zu den Folgerungen, die Broch daraus für den modernen Roman ableitete – entnehmbar insbesondere seinem Aufsatz „James Joyce und die Gegenwart" –, s. Könneker: Hermann Brochs Rezeption der modernen Physik. Quantenmechanik und „Unbekannte Größe". – In: Zur deutschen Literatur im ersten Drittel des 20. Jahrhunderts. Hrsg. v. Norbert Oellers u. Hartmut Steinecke, S. 205-239, hier: S. 206-212.)

Bebuquin trat steif in die neblige Nacht. Die Reflexe der Bogenlampen stürmten durch die Baumäste und schwammen wie breite opalisierende Fische in dem nassen Boden. Bebuquin stand ein Ausrufezeichen. Er lief, rannte durch eine Prozession irgendwelcher neuen Sektierer; verschiedene Messiasse, dekorative junge Mädchen rannte er um [...]. Er mußte aus sich Äußerungen solcher künstlichen unlogischen Bewegungen abzwingen, um [...] die Physik mit der Kraft seines absterbenden Akts zu widerlegen. (S. 125)

Lichtreflexionen sind ein durchgehendes Thema im *Bebuquin*-Roman. Auch – Albert – Einstein war in seiner Abhandlung ausführlich auf das Verhalten des Lichts bei Spiegelung eingegangen. So berechnete er unter Paragraph acht, „Transformationen der Energie der Lichtstrahlen. Theorie des auf vollkommene Spiegel ausgeübten Strahlungsdruckes", explizit den „Lichtdruck" auf eine „spiegelnde Fläche"[48], und u.a. war in diesem Kontext auch vom „Verhältnis der ‚bewegt gemessenen' und ‚ruhend gemessenen' Energie eines bestimmten Lichtkomplexes"[49] die Rede gewesen. In – Carl – Einsteins Roman wurde dem Licht dann eine nicht minder ungewöhnlich plastische Erscheinungsform zugeschrieben: „Bogenlampen schwangen ihre energetischen Milchkübel" (S. 112), heißt es an einer Stelle etwa; ein andermal ist von „erschrecklich blendenden Scheinwerfern, die im glitschigen Asphalt [...] weiße Lichtgruben aufrissen" (S. 108), die Rede. Die Beispiele ließen sich vermehren.

Die Bezüge von Einstein zu Einstein, wie sie sich im *Bebuquin*-Roman offenbaren,[50] sind von der Forschung bislang nicht als solche erkannt worden, obwohl die entsprechenden *Symptome* immer wieder registriert und katalogisiert wurden – zuletzt in der umfangreichen Monographie von Reto Sorg:

---

[48] Einstein: Zur Elektrodynamik bewegter Körper, S. 914.

[49] Ebd., S. 913.

[50] Aber längst nicht nur dort: Auch im *Vathek*-Essay von 1910 (vgl. BA I, S. 41-45) ist die entsprechende Affinität des Schriftstellers zu erkennen, etwa dann, wenn er an Beckfords Roman „streng modellierte Objects d'art voll mathematischer Funktion" (S. 43) bewundert. Auch aus Carl Einsteins kunsttheoretischen Schriften gehen die Zusammenhänge hervor, beispielsweise aus dem Essay „Kubismus" von 1926 (vgl. BA V, S. 91-109). Dort heißt es, die traditionelle Malerei sei noch „auf einen ruhenden Betrachter bezogen" gewesen; „vor ihm liegt der harmonisch geordnete Kosmos ausgebreitet und man vertraut gläubig den unveränderlichen metaphysischen Elementen" (S. 103). Der modernen Kunst liege demgegenüber eine „Raumkomplizierung" (S. 107) zugrunde. „Der Kubist gestaltet statt einer Gruppe von gegenständlichen Bewegungen seine eigene dynamische Vorstellungsgruppe." (S. 104. – An diesem Punkt sei noch einmal auf die frappierende Ähnlichkeit zu Brochs poetologischen Erörterungen im Aufsatz „James Joyce und die Gegenwart" hingewiesen.)

Die [...] Eigenheiten des Textes bewirken eine Tendenz zur Auflösung traditioneller Motivierung und hergebrachter Kausalität; diese scheint endgültig unterminiert, wenn die Figur Böhm, obwohl sie auftritt, als tot bezeichnet wird. Damit geht einher, daß im Text Zeit und Raum keine festen Konturen aufweisen. Die Figuren befinden sich in zwar meist klar bezeichneten, aber nie näher beschriebenen Räumlichkeiten, welche sich nicht markant voneinander abgrenzen und teilweise ineinander übergehen. Ebenso läßt sich der zeitliche Ablauf des Geschehens nicht eindeutig festlegen.[51]

Ähnlich urteilt Erich Kleinschmidt:

Man beachte jedoch, daß lediglich Carl Einsteins *Deutung* des Kubismus von einem Wissen über die Relativitätstheorie zehrte, während die Ursprünge kubistischer Malerei bei Picasso und Braque, obwohl ebenfalls nur wenig nach 1905 zu datieren, *nicht* auf Albert Einstein zurückgehen. Wie bereits in den 70er und 80er Jahren gezeigt werden konnte, ließen sich die ersten Kubisten zwar auch von mathematischen und physikalischen Quellen inspirieren, aber eben nicht von Einstein, sondern von dessen Wegbereitern, allen voran von Mach und Helmholtz. (Vgl. Henderson: A New Facet of Cubism: "The Fourth Dimension" and "Non-Euclidean Geometry" Reinterpreted. – In: Art Quarterly 34 (1971), S. 411-433; Marianne L. Teuber: Formvorstellung und Kubismus oder Pablo Picasso und William James. – In: Kubismus. Künstler, Themen, Werke 1907-1920, S. 9-57.) Die Rezeption Einsteins durch die Kubisten setzte erst in den 10er Jahren des 20. Jahrhunderts ein. (Karl Scheffler berichtete 1931 in der *Vossischen Zeitung*, Einsteins Name sei schon „vor 20 Jahren in den Malerateliers zuweilen genannt" worden (Der mißbrauchte Einstein oder Ueber die Grenzen der Malerei und Mathematik. – In: Vossische Zeitung 22.2.1931, Unterhaltungsblatt Nr. 45, S. 2.)) In den frühen 20er Jahren wurden Schlüsse von Einstein auf die moderne Kunst dann landläufig (vgl. Abb. 1).
Da – Carl – Einstein als Theoretiker des Kubismus die Werke von Mach, Helmholtz, Riemann usw. natürlich ebenfalls kannte, erschöpften sich literaturwissenschaftliche Arbeiten, wenn eine Klärung der inflationären Verwendung einschlägiger Begriffe wie „Raum" und „Zeit", aber auch „Milchstraße" (BA I, S. 93), „Unendlichkeit" (S. 99), Absolutes" (S. 100), „Licht" (S. 101) und „Lichtblitz" (S. 126), „Axiom" (S. 97), „Logik" (S. 99), „Kosmos" (S. 101), „Kausalität" (S. 102), „Naturgesetz" (S. 103), „Äther" (S. 104), „Symmetrie" (S. 106), „Mechanik" (ebd.), „Hypothese" (S. 108), „Uhr" (S. 111), „Körper" (S. 117), „Identität" (ebd.), „Tempo" (ebd.), „Standpunkt" (S. 118), „materielle Welt" (S. 122), „Physik" (S. 125), „neue Weltanschauung" (S. 127) usw. im *Bebuquin* versucht wurde, stets mit Hinweisen auf – Albert – Einsteins Vorläufer. (Vgl. z.B. Jens Kwasny: „Als die Augen sich Katastrophen noch erschauten". Über Kubismus und Poesie aus der Sichtweise Carl Einsteins. – In: Kubismus. Künstler, Themen, Werke 1907-1920, S. 119-130; Oehm: Die Kunsttheorie Carl Einsteins, S. 12; S. 112; Kiefer: Einstein & Einstein. Wechselseitige Erhellung der Künste und Wissenschaften um 1915. – In: Komparatistische Hefte 5/6 (1982), S. 181-194. Selbst in Sorgs über dreihundert Seiten starker Arbeit über den *Bebuquin*-Roman wurde der Physiker Einstein nicht ein einziges Mal erwähnt.)

[51] Sorg: „Gärten der Zeichen", S. 119.

Durch die nicht mehr mimetische Zeit- und Raumkonstitution des Romans, die sich wesentlich auch auf die Personendarstellung auswirkt, verläßt Einstein bewußt narrative Konventionen zugunsten einer „umzwingenden" Poetik, die auf dem Prinzip einer stets aktualisierten Perspektivierung beruht. [...] Raum und Zeit werden [...] zu [...] ‚willkürlich' festgesetzten Funktionen, die keinen gewohnheitsmäßigen, realen Erwartungen mehr folgen.[52]

Es lohnt sich, an dieser Stelle auch den ästhetisch-stilistischen Errungenschaften des *Bebuquin*-Romans Beachtung zu schenken. Carl Einsteins durch die spezielle Relativitätstheorie inspirierter Leitgedanke, entgegen der herkömmlichen Anschauung seien Raum und Zeit *keine* absoluten Kategorien menschlichen Erkennens, fand nicht nur auf der inhaltlichen, sondern auch auf der Sprachebene seine Umsetzung. So wird der Leser wiederholt im Unklaren darüber gelassen, welche Romanfigur gerade spricht, auf welche Bezugssysteme Äußerungen und Dialoge zu beziehen sind.[53] Die Vagheit des Textes ist hier Prinzip: Verschiedene Leser ziehen unterschiedliche Schlüsse; der Autor gestattet es (sich) nicht, verbindliche Angaben zu machen. Auch auf semantischer Ebene wird die Spracheinheit gesprengt. Die Auflösung konventioneller Bedeutungszusammenhänge erstreckt sich bis in einzelne Sätze hinein: „Die neue Weltanschauung kristallisierte sich zur Ziege, die ein Bein gebrochen hat." (S.127)

Man hat in der Vergangenheit nicht mit Superlativen für die erzähltechnisch-ästhetische Innovationskraft des *Bebuquin*-Romans gegeizt, ihn als einen der „Schlüsseltexte der avantgardistischen Prosa"[54] oder als „*Schwellentext* zur literarischen Moderne des 20. Jahrhunderts"[55] bezeichnet, zum „Schlüsselwerk der Moderne"[56] oder auch zum „Beginn des deutschen Romans in der Moderne"[57] erhoben. – Und mit Recht: Der Auffassung, daß Einsteins *Bebuquin* einen bedeutenden „ästhetischen Epocheneinschnitt"[58] auf dem Weg der Literatur ins 20. Jahrhundert markiert, ist unbedingt beizupflichten. Ob der kleine

---

[52] So Kleinschmidt im Nachwort der Reclam-Ausgabe des *Bebuquin* (vgl. ebd., S. 69-86, hier: S. 77).
[53] Vgl. dazu auch Kleinschmidts editorische Hinweise in der Reclam-Ausgabe (speziell S. 53).
[54] Schmidt-Bergmann: Die Anfänge der literarischen Avantgarde in Deutschland, S. 247.
[55] Sorg: „Gärten der Zeichen", S. 265.
[56] Petersen: Der deutsche Roman der Moderne, S. 112.
[57] Ebd., S. 68.
[58] Kleinschmidt: Nachwort, S. 80.

Roman dies jedoch auch ohne die theoretische „Vorarbeit" von – Albert – Einstein in dieser Form leisten würde, darf nachhaltig bezweifelt werden.

1.2 Natura facit saltus! Die literarische Rezeption der Quantenphysik bei Hermann Broch und Robert Musil

1.2.1 Von Wellen- und Quantenmechanik

> Die Entstehung der Quantentheorie in den
> Jahren 1900 bis 1927 darf als einer der ganz
> großen Schritte in der Erkenntnis der Natur
> gelten, vielleicht sogar als eine der wesentli-
> chen Epochen der Geistesgeschichte.[1]
>
> (Friedrich Hund)

1933 faßte Hermann Broch einen Kurzroman ab, der 1927, im Jahr der Voll-endung der Quantentheorie, am physikalischen Institut der Universität Wien spielt. Held der *Unbekannten Größe* ist Richard Hieck, ein frisch promovierter Mathematiker und Mitglied der Arbeitsgruppe von Professor Weitprecht, ei-nem altgedienten Ordinarius für Experimentalphysik. Um den erstaunlich aus-differenzierten „physikalischen Unterbau" des Romans aufzeigen zu können, ist es notwendig, zuvor die offizielle Vorgeschichte etwas ausführlicher zu rekapitulieren.

Das Geburtsdatum der Quantentheorie wird üblicherweise auf den 14. De-zember 1900 beziffert. An diesem Tag legte Max Planck seine epochemachen-de Arbeit zur Wärmestrahlung vor, die endlich eine exakte Formulierung des sog. Hohlraumstrahlungsgesetzes lieferte, gleichzeitig jedoch neue gravierende Fragen aufwarf: Das *Plancksche Strahlungsgesetz* implizierte, daß Wärme nur in Form von diskreten Energiemengen emittiert werden kann, in ganzzahligen Vielfachen einer bestimmten Grundeinheit.[2] Diese sog. *Quantenhypothese*, eine zunächst nicht einsehbare Verwerfung des Energiekontinuums der klassi-schen Wellenlehre, markierte die Geburtsstunde der modernen Physik.

---

[1]   Hund: Geschichte der Quantentheorie, S. 5.
[2]   Des Produkts der Strahlungsfrequenz v mit dem elementaren Wirkungsquantum h.

1905 führte Albert Einstein die Theorie der Energiequanten weiter.[3] Seine Erklärung für den wenige Jahre zuvor von Philipp Lenard entdeckten *Photoeffekt* zeigte, daß auch Licht als Ausbreitung von Quanten, sog. *Photonen*, angesehen werden kann. Der nächste wichtige Fortschritt war dann der erfolgreiche Transfer der Quantenhypothese auf die Atomtheorie, 1913 von Niels Bohr vorgenommen.[4] Der Wiener Physiker Arthur Haas, ein Freund und Lehrer von Hermann Broch,[5] urteilte später, daß es erst der Däne gewesen sei, der der Quantentheorie das Anwendungsgebiet erschloß, „auf dem ihr die großartigsten Erfolge beschieden sein sollten"[6]. Bohr modifizierte das damals vertretene *Rutherford-Modell*, das bereits auf der Vorstellung des Atoms als eines von Elektronen umkreisten, positiv geladenen Kerns beruhte, u.a. dahingehend, daß er die Bahndrehimpulse der Elektronen als gequantelt deklarierte. Damit übertrug er die zuvor von Planck und Einstein für Energien propagierte Idee diskreter Meßgrößen auf den Atombau; mit Hilfe dieses Ansatzes konnte das Linienspektrum von Wasserstoff in weiten Teilen erklärt werden. Allerdings erwies sich auch das *Bohrsche Atommodell* noch als mängelbehaftet. Komplexere Spektren konnten immer noch nicht zufriedenstellend gedeutet werden.

Ein grundlegenderes Problem als der Ausbau der Theorie auf höhere Elemente war jedoch, daß das Verbot beliebiger Elektronenbahnen nicht plausibel gemacht werden konnte. Was Bohr postuliert hatte und sich im Experiment als zutreffend erwiesen hatte, verlangte immer noch nach einer physikalischen Erklärung. Die Lösung lieferte Louis de Broglie 1924.[7] Hatte Einstein nachgewiesen, daß Licht, in der klassischen Physik als Ensemble elektromagnetischer Wellen bestimmter Frequenzen aufgefaßt, zurecht auch als Korpuskularstrahlung angesehen werden kann, so wurde nun die umgekehrte These geäußert: daß Materieteilchen auch im Wellenbild beschreibbar seien.

Längst zur allgemeinen Theorie mikrophysikalischer Systeme avanciert, ermangelte die Quantentheorie noch bis Mitte der 20er Jahre einer mathe-

---

[3] Vgl. Einstein: Über einen die Erzeugung und Verwandlung des Lichtes betreffenden heuristischen Gesichtspunkt. – In: Ann. d. Phys. 4.F. 17 (1905), S. 132-148.

[4] Vgl. Bohr: On the Constitution of Atoms and Molecules. – In: Philos. Mag. 26 (1913), S. 1-25.

[5] Vgl. Lützeler: Hermann Broch. Eine Biographie, S. 98. Haas hatte von Beginn an regen Anteil an der Entwicklung der Quantentheorie genommen (vgl. Hermann: Frühgeschichte der Quantentheorie, S. 102-117).

[6] Haas: Das Naturbild der neuen Physik, S. 55.

[7] Vgl. de Broglie: Recherches sur la théorie des quanta.

matischen Grundlegung – die dann überraschenderweise gleich in doppelter
Ausführung geliefert wurde. Von 1925 an entwickelten Werner Heisenberg,
Pascual Jordan und Max Born die sog. *Quanten-* oder *Matrizenmechanik*;[8]
1926 präsentierte Schrödinger seine *Wellenmechanik*, die de Broglies Materie-
wellen-Theorie weiterführte.[9]

Der Unterschied zwischen diesen beiden anfangs konkurrierenden Theorien
äußerte sich bereits im Ansatz. In einem der ersten Lehrbücher zum Thema,
Haas' *Materiewellen und Quantenmechanik* (1928, 2. Aufl. 1929) hieß es dazu:

> Während diese beiden Forscher [de Broglie und Schrödinger] bestrebt waren,
> das atomare Geschehen mittels der Methoden der klassischen Physik zu erklä-
> ren und die Kluft zu überbrücken, die die „quantisierte" Atomphysik von der
> klassischen Physik trennte, ging Heisenberg von der entgegengesetzten Auffas-
> sung aus: daß nämlich nur ein endgültiger Verzicht auf die hergebrachten klas-
> sischen Vorstellungen ein wirkliches Verständnis der atomaren Gesetzmäßig-
> keiten erschließen könne. Heisenbergs Überzeugung war es, daß in der Atom-
> physik jeder Versuch einer Anschaulichkeit als sinnlos und zwecklos von vorn-
> herein vermieden werden müsse [...].[10]

Damit war die Verschiedenheit der Modelle treffend umrissen. Schrödinger
versuchte, die bedrohte Einheitlichkeit von Mikro- und Makrokosmos zu retten, indem er das aus der klassischen Physik bestens vertraute Wellenbild auf
alle Arten mikroskopischer Teilchen ausdehnte. Heisenberg dagegen antizipier-
te, daß nur durch einen radikalen Bruch mit den klassischen Vorstellungen eine
formale Beschreibung atomarer und subatomarer Systeme möglich sein würde.
In seinem die Quanten*mechanik* begründenden Aufsatz hatte er in diesem Sinne gefordert, jede „Hoffnung auf eine Beobachtung der bisher unbeobachtbaren
Größen (wie Lage, Umlaufzeit des Elektrons) ganz aufzugeben" und statt des-

---

[8]   Vgl. Heisenberg: Über quantentheoretische Umdeutung kinematischer und mechanischer
      Beziehungen. – In: Zeitschr. f. Phys. 33 (1925), S. 878-893; Jordan, Born: Zur Quantenme-
      chanik. – In: Zeitschr. f. Phys. 34 (1925), S. 858-888; Heisenberg, Born, Jordan: Zur Quan-
      tenmechanik II. – In: Zeitschr. f. Phys. 35 (1925/26), S. 557-615; Heisenberg: Über quan-
      tentheoretische Kinematik und Mechanik. – In: Math. Ann. 95 (1925/26), S. 683-705; Jor-
      dan: Über die neue Begründung der Quantenmechanik. – In: Zeitschr. f. Phys. 40 (1926),
      S. 809-838.

[9]   Vgl. Schrödingers vier Mitteilungen über „Quantisierung als Eigenwertproblem" in den
      Annalen der Physik sowie die nachfolgenden Aufsätze „Über den Comptoneffekt" und
      „Der Energieimpulssatz von Materiewellen". Weitere wichtige Arbeiten zur Formulierung
      der Quantenmechanik gehen auf Paul Dirac zurück.

[10] Haas: Materiewellen und Quantenmechanik, S. 65.

sen zu „versuchen, eine der klassischen Mechanik analoge quantentheoretische Mechanik auszubilden, in welcher nur Beziehungen zwischen beobachtbaren Größen vorkommen."[11] Ex post kommentierte er diesen Ansatz so:

> Das Programm der Qu.M. [Quantenmechanik] mußte [...] sein, sich zunächst von diesen anschaulichen Bildern [der klassischen Physik] freizumachen und an die Stelle der bisher benutzten Gesetze [...] einfache Beziehungen zu setzen zwischen experimentell gegebenen Größen.[12]

Zur Illustration des notwendig gewordenen Begriffswandels wurde folgendes Beispiel angeführt:

> An Stelle des aufgegebenen Begriffs vom *„Ort des Elektrons"* versuchte die Qu.M. eine Gesamtheit physikalisch wohldefinierter Größen zu setzen, die in der klassischen Theorie dem „Ort des Elektrons" mathematisch äquivalent wäre.

Wie Heisenberg, Jordan und Born zeigen konnten, erfüllten Matrizen diesen Zweck.

Der Nachweis, daß zwischen Quanten- und Wellenmechanik – trotz der gegenläufigen Ansätze – in *formaler* Hinsicht überhaupt keine Widersprüche herrschten, gelang Schrödinger in seiner „Zweiten Mitteilung"[13]. Die abschließende Klärung der mathematischen Grundlagen von Quanten- und Wellenmechanik erbrachten David Hilbert, Johann von Neumann und Lothar Nordheim Anfang des Jahres 1927.[14]

Nachdem die mathematische Äquivalenz der Theorien also erwiesen war und „die fruchtbare Verbindung dieser beiden verschiedenen physikalischen Ideenbereiche zu einer außerordentlichen Erweiterung und Bereicherung des quantentheoretischen Formalismus"[15] geführt hatte – so Heisenberg 1933 bei der Entgegennahme des Nobelpreises –, dauerte auf physikalischer und erkenntnistheoretischer Ebene der Disput unvermindert an. Zentraler Streitpunkt war die Gültigkeit des Kausalgesetzes, die Heisenberg in gewisser Weise in

---

[11] Heisenberg: Über quantentheoretische Umdeutung kinematischer und mechanischer Beziehungen, S. 880.

[12] Dieses und das folgende Zitat: Heisenberg: Quantenmechanik. – In: Naturwissenschaften 14 (1926), S. 989-994, hier: S. 990.

[13] Vgl. Schrödinger: Quantisierung als Eigenwertproblem. (Zweite Mitteilung). – In: Ann. d. Phys. 4.F. 79 (1926), S. 489-527.

[14] Vgl. Hilbert, von Neumann, Nordheim: Über die Grundlagen der Quantenmechanik. – In: Math. Ann. 98 (1927), S. 1-30.

Frage stellte, Schrödinger dagegen kompromißlos verteidigte. Dazu noch einmal die Darstellung von Brochs Lehrer Arthur Haas:

> Die Schrödingersche Theorie beruht auf der Vorstellung streng *kausaler Zu-*
> *sammenhänge*. Einerseits gründet sie sich auf die Annahme, daß der Zustand
> des Wellenfeldes jederzeit genau beschreibbar sei, und andererseits auf das
> Postulat, daß aus einem gegebenen Anfangszustand des Feldes sein Zustand zu
> jeder späteren Zeit genau ableitbar sein müsse.[16]

Heisenberg auf der anderen Seite hatte das Kausalgesetz der klassischen Physik
als Konsequenz der eigenen *Unschärferelationen*, denen zufolge die menschliche Kenntnis über mikrophysikalische Systeme prinzipiell eingeschränkt ist,
aufgeben *müssen*, und die in der Frühphase der Rezeptionsgeschichte autorita-
tive *Kopenhagener Deutung* basierte gerade auf diesem Gedanken.[17] Der zweite wesentliche Bestandteil dieser von Bohr, Heisenberg, Wolfgang Pauli, Carl
Friedrich von Weizsäcker u.a. entwickelten Interpretation quantenphysikali-
scher Fundamentalprozesse war Bohrs *Komplementaritätstheorie* – unmittelbar
nach den Unschärferelationen im Frühjahr 1927 entwickelt. Im Urteil ihres
Schöpfers besagte sie im Kern,

> daß, *wie weit auch die Phänomene* [der Mikrophysik – C.K.] *den Bereich klas-*
> *sischer physikalischer Erklärung überschreiten mögen, die Darstellung aller*
> *Erfahrung in klassischen Begriffen erfolgen muß*. Die Begründung hierfür ist
> einfach die, daß wir mit dem Wort „Experiment" auf eine Situation hinweisen,
> in der wir anderen mitteilen können, was wir getan und was wir gelernt haben,
> und daß deshalb die Versuchsanordnung und die Beobachtungsergebnisse in
> klar verständlicher Sprache unter passender Anwendung der Terminologie der
> klassischen Physik beschrieben werden müssen.[18]

---

[15] Heisenberg: Die Entwicklung der Quantenmechanik, S. 7.
[16] Haas: Materiewellen und Quantenmechanik, S. 98.
[17] Unter der Bezeichnung „Kopenhagener Deutung" wurde und wird eine Vielzahl z.T. deutlich divergierender Interpretationen der Quantenmechanik subsumiert (vgl. dazu die Kritik
in: Busch, Lahti, Mittelstaedt: The Quantum Theory of Measurement, S. 101-110; Baumann, Sexl: Die Deutungen der Quantentheorie, S. 16-19; 32f.). Die vorliegende Arbeit
geht nicht näher auf etwaige Unterschiede oder Nuancen ein, weil sie sich lediglich mit der
Frühphase von Theoriebildung und Rezeptionsgeschichte auseinandersetzt.
[18] Bohr: Atomphysik und menschliche Erkenntnis, S. 39. In einem engeren Sinn besagt die
Komplementaritätstheorie, daß Wellen- und Teilchenbild komplementäre Beschreibungen
atomarer und subatomarer physikalischer Systeme liefern. Gegen diesen Gedanken wandte
sich vor allem Schrödinger, der zeitlebens daran festhielt, daß dem Korpuskelbild keine

Heisenberg führte ergänzend aus, die Kopenhagener Deutung der Quantentheorie beginne „mit der Tatsache [...], daß wir unsere Experimente mit den Begriffen der klassischen Physik beschreiben müssen, und gleichzeitig mit der Erkenntnis, daß diese Begriffe nicht genau auf die Natur passen."[19] Damit rekurrierte er auf den Umstand, daß den herkömmlichen, insbesondere an der Philosophie Kants geschulten Vorstellungen und Begriffen in der Quantenmechanik prinzipielle Grenzen auferlegt sind – was sich am augenfälligsten in der Inkompatibilität der Kausalkategorie mit den kantischen Formen der reinen Anschauung Raum und Zeit äußert:

> Die raum-zeitliche Beschreibung von Atomvorgängen ist komplementär zu ihrer kausalen oder deterministischen Beschreibung. Die Wahrscheinlichkeitsfunktion genügt einer Bewegungsgleichung, ähnlich wie die für die Koordinaten in der Newtonschen Mechanik. Ihre Änderung im Laufe der Zeit ist durch die quantenmechanischen Gleichungen vollständig bestimmt, aber sie liefert keine raum-zeitliche Beschreibung des Systems. Durch die Beobachtung andererseits wird eine raum-zeitliche Beschreibung erzwungen. Aber sie unterbricht den durch die Rechnung bestimmten Ablauf der Wahrscheinlichkeitsfunktion, indem sie unsere Kenntnis des Systems ändert.[20]

Deutlich geht aus diesem Zitat hervor, daß die Erkenntnisse der Quantentheorie spätestens gegen Ende der 20er Jahre den eigentlichen Rahmen der Physik gesprengt hatten; die Kopenhagener Deutung stellte nicht nur eine neue physikalische Theorie, sondern auch „eine gewisse Erkenntnistheorie oder sogar Ontologie"[21] dar.

---

physikalische Realität zukomme (vgl. Schrödinger: Are there Quantum Jumps? – In: Brit. J. Philos. Sci. 3 (1952/53), S. 109-123; S. 233-242).
[19] Heisenberg: Physik und Philosophie, S. 39.
[20] Ebd., S. 32f. Heute gebrauchen Physiker den Terminus „Komplementarität" zumeist nur noch in dem stark verkürzten Sinn, daß zwei in der Mikrophysik inkommensurable Größen „komplementär" genannt werden, beispielsweise Ort und Impuls eines Elementarteilchens.
[21] Büchel: Philosophische Probleme der Physik, S. 365.

1.2.2 Brochs *Unbekannte Größe* und die Vollendung der Quantenmechanik

> Trotz der [...] außerordentlichen Fortschritte auf dem Gebiete der quantentheoretischen Mathematik war man bis zum Ende des Jahres 1926 kaum über die intuitiv richtige Anwendung des Formalismus hinausgekommen. Über die physikalischen Grundlagen herrschte noch keine Klarheit.[1]
>
> (Werner Heisenberg)

Über sein eigenes Mathematik- und Philosophiestudium, das er im Frühjahr 1930 nach neun Semestern abbrach, um Schriftsteller zu werden, und die z.T. sehr intensiven privaten Kontakte, die er mit seinen akademischen Lehrern pflegte, hatte Hermann Broch die Entwicklung der Quantenmechanik aus nächster Nähe mitverfolgen können. Es überrascht daher nicht, daß auch in seinem Roman *Die Unbekannte Größe* der Forschungsschwerpunkt der Gruppe um Professor Weitprecht auf dem Gebiet der Atomphysik liegt. Als der alternde, herzkranke Ordinarius im Frühsommer 1927 dem Drängen seiner Frau nachgibt und sich endlich einer mehrwöchigen Kur unterzieht, erhält Richard, der Protagonist, den Auftrag, in der Zeit seiner Abwesenheit die Forschungsergebnisse der Vergangenheit noch einmal systematisch aufzuarbeiten. Worin Weitprechts Interesse in den letzten Monaten bestanden hatte, entnimmt man seinen detaillierten Anweisungen: „Es ist alles chronologisch bezeichnet. Die wellenmechanischen Arbeiten tragen außerdem in der rechten Ecke ein W. Und die quantentheoretischen tragen ein Qu." (KW II, S. 71)[2]

Broch signalisiert hier explizit, daß Weitprecht in der Vergangenheit an einer eigenen Lösung der zwischen Schrödinger und Heisenberg ausgetragenen Kontroverse um die korrekte Fundamentlegung der modernen Atomphysik

---

[1] Heisenberg: Die Entwicklung der Quantentheorie 1918-1928. – In: Naturwissenschaften 17 (1929), S. 490-496, hier: S. 494.

[2] Brochs Werke werden zitiert nach der Kommentierten Werkausgabe (= KW I-XIII), hrsg. v. Paul Michael Lützeler, Frankfurt/Main 1974-81.

gearbeitet hatte: Der Ordinarius war bestrebt gewesen, experimentelle Resultate zur Stützung einer eigenen „Theorie der Quanteninterferenzen" (S. 20) zu finden – einer Vereinigung von Quanten- und Wellenmechanik in einem übergreifenden Theoriegebäude also.

Broch richtete die Romanhandlung genauestens anhand der wissenschaftshistorischen Tatsachen aus: Heisenberg war 1925 mit seiner Quantenmechanik an die Öffentlichkeit getreten, Schrödinger Anfang 1926 mit der Wellenmechanik. Wie zahlreiche andere Physiker hatte die Romanfigur Weitprecht in dem von diesen beiden meistrezipierten Theorien aufgespannten Diskussionsraum alsbald eigene Hypothesen entwickelt, die er dann durch Experimente zu verifizieren suchte. Im „Vorsommer" (S. 70) 1927 sind die Meßergebnisse dann aber schon überholt; an den entsprechenden Aufzeichnungen nimmt man bereits „alten Papierstaub" (S. 71) wahr.

Die Analyse von Richards „Dankesvisite" (S. 53) nach bestandenem Doktorat stützt die Interpretation. Im Haus des Professors erfährt der Protagonist von einer neuen Forschungsarbeit, der Weitprecht größte Bedeutung beimißt:

„Haben Sie das schon gelesen? die neue Mitteilung von Bohr."
Nein, die hatte er [Richard] noch nicht zu Gesicht bekommen.
„Sehr bedeutsam, sehr bedeutsam", sagte Weitprecht, „von allen Seiten fügt es sich zusammen, es geht alles auf das gleiche Ziel los."
Er spielte selbstverständlich auf die eigenen Arbeiten an. (S. 55)

Worauf Broch Weitprecht hier rekurrieren ließ, ist Bohrs Komplementaritätstheorie vom Frühjahr 1927. Was die Romanfigur angestrebt hatte, war dem Nobelpreisträger tatsächlich gelungen: die physikalische und epistemologische Aussöhnung von Quanten- und Wellenmechanik. Der Ordinarius reagiert auf die Neuigkeiten aus Kopenhagen mit tiefer Enttäuschung, bedeuten sie doch für ihn eine persönliche Niederlage im Forscherwettlauf der Physiker.

Die Umstände, wie Heisenberg die Unschärferelationen und Bohr die Komplementaritätstheorie entwickelten, sind weitgehend bekannt.[3] Dugald Murdoch weist darauf hin, daß Bohr mit seinem Komplementaritätskonzept nicht sofort vor die Fachwelt trat, sondern zunächst nur die engsten Mitarbeiter von seinen Überlegungen unterrichtete, darunter Heisenberg, der im Frühjahr 1927 ebenfalls in der dänischen Hauptstadt forschte:

---

[3] Eine entsprechende Schilderung findet sich z.B. in Heisenbergs Autobiographie *Der Teil und das Ganze* (vgl. ebd., S. 95-98).

Heisenberg recalls that Bohr developed the foundations of his conception of complementarity [...] in the early part of 1927 (end of February to middle of March). This recollection is correct. It seems, however, that Bohr did not hit upon the notion of (or at least the word) complementarity until the summer of that year.[4]

Darüber hinaus belegt Murdoch, daß das Kernstück der Überlegungen bereits im März 1927 vorlag, eine zunächst für den 28. März vorgesehene Publikation jedoch auf den Sommer verschoben wurde.[5] Tatsächlich präsentierte Bohr die Theorie sogar erst im September. Einleitend heißt es in seinem berühmten Comer Vortrag:

> Im Zusammenhang mit der Diskussion der physikalischen Deutung der in den letzten Jahren entwickelten quantentheoretischen Methoden möchte ich gern die folgenden allgemeinen Bemerkungen über die der Beschreibung atomarer Erscheinungen zu Grunde liegenden Prinzipien vorbringen, welche vielleicht zu der Versöhnung der auf diesem Gebiet so stark voneinander abweichenden Ansichten beitragen können.[6]

Damit ist der Anspruch der „Komplementaritätstheorie"[7] eindeutig umrissen. Bohr glaubte – und der überwiegende Teil der Physiker folgte ihm in seinen Ausführungen –, die Vereinigung von Wellen- und Quantenmechanik, formal bereits ein Jahr zuvor vollzogen, nunmehr auch in erkenntnistheoretischer Hinsicht bewerkstelligt zu haben: Eine abschließende Erfassung mikrophysikalischer Prozesse mache eine Betrachtung *sowohl* vom undulatorischen *als auch* vom Korpuskelbild her erforderlich; jedes subatomare Objekt sei – bildlich gesprochen – immer gleichzeitig als Welle *und* Teilchen angelegt. Erst der konkrete Versuch, mit dem das Objekt detektiert wird, entscheide darüber, welche Seite des Dualismus tatsächlich in Erscheinung trete. Oder anders ausgedrückt: Der Mensch oktroyiere der Natur durch die Wahl seines Experiments von vornherein auf, welche Seite ihres ambivalenten Charakters sie im Verlauf der Messung tatsächlich offenbart. Wellen- und Teilchenbild stellten

---

[4] Murdoch: Niels Bohr's Philosophy of Physics, S. 54.
[5] Vgl. ebd., S. 55f.
[6] Bohr: Das Quantenpostulat und die neuere Entwicklung der Atomistik. – In: Naturwissenschaften 16 (1928), S. 245-257, hier: S. 245.
[7] Ebd., S. 246.

zwei verschiedene Versuche einer Anpassung der experimentellen Tatsachen an unsere gewöhnliche Anschauungsweise dar, durch welche die Begrenzung der klassischen Begriffe in komplementärer Weise zum Ausdruck kommt.[8]

Broch integrierte die „neue Mitteilung von Bohr" sowohl inhaltlich als auch unter historischen Gesichtspunkten korrekt in seinen Roman. Wann genau das entscheidende Gespräch im Hause Weitprechts stattfindet, wird zwar nicht explizit angegeben, kann aber indirekt erschlossen werden. Die Ereignisse im Vorfeld des der Visite vorangehenden Promotionsfestakts finden im „Frühling" (S. 48) statt; das nachfolgende Kapitel spielt bereits an einem „späte[n] Juniabend" (S. 60). Der Besuch selbst wird also Ende Mai oder Anfang Juni 1927 erfolgt sein.

Es besteht Grund zur Annahme, daß Broch den wichtigen Aufsatz von Heisenberg kannte, in dem die berühmten Unschärferelationen erstmals der Fachwelt präsentiert wurden. Der Artikel erschien im Frühjahr 1927 in der *Zeitschrift für Physik*, die neben den von Planck herausgegebenen *Annalen der Physik*, in denen Schrödinger regelmäßig publizierte, auch international das damals bedeutendste Organ der Quantentheoretiker war. Ohne Frage hatte der Aufsatz in Brochs wissenschaftlichem Umfeld an der Wiener Universität seinerzeit größte Aufmerksamkeit auf sich gezogen. Dafür, daß auch der Schriftsteller darüber mit ihm in Berührung kam[9], gibt es ein gutes Indiz: Murdoch stellt fest, daß Heisenberg bis spätestens Mitte März 1927 von Bohrs Komplementaritätskonzept unterrichtet war. Diese Aussage kann dahingehend ergänzt werden, daß ein weiteres entscheidendes Gespräch der beiden Physiker Ende März stattgefunden haben muß, denn der Unschärfe-Aufsatz ging am 23. März bei der Redaktion der *Zeitschrift für Physik* ein, und in einem „*Nachtrag bei der Korrektur*" berichtete Heisenberg von einer weiteren wichtigen Unterredung:

> Nach Abschluß der vorliegenden Arbeiten haben neuere Untersuchungen von Bohr zu Gesichtspunkten geführt, die eine wesentliche Vertiefung und Verfeinerung der in dieser Arbeit versuchten Analyse der quantenmechanischen Zusammenhänge zulassen.[10]

---

[8] Ebd.

[9] Wahrscheinlich wurde Broch von Arthur Haas auf Heisenbergs Publikation aufmerksam gemacht – ähnlich wie im Roman Richard durch Professor Weitprecht.

[10] Heisenberg: Über den anschaulichen Inhalt der quantentheoretischen Kinematik und Mechanik. – In: Zeitschr. f. Phys. 43 (1927), S. 172-198, hier: S. 197.

Tatsächlich ließ Heisenberg hier schon den Leitgedanken von Bohrs Komplementaritätskonzept verlauten:

> Vor allem beruht die Unsicherheit in der Beobachtung nicht ausschließlich auf dem Vorkommen von Diskontinuitäten, sondern hängt direkt zusammen mit der Forderung, den verschiedenen Erfahrungen gleichzeitig gerecht zu werden, die in der Korpuskulartheorie einerseits, der Wellentheorie andererseits zum Ausdruck kommen.[11]

Abschließend deutete er die weitreichende Bedeutung der neuen Überlegungen an:

> Dafür, daß ich die genannten neueren Untersuchungen Bohrs, die in einer Arbeit über den begrifflichen Aufbau der Quantentheorie bald erscheinen werden, im Entstehen kennenlernen und diskutieren durfte, bin ich Herrn Prof. Bohr zu herzlichem Danke verpflichtet.[12]

Broch nun paßte die dem „Nachtrag" zugrundeliegende Situation akribisch den Bedürfnissen seiner *Unbekannten Größe* an. Aus dem Kopenhagener Dialog von Heisenberg und Bohr wurde im Roman eine – im übrigen realiter nicht existierende – „Akademieabhandlung" (KW II, S. 55), die Weitprecht besorgt aufhorchen läßt.[13] Darüber hinaus trifft Brochs Darstellung den realen Sachverhalt sehr genau: Weitprecht erhält die Informationen nicht so früh wie Bohrs Mitarbeiter (Gespräche mit Heisenberg, März 1927), aber noch als Entwurf – dies signalisieren seine Kommentare „sehr bedeutsam" und „von allen Seiten fügt es sich zusammen" – und nicht als abgeschlossene Theorie (*Como Lecture*, September 1927).

---

[11] Ebd., S. 197f.

[12] Ebd., S. 198.

[13] Tatsächlich gab es über viele Jahre einen – wenn auch nur sporadischen – Briefwechsel zwischen Bohr und Haas (vgl. Kuhn u.a.: Sources for History of Quantum Physics, S. 44). In bezug auf die *Unbekannte Größe* ist dabei vor allem ein Schreiben vom 17. November 1927 interessant, in dem Haas unter Bezugnahme auf sein kurz vor der Veröffentlichung stehendes Buch *Materiewellen und Quantenmechanik* auf Bohrs Komplementaritätstheorie zu sprechen kommt: „Ich würde nun allergrößten Wert darauf legen, in dieser, bereits nahezu vollendeten Schrift doch noch eingehend den Vortrag zu berücksichtigen, den Sie in Como gehalten haben, und der mir leider einstweilen noch nicht zugänglich ist." (Brief von Arthur Haas an Niels Bohr vom 17. November 1927, Niels Bohr Archive, Kopenhagen.) Diese Bitte um das Manuskript der *Como Lecture* belegt, für wie wichtig Brochs Lehrer die neue Theorie hielt.

Bezeichnend ist Weitprechts Reaktion auf Bohrs Vorab-Mitteilung. Der Professor, dessen Forschungen sich auf „das gleiche Ziel" gerichtet hatten, ist völlig konsterniert:

> Von ferne ahnte Richard das reiche und doch verpfuschte Leben dieses Mannes. [...] Er warf einen schrägen Seitenblick auf den Lehrer, der freudlos dasaß und einen Freund suchte. [...]
> „Ja", sagte Weitprecht, „Sie kennen wohl Kapperbrunns Ausspruch, die Mathematik sei nicht die Magd der Physik, sondern ihre Königin ... da hat er eigentlich recht." (S. 56)

Richard entgeht das in diesen Worten enthaltene Selbstmitleid des Ordinarius nicht. Er spürt, daß sich sein Professor *als Experimentalphysiker* gescheitert fühlt. Respektvoll unternimmt er den Versuch einer Entgegnung: „Vieles ist vom Experiment aus entdeckt worden [...], beinahe alles." (ebd.) Weitprechts Laune vermag er mit diesem höflichen Einwand jedoch nicht zu heben, was dessen körperliche Verfassung signalisiert: Er sieht „alt und verfallen" (S. 57) aus.

Sämtliche Hoffnung ist für den erkenntnis- und ruhmeshungrigen Institutsleiter allerdings nicht verloren. Es gibt noch eine letzte, bereits „laufende Versuchsreihe" (S. 71), die erfolgversprechend zu sein verspricht und, während Weitprecht in Kur ist, unbedingt noch abgeschlossen werden soll. Eine Doktorandin wird mit der Durchführung der Experimente beauftragt; Richard erhält die Kontrollaufsicht.

Worin diese letzte Versuchsserie bestanden haben könnte, läßt sich wiederum indirekt erschließen. Im Winter 1926/27, als die Handlung der *Unbekannten Größe* einsetzt, hatten die beiden wichtigsten Forschungsziele der Physik darin bestanden, einerseits Quanten- und Wellenmechanik auch physikalisch zu vereinigen und andererseits die von de Broglie postulierte Existenz von Materiewellen experimentell nachzuweisen. Das eine Ziel realisierte Bohr, das andere verwirklichten im August 1927 die amerikanischen Experimentalphysiker Clinton J. Davisson und Lester H. Germer, denen der empirische Nachweis der Wellennatur von Elektronen glückte.[14] Einige im Romantext verstreute Hinweise legen nahe, daß sich der für „eigensinnig regellose und

---

14 Vgl. Davisson, Germer: Diffractions of Electrons by a Crystal of Nickel. – In: Phys. Rev. 30 (1927), S. 705-740. Der Aufsatz endet mit dem Vermerk: „Bell Telephone Laboratories, Inc., New York, N.Y. August 27, 1927."

phantastische Forschungsmethoden" (KW II, S. 52) bekannte Weitprecht auf
der Fährte eben dieses Nachweises befand. Zum einen wird erwähnt, daß die
Forschungsarbeit am Institut ganz allgemein der experimentellen Verifizierung
einer Theorie der „Quanteninterferenzen" (S. 20) gewidmet sei; andererseits, in
bezug auf die besagte letzte Meßreihe, heißt es, sie habe mit „Elektronenladun-
gen" (S. 104) zu tun. Damit ist vage der Versuch skizziert, den Davisson und
Germer tatsächlich durchführten.[15]

Daß Broch das Davisson-Germer-Experiment kannte, steht außer Frage. Haas
hob dessen Bedeutung 1932 so hervor:

> Obwohl die Theorien de Broglies zunächst sehr seltsam erscheinen mußten,
> können sie heute als in einwandfreier Weise durch die *experimentelle* Erfahrung
> *gesichert* angesehen werden. [...] Durch einen bahnbrechenden Versuch zeigten
> [...] im Jahre 1927 Davisson und Germer, daß Elektronenschwärme bei ihrem
> Auftreffen auf *Kristalle* genau so *selektiv*, d.h. nur in ausgezeichneten Richtun-
> gen *reflektiert* werden, die [sic!] dies von den Röntgenstrahlen bekannt ist [...].[16]

Das abschließende Gespräch zwischen Richard und Weitprecht stützt die Interpretation. Broch läßt es in den letzten Sommertagen, nicht lange nach dem Experiment von Davisson und Germer, stattfinden, und sowohl die mentale als
auch die physische Verfassung des Ordinarius zu diesem Zeitpunkt sprechen
für sich. Hatte der Professor im Anschluß an die Nachricht von Bohrs Komplementaritätstheorie noch eine gewisse Hoffnung in die eigene Arbeit setzten
können, ist er nun, obwohl gerade erst aus dem Erholungsurlaub zurückgekehrt, vollkommen resigniert und zerschlagen. Sein Leben als Forscher ist
vertan. Allein Richard, dem Nachwuchswissenschaftler, gegenüber äußert er
noch die Hoffnung, daß „Sie vielleicht [...] mehr Glück haben als ich" (S. 124).

> Richard schüttelte den Kopf, und Weitprecht wurde böse:
> „Glück ist doch keine Schande ... sehen Sie, auf das richtige Arbeitsgebiet tref-
> fen, das ist schon Glück, und nicht zu früh und nicht zu spät kommen, das ist
> Glück ... sehen Sie, das ist das Glück des Genies ... Ideen hat bald einer, die
> Ideen liegen in der Luft ... aber zur richtigen Zeit am richtigen Ort sein, das ist

---

[15] Davisson und Germer zeigten, daß freie Elektronen beim Auftreffen auf Nickelkristalle
bestimmte charakteristische Welleneigenschaften offenbaren. Natürlich weisen Brochs
spärliche Hinweise nicht ausdrücklich auf dieses spezielle Experiment hin. Daß Weitprecht
in die gleiche Richtung wie Davisson und Germer forschte, wird jedoch eindeutig signalisiert.

[16] Haas: Das Naturbild der neuen Physik, S. 103.

Genie ..." Er hielt die Hand an sein Herz gepreßt und sagte matter: „Sehen Sie, dieses Glück hat mir gefehlt ..."
Richard wußte wenig zu sagen: „Vieles im Fortschritt der Physik bestätigt jetzt nachträglich ihre Annahmen, Herr Professor." (Ebd.)

Doch dieser erneute artige Aufmunterungsversuch des Helden vermag den gescheiterten Professor endgültig nicht mehr zu trösten:

Weitprecht fuhr sich durch die Haare, die noch immer spröd und wirr um seine Glatze standen: „Vorläufer zu sein, ist eine tragische Angelegenheit, Herr Doktor Hieck, das habe ich erfahren, und ebendas wünsche ich Ihnen nicht." (Ebd.)

Als Richard sich dieses Mal zum Gehen wendet, erscheint ihm der Professor „völlig verfallen" (S. 126), und es besteht kein Zweifel mehr daran, daß er bald sterben wird.

Wie tief Brochs Einsichten in die Entwicklung der Quantenmechanik waren, ersieht man noch aus einer dritten bedeutenden Arbeit, auf die in der *Unbekannten Größe* implizit bezug genommen wird. Bei der Auswertung einer im Detail nicht näher beschriebenen Meßreihe weist Dr. Kapperbrunn, Privatdozent für Mathematik und Weitprechts erster Mitarbeiter, Richard gleich zu Beginn des Romans auf Besonderheiten in den „tabellarischen Rechnungen" (S. 12) hin. Der Protagonist reagiert erstaunt:

Hieck, über die Tabellen gebeugt [...], sagte:
„Hier ist ein Fehler oder ein Wunder. [...]
Ein solcher Unterwert ist nicht möglich ... das müßte doch Professor Weitprecht schon aufgefallen sein. [...]
Wenn es stimmt, ist es eine Revolution der Physik." (S. 12f.)

Als der Institutsleiter kurz darauf den Raum betritt, äußert er die Vermutung, „daß man dem Phänomen gruppentheoretisch beikommen müßte" (S. 13), und bittet die beiden, sich um eine entsprechende Deutung zu bemühen. Im Gegensatz zu Kapperbrunn, der zuvor schon „gelangweilt" (S. 12) an der Auswertung gesessen hatte, ist Richard fasziniert von der Aufgabe. „Hieck sagte langsam: ‚Es ist aber eine bestechende Idee ... vielleicht war's doch kein Beobachtungsfehler.'" (S. 14) Noch am selben Abend hat der Held dann „die Ergebnisse der Weitprechtschen Versuchsreihe vor sich liegen und bemüht sich um eine gruppentheoretische Ausdeutung" (S. 18f.). Was ihm vorschwebt, ist „eine ausreichende gruppentheoretische Erklärung" für „Weitprechts Theorie von den Quanteninterferenzen" und darüber hinaus „eine umfassende Anwendung der

Gruppentheorie auf die übrigen physikalischen und sonstigen Lebensphänomene" (S. 20).

Tatsächlich spielte eine Orientierung speziell an der Theorie der *Rotations*gruppe bei der Vervollkommnung der Quantenmechanik eine entscheidende Rolle.[17] Gleich mehrere Mathematiker und Physiker – zu nennen sind Charles Galton Darwin, Fritz London, Johann von Neumann und Eugene Paul Wigner – wiesen 1926/27 nach, daß eine Anwendung der mathematischen Gruppentheorie äußerst fruchtbar im Hinblick auf die Beantwortung fundamentaler quantentheoretischer Fragestellungen sein würde.[18] Die bedeutendsten Beiträge allerdings stammen von Hermann Weyl,[19] der 1928 auch das erste Lehrbuch zu diesem Themenkomplex, *Gruppentheorie und Quantenmechanik*, vorlegte.

Bei der Auswertung der Weiprechtschen Meßreihe glückt nun dem Romanhelden eine wichtige Entdeckung an der Schnittstelle von Gruppen- und Quantentheorie, die ihm wenig später auch seine erste wissenschaftliche Publikation einbringen soll – im angesehenen *Journal für die reine und angewandte Mathematik*[20]:

> Richard [...] ahnte in zart vernebelter Ferne, daß sich ein gruppentheoretischer Weg finden lassen werde.
>
> [...] da lichtete sich für Richard der Nebel, er sah eine kristallische Landschaft vor sich – anders hätte er das nicht benennen können – eine erleuchtet sternen-

---

[17] Die Theorie der Rotationsgruppe lieferte u.a. das mathematische Handwerkszeug zur korrekten Behandlung von Drehimpulsoperatoren, z.B. Elektronenspins.

[18] Vgl. London: Winkelvariable und kanonische Transformationen in der Undulationsmechanik. – In: Zeitschr. f. Phys. 40 (1926), S. 193-210; Wigner: Über nicht kombinierende Terme in der neueren Quantentheorie. – In: Zeitschr. f. Phys. 40 (1926), S. 492-500; S. 883-892; ders.: Einige Folgerungen aus der Schrödingerschen Theorie für die Termstrukturen. – In: Zeitschr. f. Phys. 43 (1927), S. 624-652; Darwin: The Electron as a Vector Wave. – In: Proc. Royal Soc. London (A) 116 (1927), S. 227-253; von Neumann: Zur Theorie der Darstellungen kontinuierlicher Gruppen. – In: Sitzungsber. Akad. Berlin 1927, S. 76-90; ders.: Mathematische Begründung der Quantenmechanik. – In: Nachrichten Göttingen 1927, S. 1-57.

[19] Weyl hatte schon vor 1927 eine Reihe von – rein mathematischen – Arbeiten zur Gruppentheorie vorgelegt. Den Transfer auf die Quantentheorie leistete dann sein Artikel „Quantenmechanik und Gruppentheorie". (Zeitschr. f. Physik 46 (1927), S. 1-46).

[20] Im Roman kürzte Broch den offiziellen Namen „Journal für die reine und angewandte Mathematik" stets mit „Crelles Journal" ab. Dies war die seinerzeit in Mathematikerkreisen gängige Bezeichnung. Die Zeitschrift war 1826 von August Leopold Crelle gegründet worden, daher die Abkürzung.

hafte Landschaft, in der die Zahlengruppen zwar nicht als solche zu sehen, wohl aber so leicht einzuordnen waren, daß man die den Zahlen geöffnete, mit Zahlen sich erfüllende Landschaft in eine beglückend logische und gleichzeitig ein wenig karussellhafte Bewegung versetzten konnte. (S. 22)

Worin Richards Erkenntnisschritt besteht, deutet Brochs Erzähler hier sehr genau an, wenn er von der „karussellhafte[n] Bewegung" hinter einer Variablenlandschaft verborgener „Zahlengruppen" spricht: Der Protagonist hat entdeckt, daß zur Lösung des Problems die Theorie der *Dreh*gruppe den richtigen Zugang eröffnet.

Gestützt wird die Deutung dadurch, daß Kapperbrunn Richard für die weitere Ausarbeitung folgenden Artikel zur Lektüre empfiehlt: „[...] ich habe nachgesehen, es ist so, wie ich Ihnen sagte, in Crelles Journal aus dem Jahre 23, warten Sie mal, Heft 1, finden Sie einen Beitrag von Gurwicz zu Ihrem Thema." (S. 24) Der Artikel, auf den Broch Kapperbrunn hier verweisen läßt, ist mit großer Wahrscheinlichkeit Weyls grundlegender Aufsatz „Zur Charakterisierung der Drehungsgruppe"[21], erschienen 1923 in der *Mathematischen Zeitschrift*,[22] die Broch von 1923 bis 1926 persönlich abonniert hatte.[23] Auch wenn Broch den Namen des Autors abänderte[24] und als Publikationsorgan das

---

[21] In: Math. Zeitschr. 17 (1923), S. 293-320.

[22] Ernestine Schlants Vermutung, Broch spiele auf Weyls Aufsatz „Das gruppentheoretische Fundament der Tensorrechnung" von 1924 an (vgl. Hermann Broch and Modern Physics. – In: Germ. Rev. 53 (1978), S. 69-75, hier: S. 74), ist dagegen unzutreffend. Schlant stützte sich bei ihrer Annahme auf einen Ausspruch Kapperbrunns, der im Erstdruck des Romans „Wollen Sie [Richard] auf ihre alten Tage nochmals mit Tensorrechnung beginnen?" lautete. Broch selbst wies jedoch im März 1935 in einem Brief an Benno W. Huebsch darauf hin, daß der Begriff „Tensorrechnung" lediglich irrtümlicherweise abgedruckt worden war: „Ich habe [...] die ‚U.G.' durchgelesen [...] und bin dabei auf etwas sehr Unliebsames gestoßen. Auf Seite 31, Zeile 7 von oben, auf Seite 32, Zeile 4 von unten, auf Seite 35, Zeile 1 von oben, ist überall das Wort ‚Tensor' richtig durch ‚*Vector*' zu ersetzen" (KW XIII/1, S. 339).

[23] Vgl. Amann, Grote: Die „Wiener Bibliothek" Hermann Brochs, S. XVII.

[24] Er spielt auf Alexander Gurwitsch, den Entdecker der sog. *biologischen* oder *mitogenischen Strahlen* an. Es handelt sich dabei um kurzwellige UV-Strahlung in organischen Zellen, die eine deutliche Zunahme von Mitosen bewirkt. Gurwitschs Entdeckung stammt aus dem Jahr 1922. Sein wichtiges Buch *Problem der Zellteilung* erschien 1927 in deutscher Sprache; wissenschaftliche Aufsätze publizierte er in der *Zeitschrift für wissenschaftliche Biologie*. Als Broch die *Unbekannte Größe* abfaßte, rätselte man noch über die Entstehung der Gurwitsch-Strahlung. Die Bemerkung, Richards Arbeit ziele auch auf eine „Anwendung der Gruppentheorie auf die übrigen physikalischen und sonstigen *Lebens*phänomene" (Hervorhebung v. mir, C.K.) ab, stellt den Bezug eindeutig her. (Zu Gurwitsch, dessen Arbeiten

Journal für die reine und angewandte Mathematik angab, hielt er doch – wie bereits im Zusammenhang mit der Komplementaritätstheorie und dem Davisson-Germer-Experiment – den vorgegebenen Zeitrahmen genau ein, was das korrekt wiedergegebene Erscheinungsdatum belegt. Vom physikalischen Gehalt seiner *Unbekannten Größe* wird im folgenden noch mehr zu berichten sein.

heute weitgehend in Vergessenheit geraten sind, vgl. auch Lämmel: Die moderne Naturwissenschaft und der Kosmos, S. 118.)

1.2.3 Noch ein Mathematikerroman: Musils *Mann ohne Eigenschaften*

> Weil Ihr Philosophen, weil Ihr Philosophen
> Immer noch nicht wisset, wo die Glocke hängt,
> Sing ich Euch jetzt Strophen, sing ich Euch jetzt Strophen,
> Die Ihr wohl versteht, wenn Ihr auch sehr beschränkt. [...]
> Gebt mir Eure roten, gebt mir Eure roten,
> Gebt mir Eure roten Lederbände her!
> Darein soll man binden, darein soll man binden,
> Darein soll man binden Mathematiker. [...]
> Dritthalbtausend Jahre, dritthalbtausend Jahre
> Treibt man volksverdummende Metaphysik,
> Doch jetzt kommt die wahre, doch jetzt kommt die wahre,
> Wahre Theorie, die bricht Ihr das Genick.[1]
>
> (Felix Kaufmann)

Robert Musils Monumentalroman *Der Mann ohne Eigenschaften* gilt zurecht als die umfassendste literarische Auseinandersetzung mit dem Phänomen „Moderne" in deutscher Sprache. Die Entstehungsgeschichte des Werkes, dessen Held interessanterweise ebenfalls ein junger Mathematiker ist, reicht bis in die Jahre vor dem Ersten Weltkrieg zurück; konkrete Konturen gewann es etwa ab 1920.

Eine zentrale Vorarbeit für den *Mann ohne Eigenschaften* war der 1913 entstandene Essay „Der mathematische Mensch", in dem Musil das Verhältnis von Mathematik und Technik ausgiebig erörterte. Dabei entwickelte er die These, daß das gesamte moderne Leben auf Mathematik beruhe:

> Man kann sagen, daß wir praktisch völlig von den [...] Ergebnissen dieser Wissenschaft leben. Wir backen unser Brot, bauen unsre Häuser und treiben unsre Fuhrwerke durch sie. Mit der Ausnahme der paar von Hand gefertigten Möbel, Kleider, Schuhe und der Kinder erhalten wir alles unter der Einschaltung

---

[1] Kaufmann: Antimetaphysisches Trutzlied. – In: Ders.: Wiener Lieder zu Philosophie und Ökonomie, S. 41.

mathematischer Berechnungen. Dieses ganze Dasein, das um uns läuft, rennt, steht, ist nicht nur für seine Einsehbarkeit von der Mathematik abhängig, sondern ist effektiv durch sie entstanden, ruht in seiner so und so bestimmten Existenz auf ihr. (GW II, S. 1006)[2]

Jahre später ließ Musil denselben Gedanken in die Exposition des Romans einfließen:

> Man braucht wirklich nicht viel darüber zu reden, es ist den meisten Menschen heute ohnehin klar, daß die Mathematik wie ein Dämon in alle Anwendungen unseres Lebens gefahren ist. (GW I, S. 39f.)

Bereits die Episode aus dem ersten Kapitel reißt den mathematischen Diskurs an. Beschrieben wird die Wirkung, die der Anblick eines Unfallopfers – ein Fußgänger war von einem Lastwagen angefahren worden – auf eine Passantin ausübt. Die Dame hat einen leichten Schock erlitten und verspürt „etwas Unangenehmes in der Herz-Magengrube", kann jedoch von ihrem Begleiter durch den beiläufigen Hinweis auf die prinzipielle Berechenbarkeit des Vorfalls schnell wieder beruhigt werden:

> Der Herr sagte [...] zu ihr: „Diese schweren Kraftwagen, wie sie hier verwendet werden, haben einen zu langen Bremsweg." Die Dame fühlte sich dadurch erleichtert und dankte mit einem aufmerksamen Blick. Sie hatte dieses Wort wohl schon manchmal gehört, aber sie wußte nicht, was ein Bremsweg sei, und wollte es auch gar nicht wissen; es genügte ihr, daß damit dieser gräßliche Vorfall in irgend eine Ordnung zu bringen war und zu einem technischen Problem wurde [...]. (S. 11)

Die prinzipielle Berechenbarkeit und Vorhersage nahezu aller Lebensvorgänge in der modernen Großstadt Wien, dem Ort der Handlung, schützt nicht vor Katastrophen, wie das Beispiel zeigt. Geradezu plastisch vor Augen geführt wird die Gefahr, die das euphorisch bejubelte „Maschinenzeitalter" (S. 103) gewissermaßen als Schattenseite in sich birgt, in der Vision der zukünftigen Millionenstadt,

> wo alles mit der Stoppuhr in der Hand eilt oder stillsteht. Luft und Erde bilden einen Ameisenbau, von den Stockwerken der Verkehrsstraßen durchzogen. Liftzüge, Erdzüge, Untererdzüge, Rohrpostmenschensendungen, Kraftwagen-

---

2   Musils Schriften werden zitiert nach den Gesammelten Werken (= GW I + II), hrsg. v. Adolf Frisé, Reinbek bei Hamburg 1978, sowie den Tagebüchern (= Tb I + II), hrsg. v. Adolf Frisé, Reinbek bei Hamburg 1983.

ketten rasen horizontal, Schnellaufzüge pumpen vertikal Menschenmassen von
einer Verkehrsebene in die andere; man springt an den Knotenpunkten von einem Bewegungsapparat in den andern, wird von deren Rhythmus, der zwischen
zwei losdonnernden Geschwindigkeiten eine Synkope, eine Pause, eine kleine
Kluft von zwanzig Sekunden macht, ohne Überlegung angesaugt und hinein-
gerissen, spricht hastig in den Intervallen dieses allgemeinen Rhythmus miteinander ein paar Worte. Fragen und Antworten klinken ineinander wie Ma-
schinenglieder [...]. Spannung und Abspannung, Tätigkeit und Liebe werden
zeitlich genau getrennt und nach gründlicher Laboratoriumerfahrung ausgewo-
gen. (S. 31)

Dieses Szenario einer „Art überamerikanische[n] Stadt" (ebd.) mahnt jedoch
nur vordergründig das Problem einer sich mehr und mehr verselbständigenden
Übertechnisierung an, die bei menschlichem Versagen oder durch maschinelle
Pannen einzelne – u.U. verheerende – Unglücksfälle heraufbeschwören kann.
Für Musil lag das eigentliche Problem tiefer: auf dem Gebiet der Mathematik,
der „Mutter der exakten Naturwissenschaft" und „Großmutter der Technik"
(S. 40), wie sie im Roman bezeichnet wird. Auch dieser Gedanke wurde bereits
im Aufsatz über den „mathematischen Menschen" vorweggenommen:

[...] die Pioniere der Mathematik hatten sich von gewissen Grundlagen brauch-
bare Vorstellungen gemacht, aus denen sich Schlüsse, Rechnungsarten, Resultate ergaben, deren bemächtigen sich die Physiker, um neue Ergebnisse zu erhalten, und endlich kamen die Techniker, nahmen oft bloß die Resultate, setzten
neue Rechnungen darauf und es entstanden Maschinen. Und plötzlich, nachdem
alles in schönste Existenz gebracht war, kamen die Mathematiker – jene, die
ganz innen herumgrübeln, – darauf, daß etwas in den Grundlagen der ganzen
Sache absolut nicht in Ordnung zu bringen sei; tatsächlich, sie sahen zuunterst
nach und fanden, daß das ganze Gebäude in der Luft stehe. Aber die Maschinen
liefen! (GW II, S. 1006)

Musil bezog diese Gedanken nicht von ungefähr. Mit dem Hinweis, daß das
Theoriegebäude der Mathematik – und damit das gesamte moderne Leben, ja
die Wirklichkeit als solche – verankerungslos „in der Luft stehe", rekurrierte er
auf die sog. „Grundlagenkrise" der Mathematik, die folgenschwere Erschütterung des Fundaments der vermeintlich exaktesten aller Wissenschaften zu Beginn des 20. Jahrhunderts. In der Schlüsseldisziplin Mengenlehre waren um die
Jahrhundertwende in kurzer Abfolge mehrere Antinomien entdeckt worden, die
die bis dahin schlicht als gegeben angesehene Wahrheitsverankerung aller Mathematik nachhaltig in Frage stellten und einen völligen Neuaufbau erforder-

lich machten – ein Ereignis „von katastrophaler Wirkung"[3], wie David Hilbert, einer der führenden Theoretiker der Zeit, ex post bemerkte. Um die korrekte Fundamentlegung entbrannte in der Folge ein heftiger Disput, der bis weit in die 20er Jahre ausstrahlte und die Fachwelt in verschiedene Lager spaltete.[4]

Musils Wahl eines Mathematikers für die globale Auseinandersetzung mit der „Moderne" erscheint vor diesem Hintergrund geradezu zwingend.[5] Konkret entschied sich der studierte Ingenieur und Philosoph, der die jahrzehntelange Kontroverse der Mathematiker um die richtige Neubegründung ihrer Wissenschaft aufmerksam verfolgte, für einen Logistiker als Romanhelden, d.h. einen Vertreter derjenigen grundlagenmathematischen Fraktion, die an die *Principia Mathematica* von Russell und Whitehead anknüpfend versuchte, die Mathematik von der Logik aus neu aufzuspannen. Brochs *Unbekannte Größe* ist ein vom Prinzip her ähnlich angelegter Roman[6] – dabei jedoch viel kürzer und literarisch weit weniger anspruchsvoll.[7] Der kommende Mensch, der den krisengeschüttelten der Gegenwart überwinden sollte, konnte beiden Autoren zufolge nur ein mathematisch gebildeter sein – idealerweise einer, der sich bereits erfolgreich an der Beilegung der „Grundlagenkrise" beteiligt hatte oder zumindest potentiell dazu in der Lage wäre. Unter diesen Voraussetzungen schickten Broch wie Musil ihre Protagonisten ins Rennen.

Die Intention, eine umfassende Ab-Rechnung mit der „Moderne" in Form eines Mathematikerromans vorzulegen, läßt sich bei Musil viel weiter als bei Broch zurückverfolgen. Im Essay „Der mathematische Mensch" wurde der zukünftige Protagonist bereits prophylaktisch gegenüber naheliegenden Vorwürfen in Schutz genommen, „daß Mathematiker außerhalb ihres Fachs banale oder blöde Köpfe" seien, „ja daß sie selbst ihre Logik im Stich läßt." (GW II,

---

[3]   Hilbert: Über das Unendliche. – In: Math. Ann. 95 (1925/26), S. 161-190, hier: S. 169.

[4]   Für eine ausführliche Darstellung der „Grundlagenkrise" s. Mehrtens: Moderne – Sprache – Mathematik; für eine lakonische Zusammenfassung Könneker: Moderne Wissenschaft und moderne Dichtung. Hermann Brochs Beitrag zur Beilegung der „Grundlagenkrise" der Mathematik. – In: DVjs 73 (1999), S. 319-351, speziell: S. 323-327.

[5]   Im Mathematiker Ulrich lediglich die „Verwandtschaft des Helden mit dem Autor" (Heftrich: Musil, S. 86) oder gar eine Anlehnung „an den jungen Schiffsbauingenieur Hans Castorp" (ebd.) zu erkennen, zeugt dagegen von einer sehr oberflächlichen Sichtweise.

[6]   Zu diesem Punkt vgl. Könneker: Moderne Wissenschaft und moderne Dichtung, S. 344-351.

[7]   Vgl. Könneker: Hermann Brochs *Unbekannte Größe*. – In: Orbis Litterarum 54 (1999), S. 439-463.

S. 1007) Die *wahren* Mathematiker, entgegnete Musil, die Erforscher des Grenzgebietes von Logik, Mathematik und Erkenntnistheorie, betrieben kein angewandtes Spezialistentum an einer fernen Astspitze des fragmentierten modernen Wissenschaftsbetriebs. Vielmehr gingen sie den eigentlichen Fragen des Daseins nach, arbeiteten gewissermaßen an der Wurzel der Dinge. Und damit seinen sie nichts geringeres als „eine Analogie [...] für den geistigen Menschen, der kommen wird." (Ebd.)

Ulrich verkörpert seinen Anlagen nach also den Prototyp des neuen Menschen. Dem frühen Entwurf zufolge ist er „nicht zweckbedacht, sondern unökonomisch und leidenschaftlich" (S. 1005), vor allem aber durch ein einzigartiges Verhältnis zur Mathematik gekennzeichnet (ebd.):

> Der gewöhnliche Mensch braucht von ihr nicht viel mehr als er in der Elementarschule lernt; der Ingenieur nur so viel, daß er sich in den Formelsammlungen seines technischen Taschenbuches zurechtfindet, was nicht viel ist; selbst der Physiker arbeitet gewöhnlich mit wenig differenzierten mathematischen Mitteln. Brauchen sie es einmal anders, so sind sie zumeist auf sich selbst angewiesen, weil den Mathematiker solche Adaptierungsaufgaben wenig interessieren.[8]

Die Tätigkeit des Grundlagenmathematikers läßt sich nicht in Kategorien technisch-ökonomischer Verwertbarkeit fassen. Er ist zu Höherem berufen; einem modernen Priester gleich dient er ausschließlich „der Wahrheit, das heißt seinem Schicksal und nicht dessen Zweck." (S. 1006)[9] Hieraus gerade erwächst auch Ulrichs Motivation, Mathematiker zu werden,[10] nachdem er zuvor die Ingenieurslaufbahn abgebrochen hatte. „Er war weniger wissenschaftlich als menschlich verliebt in die Wissenschaft", heißt es über ihn. „Er sah, daß sie in allen Fragen, wo sie sich für zuständig hält, anders denkt als gewöhnliche Menschen." (GW I, S. 40)

---

[8] In der *Unbekannten Größe* äußert sich der Held ähnlich: „[...] ein richtiger Mathematiker braucht nicht addieren zu können." (Broch: KW II, S. 12.)

[9] Reinhard Mehring bezeichnet Musils „mathematischen Menschen" entsprechend als „Mystiker der Ermessung des ‚Nicht-Ratioiden'" (Von der Identität des „Mann ohne Eigenschaften". Identität, Ethik und Moral bei Robert Musil. – In: Weimarer Beiträge 41 (1995), S. 547-561, hier: S. 552).

[10] Im Roman heißt es, die „heutige Forschung" sei „nicht nur Wissenschaft, sondern ein Zauber, eine Zeremonie höchster Herzens- und Hirnkraft, vor der Gott eine Falte seines Mantels nach der anderen öffnet, eine Religion, deren Dogmatik von der harten, mutigen, beweglichen, messerkühlen und -scharfen Denklehre der Mathematik durchdrungen und getragen wird" (GW I, S. 39).

Bei Einsetzen der Romanhandlung hat der Protagonist seine mathematische
Karriere jedoch schon wieder aufgegeben, obwohl er dort – wie mehrfach vom
auktorialen Erzähler hervorgehoben wird – „nach fachmännischem Urteil gar
nicht wenig geleistet hatte." (S. 41) Die Richtungskämpfe im Zusammenhang
mit der „Grundlagenkrise" und die sich zuspitzende Kontroverse um den richtigen Lösungsweg hatten ihm den Spaß an der Arbeit zunehmend verleidet.
Selbst in den Reihen der eigenen „Fachgenossen" (S. 47), im Lager des Logi-
zismus, erblickte er nur noch „unerbittlich verfolgungssüchtige Staatsanwälte
und Sicherheitschefs der Logik" oder aber

> Opiatiker und Esser einer seltsam bleichen Droge, die ihnen die Welt mit einer
> Vision von Zahlen und dinglosen Verhältnissen bevölkerte. „Bei allen Heili-
> gen!" dachte er „ich habe doch nie die Absicht gehabt, mein ganzes Leben lang
> Mathematiker zu sein?" (Ebd.)

Vom vagen Gefühl getrieben, er sei „mit einer Begabung geboren, für die es
gegenwärtig kein Ziel gab" (S. 60), beschließt der Held, „sich ein Jahr Urlaub
von seinem Leben zu nehmen, um eine angemessene Anwendung seiner Fä-
higkeiten zu suchen." (S. 47) Über ein Empfehlungsschreiben seines Vaters
findet er Zugang zum exquisiten Kreis der „Parallelaktion", zu deren Ehren-
sekretär er schon bald gemacht wird. Graf Leinsdorf, der Initiator der „großen
vaterländischen Aktion", spürt sofort, daß Ulrich als einziger potentiell in der
Lage ist, die hohen Erwartungen, die von allen Seiten in das Projekt gesetzt
werden, zu erfüllen, den obligaten „Anfang einer geistigen Generalinventur"
(S. 596) zu machen. Als der Graf gewahr wird, daß die Menschen auf der
Straße „die Parallelaktion als eine Möglichkeit [priesen], *der Wahrheit endlich
zum Durchbruch zu verhelfen*" (S. 141 – Hervorhebung v. mir, C.K.), „sehnte
er sich immer heftiger nach Ulrich" (ebd.), heißt es.

Nochmals sei betont: Ulrichs Eignung für die Leitung der Bewegung ergab
sich für Musil nicht aus der Tatsache, daß er als Mathematiker gut zu kombinieren oder in besonderer Weise analytisch zu denken vermag. Daß unter den
vielen Intellektuellen und Denkern im Bannkreis der Parallelaktion allein er
fähig erscheint, das Seifenblasendasein des modernen Lebens aufzudecken und
neue, verbindliche Wahrheiten – nicht zuletzt auch im Bereich der Ethik – zu
schaffen, liegt prinzipaliter daran, daß er bereits entscheidende Vorarbeit im
Zusammenhang mit der „Grundlagenkrise" geleistet hat. So erfährt man, daß
der Held

zu jenen, Logistiker genannten, Mathematikern [gehörte], die überhaupt nichts richtig fanden und eine neue Fundamentallehre aufbauten. Aber er hielt auch die Logik der Logistiker nicht für ganz richtig. Hätte er weitergearbeitet, er würde nochmals auf Aristoteles zurückgegriffen haben; er hatte darüber seine eigenen Ansichten. (S. 865)

Die Frage, was er auf dem Gebiet der Grundlagenmathematik noch zu leisten imstande gewesen wäre, hätte er seine begonnene Arbeit nur konsequent weitergeführt, beantwortet Ulrich eindeutig:

Als ich Mathematiker wurde, [...] wünschte ich mir wissenschaftlichen Erfolg und setzte alle Kraft für ihn ein, *wenn ich das auch nur für eine Vorstufe zu etwas anderem ansah.* Und meine ersten Arbeiten haben auch wirklich – natürlich unvollkommen, wie es Anfänge immer sind – Gedanken enthalten, die damals neu waren und entweder unbemerkt blieben oder sogar auf Widerstand stießen, obwohl ich mit allem übrigen gut aufgenommen wurde. [...] heute [...] ist mir klargeworden, daß ich mich wahrscheinlich nicht ganz ohne Grund als den Anführer einer Bewegung ansehen dürfte, wenn ich damals etwas mehr Glück gehabt oder etwas mehr Beständigkeit bewiesen hätte. [...] Ich mag meiner Zeit etwa um zehn Jahre vorausgewesen sein; aber etwas langsamer und auf anderen Wegen sind andere Leute auch ohne mich dahin gekommen, wohin ich sie höchstens etwas rascher geführt hätte [...]. (S. 721 – Hervorhebung v. mir, C.K.)

Die über das gesamte Romanfragment verstreuten Hinweise bzgl. Ulrichs wissenschaftlicher Tätigkeit einschließlich der Frage nach seiner fachlichen Kompetenz münden allesamt in die Aussage, daß seine Versuche zur Beilegung der „Grundlagenkrise" ihm nicht zu Unrecht „Ehre eingetragen hatten" (S. 159). Der Protagonist hatte in der „verlassenen eigenen Wissenschaft, der Aufrollung ihrer Grundfragen, ihrer Aufspeilung [sic!] in eine Überprüfung der Logik" (S. 1261), Beachtliches geleistet und war in den Augen seines Schöpfers *aus diesem Grunde* legitimiert, auch die allgemeine Auseinandersetzung mit der modernen Wirklichkeit anzugehen – im Gegensatz zur Masse von Spezialisten, die sich in Diotimas Salon immer wieder aufs Neue um „Wahrheit" bemühen – und insbesondere im Gegensatz zu seinem Gegenspieler Arnheim, der als globaler Denker zwar ebenfalls in allen möglichen Fachgebieten zu Hause ist, von den exakten Wissenschaften jedoch nicht allzu viel versteht. Von ihm heißt es:

Die Ausflüge in die Gebiete der Wissenschaften, die er unternahm, um seine allgemeinen Auffassungen zu stützen, genügten freilich nicht immer den strengsten Anforderungen. Sie zeigten wohl ein spielerisches Verfügen über ei-

ne große Belesenheit, aber ein Fachmann fand unweigerlich in ihnen jene kleinen Unrichtigkeiten und Mißverständnisse, an denen man eine Dilettantenarbeit
so genau erkennen kann, wie sich schon an der Naht ein Kleid, das von einer
Hausschneiderin gemacht ist, von einem unterscheiden läßt, das aus einem richtigen Atelier stammt. (S. 191)[11]

Dem Roman zugrundegelegt ist ein Konzept, in dessen Schema die Figur Arnheim als Inbegriff eines Beherrschers des modernen Lebens auftritt.[12] Der
Bankierssohn wird als „Ideal, Messias, Erlöser" (S. 1509) bejubelt; vielen gilt
er als der „geistige Mensch für diese Zeit" (ebd.). In einer Epoche, in der man
sich aufgrund der „Kompliziertheit aller Dinge [...] nur noch auf einem Gebiet
voll auskennen" (S. 205) kann, gleicht er dem Übermenschen.[13] Symptomatisch für die Bewunderung, die dem Großindustriellen von allen Seiten entge-
gengebracht wird, ist das Urteil von Ulrichs Jugendfreund Walter:

> Er wolle nicht sagen, daß Arnheim das Beste sei, was man sich vorzustellen
> vermöge, aber immerhin sei er das Beste, was die Gegenwart hervorgebracht
> habe; das sei ein neuer Geist! Zwar einwandfreie Wissenschaft, aber zugleich
> auch über das Wissen hinaus! (S. 214)[14]

Bis ca. 1921 hieß Ulrich in Musils Entwürfen markanterweise noch „Achil-
les" – ein sprechender Name, der andeuten sollte, daß der Held die Fragen des
Daseins an ihrer Achillesferse, der Mathematik, angreifen sollte. Er „beschloß,
um an die Quellen zu gehen, Mathematiker zu werden" (S. 1979), heißt es in
einer frühen Skizze, und in Musils Tagebüchern findet sich 1920 diese Notiz:

> *Achilles*:   Auch das wäre ein Anfang.
> Achilles war Logistiker. ~~Und~~ Aber es ist für jeden Dichter eine schwere Auf-
> gabe seiner Nation auseinanderzusetzen, was das sei, ohne von Unaufmerksam-
> keit begraben zu werden. Schon Logiker ist schwer ...
> .. Und nun bei Aristoteles anfangen. (Tb I, S. 392)

---

[11] Um Arnheims Unterlegenheit auf mathematisch-naturwissenschaftlichem Gebiet zu beto-
      nen, bezeichnet der Erzähler ihn auch süffisant als „Rechenköpfchen" (S. 543).
[12] In diesem Sinne wird er etwa als „Königskaufmann" (S. 380) bezeichnet.
[13] So berichtet der Erzähler, daß Ulrichs Antipode der einzige ist, „der mit jedem in seiner
      Sprache reden konnte" (S. 188).
[14] Ulrich urteilt, Arnheim sei „ein Phänomen wie ein Regenbogen, den man beim Fuß fassen
      und ganz richtig betasten kann. Er spricht von Liebe und Wirtschaft, von Chemie und Ka-
      jakfahrten, er ist ein Gelehrter, ein Gutsbesitzer und ein Börsenmann; mit einem Wort, was
      wir alle getrennt sind, das ist er in einer Person, und da staunen wir eben" (S. 190).

Musil sollte sich bei der Abfassung des Romans ziemlich genau an diese frühe Vorgabe halten: Die Aussage, Ulrich sei Logistiker, wird auf den über 2000 Seiten nicht ein einziges Mal näher erläutert; die Bemerkungen zur „Grundlagenkrise" bleiben fragmentarisch wie der Roman als solcher, und ohne Vorwissen ist der Leser kaum in der Lage, diesen allerersten Angriffspunkt von Musils Erörterungen zu erkennen. Allerdings – auch dies gilt es zu beachten – wurde der Diskurs „Grundlagenmathematik" auch nicht so bedeutsam für den Roman, wie ursprünglich geplant, denn während sich der *Mann ohne Eigenschaften* noch im Entwurfsstadium befand, hatte ein zweites einschneidendes wissenschaftshistorisches Ereignis die Prioritäten des Autors nachhaltig verschoben: die Entwicklung der Quantenmechanik.

1.2.4 Psychophysik

In seiner Dissertation hatte sich Musil kritisch mit den erkenntnistheoretischen Schriften von Ernst Mach auseinandergesetzt.[1] Eingangs der Promotionsarbeit kennzeichnete er 1908 die Relation von moderner Philosophie und modernen Naturwissenschaften als ein im wesentlichen einseitiges Abhängigkeitsverhältnis:

> Das Wort des Naturforschers wiegt schwer, wo immer heute erkenntnistheoretische oder metaphysische Fragen von einer exakten Philosophie geprüft werden. Die Zeiten sind vorbei, wo das Bild der Welt in Urzeugung dem Haupte des Philosophen entsprang. Die Philosophie sucht heute ihr Verhältnis zu der in so weitem Bereiche aufgedeckten Gesetzlichkeit der Natur, ihre Stellungnahme zu dem alten Suchen nach der richtigen Fassung des Substanzbegriffes und des Begriffs der Kausalität, zu den Beziehungen zwischen Psychischem und Physischem usw. mit Berücksichtigung aller Mittel und Ergebnisse der exakten Forschung neu zu gestalten.[2]

Die Erkenntnisse der Naturwissenschaften, vor allem der Physik, für Psychologie und Epistemologie fruchtbar zu machen, war ein zu Beginn des 20. Jahrhunderts weitverbreiteter Vorsatz.[3] In der Tradition etwa von La Mettries *L'Homme machine* oder Ludwig Büchners *Kraft und Stoff* wurde vor allem die Mechanik, daneben aber auch zunehmend die Elektrizitätslehre,[4] immer wieder zum Versuch einer Erschließung der Fundamentalzusammenhänge des

---

[1] Zur Art seiner Kritik vgl. die gute Darstellung von Tim Mehigan (Robert Musil, Ernst Mach und das Problem der Kausalität. – In: DVjs 71 (1997), S. 264-287, speziell: S. 264-273).

[2] Musil: Beitrag zur Beurteilung der Lehren Machs und Studien zur Technik und Psychotechnik, S. 15.

[3] Mit einer Kontinuität aus dem 19. Jahrhundert heraus, wo das „Zurückführen von Problemstellungen auf die Physik als Führungswissenschaft und die Erklärung mittels der Mechanik" ebenfalls bereits das „Ziel einer ‚ordentlichen' wissenschaftlichen Tätigkeit" gewesen war. (Kratky: Der Paradigmenwechsel von der Fremd- zur Selbstorganisation, S. 3.)

[4] Das späte 19. Jahrhundert kann man geradezu als eine Zeit der Hochkonjunktur für den Transfer energetischer und elektrodynamischer Fachtermini in aktuelle psychologische und neurologische Theorien bezeichnen. (Zu diesem Punkt vgl. Radkau: Das Zeitalter der Nervosität, S. 232-246.)

menschlichen Bewußtseins herangezogen. Zahlreiche Publikationen, längst nicht nur in Fachjournalen, zeugen von diesem allgemeinen Interesse.[5]

Mit großem Interesse nahm Musil 1905 in der *Neuen Rundschau* einen Artikel der schwedischen Schriftstellerin Ellen Key auf, der eine neue Lehre der „Seelensteigerung"[6] skizzierte und sich dabei in eklektischer Manier an zentralen Aussagen der Thermodynamik orientierte. „Die Menschheit ist in ihrer eigentlichen Lebensfrage – der Seelenlebensfrage – unwissender als in Bezug auf Viehzucht", lautete die zentrale Kritik:

> Erst wenn die Psychophysik die Grundlage wird, auf der Ethik wie Soziologie, die Lebensgestaltung des einzelnen und die Gesellschaftsgestaltung sich aufbauen, kann die Menschheit anfangen, vorwärts zu schreiten [...]. Mitten in all ihrer „Kultur" sind die Menschen in ihrer vollkommenen Unwissenheit über die seelische Naturlehre wie über die praktische Lebenslehre, die sich auf der ersteren aufbauen muß, geistige Kannibalen geblieben. Man ahnt noch nicht einmal das Grundgesetz des Lebens der Seele [...].[7]

Als dieses „Grundgesetz" propagierte Key dann eine Art psychischen Energieerhaltungssatz – ein „Gesetz, das man doch auf dem Gebiet des Physischen einsieht: daß ohne Ausgaben an Seele keine Einkünfte an Seele gewonnen werden können; daß, je kräftiger der Verbrauch ist, desto mehr Energie geschaffen wird." Um nicht zu erkalten, habe sich die Seele „nahe an den Ursprungstiefen zu halten, aus denen ewig neue Kräfte quellen: die Natur, die Arbeit, die Liebe, die große Kunst, die Dichtung"[8].

Keys Seelentheorie orientierte sich in eklektischer Manier an der Maxwell-Boltzmannschen Wärmelehre der klassischen Physik. Die Seele wurde einem offenen thermodynamischen System verglichen, das eine positive oder negative Energiebilanz aufweisen könne, je nachdem, ob mehr Wärme zu- oder abge-

---

[5] Die zumeist eklektischen Versuche, exaktwissenschaftliche Begriffe und Theorien auf andere Kulturbereiche anzuwenden, beschworen natürlich auch scharfe Kritik herauf. In einem Aufsatz über „‚Energetische' Kulturtheorien" (1909) wandte sich etwa Max Weber in diesem Sinne gegen einschlägige Schriften von Wilhelm Ostwald und Ernst Mach (vgl. Weber: Gesammelte Aufsätze zur Wissenschaftslehre, S. 400-426, speziell: S. 424).

[6] Key: Die Entfaltung der Seele durch Lebenskunst. – In: Neue Rundschau 16 (1905), S. 641-686, hier: S. 686.

[7] Dieses und das folgende Zitat: ebd., S. 657.

[8] Ebd., S. 658.

führt wird.[9] Im Idealfall, bei steter Erwärmung, könne die menschliche Seele dauerhaft expandieren, was höchstes Lebensglück bedeute.

Musil nahm diese Gedanken zunächst mit Begeisterung auf. In seinem Tagebuch vermerkte er, daß ihn Keys „Aufsatz aufs tiefste beeinflußte [...]. Ihre Grundidee – mehr Seele, oder überhaupt Seele – ist ausgezeichnet. Ihre Idee, die Seele zum Gegenstand des Studiums zu machen, war für mich erlösend." (Tb I, S. 168) Einige Passagen des Essays übertrug Musil wortwörtlich in sein Tagebuch; in seine Kommentare gingen wiederholt Schlagworte wie „Seelen*steigerung*" (S. 166) oder „Seelenvollheit" (S. 167) ein; Key folgend monierte auch er das „vollständige *Fehlen einer seelischen Ökonomie*" (S. 159).[10]

Auf der anderen Seite sprach Musil in bezug auf den Aufsatz aber auch von „Ernüchterung" (S. 168). Keys Konzept, als *Hypokeimenon* ihrer Analyse der menschlichen Psyche den Arbeitsbegriff „Seele" zu wählen, sei zwar genial. „Darüber hinaus versagt sie jedoch. Was Seele ist, und wie Seele zu pflegen ist, steckt voller Widersprüche." (Ebd.) Insbesondere kritisierte er Keys Eklektizismus. So notierte er: „Solange eine Wissenschaft nicht ganz exakt ist, ist sie nichts für den ‚Menschen'" (S. 169) und: „Key polemisirt [sic!] gegen die Vernunft." (Ebd.)

In der Folgezeit bekräftigte Musil seine Forderung nach wissenschaftlicher Exaktheit immer nachhaltiger – auch als oberstes Gebot für schriftstellerisches Schaffen. Als sein Vorhaben Gestalt annahm, eine eigene umfassende, mit literarischen Mitteln geführte Studie über die Funktionsgesetze des menschlichen Bewußtseins zu erstellen, stand für ihn fest, daß diese auch dem Anspruch exaktwissenschaftlicher Forschung genügen sollte. „Seele ist eine Kompilation von Gefühl und Verstand" (GW II, S. 1315), konstatierte er 1912. „Aller seelischer Wagemut liegt heute in den exakten Wissenschaften. Nicht von Göthe [sic!], Hebbel, Hölderlin werden wir lernen, sondern von Mach, Lorentz, Einstein, Minkowski, von Couturat, Russel, Peano...." (S. 1318) Die Situation des Schriftstellers hätte sich grundlegend gewandelt; Aufgaben und Arbeitsweisen müßten neu bestimmt werden. Auf die an sich selbst gerichtete Frage, warum

---

[9] Explizit sprach Key von einem „Wachstum der Seele" bei „Energieproduktion" (ebd., S. 657).

[10] Diese These sollte noch im *Mann ohne Eigenschaften* ihren Niederschlag finden, wo im Zusammenhang mit der Seele von einem „Prozeß der Einschrumpfung" die Rede ist (GW I, S. 568).

man sich im Zeitalter der Naturwissenschaften überhaupt noch literarisch betätigen solle, gab Musil zur Antwort: „Weil es Dinge gibt, die sich nicht wissenschaftlich erledigen lassen, die auch nicht mit den Zwitterreizen des Essays zu fangen sind" (S. 1317). Sein Programm für die neue Literatur war die Fortführung und Überwindung exaktwissenschaftlicher Forschung mit anderen – ästhetischen – Mitteln.[11] Er spezifizierte:

> Und im Programm dieser Kunst das Programm des einzelnen Kunstwerks kann dies sein:
> Mathematischer Wagemut, Seelen in Elemente auflösen, unbeschränkte Permutationen dieser Elemente, alles hängt dort mit allem zusammen und läßt sich daraus aufbauen. [...] Vermeintliche Psychologie ist freieres ethisches Denken – man wird sagen, das ist eine unmoralische Kunst und doch nur sie ist eine moralische. (S. 1318)

Damit stand die literarisch-wissenschaftliche Analyse der menschlichen „Seele" frühzeitig als weiterer Aufgabenpunkt des noch zu schreibenden Mathematikerromans fest. Neben dem Problemkomplex „modernes Leben" sollte der Held auch die Gesetze der menschlichen Psyche ergründen, das Ich und „sein gesetzmäßiges Werden [...], die Typen seines Aufbaus, sein Verschwinden in den Augenblicken der höchsten Tätigkeit, mit einem Wort, die Gesetze, die seine Bildung und sein Verhalten regeln." (GW I, S. 474). Unter diesen Vorzeichen ließ Musil Ulrich später die Gründung eines „Erdensekretariats der Genauigkeit und Seele" (S. 597) vorschlagen.

Auch in bezug auf den Diskurs „Seele" läßt der *Mann ohne Eigenschaften* keinen Zweifel daran aufkommen, daß der Protagonist seinem Kontrahenten

---

[11] Die Forschung hat sich immer wieder mit der „Trichotomie von Wissenschaft, Dichtung und Essayismus" (Josef Strutz: Der Mann ohne Konzessionen. Essayismus als poetisches Prinzip bei Musil und Altenberg. – In: Robert Musil. Essayismus und Ironie. Hrsg. v. Gudrun Brokoph-Mauch, S. 137-152, hier: S. 137) in Musils Werk auseinandergesetzt. Der Essay habe Musil „geradezu als literarisches Paradigma der Verschränkung ästhetischer (literarischer) und wissenschaftlicher Erlebnis- und Erkenntnisformen" gegolten – so urteilte etwa Dietmar Goltschnigg (Robert Musil und Hermann Broch als Essayisten. *Literat und Literatur. Randbemerkungen dazu* (1931) und *Das Böse im Wertsystem der Kunst* (1933). – Ebd., S. 161-172, hier: S. 161). Zu wenig hervorgehoben wurde jedoch, daß Musil innerhalb der neuen – essayistischen – Kunst den Stellenwert „Wissenschaftlichkeit" durchaus höher bewertete als den von „Literarizität". Der Essay galt ihm eben nicht als eine „dritte konstitutive, ja sogar integrative Dimension der Darstellung" neben „Wissenschaft" und „Dichtung", wie Josef Strutz (Mann ohne Konzessionen, S. 138) meint, sondern eine zugunsten wissenschaftlicher Exaktheit gewichtete *Synkrisis* aus beidem.

Arnheim, der „Interessenfusion Seele-*Geschäft*" (S. 389 – Hervorhebung v.
mir, C.K.) *in persona*, haushoch überlegen ist. Es sei „fraglich und ungewiß",
bemerkt Musils Erzähler spöttisch, „ob Arnheim, wenn er von Seele sprach,
selbst an sie glaubte und dem Besitz einer Seele die gleiche Wirklichkeit zu-
schrieb wie seinem Aktienbesitz" (S. 390). Der hybride Industriellensohn
gebrauche das Wort zumeist nur „als einen Ausdruck für etwas, wofür er keinen anderen hatte" (ebd.).

Arnheim sei „kein Geistesfürst [...], sondern ein Großschriftsteller" (S. 429).
Er könne je nach Gesprächspartner „unumschränkt über Molekularphysik,
Mystik oder Taubenschießen [...] plaudern" (S. 189) – gerate er aber an einen
Fachmann, müsse seine Courtoisie „die Einzelheiten im Licht eines ‚großen'
Gedankens' verschwinden" (S. 281) lassen, um die dahinter verborgene Un-
wissenheit zu überspielen:

> Die Grundgestalt seines Erfolgs war überall die gleiche; umgeben von dem Zau-
> berschein seines Reichtums und dem Gerücht seiner Bedeutung, mußte er
> immer mit Menschen verkehren, die ihn auf ihrem Gebiet überragten, aber er
> gefiel ihnen als Fachfremder mit überraschenden Kenntnissen von ihrem Fach
> und schüchterte sie ein, indem er in seiner Person Beziehungen ihrer Welt zu
> anderen Welten darstellte, von denen sie keine Ahnung hatten. So war es ihm
> zur Natur geworden, einer Gesellschaft von Spezialmenschen gegenüber als
> Ganzes und ein Ganzer zu wirken. (S. 193f.)

„Diese Sicherheit", heißt es an anderer Stelle, „besaßen auch Arnheims Bücher: die Welt war in Ordnung, sobald sie Arnheim betrachtet hatte." (S. 178)

Vorbild für die Arnheim-Figur im *Mann ohne Eigenschaften* war der
deutsch-jüdische Großindustrielle und Politiker Walther Rathenau, Sohn des
AEG-Gründers Emil Rathenau und Verfasser mehrerer sozial- und kulturphilo-
sophischer Schriften, die ihn um 1920 zu einem der meistgelesenen zeitgenössischen Autoren im deutschen Sprachraum gemacht hatten. 1913 war im
Fischer-Verlag sein Buch *Zur Mechanik des Geistes* erschienen, das schnell ein
Bestseller wurde, bei Musil jedoch auf massive Ablehnung stieß. In seiner Rezension „Anmerkungen zu einer Metapsychik" kritisierte er, Rathenau habe
beim Versuch, die menschliche Psyche und das „Grunderlebnis der Mystik"
(GW II, S. 1017) zu analysieren, gegen alle Regeln wissenschaftlicher
Arbeitsweise verstoßen; zwar sei die Darstellung, wie extreme Bewußtseins-
zustände entstünden, durchaus geglückt – Musil bezeichnete Rathenaus Be-

schreibung in diesem Punkt sogar als „meisterhaft" (ebd.) –, die anschließende Deutung spotte dagegen sämtlichen „Tugenden scharfen Denkens" (S. 1019). Die harsche Kritik überrascht nicht. Musil hätte nie mit einem Buch einverstanden sein können, dem die These vorangestellt war, daß wissenschaftliche Methoden gänzlich ungeeignet seien zur Erfassung psychischer Fundamentalprozesse. Rathenau, der bei Helmholtz Physik studiert hatte, hatte eingangs seiner Ausführungen festgehalten, daß Wissenschaft zwar „Tatsachen feststellen, Zusammenhänge ermitteln, Gesetze erweisen" könne. „Sinnlos, zufällig und ungerechtfertigt" bleibe jedoch

> jegliches Leben und Lebenswerk, wenn es sich auf die Kräfte des rechnenden und planenden Geistes stützt; und hierin liegt der tiefe transzendente Trost des Daseins, daß der selbstbewußte Verstand seine letzte Aufgabe darin findet, sich selbst zu beschränken und zugunsten tiefinnerer, geheimnisvoller Kräfte zu entsagen, die wortlos unser Gemüt berühren.[12]

Einig mit Rathenau wußte sich Musil darin, daß die seelischen Veränderungen, die den Menschen in den „veränderten Zustand" (GW II, S. 1018) versetzen – hier werde der für den *Mann ohne Eigenschaften* zentrale Begriff vorweggenommen – i.d.R. nur unter Ausschaltung der Ratio erfolgen:

> Wer den Zustand nicht kennt, dem ist er nicht zu bezeichnen. Wer ihn kennt, weiß, daß Gefühlserkenntnisse, große innere Umlagerungen, Lebensentscheidungen oft in solchen Augenblicken wie aus dem Nichts aufgetaucht vor dem Erlebenden stehen. Man erkennt dann alles, was man vordem mit unberührtem Verstand gedacht hat, als völlig belanglos. Man ist im Zustand der Erweckung, den alle Mystiker als den Eintritt in eine neue Existenz gepriesen haben. (Ebd.)

Die anschließende Analyse des „anderen Zustands" könne jedoch nur mit wissenschaftlichen Mitteln vorgenommen werden. Es sei unmöglich, hielt Musil Rathenau vor, „daß man aus dem einen [mystischen – C.K.] Erlebnis heraus den Geist des dazugehörigen Menschen konstruiere und mit diesem Geist dann

---

[12] Rathenau: Zur Mechanik des Geistes, S. 15f. Im Roman parodierte Musil diese Gedanken, indem er Arnheim folgende Worte in den Mund legte: „Politik, Ehre, Krieg, Kunst, die entscheidenden Vorgänge des Lebens vollziehen sich jenseits des Verstandes. Die Größe des Menschen wurzelt im Irrationalen. Auch wir Kaufleute rechnen nicht, wie Sie vielleicht glauben möchten: sondern wir – ich meine natürlich die führenden Leute; die kleinen mögen immerhin mit ihren Pfennigen rechnen – lernen unsere wirklich erfolgreichen Einfälle als ein Geheimnis betrachten, das jeder Berechnung spottet." (GW I, S. 570f.)

statt mit dem Verstande die Welt denke." (S. 1018f.) Rathenaus Gedankenfüh-
rung sei dichotomisch; es bleibe von

> der seelischen Berührung [...] nur das anstrengende Festhalten einiger in intim-
> sten Augenblicken gebildeter Begriffe, zwischen die alles übrige mit einem
> Geist interpoliert wird, der naturgemäß außer trance ist und sich von dem wis-
> senschaftlichen Verstand eigentlich nur dadurch unterscheidet, daß er auf des-
> sen Tugenden der Methodik und Genauigkeit verzichtet. [...] was eben noch als
> Aphorismus, als esprithafter Einfall daher kam, gilt wenige Zeilen später als ge-
> festigtes Material für neuen Weiterbau und es entsteht eine außerordentlich
> merkwürdige Pseudosystematik [...]. (S. 1019)

Mit seinem Schlußwort wies Musil der eigenen zukünftigen Arbeit den Weg:
„Künstlerisches und wissenschaftliches Denken berühren sich bei uns noch
nicht. Die Fragen einer Mittelzone zwischen beiden bleiben ungelöst." (Ebd.)

1.2.5 Das Gesetz der großen Zahlen

Daß sich „künstlerisches und wissenschaftliches Denken" im *Mann ohne Ei-genschaften* dann tatsächlich „berühren" sollten, machte Musil bereits in den ersten Sätzen unmißverständlich deutlich:

> Über dem Atlantik befand sich ein barometrisches Minimum; es wanderte ost-wärts, einem über Rußland lagernden Maximum zu, und verriet noch nicht die Neigung, diesem nördlich auszuweichen. Die Isothermen und Isotheren taten ih-re Schuldigkeit. Die Lufttemperatur stand in einem ordnungsgemäßen Verhält-nis zur mittleren Jahrestemperatur, zur Temperatur des kältesten wie des wärmsten Monats und zur aperiodischen monatlichen Temperaturschwankung. Der Auf- und Untergang der Sonne, des Mondes, der Lichtwechsel des Mondes, der Venus, des Saturnringes und viele andere bedeutsame Erscheinungen ent-sprachen ihrer Voraussage in den astronomischen Jahrbüchern. Der Wasser-dampf in der Luft hatte seine höchste Spannkraft, und die Feuchtigkeit der Luft war gering. Mit einem Wort, das das Tatsächliche recht gut bezeichnet, wenn es auch etwas altmodisch ist: Es war ein schöner Augusttag des Jahres 1913. (GW I, S. 9)

Zentraler Begriff in dieser von physikalischen Fachtermini geprägten Ouvertü-re ist das Wort „Voraussage". Während die weitere Lageentwicklung eines wetterbestimmenden Hochdruckgebietes noch nicht genau abzusehen ist, ent-sprechen die astronomischen Eckdaten durchweg den Berechnungen. „Voraus-sage" und „Voraussagbarkeit" zählten im Kontext der Kausalitätsdebatte auch in der Physik zu den seinerzeit meistdiskutierten Begriffen; mit seiner viel-zitierten Einleitung riß Musil den wichtigen Diskurs „statistische Physik" an.

Max Plancks populärwissenschaftliche Abhandlung „Der Kausalbegriff in der Physik" von 1933 bietet einen Einblick in die Problematik. Nachdem er der den genuinen Zusammenhang von Vorhersagbarkeit und Kausalität noch ein-mal verdeutlicht hatte – „*Ein Ereignis ist dann kausal bedingt, wenn es mit Sicherheit vorausgesagt werden kann*"[1] – machte Planck auf erste Schwierig-keiten mit dieser Definition aufmerksam. Es könne nämlich vorkommen, so der Physiker,

---

[1] Planck: Der Kausalbegriff in der Physik. – In: Ders.: Vorträge und Reden, S. 219-239, hier: S. 220.

daß wir einen Kausalzusammenhang auch in Fällen als vorhanden annehmen, wo von der Möglichkeit einer zutreffenden Voraussage gar keine Rede ist. Denken wir an die Wetterprognose. Die Unzuverlässigkeit der Wetterpropheten ist sprichwörtlich geworden, und doch gibt es wohl keinen gebildeten Meteorologen, der nicht die Vorgänge in der Atmosphäre als kausal determiniert betrachtet.[2]

Nach einer kurzen Erklärung, warum das Wetter selbst unter stark vereinfachten Bedingungen nie exakt prognostiziert werden kann – heute würde man in diesem Zusammenhang von einem *chaotischen System* sprechen –, weitete Planck seine Überlegungen auch auf andere Teildisziplinen der Physik aus. Dabei griff er implizit auf Thesen von Franz Exner zurück, die um 1927 – durch die Entwicklung der Quantenmechanik – mit einem Mal hochaktuell geworden waren. In seinen *Vorlesungen über die physikalischen Grundlagen der Naturwissenschaften* hatte Exner 1919 behauptet, „daß alle physikalischen Gesetze Erfahrungsgesetze" seien „und als solche naturgemäß sich nur auf Durchschnittswerte beziehen"[3] könnten. Da das mikrophysikalische Einzelereignis immer „unbestimmt" sei, stellten auch die makroskopischen Naturgesetze nie „absolute", sondern nur „Wahrscheinlichkeitsgesetze" dar; „ob sie immer und überall gelten, bleibt fraglich"[4].[5]

Planck nahm Exners Paradigma einer prinzipiellen Unvorhersagbarkeit von Einzelereignissen in seinem Aufsatz auf. Man sei in sämtlichen – klassischen wie modernen – Teildisziplinen der Physik

> nach allen vorliegenden Erfahrungen gezwungen, den folgenden Satz als eine gegebene festliegende Tatsache anzuerkennen: *In keinem einzigen Falle ist es möglich, ein physikalisches Ereignis genau vorauszusagen.*[6]

Diese Aussage stelle die Physik jedoch vor ein gravierendes Problem. Das „Dilemma" sei perfekt, wenn man sie „zusammen mit dem vorher als Ausgangspunkt aufgestellten Satz" betrachte, „daß ein Ereignis dann kausal be-

---

[2] Ebd.

[3] Exner: Vorlesungen über die physikalischen Grundlagen der Naturwissenschaften, S. 682.

[4] Ebd., S. 693.

[5] Zur Plausibilisierung dieser These bemühte auch Exner „die sprichwörtliche Unbeständigkeit meteorologischer Daten" (ebd., S. 682): Ein Einzelereignis vorauszusagen sei dem Physiker „so unmöglich, wie dem Meteorologen die Vorausbestimmung der Temperatur oder des Luftdruckes an irgend einem bestimmten Orte zu irgend einer bestimmten Zeit" (ebd., S. 694).

[6] Planck: Kausalbegriff, S. 221.

dingt ist, wenn es mit Sicherheit vorausgesagt werden kann": Entweder halte man nun am

> Wortlaut des Ausgangssatzes fest, dann gibt es in der Natur keinen einzigen Fall, in welchem ein Kausalzusammenhang anzunehmen ist, *oder* wir unterwerfen den Ausgangssatz einer gewissen Modifikation, die wir so einrichten, daß für die ganze Voraussetzung einer strengen Kausalität Platz geschaffen wird.[7]

Planck konzentrierte sich vor allem auf den ersten Lösungsweg. Es gebe, informierte er seine Leser, „gegenwärtig eine Reihe von Physikern und Philosophen, welche sich für die erstere Alternative" entschieden. Diesen sog. „Indeterministen"[8] zufolge kenne die

> Natur überhaupt keine echte Kausalität, keine strenge Gesetzlichkeit. Dieselbe wird nur vorgetäuscht durch das Auftreten gewisser, allerdings oft mit sehr großer Annäherung, aber doch niemals genau gültiger Regeln. Bei näherer Betrachtung findet der Indeterminist an jedem physikalischen Gesetz, auch an der Gravitation, auch an der elektromagnetischen Anziehungskraft, eine Wurzel statistischer Art, sie sind ihm allesamt Wahrscheinlichkeitsgesetze, die sich nur auf Mittelwerte aus zahlreichen gleichartigen Beobachtungen beziehen und für einzelne Beobachtungen nur angenähert Gültigkeit besitzen.[9]

Auch Ulrich, der „Mann ohne Eigenschaften", beschäftigt sich eingehend mit den Fragen nach Kausalität und Vorhersagbarkeit. So belehrt er Gerda Fischel einmal, es gebe

> Beobachtungen, die aufs Haar so aussehen wie ein Naturgesetz, doch ohne daß ihnen etwas zugrundeläge, was wir als solches ansehen könnten. Die Regelmäßigkeit statistischer Zahlenfolgen ist bisweilen ebenso groß wie die von Gesetzen. Sie kennen sicher diese Beispiele aus irgendeiner Vorlesung über Gesellschaftslehre. Etwa die Statistik der Ehescheidungen in Amerika. Oder das Verhältnis zwischen Knaben- und Mädchengeburten, das ja eine der konstantesten Verhältniszahlen ist. Und dann wissen Sie, daß sich jedes Jahr eine ziemlich gleichbleibende Zahl von Stellungspflichtigen durch Selbstverstümmelung

---

[7] Dieses und das folgende Zitat: ebd. S. 222.

[8] Ebd. Mit der Bezeichnung „Indeterministen" rekurriert Planck wiederum auf Exner, der seine Gegner zuvor als „Deterministen" bezeichnet hatte (vgl. Exner: Vorlesungen, S. 702).

[9] Planck: Kausalbegriff, S. 222. Die „Indeterministen", die „hinter jeder Regel die Regellosigkeit suchen" (ebd., S. 226) und „jede Art physikalischer Gesetzlichkeit in erster Linie auf den Zufall zurück[führen]" (ebd., S. 223) wollten, waren nach Plancks Einschätzung sogar „in der Mehrzahl" (ebd., S. 233).

dem Militärdienst zu entziehen sucht. Oder daß jedes Jahr ungefähr der gleiche Bruchteil der europäischen Menschheit Selbstmord begeht. [...] Man nennt das etwas schleierhaft das Gesetz der großen Zahlen. Meint ungefähr, der eine bringt sich aus diesem, der andere aus jenem Grunde um, aber bei einer sehr großen Anzahl hebt sich das Zufällige und Persönliche dieser Gründe auf, und es bleibt [...] das übrig, was jeder von uns als Laie ganz glatt den Durchschnitt nennt und wovon man also durchaus nicht recht weiß, was es ist. (GW I, S. 488)

Das hier erwähnte *Bernoullische Gesetz der großen Zahlen* setzt in der Mathematik Einzelereignisse mit Wahrscheinlichkeitsaussagen in Beziehung. Es besagt, daß sich die relative Häufigkeit eines bestimmten Experimentausgangs bei steigender Versuchszahl fast immer einem fixen Grenzwert annähert, der im Idealfall unendlich vieler Messungen als die Wahrscheinlichkeit für dieses Meßresultat interpretiert werden kann.

Musils Tagebuchnotizen belegen, daß sich der Schriftsteller spätestens 1919/20 erstmals intensiv mit diesem Grundgesetz der Statistik auseinandergesetzt hatte.[10] In dieser Zeit arbeitete er mehrere einschlägige Lehrbücher systematisch durch, u.a. die *Analyse des Zufalls* von Heinrich Timerding, wo das Gesetz der großen Zahlen besonders ausführlich behandelt wurde,[11] oder die besagten *Vorlesungen* von Exner. Später dürfte Musil auch den Aufsatz „Über das Gesetz der großen Zahlen und die Häufigkeitstheorie der Wahrscheinlichkeit"[12] von Richard von Mises gelesen haben.[13]

Der gleichermaßen bedrohlich wie faszinierend wirkende Gedanke einer vollkommenen Beliebigkeit der Welt, die lediglich durch das Gesetz der großen Zahlen überspielt werde, inspirierte nicht nur Musil zu literarischem Schaffen. In Brochs *Unbekannter Größe* findet sich diese Formulierung:

---

[10]   Vgl. Tb. I, S. 460-469.
[11]   Vor allem im vierten Kapitel (S. 35-49). Timerding nahm auch Musils Beispiele Selbstmordrate, Geschlechterverteilung, Diebstahl, Notzucht usw. vorweg. (Zu Musils Auseinandersetzung mit Timerding s. Schraml: Relativismus und Anthropologie. Studien zum Werk Robert Musils und zur Literatur der 20er Jahre, S. 191-195.) Während Musil sich schon vor 1920 mit den Aussagen der statistischen Physik beschäftigte, kann von einem breiten *öffentlichen* Interesse erst gegen Ende der 20er Jahre gesprochen werden.
[12]   In: Naturwissenschaften 15 (1927), S. 497-502.
[13]   Musil und von Mises kannten sich persönlich und verkehrten in Musils Berliner Zeit regelmäßig miteinander. So ist bekannt, daß der Schriftsteller 1931/32 häufig Gast im Haus des Mathematikers und Literaturliebhabers war (vgl. Rasch: Erinnerung an Robert Musil, S. 366).

Daß die Temperatur in einem Raume stets zu einem Gleichmäßigkeitszustand hinstrebt, daß nicht ein Punkt des Raumes glühend heiß, der andere weltallskalt ist, daß der zweite Hauptsatz der Wärmelehre gilt, daß die Welt nicht plötzlich explodiert, daß die Sonne morgen wieder aufgehen wird, daß uns das Fleisch nicht mit einem Male grundlos von den Knochen fällt, daß unser Gehirn heute noch nach den Gesetzen arbeitet, die immerhin als normal zu bezeichnen sind (soferne wir uns ein Urteil darüber erlauben dürfen):

> dies alles ist Ergebnis eines ungeheuren Zufalls, dies alles ist nicht sicher, sondern bloß nach dem Gesetz der großen Zahlen halbwegs wahrscheinlich [...].
> (KW II, S. 48)

Statistische Methoden waren bereits im 19. Jahrhundert wichtig für die Physik geworden, speziell in der Thermodynamik. Doch erst in der Quantenmechanik gewann das Gesetz der großen Zahlen seine volle Tragweite und Brisanz. Die erste allgemeinverständliche Darstellung zu diesem Thema legte 1927 Pascual Jordan in den *Naturwissenschaften* vor. Die epochemachenden Arbeiten von Heisenberg und Born aus dem Vorjahr resümierend, erläuterte er darin, daß die Quantentheorie die prinzipielle Unvorhersagbarkeit physikalischer Ereignisse in ungeahnt drastischer Weise aufgedeckt habe, denn anders als in der Wärmelehre sei hier hinter dem statistischen Geschehen keine kausal-deterministische Gesetzmäßigkeit der Einzelfälle mehr verborgen. Die moderne Atomphysik müsse „unstetigen Einzelprozessen"[14] unbedingte Realität zugestehen und liefere folglich nur noch statistische

> Mittelwerte, sie sagt, wie viele Quantensprünge in einer gewissen Zeit im Mittel über viele Einzelexperimente geschehen müssen. [...] der exakte Augenblick für das Eintreten eines Quantensprungs [ist] wirklich undeterminiert, und stets existiert nur eine Wahrscheinlichkeit für den Quantensprung.[15]

Unschwer erkennt man, daß Jordan kein reiner „Indeterminist" im Sinne Plancks war, denn zumindest *thermodynamischen* Systemen sprach er eine prinzipielle Vorhersagbarkeit zu. Anders als Exner ging er davon aus, daß der Glaube an eine vollständige Determination des Weltgeschehens erst in der Quantenmechanik aufgegeben werden müsse.

---

[14] Jordan: Kausalität und Statistik in der modernen Physik. – In: Naturwissenschaften 15 (1927), S. 105-110, hier: S. 108.
[15] Ebd., S. 109.

Die Auffassung, daß erst die Quantenmechanik durch ihre „grundlegend
andere Art von Gesetzlichkeit [...] zum Umdenken"[16] gezwungen und damit
den „revolutionären Bruch der Denkweisen"[17] herbeigeführt habe, sollte sich in
der Folgezeit schnell durchsetzen. Zu ihren frühen Befürwortern zählten u.a.
Heisenberg und von Neumann, der in den *Mathematischen Grundlagen der
Quantenmechanik* (1932) die „Lage der Kausalität in der heutigen Physik" so
kennzeichnete:

> Im Makroskopischen gibt es keine Erfahrung, die sie stützt, und es kann auch
> keine geben, denn die scheinbare kausale Ordnung der Welt im großen (d.h. für
> mit freiem Auge wahrnehmbare Objekte) hat gewiß keine andere Ursache, als
> das „Gesetz der großen Zahlen" – ganz unabhängig davon, ob die die Elemen-
> tarprozesse regelnden (d.h. wirklichen) Naturgesetze kausal sind [wie etwa in
> der Thermodynamik – C.K.] oder nicht [wie in der Quantenmechanik – C.K.].[18]

Die Verfechter des klassischen Kausalgesetzes unter den führenden Physikern,
allen voran Schrödinger und Einstein,[19] vertraten dagegen eine dritte Auffassung. Sie proklamierten eine vollkommene Determiniertheit *sämtlicher* physikalischer Prozesse und erwarteten in diesem Sinne eine Weiterentwicklung der
Quantenmechanik zu einer streng deterministischen Theorie nach klassischem
Vorbild. Die endgültige Theorie sollte die genaue Vorhersagbarkeit aller
mikrophysikalischen Ereignisse mit Hilfe sog. *verborgener Parameter* gewähr-
leisten, empirisch nicht direkt zugänglichen bzw. bislang unbekannten Be-
stimmungsgrößen, von denen das Verhalten quantenmechanischer Systeme in
eindeutiger Weise abhängen sollte.[20]

In seinem Buch *Der Kampf um das Kausalgesetz* gab auch der Wissenschaftstheoretiker Hugo Bergmann 1929 eine Übersicht über die Ende der 20er
Jahre gehandelten Theorien, wie man das Phänomen „Quantensprung" vor dem

---

[16] Ströker: Zur Frage des Determinismus in der Wissenschaftstheorie, S. 10.
[17] Ebd., S. 22.
[18] v. Neumann: Mathematische Grundlagen der Quantenmechanik, S. 172.
[19] Zu Einsteins Kritik am Indeterminismus der modernen Atomphysik vgl. Armin Hermann:
   Einstein und der Determinismus. – In: Naturwissenschaft und Technik in der Geschichte.
   25 Jahre Lehrstuhl für Geschichte der Naturwissenschaft und Technik am Historischen Institut der Universität Stuttgart. Hrsg. v. Helmuth Albrecht, S. 109-120.
[20] Trotz zahlreicher Versuche konnte bis heute keine allgemein akzeptierte Theorie verborgener Parameter konzipiert werden. Einen ersten Hinweis darauf, daß dies sogar prinzipiell
   unmöglich sein könnte, enthielten schon von Neumanns *Mathematische Grundlagen der
   Quantenmechanik*.

Hintergrund des Gesetzes der großen Zahlen adäquat zu deuten hätte. Zur Veranschaulichung zog er den radioaktiven Zerfall heran. Man wisse immer noch nicht,

> welches die Ursachen sind, welche ein Uranatom veranlassen, unter Entwicklung ungeheurer Energie auseinanderzufallen. Es ist dennoch gelungen, die Gesetzlichkeit dieses Zerfalls festzustellen, und zwar dadurch, daß man darauf verzichtete, das Gesetz des einzelnen Falles zu finden und sich vielmehr auf reine wahrscheinlichkeitstheoretische Überlegungen betreffend den Zerfall einer durchschnittlichen Zahl unter vielen Atomen verlegte, also so vorging, als wäre der Zerfall vollständig ursachlos und zufällig.[21]

Die alles entscheidende Frage der aktuellen Grundlagenforschung sei, ob „Quantensprünge durch einen uns noch unbekannten Mechanismus kausal geregelt sind, oder ob [...] reiner Zufall"[22] herrsche. Neben der Theorie der verborgenen Parameter und den Positionen von Jordan und Exner gebe es noch ein weiteres mögliches Deutungsmodell. Mit Walther Nernst könne man die „Darstellung der Natur durch statistische Gesetze" auch einfach als „Zeichen der Schwäche des menschlichen Verstandes"[23] ansehen. „Nach Nernst müssen wir mit der Möglichkeit rechnen, daß für das Problem der quantitativen Berechnung der Einzelvorgänge unser Denkvermögen versagt."

Im *Mann ohne Eigenschaften* wurden die verschiedenen Versuche, dem Hintergrund des statistischen Charakters der Naturgesetze auf die Schliche zu kommen, ebenfalls ausführlich diskutiert – im weiteren Verlauf von Ulrichs Gespräch mit Gerda. So klärt der Held die Bankierstochter auf,

> daß man dieses Gesetz der großen Zahlen logisch und formal zu erklären versucht hat, sozusagen als eine Selbstverständlichkeit; man hat im Gegensatz dazu auch behauptet, daß solche Regelmäßigkeit von Erscheinungen, die untereinander nicht ursächlich verknüpft seien, auf die gewöhnliche Weise des Denkens überhaupt nicht erklärt werden könne; und man hat, neben vielen anderen Analysen des Phänomens, die Behauptung aufgestellt, daß es sich dabei nicht nur um einzelne Ereignisse handle, sondern auch um unbekannte Gesetze der Gesamtheit. (GW I, S. 488)

---

[21] Bergmann: Der Kampf um das Kausalgesetz in der jüngsten Physik, S. 31.
[22] Ebd., S. 32.
[23] Dieses und das folgende Zitat: ebd., S. 33.

Musils direkte Bezugnahme auf die um 1930 tagesaktuelle Diskussion der Physiker ist hier nicht zu übersehen. Abschließend betont Ulrich auch noch einmal sein persönliches Interesse an der Problematik:

> Ich will Ihnen mit den Einzelheiten nicht zusetzen, habe sie auch selbst nicht mehr gegenwärtig, aber ohne Zweifel wäre es mir persönlich sehr wichtig, zu wissen, ob dahinter unverstandene Gesetze der Gemeinschaft stecken oder ob einfach durch Ironie der Natur das Besondere daraus entsteht, daß nichts Besonderes geschieht, und der höchste Sinn sich als etwas erweist, das durch den Durchschnitt der tiefsten Sinnlosigkeit erreichbar ist. Es müßte das eine wie das andere Wissen auf unser Lebensgefühl doch einen entscheidenden Einfluß haben! (S. 488f.)

1.2.6 Geistige Quantensprünge

Das populärste Beispiel für das Phänomen „Quantensprung" war – und ist bis heute – der radioaktive Zerfall. 1909 brachte die *Neue Rundschau* einen Übersichtsartikel für die interessierte Öffentlichkeit, in dem bereits die zivile Nutzung von Kernenergie sowie die Möglichkeit einer Atombombe vorgedacht wurden. Ausgehend von den Ergebnissen der damals schon gut erforschten Uran- und Thoriumzerfälle wurde auch der Gedanke angerissen, u.U. – entsprechend längere Halbwertszeiten vorausgesetzt – könnten „alle Elemente radioaktiv und in Umwandlung begriffen sein."[1] Unschwer konnte sich die Leserschaft die Folgen ausmalen, sollte „Radioaktivität in diesem Sinne eine allgemeine Eigenschaft der Materie"[2] sein. „Der Zerfall des Einzelatoms" jedenfalls erfolge „exposionsartig so, daß kleinste Teilchen [...] nahezu mit Lichtgeschwindigkeit fortgeschleudert werden"[3]; die gleichzeitige Umwandlung einer größeren Menge radioaktiver Substanz würde daher gewiß „mit den furchtbarsten Explosionswirkungen begleitet sein"[4].

In Brochs *Unbekannter Größe* war der Konnex zwischen Quantensprung und Statistik u.a. mit dem Hinweis darauf veranschaulicht worden, „daß die Welt nicht plötzlich explodiert". Unmittelbar im Anschluß an die entsprechende Passage übertrug Broch das Bild radioaktiven Zerfalls auf das Phänomen plötzlich in Erscheinung tretender Geisteskrankheit beim Menschen. So heißt es über das Gesetz der großen Zahlen, es sei selbst „nur wahrscheinlich" und könne „jederzeit von einem andern Gesetz abgelöst werden", schließlich sei es selbst

> bloß von Menschenhirnen entdeckt worden, über deren Normalität nichts Sicheres auszusagen ist. Dies ist der Zustand der Welt, und er war Richard seit jeher bewußt gewesen, und es hatten an die zwanzig Jahre vergehen müssen, ehe die Physik ihm die theoretische Bestätigung dessen brachte, was er einstens am eigenen Leibe erfahren hatte. (KW II, S. 48)

Die Gedanken von Brochs Romanheld bewegen sich unaufhörlich im Bannkreis der modernen Physik. Er überträgt die Probleme sogar in die profanen

---

[1] Marckwald: Radioaktivität. – In: Neue Rundschau 20 (1909), S. 256-261, hier: S. 260.
[2] Ebd.
[3] Ebd., S. 258.
[4] Ebd., S. 260.

Abläufe des täglichen Lebens. Ständig sei er „gegenwärtig, auf Überraschungen zu stoßen, die aller Wahrscheinlichkeit widersprechen würden", heißt es von ihm,

> und dieses konstante Auf-der-Hut-Sein vor Katastrophen begleitete ihn nicht nur in der wissenschaftlichen Forschung, sondern überall im Leben; *er wartete gewissermaßen bei jedem entgegenkommenden Menschen auf einen aggressiven Irrsinnsanfall* [...]. (KW II, S. 49 – Hervorhebung v. mir, C.K.)

Auch für Musils Mathematikerroman ist der Diskurs „Irrsinn" essentiell – vor allem, aber nicht ausschließlich in bezug auf den Prostituiertenmörder Christian Moosbrugger. Eine besonders detaillierte Darstellung eines plötzlichen „aggressiven Irrsinnsanfalls" findet sich im letzten Kapitel des ersten Bandes, wo Ulrich am Abend, als ihn die Nachricht vom Tod seines Vaters ereilt, Besuch von Clarisse erhält. Die Frau seines Jugendfreundes Walter konfrontiert ihn mit einem delikaten Anliegen: Sie möchte ein Kind von ihm. Ulrich ist perplex. Auf seine Ablehnung hin beschreibt Clarisse ihre momentane psychische Verfassung:

> Hast du nicht selbst einmal gesagt, daß der Zustand, in dem wir leben, Risse hat, aus denen sozusagen ein unmöglicher Zustand hervorschaut. Du brauchst nichts zu erwidern; ich weiß das schon lange. [...] du hast gesagt, daß man zu diesem Loch aus Trägheit und Gewohnheit nicht hinsieht oder sich [...] davon ablenkt. Nun, das Weitere ist einfach: durch dieses Loch muß man hinaus! Und ich kann das! Ich habe Tage, wo ich aus mir hinausschlüpfen kann. [...] Es ist ein unerhört großartiger Zustand; alles geht ins Musikalische und Farbige und Rhythmische, und ich bin dann nicht die Bürgerin Clarisse, als die ich getauft bin, sondern vielleicht ein glänzender Splitter, der in ein ungeheures Glück eindringt. (GW I, S. 659f.)

Während Clarisse weiter auf ihn einredet, läßt Ulrich „seine Hand auf ihrem Haar ruhen, darunter er das wirre Pulsen dieser Gedanken fast mit den Fingerspitzen fühlte." (S. 660) Mit einem Mal bricht die Geisteskrankheit dann offen hervor. Clarisse wirft ihre Arme um Ulrichs Hals, krallt sich fest und beginnt, ihn wie wild mit Küssen zu bedecken, während sie gleichzeitig weiterspricht:

> Sie stammelte von ihrer Kraft zu erlösen und seiner Feigheit, und so viel verstand er, daß er ein „Barbar" sei und sie deshalb von ihm und nicht von Walter den Erlöser der Welt empfangen werde, eigentlich waren ihre Worte aber nur ein wildes Spiel nahe seinem Ohr, ein halblautes, hastiges Murmeln, mehr mit sich selbst beschäftigt als mit Mitteilung, und nur hie und da war in diesem

drieselnden Bach ein einzelnes Wort [...] wahrzunehmen. Er hatte zu seiner
Verteidigung seine kleine Bedrängerin an den Oberarmen gefaßt und auf den
Divan gedrückt, nun arbeitete sie mit den Beinen an ihm herum [...]. (S. 660f.)

Erst als Ulrich sie mit den Worten „Ich will nicht, Clarisse! [...] Ich will jetzt
allein bleiben und habe [...] noch viel zu ordnen!" ultimativ von sich weist,
wird seine Besucherin wieder verständig:

> Als Clarisse seine Ablehnung begriff, war das, als ob mit einigen harten Rucken
> ein anderes Räderwerk in ihrem Kopf eingeschaltet würde. Sie sah Ulrich mit
> peinlich verzerrten Zügen einige Schritte weit vor sich stehen, sah ihn reden,
> verstand scheinbar nichts, aber während sie den Bewegungen seiner Lippen
> folgte, fühlte sie einen wachsenden Widerwillen, dann bemerkte sie, daß sich
> ihre Röcke über die Knie hochgeschoben hatten, und schnellte in die Höhe. Ehe
> sie sich noch an irgend etwas erinnerte, stand sie auf den Beinen, schüttelte ihr
> Haar und ihre Kleider zurecht, als hätte sie im Gras gelegen, und sagte: „Natür-
> lich mußt du einpacken, ich will dich nicht länger aufhalten" Sie hatte ihr ge-
> wöhnliches Lächeln wieder [...]. (S. 661)

Wieder allein, beginnt Ulrich, notwendige Formalitäten im Zusammenhang mit
dem Tod seines Vaters zu erledigen. An den Besuch zurückdenkend, ist er sich
sicher, „daß der schon einigemal empfangene Eindruck, Clarisse sei [...] im
geheimen wohl bereits ein geisteskrankes Wesen, keinen Zweifel mehr erlau-
be" (S. 662).

Noch in derselben Nacht zeigt sich, daß auch der Held in den „anderen Zustand" abgleiten kann; anders als bei Clarisse äußert sich dies bei ihm jedoch
nicht durch einen Anflug von Geisteskrankheit. Nachdem er stundenlang intensiv gearbeitet hat, sinkt er gegen Morgen übermüdet in eine Art Halbschlaf.
Dabei

> entfaltete sich [...], oder fast müßte man sagen, geschah um ihn wunderliches
> Gefühl. In allen Zimmern brannten noch die Lampen, die Clarisse [...] überall
> angezündet hatte, und der Überfluß des Lichts strömte zwischen den Wänden
> und Dingen hin und her, den dazwischen liegenden Raum mit einem fast leben-
> den Etwas ausfüllend. Und wahrscheinlich war es die in jeder schmerzlosen
> Müdigkeit enthaltene Zärtlichkeit, die das Gesamtgefühl des Körpers veränder-
> te, denn dieses immer vorhandene, wenn auch unbeachtete Selbstgefühl des
> Körpers, ohnehin ungenau begrenzt, ging in einen weicheren und weiteren Zu-
> stand über. Es war eine Auflockerung, als hätte sich ein zusammenschnürendes
> Band entknotet; und da sich ja weder an den Wänden und Dingen etwas wirk-
> lich änderte und kein Gott das Zimmer dieses Ungläubigen betrat und Ulrich

selbst keineswegs auf die Klarheit seines Urteils verzichtete (soweit ihn nicht
seine Müdigkeit darüber täuschte), konnte es nur die Beziehung zwischen ihm
und seiner Umgebung sein, was dieser Veränderung unterworfen war, und von
dieser Beziehung wieder nicht der gegenständliche Teil, noch Sinne und
Verstand, die ihm nüchtern entsprechen, sondern es schien sich ein tief wie
Grundwasser ausgebreitetes Gefühl zu ändern, worauf diese Pfeiler des sachlichen Wahrnehmens und Denkens sonst ruhten, und sie rückten nun weich auseinander und ineinander: diese Unterscheidung hatte nämlich im gleichen Augenblick auch ihren Sinn verloren. „Es ist ein anderes Verhalten; ich werde anders und dadurch auch das, was mit mir in Verbindung steht!" dachte Ulrich,
der sich gut zu beobachten meinte. (S. 663f.)

Zwischen Traum und Wachsein schwebend, hat der Held nun selbst einen
Übergang in einen anderen Bewußtseinszustand erfahren – im Gegensatz zu
Clarisse dabei jedoch „Selbstüberwachung bewahrt" (S. 664), wie ausdrücklich
betont wird. Als er erwacht, dämmert es bereits. Ulrich öffnet ein Fenster, und
während frische Luft ins Zimmer strömt, faßt er den Entschluß, „dieser Geschichte, wenn es sein müßte, mit aller Exaktheit zu begegnen." (S. 664f.) Dies
war gleichzeitig Musils eigener Arbeitsplan für den zweiten Romanband.

1.2.7 *Zur* Quanten-*Mechanik des Geistes*

Wie Richard Hieck, der Protagonist in Brochs *Unbekannter Größe*, ist auch der „Mann ohne Eigenschaften" ein Grundlagenmathematiker, der sich nebenbei gern mit physikalischen Problemen befaßt. Mehrfach ist in Musils Roman von einer wichtigen aktuellen Arbeit des Helden die Rede, ein im Entstehen begriffenes neues mathematisches Modell, das mit Hilfe eines Fallbeispiels aus der Physik veranschaulicht werden soll. Auch während seines Aufenthalts im Haus des verstorbenen Vaters, wo er zusammen mit Agathe, seiner Schwester, die er nach vielen Jahren der Trennung das erste Mal wiedersieht, den Nachlaß regelt, nimmt Ulrich die entsprechenden Aufzeichnungen einmal zur Hand, und

> sein Blick fiel gleich zu Beginn auf die Stelle mit den physikalischen Gleichungen des Wassers, über die er nicht hinausgekommen war. Er erinnerte sich dunkel, daß er an Clarisse gedacht hatte, als er aus den drei Hauptzuständen des Wassers ein Beispiel gemacht hatte, um an ihm eine neue mathematische Möglichkeit zu zeigen; und Clarisse hatte ihn dann davon abgelenkt. (S. 687)

In einem Roman, in dem der Begriff „Geistes*zustand*" in geradezu inflationärer Weise gebraucht wird, um die Seelenlagen der wichtigsten Figuren zu kennzeichnen, erscheint der Verweis auf eine mögliche Analogie mit physikalischen *Zustands*formen sehr wichtig – vor allem, wenn der Held in diesem Kontext an seine geisteskranke Bekannte denken muß. Irrsinn, diese Assoziation legt Musil seinen Lesern hier nahe, könne in einer ersten Näherung u.U. als eine Art psychischer Grundzustand angesehen werden, der nur deshalb abnorm erscheint, weil bei der überwiegenden Mehrzahl der Menschen ein anderer verwirklicht ist. Der „Mensch hat zwei Daseins-, Bewußtseins- und Denkzustände" (S. 767), denkt Ulrich in diesem Sinne einmal laut. Wie Wasser je nach Druck- und Temperaturverhältnissen in verschiedenen Aggregatzuständen vorliegt, erscheint

> das menschliche Wesen [...] ebenso leicht der Menschenfresserei fähig wie der Kritik der reinen Vernunft; es kann mit den gleichen Überzeugungen und Eigenschaften beides schaffen, wenn die Umstände danach sind [...]. (S. 361)

Allerdings vermag die Analogiebildung mit den Phasenübergängen des Wassers weder das mathematische Problem,[1] noch die Rätsel der Psyche ab-

---

[1] Vor dem Hintergrund, daß die korrekte mathematische Beschreibung von Phasenübergängen bereits Mitte des 19. Jahrhunderts gefunden worden war, überrascht dies nicht: Die

schließend zu lösen. Einige Tage später gelingt der Durchbruch jedoch; der
Protagonist überwindet das Beispiel mit den Aggregatzuständen und bringt „zu
seiner nicht geringen Überraschung [...] in den wenigen Stunden eines Vormit-
tags alles [...] bis auf unbedeutende Einzelheiten zu Ende." (S. 719f.)

Zur Lösungsfindung entscheidend beigetragen hat offenbar Ulrichs eigene –
seit dem Wiedersehen mit der Schwester nachhaltig veränderte – Bewußtseins-
lage:

> Es war ihm beim Zustandekommen dieser unerwarteten Lösung einer jener
> außer der Regel liegenden Gedanken zu Hilfe gekommen, von denen man nicht
> sowohl sagen könnte, daß sie erst dann entstehen, wenn man sie nicht mehr er-
> wartet, als vielmehr, daß ihr überraschendes Aufleuchten an das der Geliebten
> erinnert, die längst schon zwischen den anderen Freundinnen da war, ehe der
> bestürzte Freier zu verstehen aufhört, daß er ihr andere hat gleichstellen können.
> Es ist an solchen Einfällen nicht nur der Verstand, sondern immer auch irgend
> eine Bedingung der Leidenschaft beteiligt [...]. (S. 720)

Die Beziehung zu Agathe, die sich im weiteren Handlungsverlauf noch zu einem inzestuösen Verhältnis entwickelt, war von Beginn an von der phantasti-
schen Idee beflügelt, die Geschwister könnten eineiige Zwillinge sein. Zwischen den beiden Situationen, in denen Ulrich sich seinem wissenschaftlichen
Problem widmet – das er im zweiten Anlauf löst –, lag eine entscheidende Begebenheit im Hinblick auf die sich abzeichnende Geschwisterliebe: Als Ulrich
Agathes Äußeres erstmals eingehender betrachtet, erkennt er eine ausgesprochene Ähnlichkeit mit dem eigenen Erscheinungsbild und ist in höchstem
Maße fasziniert. „Zum erstenmal", bemerkt der Erzähler, „erfaßte ihn da der
Gedanke, daß seine Schwester eine traumhafte Wiederholung und Veränderung
seiner selbst sei; aber da dieser Eindruck nur einen Augenblick dauerte, vergaß
er ihn wieder." (S. 694) Im Unterbewußtsein noch vorhanden, wurde die
Denkmöglichkeit, in Agathe einen „Doppelgänger im anderen Geschlecht"
(S. 905) zu besitzen, wenig später jedoch zur zündenden Idee für die Lösung
des mathematischen Problems.

Insgesamt befaßt sich der Protagonist dreimal mit der besagten Arbeit – das
erste Mal im 28. Kapitel des ersten Buches:

Clausius-Clapeyron-Gleichung, die Übergänge zwischen verschiedenen Aggregatzuständen
formal beschreibt, stammt bereits aus dem Jahr 1850. Hätte Musil Ulrich diese längst bekannte Formel noch einmal „entwickeln" lassen, wäre dies einem eklatanten Verstoß gegen
die Eckdaten der Physikgeschichte gleichgekommen.

Ulrich saß [...] zu Hause an seinem Schreibtisch und arbeitete. Er hatte eine Untersuchung hervorgeholt, die er vor Wochen, als er den Entschluß zur Rückkehr [aus der Mathematik] faßte, mitten abgebrochen hatte; er wollte sie nicht zu Ende führen, es machte ihm bloß Vergnügen, daß er das alles noch immer zuwege brachte. [...]
Er schob das mit Formeln und Zeichen bedeckte Papier nun zurück und hatte zuletzt eine Zustandsgleichung des Wassers darauf geschrieben, als physikalisches Beispiel, um einen neuen mathematischen Vorgang anzuwenden, den er beschrieb; aber seine Gedanken waren wohl schon vor einer Weile abgeschweift.
„Habe ich nicht Clarisse etwas vom Wasser erzählt?" fragte er sich, vermochte jedoch nicht, sich deutlich zu erinnern. (S. 111)

Tatsächlich hatte Ulrich seiner Freundin einmal Einblicke in seine Arbeit gewährt und dabei einige sehr wichtige Überlegungen angestellt; doch auch Clarisse erinnert sich nur noch ungenau:

Er hat mir einmal eine lange Geschichte erzählt: Wenn man das Wesen von tausend Menschen zerlegt, so stößt man auf zwei Dutzend Eigenschaften, Empfindungen, Ablaufarten, Aufbauformen und so weiter, aus denen sie alle bestehen. Und wenn man unseren Leib zerlegt, so findet man Wasser und einige Dutzend Stoffhäufchen, die darauf herumschwimmen. Das Wasser steigt in uns genau so wie in die Bäume, und es bildet die Tierleiber, wie es Wolken bildet. Ich finde das hübsch. (S. 66)

Die Analogie mit dem Wasser rekurriert wiederum auf die Möglichkeit verschiedener Erscheinungsformen eines einzigen Elements. Wichtiger erscheint jedoch der erste Teil von Clarissens Rekapitulationsversuch. Ulrich war offenbar schon früh die Idee gekommen, man könne das menschliche Wesen als eine Art kleinstes gemeinsames Vielfaches der Eigenschaften aller Einzelmenschen darstellen – ein Gedanke, der sich beim Autor selbst weit zurückverfolgen läßt. Bereits 1912 hatte Musil im Rahmen seiner Forderung nach einer stärkeren Orientierung der Literatur an den exakten Wissenschaften wie gesehen folgende Programmpunkte für ein konkretes, noch zu schreibendes literarisches Werk angegeben: „Mathematischer Wagemut, Seelen in Elemente auflösen, unbeschränkte Permutationen dieser Elemente, alles hängt dort mit allem zusammen und läßt sich daraus aufbauen." Schon damals klang also die Vorstellung an, es gebe einen endlichen Satz menschlicher Eigenschaften, die in

verschiedenen Kombinationen und Gewichtungen zuletzt das Wesen eines jeden konkreten Individuums konstituierten.

Dem Romanheld entfällt der Gedanke jedoch vorerst wieder. Erst als er in
Agathe die „schattenhafte Verdopplung seiner selbst in der entgegengesetzten
Natur" (S. 941f.) zu erkennen meint, kommt er wieder zu Bewußtsein: Könnte
man sein und Agathes Wesen, die Summen ihrer jeweiligen Eigenschaften,
nach Art der Mathematik schematisieren, so würden sich die gewonnenen Formeln nur in einer Komponente, der Geschlechtseigenschaft, unterscheiden und
wären ansonsten identisch.

Wie bereits in bezug auf Ulrichs Arbeiten zur „Grundlagenkrise", die ihrer
Zeit weit voraus gewesen waren, läßt der Roman auch hinsichtlich der neuen
Ideen keinen Zweifel daran aufkommen, daß sie revolutionär sind. Der Held,
dessen Vorliebe für „Gedankenexperimente" (S. 631) hinlänglich bekannt ist,
hat ein mathematisches Modell entwickelt, für das es zur Zeit der Handlung, in
den Jahren 1913/14, noch gar kein konkretes Anwendungsgebiet gab; „er kam
sich, weil weder ein Grund noch ein Zweck zu erkennen war, geradezu vor der
Zeit fertig geworden vor" (S. 720), heißt es im Roman.

Ganz offensichtlich handelt es sich um eine statistische Arbeit, denn noch in
Gedanken an die gefundene Lösung äußert Ulrich die Vermutung, in „späteren,
besser unterrichteten Zeiten" werde selbst „das Wort Schicksal wahrscheinlich
einen statistischen Inhalt gewinnen" (ebd.). Ohne Zweifel hatte Musil als zukünftigen Anwendungsbereich von Ulrichs neuer Arbeit wiederum ein konkretes Vorbild aus der Physik vor Augen. Das anfängliche Beispiel der makrophysikalischen Phasenübergänge ist jedoch überwunden. Der Protagonist bezieht
sich jetzt nicht mehr auf *Aggregat-*, sondern auf *Quanten*zustände; Kardinal-
stück seiner mathematischen Pionierarbeit ist eine „Vorwegnahme" der Schrödingerschen ψ-Funktion in ihrer Bornschen Deutung, das Herzstück der modernen theoretischen Atomphysik.[2]

---

[2] Der Anachronismus im *Mann ohne Eigenschaften* ist bereits in anderen Zusammenhängen
von der Musil-Forschung angemahnt worden. So machte Erhard Schütz darauf aufmerksam, daß Musil wiederholt „Pressefotografien aus der Schreibgegenwart zur Charakteristik
der zu schreibenden Vergangenheit" heranzog. („Du brauchst bloß in die Zeitung hineinzu-
sehen". Der große Roman im „feuilletonistischen Zeitalter": Robert Musils „Mann ohne
Eigenschaften" im Kontext. – In: Zeitschr. f. Germanistik N.F.7 (1997), S. 278-291, hier:
S. 286.) Die Fotos, auf die sich Schütz bezieht, sind Karl Corinos *Robert Musil. Leben und
Werk in Bildern und Texten* entnommen (vgl. dort S. 346; S. 356f.) und stammen von 1925
bzw. 1930.

Den Helden läßt Musil natürlich an einen ganz anderen Anwendungsbereich seines Modells denken. Ulrichs Hoffnung, „daß man den Gedanken, der seine Aufgabe gelöst hatte, auch auf weitaus größere Fragen anwenden könne" (S. 720), richten sich zurück auf das Gebiet, von wo aus die entscheidenden Impulse für die Problemlösung gekommen waren. Dem Helden schwebt eine formale Beschreibung der menschlichen Psyche mit Hilfe „seiner" neuen Erkenntnisse vor, eine Quantenmechanik des Geistes, wenn man so möchte.

Was der Protagonist schon unmittelbar, nachdem er den Stift aus der Hand gelegt hat, ahnt, bestätigt dann der weitere Handlungsverlauf. Seine mehr und mehr von der unerhörten Beziehung zu Agathe vereinnahmten Gedanken lassen ihn immer sicherer werden, daß es tatsächlich möglich und auch sinnvoll ist, die „Begriffe der Wahrscheinlichkeit auf [...] geistige Ereignisse zu übertragen" (S. 1209).

1.2.8 Literarisierte ψ-Funktionen

In Brochs *Unbekannter Größe* gibt es eine Figur, die als Personifikation grundlegender Gesetze der Quantenmechanik konzipiert wurde – als ein zum Menschsein erhobenes Objekt der Mikrophysik, wenn man so möchte. Es handelt sich um den Vater des Romanhelden; vorgestellt wird er im zweiten Kapitel.

Die Art der Darstellung versetzt die Leser sofort in die Situation eines Experiments, dessen Ziel die Analyse von Leben und Charakter des Vaters ist. Wie bei mikrophysikalischen Versuchen üblich, erweist sich das Vorhaben jedoch als nicht in allen Details realisierbar. So mißlingt etwa die genaue Detektion des Berufs: Herr Hieck „war irgendeinem Beruf nachgegangen, den man niemals hatte ergründen können und der bloß ‚das Amt' hieß" (KW II, S. 15).

Beschrieben wird die Figur aus der Perspektive des Protagonisten. Dieser gleicht einem Experimentalphysiker, der sich anschickt, bestimmte Observable zu messen, die sich einer genauen Fixierung jedoch stets entziehen. Die Versuche des Helden, Leben und Wesen seines Vaters zu analysieren, stoßen ununterbrochen auf durch Unbestimmtheitsrelationen festgelegte Grenzen.

Neben der Unschärfe, dem alten Hieck eigentümlich ist, manifestiert sich an ihm als weiteres Merkmal der modernen Physik eine grundsätzliche Akausalität und prinzipielle Unvorhersagbarkeit des Verhaltens, speziell des Bewegungsverhaltens. Wenn von der „Stille und Unbemerktheit, mit der er ging" (S. 15), berichtet wird, ist die prinzipielle Schwierigkeit, seinen aktuellen Aufenthaltsort zu bestimmen, bereits angedeutet. Nur in Ausnahmefällen, bei denen das Familienoberhaupt „unvermutet wieder auftauchte" (S. 15), gelingt eine Detektion.

Indem Broch das raum-zeitliche Verhalten einer Romanfigur dem eines subatomaren Objekts nachempfand, brachte er die Aussage seines Freundes Arthur Haas, „daß es unmöglich ist, das mechanische Verhalten eines materiellen Urteilchens, also z.B. eines *Elektrons*, genau zu beschreiben"[1], literarisch zum Ausdruck. Das Schreibkonzept erinnert damit stark an Carl Einsteins *Bebuquin*, wo in Anlehnung an die Relativitätstheorie eine spezifische Ästhetisie-

---

[1]   Haas: Physik für Jedermann, S. 260.

rung der Erzählkategorien Raum und Zeit versucht wurde. Broch dienten die von führenden Physikern vor allem im Zusammenhang mit der Kopenhagener Deutung in den späten 20er Jahren immer wieder neu ersonnenen Elektronen-Beispiele als Konstruktionsvorschrift im Hinblick auf die ästhetisch-stilistische Gestaltung des zweiten Kapitels, so u.U. auch dieser Satz von Haas: „Es erscheint *unmöglich*, die Elektronen zu *lokalisieren* oder ihnen eine bestimmte *Gestalt* oder *Umgrenzung* zuzuschreiben."[2]

Eine präzise Lokalisierung des Vaters, dessen Unbestimmtheit in „Gestalt oder Umgrenzung" vom Erzähler auch dadurch angedeutet wird, daß er ihn als „Phantom" (S. 27) bezeichnet, gelingt nur in Ausnahmesituationen. Das Romanbeispiel ist eine nächtliche Begebenheit in Richards Kinderzimmer. In der irrtümlichen Meinung, sein Sohn schlafe bereits, betritt Vater Hieck den Raum und setzt sich auf einen Stuhl, um dort längere Zeit zu verharren. Kennt Richard in diesem Spezialfall den Aufenthalts*ort* des Vaters genau, so ist dessen Verweil*dauer* dagegen „unabsehbar" (S. 16), wie es im Text heißt, d.h. gänzlich unscharf.

Von Akausalität geprägt sind auch die Geschehnisse im Verlauf eines nächtlichen Spaziergangs. Daß der Vater Richard bei Nacht zu einem gemeinsamen Ausflug in den Wald einlädt, liegt zwar noch durchaus in den Grenzen des zu Erwartenden – der Held empfindet den Vorgang als „ganz natürlich" (S. 16) –, daß der Vater dann aber „plötzlich die nebelschwere Wiese betrat und Blumen zu pflücken begann", ist „unfaßbar" (ebd.). Beim Versuch, dem Ereignis Bedeutung zu schenken, kommt Richard der rettende Gedanke, die Blumen seien vielleicht „für das Haus oder für die Mutter bestimmt". Doch erneut erweist sich das Verhalten des Vaters als indeterminiert und wird im übertragenen Sinne den „an sich willkürlichen und zufälligen Individualprozessen der Physik"[3] subsumiert: Gegen alle Erwartung wirft er die Blumen ins Wasser – und „so war es immer", bilanziert der Erzähler, „nichts war eindeutig, alles war ins Flackernde gezogen" (S. 16).

Interessant ist Brochs literarische Verarbeitung der Gesetze der Quantenmechanik vor allem im Hinblick auf ein berühmt gewordenes Gedankenexperiment, das Erwin Schrödinger 1935 in den *Naturwissenschaften* präsentierte. Beim sog. *Paradoxon der Schrödingerkatze* handelt es sich um den wohl be-

---

[2] Ebd., S. 261.
[3] Haas: Physik für Jedermann, S. 261.

kanntesten Diskussionsbeitrag, der je gegen die Bohr-Heisenbergsche Kopenhagener Deutung vorgebracht wurde. Ziel des österreichischen Wellentheoreti-
kers war es, eine grundlegende Aussage der vorherrschenden Interpretation
mikrophysikalischer Geschehnisse durch Transfer auf die der menschlichen
Alltagserfahrung zugängliche Makroebene ad absurdum zu führen. Dies war
sein fiktiver Versuchsaufbau:

> Eine Katze wird in eine Stahlkammer gesperrt, zusammen mit folgender Höl-
> lenmaschine (die man gegen den direkten Zugriff der Katze sichern muß): in ei-
> nem Geigerschen Zählrohr befindet sich eine winzige Menge radioaktiver Sub-
> stanz, *so* wenig, daß im Lauf einer Stunde *vielleicht* eines von den Atomen zer-
> fällt, ebenso wahrscheinlich aber auch keines; geschieht es, so spricht das Zähl-
> rohr an und betätigt über ein Relais ein Hämmerchen, das ein Kölbchen mit
> Blausäure zertrümmert. Hat man dieses ganze System eine Stunde lang sich
> selbst überlassen, so wird man sich sagen, daß die Katze noch lebt, *wenn* inzwi-
> schen kein Atom zerfallen ist. Der erste Atomzerfall würde sie vergiftet haben.[4]

Um das Paradoxe an dieser Situation erläutern zu können, muß vorausgeschickt werden, daß für die *theoretische*, d.h. statistische Beschreibung eines
quantenmechanischen Systems eine auf Schrödinger selbst zurückgehende Zustandsfunktion maßgeblich ist. Max Born hatte 1926 die Wahrscheinlichkeits-
interpretation dieser sog. ψ-Funktion erbracht und im Jahr darauf eine erste
allgemeinverständliche Darstellung zum Thema publiziert. Demnach erlaubte
(und erlaubt) die „Kenntnis der Funktion ψ [...] den Ablauf eines physikalischen Vorganges" nur „zu berechnen, soweit er überhaupt durch die quantenmechanischen Gesetze festgelegt ist: nämlich nicht im Sinne physikalischer
Determiniertheit, sondern im Sinne der Wahrscheinlichkeit."[5]

In Schrödingers Gedankenexperiment wird jedes radioaktive Atom durch
eine eigene ψ-Funktion beschrieben, in die jeweils die potentiellen Zustände
„schon zerfallen" und „noch nicht zerfallen" eingehen:

$$\Psi_{radioaktives\ Atom} = c_{noch\ nicht\ zerfallen}\ \Psi_{noch\ nicht\ zerfallen} + c_{schon\ zerfallen}\ \Psi_{schon\ zerfallen}$$

---

[4]   Schrödinger: Die gegenwärtige Situation in der Quantenmechanik. – In: Naturwissenschaf-
       ten 23 (1935), S. 807-812; S. 823-828; S. 844-849, hier: S. 812.
[5]   Born: Quantenmechanik und Statistik. – In: Naturwissenschaften 15 (1927), S. 238-242,
       hier: S. 241.

Die Koeffizienten c_i enthalten die Wahrscheinlichkeiten dafür, daß der zerfallene respektive der nicht zerfallene Zustand vom Atom angenommen ist. Solange beide c-Werte von Null verschieden sind, existieren von theoretischer Warte aus für beide Fälle gewisse Wahrscheinlichkeiten.

Die Kopenhagener Deutung stellt den Zusammenhang von Theorie und Experiment nun wie folgt dar. Wird der Zustand eines radioaktiven Atoms empirisch bestimmt, so findet man natürlich nur den zerfallenen oder den nicht zerfallenen vor, keinesfalls jedoch beide zugleich. Der experimentelle Zugriff stellt demnach eine so gravierende Beeinflussung des mikrophysikalischen Systems dar, daß sich das aus theoretischer Perspektive bislang in einem *gemischten Zustand* befindliche Atom im Moment der Messung gezwungen sieht, den einen oder den anderen Einzelzustand eindeutig anzunehmen.[6]

Über den Mechanismus seiner „Höllenmaschine" erhob Schrödinger den Vorgang des radioaktiven Zerfalls nun auf die der menschlichen Alltagserfahrung zugängliche Makroebene: Wie die Atome nur die Zustände „bereits zerfallen" und „noch nicht zerfallen" einnehmen können, kann die Katze – in tödlicher Abhängigkeit davon – nur die Zustände „bereits tot" und „noch nicht tot" verwirklichen. Da der Kasten mit der Katze geschlossen ist, hat man zunächst kein empirisches Wissen über ihre Befindlichkeit. Die Theorie beschreibt ihren Zustand unterdessen so:

$$\psi_{Katze} = c_{lebendig}\, \psi_{lebendig} + c_{tot}\, \psi_{tot}$$

Da die Wahrscheinlichkeit dafür, daß eines der Atome innerhalb der Versuchsdauer von einer Stunde zerfällt, genau 50% ist, ist der Zustand der Katze nach Verstreichen dieser Zeit eine gleichgewichtete Überlagerung der Zustände „tot" und „lebendig"; die beiden zeitabhängigen c-Werte sind nach 60 Minuten gerade gleich groß.[7]

Dies erscheint dem „gesunden Menschenverstand" natürlich paradox: Solange man die Versuchskiste nicht öffnet und überprüft, ob die Katze lebt oder nicht, soll man nach der Kopenhagener Deutung annehmen, daß sie zu gleichen

---

[6] Diesen Vorgang bezeichnet man auch als *quantenmechanischen Schnitt*, weil rein formal die Schrödingerfunktion zur Hälfte beschnitten wird.

[7] Schrödinger (Die gegenwärtige Situation, S. 812) hielt fest, daß nach einer Stunde Versuchszeit in der ψ-Funktion „die lebende und die tote Katze [...] zu gleichen Teilen gemischt oder verschmiert sind."

Teilen tot und lebendig ist. Und mehr noch: Da der Meßprozeß eine Entscheidung über den Zustand des Systems herbeizwingt, muß man das Öffnen der
Black box, sofern die Katze nicht mehr lebt, geradezu als ihre Todesursache
ansehen.

Im Zusammenhang mit der „quantenmechanischen" Vater-Figur findet
sich in der *Unbekannten Größe* ebenfalls eine Umschreibung der ψ-Funktion
mit Worten. Ohne Schrödingers zwei Jahre jüngeres Gedankenexperiment ge-
kannt haben zu können, übertrug auch Broch Borns statistische Deutung mikrophysikalischer Ereignisse auf die Ebene der menschlichen Alltagserfahrung,
und wie Schrödinger zog er dabei das Gegensatzpaar „tot" und „lebendig" zur
Veranschaulichung heran:

> Niemals wurde über den Vater gesprochen, und als er gestorben war, erinnerte
> kein Bild an ihn, vielleicht weil dieser Tod ebensowenig eindeutig war wie das
> Leben dieses Menschen, *es war ein Gestorbensein, das bloß einen graduellen
> Unterschied bedeutete* [...]. (KW II, S. 17 – Hervorhebung v. mir, C.K.)

Der Beschreibung des Vaters zugrundegelegt war also die Formel:

$$\psi_{Vater} = c_{lebendig}\,\psi_{lebendig} + c_{tot}\,\psi_{tot}{}^{8}$$

Auch Musil kannte Borns Deutung der Schrödingerschen ψ-Funktion. Ein
Hinweis dafür findet sich beispielsweise im Tagebuchheft Nr. 10 auf Seite 86
(Tb. I, S. 502). Auf dem unteren Teil des Blattes notierte er unter der Überschrift „*Residuen erkenntnistheor. Überlegung*" einige epistemologische Gedanken zum Verhältnis von „objektiv" und „subjektiv":

> Es ist etwas in der Erscheinung von uns Unabhängiges u. etwas Abhängiges.
> Vortatbestand, von dem alle Philosophie erst ausgeht.
> $\varepsilon = f(o,\varsigma)$ beide, o u ς, erweisen sich als gesetzlich
>   o ist zum Teil bloß faktisch
> ς ist zum Teil zufällig (historische Momente zB.)

Anstelle der griechischen Buchstaben „o" und „ς" könnten auch die lateinischen „o" und „s" in der Klammer stehen; Musils Handschrift ist hier nicht
ganz eindeutig. Ausschließen kann man aber in jedem Fall, daß Musil die

---

8   Daß Broch entsprechende Darstellungen der ψ-Funktion bekannt waren, steht außer Frage.
    Ähnliche Formeln waren in zahlreichen Publikationen der späten 20er und frühen 30er Jah-

Zahlziffern „0" und „5" setzte, wie die Editoren der Tagebücher annahmen. Musils Formel stellt ein Kürzel für die einfache Aussage dar, daß alles empirisch Wahrgenommene eine Funktion von objektiven und subjektiven Anteilen ist: „ε = f (o,ç)". Weiter unten auf derselben Seite vermerkte der Schriftsteller darüber hinaus: „objektiv – subjektiv = von der Beschaffenheit meines Ich unabhängig – abhängig". Dies diente ihm als Kurzschreibweise dafür, daß die für das Ergebnis eines Wahrnehmungsprozesses konstitutiven „objektiven" und „subjektiven" Anteile unabhängig bzw. abhängig von den Eigenschaften des Ich sind. Den subjektiven Faktor unterteilte Musil abschließend noch in „willkürlich" bzw. „zufällig" einerseits und in „gesetzliche" bzw. „objektive Subjektivität" andererseits.

Die um 1920 entstandene Notiz belegt exemplarisch Musils zeitlebens bestehendes Interesse an der genauen Analyse des Apperzeptionsaktes – und dabei speziell am Verhältnis von Wahrnehmungsgegenständen *vor* und *nach* der Erfahrung. Gleichzeitig liefert der Eintrag ein gutes Beispiel für Musils Vorliebe, Denkschritte und -ergebnisse *ad modum* der Naturwissenschaften mit Hilfe mathematischer Formeln abkürzend darzustellen.

Interessant ist nun ein Vermerk, den der Autor nachträglich, wahrscheinlich 1929, am Rand desselben Tagebuchblattes, direkt neben die Formel „ε = f (o,ç)" und die entsprechenden Erläuterungen, mit Bleistift notierte:

ε = f (oç) durch ein ψ (0)
od. ψ (1) auszudrücken,
sind alte phil. Versuche. Sie
ändern nichts am Ausgangsver-
hältnis[9]

Der Nachtrag stammt aus der Schaffensperiode, in der sich auch Musil näher mit der Schrödingerschen ψ-Funktion und der Kopenhagener Interpretation vertraut machte. Er hatte gelernt, daß seine alte Formel für das Resultat ε eines Wahrnehmungsprozesses in der Quantenmechanik durch eine ψ-Funktion beschrieben wird, die den fraglichen Erkenntnisgegenstand eindeutig repräsentiert und im Akt der Wahrnehmung entweder den Wert 0 oder den Wert 1 an-

---

re Gegenstand der Erörterung und erschienen etwa ab 1930 auch in den einschlägigen Lehrbüchern.

[9] Die Editoren der Tagebücher lesen „φ (0)" statt „ψ (0)". Möglich wäre auch ein „f (0)". Außerdem wird von den Herausgebern neben „ψ (1)" die Lesart „ψ (3)" angeboten.

nimmt, je nachdem, ob die fragliche Eigenschaft tatsächlich als vorliegend erkannt wird oder nicht.

Auch in den *Mann ohne Eigenschaften* fand die ψ-Funktion dann implizit
Eingang. In sehr suggestiver Form durchzieht sie beispielsweise das 14. Kapitel des zweiten Bandes. Geschildert wird ein Besuch des Protagonisten bei
Walter und Clarisse. Vom Fenster aus, das gewissermaßen die Grenze zwischen Mikro- und Makrowelt markiert, beobachten die drei Freunde das Verhalten eines unbekannten Passanten. Clarisse hatte ihn als erste bemerkt. Er

> ging bald zögernd, bald ging er achtlos; es machte den Eindruck, daß sich etwas
> um seinen Willen zu gehen wickle, und jedesmal, nachdem er es zerrissen hatte,
> ging er ein Stück wie jeder andere, der nicht gerade Eile hat, aber auch nicht
> stockt. (GW I, S. 786)

Daß mit dem Mann „etwas nicht in Ordnung war" (ebd.), bestätigt sich, als er
plötzlich über den Zaun in Walters Garten steigt und sich neben dem Gehsteig
in den Büschen verschanzt. Ulrich ahnt, daß es sich nur um einen „exhibieren-
den Psychopathen" (S. 833) handeln kann und wartet gespannt darauf, daß der
seltsame Fremde aus seinem Versteck tritt, um sich urplötzlich vor einer ahnungslosen Passantin zu entblößen. Fasziniert fragt er sich,

> was in solch einem Menschen eigentlich vorgehe. Die Veränderung, dachte er,
> müsse wohl in dem Augenblick, wo dieser über das Gitter steige, so vollständig
> sein, daß sie sich im einzelnen gar nicht beschreiben lasse. Und so natürlich, als
> wäre das ein passender Vergleich, fühlte er sich alsbald an einen Sänger erin-
> nert, der soeben noch gegessen und getrunken hat, dann aber ans Klavier tritt,
> die Hände über den Bauch faltet und, den Mund zum Liede öffnend, *teils ein
> anderer ist, teils nicht.* (S. 787 – Hervorhebung v. mir, C.K.)

Einem radioaktiven Atom gleich sieht der Triebtäter erregt seinem Quanten-
Sprung über den Gartenzaun entgegen. Sein gegenwärtiger Zustand entspricht
einer Überlagerung der zwei potentiellen Zustände „noch nicht gesprungen"
und „bereits gesprungen":

$$\psi_{Exhibitionist} = c_{noch\ nicht\ gesprungen}\ \psi_{noch\ nicht\ gesprungen} + c_{gesprungen}\ \psi_{gesprungen}$$

Mit steigender Versuchsdauer wird der Wert von $c_{gesprungen}$ immer größer und
damit die Wahrscheinlichkeit für das entsprechende Ereignis. Noch während
das „Experiment" andauert, bemüht sich Ulrich um eine Deutung:

Die völlige Vollständigkeit dieser Verwandlung, die sich innen vollzieht, aber außen durch das Entgegenkommen der Welt ihre Bestätigung findet, hatte es ihm angetan: es war ihm gleichgültig, wie dieser Mann da unten psychologisch dazukam, aber er mußte sich vorstellen, wie sich dessen Kopf allmählich mit Spannung fülle, gleich einem Ballon, in den das Gas gelassen wird, wahrscheinlich tagelang und nach und nach, aber noch immer an den Seilen schwankend, die ihn an festen Boden binden, bis ein unhörbares Kommando, eine zufällige Ursache oder einfach der Ablauf der bestimmten Zeit, der nun das Nächstbeste zur Ursache macht, diese Seile löse, und der Kopf ohne Verbindung mit der Menschenwelt in der Leere des Unnatürlichen schwebe. (S. 787)

Ähnlich wie im Gespräch mit Gerda ließ Musil seinen Helden hier die von Physikern und Philosophen seinerzeit leidenschaftlich diskutierten Erklärungsmodelle nach-denken: Unterliegt das konkrete Eintreffen des immer wahrscheinlicher werdenden Quantensprungs allein dem Zufall? Läßt sich das Phänomen nur statistisch, mit Hilfe des Gesetzes der großen Zahlen, erfassen, oder gibt es u.U. doch einen verborgenen Parameter, „ein unhörbares Kommando", der den Zeitpunkt des Quantensprungs eindeutig bestimmt?

1.2.9 Das Faktische und das Mögliche

> Das Mögliche, das zu Erwartende, ist ein
> wichtiger Bestandteil unserer Wirklichkeit,
> der nicht neben dem Faktischen einfach
> vergessen werden darf.[1]
> (Werner Heisenberg)

Ulrich ist nicht nur ein guter Beobachter. Er vermag auch hinter die Welt der bloßen Tatsachen zu blicken. Er denkt in Möglichkeiten und erkennt in dem seltsamen Fremden, der sich im Garten versteckt hält, bereits dessen späteres abnormes Verhalten.

Die Gegenüberstellung von Wirklichkeit und Möglichkeit bildet den wichtigsten Diskurs im *Mann ohne Eigenschaften*. Von Beginn an macht Musil keinen Hehl daraus, daß er das Reich des Potentiellen als umfassender und grundlegender ansieht als die Welt der Erscheinungen. Wer wie sein Romanheld „Möglichkeitssinn" besitzt, läßt er den Erzähler erläutern,

> sagt beispielsweise nicht: Hier ist dies oder das geschehen, wird geschehen, muß geschehen; sondern er erfindet: Hier könnte, sollte oder müßte geschehn; und wenn man ihm von irgend etwas erklärt, daß es so sei, wie es sei, dann denkt er: Nun, es könnte wahrscheinlich auch anders sein. So ließe sich Möglichkeitssinn geradezu als die Fähigkeit definieren, alles, was ebensogut sein könnte, zu denken und das, was ist, nicht wichtiger zu nehmen als das, was nicht ist. (S. 16)

Ein Mensch, der ohne Verbindung zur offiziellen Wirklichkeit nahezu ausschließlich in den Grenzen seines individuellen Möglichkeitssinns lebt und erkennt, wird von außen mit an Sicherheit grenzender Wahrscheinlichkeit als Geisteskranker angesehen. Das Romanbeispiel dafür ist der Gewaltverbrecher Christian Moosbrugger, dem es ein einzigartiger Möglichkeitssinn sogar erlaubt, sich als eingekerkerter Häftling der Haft zu entziehen:

> Er beherrschte jetzt alles und herrschte es an. Er brachte alles in Ordnung, ehe man ihn tötete. Er konnte denken, woran er wollte, augenblicklich war es so

fügsam wie ein gut erzogener Hund, zu dem man „Kusch!" sagt. Er hatte, obwohl er eingesperrt war, ein ungeheures Gefühl der Macht. [...]
Er merkte [...], daß er sich wie verrückt nach gutem Essen sehnte; er träumte davon, und bei Tag lagen die Umrisse eines guten Tellers Schweinsbraten mit fast unheimlicher Beständigkeit vor seinem Auge, sobald sein Geist von anderen Beschäftigungen zurückkehrte. „Zwei Teller!" befahl Moosbrugger dann. „Oder drei!" Er dachte es so stark und die Vorstellung gierig vergrößernd, daß ihm augenblicklich voll und übel wurde, er überfraß sich in Gedanken. (S. 395f.)

Auch das unmißverständlichste Signal aus der Tatsachenwelt, die drohende Todesstrafe, vermag dem Gefangenen nichts anzuhaben: Moosbrugger „hatte keineswegs das Gefühl, daß man ihn hinrichten werde; er richtete sich selbst, mit Hilfe der anderen Leute hin" (S. 398).

Aber selbst dieser extreme Vertreter eines Menschen mit Möglichkeitssinn bewegt sich nicht *nur* in der Welt des Potentiellen. Nach z.T. wochenlang andauernden Phantasiephasen, wo er „fast aus seiner Haut schlüpfen konnte, kamen auch immer wieder die langen Zeiten der Einkerkerung." (S. 397) Niemand, dieses Bild wird im *Mann ohne Eigenschaften* sehr sorgfältig entwickelt, ist *ausschließlich* Möglichkeits- oder Faktenmensch; immer gibt es Übergänge zwischen den beiden psychischen Grundzuständen „Möglichkeit" und „Wirklichkeit".[2]

Der Protagonist besitzt ebenfalls einen gut ausgebildeten Möglichkeitssinn. Was Ulrich von Moosbrugger jedoch kategorisch unterscheidet, ist die zusätzliche Gabe, den einmal eingenommenen „anderen Zustand" mit Hilfe der Ratio auch zu reflektieren. Damit verkörpert er den Archetypus eines Menschen, der Wirklichkeits- und Möglichkeitsdenken fruchtbar miteinander kombinieren kann. Moosbrugger dagegen ist – ähnlich wie Clarisse, die ebenfalls, allerdings weniger häufig und nur für kurze Zeitspannen vollständig in die Möglichkeitswelt eintauchen kann – nicht fähig, „die Mitte zwischen seinen zwei Zuständen zu finden, bei der er vielleicht hätte bleiben können." (S. 397) Genau diese Aufgabe hat sich Ulrich indes gestellt. Höchstes Lebensziel, ahnt der Held,

---

[1]   Heisenberg: Der Teil und das Ganze, S. 82.
[2]   Dennoch erachtete Musil Fälle wie Moosbrugger im Prinzip als permanente Realisierungen des „anderen Zustands". Dies folgt indirekt aus seiner Feststellung, daß der „andere Zustand", „außer in krankhafter Form, niemals von Dauer" (GW II, S. 1154) sein könne.

müßte es sein, den Möglichkeitssinn mit Hilfe der Vernunft zu lenken, ihn sozusagen „bewußt" zur Gestaltung der eigenen Realität einzusetzen.

Unter allen Romanfiguren besitzt nur der Protagonist die Anlagen dafür, auf
diese Weise einen „bewußten Utopismus" (S. 16) zu leben. Einerseits ist er ein
Mensch mit „Tatsachenblick" (S. 1979), und seine Gedanken sind alles andere
als irrsinnig; andererseits ist er aber auch kein engstirniger Positivist, dem ein
blinder Faktenglaube die Sicht auf das Utopische verstellt,[3] die Voraussetzung
für eine Überwindung des repressiven *sic est*.

Je nachhaltiger der Protagonist über die Parallelaktion mit den grotesken
Zügen des menschlichen Wirklichkeitssinns konfrontiert wird – der Vorschlag,
eine Franz-Josefs-Suppenanstalt zu gründen, ist nur ein Beispiel unter vielen –,
desto dringlicher erscheint ihm das „Programm, Ideengeschichte statt Weltgeschichte zu leben" (S. 364); später spricht er sogar davon, daß „man die
Wirklichkeit abschaffen" und sich statt dessen „wieder der Unwirklichkeit bemächtigen" (S. 575) solle.

In der frühen Kontroverse um die Kopenhagener Deutung spielten die Begriffe „Möglichkeit" und „Wirklichkeit" ebenfalls eine eminent wichtige Rolle.
Die Deutung der ψ-Funktion als Wahrscheinlichkeitsverteilung quantenmechanischer Zustände bedeutete das Ende der jahrhundertealten Vorstellung
der Physiker, ihre Formeln würden die Wirklichkeit „direkt" abbilden und
Auskunft über das „tatsächliche" Naturgeschehen geben. Gegen den Widerstand namhafter Autoritäten wie Schrödinger und Einstein propagierte vor allem Heisenberg Borns neue Theorie. Demnach beschrieb die quantenmechanische ψ-Funktion nur noch

> so etwas wie die Tendenz zu einem bestimmten Geschehen. Sie bedeutet eine
> quantitative Fassung des alten Begriffs der δύναμις oder „Potentia" in der Phi-
> losophie des Aristoteles. Sie führt eine merkwürdige Art von physikalischer
> Realität ein, die etwa in der Mitte zwischen Möglichkeit und Wirklichkeit
> steht.[4]

An anderer Stelle fügte Heisenberg hinzu:

> Die mathematischen Symbole, mit denen wir [...] Beobachtungssituationen be-
> schreiben, stellen eher das Mögliche als das Faktische dar. *Vielleicht könnte*

---

[3]   In den Entwürfen zum *Mann ohne Eigenschaften* hielt Musil einmal fest, daß „exakte Men-
      schen [...] sich nicht um die in ihnen angelegten Utopien [kümmern]" (S. 1878).
[4]   Heisenberg: Physik und Philosophie, S. 23.

man sagen, sie stellen ein Zwischending zwischen Möglichem und Faktischem dar [...]. Diese bestimmte Erkenntnis des Möglichen läßt zwar einige sichere und scharfe Prognosen zu, in der Regel aber erlaubt sie nur Schlüsse auf die Wahrscheinlichkeit eines zukünftigen Ereignisses.[5]

In der ψ-Funktion erscheinen potentielle Zustände als Summanden – jeweils mit einem c-Faktor versehen, der die Wahrscheinlichkeit dafür angibt, daß aus der betreffenden Möglichkeit auch Wirklichkeit wird. In der formalen Darstellung eines radioaktiven Atoms existieren die sich in der Realität gegenseitig ausschließenden Zustände $\psi_{nicht\ zerfallen}$ und $\psi_{zerfallen}$ gleichberechtigt nebeneinander.[6] Wenn von Seiten der Wirklichkeit aus, d.h. durch empirischen Zugriff auf das quantenmechanische System, einer der beiden möglichen Zustände zum faktischen erhoben wird, bedeutet dies formal, daß der entsprechende c-Faktor den Wert 1 angenommen hat, während sein Komplementärwert auf Null gesetzt wurde.[7]

Nun wird deutlich, welches statistische Modell Ulrich, der stets „Lust daran gehabt [hatte], dem zarten Nebel des Gefühls eine Erklärung nach Art der Naturwissenschaften zu unterschieben" (GW I, S. 1238), in seiner revolutionär

---

[5] Heisenberg: Der Teil und das Ganze, S. 149 – Hervorhebung v. mir, C.K. Am Rande sei darauf hingewiesen, daß Musil längst nicht der einzige Nicht-Physiker war, der Heisenbergs Erkenntnisse philosophisch auszuwerten suchte. Beispielsweise gibt es auch bei Ernst Cassirer sehr enge Bezüge zum Möglichkeits-Wirklichkeits-Diskurs der Physik. So schrieb Cassirer im Zusammenhang mit dem Objektivitätsproblem, eine „Trennung zwischen dem ‚Faktischen' und ‚Theoretischen'" erweise sich „als durchaus künstlich; sie zerstückelt und zerschneidet den Organismus der Erkenntnis. [...] Auch im Kreis der exakten Wissenschaften hat es sich gezeigt, daß ‚Empirie' und ‚Theorie', daß faktische und prinzipielle Erkenntnis miteinander solidarisch sind." (Zur Logik der Kulturwissenschaften, S. 17.) Eine gute Übersicht über Cassirers Reflexion des Kausalproblems der Atomphysik, vor allem in seiner Schrift *Determinismus und Indeterminismus in der modernen Physik* (1937), gibt Emter: Literatur und Quantentheorie, S. 75-79; zu Cassirers Auseinandersetzung mit der Relativitätstheorie vgl. außerdem Hentschel: Interpretationen und Fehlinterpretationen der speziellen und der allgemeinen Relativitätstheorie durch Zeitgenossen Albert Einsteins, S. 224-231.

[6] Daß sich der Sprachgebrauch der Physiker und Wissenschaftstheoretiker in diesem Punkt bis heute nicht geändert hat, verdeutlicht Martin Carriers Darstellung der Kopenhagener Interpretation. Es sei vor „dem Einsatz geeigneter Meßgeräte [...] objektiv unbestimmt, ob ein gegebener radioaktiver Kern zerfallen wird oder nicht; *der Kern existierte nur als Überlagerung von Möglichkeiten.[...] In der unbeobachteten Natur gibt es keinen Übergang vom Möglichen zum Wirklichen.*" (Aspekte und Probleme kausaler Beschreibungen in der gegenwärtigen Physik, S. 98 – Hervorhebungen v. mir, C.K.)

[7] In diesem Sinne spricht man auch vom *Kollaps* der Wellenfunktion.

neuen mathematischen Studie entwickelt hat.[8] Zusammen mit dem Autor hat er
das heuristische Beispiel der Aggregatzustände des Wassers überwunden und
die gesuchte Darstellung des menschlichen Wesens als Summe aller möglichen
menschlichen Eigenschaften mit Hilfe anderer – moderner – physikalischer
Zustandsformen erreicht. Ulrich stellte eine Formel auf, die allgemein Übergänge zwischen Möglichkeiten und Wirklichkeiten schematisiert, und unmittelbar nach Abschluß der Arbeit antizipiert er eine Anwendbarkeit auf geistig-
psychologischem Gebiet. Dort lautet „seine" Formel:

$$\psi_{Mensch} = \sum_{i=1}^{n} c_i \, \psi_i$$

Es handelt sich hierbei um eine Summation aller bekannten oder denkbaren n
menschlichen Eigenschaften ψ_i, gewichtet nach den Wahrscheinlichkeiten ihres Auftretens. Die „tatsächliche" Zustandsfunktion eines konkreten Einzelmenschen entspricht einer reduzierten Variante dieser standardisierten Grund-
funktion mit einer gewissen Anzahl von Null-Einträgen bei den c_i. Da die Anzahl aller denkbaren Eigenschaften endlich, aber sehr groß ist – es fallen körperliche wie geistig-seelische darunter –, ergeben sich so viele verschiedene
potentielle Menschentypen, daß längst nicht alle realisiert werden; die Menge
aller tatsächlich existenten Individuen bildet gewissermaßen nur eine Unter-
menge der Menge aller theoretisch möglichen. Zurecht ist Ulrich daher überrascht, als ihm in Agathe sein Doppelgänger im anderen Geschlecht begegnet,
denn diese Konstellation ist extrem unwahrscheinlich: Die aus der Empirie
gewonnenen schematischen Darstellungen ψ_{Ulrich} und ψ_{Agathe} unterscheiden
sich allein dadurch, daß im einen Fall, bei Agathe, $c_{weiblich}$ den Wert 1 angenommen hat (und $c_{männlich}$ entsprechend den Wert Null) – im anderen Fall, bei
Ulrich, verhält es sich gerade *vice versa*.[9]

---

[8] Auf die Nähe von Musils Möglichkeits- und Wirklichkeitskonzeption zu derjenigen der
     Quantenmechanik hat Angela Maria Kochs bereits in Ansätzen hingewiesen. Allerdings
     ging sie völlig fehl in der Annahme, daß Musils Bezugnahme, weil sie noch nicht auf
     Schrödingers Katzenexperiment zurückgreifen konnte, „prophetisch" und „visionär"
     (Chaos und Individuum, S. 91) gewesen sei. Musil hatte einfach den Formalismus verstan-
     den.

[9] Ein Problem in diesem Kontext ist natürlich das unterschiedliche Alter der Geschwister.
     Nachdem Ulrich und Agathe in den frühen Romanentwürfen tatsächlich Zwillinge waren,
     machte Musil Agathe am Ende ein wenig jünger als Ulrich, um dadurch das utopische

Im Zusammenhang mit der Geisteskrankheit von Clarisse war bereits erwähnt worden, daß im *Mann ohne Eigenschaften* – anders als in der Quantenmechanik – auch Übergänge vom Faktischen „zurück" ins Potentielle möglich sind. Die unerhörte Liebesbeziehung der selbsterklärten eineiigen Zwillinge ist das Paradebeispiel dafür. Sie eröffnet den Geschwistern wieder die gesamte Möglichkeitswelt, wie Ulrich immer deutlicher wird:

> Wer liebt, dem sind Wahrheit und Täuschung gleich geringfügig, und doch erscheint ihm das nicht als Willkür: Nun ist das wohl bloß ein verändertes persönliches Verhalten, aber ich möchte sagen, *zuletzt hängt es doch davon ab, daß unter der siegreich gebliebenen Wirklichkeit unzählige Möglichkeiten liegen, die auch hätten wirklich werden können. Der Liebende erweckt sie.* Alles scheint ihm plötzlich anders zu sein, als man glaubt. Er wird aus einem Bürger dieser Welt ein Geschöpf unzähliger Welten –! (S. 1111f. – Hervorhebung v. mir, C.K.)

Man vergleiche die Nähe dieser Formulierung zu derjenigen Heisenbergs von 1932:

> Die Beobachtung der Natur durch die Menschen weist [...] eine enge Analogie auf zum einzelnen Akt der Wahrnehmung, den man, wie etwa Fichte es tut, auffassen kann als eine „Selbstbeschränkung des Ich": *bei jedem Wahrnehmungsakt wählen wir aus einer Fülle von Möglichkeiten eine bestimmte aus und beschränken dadurch auch die Fülle der Möglichkeiten für die Zukunft.*[10]

Musil ging an diesem Punkt also entscheidend über die Kopenhagener Deutung der Quantenmechanik hinaus. Im Roman ist die Reduktion der unzähligen Möglichkeiten auf die endliche Wirklichkeit nicht irreversibel und der Kollaps

---

Moment an der von den Figuren frei gewählten Lebensform als Zwillingspaar zu betonen. Interessant ist in diesem Kontext eine Notiz aus den frühen Studienblättern, wo er das Zwillingsparadoxon der Relativitätstheorie als Rechtfertigung für die Modifizierung des Alters heranzog. Unter der Überschrift *„Psych. Relativ. Prinz.* [Psychologisches Relativitätsprinzip]" findet sich folgender Eintrag: „Zueinanderpassende Zustände sind gleichzeitig 30 Jahre des A = 20 Jahre des B. A langsamer gegangen? Größere Raumeinheit? Weniger dicht erlebt? Oder Raum etwas, das man mit sich nimmt. Sie treffen sich zur gleichen Zeit im gleichen Raum, setzt voraus: Die Räume hängen voneinander ab; es sind zwei, denn in einem wäre es nur bei verschiedener Lebensgeschwindigkeit möglich; aber die Räume, die Welten, die Erlebnisse dieser beiden Menschen waren nie selbständig, sondern immer eine Einheit." (S. 1824) Dieser Versuch, aus der Relativitätstheorie eine Rechtfertigung für das modifizierte Zwillingskonzept abzuleiten, belegt noch einmal Musils Selbstverständnis als essayistischer Schriftsteller: Es ging ihm um die Aufnahme und Weiterführung der Ergebnisse der exakten Wissenschaften durch die Literatur.

[10]　Zur Geschichte der physikalischen Naturerklärung, S. 28 – Hervorhebung v. mir, C.K.

einer persönlichen Zustandsfunktion damit umkehrbar. Indem Ulrich und Agathe sich den un-möglichen Zustand aller Möglichkeiten wieder erschließen,
machen sie die „Selbstbeschränkung des Ich", durch die sie bei Eintritt in die
konventionsbelastete Erwachsenenwelt zu zwei offiziellen Fakten gemacht
worden waren, wieder rückgängig. Sie brechen die angelegten Ketten der
Realität auf, treten in den „anderen Zustand" über[11] und können wieder „hypo-
thetisch leben" (S. 249) – ähnlich wie Kinder.[12] Auch bei Clarisse und – deutlicher noch – bei Moosbrugger kann man diesen Vorgang beobachten – mit dem
entscheidenden Unterschied, daß diese beiden Romanfiguren die Übergangs-
prozesse nicht bewußt miterleben können, sie weder zu reflektieren noch zu
lenken in der Lage sind.

Allerdings sind auch die Geschwister (noch) nicht in der Lage, den Phasen-
übergang in die Möglichkeitswelt gezielt einzuleiten und zu steuern; dieses
Fernziel potentiellen Lebens bleibt selbst Utopie, denn je wahrscheinlicher die
Einnahme des gemeinsamen Zustands wird, desto mehr sehen sich auch Agathe und Ulrich regelmäßig von ihren Gefühlen überwältigt:

> Sie schlangen fragend einander die Arme um die Schultern. Der geschwisterli-
> che Wuchs der Körper teilte sich ihnen mit, als stiegen sie aus einer Wurzel auf.
> Sie sahen einander so neugierig in die Augen, als sähen sie dergleichen zum
> erstenmal. Und obwohl sie das, was eigentlich vorgegangen sei, nicht hätten er-
> zählen können, weil ihre Beteiligung daran zu inständig war, glaubten sie doch
> zu wissen, daß sie sich soeben unversehens einen Augenblick inmitten dieses
> gemeinsamen Zustands befunden hätten, an dessen Grenze sie schon so lange
> gezögert, den sie einander schon so oft beschrieben und den sie doch immer nur
> von außen gesehen hatten. (S. 1083)

Seiner Gewohnheit folgend, bemüht sich der Held umgehend um eine Deutung
dieser Begebenheit:

> Ulrich sagte, sinnlos, wie man in die Luft spricht: „Du bist der Mond –"
> Agathe verstand es.
> Ulrich sagte: „Du bist zum Mond geflogen und mir von ihm wiedergeschenkt
> worden –" [...]

---

[11] Zur Funktion der Geschwisterliebe im Hinblick auf die Erschließung des „anderen Zu-
      stands" vgl. folgende Notizen aus Musils Studienblättern: „Die Entwicklung der Beziehung
      Ag/U ist beinahe identisch mit der Darlegung des aZ" (S. 1831); „Hauptthema der U/Ag-
      Gespräche ist der aZ., denn er bildet ja die Handlung" (S. 1857).
[12] Zum „hypothetischen Leben" s. auch Musils Kommentare in den Notizen (S. 1878f.).

Ulrich sagte: „Es ist ein Gleichnis. ‚Wir waren außer uns', ‚Wir hatten die Körper vertauscht, ohne uns zu berühren', sind auch Gleichnisse! Aber was bedeutet ein Gleichnis? Ein wenig Wirkliches mit sehr viel Übertreibung. Und doch wollte ich schwören, so wahr es unmöglich ist, daß die Übertreibung sehr klein und die Wirklichkeit fast schon ganz groß gewesen ist!"
Er sprach nicht weiter. Er dachte: „Von welcher Wirklichkeit spreche ich? Gibt es eine zweite?" (S. 1084)

Der Erzähler vergleicht die vermutete zweite Realität anschließend „mit der abenteuerlich veränderten in Mondnächten" (ebd.). Während der Tag als Metapher für die Welt der Tatsachen herhält, gleicht die Nacht dem Kosmos des Potentiellen, in der alle Möglichkeiten – *a fortiori* diejenigen, die sich bei Tageslicht besehen gegenseitig ausschließen – gleichberechtigt nebeneinander vorliegen:

> Die Nacht schließt alle Widersprüche in ihre schimmernden Mutterarme, und an ihrer Brust ist kein Wort falsch und keines wahr, sondern jedes ist die unvergleichliche Geburt des Geistes aus dem Dunkel, die der Mensch in einem neuen Gedanken erfährt. (Ebd.)

Gerade dieses Konzept bildet das ontologische und epistemologische Kernstück von Bohrs Komplementaritätstheorie: Während ein und dasselbe physikalische Objekt – je nach gegebenen Begleitumständen – in der Realität entweder als Welle oder als Korpuskel zu Tage tritt, sind in der Möglichkeitswelt, d.h. *vor* dem konkreten experimentellen Zugriff, beide Fälle angelegt.[13]

Ulrichs Frage, ob es wohl eine „zweite Wirklichkeit" gebe, rückt aber noch einen anderen Gedanken der Kopenhagener Deutung ins Blickfeld. Zu den „radikalen Folgerungen"[14] der Quantenmechanik für das herkömmliche Weltbild hatte auch gezählt, daß die Existenz einer objektiven Realität überhaupt in Frage gestellt wurde – und zwar pikanterweise durch führende Naturwissen-

---

[13] Die Physiker selbst propagierten immer wieder eine allgemeine Anwendbarkeit des quantenmechanischen Komplementaritätsprinzips, auch außerhalb der Physik. Vor allem Bohr tat sich in dieser Hinsicht mit Macht hervor (vgl. z.B. Atomphysik und menschliche Erkenntnis, S. 30; vgl. aber auch Jordan: Quantenphysikalische Bemerkungen zur Biologie und Psychologie. – In: Erkenntnis 5 (1935), S. 215-252, speziell S. 246). Friedrich Hund behauptete sogar, daß eine moderne Physik „ihre alte Rolle als *Vorbild* für andere Wissenschaften" gerade dadurch behaupten könne, daß „sie *exakte Beispiele dafür geben kann, wie zwei Anschauungen auf neuer Denkstufe vereinigt werden können, die auf bisheriger Denkstufe einander widersprachen.*" (Das Naturbild der Physik, S. 31.)

[14] Born, Jordan: Elementare Quantenmechanik, S. 325.

schaftler. Die „Wirklichkeit" hatte sich im Detail als prinzipiell unscharf erwiesen und war eines genuin ambivalenten Charakters überführt worden. Die radikalsten Konsequenzen daraus zog Bohr. Da man über die Beschaffenheit physikalischer Systeme vor erfolgter Messung keine definitiven Aussagen mehr treffen könne – so sein Argument –, müsse man die Existenz der Erkenntnisobjekte überhaupt zur Disposition stellen. Anders als in der klassischen Physik, wo im Experiment eine auch quantitativ bereits feststehende Größe gemessen werden konnte, lasse der mikrophysikalische Versuch diese in gewissem Sinne erst entstehen; folglich sei man in der modernen Physik „nicht länger imstande [...], von einem selbständigen Verhalten der physikalischen Objekte zu reden."[15] Die Quantenmechanik habe die Wissenschaft – so Bohr 1930 –

> in eine ganz neue Lage [gebracht], indem die alte philosophische Frage nach der objektiven Existenz der Erscheinungen, unabhängig von unseren Beobachtungen, in neue Beleuchtung gestellt wird. [...] Die Grenze der Möglichkeit, von selbständigen Erscheinungen zu reden, die uns die Natur selber auf diese Weise gesetzt hat, findet allem Anscheine nach eben ihren Ausdruck in der Formulierung der Quantenmechanik.[16]

Natürlich waren solche Schlüsse hochbrisant und äußerst umstritten. Einstein etwa vertrat eine entschieden konservativere Auffassung und hielt stets daran fest, daß sich „die Begriffe der Physik [...] auf eine reale Aussenwelt [beziehen], d.h. es sind Ideen von Dingen gesetzt, die eine von den wahrnehmenden Subjekten unabhängige ‚reale Existenz' beanspruchen"[17]. Die Mehrzahl der Physiker tendierte allerdings Bohrs Position zu – ohne indes die Existenz einer Außenwelt *in toto* aufgeben zu wollen. Zwar gebe es ein reales physikalisches Geschehen, allerdings nicht „unabhängig von den Beobachtungsvorgängen"[18] – so urteilte beispielsweise Jordan. Ein quantenmechanisches Objekt nähme „erst

---

[15] Bohr: Kausalität und Komplementarität. – In: Erkenntnis 6 (1936), S. 293-303, hier: S. 298.
[16] Bohr: Die Atomtheorie und die Prinzipien der Naturbeschreibung. – In: Naturwissenschaften 18 (1930), S. 73-78, hier: S. 77.
[17] Einstein: Quanten-Mechanik und Wirklichkeit. – In: Dialectica 7/8 (1948), S. 320-323, hier: S. 321.
[18] Jordan: Das Bild der modernen Physik, S. 41.

in Wechselwirkung mit makrophysikalischen Beobachtungsmitteln definierte Eigenschaften an"[19].

Musil griff die von den meisten Physikern akzeptierte Unterscheidung von „physikalischer Wirklichkeit" und „physikalischem Weltbild" im *Mann ohne Eigenschaften* auf. Natürlich erörtert sein Protagonist die quantenmechanische Theorie des Meßakts nicht explizit, sondern berührt eher grundsätzliche Fragestellungen – etwa im Kontext der Analyse des menschlichen Apperzeptionsvermögens. Er kommt zu dem Ergebnis, daß die Sinneseindrücke des Menschen kein der Wirklichkeit adäquates Bild von der Welt generierten, denn bekanntlich sei

> weder das sinnliche Bild der Welt, das sie uns darstellen, die Wirklichkeit selbst, noch ist das gedankliche Bild, das wir aus ihm erschließen, unabhängig von der menschlichen Geistesart, wenngleich es unabhängig von der persönlichen ist. Aber obwohl keinerlei greifbare Ähnlichkeit zwischen der Wirklichkeit und selbst dem genauesten Vorstellungsbild besteht, das wir von ihr besitzen [...], und obwohl wir das Original nie zu Gesicht bekommen, vermögen wir doch auf eine verwickelte Weise zu entscheiden, ob und unter welchen Bedingungen dieses Bild richtig sei. (S. 1193)

In sehr direkter Form wird hier die seinerzeit in Physikerkreisen vertretene Mehrheitsauffassung vorgebracht, daß eine objektive Wirklichkeit zwar existiere, das physikalische Weltbild sie jedoch nicht „exakt", sondern nur „sinnvoll" abbilde.

Die Erkenntnis der modernen Naturwissenschaft, „daß die mathematischen Symbole der theoretischen Physik nur das Mögliche, nicht das Faktische, abbilden"[20], hatte zuletzt auch entscheidende Konsequenzen für Musils Literaturverständnis und sein Engagement als Schriftsteller. Literatur galt ihm als Darstellung des Möglichen mit Hilfe einer künstlichen Symbolsprache, die man künst*lerisch* zu gebrauchen hätte. Die Romanwelt sollte facetten- und umfangreicher sein als die tatsächliche – und dabei auch ästhetischer. So ließ er seinen Protagonisten die Frage formulieren, ob man „am Ende vielleicht so zu leben hätte, als wäre man kein Mensch, sondern bloß eine Gestalt in einem Buch"

---

[19] Ebd., 43. An anderer Stelle urteilt Jordan über skeptizistische philosophische Systeme, sie erschienen ihm „durch die Quantenphysik [...] ausgesprochenermaßen *nahegelegt*" (Quantenphysikalische Bemerkungen zur Biologie und Psychologie. – In: Erkenntnis 4 (1934), S. 215-258, hier: S. 251).

[20] Heisenberg: Der Teil und das Ganze, S. 100.

(S. 592), was die Chance auf ein Leben in der arkadischen Möglichkeitswelt wieder neu eröffne. Zwar gebrauchten alle Menschen, selbst solche mit einer positivistischer Grundeinstellung, ihren Möglichkeitssinn von Zeit zu Zeit – jedoch nur unbewußt oder zumindest nicht konsequent genug:

> Offenbar ist unsere Haltung inmitten der Wirklichkeit ein Kompromiß, ein mittlerer Zustand, worin sich die Gefühle gegenseitig an ihrer leidenschaftlichen Entfaltung hindern und ein wenig zu Grau mischen. Kinder, denen diese Haltung noch fehlt, sind darum glücklicher oder unglücklicher als Erwachsene. [...] Ich schlage also als erstes vor: Versuchen wir einander zu lieben, als ob Sie und ich die Figuren eines Dichters wären, die sich auf den Seiten eines Buches begegnen. Lassen wir also jedenfalls das ganze Fettgerüst fort, das die Wirklichkeit rund macht. (S. 573)

Diese Äußerung Ulrichs gegenüber Diotima ist gleichzeitig als direkte Aufforderung Musils an seine Leser zu verstehen. Die Erzählhaltung wird aufgebrochen; der Autor wendet sich an sein Publikum, um zu verdeutlichen, daß in der Virtualität des Romangeschehens alternative Realitäten durchgespielt werden. Literatur ist keine mimetische Abbildung von „Wirklichkeit". Darüber hinaus besitzt sie einen bedeutenden ästhetischen Mehrwert gegenüber wissenschaftlichen Abhandlungen, über die sie hinausgehen soll.

1.2.10 Essayismus und moralischer Experimentalroman

> Unwillkürlich übertrug Ulrich [...] den
> mechanischen Begriff der Durchschnitt-
> lichkeit auf den sittlichen.[1]

Bis zu diesem Punkt muß die Analyse des *Mann ohne Eigenschaften* fast den Eindruck erweckt haben, als sei die Entwicklung der Quantenmechanik der Arbeit am Roman vorausgegangen und als habe Musil sein Werk von vornherein entsprechend ausgerichtet. (Diese Annahme würde durch die weitgehende Homogenität der Anspielungen auf die Erkenntnisse der modernen Physik gestützt und fände eine zusätzliche Bestätigung in der Tatsache, daß auch die Figurenkonstellation und zahlreiche Leitmotive des Werkes bereits viele Jahre vor der Veröffentlichung des ersten Bandes im Kern bereits feststanden.) – Tatsächlich verhält es sich jedoch anders.

Der Schriftsteller hatte sich erst Ende 1929 intensiver mit den Aussagen der Quantenmechanik und den verschiedenen Positionen innerhalb der Kontroverse um die Kopenhagener Deutung vertraut gemacht, zu einem Zeitpunkt also, als der erste Band eigentlich schon fertiggestellt war. Ein populärwissenschaftlicher Aufsatz von Erwin Schrödinger hatte damals sein Interesse geweckt:

> Ich lese – nach Abschluß des I Bdes. MoE. – in Der Koralle (Dez.1929) eine Plauderei von Erwin *Schrödinger* Mitgl. d. Preuss. Ak. d. Wiss. über *„Das Gesetz der Zufälle"* Danach ist die Frage Kausal- oder statistisches Gesetz jetzt sehr aktuell. (Tb. I, S. 524)

Ein nachfolgendes Exzerpt aus Schrödingers Aufsatz zeigt, warum Musil von den dortigen Ausführungen eingenommen sein *mußte*; u.a. übertrug er diesen Satz in sein Tagebuch:

> Die exakten Gesetze, die wir [...] beobachten, sind „statistische Gesetze", wie sie an jeder Massenerscheinung umso deutlicher hervortreten, je größer die Zahl der Einzelindividuen ist, u[nd] zw[ar] auch dann, ja gerade dann, wenn das

---

[1]   Musil: GW I, S. 1207.

Verhalten des einzelnen Individuums nicht streng determiniert, sondern undeterminiert, „zufallsbestimmt" ist. (Ebd.)

Die Tatsache, daß Musil zu Schrödingers Abhandlung über die Bedeutung des
Gesetzes der großen Zahlen für die Physik kritisch anmerkte, sie seien „vielleicht allzusehr nach dem Entropiesatz orientiert" (ebd.), belegt, daß er um die
fundamentale Bedeutung statistischer Methoden auch außerhalb der Thermodynamik bereits wußte. Trotzdem ist davon auszugehen, daß erst die Lektüre
des *Koralle*-Artikels ihn zu einem eingehenderen Studium der zwischen
Schrödinger, Bohr und Heisenberg ausgetragenen Kontroverse um die Kopenhagener Deutung veranlaßte.

Es ist nicht bekannt, ob Musil den Text des ersten Bandes vor der
Veröffentlichung noch einmal in bezug auf den Diskurs „statistische Physik"
auffrischte, nachdem er sich in weitere Details eingearbeitet hatte. Als ein Indiz
für diese Aktualisierungshypothese könnte man heranziehen, daß das 100. Kapitel, wo über General Stumms ersten Besuch in der Wiener Hofbibliothek
berichtet wird, offenbar implizit auf den *Koralle*-Aufsatz rekurriert. Schrödinger hatte zur Veranschaulichung des Entropiesatzes der Wärmelehre das Beispiel einer Bibliothek angeführt, deren anfänglich hohes Maß an Ordnung immer weiter abnähme, wenn Bücher aus ihren Regalen genommen und wahllos
an irgend einem anderen Ort wieder eingeordnet würden; am Beispiel einer
80bändigen Goethe-Ausgabe rechnete er die entsprechende Entropiezunahme
sogar explizit vor. Im Anschluß konstatierte er:

> Die Bändezahl schwindet nach dem sogenannten „Exponentialgesetz" [...], wie
> der Mathematiker es nennt. Genau demselben Gesetz begegnen wir bei vielen
> physikalischen und chemischen Vorgängen, beispielsweise bei der spontanen
> Umwandlung eines chemischen Elements in ein anderes, dem sogenannten ra-
> dioaktiven Atomzerfall.[2]

Anschließend zerstreute der Quantentheoretiker mögliche Vorbehalte seiner
Leserschaft, „ob man wohl, im Beispiel mit der Bibliothek, das behauptete Gesetz wirklich mit einiger Genauigkeit bestätigt finden würde" oder ob nicht
doch gravierende Abweichungen zu erwarten seien: Das Maß der Streuung
hänge allein von der Anzahl der beobachteten Bücher ab. „Bei einem

---

[2]   Dieses und das folgende Zitat: Schrödinger: Das Gesetz der Zufälle. Der Kampf um Ursa-
      che und Wirkung in den modernen Naturwissenschaften. – In: Koralle 5 (1929), S. 417-
      418, hier: S. 417.

80 000bändigen Werk (in einer Bibliothek von vielen Millionen Bänden) wären diese zufälligen Abweichungen [...] schon viel kleiner."[3]

Im *Mann ohne Eigenschaften* nun berichtet General Stumm Ulrich über die Ereignisse im Verlauf seines Besuchs in der Hofbibliothek. Bei der parademäßigen Abschreitung der Bücherregale an der Seite eines eigens für ihn abgestellten Bibliothekars habe er einen eindrücklichen Begriff von der Größe und Ordnung der Sammlung gewinnen können:

> Aber was glaubst du, antwortet mir der Bibliothekar, wie unser Spaziergang kein Ende nimmt und ich ihn frage, wieviel Bände denn eigentlich diese verrückte Bibliothek enthält? Dreieinhalb Millionen Bände, antwortet er!! Wir sind da, wie er sagte, ungefähr beim siebenhunderttausendsten Buch gewesen, aber ich habe von dem Augenblick an ununterbrochen gerechnet. (GW I, S. 460)

Stumm berichtet weiter, wie er sehr schnell habe einsehen müssen, durch sukzessive Lektüre sämtlicher Bücher unmöglich zu Lebzeiten den gesuchten „Zivilgeist" finden zu können, und daß er sich daher direkt an seinen sachkundigen Begleiter gewandt habe. „Lieber Freund", erklärt er Ulrich, „ich habe mir einfach gedacht, dieser Mensch lebt doch zwischen diesen Millionen Büchern, kennt jedes, weiß von jedem, wo es steht: der müßte mir also helfen können." (Ebd.) Weil er die Standorte sämtlicher Bücher kennt, verkörpert der Bibliothekar für Stumm die personifizierte zivilgeistige Ordnung. Dann bringt der General den – auch von Schrödinger ausführlich diskutierten – zentralen Gedanken des zweiten thermodynamischen Hauptsatzes vor, nach dem die Entwicklung eines jeden physikalisch abgeschlossenen Systems von einem anfänglichen Ordnungsmaximum über kurz oder lang zum Zustand höchstmöglicher Entropie, dem sog. *Wärmetod*, strebt. Während er weiter angespannt über das hohe Maß an Ordnung in der kaiserlichen Bibliothek sinniert, wendet sich Stumm mit einer Bitte an Ulrich. Der Protagonist solle sich einmal „Ordnung" vorstellen:

> [...] stell dir bloß eine ganze, universale, eine Menschheitsordnung, mit einem Wort eine vollkommene zivilistische Ordnung vor: so behaupte ich, *das ist der Kältetod*, die Leichenstarre, eine Mondlandschaft, eine geometrische Epidemie! (S. 464 – Hervorhebung v. mir, C.K.)

Vieles spricht dafür, daß die eigenwilligen Bezüge zwischen Bibliothek, physikalischer Ordnung und „Kältetod" durch den *Koralle*-Aufsatz inspiriert waren

---

[3] Ebd., S. 418.

und Musil damit nachweislich vor der ersten Teilveröffentlichung Eingriffe im Textkorpus des *Mann ohne Eigenschaften* vornahm. Daß in bezug auf die „quantenmechanischen" Anspielungen des ersten Bandes dennoch nicht eindeutig festzustellen ist, ob Musil die einschlägigen Passagen ergänzte bzw. aktualisierte oder nicht, liegt daran, daß er sich in dieser Hinsicht von vornherein hauptsächlich auf das Werk ausgerechnet desjenigen Physikers gestützt hatte, der wie kein anderer als Vordenker der nachfolgenden Entwicklung angesehen werden muß. Die Rede ist von Franz Exner und den bereits erwähnten *Vorlesungen über die physikalischen Grundlagen der Naturwissenschaften.*[4] Bedenkt man, daß dieses Werk bereits 1919 abgefaßt wurde, so muten weite Passagen – speziell der *Vorlesungen* Nr. 87 bis 95 – geradezu prophetisch an im Hinblick auf die spätere Konzeption der Quantenmechanik, wie sie von Heisenberg, Born und Bohr vorgenommen wurde. Immer wieder machte Exner auf den fundamentalen Unterschied von Makro- und Mikrophysik aufmerksam und betonte, man sei „keinesfalls [...] berechtigt, die Gültigkeit mechanischer Gesetze auch für die Atome kurzerhand vorauszusetzen"[5]. Was Bohr und Heisenberg 1927 behaupten sollten: daß man mit der Quantentheorie eine gänzlich neue physikalische Realität erschlossen habe, wurde ebenfalls schon vorgedacht. Exner sprach von zwei physikalischen Entitäten, der „Welt des Zufalles"[6] und der „Welt der Gesetze"[6], dem Mikro- und dem Makrokosmos. Statistisch gelte „für alle makroskopischen Vorgänge das Kausalitätsprinzip, ohne daß es deshalb für den Mikrokosmos zu gelten braucht."[7] Sogar die nach 1926 realiter ausgetragene Kontroverse um die Existenz verborgener Parameter, auf die der *Mann ohne Eigenschaften* gleich mehrfach rekurriert, wurde bereits von Exner vorweggenommen:

> Wenn auch die Deterministen, um ihr Kausalitätsbedürfnis zu befriedigen, „absolute" Gesetze annehmen, so werden sie doch auf die Frage stoßen, warum und wieso diese Gesetze gelten? Will man nicht zum Transzendenten seine Zuflucht nehmen und der Natur eine Art Kenntnis dieser Gesetze, nach denen sie handelt, zuschreiben, so wird man irgend welche, bisher verborgenen Mechanis-

---

[4] Im Tagebuchheft Nr. 10 findet sich ein unmißverständlicher Beweis dafür, für wie grundlegend Musil dieses Werk ansah: Die bibliographischen Angaben zu Exners *Vorlesungen* sind in besonders auffälliger Weise durch Einrahmung hervorgehoben (vgl. Tb. I, S. 469).

[5] Exner: Vorlesungen über die physikalischen Grundlagen der Naturwissenschaften, S. 662.

[6] Ebd., S. 681.

[7] Ebd., S. 293.

men – im weitesten Sinne des Wortes – annehmen müssen, d.h. Vorgänge in der Welt, die so ablaufen, daß ihr Resultat dem „Gesetz" entspricht [...].[8]

Unabhängig davon, ob die Entwicklung der Quantenmechanik erst für den zweiten oder bereits für den ersten Band des *Mann ohne Eigenschaften* die entscheidenden Impulse für Musils mit wissenschaftlichem Exaktheitsanspruch geführte literarische Analyse der menschlichen Seelen- und Bewußtseinsvorgänge lieferte – sie ist von grundlegender Bedeutung für den ganzen Roman sowie für Musils Verständnis der Aufgabe und Arbeitsweise eines Schriftstellers. Anhand der Einarbeitung aktueller physikalischer Entwicklungen in den laufenden Schreibprozeß zeigt sich außerdem, daß der Roman zurecht als „geistige Expedition" und literarische „Forschungsfahrt" (GW I, S. 1940) anzusehen ist – wie Musil zeitlebens nicht müde wurde zu betonen. Die wesentlichen Ziele des aufwendigen Prosaexperiments standen zwar frühzeitig fest – *wie* sie verwirklicht werden sollten, zeigte sich dagegen erst während der und durch die Schreibarbeit. Die heuristischen Lösungsversuche des Protagonisten, vom Beispiel der Aggregatzustände des Wassers ausgehend bis hin zur Formalisierung mikrophysikalischen Systemverhaltens mittels quantenmechanischer Zustandsfunktionen, spiegeln direkt die durch die moderne Physik inspirierten Gedankenexperimente des Autors wider und belegen die Effizienz seiner essayistischen Schreibweise.

Insbesondere zeigt sich dies anhand des Themenkomplexes „Ethik". Noch bevor der Titel abschließend feststand, war der *Mann ohne Eigenschaften* als „moralischer Experimentalroman" (Tb. I, S. 445) angelegt worden. Entsprechend war sich der Protagonist seit jeher bewußt, daß seine wissenschaftliche Tätigkeit lediglich eine Art Qualifikationsphase für höhere Aufgaben darstellte. Stets hatte er die Mathematik nur „als eine Art Vorbereitung, Abhärtung und Art von Training" (GW I, S. 46) angesehen, nicht jedoch als seine eigentliche Berufung:

> Wann immer man ihn bei der Abfassung mathematischer und mathematisch-logischer Abhandlungen oder bei der Beschäftigung mit den Naturwissenschaften gefragt haben würde, welches Ziel ihm vorschwebe, so würde er geantwor-

---

[8] Ebd., S. 702.

tet haben, daß nur eine Frage das Denken wirklich lohne, und das sei die des rechten Lebens. (S. 255)[9]

Wie aber findet man die Antwort auf die Frage nach dem rechten Leben? Nach Musil durch essayistische Gedankenexperimente. Indem durch Literatur neue Realitäten geschaffen und durchgespielt werden,[10] begeben sich Autor und Leser auf die Suche nach einer alternativen Ethik.[11] Auch in diesem Punkt ist der Roman entscheidend von der Entwicklung der modernen Physik geprägt. Von Ulrich heißt es:

> Er kannte natürlich den Unterschied, der zwischen Natur- und Sittengesetzen so gemacht wird, daß man die einen der sittenlosen Natur ablese, die anderen aber der weniger hartnäckigen Menschennatur auferlegen müsse; doch war er der Meinung, daß irgendetwas an dieser Trennung heute nicht mehr stimme [...]. (S. 747)

Indem sein Held die Theorie entwickelt, „daß die moralischen Werte nicht absolute Größen, sondern Funktionsbegriffe seien" (S. 748), realisiert Musil die von ihm selbst geforderte „Anwendung mathematischer Denkgewohnheiten auf moralische Fragen" (S. 1953). Ulrichs Gedanke, „daß die gleiche Handlung gut und bös sein kann, je nach dem Zusammenhang" (ebd.), knüpft an den atomphysikalischen Welle-Teilchen-Dualismus und Bohrs Komplementaritätstheorie an. Wie in der Quantenmechanik der Experimentaufbau darüber entscheidet, ob mikrophysikalische Objekte im raum-zeitlich anschaulichen Korpuskelbild erkannt werden oder im kausalitätsstiftenden Undulationsbild, kann eine und dieselbe Tat in verschiedenen moralischen Wertsystemen verwerflich sein oder eben nicht. Auch im ethisch-moralischen Bereich sind die

---

[9] Zum Vorbereitungscharakter der Mathematik für Musils Lösung des Moralproblems vgl. Genno: The Nexus between Mathematics and Phantasy in Musil's Work. – In: Neophilologus 70 (1986), S. 270-278, speziell: S. 276. Ergänzend sei angemerkt, daß der Romanheld schon während seiner Tätigkeit als Grundlagenmathematiker öffentliche Vorträge „über Mathematik und Humanität" (GW I, S. 971) gehalten hatte.

[10] Wie kein anderer Autor wird Musil hier dem von den Romantikern ausgegebene Literaturideal gerecht. Novalis' bekannter Vorgabe zufolge sollte das Programm von Literatur im „Experimentieren mit Bildern und Begriffen im Vorstellungsvermögen ganz auf eine dem physikalischen Experiment analoge Weise" bestehen. (Zit. n. Hartung: Experimentelle Literatur und konkrete Poesie, S. 9.)

[11] Dies gilt insbesondere für den zweiten Band des *Mann ohne Eigenschaften* (vgl. dazu Musils Studiennotizen in GW I, S. 1845).

menschlichen Vorstellungen komplementär; es gibt keine von der Natur oder einer höheren Instanz vorgegebenen absoluten Normen.[12]

Man kann diesen Gedanken auch so formulieren: An sich ist eine bestimmte Handlung weder „gut" noch „schlecht". Wie ein quantenmechanisches Objekt vor der Detektion prinzipiell nicht erschöpfend mit Bildern wie „Welle" oder „Teilchen" erfaßt werden kann, ist eine menschliche Tat nicht a priori in Kategorien von „recht" und „unrecht" einteilbar. Erst in bereits bestehenden Rechtsordnungen wird sie moralisch; in der Möglichkeitswelt ist die Frage nach der Rechtmäßigkeit dagegen sinnlos.

Mit dieser aus der physischen Welt übertragenen Theorie ist keineswegs nur das ethische *Minimal*ziel des Romans erfüllt: die bloße „Infragestellung der gesellschaftlichen Moral und des korrespondierenden Konzepts von ‚Ichheit‘, Subjektivität und Persönlichkeit"[13], wie Reinhard Mehring meint. Musils Lösungsansatz übersteigt das Konzept einer plakativen Polemik erheblich und ist durchaus als konstruktiv zu bezeichnen. Der Vorwurf, am Ende bleibe „offen, wie der Auflösung des Ich [...] zu begegnen wäre; Angebote zu einer Rekonstruktion" würden „nicht gemacht"[14], ist unzulässig. Darüber hinaus muß man aber auch dem *Wie* von Musils Problemlösung Erfolg bescheinigen. Daß Ulrich seine Suche nach neuem Ich-Konzept und neuer Moral an den Ergebnissen und Methoden der exakten Wissenschaften orientierte, zahlt sich am Ende tatsächlich aus – entgegen der Auffassung der meisten Interpreten.[15]

---

[12] Ohne den Bezug zur Physik zu erkannt zu haben, sieht auch Peter Bürger diese Quintessenz: Musil antworte auf die Frage nach einer modernen Moral mit einer „Wirklichkeitskonstruktion, die das Aushalten der Nichtentscheidbarkeit letzter Fragen zur Grundlage der Ethik" mache (Prosa der Moderne, S. 437).

[13] Mehring: Von der Identität des „Mann ohne Eigenschaften". Identität, Ethik und Moral bei Robert Musil. – In: Weimarer Beiträge 41 (1995), S. 547-561, hier: S. 556.

[14] Müller-Dietz: (Ich-)Identität und Verbrechen: Zur literarischen Rekonstruktion psychiatrischen und juristischen Wissens von der Zurechnungsfähigkeit in Texten Döblins und Musils. – In: Die Modernisierung des Ich. Studien zur Subjektkonstitution in der Vor- und Frühmoderne. Hrsg. v. Manfred Pfister, S. 240-253, hier: S. 252f.

[15] Eckhart Heftrich beispielsweise moniert, daß Musils Protagonist zwar „von der Wissenschaft den Imperativ des exakten Denkens in das Jahr des Lebensexperiments hinüber[nimmt]. Wie daraus schließlich auch der kategorische Imperativ einer neuen Moral hätte werden können", sei jedoch „aus der gesamten Textmasse, den gedruckten und Nachlaß eingeschlossen, selbst als Fernziel kaum erahnbar." (Heftrich: Musil, S. 87f.) Diese Einschätzung trifft nicht zu – im Gegenteil: Mit Fug kann man behaupten, daß der *Mann ohne Eigenschaften* die von Zola angestoßene Versuchsreihe, wie der Roman den naturwissenschaftlichen Experimentbegriff für sich fruchtbar machen könne, zu einem gewissen

Allerdings wird die Frage nach dem rechten Leben im *Mann ohne Eigenschaften* nur theoretisch gelöst. Der andere Zustand wird als „die Moral selbst"
(GW I, S. 1282) erkannt in dem Sinn, daß er sämtlichen real existierenden moralischen Wertmaßstäben vorausgeht. Ulrich pointiert diesen Gedanken so:
„Moral war [...] weder Botmäßigkeit, noch Gedankenweisheit, *sondern das
unendliche Ganze der Möglichkeiten zu leben.*" (S. 1028 – Hervorhebung v.
mir, C.K.) Die Aufhebung des Quantensprungs, der den Menschen einst aus
der vormoralischen Welt der Möglichkeiten in die normative „Wirklichkeit"
versetzte, löst die Frage nach dem rechten Leben dadurch, daß diese in der pa-
radiesischen Virtualität, wo alle Werte widerspruchsfrei nebeneinander Bestand haben, nicht mehr sinnvoll gestellt werden kann. Der Fluchtweg in diese
Möglichkeitswelt ist die Geschwisterliebe: „Sobald es mir gelingt", denkt Ulrich,

> gegen Agathe gar keine Selbst- und Ichsucht mehr zu haben und kein einziges
> häßlich-gleichgültiges Gefühl, *dann zieht sie die Eigenschaften aus mir hinaus*
> wie der Magnetberg die Schiffsnägel! *Ich werde moralisch in einen Ur-
> atomzustand aufgelöst, wo ich weder ich, noch sie bin!* Vielleicht ist so die
> Seligkeit?! (S. 940 – Hervorhebungen v. mir, C.K.)

In diesen Worten, die die moderne Atomphysik auch noch einmal in sehr
direkter Form mit dem Romantitel in Verbindung bringen, deutet sich jedoch
schon die praktische Wertlosigkeit der neuen Ethik an. Dauerhaft in der her-
maphroditischen Fiktion zu leben ist unmöglich. Der Schritt zurück in den arkadischen Zustand der „geheimnisvollen Doppelgeschlechtlichkeit der Seele"
(S. 906) gelingt allenfalls phasenweise – aber selbst dann niemals vollständig.
Das monumentale Romanfragment ist Zeugnis dafür, daß der entdeckte Ge-
heimgang in den „Bereich der Siamesischen Zwillinge und des Tausendjährigen Reichs" (S. 1029) für Agathe und Ulrich am Ende *nicht* begehbar sein
wird; „der Menschenstamm zerlebt den ursprünglichen Lebenszustand des
Gleichnisses in die feste Materie der Wirklichkeit" (S. 582) immer weiter –
dagegen aufzubegehren ist, wenn überhaupt, nur kurzfristig möglich. Ein dau-
erhafter Rückzug aus der als bedrückend empfundenen Realität wäre mit dem
zu hohen Preis eines kategorischen Ausschlusses aus der menschlichen Gesell-

---

Abschluß gebracht hat. Daß die moderne Physik mit ihrer Vorliebe für Gedankenexperimente ihrerseits einen großen – von Erfolg gekrönten – Schritt in Richtung literarischer
Fiktion machte, darf auf der anderen Seite aber auch nicht vergessen werden.

schaft zu bezahlen, wie das Beispiel Moosbruggers apodiktisch lehrt. In der Wirklichkeit ist der perfekte Möglichkeitsmensch *persona non grata*. Musil selbst holt damit am Ende die Aussage von Ulrichs totem Vater wieder ein, daß,

> wenn auch die empirische Logik Personen kennt, die teils krank und teils gesund sind, die Logik des Rechts [...] in Betreff derselbigen Tat niemals ein *Mischverhältnis zweier Rechtszustände* zugeben [darf], für sie sind die Personen entweder zurechnungsfähig, oder sie sind es nicht. (S. 318 – Hervorhebung v. mir, C.K.)

Zwischenbetrachtungen: Die Teilgeburt der Moderne aus dem Geiste der Physik

> Auf welche Möglichkeiten haben die Menschen noch
> keine Hand gelegt? Tölpel hantieren mit Elektrizität
> und komplizierten Atomen. Gebilde für die einer wie
> der andere mit Blindheit geschlagen ist, erfüllen [...]
> Zimmer, Finger und Bücher. Diese bedruckte Seite, so
> klar und gegliedert wie auch nur irgendeine, ist in
> Wahrheit ein höllischer Haufe rasender Elektronen.[1]
>
> (Elias Canetti, *Die Blendung*)

Vieles spricht dafür, daß auch der Held in Elias Canettis *Blendung* – der Roman wurde 1935 veröffentlicht – eigentlich einen theoretischen Physiker darstellt. Zwar wird Professor Kien, der verschrobene Sonderling, vorderhand als Sinologe präsentiert, doch mag dies nur als eine alternative Umschreibung des sich mit abstrakten, dem Alltäglichen völlig abgewandten Formelzeichen beschäftigenden Theoretikers verstanden werden. Den Vergleich des in seiner mathematischen Eigenwelt abgeschiedenen Physikers mit einem unzugänglichen Chinesisch-Spezialisten pflegte zur Abfassungszeit des Romans längst nicht allein der studierte Chemiker Canetti.[2]

Das Theoretikertum des Protagonisten wird vor allem in einer Passage gegen Ende des Romans virulent, wo Kien von einem Versteck im Flur seines

---

[1] Canetti: Werke, I, S. 73.
[2] Vgl. dazu etwa die folgende Beschreibung eines Vortragsabends der *Deutschen Physikalischen Gesellschaft* von 1920: „Insbesondere waren die Anforderungen an die mathematische Schulung der Hörer so groß", so der Zeitungsbericht, „daß einige der Vortragenden von Nichtfachleuten nicht minder gut verstanden worden wären, wenn sie chinesisch gesprochen hätten." (Anon.: Einsteins Relativitätstheorie. – In: Kölnische Zeitung 30.9.1920, Nr. 834, S. 1.) Ähnliche Bezüge wurden auch im *Mann ohne Eigenschaften* hergestellt. So ließ sich Musil nicht nehmen, bei der Beschreibung der in Diotimas Salon auf wundersame Weise vereinten Wissenschaftler den modernen theoretischen Physiker in eine Reihe von – in diesem Fall sogar tatsächlich fiktiven – Spezialisten zu stellen: „Es gab da Kenzinisten und Kanisisten, es konnte vorkommen, daß ein Grammatiker des Bo auf einen Partigenforscher, ein Tokontologe auf einen Quantentheoretiker stieß" (GW I, S. 100).

Mehrparteienwohnhauses aus über ein in Kniehöhe angebrachtes Sichtfenster
Experimente an ein- und austretenden Hosenbeinen anstellt. Konkret besteht
seine „wissenschaftliche Arbeit am Guckloch"[3] darin, Farbe, Material und
„Geschwindigkeit der Hosen"[4] zu bestimmen, um aus den gewonnenen Meß-
daten Rückschlüsse auf die Eigenschaften der passierenden Menschen zu ziehen.[5] Auch er übt also seinen Möglichkeitssinn:

> Allerlei Merkmale fielen ihm auf, er scheute sich nicht, die Farbe zu bestim-
> men. Stoffart und Wert, die Höhe über dem Boden, voraussichtliche Löcher, die
> Weite, das Verhältnis zum Schuh, Flecken und deren Ursprung; trotz der Fülle
> des Materials gelangen ihm einige gute Bestimmungen. Gegen zehn, als es ru-
> higer wurde, versuchte er aus dem Gesehenen auf Alter, Charakter und Beruf
> der Träger zu schließen. Eine systematische Bearbeitung, die Bestimmung von
> Menschen nach Hosen, schien ihm durchaus möglich. Er versprach sich eine
> kleine Abhandlung darüber, in drei Tagen war sie spielend fertig.[6]

Weit mehr Freude als die experimentelle Arbeit an seiner „Apparatur"[7], dem
Loch in der Wand zum Eingangsbereich, bereitet Kien aber die *Deutung* der
Meßwerte. Als unverbesserlicher Theoretiker sehnt er sich fortwährend „nach
seiner Bibliothek" und nach „wissenschaftliche[n] Kontroversen, Meinung
gegen Meinung, in Zeitschriften, ohne einen materiellen Mund, der sie aussprach." Die mikrophysikalische Dunkelheit des Hausflurs, den er erforscht,
stellt ihm eine eigene Art von Wirklichkeit dar, eine Wirklichkeit von Möglichkeiten – vergleichbar mit Buchseiten, in denen unwirkliche Elementarteilchen rastlos hin- und herrasen: „Denn man glaubt nur, daß nichts geschieht."[8]

Die Entwicklung der modernen Physik im ersten Drittel des 20. Jahrhunderts hatte unter Intellektuellen zu einer tiefen „Krise des Wirklichkeitsbegrif-
fes"[9] geführt. Daß ausgerechnet die vermeintlich „exaktesten" unter den Na-

---

[3] Canetti: Werke, I, S. 423.
[4] Ebd., S. 416.
[5] Dabei handelt es sich natürlich – wieder einmal – um eine statistische Arbeit. So empfindet
   Kien den Umstand, daß unter den Röcken, die er im Hausflur detektiert, kein einziger blau-
   er ist, als eine „Tatsache, die sich statistisch geradezu als ein Wunder ausnahm" (ebd.).
[6] Ebd., S. 421f.
[7] Dieses und die folgenden Zitate: ebd., S. 417f.
[8] Ebd., S. 418.
[9] Riezler: Die physikalische Kausalität und der Wirklichkeitsbegriff. – In: Kant-Studien 33
   (1928), S. 373-386, hier: S. 383.

turwissenschaftlern plötzlich tiefgreifende „Zweifel an der Wirklichkeit"[10] heg-
ten – die sie ja gerade erforschen sollten –, stellte eine Ungeheuerlichkeit dar
und mutete konservativeren Zeitgenossen als kardinaler Selbstwiderspruch an,
als Verrat an den eigenen Voraussetzungen. Aber es war unumstößlich: „Aus
der Wirklichkeit der Dinge und ihrer Eigenschaften" war eine „Welt von mathematischen Symbolen, Zahlen und Zahlengebilden" geworden, und diese
neue Welt erhob

> nun den Anspruch, die wirkliche Welt zu sein [...]. Das uns handgreiflich Ge-
> wohnte, sei es nun Stoff, Substanz, die Raumform oder die Auszeichnung der
> Zeit vor dem Raume, wird zum Schein, das Unvorstellbare zur Wahrheit.[11]

Man beachte hier die Wortwahl: Schon kurz nach der Ausformulierung der
speziellen Relativitätstheorie hatte man aus der Zeitung erfahren können, daß
die Physik neuerdings in ein weit entlegenes „Märchenland der Forschung"
vorgedrungen sei, „wo sich im Zauberschein der Einbildungskraft – allerdings
einer wissenschaftlich geschulten – Wahrheit und Dichtung verweben."[12] Mit
der Quantenmechanik wurde die herkömmliche Trennung von Wirklichkeit
und Möglichkeit dann vollends hinfällig.[13] Aus kulturwissenschaftlicher Perspektive stellte die Entwicklung der modernen Physik eine *Fiktionalisierung
der Physik* dar,[14] und damit ist nicht etwa gemeint, daß sich führende Theoretiker in ihren Darstellungen mitunter literarischer Ausdrucksformen bedienten,[15]

---

[10]   Ebd., S. 381.
[11]   Ebd., S. 381f.
[12]   B.: Die Minute in Gefahr. Eine Sensation in der mathematischen Wissenschaft. – In: Neues
      Wiener Tagblatt 22.9.1912, Nr. 200, S. 11-12, hier: S. 11.
[13]   An dieser Stelle sei ausdrücklich betont, daß diese Auffassung vor allem von den philoso-
      phischen Interpreten der Quantenmechanik vertreten wurde, während sie unter Physikern
      lediglich in der Frühphase der Entwicklung, speziell in den frühen 30er Jahren, hofiert
      wurde – insbesondere von Bohr und Heisenberg. Daß der quantenmechanische Formalis-
      mus tatsächlich *keinen* Implikationen für konstruktivistische Deutungen Vorschub leistet,
      wurde später eindeutig aufgezeigt (vgl. z.B. Busch, Lahti, Mittelstaedt: The Quantum Theo-
      ry of Measurement) – was die konstruktivistischen Erkenntnistheoretiker freilich kaum
      mehr berührte. Ihr Diskurs hatte sich längst verselbständigt.
[14]   Dies genau ist auch der Grund dafür, warum die Relativitätstheorie – aus kulturgeschichtli-
      cher Sicht – als Bestandteil der modernen Physik gelten muß, während sie unter rein physi-
      kalischen Gesichtspunkten „nur" eine wichtige Weiterentwicklung der klassischen Physik
      darstellt.
[15]   Vgl. etwa Hermann Weyls in einen Dialog zwischen Petrus und Paulus gekleidete Darstel-
      lung der allgemeinen Relativitätstheorie (Massenträgheit und Kosmos. Ein Dialog. – In:
      Naturwissenschaften 12 (1924), S. 197-204).

sondern daß die Wissenschaft als solche literarisch geworden war.[16] Das *Gedankenexperiment* – ausgehend vom *Zwillingsparadoxon* bis hin zur *Schrödingerkatze* – verdrängte mit Macht den traditionellen Naturversuch, und vor allem überstrahlte es ihn an Eleganz und Kühnheit. Erstmals in der Geschichte
der exakten Wissenschaften eilten die Theorien den Erfahrungstatsachen weit
voraus. Plötzlich suchte man nach Experimenten und Meßapparaturen, die mathematisch bereits ausgereifte Gedankengebäude überprüfen könnten – und
nicht mehr nach formal schlüssigen Erklärungen für hinlänglich bekannte Phänomene. Einsteins Rede vom „rein fiktiven Charakter"[17] der modernen Physik
bringt diesen revolutionären Umbruch auf den Punkt.[18]

Die Unschuld der klassischen Physik hatte in ihrer Unbedingtheit bestanden, ein auf verschiedensten Ebenen vertretener Anspruch, der in der modernen
Fortführung praktisch durchweg fallengelassen werden mußte. Die Relativitätstheorie offenbarte, daß man nicht mehr von *dem* raum-zeitlichen Verhalten
physikalischer Objekte sprechen konnte: daß physikalische Urteile standpunkt-
abhängig sind, und die Quantenmechanik, die später ein prinzipielles Miß-
verhältnis zwischen der menschlichen Sprache und ihren – mikrophysikali-

---

[16] Die Unterteilung von Texten in wissenschaftliche und literarische war damit in der Moderne hinfällig geworden. Aus diesem Grund kann der Eingang von Relativitäts- und Quantentheorie in den Roman der Moderne auch nicht als „externe" Intertextualität etwa im Sinne
Peter Zimas bezeichnet werden. (Zima unterscheidet „externe" und „interne" Intertextualität wie folgt: „Während interne Intertextualität den innerliterarischen Dialog meint, bezieht
sich die externe Intertextualität auf die literarische Verarbeitung nichtliterarischer Diskurse:
Diskurse der Philosophie, der Politik, der Wissenschaft und der Werbung." (Formen und
Funktionen der Intertextualität in Moderne und Postmoderne. – In: Literatur als Text der
Kultur. Hrsg. v. Moritz Csáky u. Richard Reichensperger, S. 41-54, hier: S. 42.))

[17] Mein Weltbild, S. 128.

[18] Es sei bereits an dieser Stelle angemerkt, daß man der modernen Physik ihre Fiktionalisierung von reaktionärer – antimoderner – Seite dann auch gerade zum Vorwurf machte. Bereits die Relativitätstheorie wurde in dieser Hinsicht scharf attackiert. Sie sei bloße „ge-
dankliche Konstruktion" (Weinmann: Anti-Einstein-Quintessenz. – In: Archiv f. syst. Philos. 30 (1927), S. 263-270, hier: S. 270) und „rechnerische Fiktion" (ders.: Der Widersinn
und die Überflüssigkeit der speziellen Relativitätstheorie. – In: Ann. d. Philos. u. philos.
Krit. 8 (1929), S. 46-57, hier: S. 53), ein rein „künstlerisches Weltgebäude", bestehend aus
lauter „Phantasmen" (Weyland: Der Grundfehler in Einsteins Relativitätstheorie. – In: Die
Post 13.8.1920, Nr. 377, S. 2) – kurz: das klägliche Beispiel „einer rein literarischen Wissenschaft" (Müller: Jüdischer Geist in der Physik. – In: ZgN 5 (1939), S. 162-175, hier:
S. 169).

schen – Gegenständen aufdeckte,[19] stellte den Sinn des Begriffs „Objekt" sogar gänzlich zur Disposition. Unterschwellig avencierte das *Paradoxon* zum neuen Paradigma der Physik;[20] Längenkontraktion, Zeitdilatation und Welle-Teilchen-Dualismus lehrten das vorderhand Unmögliche. In der Kopenhagener Deutung wurde der Abschied von der klassischen „Wirklichkeit" dann geradezu zelebriert, der ultimative Durchbruch der Kategorie „Möglichkeit" in die Phalanx der „harten" Wissenschaften.

Damit war die „Grundkategorie der Literatur"[21] Herrin auch im Reich der „anderen Kultur" geworden – und übte natürlich eine neue – ungeahnte – Faszinationskraft gerade auf die Literaten aus. Nicht zuletzt der Prägung der literarischen Praxis durch die physikalisierte Möglichkeitskategorie ist es daher auch zuzuschreiben, daß heute als das eigentliche „Prinzip der Moderne in Kunst und Literatur"[22] die „reine Möglichkeit" angeführt wird und man „Modernität" als die Fähigkeit der „ästhetischen Vermittlung reiner Möglichkeit"[23] definiert. Dem *„textontologischen Paradigmenwechsel"*[24], den Jürgen H. Petersen in seiner umfassenden Studie über den deutschen Roman der Moderne ortet: weg von der „traditionellen Großerzählung, dem Roman der Wirklichkeit"[25], hin zum modernen Roman der Möglichkeiten, war die *Literarisierung der Physik* als genau entgegengesetzte Entwicklung unmittelbar vorausgegangen.[26]

---

[19] Vgl. z.B. Heisenberg: Sprache und Wirklichkeit in der modernen Physik. – In: Ders.: Schritte über Grenzen, S. 160-181, hier: S. 161.

[20] Und auch der Mathematik – noch einmal sei an die Antinomien der Mengenlehre und die „Grundlagenkrise" erinnert.

[21] Michael Jakob: „Möglichkeitssinn" und Philosophie der Möglichkeit. – In: Robert Musil. Essayismus und Ironie. Hrsg. v. Gudrun Brokoph-Mauch, S. 13-24, hier: S. 14.

[22] Petersen: Der deutsche Roman der Moderne, S. 45.

[23] Ebd., S. 99.

[24] Ebd., S. 64. Dazu schreibt Petersen an anderer Stelle (S. 21): *„In der Moderne besteht die Wahrheit der Welt in der reinen Möglichkeit. Wer die Moderne beschreiben will, muß es daher mit einem Denken aufnehmen, das sich von den traditionellen Formen löst und den Gedanken der reinen Möglichkeit ins Zentrum rückt."*

[25] Ebd., S. 64.

[26] Wobei anzumerken ist, daß nicht alle – aber eben eine stattliche Anzahl – der „modernen" Romanautoren von der literarisierten Physik inspiriert worden waren. Der wichtigsten Ausnahme in dieser Hinsicht begegnet man sicherlich in Franz Kafka. Zukünftiger Forschung kommt die Aufgabe zu, die Prägung der modernen Literatur durch die moderne Physik weiter zu untersuchen. Prinzipiell ist bei allen nach dem *Bebuquin* entstandenen Texten die Frage zu stellen, ob und inwiefern die Autoren auf den physikalischen Diskurs zurückgriffen. Der Physiker Ernst Gehrcke mahnte den sich abzuzeichnen begin-

Als Eckpfeiler für die Revolutionierung des Romans gibt Petersen – Carl – Einsteins *Bebuquin* und Musils *Mann ohne Eigenschaften* an. Einstein habe den „Gedanken von der Autonomie der Kunst [...] so radikal vertreten"[27] wie kein deutschsprachiger Schriftsteller vor ihm. Zentral für die Wirklichkeitskonstitution im *Bebuquin* sei der Gedanke, „daß die Welt anders und immer anders interpretiert werden kann, *daß es auf den Standort des Beobachters ankommt, wenn etwas als wahr behauptet wird*"[28]. Der „Verlust aller metaphysischen Bezüge" lasse die „Welt als Chaos erscheinen, und nur der Leser, der sich auf die chaotische Beziehungslosigkeit von Einsteins Roman einläßt, wird ihm deshalb rezeptiv entsprechen."[29] In bezug auf den *Mann ohne Eigenschaften* hebt Petersen besonders hervor, der von Musil propagierte Möglichkeitssinn bestreite „der Wirklichkeit ihren Anspruch, allein gültig zu sein, – dies ist das Signum der Moderne."[30]

Selbst aus diesen *Kommentaren* zu den literarischen Manifestationen der modernen Physik – im einen Fall der Relativitätstheorie, im anderen der Quantenmechanik – ist noch unschwer die zeitgenössische Sprache der Physiker und Wissenschaftspublizisten herauszulesen. Beziehungslosigkeit (Standpunktabhängigkeit) und Unschärfe sind die wichtigsten in diesem Kontext zu nennenden Prinzipien; ihre Literarisierungen haben den Roman auf dem Weg in die ästhetische Moderne entscheidend weitergebracht. Petersen erkennt die entsprechenden Anknüpfungspunkte. In einer Fußnote geht er explizit auf die physikalische Entwicklung ein – speziell auf die Entdeckung „eines den mikrophysikalischen Bereich bestimmenden Möglichkeitsspielraums"[31] –, wobei er Heisenberg als den tonangebenden Theoretiker in dieser Hinsicht anführt.[32] Allerdings verharrt Petersen bei seiner vorsichtigen Annäherung an das

---

nenden Großtransfer 1913 mit folgenden Worten an: „Es fehlt nicht viel, und das Relativitätsprinzip greift noch auf das literarische Gebiet über" (Die gegen die Relativitätstheorie erhobenen Einwände. – In: Naturwissenschaften 1 (1913), S. 62-66, hier: S. 66).

[27] Petersen: Roman der Moderne, S. 87.

[28] Ebd., S. 87f. – Hervorhebung v. mir, C.K.

[29] Ebd., S. 95.

[30] Ebd., S. 118.

[31] Ebd., S. 24.

[32] Es sei „denkbar", schließt Petersen seine Überlegungen (ebd.), „daß der Paradigmenwechsel im Erkenntnisbereich, den die Quantenmechanik erzwungen hat und den in gleicher Weise das Wesen des Kunstwerks der Moderne für die Kunst-Exegese erzwingt, für die Interpretation des Seins im Ganzen, also für die Philosophie, noch weiterreichende Folgen hat, als im Augenblick abzusehen ist."

Verhältnis von moderner Physik und modernem Roman noch auf dem Standpunkt, daß es sich um *Parallelerscheinungen* innerhalb verschiedener Kulturzweige gehandelt habe[33] – eine Einschätzung, die bereits Elisabeth Emter bei ihrer Analyse von *Theorie*texten ausgewählter Schriftsteller ansatzweise zurückweisen konnte.[34] Nach der hier vorgenommenen Analyse kann kein Zweifel mehr bestehen: Der moderne deutschsprachige[35] Roman war zu einem guten Teil eine Geburt aus dem Geiste der – nicht minder „modern" gewordenen – Physik.

---

[33] Diese Auffassung war schon früh von führenden Theoretikern des Expressionismus vertreten worden. So bezeichnete Gottfried Benn den Expressionismus als die „komplette Entsprechung im Ästhetischen der modernen Physik und ihrer abstrakten Interpretation der Welten, die expressive Parallele der nichteuklidischen Mathematik, die die klassische Raumwelt der letzten zweitausend Jahre verließ zugunsten irrealer Räume" (Gesammelte Werke in der Fassung der Erstdrucke, III, S. 269). Ähnlich hatte sich schon 1917 Paul Hatvani geäußert: Kennzeichnend für die Expressionisten sei die Entdeckung des Dynamischen: „Und dieses Bewußtsein wird viel Abgestorbenes überwinden; es scheint mir, als wäre jetzt die letzte Stunde des Naturalismus gekommen: der Expressionismus hat seine Starrheit befreit und in Bewegung verwandelt." (Versuch über den Expressionismus, S. 71.) In diesem Kontext sprach Hatvani auch explizit von den „relativistischen Grundlagen" des Expressionismus. Dem allerdings stand auf der anderen Seite eben die Einschätzung entgegen, daß es sich bei den Entwicklungen in Physik und Kunst lediglich um ein „beachtenswertes *Zusammentreffen* geistiger Erlebnisse" (ebd. – Hervorhebung v. mir, C.K.) gehandelt hätte (ebd.): „[...] gleichzeitig fast mit der Geburt der neuen expressionistischen Kunst begann sich die neue *Relativitätstheorie* (vor Allem Einstein) der Naturwissenschaften zu bemächtigen. [...] Auch die Relativitätstheorie hebt jedes Ding und jedes Ereignis aus der Starrheit der Statik und löst es in eine kosmische Dynamik auf. Alles ist Bewegung."

[34] U.a. behandelte sie Musil, Broch, Jünger, Einstein, Benn und Brecht. Vgl. auch ihre einleitende Kritik (Literatur und Quantentheorie, S. 17): „Das bloße Konstatieren von Analogien beweist weder, daß eine wirkliche Beziehung zwischen Naturwissenschaft und Literatur existiert, noch daß es diese nicht gibt." Entschieden wandte sich Emter dann genau gegen die Auffassung, „daß es sich bei den Analogien zwischen moderner Physik und literarischen Phänomenen lediglich um Parallelerscheinungen handelt." (Ebd., S. 19.)

[35] Und für den englischsprachigen Roman scheint ähnliches zu gelten, wie die stetig wachsende Zahl von Arbeiten zum physikalischen Unterbau der Werke von James Joyce nahelegt.

2.

. . . UND FLUCH DER MODERNEN PHYSIK

2.1 Weltanschauungsdämmerung

2.1.1 Zwischen Popularisierung und Vulgarisierung. Die Physik im Spiegel der Presse

> Kein Name wurde in dieser Zeit so viel genannt, wie der dieses Mannes. Alles verschwand vor dem Universalthema, das sich der Menschheit bemächtigt hatte. Die Unterhaltungen der Gebildeten kreisten um diesen Pol, kamen nicht davon los, kehrten [...] immer wieder zum Thema zurück. Die Zeitungen machten Jagd auf Federn, die ihnen Längeres oder Kürzeres, Fachliches oder nur sonst irgend etwas über Einstein zu liefern vermochten. An allen Ecken und Enden tauchten gesellschaftliche Unterrichtskurse auf, fliegende Universitäten mit Wanderdozenten, welche die Leute aus der dreidimensionalen Misere des täglichen Lebens in die freundlicheren Gefilde der Vierdimensionalität führten. Die Damen vergaßen ihre häuslichen Sorgen und unterhielten sich über Koordinatensysteme, über das Prinzip der Gleichzeitigkeit und negativ geladene Elektronen. Alle zeitgenössischen Fragen hatten einen festen Kern gewonnen, von dem sich zu all und jedem Fäden spinnen ließen: die Relativität war das beherrschende und erlösende Wort geworden.[1]
>
> (Alexander Moszkowski)

Die beachtliche Rezeption, die die moderne Physik im deutschsprachigen Roman der Moderne erfuhr, mag zunächst einmal überraschen. Es drängt sich die Frage auf, ob eine Erklärung des Phänomens sich mit dem bloßen Hinweis darauf zufriedengeben darf, daß nicht wenige Autoren – in jedem Fall die Mehrzahl der hier bislang behandelten – eine „exaktwissenschaftliche" Ausbildung durchlaufen hatten, bevor sie als Schriftsteller in Erscheinung traten. Diese Antwort greift jedoch viel zu kurz. Broch und Musil, der Mathematiker und der Ingenieur, wenn man so möchte, die sich durch eine besonders tiefe Reflexion der neuen Erkenntnisse auszeichneten, bildeten nur die Spitze einer literarisch-physikalischen Gesamterscheinung. Die Entwicklung der modernen Phy-

---

[1] Moszowski: Einstein. Einblicke in seine Gedankenwelt, S. 26.

sik stellte ein über alle Maßen beachtetes kulturelles Großereignis dar, dessen Ergebnisse an niemandem spurlos vorbeigehen konnten, schon gar nicht an den Intellektuellen.[2] Auf eine Formel gebracht: Jeder, der lesen konnte, wußte in den 20er Jahren „etwas" über Relativitätstheorie und moderne Atomphysik. Doch worin bestand dieses „Etwas"? Die Physik führte in Tageszeitungen, Magazinen, Pamphleten und Monographien eine regelrechte zweite Existenz – fernab von Laboratorien und Sternwarten. Gewerkschaftszeitungen erklärten mit Hilfe der allgemeinen Relativitätstheorie[3] die kosmische Rotverschiebung,[4] Familienmagazine boten neuesten Überlegungen zur Endlichkeit der Lichtgeschwindigkeit ein Forum,[5] Kirchenblätter debattierten über mögliche Hintergründe der Quantelung mikrophysikalischer Meßwerte,[6] und die Physiker

---

[2] Vgl. dazu die folgende Äußerung von Alfred Döblin (Die abscheuliche Relativitätslehre. – In: Berliner Tageblatt 24.11.1923, Nr. 543, S. 5): „Ich hörte von allen Seiten, hier würden Dinge verhandelt, die zu den allerwichtigsten für einen denkenden Menschen gehören. Vorstellungen würden hier evident gemacht, die eine Umwälzung des gesamten Weltbildes nach sich zögen. [...] In einem Dutzend Aufsätzen las ich, was hier, in der Relativitätstheorie, vorgebracht würde, sei den Entdeckungen des Kopernikus, Galilei gleichzustellen."

[3] Die allgemeine Relativitätstheorie von 1915/16 stellte eine Erweiterung der speziellen auf _beliebig_ gegeneinander bewegte Bezugssysteme (_allgemeines Relativitätsprinzip_) dar, was Einstein insbesondere die Einbeziehung der Gravitationskraft in seine Überlegungen ermöglichte. (Eine entscheidende Voraussetzung war dabei die bereits von Newton vertretene Annahme einer völligen Gleichheit von träger und schwerer Masse.) Die mathematischen Anforderungen der Theorie waren so enorm, daß selbst unter den Physikern lediglich eine Minderheit sämtliche Denkschritte und Implikationen nachzuvollziehen in der Lage war. Um so spektakulärer waren jedoch die „allgemeinverständlichen" Folgerungen. Die Lösungen der Einsteinschen Feldgleichungen behaupteten, daß die vierdimensionale Raumzeit entsprechend der in ihr vorhandenen Materiemenge gekrümmt sei. Die metrische Struktur des Kosmos sollte nichteuklidisch sein. (Entsprechende Geometrien waren bereits von Gauss und Riemann entwickelt worden.) Als möglichen Anknüpfungspunkt für die experimentelle Überprüfung seiner Theorie gab Einstein den Einfluß von starken Gravitationsfeldern auf das Licht an. Der Theorie zufolge mußten sich Lichtstrahlen beim Durchlaufen solcher Felder krümmen; außerdem sollten Spektrallinien eine Verschiebung zu größeren Wellenlängen (_Rotverschiebung_) erfahren. Als dritten Beleg für die Richtigkeit der erweiterten Theorie führte Einstein an, daß mit ihrer Hilfe endlich die seit langem bekannten Anomalien der Merkurumlaufbahn – die sog. _Perihelverschiebung_ – erklärbar war.

[4] Vgl. Biese: Relativität. – In: Gewerkschaft 33 (1929), Sp. 89-96, hier: Sp. 95.

[5] Vgl. Valier: Eine neue Theorie von Licht und Farbe, Schall und Ton. – In: Die Gartenlaube 36 (1921), S. 565.

[6] Vgl. Thomas: Die Weltanschauungskrisis als Folgeerscheinung der Umwandlung des Weltbildes. – In: Neues Sächsisches Kirchenblatt 39 (1932), Sp. 641-644, hier: Sp. 643f.

selbst meldeten sich in schöngeistigen Journalen zu Wort.[7] Interviews mit Wissenschaftlern wurden gedruckt und Biographien verfaßt, politische Gesinnungen kolportiert und kritisch beäugt. – Die Art der Berichterstattung deckte sämtliche Gütebereiche ab.[8]

Überaus treffend beschreiben die Begriffe „Popularisierung" und „Vulgarisierung" die Omnipräsenz der Physik in der Weimarer Republik;[9] mit Klaus Hentschel kann dabei eine vierstufige Textartenhierarchie ausgemacht werden:

1. *Primär*literatur [...] mit rein fachlichem Einschlag
2. eigentliche *Sekundär*literatur, [...] wesentlich basierend auf der genauen Kenntnis der Primärliteratur [...] und anspruchsvoll in dem, was beim Leser vorausgesetzt wird
3. *Tertiär*literatur wie [...] Arbeiten [...], in denen einige der für wesentlich gehaltenen Gedanken der [...] Theorien einem breiten Publikum meist unter vollständigem Verzicht auf Mathematik korrekt, mindestens aber ohne grobe Verzerrung von Sachverhalten dargelegt werden
4. *Quartär*literatur wie der überwiegende Teil der publizierten Texte [...], insb. auch der Zeitungsartikel, die zwar dem Titel nach Aussagen [...] machen, tatsächlich aber nur ein halbgegorenes Gebräu aus Miß- und Unverstandenem bieten, vorwiegend basierend auf anderen Texten der 3. und 4. Kategorie.[10]

Hentschels Einteilung bezieht sich auf Texte zur Relativitätstheorie. Ohne weiteres kann sie aber auch auf die Literatur zur Quantentheorie ausgeweitet werden, wobei in diesem Fall der größte Popularisierungsschub erst in den späten 20er und frühen 30er Jahren zu verzeichnen war – nach der Entwicklung der Kopenhagener Deutung –, während der Höhepunkt der Einstein-Rezeption

---

[7] Vgl. Einstein: Nichteuklidische Geometrie und Physik. – In: Neue Rundschau 36 (1925), S. 16-20.

[8] Für einen fundierten Bericht zur Entwicklung der Quantentheorie *in einer Tageszeitung* s. z.B. von Strauß und Torney: Die Quantentheorie. – In: Neue Preußische Zeitung 20.3.1926, Nr. 134, sowie ders.: Weiteres zur Quantentheorie. Ebd. 29.5.1926, Nr. 244. Eine gute Darstellung der Relativitätstheorie lieferte beispielsweise die *Kölnische Zeitung* (vgl. anon.: Das Relativitätsprinzip. – In: Kölnische Zeitung 7.12.1919, Nr. 1111, S. 1; 14.12.1919, Nr. 1136, S. 1).

[9] Die Begriffe sind sicherlich selbstexplikativ. Für eine genauere Bestimmung s. Hentschel: Interpretationen und Fehlinterpretationen der speziellen und der allgemeinen Relativitätstheorie durch Zeitgenossen Albert Einsteins, S. 55-66.

[10] Ebd., S. 57.

bereits in die Jahre 1919 bis 1922 fiel.[11] Einige kommentarlos wiedergegebene Kostproben vermitteln einen ersten Eindruck von der Beschaffenheit des Großteils der Quartärliteratur. Erstes Beispiel: *Düsseldorfer Nachrichten*, 3. September 1920:

> Aber was den Physikern blüht, ist noch gar nichts gegen das, was der gewöhnliche Mensch mit dem gesunden Menschenverstand zu leiden hat, der sich eifrig mit den vielen populären Aufsätzen beschäftigt, die die Titel führen: „Einstein erklärt" oder „Die Theorie ohne Tränen". Harmlose Leute, die stolz darauf sind, daß sie sich über die neuesten Fortschritte der Wissenschaft orientieren, sind in die seltsamste Geistesverwirrung versetzt worden, und es wird Jahre dauern, bevor dieses Chaos sich wieder klären wird. [...]
> Es ist sicherlich für eine junge Dame im Tuchgeschäft höchst peinlich, zu erfahren, daß eine Elle Stoff, die sie in der Richtung von Osten nach Westen abschneidet, kürzer ist als eine Elle, die sie von Norden nach Süden abschneidet. Aber Einstein beweist es, und die Verkäuferin sieht sich einem furchtbaren Drama gegenüber.
> [...] So ruft die Einsteinsche Lehre wahre Verheerungen in den Gemütern hervor, und die Gemütsruhe bewahren nur jene glücklichen Seelen, wie die alte Dame, die auf die Mitteilung, daß das Licht gebrochen wird, erklärte, das sei ihr ganz egal und zu garnichts gut.[12]

Häufig kleideten die Popularisierer ihre Miszellen in Dialogform, etwa am 16. Juni 1921 im *Pforzheimer Anzeiger*:

> „Ein Metermaß, das in der Richtung von Norden nach Süden gelegt ist, hat nicht dieselbe Länge, wie ein Metermaß von Osten nach Westen. Ist das nicht der Inhalt der Theorie?" „Durchaus nicht: sie will nur besagen, daß man auf die Richtigkeit von nichts mehr in der Welt bauen kann."[13]

Der *Hannoversche Anzeiger* beschäftigte sich näher mit der relativistischen Zeitdilatation. Der „Hauptgrundsatz von Einstein" sei,

---

[11] Vgl. ebd., S. 70. Es fällt auf, daß die Jahre zwischen den Popularisierugsspitzen weitgehend mit der Periode der sog. relativen *politischen* Stabilisierung (1923-1929) zusammenfallen. (Zu den Begriffen „relative Stabilisierung" bzw. „Stabilisierungsperiode" sowie den einrahmenden „Turbulenzphasen" (1919-1923 und 1929-1933) vgl. z.B. Jost Hermand: Juden in der Kultur der Weimarer Republik. – In: Juden in der Weimarer Republik. Hrsg. v. Walter Grab u. Julius H. Schoeps, S. 9-37, speziell: S. 15f.; S. 24-26.)

[12] Anon.: Einstein-Manie in England. – In: Düsseldorfer Nachrichten 3.9.1920, Nr. 413, S. 2. Der Artikel erschien in den darauffolgenden Tagen außerdem im *Kölner Tagblatt*, in der *Kleinen Presse*, in der *Magdeburger Zeitung* sowie im *Prager Tagblatt*.

[13] Anon.: [Das außerordentliche Interesse ...] – In: Pforzheimer Anzeiger 16.6.1921, Nr. 137.

daß ihn kein Mensch versteht. Man sagt deshalb: er stellt alles auf den Kopf. Wenn Sie ihn also verstehen wollen, stellen Sie sich auf den Kopf. Als Einstein seine Theorie selbst verstanden hatte, war er 14 Tage krank [...]. Es gibt [...] keine geraden Linien mehr, also nur krumme Dreiecke, krumme Nasen, [...] Kirchtürme und gebogene Beine. [...]. Der zweite Hauptsatz von Einstein heißt: Jeder Körper hat seine eigene Zeit [...]. Es hat also jedes Ding eine eigene Uhr, und jede geht anders. Der Droschkengaul hat z.b. eine Uhr, der Taxameter eine, der Kutscher eine, der Fahrgast eine und die Droschke ebenfalls [...]. Das ist aber noch gar nichts. Wenn ich meine Tante Bibi mit der Geschwindigkeit eines Lichtstrahles hinaus ins Weltall schleudere und ich hole sie an der Ekliptik plötzlich zurück und die Erde hat sich 100 Jahre gedreht, wird die Tante noch immer sagen, sie sei 28 Jahre alt, obwohl sie unberufen schon 45 ist.[14]

Eine gewisse Kritik am allgemeinen Stadtgespräch über Einstein ist dieser – physikalisch völlig unsinnigen – Darstellung der *Berliner Illustrirten Zeitung* vom 19. Juni 1921 zu entnehmen:

„Sag mal, kannst Du mir erklären, was Einstein mit seiner Relati ... " „Aber selbstverständlich. Es ist blitzeinfach: Denk Dir, am Bahndamm steht ein Mann, und oben fährt ein zehn Kilometer langer Zug. Nun schickst Du einen Lichtstrahl durch den Zug. Durch die Belichtung wird der Mann am Bahndamm jünger. Das ist die Relativitätstheorie."[15]

In einer Rezension des 1922 in die Kinos gelangten Dokumentarfilms zur Relativitätstheorie war im *Berliner Lokal-Anzeiger* zu lesen:

Wenn man sich köstlich amüsieren will, braucht man nur in irgendeiner Gesellschaft das Gespräch auf Einstein und seine Theorien zu bringen.
Man sieht verlegene, verdutzte Gesichter, bis dann irgendwer durch einen guten oder schlechten Witz die Situation zu retten versucht.
Manchmal behauptet einer, die Sache genau zu kennen. Er jongliert dann mit den Worten „relativ" und „absolut" so lange, bis man überhaupt nicht mehr weiß, ob der Redner die Sache wirklich versteht oder nicht.[16]

---

[14] Mathern: Wie sich der kleine Moritz die Einsteinsche Theorie in der Praxis vorstellt. – In: Hannoverscher Anzeiger 14.11.1920, Beilage.
[15] Roda-Roda: Die Belehrung. – In: Berliner Illustrirte Zeitung 19.6.1921, hier zit. n. Gehrcke: Massensuggestion, S. 41.
[16] Dieses und das folgende Zitat: Aros: Die verfilmte Relativität. Eindrücke eines ehemals klaren Laienverstandes. – In: Film-Echo. Beilage zur Sonderausgabe des „Berliner Lokal-Anzeigers" 8.5.1922, Nr. 18. Eine Liste mit weiteren Rezensionen zu dem ab 1923 auch

Zum Film selbst hieß es im Anschluß:

> Es wird uns gezeigt, daß eine Uhr, die auf der Straße geht, ganz andere Zeiten anzeigt, wie eine Uhr, die ein Mann bei sich hat, wenn er mit der Untergrundbahn zu fahren hat.
>
> Wenn man am Zoo also seine Uhr mit der elektrischen Normaluhr verglichen hat und erfreut konstatierte, daß zwischen den beiden Zeitmessern absolute Uebereinstimmung herrschte, braucht man sich am Potsdamer Platz nicht zu wundern, wenn sich das Verhältnis geändert hat. Es ist also unnütz, eine Uhr, die vor- oder nachgeht, zum Uhrmacher zu bringen, weil er ja doch nur eine Arbeit vornimmt, die durch die Einsteinsche Theorie überflüssig geworden ist. [...]
>
> Wenn ich schließlich noch erwähne, daß ein und derselbe Eisenbahnzug einmal zwölf, dann wieder achtzehn und schließlich sogar vierundzwanzig Meter lang sein kann, und daß all diese Maße richtig sind, werde ich wohl ebenso wie der Film dem Laien eine anschauliche Darstellung der berühmtesten aller Theorien gegeben haben.

In der offiziellen „Einführung" zum Film wurden unterdessen ernstere Töne angestimmt. Das enorme Interesse an der Relativitätstheorie erkläre sich

> dadurch, daß Einstein an den Grundlagen unserer altgewohnten Anschauungen rüttelt und uns alle, bewußt oder unbewußt, im Innersten aufwühlt und aufrührt, daß wir uns unsicher fühlen auf dem Fleckchen Erde, das uns stets so festgegründet erschien [...].[17]

Ähnliches war in den *Münchner Neuesten Nachrichten* zu vernehmen:

> Ein Schwindelgefühl mag jeden überkommen, der sich das Weltbild der Einsteinschen Relativitätstheorie anzueignen versucht. Das alte Weltbild stürzt vor seinen Augen. Selbst jene unheimlichen Schattenwesen, innerhalb deren alles Weltgeschehen sich abspielt, innerhalb deren die Welt wie in einer „fertigen Mietskaserne" verpackt ist, *„Zeit und Raum"* stürzen von ihrer angemaßten, unbedingten *absoluten* Höhe in den Abgrund des bedingten, nur *relativen* Seins. [...]
>
> Die Grundpfeiler des stolzen Gebäudes, das beim Worte Physik sich als ragender Bau vor unserem geistigen Auge erhebt – alle jene Begriffe, wie *Raum*, *Zeit*, *Masse*, *Energie*, die der darüber nicht nachzudenken Gewohnte für selbstver-

---

noch in einer zweiten Fassung zu sehenden Film findet man bei Gehrcke: Massensuggestion, S. 45-49.

[17] Zit. n. Grundmann: Einsteins Akte, S. 119.

ständliche Dinge hält [...] –, diese Pfeiler waren [...] nicht mehr genügend, das in die Wolken wachsende Gebäude zu tragen.[18]

Darstellungen zur *Quantenmechanik* konnten später bequem auf den bereits etablierten „Umsturz"-Diskurs zurückgreifen, wie dieses Beispiel aus der *Frankfurter Zeitung* vom 23. Dezember 1930 zeigt:

> Durch die Relativitätstheorie wurden zwei wichtige Begriffe der klassischen Physik nicht berührt: der Kausalitätsbegriff, d.h. die übliche Vorstellung von der Beziehung zwischen Ursache und [Wirkung, sowie die Gewißheit] der Vorstellung, daß die Aussage, ein Körper [...] befinde sich an einem bestimmten Ort, vollkommen eindeutig und sinnvoll ist. An diese Grundbegriffe aber muß nunmehr die neue Quantentheorie Kritik anlegen, ebenso an den Begriff der „Beobachtung" einer physikalischen Erscheinung.[19]

Ohne Zweifel war es die Nachricht vom „Ende" jeglicher Naturgesetzlichkeit im klassischen – deterministischen – Sinne, die die Popularisierer und Vulgarisierer der Quantenmechanik am nachhaltigsten beschäftigte. So las man am 21. März 1928 in der *Vossischen Zeitung*:

> Macht man sich klar, was das *Prinzip der Kausalität* innerhalb des Rahmens der *Physik-Chemie* besagen will, so erkennt man, daß ein Angriff auf dieses Prinzip bereits den Begriff der Physik-Chemie vernichtet und uns zurückführt in eine Zeit, da alles Natur-Geschehen noch als Ausfluß von Dämonen angesehen ward. [...]
> Nun stelle man sich einmal vor, ein Naturgesetz sei, seinem innersten Wesen nach, *wahrscheinlich*. Das heißt, bei einer gewissen Zustandsänderung erfolgt mit einer gewissen Wahrscheinlichkeit dieses, mit einer gewissen Wahrscheinlichkeit ein anderes. [...] Diese Änderung wäre grundlos oder müßte auf Konto einer Ursache gesetzt werden, die nicht mehr innerhalb der wahrnehmbaren Welt zu finden, also etwa in der Laune eines Dämons bestünde. Unsere Physik-Chemie wäre wieder zur Anschauung der Magie zurückgekehrt.[20]

---

[18] Mainzer: Kant und Einstein. – In: Münchner Neueste Nachrichten 25.7.1921, Abendausg., S. 1-2, hier: S. 1; S. 2.

[19] Westphal: Die Wandlung der herkömmlichen Begriffe in der Quantentheorie. – In: Frankfurter Zeitung 23.12.1930, Nr. 953, S. 1-2, hier: S. 2 – freie Ergänzung der im Original fehlenden Zeile v. mir, C.K.

[20] Lasker: Gibt es noch Kausalität? – In: Vossische Zeitung 21.3.1928, Unterhaltungsblatt Nr. 69.

Bis in weit entlegene Feinheiten der Theorien wurden die Leser eingeweiht, beispielsweise in die quantenstatistischen Hintergründe des Pauli-Verbots[21]:

> Der Fermischen Behauptung wäre auf finanztechnischem Gebiet etwa die Behauptung analog, daß es grundsätzlich niemals vorkommen könne, daß zwei Personen innerhalb einer Bevölkerung auf einen Pfennig genau das gleiche Vermögen haben können. Der Unterschied müsse jeweils mindestens einen Pfennig betragen. Die merkwürdige Folge wäre, daß es dann z.B. auch nur einen einzigen völlig vermögenslosen Menschen geben könnte. Denn dadurch, daß ein Mensch nichts besitzt, ist dieser Vermögenswert Null sozusagen besetzt, gesperrt, und die kleinste noch mögliche Vermögensstufe beträgt einen Pfennig. Auf dem Gebiet der Finanzstatistik wäre eine solche Behauptung offenbar völlig unsinnig.[22]

Die moderne Physik, das zeigen die Zitate exemplarisch auf, war in den 20er Jahren *in aller Munde*.[23] Die Dialogform zahlreicher Beiträge spielt gerade mit dem Motiv der bis auf die Straße vorgedrungenen Grundlagenwissenschaft,[24] ebenso wie so manche zeitgenössische Karikatur (vgl. die Auswahl Abb. 2-5). Einen letzten, unmißverständlichen Einblick in das Ausmaß der Rezeption vermittelt die nachstehende Liste.

---

[21] Bei Fermionen (Elementarteilchen mit halbzahligem Spin) können die zur Verfügung stehenden Quantenzustände nur mit je einem Teilchen besetzt werden.

[22] Westphal: Wellenmechanik und Fermische Statistik. – In: Frankfurter Zeitung 24.7.1928, Nr. 546, S. 1-2, hier: S. 2.

[23] Die *gesamte* Weimarer Gesellschaft fand sich plötzlich in „einer anderen Welt" wieder, die sich von der gewohnten fundamental unterschied, nicht nur die Wissenschaftler, wie Thomas S. Kuhn in seiner weithin bekannten Monographie über die *Struktur wissenschaftlicher Revolutionen* (S. 123) urteilte.

[24] Typisch ist hier z.B. das Büchlein *Gespräch über die Einsteinsche Theorie* von Hans Schimank, in dem eine Einstein-Debatte in einem Hamburger Salon beschrieben wird.

Periodika, die 1920/21 über Einstein und die Relativitätstheorie berichteten
(Auswahl)

Abendzeitung (Wien), *Acht-Uhr-Abend-Blatt* (Berlin), *Allgemeiner Wegweiser für jede Familie* (Berlin), *Der Altmärker* (Stendal), *Annalen für Gewerbe und Bauwesen* (Berlin), *Arbeitszeitung* (Wien), *Augsburger Postzeitung*, *Aus der Heimat* (Öhringen), *Badener Tageblatt* (Baden-Baden), *Badische Landeszeitung* (Karlsruhe), *Badischer Generalanzeiger* (Mannheim), *Barmer Zeitung*, *Baseler Nachrichten*, *Berliner Börsen-Courier*, *Berliner Börsen-Zeitung*, *Berliner Illustrirte Zeitung*, *Berliner Lokal-Anzeiger*, *Berliner Morgenpost*, *Berliner Morgenzeitung*, *Berliner Volks-Zeitung*, *Berliner Zeitung am Mittag*, *Börsenblatt für den Deutschen Buchhandel* (Leipzig), *Bohemia* (Prag), *Der Bote aus dem Riesengebirge* (Hirschberg), *Braunschweigische Landeszeitung*, *Bremer Nachrichten*, *Breslauer Neueste Nachrichten*, *Breslauer Zeitung*, *Casseler Allgemeine Zeitung*, *Charlottenburger Neue Zeitung*, *Daheim* (Leipzig, Bielefeld), *Danziger Neueste Nachrichten*, *Danziger Zeitung*, *Deutsche Allgemeine Zeitung* (Berlin), *Deutsche Arbeit* (Köln), *Deutsche Bergwerks-Zeitung* (Düsseldorf), *Deutsche Rundschau* (Berlin), *Deutsche Tageszeitung* (Berlin), *Deutsche Zeitung* (Berlin), *Düsseldorfer Nachrichten*, *Dresdner Anzeiger*, *Dresdner Neueste Nachrichten*, *Europäische Staats- und Wirtschaftszeitung* (Berlin), *Die Fackel* (Wien), *Frankfurter Generalanzeiger*, *Frankfurter Nachrichten*, *Frankfurter Volksstimme*, *Frankfurter Zeitung*, *Freiheit* (Berlin), *Die Furche* (Berlin) *Die Gartenlaube* (Leipzig), *Generalanzeiger für Dortmund und das gesamte rheinisch-westfälische Industriegebiet*, *Generalanzeiger* (Wittenberge), *Geraisches Tageblatt*, *Göttinger Zeitung*, *Groß-Lichterfelder-Lokal-Anzeiger*, *Große Berliner Illustrierte Wochenschrift*, *Hallesche Zeitung*, *Hallische Nachrichten*, *Hamburger Anzeiger*, *Hamburger Fremdenblatt*, *Hamburger Nachrichten*, *Hamburger Volkszeitung*, *Hamburgischer Correspondent*, *Hannoverscher Anzeiger*, *Hannoverscher Kurier*, *Heidelberger Tageblatt*, *Hellweg. Westdeutsche Wochenschrift für Deutsche Kunst* (Essen), *Illustrirte Zeitung* (Leipzig), *Iserlohner Kreisanzeiger und Zeitung*, *Israelitisches Wochenblatt für die Schweiz* (Zürich), *Der Israelit* (Frankfurt/Main), *Jüdische Volkszeitung* (Breslau), *Kieler Zeitung*, *Kladderadatsch* (Bonn), *Das kleine Journal* (Berlin), *Die kleine Presse* (Frankfurt/Main), *Koblenzer Zeitung*, *Kölner Tagblatt* (Frankfurt/Main), *Kölnische Zeitung*, *Königsberger Allgemeine Zeitung*, *Königsberger Hartung'sche Zeitung*, *Leipziger Lehrerzeitung*, *Leipziger Neueste Nachrichten*, *Leipziger Tageblatt*, *Lippesche Landeszeitung* (Detmold), *Literarischer Handweiser* (Freiburg i. Br.), *Lustige Blätter* (Berlin), *Lycker Zeitung* (Lyck – Ostpreußen), *Magdeburgische Zeitung*, *Mainzer Anzeiger*, *Mannheimer General-Anzeiger*, *Mecklenburger Warte* (Wismar), *Mitteilungen an den Verein zur Abwehr des Antisemitismus* (Berlin), *Mitteilungsblatt des Ver-*

bandes nationaldeutscher Juden (Berlin), *München-Augsburger Abendzeitung* (Augs-burg), *Münchner Neueste Nachrichten, National-Zeitung* (Berlin), *Nationalzeitung* (Basel), *Neckar-Zeitung* (Heilbronn), *Neue Freie Presse* (Wien), *Neue Hamburger Zeitung, Neue Leipziger Zeitung, Der Neue Merkur* (München), *Neue Preußische (Kreuz-)Zeitung* (Berlin), *Die Neue Rundschau* (Berlin), *Die Neue Zeit* (Berlin-Charlottenburg), *Neue Züricher Nachrichten, Neue Züricher Zeitung, Neuer Görlitzer Anzeiger, Neues Wiener Journal, Neues Wiener Tagblatt, Niederrheinische Volkszei-tung* (Krefeld), *Ostdeutsche Volkszeitung* (Insterburg), *Ostpreußische Zeitung* (Kö-nigsberg), *Ostpreußische Woche* (Königsberg), *Pester Lloyd* (Budapest), *Pforzheimer Anzeiger, Die Post* (Berlin), *Potsdamer Zeitung, Prager Tagblatt, Rems-Zeitung* (Geestemünde), *Remscheider Generalanzeiger, Revaler Bote, Rheinisch-Westfälische Zeitung* (Essen), *Der rote Tag* (Berlin), *Sächsische Staatszeitung* (Dresden), *Sozialisti-sche Monatshefte* (Berlin), *St. Galler Tageblatt, Schlesische Volkszeitung* (Breslau), *Schlesische Zeitung* (Breslau), *Schleswig-Holsteinische Volkszeitung* (Kiel), *Schöne-berger Tageblatt* (Berlin), *Schwarzwälder Bote* (Oberndorf), *Schweizer Heim* (Zü-rich), *Siegener Zeitung, Simplicissimus* (München), *Staatsbürger-Zeitung* (Berlin), *Der Tag* (Berlin), *Das Tagblatt* (Zagreb), *Tägliche Rundschau* (Berlin), *Tilsiter All-gemeine Zeitung, Völkischer Beobachter* (München), *Volksblatt in Spandau, Vorwärts* (Berlin), *Vossische Zeitung* (Berlin), *Die Wahrheit* (Berlin), *Die Weltbühne* (Berlin-Charlottenburg), *Weser-Zeitung* (Bremen), *Westdeutsche Zeitung* (Düsseldorf), *Der Westen* (Berlin-Wilmersdorf), *Wiener Stimmen, Wiesbadener Neueste Nachrichten, Wiesbadener Zeitung, Wissen und Glauben* (Mergentheim), *Württemberger Zeitung* (Stuttgart), *Zeitung für Pommern* (Kolberg), *Zittauer Morgenzeitung, Zwölf-Uhr-Mittags-Zeitung* (Berlin)

2.1.2 Verschärfung des Umgangstons

> Kein Staatsmann [...] ist der populärste
> Mann Europas; sondern, sehr charakteri-
> stisch und sehr paradox, ein Mathematiker,
> dessen Deduktionen kaum einer unter Tau-
> senden wirklich exakt folgen kann.[1]
> (Willy Haas 1924 in der *Neuen Rundschau*)

Nicht selten widmete man sich den Neuigkeiten aus dem Reich der exakten Wissenschaften schon auf den Titelseiten (vgl. die Auswahl Abb. 9-13). Am 14. Dezember 1919 etwa grüßte ein Großportrait Einsteins als Aufmacher der *Berliner Illustrirten Zeitung*. Die zugehörige Bildunterschrift lautete:

Eine neue Größe der Weltgeschichte: Albert Einstein, dessen Forschungen eine völlige Umwälzung unserer Naturbetrachtungen bedeuten und den Erkenntnissen eines Kopernikus, Kepler und Newton gleichwertig sind.

In ähnlichem Tonfall äußerte sich fünf Tage darauf das *Jüdische Echo*. Dort wurde Einstein als der „neue Genius"[2] gepriesen, „den das jüdische Volk der Menschheit schenkte." Seine „umwälzenden Theorien [...] über das Universum" seien unlängst „in glänzender Weise" bestätigt worden. – Damit ist ein erster wichtiger Grund dafür benannt, warum die Relativitätstheorie mit einem Mal ein so großes Interesse hervorrufen konnte. Britische Forscher hatten bei Sonnenfinsternis-Experimenten erste Bestätigungen für Einsteins auf formalem Weg erschlossene allgemeine Theorie erbracht: den Nachweis der Lichtablenkung in starken Gravitationsfeldern.[3] Zwar „bewiesen" die gewonnenen

---

[1] Haas: Europäische Rundschau. – In: Neue Rundschau 35 (1924), S. 87-94, hier: S. 88.
[2] Dieses und die folgenden Zitate: anon.: Professor Albert Einstein. – In: Das jüdische Echo 6 (1919), S. 617.
[3] Die Ergebnise der am 29. Mai 1919 auf der portugiesischen Insel Principe an der afrikanischen Küste und im nordbrasilianischen Sobral durchgeführten Sonnenfinsternis-Experimente waren am 6. November in London in einer gemeinsamen Sitzung der *Royal Society* und der *Royal Astronomical Society* bekanntgegeben worden. Zur Berichterstattung in Deutschland vgl. z.B. die Darstellungen in der *Vossischen Zeitung* (anon.: Sonnenfinsternis und Relativitätstheorie. – In: VZ 13.5.1919, Nr. 241, S. 4; Joël: Die Sonne bringt

Daten die Theorie nicht – dafür ließen sie noch zu viel Interpretationsspiel-
raum[4] –, doch die wißbegierige Öffentlichkeit, in England[5] wie in Deutschland,
stürzte sich ohne Vorbehalte auf das nunmehr „bestätigte" Welterklärungsmodell, im Grunde sei alles „relativ".

Im Deutschland der Nachkriegszeit, dessen Streben nach einer europäischen Vormachtstellung sich nunmehr auf geistige Gebiete zu beschränken
hatte, verspürte man über die Nachricht vom „Beweis" der Theorie – die man
natürlich als genuin *deutsche* Kulturleistung herausstellte, das Newtonsche
Weltbild unwiderruflich ablösend – ausgerechnet durch Wissenschaftler des
Kriegsgegners England die allergrößte Genugtuung.[6] Daß sich auch jüdische
Interessengruppen – angesichts der zur selben Zeit spürbar zunehmenden Verfolgungen – um eine Vereinnahmung des über Nacht zu Weltruhm aufgestie-
genen deutsch-jüdischen[7] Physikers bemühten, versteht sich von selbst. Die

---

es an den Tag? Eine Himmelsentscheidung in der Relativitätstheorie. – In: VZ 29.5.1919,
Nr. 270, 4. Beilage; anon.: Sonnenfinsternis und Relativitätstheorie. – In: VZ 15.10.1919,
Nr. 526, Beilage; anon.: Einstein und Newton. Die Ergebnisse der Sonnenfinsternis vom
Mai 1919. – In: VZ 18.11.1919, Nr. 589, Beilage; Kritzinger: Licht von der Finsternis.
Sonnenfinsternis-Expeditionen 1919 und die Einsteinsche Theorie. – In: VZ 27.1.1920,
Nr. 49, Beilage; anon.: Ein Bild von der Sonnenfinsternis. Die Photographie im Dienste der
Relativitätstheorie. – In: VZ 24.2.1920, Nr. 101, Beilage).

[4] Vgl. dazu Collins, Pinch: Der Golem der Forschung, S. 58-69.

[5] In England wurde die Relativitätstheorie von der Öffentlichkeit überhaupt erst nach der
Bekanntgabe des Sonnenfinsternis-Ausgangs von 1919 wahrgenommen, dann aber ohne
Umschweife und in größtem Ausmaß, ausgehend von einem Aufsatz der *Times* vom 8. No-
vember (vgl. dazu Herman: Einstein, S. 228f.). Wie in Amerika wurde mit Einstein sofort
ein Personenkult getrieben; kritische Stimmen dagegen – anders als in Deutschland –
selten. (Vgl. dazu Elton: Einstein, General Relativity, and the German Press, 1919-1920. –
In: ISIS 77 (1986), S. 95-103, speziell: S. 101; Jose M. Sanchesz-Ron: Special Relativity in
Great Britain. – In: The Comparative Reception of Relativity. Hrsg. v. Thomas F. Glick,
S. 27-58.)

[6] Armin Hermann spricht treffend von „Balsam für den verletzten Nationalstolz" (Einstein,
S. 237). Auf das große kulturimperialistische Interesse Deutschlands, sowohl während der
Weimarer Republik als auch zuvor schon im Kaiserreich, ging zuletzt Siegfried Grundmann
ausführlich ein (vgl. Einsteins Akte, S. 1-355). Zu den Ereignissen vom Spätherbst 1919
bemerkt Grundmann (ebd., S. 339): „Einstein wurde zu einer überall begehrten Person. [...]
Einstein, der Heilige; Einstein, das Idol."

[7] Die Frage von Einsteins Staatsangehörigkeit ist eine Geschichte für sich. Der 1879 in Ulm
geborene Physiker hatte im Zuge seiner Übersiedlung nach Aarau (und später nach Zürich)
1896 die württembergische Staatsangehörigkeit abgelegt und – allerdings erst vier Jahre
danach – die schweizerische erhalten. Als er 1914 dem Ruf nach Berlin folgte und mehrere
offizielle Ämter antrat – so etwa die ordentliche, hauptamtliche Mitgliedschaft in der *Kö-
niglich Preußischen Akademie der Wissenschaften* und im Kuratorium der *Physikalisch-*

neue Galionsfigur der deutschen Wissenschaft wurde auch *das* Aushängeschild assimilierter deutscher Juden.

In der Folge fanden „allgemeinverständliche" und „volkstümliche" Darstellungen der Theorie reißenden Absatz.[8] Wo immer ihr Schöpfer persönlich auftrat, strömten ihm die Massen zu. Am 20. Februar 1920 berichtete das *Berliner Tageblatt* von einem solchen Auftritt. Nachdem Einstein zu seiner öffentlichen Vorlesung „mit stürmischem Jubel empfangen"[9] worden sei, hätte sein Publikum das „herrliche Schauspiel" erleben dürfen, „wie ein Mensch mit einem Zauberstabe die Welt gestaltet."

Doch es erhoben sich auch kritische Stimmen. Die *Deutsche Zeitung* tönte, Einstein sei in wissenschaftlicher Hinsicht gar kein „Selbstschöpfer", sondern lediglich ein erbärmlicher „Nachbeter" fremder Forschungsergebnisse, der dazu noch „Unsinn predigt"[10]. Schon vor dem Krieg waren Gegensprecher aufgetreten. Während die *Woche* 1914, im Jahr von Einsteins Berufung an die *Preußische Akademie der Wissenschaften*, noch einen vergleichsweise neutralen Artikel brachte, in dem nur am Rande von „kühnsten mathematischen Kombinationen" und „mathematisch-physikalischer Spekulation" die Rede

---

Technischen Reichsanstalt –, entsprachen die deutschen Behörden stillschweigend seiner zuvor gestellten Bedingung, Schweizer bleiben zu dürfen. Als er aber 1922 den Nobelpreis zugestanden bekam, gewann die Frage seiner Nationalität wieder an Bedeutung, denn aufgrund seiner bereits angetretenen Asienreise mußte der Laureat bei der Stockholmer Verleihung durch einen Botschaftsangehörigen vertreten werden. Nun setzten die deutschen Behörden ihre Ansprüche gegenüber den Schweizer Kollegen mit Entschiedenheit durch. Einstein sollte Deutscher sein. Noch einmal – dann allerdings unter völlig umgekehrten interessenspolitischen Vorzeichen – stellte sich das Problem der Staatsangehörigkeit, als Einstein nach der „Machtergreifung" die Ausbürgerung beantragte und US-Amerikaner wurde. (Vgl. dazu auch die odiöse Karikatur der *Deutschen Tageszeitung*, Abb. 7. Zur Frage von Einsteins Staatsangehörigkeit vgl. die von Grundmann (Einsteins Akte, S. 265-280; S. 375-383) angeführten behördlichen Dokumente.)

[8] Vgl. als Beispiele die Titel *A. Einsteins Relativitätstheorie. Versuch einer volkstümlichen Zusammenfassung* von Friedrich Barnewitz (1920), *Das Einsteinsche Relativitätsprinzip. Gemeinverständlich dargestellt* von Alexander Pflüger (8. Aufl. 1920) und die *Allgemeinverständliche Einführung in die Grundgedanken der Einsteinschen Relativitätstheorie* von Harry Schmidt (3. Aufl. 1921). Später folgten Werke wie *Die Einstein'sche Relativitätstheorie. Kurze, für jedermann verständliche Besprechung* (Rudolf Wantoch, 1923) oder *Einstein für Jedermann* (Georg Felke, 1928).

[9] Diese für und die folgenden Zitate: L.W.: Albert Einsteins Kolleg. – In: Berliner Tageblatt 20.2.1920, Nr. 93, S. 3. Vgl. auch den entsprechenden Artikel in der *Vossischen Zeitung* (anon.: Einstein auf dem Katheder. – In: Vossische Zeitung 20.2.1920, Nr. 94, S. 5).

[10] Anon.: Wissenschaftsraub und Bluff. – In: Deutsche Zeitung 19.12.1919, Nr. 573, S. 2.

war,[11] wurde in der *Literarischen Rundschau* des *Berliner Tageblatts* – ausgerechnet in der Zeitung also, die sich in den 20er Jahren vehement *für* Einstein einsetzten sollte – gegen dessen Physik der Vorwurf erhoben,

> daß sie ihren Wirkungskreis nicht mehr, wie zur Zeit der großen Physiker, auf
> dem Gebiet des exakten Versuchs und dessen logischer Deutung sucht, sondern
> in phantastische Theorien und uferlose Spekulationen verfallen ist, deren in ma-
> thematisches Gewand gekleidete Ergebnisse die Wirklichkeit oft auf den Kopf
> zu stellen geeignet sind.[12]

Einsteins Theorie sei nichts als eine „abenteuerliche Hypothese über die Zeit",
„mit Hilfe ziemlich willkürlicher mathematischer Festsetzungen" aus einer
„offenbar falsche[n] Deutung des Michelsonschen Experimentes" abgeleitet.

Ein Vergleich zeigt, daß sich mit Kriegsende die Art der Gegenargumente
merklich wandelte. Waren Pro und Contra zuvor fast ausschließlich von der
jeweiligen Wertschätzung des mathematisch-abstrakten Gehalts der neuen
Theorie bestimmt gewesen, vernahm man nun auch immer häufiger „politische" Kritik.

Kurz nach Kriegsausbruch hatte Deutschlands wissenschaftliche Elite einen gemeinsamen Appell „An die Kulturwelt" verfaßt, der die Politik Wil-
helms II. ausdrücklich billigte und zur weiteren Unterstützung des Regimes
aufrief.[13] Zu den 93 prominenten Unterzeichnern gehörten, wie Siegfried
Grundmann festhält, „bis auf wenige Ausnahmen die namhaftesten Repräsen-
tanten deutscher Kultur und Wissenschaft"[14], so z.B. Max Planck, Walther
Nernst, Fritz Haber, Philipp Lenard, Wilhelm Ostwald und Wilhelm Conrad
Röntgen. *Ein* wichtiger Namenszug in der illustren Reihe fehlte jedoch. Einstein war nicht zu bewegen gewesen, sich mit dem aus seiner Sicht verfehlten
und viel zu militaristischen Schreiben anzufreunden; er verabscheute nicht nur
den Krieg als solchen, sondern auch den kulturimperialistischen Anspruch, der
aus dem Manifest seiner Kollegen sprach. Statt dessen solidarisierte er sich mit
der Gegenposition des Physiologen Georg Nicolai, dessen „Aufruf an die Eu-

---

[11]   Donath: Die Umwertung von Raum und Zeit. – In: Die Woche 16 (1914), S. 639-641, hier:
       S. 641.
[12]   Dieses und die folgenden Zitate: Stengemann: Leo Gilbert. „*Das Relativitätsprinzip,* die
       jüngste Modenarrheit der Wissenschaft." – In: Berliner Tageblatt 22.7.1914, Nr. 366,
       4. Beiblatt.
[13]   Der genaue Wortlaut ist wiedergegeben in Grundmann: Einsteins Akte, S. 41-43.
[14]   Ebd., S. 45.

ropäer" er mit initiiert hatte und – als einer von ganz wenigen – auch tatsächlich unterschrieb. Anders als der Aufruf „An die Kulturwelt" wurde der „Aufruf an die Europäer", in dem der Krieg als „Bruderkrieg" unter gleichberechtigten europäischen Partnern verwünscht wurde, jedoch nicht veröffentlicht.[15] Dennoch wußte die Öffentlichkeit, daß Einsteins fehlende Unterschrift nicht Versäumnis, sondern Bekenntnis war. Frühzeitig hatte sich der Physiker als kompromißloser Pazifist zu erkennen gegeben[16] und war noch 1914 in den *Bund Neues Vaterland* eingetreten, der für einen frühen Friedensschluß warb und sich – so Grundmann – mit den Monaten „immer mehr nach links" entwickelte, bis er „schließlich Verfolgungen ausgesetzt war."[17] 1916 wurde die Vereinigung offiziell verboten.

Man kann sich leicht vorstellen, welches Licht 1918/19 von rechts auf Einstein fiel, als nationale Kräfte mit der „Dolchstoßlegende" Stimmung gegen Linke und „Kriegsgewinnler" zu machen begannen. Vor allem für den völkischen Teil der Studentenschaft[18] gab Einstein, der pazifistische Jude und akademische „Obersozi", wie er sich selbst – scherzhaft – nannte,[19] eine erstklassige Zielscheibe ab. Als der Physiker ein Jahr nach der deutschen Niederlage und der „Novemberrevolution" weltberühmt geworden war und sein – vermeintlicher – Lehrsatz, daß *alles* nur „relativ" sei, überall – auch im Ausland – größte Aufmerksamkeit auf sich zog, wurde ihr Haß nur noch um so erbitterter.[20] Spätestens im August 1920 entbrannte der politische Kampf offen. Ein

---

[15] Ein Abdruck findet sich ebd., S. 47f.
[16] Vgl. auch Hermann: Einstein, S. 213: „Jetzt trat er aus der Reserve aus und setzte sich für die Ziele der Kriegsgegner ein."
[17] Grundmann: Einsteins Akte, S. 48.
[18] Auf die weit überdurchschnittliche Verbreitung antisemitischen und völkischen Gedankenguts unter den deutschen Studenten ist in der Vergangenheit vielfach hingewiesen worden. (Vgl. z.B. Grüttner: Studenten im Dritten Reich; Hammerstein: Antisemitismus und deutsche Universitäten 1871-1933.)
[19] Vgl. Fölsing: Albert Einstein, S. 475.
[20] Die Karikatur „Französische Relativitätstheorie" (vgl. Abb. 6), 1920 vom *Kladderadatsch* gebracht, spielt mit dieser Thematik. Dargestellt ist ein großer, völlig abgemagerter deutscher Michel, der angesichts der Reparationsforderungen, die sich für ihn aus dem Versailler Vertrag ergeben, einen verbitterten Blick auf seine gänzlich leeren Hosentaschen wirft. In der Zimmerecke tuscheln derweil der französische Regierungschef Alexandre Millerand und Albert Einstein miteinander. Die Bildunterschrift legt dem ehemaligen Generalkommissar für Elsaß-Lothringen folgende Bemerkung in den Mund: „Sagen Sie, cher professeur Einstein, können Sie dem törichten boche einreden, daß er bei dem *absoluten* Fehlbetrag von 67 Milliarden *relativ* glänzend dasteht?"

gewisser Paul Weyland, selbsternannter Fachmann in Sachen Relativitätstheorie, der in Einstein offenbar einen persönlichen Feind erblickte, lud zu einer Großveranstaltung gegen die neue Lehre in die Berliner Philharmonie.[21] Das Opfer der Kampagne war selbst anwesend und mußte eine unsachliche, von Polemik gegen seine Person, nicht die Sache getragene Eröffnungsansprache über sich ergehen lassen. Es sei so weit gekommen, lamentierte Weyland, „daß die Wissenschaft nicht mehr Selbstzweck ist, sondern Mittel zum Zweck, gewissen Personen mit dem Glorienschein wissenschaftlicher Päpstlichkeit zu umgeben."[22] Einstein betreibe keine Physik mehr, sondern „wissenschaftlichen Dadaismus"[23]. Ob Weyland seine Rede explizit auch mit antisemitischen Parolen unterfütterte, ist nicht bekannt, aber wahrscheinlich. Die gedruckte Fassung seiner Rede enthält zwar keine entsprechenden Hinweise, aber einige Tageszeitungen berichteten in diesem Sinne.[24] Außerdem sollte er sich nur wenige Monate später noch sehr deutlich als radikaler Antisemit hervortun, wie die von ihm herausgegebenen *Deutschvölkischen Monatshefte* belegen.[25] – Wie dem auch sei: Eindeutig fest steht in jedem Fall, daß eine Gruppe deutschnationaler Studenten die Philharmonieveranstaltung nutzte, um ihrem Haß gegen Einstein in Form von antisemitischem Radau Luft zu machen. Dazu verkauften sie Hakenkreuze im Foyer. Das USPD-Organ *Freiheit* berichtete:

---

[21] Zur Person Weylands vgl. Andreas Kleinert: Paul Weyland, der Berliner Einstein-Töter. – In: Naturwissenschaft und Technik in der Geschichte. Hrsg. v. Helmuth Albrecht, S. 119-232.

[22] Weyland: Betrachtungen über Einsteins Relativitätstheorie und die Art ihrer Einführung, S. 19.

[23] Ebd., S. 20. „Die Öffentlichkeit war starr", lamentierte Weyland ergänzend in der *Täglichen Rundschau*. „Alles brach zusammen. Herr Einstein spielte mit der Welt Fangball. Er brauchte nur zu denken, und flugs relativierte sich alles Geschehen und Werden." (Zit. ebd., S. 22f.)

[24] Vgl. anon.: Der Hakenkreuzfeldzug gegen Professor Einstein. – In: Die Freiheit 26.8.1920, Nr. 351, S. 2: „Der Auftakt [der Veranstaltung] war eine antisemitische Schimpfkanonade eines Herrn Paul Weyland, deren Dreckspritzereien an der Bedeutung der das Weltbild umwälzenden Forschungen des großen Gelehrten völlig vorbeitrafen." Nüchterner äußerte sich die *Vossische Zeitung*, wo berichtet wurde, daß in Weylands Vortrag „ganz schwach eine antisemitische Note an[klang]" (K.J.: Der Kampf gegen Einstein. Hier zit. n. Weyland: Betrachtungen, S. 7).

[25] Ein Blick auf das Cover der ersten (und übrigens auch letzten) Ausgabe der *Monatshefte* zeigt dies bereits (vgl. Abb. 8). Ebenfalls von antisemitischen Passagen durchtränkt war Weylands Buch *Die Sünde wider den gesunden Menschenverstand* von 1921.

[...] nationale Wüstlinge [...] wollen (wörtlich!) dem pazifistischen „Saujud Einstein an die Gurgel". So sagte es ein studentischer Rowdy in Gegenwart des von diesem „Deutschtum" angeekelten Gelehrten.[26]

Auch das Gedicht „Die Einstein-Hetz", am 27. August im *Vorwärts* der SPD abgedruckt, beruft sich sicherlich auf einen Kern von Wahrheit:

> Die Einstein-Hetz.
> (In der Philharmonie zu singen.)
> Chor der farbentragenden Studenten:
> Hep-hep, tut-tut,
> Der Einstein ist ein Jud'!
> Runter vom Katheder,
> Schachere mit Leder!
> Hep-hep, tut-tut,
> Jud, Jud!
> Erster Hetzprofessor:
> Germanen, uns wagt man zu bieten
> Die Theorien der Semiten.
> Da macht sich so ein Mauschel breit
> Und läßt die Zeit im Raum verschwinden.
> Verleugnung ist's der „großen Zeit".
> Ihm fehlt das Nationalempfinden.
> Chor der farbentragenden Studenten:
> Scharrt mit den Sohlen,
> Wenn er doziert.
> Auf Säbel, Pistolen,
> Ankontrahiert!
> Satisfaktion
> Geb' uns der Cohn![27]
> Zweiter Hetzprofessor:
> Fort mit der Judenrepublik!
> Wir fordern Nationalphysik.
> Auch die Mathematik verlangen
> Wir nach den völkischen Belangen
> Sei's integral, differenzial [sic!],
> In erster Linie national!

---

[26] Anon.: Verblödung. – In: Die Freiheit 31.8.1920, Nr. 359, S. 2.

Chor der farbentragenden Studenten:
Los von der billigen
Studierwut!
Zeitfreiwilligen
Tut Bier gut.
Schießt Proletarier!
Das ziemt sich dem Arier.
Dritter Hetzprofessor:
Ich bin zu widerlegen ihn nicht fähig,
Auch las ich ihn noch nicht, gesteh' ich.
Doch weiß ich, was man solchen Falles macht:
Ich schnüffle aus, wo er verbringt die Nacht.
Und hab ich ihn entlarvt erst sexual,
Dann ist ja seine Lehre ganz egal.
Chor der farbentragenden Studenten:
Spülklosette her,
Stink- und Nachttöpfe!
Muckt noch wer,
Gießt auf die Köpfe!
Hep-hep, wau-wau, tut-tut
Jud, Jud, Jud![28]

Auch wenn der Auftritt der völkischen Studenten weitgehend treffend wiedergegeben sein dürfte – in bezug auf die drei „Hetzprofessoren" vermittelte das Gedicht einen überzogenen Eindruck. Als weiterer Redner hatte Weyland den Berliner Physiker und späteren Direktor der Physikalisch-Technischen Reichsanstalt Ernst Gehrcke[29] gewinnen können,[30] einen namhaften – und vor allem

---

[27] Gemeint ist Emil Cohn, dessen populäre Darstellung der Relativitätstheorie 1920 bereits die vierte Auflage erlebte.

[28] Lindenhecken: Die Einstein-Hetz. – In: Vorwärts 27.8.1920, Nr. 426, S. 4.

[29] Gehrcke, Jahrgang 1878, war seit 1901 für die Physikalisch-Technische Reichsanstalt in Berlin-Charlottenburg tätig. Von 1926 bis 1946 stand er ihr als Direktor vor. Danach wurde er Leiter des Instituts für physiologische Optik der Universität Jena. Zu den zahlreichen wissenschaftlichen Verdiensten Gehrckes zählen die Erfindung des Glimmlichtoszillographen, die Entdeckung der Anodenstrahlung (1919) und mehrere wichtige Entwicklungen auf dem Gebiet der Interferenzspektroskopie (Lummer-Gehrcke-Platte, Multiplex-Interferenzspektroskop).

[30] Daß Gehrcke und Weyland allein die Ablehnung bzw. kritische Haltung gegenüber der Relativitätstheorie gemein war, es darüber hinaus jedoch keine auch nur irgendwie gearteten Gemeinsamkeiten zwischen ihnen gab, deutet bereits Weylands geringschätzige Bemerkung von 1921 an: In seiner Schrift *Die Sünde wider den gesunden Menschenverstand*

seriösen – Wissenschaftler, der sich schon vor dem Krieg wiederholt als Kritiker der Relativitätstheorie Gehör verschafft hatte.[31] Im Unterschied zu seinem wissenschaftlich völlig unbeschlagenen Vorredner war Gehrcke kein Antisemit, wohl aber ein Konservativer. Neben inhaltlichen Bedenken hatte er immer schon als „sein" Hauptargument gegen die Relativitätstheorie vorgebracht, daß diese zunächst einmal nicht viel mehr als ein sozialpsychologisches Phänomen darstelle. Gehrckes Schriften der 10er und 20er Jahre enthalten fast alle den Gedankenanstoß, es müsse doch seltsam anmuten, daß eine in Fachkreisen (noch) nicht als gesichert geltende physikalische Theorie durch einen publizistischen Eifer nie gekannten Ausmaßes den Menschen auf der Straße als „unumstößliche Wahrheit" verkauft würde.[32] Aus heutiger Sicht ist Gehrckes „persönliche" Aversion gegen die Popularisierung und Vulgarisierung der Theorie als ein Glücksfall für die Kulturwissenschaften zu werten, denn zur Untermauerung seiner Vorbehalte hatte der gewissenhafte Naturwissenschaftler frühzeitig begonnen, „Tatsachenmaterial"[33], wie er es nannte, zusammenzutragen: möglichst sämtliche Zeitungsartikel und Zeitschriftenaufsätze, die zur Relativitätstheorie oder zur Person Albert Einsteins gedruckt wurden. Aus allen Teilen der Republik ließ er sie sich von Freunden und Kollegen schicken – und gelangte auf diese Weise bis 1923 in den stolzen Besitz von über 5000 (!) Exponaten, z.T. auch aus dem Ausland.[34] „Hieraus ist ersichtlich", schloß er in der Einleitung seiner Dokumentation *Die Massensuggestion der Relativitätstheorie*,

---

tat er Gehrckes Beiträge zur Entwicklung des Atommodells im selben Atemzug wie die Einsteinsche Relativitätstheorie als „auf denkbar schwächsten Füßen" (S. 16) stehend ab.

[31] Vgl. Gehrcke: Bemerkungen über die Grenzen des Relativitätsprinzips. – In: Verh. d. Dt. Physikal. Ges. 13 (1911), S. 665-669; Nochmals über die Grenzen des Relativitätsprinzips. – Ebd., S. 990-1000; Die gegen die Relativitätstheorie erhobenen Einwände. – In: Naturwissenschaften 1 (1913), S. 62-66; Die erkenntnistheoretischen Grundlagen der verschiedenen physikalischen Relativitätstheorien. – In: Kant-Studien 19 (1914), S. 482-487.

[32] „Die Auffassung, daß die Relativitätstheorie eine psychologisch interessante Seite besitzt und zu einer Massensuggestion geworden ist, habe ich mir schon im Jahre 1912 zu eigen gemacht und auch gelegentlich in Veröffentlichungen zum Ausdruck gebracht", heißt es im Vorwort (S. V) von Gehrckes Schrift *Die Massensuggestion der Relativitätstheorie* (1924).

[33] Ebd., S. 1.

[34] Diese Zahl basiert auf Gehrckes eigenen Angaben, an deren Richtigkeit jedoch kein Zweifel besteht: Nahezu alle der von Gehrcke in *Die Massensuggestion der Relativitätstheorie* anzitierten Beiträge konnten tatsächlich identifiziert werden – wo nicht, lag dies ausschließlich daran, daß bestimmte Zeitungsjahrgänge oder Einzelausgaben partout nicht mehr zu beschaffen waren.

wie die Relativitätstheorie trotz ihrer wissenschaftlichen Bedenklichkeit mit allen modernen Propagandamitteln in Wort, Schrift und Film der Öffentlichkeit eingehämmert wurde, wie aus der Begeisterung einer kleinen Gruppe eine große Massenbewegung entstand, welche die gesamte Öffentlichkeit erfaßte [...].[35]

Auch in seinem Philharmonievortrag, zu dem er sich von Weyland hatte überreden lassen, brachte Gehrcke seine generellen Bedenken vor:

Was ist eigentlich die Einsteinsche Relativitätstheorie? Diese Frage wird heute nicht nur in gelehrten Kreisen erörtert, sondern sie beschäftigt sehr viele, denen akademische und gelehrte Dinge sonst fern liegen. Das Thema der Relativitätstheorie, der Streit über ihre Bedeutung und Richtigkeit ist heute bis in die Tagespresse aller möglichen Richtungen gedrungen. [...]
Daß die Relativitätstheorie eine geistige Strömung darstellt, kann niemand bezweifeln, nur darüber wird man verschiedener Meinung sein können, [...] ob sie [...] einen *Fortschritt* darstellt, oder ob das Gegenteil der Fall ist, ob sie ungesund, unfruchtbar und falsch, also kurz gesagt ein Irrlicht der geistigen Entwicklung war. Die Meinungen hierüber sind sehr geteilt.[36]

Den wohl unvoreingenommensten Bericht über die Veranstaltung brachte am Folgetag das *Berliner Tageblatt*. Der Umgangston der Redner sei noch verhältnismäßig nüchtern gewesen, war darin zu lesen. „Obwohl Professor Einstein, in einer Loge sitzend, eine bequeme Zielscheibe bot, wurde er doch nur mit solchen kleinen Invektiven wie ,Reklamesucht', ,wissenschaftlicher Dadaismus', ,Plagiat' usw. bombardiert."[37] Weyland habe zwar ausschließlich – und dies in phasenweise peinlichem Ton – Einsteins Person und nicht seine Theorie angegriffen, aber Gehrcke, der fachlich ohnehin einzig kompetente Redner, wäre danach auch auf physikalische Einzelheiten eingegangen und habe sachdienliche Fragen aufgeworfen; seine Ausführungen seien weitaus „vornehmer" und „wissenschaftlicher" gewesen als die von Weyland. Diese Aussage deckt sich mit dem entsprechenden Bericht des *Vorwärts*, der Weylands Vortrag zwar als „Schmutz" beschimpfte, der „in persönlichen Angriffen das höchste leistete"[38], zum zweiten Vortrag aber bemerkte:

---

[35] S. 1f.
[36] Die Relativitätstheorie eine wissenschaftliche Massensuggestion, S. 3.
[37] Dieses und die folgenden Zitate: E.V.: Die Offensive gegen Einstein. – In: Berliner Tageblatt 25.8.1920, Nr. 399, S. 5.
[38] Dieses und das folgende Zitat: Anon.: Der Kampf um Einstein. – In: Vorwärts 25.8.1920, Nr. 423, S. 2.

Der nachfolgende Redner, Prof. Gehrcke, ein in der physikalischen Welt an-
erkannter Forscher, hatte nach dieser ihm scheinbar unerwarteten Einleitung
sichtlich mit Befangenheit zu kämpfen. Bald aber festigte sich seine Stime [sic!]
und er brachte in wohltuend ruhiger Weise seine Bedenken gegen die
Relativitätstheorie vor.

Auch der Kommentar des *Tageblatts* schloß mit dem Hinweis auf Gehrckes
sachdienliche Argumente: „Was er über die Beweise der Rotverschiebung der
Spektrallinien und über die Perihelverschiebung des Merkur vorbrachte, wird
hoffentlich Professor Einstein zu wissenschaftlichen Entgegnungen reizen."[39]

Diese Hoffnung zerstörte Einstein jedoch zwei Tage später, und dies in
grob fahrlässiger Weise. Im *Berliner Tageblatt* erschien sein offener Brief an
die „antirelativitätstheoretische G.m.b.H.", wie er die von Weyland gegründete
„Arbeitsgemeinschaft deutscher Naturforscher zur Erhaltung reiner Wissenschaft" ironisch betitelte[40] und zu der er neben Weyland nicht nur Gehrcke
rechnete, sondern auch Philipp Lenard, einen angesehenen, wenn auch der aktuellen Entwicklung nicht mehr zu folgen fähigen Experimentalphysiker der
alten Garde. Lenard, Jahrgang 1862, hatte 1905 den Nobelpreis für die Entdeckung der Kathodenstrahlen erhalten und sich in den darauffolgenden Jahren
wiederholt mit Lichtäther-Physik beschäftigt – was ihn zwangsläufig in fachli-
che Opposition zu Einstein brachte, dessen Relativitätstheorie den von
Descartes, Huygens und dem späten Newton in die Physik eingeführten Äther-
begriff bekanntlich als überflüssiges Anschauungsmodell für überholt erklärt
hatte. Auf der Titelseite des *Berliner Tageblatts* hielt Einstein Lenard nun in
aller Öffentlichkeit vor, er habe in theoretischer Physik „noch nichts geleistet,
und seine Einwände gegen die allgemeine Relativitätstheorie" seien „von solcher Oberflächlichkeit, daß ich es bis jetzt nicht für nötig erachtet habe, ausführlich auf dieselben zu antworten."[41] Wenige Zeilen zuvor hatte Einstein
bereits herablassend bemerkt, er sei sich „des Umstandes bewußt", daß seine
Gegner einer Antwort aus seiner Feder „unwürdig" seien – was auf den leidi-

---

[39] E.V.: Die Offensive gegen Einstein. – In: Berliner Tageblatt 25.8.1920, Nr. 399, S. 5.

[40] Andreas Kleinert nennt Weylands „Arbeitsgemeinschaft" zurecht einen „Phantomverein",
der in Wirklichkeit „nie existiert" habe: „Außer Weyland ist nie ein weiteres Mitglied [...]
in Erscheinung getreten. Die auf Briefbögen angegebene Anschrift [...] war seine Privat-
adresse, und im Berliner Vereinsregister kommt ein ‚eingetragener Verein' dieses Namens
nicht vor." (Kleinert: Weyland, S. 204.)

[41] Dieses und die folgenden Zitate: Einstein: Meine Antwort. Ueber die antirelativitätstheoretische G.m.b.H. – In: Berliner Tageblatt 27.8.1920, Nr. 402, S. 1-2, hier: S. 1.

gen Opportunisten Weyland ohne Zweifel zutraf, auf Gehrcke und Lenard jedoch nicht. Einsteins „Antwort", darin ist Klaus Hentschel zuzustimmen, war
ein schwerwiegender „taktischer Fehler"[42], denn wie Weyland bewegte auch er
sich darin fast ausschließlich unterhalb der Ebene wissenschaftlicher Argumentation. Speziell übertrug er den peinlichen Auftritt der völkischen Studenten
auf beide offiziellen Redner.[43] Das Verfahren gipfelte in der lapidaren Bemerkung, er habe „guten Grund zu glauben, daß andere Motive als das Streben
nach Wahrheit" der gemeinschaftlichen Attacke gegen ihn zugrunde lägen.
„Wäre ich Deutschnationaler mit oder ohne Hakenkreuz statt Jude von freiheit-
licher, internationaler Gesinnung, so ..."

Welche Wirkung diese unüberlegte Anspielung hatte, ist Gehrckes an das
Berliner Tageblatt gesandten Replik entnehmbar: Es dürfe Einstein schwer
fallen, so der desavouierte Fachkollege, „den Beweis dafür anzutreten, daß ein
Zusammenhang zwischen meinen jahrelangen, sachlichen Widersprüchen gegen die Relativitätstheorie mit *politischen und persönlichen* Beweggründen
besteht."[44] Ganz offensichtlich saß der von Einstein abgeschossene Pfeil sehr
tief. In der Rückschau schrieb Gehrcke:

> Dieses, in vielsagenden Punkten ... endigende Bekenntnis Einsteins alarmierte
> die politischen und Rassenleidenschaften und lenkte die Aufmerksamkeit der
> Oeffentlichkeit von dem sachlichen Inhalt der Relativitätstheorie ab. Die Folge
> war eine Flut von Aufsätzen gleicher Tonart in den verschiedensten Blättern.[45]

Einstein kam also eine gewisse Mitschuld daran zu, daß sich die Kontroverse
um die Relativitätstheorie im Sommer 1920 über alle sonstigen Positionen
hinweg auch unumkehrbar auf den politischen Diskurs ausdehnte. Wie Hentschel richtig feststellt, enthielten die „gegen Einstein verfaßten Arbeiten der

---

[42] Hentschel: Interpretationen und Fehlinterpretationen der speziellen und der allgemeinen
      Relativitätstheorie durch Zeitgenossen Albert Einsteins, S. 135.
[43] Vgl. ebd., S. 134f.: „Gewiß reagierte Einstein [...] auf latent bereits vorhandenen Antisemi-
      tismus im Umkreis der Arbeitsgemeinschaft deutscher Naturforscher zur Erhaltung reiner
      Wissenschaft; dennoch war diese Unterstellung vermuteter Hintergründe zu den vorge-
      brachten Argumenten (etwa von Lenard) ein taktischer Fehler." Zur Stützung seiner Aussa-
      ge führt Hentschel einen Auszug aus Einsteins Brief vom 9. September 1920 an, in dem
      dieser gegenüber Max Born reumütig eingestand, jeder Mensch müsse wohl „am Altar der
      Dummheit von Zeit zu Zeit Opfer darbringen [...]. Und ich that es gründlich mit mei-
      nem Artikel." (Zit. ebd., S. 135.)
[44] Wiedergegeben in: Anon.: An Einstein. – In: Berliner Tageblatt 31.8.1920, Nr. 409, S. 5.
[45] Gehrcke: Die Massensuggestion der Relativitätstheorie, S. 12.

bekanntesten physikalisch vorgebildeten Gegner [...] (wie Philipp Lenard, Ludwig Glaser und Ernst Gehrcke) [...] bis 1920 [...] *keine* persönlichen Angriffe und *keine* politischen oder gar antisemitischen Untertöne."[46] Daß sich dies in der Folgezeit speziell bei Lenard – nicht allerdings bei Gehrcke – ganz erheblich ändern sollte, ist z.b. dem berüchtigten Vorwort seines mehrbändigen Lehrbuchs *Deutsche Physik* zu entnehmen, abgefaßt 1935:

„Deutsche Physik?" wird man fragen. – Ich hätte auch arische Physik oder Physik der nordisch gearteten Menschen sagen können, Physik der Wirklichkeits-Ergründer, der Wahrheit-Suchenden, Physik derjenigen, die Naturforschung begründet haben. [...]
Von einer Physik der Neger ist noch nichts bekannt; dagegen hat sich sehr breit eine eigentümliche Physik der Juden entwickelt, die nur bisher wenig erkannt ist, weil man Literatur meist nach der Sprache einteilt, in der sie geschrieben ist. [...] Sie hatte sich lange versteckt und zögernd entwickelt. Mit Kriegsende, als die Juden in Deutschland herrschend und tonangebend wurden, ist sie in ihrer ganzen Eigenart plötzlich überschwemmungsartig hervorgetreten. Sie hat dann alsbald auch unter vielen Autoren nichtjüdischen oder doch nicht rein jüdischen Blutes eifrige Vertreter gefunden. Um sie kurz zu charakterisieren, kann am gerechtesten und besten an die Tätigkeit ihres wohl hervorragendsten Vertreters, des wohl reinblütigen Juden A. Einstein, erinnert werden. Seine „Relativitäts-Theorien" wollten die ganze Physik umgestalten und beherrschen. [...]
Der unverbildete deutsche Volksgeist sucht nach Tiefe, nach *widerspruchsfreien Grundlagen des Denkens mit der Natur*, nach einwandfreier Kenntnis vom Weltganzen. [...]
Naturerkenntnis ist ausnahmslos auf dem langsamen Wege stufenweiser Vervollkommnung mit allmählich steigender Sicherheit gewonnen. Nur was alt und daher genügend erprobt ist, verdient somit überhaupt Kenntnisnahme in weite-

---

46 Hentschel: Interpretationen, S. 134. Vgl. auch Albrecht Fölsings Ausführungen zu Lenards Reaktion. Einstein „hatte auch Philipp Lenard angerempelt [...], dessen Experimente zum photoelektrischen Effekt einst den jungen Einstein auf den Weg zur Lichtquantenhypothese gebracht hatten. Beide hatten sich einmal in Briefen ihrer Hochachtung, ja Bewunderung versichert, und das waren nicht nur Höflichkeitsfloskeln. [...] Im ‚Berliner Tageblatt' wurde Einstein jedoch ausgesprochen aggressiv. [...] Lenard, der bei entschiedener, wenn auch nicht immer informierter Opposition gegenüber der Allgemeinen Relativitätstheorie stets den akademischen Ton gewahrt und sich [...] nach Sommerfelds Eindruck sogar ‚sehr anständig' über Einstein geäußert hatte, war über den Artikel im ‚Berliner Tageblatt' empört, und dies zu Recht." (Fölsing: Albert Einstein, S. 524f.) In bezug auf Lenard s. auch Elton: Einstein, General Relativity, and the German Press, 1919-1920. – In: ISIS 77 (1986), S. 95-103, speziell: S. 100.

ren Kreisen. Man hat dies neuerdings gänzlich übersehen [...], ja sogar ins Gegenteil verkehrt. Solchem verschrobenen Bedürfnis nach neuesten Unsicherheiten – von denen alle Zeitungen erfüllt sind – kommt die „Deutsche Physik" nicht entgegen; dieses Bedürfnis ist auch gar nicht deutsch.[47]

Daß aus einer solchen Anhäufung haarsträubender Insultationen jedoch längst nicht nur die persönliche Ehrverletzung eines altgedienten konservativen Physikers durch einen –jüdischen – Kontrahenten spricht, werden die folgenden Kapitel zeigen.

Als Folge der Augustereignisse war unwiderruflich der „Kampf um Einstein"[48] entbrannt. Vor dem Hintergrund des Streits um seine Person trug sich der im Rampenlicht nun auch der politischen Kontroverse stehende Physiker spontan mit dem Gedanken, seine Berliner Ämter niederzulegen und einem Ruf ins Ausland zu folgen;[49] öffentliche Solidaritätsbekundungen[50] und die persönliche Intervention des preußischen Ministers für Wissenschaft, Kunst und Volksbildung Konrad Hänisch (SPD) brachten ihn davon jedoch wieder ab.[51] Ganze Verlagshäuser ließen nun gegen die Relativitätstheorie anschreiben, während sich andere nach wie vor ihrer massiven Unterstützung verschrieben hatten.[52] Immer eindeutiger fiel auch das Urteil der Tagespresse nur noch gemäß der jeweiligen politischen Ausrichtung aus,[53] wobei sich der Ton

---

[47] Lenard: Deutsche Physik, I, S. IX-XII.

[48] Vgl. Dr. B.: Der Kampf um Einstein. – In: Vossische Zeitung 24.9.1920, Nr. 472, S. 1-2; anon.: Der Kampf um Einstein. – In: Vorwärts 25.8.1920, Nr. 423, S. 2.

[49] Auch darüber berichteten die Zeitungen. (Vgl. anon.: Albert Einstein will Berlin verlassen! – In: Berliner Tageblatt 27.8.1920, Nr. 402, S. 3: „Albert Einstein, angewidert von den alldeutschen Anrempelungen und den pseudowissenschaftlichen Methoden seiner Gegner[,] will der Reichshauptstadt den Rücken kehren.")

[50] Vgl. etwa die u.a. von Max Reinhardt und Stefan Zweig unterzeichnete Sympathiebekundung im *Berliner Tageblatt*, wo Einstein gegen die „alldeutsche Hetze" in Schutz genommen und „in wahrhaft internationaler Gesinnung der Sympathie aller freien Menschen" versichert wurde. (Vgl. anon.: An Einstein. – In: Berliner Tageblatt 31.8.1920, Nr. 409, S. 5.)

[51] Das entsprechende Gesuch wurde im *Hamburger Fremdenblatt* abgedruckt (vgl. anon.: Hänisch an Einstein. – In: Hamburger Fremdenblatt 7.9.1920, Nr. 433, S. 2).

[52] Zu den positiv eingestellten Verlagen gehörten in jedem Fall Friedrich Vieweg & Sohn [Braunschweig] und Julius Springer [Berlin], zu den Gegnern Ernst Reinhardt [München], z.T. S. Hirzel [Leipzig], vor allem aber Otto Hillmann [Leipzig], wo die meisten der besonders heftigen Anti-Einstein-Tiraden erschienen.

[53] Vgl. dazu auch Einsteins Bemerkung in einem Brief an Marcel Grossmann vom 12. September 1920: „Gegenwärtig debattiert jeder Kutscher und jeder Kellner, ob die Relativitätstheorie richtig sei. Die Überzeugung wird hierbei bestimmt durch die Zugehörigkeit zu einer politischen Partei." (Zit. n. Fölsing: Albert Einstein, S. 513.)

immer weiter verschärfte.[54] Harmlos noch erscheint der Artikel „Tödliche Reklame" in der *Deutschen Tageszeitung*:

> Professor Einstein, dessen Berühmtheit eine der merkwürdigsten Erscheinungen auf dem Gebiet der Massenpsychose ist, wird von Berichterstattern umschwärmt. Man kann von diesen Herren nicht verlangen, daß sie die Relativitätstheorie begreifen (denn erprobte Männer der Wissenschaft begreifen sie auch nicht), aber bei unsern Ueber-Intellektuellen ist das Bekenntnis zur Einsteinlehre für jeden erforderlich, der als aufgeklärter, fortgeschrittener Geist gelten will. In dieser Beziehung herrscht sozusagen Impfzwang.[55]

Anderenorts warf man Einstein vor, er glaube offenbar, durch willkürliche „Definitionen und kühne Phantasien aus den Tatsachen des Geistes und der Anschauung herausgehen zu können."[56] Ein „Heer von Ungereimtheiten und Abstrusitäten"[57] durchziehe seine Theorie; Anschauung und Logik würden „instinktiv-intuitiv rebellieren"[58] angesichts der Vielzahl von „Ungeheuerlichkeiten und Ungereimtheiten"[59]. Was Einstein betreibe, sei „vergewaltigte Logik"[60]. Immer häufiger wurde auch gegen eine angeblich von der Relativitätstheorie bewirkte Zersetzung des Weltbildes angeschrieben:

> Wenn Einstein [...] bewegte Stäbe sich nach Maßgabe der Schnelligkeit verkürzen und in analoger Weise bewegte Uhren langsamer gehen läßt und damit zugleich die aller Erfahrung zu Grunde liegenden Anschauungsformen Raum und Zeit von einem empirischen Zustand der Materie abhängig macht, so nimmt es kein Wunder, wenn sich das Weltbild in lauter einzelne Standpunktsbilder auflöst.[61]

Während die nationale Presse wütend gegen Einstein und die Relativitätstheorie anschrieb, versuchten umgekehrt die Linken, den berühmten Physiker als

---

[54] Vgl. dazu auch den Bildbericht zu Einsteins zweiter Amerikareise im *Illustrirten Beobachter* (Abb. 14), in dem der Einstein scharf als „Relativitätsjude" attackiert wurde.

[55] Anon.: Tödliche Reklame. – In: Deutsche Tageszeitung 16.6.1921, Nr. 276, 1. Beiblatt.

[56] Geissler: Gemeinverständliche Widerlegung des formalen Relativismus, S. 36.

[57] Weinmann: Der Widersinn und die Überflüssigkeit der speziellen Relativitätstheorie. – In: Ann. d. Philos. u. philos. Krit. 8 (1929), S. 46-57, hier: S. 53.

[58] Ebd., S. 47.

[59] Ebd., S. 46.

[60] Ebd., S. 47.

[61] Krannbals: Die Relativitätstheorie als Abenteuerroman. – In: Rheinisch-Westfälische Zeitung 15.7.1922, Nr. 580, S. 1.

einen Vorkämpfer für die eigene Sache auszugeben.[62] So war anläßlich Einsteins 50. Geburtstags 1929 in der *Arbeiterstimme* der KPD zu lesen, die Arbeiter wüßten, „daß immer, wenn es galt, gegen den weißen Terror, gegen die imperialistische Unterdrückung, gegen die kulturelle Reaktion Front zu machen, Einstein zu jenen wenigen Intellektuellen gehörte, die ihren Namen für die Sache der Unterdrückten einsetzten."[63] Weiter ließ man über den prominenten Wissenschaftler verlautbaren, er verfolge „mit großer Teilnahme das Werk des sozialistischen Aufbaues in der Sowjetunion" und trete „in den Reihen der antiimperialistischen Liga an der Seite der Vertreter des revolutionären Proletariats für die Befreiung der Kolonialvölker ein." Zur Relativitätstheorie hieß es, sie markiere „einen *gewaltigen Fortschritt* in der Richtung zu einer *einheitlichen materialistischen* Auffassung der Natur" – was ganz offensichtlich unrichtig war, hatte Einstein den herkömmlichen „Materie"-Begriff doch gerade in „Energie" aufgelöst. Vollends verließ der Artikel den schmalen Grat zwischen Berichterstattung und Propaganda, als vorgegeben wurde, Einstein habe sich bei der Entwicklung der Relativitätstheorie auf Vorarbeiten von Friedrich Engels (!) gestützt:

> In den nachgelassenen Aufzeichnungen von Engels über „Dialektik und Naturwissenschaft" heißt es:
> *„Bewegung eines einzelnen Körpers existiert nicht, nur relativ."* [...]
> Einsteins Verdienst ist es, diesen Gedanken konsequent durchgeführt, auf seiner Grundlage ein System von Naturgesetzen aufgebaut zu haben, das alle genannten Erscheinungen erklärt und zudem noch solche Erscheinungen, die die Newtonsche Theorie nicht zu erklären vermochte.

Was hier teils erdichtet, teils tendenziös ausgelegt wurde, basierte in einer Hinsicht jedoch auf Wahrheit. Seit man ihn nach Berlin geholt hatte, war Einstein mit wachsender Entschiedenheit und Frequenz als Vertreter pazifistischer, internationalistischer und jüdischer Interessen in Erscheinung getreten.[64] Dies

---

[62] Grundmann (Einsteins Akte, S. 143) urteilt, die Linken seien sehr schnell – und nicht zu Unrecht – der Auffassung gewesen, Einstein „wäre voll auf ihrer Seite. Da war kein Unterschied mehr zwischen Einstein und Liebknecht, zwischen Einstein und den Bolschewiken."

[63] Dieses und die folgenden Zitate: Lenz: Die Relativitätstheorie und der dialektische Materialismus. Zu Albert Einsteins 50. Geburtstag am 14. März 1929. – In: Arbeiterstimme 14.3.1929, Nr. 62, Beilage.

[64] Vgl. Grundmann: Einsteins Akte, S. 142: „Er war nicht nur ein Objekt, sondern bald auch ein Subjekt der großen Politik." Zu Einsteins frühem Engagement für die Ostjuden vgl. seinen Beitrag im *Berliner Tageblatt* vom 30. Dezember 1919 (Einstein: Die Zuwanderung

zeigt bereits ein kurzer Blick auf die Liste der offiziellen Ämter und Mitgliedschaften, die er im Lauf der Jahre angenommen hatte.[65] So gehörte er dem Zentralkomitee der *Gesellschaft der Freunde des Neuen Rußland* an sowie der *Liga für Menschenrechte*, die aus dem bereits erwähnten *Bund Neues Vaterland* hervorgegangen war. Er war Mitglied im Kuratorium der *Walter-Rathenau-Stiftung* (seit 1924) und unterstützte die *Rote Hungerhilfe*. Daneben war er seit 1923 Ehrenvorsitzender der sowjetisch-deutschen Gesellschaft *Kultur und Technik* und später, ab 1929, im Vorstand der *Jüdischen Friedensliga*. Dem Ehrenkomitee der *Internationalen Konferenz der Internationalen Frauenliga für Frieden und Freiheit* trat er 1929 bei und 1932 dem *Deutschen Kampfkomitee gegen den imperialistischen Krieg*. Ein Jahr zuvor war er von der Presse darüber hinaus als Vizepräsident der *Bewegung für den Frieden durch Religion* gehandelt worden.[66]

---

aus dem Osten. – In: Berliner Tageblatt 30.12.1919, Nr. 623, S. 2) sowie dessen mehr als positive Aufnahme in den *Mitteilungen an den Verein zur Abwehr des Antisemitismus* vom 10. Januar 1920 (vgl. anon.: Die Hetze gegen die Ostjuden. – In: Mitteilungen an den Verein zur Abwehr des Antisemitismus 10.1.1920, S. 2-4). Zur Charakterisierung von Einsteins politischem Standpunkt führt Grundmann (Einsteins Akte, S. 331) ein Zitat an, in dem sich der Physiker offen mit Lenin solidarisch zeigte: „Ich verehre in Lenin einen Mann, der seine ganze Kraft unter völliger Aufopferung seiner Person für die Realisierung sozialer Gerechtigkeit eingesetzt hat. [...] Männer wie er sind die Hüter und Erneuerer des Gewissens der Menschheit." Natürlich wurde Einsteins politisches Engagement zunehmend Beachtung geschenkt. Gehrcke urteilte 1924, daß das Interesse an der Relativitätstheorie nachgelassen hätte, während Einsteins sonstige Aktivitäten nach wie vor Beachtung fänden: „Die *Person* Einsteins spielte weiter eine große Rolle, sei es, daß irgendeine neue [...] Auslandsreise, eine Kundgebung, z.B. politischer Art, von Einstein gemeldet wurde, oder sein Eintritt in eine gelehrte Körperschaft oder in den Völkerbund, oder die Verleihung einer Auszeichnung, oder auch die Veröffentlichung einer bildlichen Darstellung von ihm" (Die Massensuggestion der Relativitätstheorie, S. 87).
Darauf, daß längst nicht nur Einstein, sondern sogar eine Vielzahl von Juden mit der radikalen Linken sympathisierte, hat u.a. Saul Friedländer aufmerksam gemacht (Das Dritte Reich und die Juden, I, S. 108; vgl. auch Grundmann: Einsteins Akte, S. 144). Friedländer erklärt diese allgemeine politische Affinität der deutschen Juden mit der Sehnsucht nach Assimilation.

[65] Vgl. Grundmann: Einsteins Akte, S. 338. Vgl. auch die lakonische Aufzählung Einsteins politischer Aktivitäten bei Klaus Bärwinkel: Die Austreibung von Physikern unter der deutschen Regierung vor dem Zweiten Weltkrieg. Ausmaß und Auswirkung. – In: Die Künste und die Wissenschaften im Exil 1933-1945. Hrsg. v. Edith Böhne u. Wolfgang Motzkau-Valeton, S. 569-599, hier: S. 572f.

[66] Vgl. anon.: Prof. Einstein Vizepräsident der „Bewegung für den Frieden durch die Religion". – In: Allgemeines Jüdisches Familienblatt 21.8.1931.

1932 wurde von der *Deutschen Liga für Menschenrechte* eine Schallplatte herausgegeben, auf der Einstein ein persönliches „Bekenntnis" artikulierte. Er sprach von seiner „Leidenschaft für die soziale Gerechtigkeit"[67] und davon, daß er eine „unüberwindliche Abneigung gegen Gewalt und Vereinsmeierei" hege. Als „leidenschaftlicher Pazifist und Anti-Militarist" lehne er insbesondere „jeden Nationalsozialismus ab". Ob sich seine anschließende Bemerkung, „übertriebener Personenkultus" sei ihm zutiefst zuwider, noch auf das große und – auch aus seiner Sicht – weit überzogene Interesse an der eigenen Person bezog oder aber bereits auf Adolf Hitler, der ihn in dieser Hinsicht – auf der entgegengesetzten Seite des politischen Spektrums – längst zu beerben begonnen hatte, geht aus dem Bezug nicht eindeutig hervor.

---

[67] Dieses und die folgenden Zitate: Anon.: Albert Einsteins Lebens-Bekenntnis. – In: Tempo 24.1.1933, S. 3.

2.1.3 Der Aufstieg der Physik als *Untergang des Abendlandes*

> Da wir die Erfahrungstatsachen der modernen
> Physik als richtig anerkennen müssen, bleibt
> uns nichts übrig, als das naturwissenschaftliche
> Weltbild des 19. Jahrhunderts in seinen Grund-
> lagen zu verlassen. Aber was tritt an die Stelle
> dieses Weltbildes?[1]
>
> (Werner Heisenberg)

Einer der frühen Artikel zur Relativitätstheorie, Jahre bevor diese in den
Einflußbereich der politischen Tageskämpfe der Weimarer Republik geraten
konnte, war 1916 unter dem Titel „Die neue Relativitätslehre oder der Untergang des Absoluten" im *Prometheus* erschienen. Darin wurde prophezeit, die
Relativitätstheorie werde

> eine Revolution, eine totale Umwälzung all der Anschauungen und Begriffe
> hervorrufen [...], die man bis jetzt für die unerschütterliche Grundlage mensch-
> lichen Denkens und Vorstellens gehalten hat. [...] Die ganze Welt wird ins
> Wanken geraten [...]. Es wird nichts Sicheres, nichts Festes mehr geben, woran
> man sich halten könnte, sondern nur noch ungeheures, auf- und abwogendes
> Meer des Unbestimmten und Beliebens, auf dem man ohne Steuer und Richt-
> punkt verloren umhertreibt. Das ganze Weltall ist Bewegung; nirgends gibt es
> einen festen Punkt mehr. Wie ein windverwehtes Blatt, ohne zu wissen woher
> und wohin, ohne Port, ohne Ziel, flattert der Mensch in der Welt der Erschei-
> nung dahin.[2]

Auflösung, Zersetzung und – zuletzt eben – „Untergang" sollten dieser frühen
Einschätzung zufolge die Auswirkungen sein, die ein Eindringen der Relativitätstheorie in das Bewußtsein der Allgemeinheit mit sich bringen würde:

> Vergeblich späht der Mensch nach einer Stütze, vergeblich ruft er mit Archime-
> des nach einem Standpunkt, um die Welt in die Angeln zu heben: er verliert

---

[1]   Heisenberg: Über das Weltbild der Naturwissenschaft. – In: Ders.: Deutsche und jüdische
      Physik, S. 107-121, hier: S. 113.
[2]   Stettbacher: Die neue Relativitätslehre oder der Untergang alles Absoluten. – In: Prome-
      theus 28 (1916), S. 1-4; S. 17-20, hier: S. 1.

sich im Unbestimmten und schwebt wie der Erdball im Abgründlichen und Bodenlosen.[3]

Etwa zu dieser Zeit begann Oswald Spengler mit der Arbeit an seinem *Untergang des Abendlandes* (der erste Band erschien 1918), dessen Vorhaben ebenfalls lautete, „Geschichte vorauszubestimmen"[4]. Vorausgesetzt wurde dabei, daß menschliche Kulturen Organismen gleich stets dieselben Entwicklungsphasen von ihrer Entstehung bis zu ihrem Zerfall durchlaufen.[5] Kenne man diese „sozusagen metaphysische Struktur der historischen Menschheit" (S. 3), dann sei durch sorgfältige Analyse der aktuellen Entwicklungsstufe eine Prognose des zukünftigen Verlaufs möglich. Er „hoffe zu beweisen", so Spengler, „daß ohne Ausnahme alle großen Schöpfungen und Formen der Religion, Kunst, Politik, Gesellschaft, Wirtschaft, Wissenschaft in sämtlichen Kulturen gleichzeitig entstehen, sich vollenden, erlöschen." Auch die abendländische Kultur befinde sich in diesem Sinne nur in einem „Durchgangsstadium" (S. 51) innerhalb einer übergeordneten Gesamtentwicklung.

Bekanntermaßen versuchte der *Untergang des Abendlandes*, von diesen Voraussetzungen ausgehend, den Nachweis zu führen, daß sich die neuzeitliche westeuropäische Kultur zu Beginn des 20. Jahrhunderts bereits in ihrem letzten Entwicklungsstadium, der sog. *Zivilisationsphase*, befände. Das Ende des kulturellen Großzyklus zeichne sich bereits deutlich ab. Massive Zerfallssymptome machte Spengler dabei vor allem in den Wissenschaften aus, speziell in der zeitgenössischen Physik.[6]

Schon in Spenglers methodischem Ansatz mag man eine gewisse Inspiration durch die Relativitätstheorie erkennen. Die Zusammenführung von Raum und Zeit zur vierdimensionalen Raum-Zeit bildet im *Untergang des Abendlandes* die Folie für eine auf den Begriffen „Logik des Raumes" und „Logik der Zeit" aufbauenden Rechtfertigung der Vorgehensweise:

> Daß außer der Notwendigkeit von Ursache und Wirkung – ich möchte sie die *Logik des Raumes* nennen – im Leben auch noch die organische Notwendigkeit

---

[3] Ebd., S. 4.

[4] Spengler: Der Untergang des Abendlandes, I, S. 3. Die in Klammern angegebenen Seitenzahlangaben dieses Kapitels beziehen sich ebenfalls auf den ersten Band.

[5] „Kulturen sind Organismen. Weltgeschichte ist ihre Gesamtbiographie" (S. 139).

[6] Spengler hatte selbst Naturwissenschaften und Mathematik studiert und fühlte sich auf diesem Gebiet entsprechend kompetent. Zu Spenglers Auseinandersetzung mit der modernen *Technik* vgl. Rohkrämer: Eine andere Moderne?, S. 285-293.

des *Schicksals* – *die Logik der Zeit* – eine Tatsache von tiefster Gewißheit ist, eine Tatsache, welche das gesamte mythologische, religiöse und künstlerische Denken ausfüllt, die das Wesen und den Kern aller Geschichte im Gegensatz zur Natur ausmacht, die aber den Erkenntnisformen, welche die „Kritik der reinen Vernunft" untersucht, unzugänglich ist, das ist noch nicht in den Bereich theoretischer Formulierung gedrungen. [...] Die Mathematik und das Kausalitätsprinzip führen zu einer naturhaften, die Chronologie und die Schicksalsidee zu einer historischen Ordnung der Erscheinung. Beide Ordnungen umfassen, jede für sich, die *ganze* Welt. (S. 9)

Spenglers Rechtfertigung seines auf einem eigenwilligen Schicksalsbegriff beruhenden geschichtsphilosophischen Weltentwurfs basiert auf der These, daß die herkömmliche Erfassung von Wirklichkeit, wie sie sich vor allem im kantischen System manifestierte, tatsächlich nur Teilaspekte vermitteln könne. Sie sei *raumhaft* und unterliege dem Dogma des Kausalgesetzes. Komplettiert werden müsse sie durch eine *zeithafte* Auseinandersetzung mit der Wirklichkeit – denn der Mensch sei „als Element und Träger der Welt nicht nur Glied der Natur, sondern auch Glied der Geschichte, eines *zweiten* Kosmos von andrer Ordnung und andrem Gehalte" (S. 65). Während die „Raumwelt" eigentlicher Forschungsgegenstand der Physik sei, obliege die Erfassung des „Schicksals" der Geschichtsphilosophie. Hatte die Relativitätstheorie *physikalischen* Raum und *physikalische* Zeit zu einem vierdimensionalen Gesamtsystem zusammengeführt, plädierte Spengler also gewissermaßen für eine kombinierende Betrachtung von räumlicher und zeitlicher Logik, zwei „Arten der Weltauffassung", zwischen denen man „keine genaue Grenze" (S. 129) ziehen könne.

Weitaus deutlicher fiel jedoch Spenglers *inhaltliche* Bezugnahme auf die Relativitätstheorie aus. Die westeuropäische Physik sei mit Einstein „nahe an die Grenzen ihrer inneren Möglichkeit gelangt" (S. 535), heißt es. Explizit sprach Spengler von der „raschen Zerstörung ihres Wesenskerns":

Bis zum Ausgang des 19. Jahrhunderts erfolgten alle Schritte in der Richtung einer inneren Vollendung, einer wachsenden Reinheit, Schärfe und Fülle des dynamischen Naturbildes; von da an, wo ein Optimum von Deutlichkeit im Theoretischen erreicht ist, beginnen sie plötzlich auflösend zu wirken. Das geschieht nicht absichtlich; das kommt den hohen Intelligenzen der modernen Physik nicht einmal zum Bewußtsein. Darin liegt eine unabwendbare historische Notwendigkeit. (Ebd.)

Anschließend malte Spengler die Zerfallserscheinungen der modernen Physik in allen Farben aus. So erfuhren seine Leser, daß

> sich plötzlich Zweifel an Dingen [erheben], die noch gestern das unbestrittene Fundament der physikalischen Theorie bildeten, am Sinne des Energieprinzips, am Begriff der Masse, des Raumes, der absoluten Zeit, des kausalen Naturgesetzes überhaupt. Das sind nicht mehr jene schöpferischen Zweifel des frühen Barock, die einem Erkenntnisziel entgegenführen; diese Zweifel gelten der Möglichkeit einer Naturwissenschaft überhaupt. Welche tiefe und von ihren Urhebern offenbar gar nicht gewürdigte Skepsis liegt allein in der rasch zunehmenden Benützung abzählender, statistischer Methoden, die nur eine Wahrscheinlichkeit der Ergebnisse erstreben und die absolute Exaktheit der Naturgesetze, wie man sie früher hoffnungsvoll verstand, ganz aus dem Spiel lassen! Wir nähern uns dem Augenblick, wo man die Möglichkeit einer geschlossenen und in sich widerspruchslosen Mechanik endgültig aufgibt. (S. 535f.)

Im Mittelpunkt der Ausführungen stand die Relativitätstheorie, in der Spengler nach treffender Einschätzung eines zeitgenössischen Rezensenten die „Auflösung der Naturwissenschaft"[7] schlechthin erblickte. Einstein habe – so ist im *Untergang* zu lesen – die klassische Gravitationstheorie, „seit Newton eine unumstößliche Wahrheit, [...] als eine zeitlich beschränkte und schwankende Annahme" (S. 536) entlarvt und offenbart, daß sich der fundamentale Energieerhaltungssatz „mit keiner Art von dreidimensionaler Struktur des Weltraums [...] vereinen" (ebd.) lasse. Indem die herkömmliche Vorstellung eines den endlosen Raum erfüllenden Lichtäthers verworfen worden sei und an seiner Statt nun das „reine Vakuum" (S. 537) herrsche, sei der Kosmos vollends entzaubert worden. Die Verwerfung der Annahme einer absoluten Zeit habe zudem „die *Konstanz aller physikalischen Größen aufgehoben, in deren Definition die Zeit eingegangen* ist [...]. Absolute Längenmaßstäbe und starre Körper gibt es nicht mehr." (S. 537f.)

Cum grano salis sei die Relativitätstheorie eine „Arbeitshypothese von zynischer Rücksichtslosigkeit" (S. 537).[8] Untrügliches Indiz dafür, daß sie das infernalische Ende der Entwicklung neuzeitlicher Naturwissenschaft überhaupt

---

[7] Riebesell: Die Mathematik und die Naturwissenschaften in Spenglers „Untergang des Abendlandes". – In: Naturwissenschaften 26 (1920), S. 507-509, hier: S. 509.

[8] Hier kontrastierte Spengler eine bekannte Formulierung von Max Planck. Dieser hatte die Relativitätstheorie 1910 als eine „Arbeitshypothese von eminenter Fruchtbarkeit" geprie-

eingeläutet habe, sei, daß sie empirisch „weder bestätigt noch widerlegt werden" (ebd.) könne. – An diesem Punkt erkennt Spengler augenfällige Parallelen zu anderen Kulturbereichen. Er betont, daß der „*große Stil des Vorstellens*" ganz allgemein „*zu Ende* ist und wie in Architektur und bildender Kunst einer Art *Kunstgewerbe der Hypothesenbildung* Platz gemacht" (S. 538) habe. In der Physik sei der Verlust von Anschaulichkeit und Verbindlichkeit jedoch verheerend, denn als Wissenschaft vom innersten Wesen der Welt genieße sie den Stellenwert einer Religion; ihr Untergang stürze die Menschen in eine existentielle Glaubenskrise.[9]

Dieser wesentliche Gedanke, es gebe eine unmittelbare Verbindung zwischen Physik und Religion, wurde im *Untergang des Abendlandes* besonders sorgfältig herausgearbeitet: Spengler schickt voraus, daß es prinzipiell „*keine Naturwissenschaft ohne voraufgegangene Religion*" (S. 486) geben könne und selbst hochentwickelte naturwissenschaftliche Theorien immer auch entscheidende ethisch-moralische Implikationen enthielten. Konkret spricht er von einer „innere[n] Verwandtschaft von Atomtheorie und Ethik" (S. 493), wobei er in bezug auf die eigene Zeit das Phänomen radioaktiven Zerfalls mit moralisch-religiösen Degenerationserscheinungen in Verbindung setzt. Jede Kultur habe eine eigene Atomtheorie, einen „*Mythus*", mit dem sie „durch die theoretische Gestaltungskraft ihrer großen Physiker, ihr geheimstes Wesen, sich selbst offenbart." (S. 493f.) Die „ganze Philosophie, die ganze Naturwissenschaft, alles, was zum ‚Erkennen' in irgendeiner Beziehung steht", sei in diesem Sinne „im tiefsten Grunde nichts [...] als die unendlich feine Art, *den Namenzauber des primitiven Menschen auf das ‚Fremde' anzuwenden*" (S. 508):

> Das Aussprechen des richtigen Namens (in der Physik: des richtigen Begriffes) ist eine Beschwörung. [...] Was für ein befreiender Zauber liegt für die Mehrzahl der gelehrten Menschen in der bloßen Nennung solcher Worte wie „Ding

---

sen. (Planck: Die Stellung der neueren Physik zur mechanischen Naturanschauung. – In: Phys. Zeitschr. 11 (1910), S. 922-932, hier: S. 931).

[9] Ähnlich bezeichnete Edmund Husserl 1936 die „Krisis der Wissenschaften" als „Ausdruck der radikalen Lebenskrise des europäischen Menschentums" (Die Krisis der europäischen Wissenschaften und die transzendentale Phänomenologie, S. 1). Zur Inspiration von Husserls *Krisis*-Schrift durch die Entwicklung von moderner Mathematik und Physik vgl. Markus Käbisch: Die Lebenswelt als vergessenes Sinnfundament der Wissenschaften. Husserls Kritik an der Formalisierung der Erkenntnis. – In: Kultur und Wissenschaft beim Übergang ins „Dritte Reich". Hrsg. v. Carsten Könneker, Arnd Florack u. Peter Gemeinhardt, S. 117-131, hier speziell: S. 117-122.

an sich", „Atom", „Energie", „Schwerkraft", „Ursache", „Entwicklung"! Es ist der gleiche, der den lateinischen Bauern bei den Worten Ceres, Consus, Janus, Vesta ergriff. (Ebd.)

Die Dekonstruktion der zentralen physikalischen Begriffe komme daher dem Zusammenbruch einer ganzen Religion gleich und werde notwendigerweise in die Geburt eines neuen Mythus einmünden, der dann den Beginn des kulturellen Folgezyklus markiere. „Der Kreislauf der Naturerkenntis des Abendlandes vollendet sich", prophezeite Spengler am Ende des ersten Bandes vom *Untergang*. „Mit dem tiefen Skeptizismus dieser letzten Einsichten knüpft der Geist wieder an die Formen frühgotischer Religiosität an." (S. 548) Der Ausblick auf die kommende Menschheitsepoche lautete:

> Am Ziele angelangt, enthüllt sich endlich das ungeheure, immer unsinnlicher, immer durchscheinender gewordene Gewebe, das die gesamte Naturwissenschaft umspinnt: es ist nichts andres als die innere Struktur des wortgebundenen Verstehens, das den Augenschein zu überwinden, von ihm „die Wahrheit" abzulösen glaubte. Darunter aber erscheint wieder das Früheste und Tiefste, der Mythus, das unmittelbare Werden, das Leben selbst. [...] Damit kehrt eines Tages die abendländische Wissenschaft, ihres Strebens müde, in ihre seelische Heimat zurück. (S. 548f.)

Spenglers *Untergang* war nicht als das große kulturpessimistische Manifest abgefaßt worden, zu dem es die Rezeptionsgeschichte nach dem Ersten Weltkrieg ohne Umschweife machte.[10] Allerdings galt Spengler der kulturelle Showdown als „vorbestimmt und unvermeidlich"[11], und sein monumentales Werk gilt nicht zuletzt aus diesem Grund auch heute noch zurecht als ein entscheidender Wegbereiter für den Aufstieg des Nationalsozialismus.[12] Dabei

---

[10] Zu Spenglers ursprünglichen Zielen vgl. Lützeler: Die Schriftsteller und Europa, S. 269f.

[11] Rohkrämer: Eine andere Moderne?, S. 292.

[12] Spengler wird als „der publizistisch erfolgreichste politische Schriftsteller der zwanziger Jahre" gehandelt (Sieferle: Die Konservative Revolution, S. 106); durch die hohe Auflagenzahl konnte der *Untergang* wesentlich mit dazu beigetragen, „ein geistiges Klima zu schaffen, in dem der Nationalsozialismus ideologisch akzeptabel wurde." (Gilbert Merlio: Über Spenglers Modernität. – In: Der Fall Spengler. Eine kritische Bilanz. Hrsg. v. Alexander Demandt u. John Farrenkopf, S. 115-127, hier: S. 115.) *„Der Untergang des Abendlandes* erschütterte den apokalyptischen Optimismus der Deutschen nicht weniger als der verlorene Krieg", schreibt Klaus Vondung (Die Apokalypse in Deutschland, S. 149). „Die ‚apokalyptischen Stimmungen' in den zwanziger Jahren [...] waren nicht zuletzt – vor allem unter den Gebildeten – durch Spengler beeinflußt." (Ebd.) Daß Spenglers *Untergang* gerade bei den Intellektuellen eine Affiliation an Hitler und die NS-Ideologie entscheidend fördern

war das Verhältnis der Faschisten zu Spengler durchaus ambivalent. „Im Negativen, in der Bekämpfung des Weimarer Staates, war er rein äußerlich mit dem Nationalsozialismus einig"[13], konstatierte von Leers 1934. Was den Geschichtsphilosophen jedoch deutlich von Hitler unterscheide, sei seine Einstellung zur „Rassenfrage"; Spengler leugne die „schöpferischen Kräfte des Blutes und der Rasse"[14]. Tatsächlich war dies auch der zentrale Vorwurf, den der „Führer" selbst frühzeitig gegen den *Untergang des Abendlandes* erhoben hatte. „Der Flunkerer", wird Hitler in bezug auf Spengler zitiert, „bringt es fertig, über 600 Seiten zu schreiben, ohne auch nur mit einer Silbe die Judenplage zu erwähnen."[15] Auch Alfred Rosenberg, der „Chefideologe der Partei"[16], kritisierte 1925, „daß Spengler sich lebhaft gegen den völkischen Gedanken wehrt", indem er „den Antisemitismus verwirft" – während er sonst „fast alle völkischen Programmpunkte zu seinen eigenen" mache, „ohne jedoch dies auch nur mit einem Wort zuzugeben."[17] Im *Mythus des 20. Jahrhunderts*[18] heißt es, obwohl Spengler im *Untergang des Abendlandes* keine „rassisch-seelische[n] Gewalten Welten gestalten" ließ, sei das Werk als solches „groß und gut. Es schlug ein wie ein Gewitterregen, knickte morsche Zweige, be-

---

konnte, belegt Klaus P. Fischer in einer Fallstudie über Albert Speer (vgl. History and Prophecy. Oswald Spengler and the Decline of the West, S. 78).
[13] Von Leers: Spenglers weltpolitisches System und der Nationalsozialismus, S. 5.
[14] Ebd., S. 13.
[15] Eckart: Der Bolschewismus von Moses bis Lenin. Zwiegespräch zwischen Adolf Hitler und mir, S. 28.
[16] Robert S. Wistrich: Adolf Hitler – Kunst und Megalomanie. – In: Der Nationalsozialismus als politische Religion. Hrsg. v. Michael Ley u. Julius H. Schoeps, S. 126-150, hier: S. 135.
[17] Rosenberg: Kampf um die Macht. Aufsätze 1921-1932, S. 342f.
[18] Einzelne zeitgenössische Beobachter bezeichneten Rosenbergs *Mythus* als die eigentliche „Dogmatik des Nazismus" (vgl. etwa Hessen: Geistige Kämpfe der Zeit im Spiegel eines Lebens, S. 149). Aus heutiger Sicht erscheint diese Bewertung allerdings übertrieben. Wiederholt wurde darauf hingewiesen, daß das Werk aufgrund seiner schwülstigen Formulierungen nur in seltenen Fällen wirklich gelesen worden sein dürfte. Auch ist Hitlers Kritik am *Mythus* bekannt (vgl. Wistrich: Der antisemitische Wahn, S. 264; Mommsen: Der Nationalsozialismus als politische Religion. – In: „Totalitarismus" und „Politische Religionen". Konzepte des Diktaturvergleichs. Hrsg. v. Hans Maier u. Michael Schäfer, II, S. 173-181, hier: S. 176). Daß Rosenbergs Einfluß auf die nationalsozialistische „Bewegung" – und speziell auf Hitler – dennoch nicht zu unterschätzen ist, belegt Claus-Ekkehard Bärsch: Die politische Religion des Nationalsozialismus, S. 192-197.

fruchtete aber auch eine sehnende, fruchtbare Erde."[19] Nach der „Machtergreifung" fügte sich Spengler übrigens teilweise der Kritik. In *Jahre der Entscheidung* (1933) betonte er, daß niemand „die nationale Umwälzung dieses Jahres
mehr herbeisehnen [konnte] als ich"[20], und beschwor – ganz nach dem Ge-
schmack der neuen Reichsregierung – pathetisch „den Charakter, der als Keim
in unserem Blute liegt"[21].[22]

Der *Untergang des Abendlandes* war dasjenige geschichtsphilosophische
Werk, das dem Nationalsozialismus entscheidend zum Durchbruch verhalf.
Spengler gehörte zu den von der NS-Presse „am meisten empfohlenen Fremd-
autoren"[23]; seine emphatische Beschwörung der unausweichlichen Geistes-
katastrophe wird zurecht als mitauslösendes Moment für die elementare Sehnsucht der Massen nach neuen, verbindlichen und eindeutigen Idealen angesehen. Schon von zeitgenössischen Kritikern war die verheerende Breitenwirkung, die vom *Untergang des Abendlandes* ausging, angemahnt worden. Der
Tübinger Theologe Karl Heim bemerkte 1921, daß die „in weiten Kreisen" zu
verzeichnende „Weltuntergangsstimmung [...] in der Tat unter dem Einfluß von
Spenglers Buch [...] entstanden"[24] sei. Theodor Heuss, der spätere Bundesprä-
sident, urteilte 1933 in seiner Analyse von *Hitlers Weg* an die Macht, der
enorme Zulauf zur NSDAP sei, wenn auch nur indirekt, so doch maßgeblich
auf den Publikationserfolg des *Untergangs* zurückzuführen:

> Spengler ist selbstverständlich weder für die Betriebsform der nationalsoziali-
> stischen Bewegung noch für das Programm irgendwie in Anspruch zu nehmen
> [...]. Die Intelligenz unter den Parteischriftstellern weiß aber, was sie Spengler
> zu danken hat, vor allem seinem Einfluß auf die akademische Jugend.[25]

---

[19] Rosenberg: Der Mythus des 20. Jahrhunderts, S. 404. Eine noch höhere Meinung von
Spengler hatte Goebbels (vgl. Bärsch: Erlösung und Vernichtung, S. 302; Swassjan: Der
Untergang eines Abendländers, S. 200).

[20] Spengler: Jahre der Entscheidung, I, S. VII.

[21] Ebd., S. X.

[22] Allerdings begab sich Spengler nicht völlig auf Parteilinie. Zu seiner anhaltenden Gering-
schätzung des Nationalsozialismus, gerade auch in *Jahre der Entscheidung*, vgl. Swassjan:
Untergang, S. 193; Sieferle: Konservative Revolution, S. 128f.

[23] Clemens Vollnhals: Praeceptor Germaniae. Spenglers politische Publizistik. – In: Der Fall
Spengler, S. 171-197, hier: S. 179.

[24] Heim, Grützmacher: Oswald Spengler und das Christentum, S. 5.

[25] Hitlers Weg, S. 28f.

Substantiell für den *Untergang des Abendlandes*, von der Forschung jedoch bislang weitgehend unbeachtet,[26] war Spenglers spezifische Beurteilung der Krise der modernen Physik. Daß es sich dabei um eine *inhaltliche* Bezugnahme und nicht um eine antisemitisch verfärbte handelte, zeigt gerade die Kritik der Nationalsozialisten. Damit ist Spenglers Buch zuletzt auch ein hervorragendes Zeugnis dafür, daß der modernen Physik *an sich* bereits eine Brisanz zukam, die sich mittelbar auch in der elementaren Sehnsucht der Menschen nach weltanschaulicher Erneuerung widerspiegelte. Die Relativitätstheorie (genauso wie später die Quantenmechanik) zog bereits auf der Ebene ihrer Aussagen – zumindest in ihren vulgarisierten Auswüchsen – ganz erhebliche mentalitätsgeschichtliche Folgen nach sich, auch wenn viele Zeitgenossen ab einem gewissen Zeitpunkt kaum mehr zwischen Inhalt der Theorie und Person ihres Schöpfers zu trennen vermochten bzw. wollten, so daß in Extremfällen nur noch von Einsteins „Evangelium aus Relativität, Nihilismus, Kriegsdienstverweigerung, Zionismus und Messianismus"[27] gesprochen wurde.

---

[26] Eine Ausnahme stellen die Ausführungen von Gerald Holton dar, der wiederholt darauf aufmerksam machte, „daß in Spenglers düsterem Drama die Wissenschaft eine zentrale Rolle" gespielt hat (Wissenschaft und Anti-Wissenschaft, S. 151). Spenglers „erstaunlichsten Gedanken" umschreibt Holton treffend damit, daß „im Innenleben des Körpers der Wissenschaft selbst [...] ein antithetisches, selbstzerstörerisches Element [entsteht], das diese schließlich verschlingen wird" (ebd.). Auch der Verweis auf die für den *Untergang* essentielle „unterirdische Verbindung zwischen Wissenschaft und Religion in ihren Ursprüngen" (ebd., S. 155) findet sich bei Holton.

[27] Krieck: Einstein als Krönungsstein. – In: Volk im Werden 8 (1940), S. 142-143, hier: S. 143.

2.1.4 „Alles ist relativ!" – Relativitätstheorie und Relativismus

> Nein – das Absolute, für die Wis-
> senschaft ein Problem, ist für das
> Leben eine Notwendigkeit; die
> bloße Relation bringt uns den Tod.[1]
> (Willibald Hentschel)

Daß die Einsteinsche Relativitätstheorie eine wesentliche Inspiration für
Spenglers *Untergang des Abendlandes* darstellte, war der *zeitgenössischen*
Leserschaft – im Gegensatz zu späteren Interpreten – von Anfang an bewußt
bzw. wurde ihr durch die frühe Rezeption bewußt gemacht. Wenn Spenglers
Philosophie vielfach als „geschichtsphilosophischer Relativismus"[2] bezeichnet
wurde, war darin unbedingt auch eine Anspielung auf die Relativitätstheorie
mitgedacht.

1920 erschien in der *Rheinisch-Westfälischen Zeitung* ein Artikel, der sich
eingehend mit Spenglers *Untergang* auseinandersetzte. Schon in den ersten
Zeilen wurde betont, daß das Werk nie ohne Einstein entstanden wäre:

> Im Laufe des letzten Jahres ist es auch weiteren Kreisen zum Bewußtsein ge-
> kommen, daß wir geistig ebenso, wie politisch eine Katastrophe durchleben.
> Die „neuzeitliche" Kulturperiode, als deren vorläufiges, stets fortwachsendes
> Ende wir uns bisher betrachteten, stirbt vor unseren Augen ab und erstaunt
> schauen wir die Morgenröte der kommenden Zeit. Es fängt wieder einmal von
> vorne an, wie vor 400 Jahren, als das Mittelalter gestorben war, oder gar vor

---

[1] Hentschel: Das Relativitätsprinzip im Rahmen einer Gesamtansicht von Welt und Mensch,
S. 72. Hentschel gehörte zu den bekanntesten Rassekundlern der Zwischenkriegszeit. Zu
Leben und Werk vgl. Becker: Zur Geschichte der Rassenhygiene. Wege ins Dritte Reich,
S. 220-252.

[2] Heim, Grützmacher: Oswald Spengler und das Christentum, S. 8. Vgl. auch Spenglers
Reaktion auf solche Einschätzungen. 1921 hielt er im Aufsatz „Pessimismus?" fest: „Am
wenigsten verstanden hat man den Gedanken, der vielleicht nicht ganz glücklich mit dem
Worte *Relativismus* bezeichnet ist. Mit dem Relativismus in der Physik, der lediglich auf
dem mathematischen Gegensatz von Konstante und Funktion beruht, hat er nicht das geringste zu tun. [...] Der Relativismus in der Geschichte, wie ich ihn sehe, ist eine *Bejahung
der Schicksalsidee.*" (Reden und Aufsätze, S. 68.)

2000 Jahren, als die Antike unterging. Eine große Umsteigestation ist erreicht. Wir stehen in einem Gewitter von Ende und Anfang, all unser Erleben zeigt ebenso viel Verfall wie Neugeburt. Zeitwende ringsum ... In unserem Geistesleben bemerkt man diesen Umschwung gegenwärtig am meisten durch die vielbesprochenen Relativitätstheorien: Durch den physikalischen Relativismus Einsteins und den historischen Relativismus Spenglers. Tatsächlich bezeichnen beide Theorien haarscharf den Wendepunkt. Sie bezeichnen den Abschluß, die Auflösung, Zersetzung, den „Untergang des Abendlandes", insofern sie alle absoluten Standpunkte, alle Voraussetzungen, in denen unser bisheriges Schaffen seinen Naivitätsgrund hatte, zerstören.[3]

Spenglers geschichtsphilosophisches System wurde als eine Art zweite Relativitätstheorie präsentiert und der physikalischen Theorie subsumiert. Wie Spengler Einsteins Erkenntnisse als *das* Symptom des allgemeinen wissenschaftlichen und kulturellen Niedergangs interpretierte, erschienen nun Einsteins und Spenglers Theorien *zusammen* als Ausdruck eines radikalen weltanschaulichen Umbruchs. So las man über die „gemeinsame" Theorie:

Man darf nicht in ihrem theoretischen Revolutionarismus, Relativismus, Skeptizismus, in der übergeistlosen Haltlosigkeit ihrer Einsicht hängen bleiben: man darf sie ebensowenig anerkennen wie ablehnen. Das Kunststück, sie fruchtbar zu fassen, besteht vielmehr darin, daß man ihren Standort am *Tiefpunkt der Weltwende* begreift. Einsteins und Spenglers Theorie besitzt einen *Momentanwert*, wie ein zündender Blitz; sie hat aber keine *Dauer*, trägt in sich kein wirkliches Sein.

Keinen Zweifel ließ der Artikel daran aufkommen, daß der primäre Auslöser der „Katastrophe im modernen Geistesleben" – so der Titel – in der *physikalischen* Relativitätstheorie zu erblicken war, nicht in der kulturphilosophischen. Einstein habe durch den Bruch mit der herkömmlichen – euklidischen – Weltanschauung in drei Dimensionen sämtliche Kulturerrungenschaften der letzten Jahrhunderte ihrer Überzeugungskraft und Verbindlichkeit beraubt. „Alle hinter uns liegende Kulturentwicklung hat an dieser ‚euklidischen' Mathematik gearbeitet", heißt es. Man habe „an sie geglaubt, wie an die Religion des Gehirns." Einsteins revolutionäre Tat und ihr Eingang in das Spenglersche System markierten daher den Endpunkt einer ganzen Menschheitsepoche:

---

[3] Dieses und die folgenden Zitate: Kuhnert: Die Katastrophe im modernen Geistesleben. – In: Rheinisch-Westfälische Zeitung 5.12.1920, Nr. 888, S. 7.

Einsteins und Spenglers Geheimnis besteht [...] darin, daß sie gerade den Moment der Auflösung, gerade den heutigen Explosionspunkt der Wahrheitssuche erhaschen und von da aus – jener auf den physikalisch-astronomischen Kosmos, dieser auf die Geschichte losgehen. Das Ergebnis ist, wie wenn man etwas mit Schwefelsäure begießt: Alles wird zerfressen! Den gesamten Grundbegriffen der Wissenschaft (Zeit, Raum, Masse, Kraft, Schwerkraft, Länge, Maß – Sein überhaupt), all diesen Schöpfungen vieler Jahrtausende entzieht Einstein die naive Einbildung, kraft derer sie da waren. Statt dessen proklamiert er eine absolute Ueberschauung von Sonne, Mond und Sterne[n], die vollkommen standpunkt*los* ist; eine rein-sphärische, wie aus dem Weltäther heraus vorgenommene, durchaus unsinnliche Betrachtsamkeit.

Damit aber noch nicht genug. Die Elementardisziplin der Physik, die Mechanik, habe in ihrer neuen – relativistischen – Fassung keine natürliche „Konstruktionskraft" mehr und sei zu einem rein formalen Gedankenkonstrukt verkommen:

Sie verschwebt außerhalb aller handfesten Existenz und ist nun glücklich bei der leeren Relativitätstheorie, diesem Gespenst aus Luft und Nichts, angelangt. Das ist die Flucht des Denkens aus der erdhaften Illusion, der Triumph des Gehirns über die Sexualität. Da stehen wir jetzt [...] vor der *stummen Impotenz*. Eine Katastrophe!

Hier wurden Wendungen vorweggenommen, wie sie wenig später auch in den Reden der sich sammelnden Nationalsozialisten auftauchten. Das „Wesen großer Zeitenwenden besteht ja gerade darin" – so etwa Rosenberg –, „daß ein alter wissenschaftlicher Glaube zusammenbricht, daß alle die Standpunkte, von denen aus man früher das Geschehen wertete, praktisch nicht mehr vorhanden sind."[4] Bei Goebbels heißt es über die neue Weltanschauung, sie habe das *„Denken des deutschen Volkes vereinfacht und auf seine primitiven Urformeln zurückgeführt."*[5] Houston Stewart Chamberlain pries Hitler in diesem Sinne als den großen *„Vereinfacher*, das gehört zu seiner Wahrhaftigkeit, zu seinem Mut, zu seinem Ernst, zu seiner Liebe."[6]

Die unermüdlich heraufbeschworene lautere Naivität und Ursprünglichkeit völkischer Gesinnung ist unbedingt als Gegenposition zum „Überwuchern des

---

4 Rosenberg: Krisis und Neubau Europas, S. 6.
5 Goebbels: Wesen und Gestalt des Nationalsozialismus, S. 6.
6 Chamberlain der Seher des dritten Reiches, S. 17 – Hervorhebung v. mir, C.K.

Verstandes"[7] aufzufassen, das im Urteil der Zeit seinen augenfälligsten Ausdruck eben in der modernen Physik fand. Einfachheit, Bodenständigkeit und ehrfürchtige Naturschau[8] waren in den 20er und 30er Jahren Schlagworte, die unermüdlich gegen die angeblich zersetzende Überbeanspruchung der Ratio durch verwirrende mathematische Formelspiele angeführt wurden.[9] Die moderne Physik galt als Höhepunkt eines „jüdischen" Generalangriffs auf die Grundfesten des ständig bemühten „gesunden Menschenverstands" und sollte durch Rückbesinnung auf die „wirklichen" weltanschaulichen Wurzeln: die rassischen, wieder kompensiert werden. Bis auf die antisemitische Komponente wurde dies alles im eingangs angeführten Zeitungsartikel vorgedacht: „Schon flammt auch die Morgenröte des neuen Tages auf der anderen Seite unseres Himmels"[10], lautete dort am Ende die Verheißung. Die Haltlosigkeit

---

[7]   Krieck: Die Revolution der Wissenschaft, S. 6.

[8]   In Rosenbergs *Mythus* wurde die „*germanische* Erkenntnis, *daß die Natur sich nicht durch Zauberei* [...], *aber auch nicht durch Verstandesschemen* [...] *meistern ließe, sondern nur durch innigste Naturbeobachtung*", als „größte Leistung" menschlichen Erkenntnisgewinns ausgegeben (S. 141f.). „Lebendige Anschauung oder abstrakter Verstand" waren nach Max Wundts *Deutscher Weltanschauung* (1926) die zwei Alternativen, die den „*Unterschied des arischen und des jüdischen Denkens*" (S. 115) deutlich werden ließen. Selbst den Mathematikern unter den NS-Wissenschaftlern galt „ehrfurchtsvolles Sichhineinversenken in die Natur" (Thüring: Kepler-Newton-Einstein – ein Vergleich. – In: Deutsche Mathematik 1 (1936), S. 705-711, hier: S. 711) als vorrangiges Mittel wissenschaftlicher Forschung. Dem „Naturgefühl des nordischen Menschen, der die Natur nicht nur mit den Mitteln des logischen Verstandes, sondern mit Herz und Seele [...] zu erfassen bestrebt" sei, stünde allerdings in Einsteins Relativitätstheorie „eine Naturauffassung gegenüber, die allein den Intellekt als erkennendes Prinzip der Naturforschung gewertet wissen will, die bewußt auf die Möglichkeit anschaulicher, unserem Geist angemessener Vorstellungen Verzicht leistet" (ebd., S. 707).

[9]   In Musils *Mann ohne Eigenschaften* wurde dieser Konnex sehr subtil in einem Dialog zwischen Walter und Clarisse parodiert. Nachdem Clarisse von einem Gespräch mit Ulrich berichtet hatte, in dem sie vom Romanhelden über die Fortschritte der Physik aufgeklärt worden war („Zum Schluß bleiben überhaupt nur Formeln übrig"), nimmt Walter die zeittypische Abwehrhaltung ein: „[...] zum Schluß schwimmen wir bloß noch auf Beziehungen, auf Vorgängen, auf einem Spülicht von Vorgängen und Formeln, auf irgendetwas, wovon man weder weiß, ob es ein Ding, ein Vorgang, ein Gedankengespenst oder ein Ebengottweißwas ist! [...] Das Menschenhirn hat dann glücklich die Dinge geteilt; aber die Dinge haben das Menschenherz geteilt! [...] Clarisse! [...] Er [Ulrich] ist eine Gefahr für dich! Schau, [...] jeder Mensch braucht heute nichts so nötig wie Einfachheit, Erdnähe, Gesundheit" (GW I, S. 66f.).

[10] Dieses und das folgende Zitat: Kuhnert: Katastrophe.

der Relativitätstheorie, ihr reiner Übergangscharakter, sei dekuvriert, und am „Horizont" der

> von Einstein und Spengler nun ganz aufgerissenen Alldurchschauung lagert die Einsicht, daß wir unser geistiges Haus nur mit den Naivitäten unserer Altvordern bauen können. *Nur Naivitäten bauen!*

Die Auffassung, Einsteins Lehre liefere den wissenschaftlichen Unterbau eines allgemeinen – insbesondere auch sittlich-religiösen – Relativismus, war in den frühen 20er Jahren *extrem* weit verbreitet, ein Phänomen, das der Forschung allerdings vollkommen entgangen zu sein scheint. Zwar wurde immer wieder richtig hervorgehoben, daß die „Erfahrung eines allgemeinen ‚Relativismus' der Werte und Ideologien, unter denen es keine ‚Ordnung' mehr zu geben schien, [...] *in den 20er Jahren zum epochalen Anliegen in fast jeder philosophischen oder literarischen Reflexion*"[11] erhoben worden war. Welche *fundamentale* Rolle der Einstein-Vulgarisierung dabei im Sinne einer Aktualisierung, ja Übersteigerung des mindestens seit Nietzsche bestehenden Relativismus-Diskurses zukam, blieb jedoch gänzlich unbeachtet.[12]

Der Grund für den flächendeckenden Transfer der physikalischen „Relativität" auf außerphysikalische Gebiete wie Moral, Religion, staatliche Autorität usw. ist zunächst einmal in der gleich doppelt unglücklichen Namengebung von Einsteins erweiterter Theorie, der allgemeinen (!) Relativitäts (!) -Theorie zu erblicken. Die theoretische Physik wurde auf das rein Sprachliche reduziert, und reihenweise fielen die Menschen dem Wortkurzschluß zum Opfer. Die „Relativierung des früher absolut Gesetzten empfindet das öffentliche Bewußtsein als eine Vernichtung psychologischer Werte und setzt sich zur Wehr"[13] – so ein zeittypischer Kommentar von 1920.

Vor allem die konservativen Intellektuellen empörten sich lauthals, Einstein bezwecke „die *ganze* theoretische Geisteswelt [...] unter das Gesetz der Relativität"[14] zu stellen:

---

[11] Schraml: Relativismus und Anthropologie, S. 19 – Hervorhebung v. mir, C.K.

[12] Ein jüngeres Beispiel dafür bieten beispielsweise die Beiträge in dem von Otto Gerhard Oexle und Jörn Rüsen herausgegebene Sammelband *Historismus in den Kulturwissenschaften.*

[13] Kirchberger: Was kann man ohne Mathematik von der Relativitätstheorie verstehen?, S. 85.

[14] Ripke-Kühn: Kant contra Einstein, S. 6. Daß diese Einschätzung auch tatsächlich zutraf, kann man beispielsweise der Einleitung von Hans Schimanks *Gespräch über die Einsteinsche Theorie* (1920) entnehmen: Der Autor rechtfertigte sein Vorhaben, den „vielen kurzen

Die physikalische Relativitätstheorie, deren Aufbau sich an den Namen Einstein knüpft, schlägt Wellen bis ins allgemeine Denk- und Kulturbewußtsein. Schon wird verkündet: die neue Lehre bedeute das Ende des „Absolutismus"; schon wird unser heutiger geistiger Zustand mit dem eines Erdbeben verglichen, unter dem der scheinbar für die Ewigkeit geschaffene Bau des Denkens zusammenbricht, nach dem der festgewurzelte Glaube an die Unveränderlichkeit der Maßverhältnisse im Weltall sich als Irrglaube erwiesen habe. Tageszeitungen verkünden die neue „Wahrheit". [...] Die exakte Wissenschaft habe das Absolute relativiert. – Kurz, was nachdenkliche Geister schon seit Jahren bei der Verfolgung [...] der Erwägungen über die Relativität von Raum und Zeit befürchteten, nämlich ein *Überwuchern* [...] über das gesamte Denkbild, ist eingetroffen, und ein Forscher selbst, Einstein, hat die Theorie zu dieser verhängnisvollen Bedeutung umgebogen mit der sog. *allgemeinen Relativitätstheorie: es mußte daraus ein allgemeiner Denk-Relativismus werden.*[15]

Der verlorene Weltkrieg, der noch unmittelbar vor Augen stehende Untergang des Kaiserreichs – das Ende des politischen Absolutismus, wenn man so möchte – und das Trauma der allgemeinen Desorientierung in der Frühphase der Republik fanden ihre vermeintliche theoretische Begründung also nicht nur in Spenglers *Untergang*, wie immer wieder – und dies durchaus zurecht – hervorgehoben wurde,[16] sondern auch – und zwar weitaus signifikanter noch – bei Einstein:

Das Schlagwort „Relativität" hat in den letzten Jahren ein ungemein starkes Echo in den Seelen der Menschen gefunden. Namentlich in Deutschland. Das furchtbare Geschehen, das wir alle mit erlebten, schuf eine „Untergangsstimmung", in die die neue Lehre gut hineinzupassen schien.[17]

Darstellungen der Relativitätstheorie eine neue hinzuzufügen", mit der „Überzeugung, daß der Fortschritt des menschlichen Erkenntnisvermögens gefördert" würde, *„wenn der Anschauungskreis der allgemeinen Relativität von möglichst vielen Gehirnen schnell assimiliert wird."* (S. 5 – Hervorhebung v. mir, C.K.)

[15] Ebd., S. 3.
[16] Zuletzt von Karlheinz Weißmann (Der nationale Sozialismus, S. 170): „[...] weder der nietzscheanische Gestus noch die stupende Gelehrsamkeit Spenglers können die Wirkung ausreichend erklären, die sein Werk auf die Zeitgenossen ausübte. Hier spielte eine entscheidendere Rolle, daß seine Deutung des historischen Geschehens eine Deutung der Gegenwart anbot, die zwar keinen Trost enthielt, aber doch einen ‚Sinn' erkennen ließ."
[17] Lämmel: Zum Geleite. – In: Kosmos 18 (1921) [Sonderheft zur Relativitätstheorie], S. 281-283, hier: S. 281. In diesem Punkt waren sich Befürworter und Gegner der Relativitätstheorie ausnahmsweise einig: Weil sie vom „Umsturz aller unserer bisherigen Anschauungen von Raum und Zeit und von einer die Welt umspannenden Theorie" handle, schrieb Johan-

Ähnlich äußerte sich der bekannte Literaturkritiker Willy Haas 1924 in der *Neuen Rundschau*:

Natürlich ist es nicht die nicht-euklidische Geometrie oder die komplizierte Anwendung der Zeitfunktion oder die Ablenkung eines kosmischen Lichtstrahls, was [...] alle so aufregt. Sondern die Tatsache, daß seine [Einsteins] Lehre strukturell einfach die seelische Situation Europas symbolisiert, den Abbruch der Kausalität, ihre Ersetzung durch die Relation, die Durchdringung des kausalitätslosen, urschaffenden kosmischen Spieles mit mathematischer Meßbarkeit.[18]

Die von den Eiferern der neuen Theorie lauthals verkündete Sensation vom Sturz sämtlicher Absolutismen[19] wurde vor allem durch den tendenziösen Transfer auf Ethik und Moral von weiten Teilen der Bevölkerung als bedrohlich empfunden.[20] Kritiker erbosten sich entsprechend, die „Relativitätsgläubigen unserer Zeit" seien einer „Worthypnose zum Opfer gefallen" und knüpften „an das an sich leere Wort Relativität ein beschreibendes Erlebnis"[21]. Die landläufigen „Schlüsse [von Einstein] auf einen Relativismus in der Moral" seien

---

nes Stark, neben Lenard der wichtigste Vertreter der „Deutschen Physik", 1922, habe die Relativitätstheorie „in der Zeit der politischen und sozialen Revolution einen fruchtbaren Boden" finden können (Die gegenwärtige Krisis in der deutschen Physik, S. 14f.). Einstein, der mit dem „lähmenden Gift des Gedankens", mit „geistreichen Fiktionen (‚Gedankenexperimenten')" und „mit Hilfe mathematischer Operationen [...] das ‚Weltbild'" umzustürzen trachte, habe mit der unmittelbaren Nachkriegszeit den optimalen Zeitpunkt dafür gewählt. (Zu diesem Punkt vgl. auch Grundmann: Einsteins Akte, S. 114.)

[18] Haas: Europäische Rundschau. – In: Neue Rundschau 35 (1924), S. 87-94, hier: S. 87f.
[19] Vgl. etwa diesen Satz aus dem 1920/21 gleich von mehreren Zeitungen gebrachten Einstein-Artikel von Erich Dombrowski: „Kopernikus stürzte die absolute Ruhe der Erde, Einstein aber stürzt den Absolutismus überhaupt." (Fischart: Albert Einstein. – In: Europäische Staats- und Wirtschaftszeitung 5 (1920), S. 529-535, hier: S. 533.) Der unter dem Pseudonym „Johannes Fischart" veröffentlichte Aufsatz erschien außerdem in der *Königsberger Hartung'schen Zeitung*, im *Mannheimer Generalanzeiger*, in der *Breslauer Zeitung*, im *Hannoverschen Anzeiger*, in der *Kieler Zeitung* sowie in der *Braunschweigischen* und der *Badischen Landeszeitung* (vgl. dazu Gehrcke: Die Massensuggestion der Relativitätstheorie, S. 19).
[20] Wobei die bekannten antisemitischen Demagogen die allgemeinen Abwehrgefühle noch zusätzlich anheizten. So schrieb Theodor Fritsch 1921 in seiner Reihe *Hammer-Schriften*, Einstein wolle sämtliche „Grundbegriffe der natürlichen Welt" erschüttern." (Roderich-Stoltheim [d.i. Fritsch]: Einstein's Truglehre, S. 21.) Die „Angriffe Einstein's" lägen „nicht bloß auf wissenschaftlichem, sondern vor allem auf moralischem Gebiete". Es handle sich um einen großangelegten „geistig-sittlichen Verwirrungs-Versuch"; angeblich solle es „nichts Sicheres und Zuverlässiges mehr geben." (Ebd.)
[21] Meyer: Relativität. – In: Weser-Zeitung 13.2.1921.

jedoch „billig wie Brombeeren" und „selbst den Kaffern geläufig. [...] Mag sich der Relativismus in der Mechanik so weit ausbreiten, wie er kann – für uns Menschen ist er nicht das Letzte"[22]. Um Einsteins Ideen vor der einseitigen kulturpessimistischen Vereinnahmung zu schützen bzw. die weitere Popularisierung einer aus ihrer Sicht nicht gesicherten Theorie zu verhindern, sahen sich Befürworter wie Gegner der Relativitätstheorie unter den Fachleuten gezwungen, umgehend öffentliche Dementis abzugeben. Beispiele dafür findet man natürlich bei Gehrcke, der sich immer wieder um Gehör für seine Feststellung bemühte, daß die Relativitätstheorie „garnichts" damit zu tun habe, „was in der Presse und auch zuweilen in Fachblättern sonst noch mit dem Wort Relativität gemeint wird." Daß „alles relativ" sei, „worunter man sich, je nach dem individuellen Bildungsgrad, das Verschiedenste denken kann", habe „mit der theoretischen Relativitätstheorie als solcher [...] nichts zu schaffen. Als Schlagwort, das auf die Massen wirkt, bei dem jeder glaubt, etwas ihm einigermaßen Bekanntes zu hören", sei es jedoch „vorzüglich geeignet."[23] Ganz ähnlich äußerte sich der Bonner Ordinarius für Physik Aloys Müller 1922 in seinem Buch über *Die philosophischen Probleme der Einsteinschen Relativitätstheorie*. Im Kapitel „Die Relativitätstheorie und der Relativismus" konstatierte er zunächst:

> Für den Relativismus gibt es nichts Absolutes, sondern alles ist relativ. So ist z.B. nichts absolut wahr, sondern wahr stets nur für gewisse Zeiten, gewisse Kreise, in gewissen Zusammenhängen. Es gibt keine absoluten ethischen und ästhetischen Werte, sie sind vielmehr von der Kultur, dem Volkscharakter und anderen Dingen abhängig. Es gibt keine absolute Religion [...].
> Diese allgemeine Geistesrichtung fand natürlich noch große Schwierigkeiten bei der Durchführung im einzelnen. Vor allem schien die Physik sich dem Relativismus nicht zu fügen. Längen und Zeiten waren von anderen unabhängige Gegenstände. Hier setzt nun die RTh ein und zeigt, wie sie behauptet, daß Längen und Zeiten vom Standpunkte abhängig sind.[24]

Im Anschluß versuchte auch Müller dann darzulegen, daß die physikalische Relativitätstheorie – entgegen der allgemeinen Einschätzung – in Wirklichkeit gar keine Auswirkungen auf andere Erkenntnisbereiche habe, schon gar nicht auf Ethik und Religion.

---

[22] Hentschel: Relativitätsprinzip, S. 72f.
[23] Gehrcke: Die Relativitätstheorie eine wissenschaftliche Massensuggestion, S. 10f.
[24] Müller: Die philosophischen Probleme der Einsteinschen Relativitätstheorie, S. 216.

Ebenfalls 1922 schrieb der Schweizer Theoretiker Paul Gruner, ein entschiedener Anhänger Einsteins, gegen die usuelle Synkrisis der neuen Theorie mit einem allgemeinen ethischen Relativismus an. Im Resümee seiner Studie über das Verhältnis der modernen Physik zur christlichen Religion beschwor er seine Leserschaft leidenschaftlich,

> daß die physikalische Relativitätstheorie nicht eine allgemeinphilosophische Relativitätstheorie bedeutet, so daß sie nicht die verheerenden nihilistischen Resultate für unser gesamtes Erkennen zeitigt, wie es irregeleitete Anhänger und ängstliche Gegner der Relativitätstheorie ausposaunt haben. Dadurch, daß wir endlich einmal klipp und klar die Relativität alles Naturgeschehens verstanden haben, folgt durchaus nicht, daß nun überhaupt alles Wissen und alles Geschehen, geschweige denn alles Denken relativ sei. So hat das relativistische Weltbild gar nichts zu tun mit der Frage, ob die Forderungen der Ethik absolut oder relativ seien, es führt uns in keiner Weise in das „Jenseits von Gut und Böse". Der kategorische Imperativ bleibt für den konsequenten Relativisten so unangetastet wie für andere Menschen [...].[25]

Allerdings scheinen die Versuche, die nihilistisch verfärbte Vulgarisierung der Einsteinschen Theorie einzudämmen, von keinem nennenswerten Erfolg beschieden gewesen zu sein.[26] Selbst Periodika, die mit dem Anspruch wissenschaftlicher Berichterstattung auftraten, schürten die Relativismus-Panik nur noch weiter. In der „Illustierte[n] Zeitschrift für Naturwissenschaft und Weltanschauung" *Unsere Welt*, herausgegeben vom Keplerbund, erschien 1924 unter dem Titel „Der Relativismus in unserer Zeit" ein Aufsatz, der die Entwicklung festhielt. Eine Analyse des „Gegensatz[es] von Relativismus und

---

[25] Gruner: Das moderne physikalische Weltbild und der christliche Glaube, S. 27.

[26] Sogar im – überschaubaren – Kreis der Fachleute konnte erst 1940 ein weitgehender Konsens über die Trennung von *physikalischer* und *allgemeiner* Relativität durchgesetzt werden. Die entsprechenden Ergebnisse der sog. *Münchner Religionsgespräche* zwischen Vertretern der modernen und der „deutschen" Physik lauteten: „Die vierdimensionale Darstellung von Naturvorgängen [...] bedeutet [...] nicht die Einführung einer neuen Raum- und Zeitanschauung. [...] *Jede Verknüpfung der Relativitätstheorie mit einem allgemeinen Relativismus wird abgelehnt.*" (Zit. n.: Walker: Die Uranmaschine, S. 88 – Hervorhebung v. mir, C.K; vgl. auch Helmut Rechenberg: Einleitung. – In: Heisenberg: Deutsche und jüdische Physik, S. 7-20, speziell: S. 12f.) Die Tatsache, daß sogar die Fachleute erst zu einem so späten Zeitpunkt Einigung über den Implikationsbereich der Relativitätstheorie erzielen konnten bzw. wollten, zeigt, wie stark die Diskurse assoziativ miteinander vermengt waren.

Absolutismus auf den verschiedensten Gebieten menschlichen Geisteslebens"[27] habe in den frühen 20er Jahren zunächst zur Feststellung geführt,

daß der Relativismus unserer Zeit ihr besonderes, charakteristisches Gepräge gibt. Es ist mehr und mehr eine feststehende Ueberzeugung der Gebildeten unserer Zeit geworden, daß „alles relativ" sei, d.h. daß alles seinen Wert (bezw. Unwert) erst durch Beziehung auf *andere* Werte erhalte, daß also alles durch anderes bedingt sei und folglich nicht in seiner Absolutheit, losgelöst von anderen Dingen, betrachtet werden dürfe.

Zwar sei der Relativismus-Gedanke nicht erst im 20. Jahrhundert aufgekommen – als Vorläufer werden u.a. Heraklit und Hume angeführt –, aber „die Tendenz zum Relativismus, die Abkehr von angeblich zeitlos gültigen ‚absoluten' Erkenntnisidealen", verstärke sich, „je mehr wir uns der Gegenwart nähern." Die gesamte Geistesgeschichte könne somit „als eine Entwicklung vom absoluten zum relativistischen Denken aufgefaßt werden." Hierauf kam der Artikel explizit auf die Rolle der modernen Physik zu sprechen: „Seinen Höhepunkt aber hat dieses relativistische Denken erst gefunden in Einsteins Relativitätstheorie, durch die selbst die Bedingtheit des Begriffes der *Zeit* aufgewiesen worden ist." Der populäre Schluß von der Physik auf die Ethik[28] ergebe sich dann fast von selbst, denn schließlich sei

---

[27] Dieses und die folgenden Zitate: Eder: Der Relativismus in unserer Zeit. – In: Unsere Welt 15 (1924), S. 241-243, hier: S. 241.

[28] Auch die Entstehung von Nicolai Hartmanns *Ethik*, in der vehement für die „Absolutheit der sittlichen Werte" (S. 132) eingetreten wurde, ist eng an diesen mentalitätsgeschichtlichen Hintergrund geknüpft. Das 1926 publizierte Werk bezog das „Ansichsein der Werte" (S. 127) aus der Unterscheidung von einer zugestandenermaßen existierenden „Relativität auf das Subjekt" einerseits und dem, „was man Wertrelativität nennt" (S. 126), andererseits. Als Inspirationsquelle für seine Arbeit gab Hartmann diesen – seinerzeit grassierenden – Fehlschluß an (S. 125): „Sind Werte relativ auf das Subjekt, so ist auch ihre Seinsweise eine relative, und sie bleiben *auffaßbar als eine Funktion der Wertung des Subjekts.*" Johannes Hessen kommentierte treffend, Hartmanns *Ethik* sei „geradezu geschrieben, um diesen Irrtum ad absurdum zu führen. Die Überzeugung von der Absolutheit der (ethischen) Werte ist die Seele des ganzen Werkes, der Relativismus die Hauptfront, gegen die es sich wendet" (Geistige Kämpfe im Spiegel eines Lebens, S. 157). Interessant zu sein verspräche vor dem Hintergrund des Einstein-Diskurses auch eine Untersuchung von Max Schelers *Die Stellung des Menschen im Kosmos* (1928), wo eine Neubegründung der Metaphysik mit Hilfe des Begriffs vom „Absoluten" bzw. aus der „Sphäre des Absoluten" (S. 107) heraus versucht wurde. (Zur entsprechenden Verbindungslinie von Einstein zu Scheler vgl auch Lukács: Die Zerstörung der Vernunft, S. 387f.)

klar, daß mit der fortschreitenden Relativierung unserer Erkenntnis, wie wir sie
von Heraklit bis Einstein verfolgten, auch eine Relativierung aller *anderen*
Maßstäbe Hand in Hand gehen muß: dem intellektuellen Relativismus entspricht ein ethischer, ein religiöser, ein ästhetischer usw.[29]

Ganz in Spenglerscher Manier verwies der Artikel in diesem Zusammenhang
auf die Gefahr eines sich rasant ausbreitenden Relativismus auch für andere
Wertsysteme, vor allem für das Christentum. „Alle großen Religionen und philosophischen Systeme der Menschheitsgeschichte" seien dem „Glauben" an ein
Absolutes „entsprungen; ihnen allen haftet etwas Apodiktisches, andere Meinungen ausschließendes, mithin Anti-Relativistisches an." Der grassierende
Relativismus unterminiere zuletzt auch die Grundfesten des Glaubens; explizit
ist von einem „Kampf gegen die Unbedingtheitswerte der christlich-
asketischen Moral" die Rede. Der Zerrüttungsprozeß habe bereits begonnen;
die *„geistige Krisis unserer Zeit"* sei das flagrante Symptom der Weltanschau-
ungskämpfe zwischen traditionellen Wertsystemen einerseits und einem in der
Relativitätstheorie kulminierenden allgemeinen Relativismus andererseits:

> Soviel aber ist sicher: Wir durchleben in unseren Tagen eine *ethische Krise*, die
> mit der geschilderten Krise der Erkenntnis ursächlich verknüpft ist und wie die-
> se ihren tiefsten Grund in der durch das Fortschreiten der Kultur bedingten Re-
> lativierung aller Werte hat.[30]

Am Ende des Aufsatzes wurde dann wiederum die Sehnsucht nach einer neuen,
ganzheitlichen Weltanschauung formuliert: Die „erschütternden Erlebnisse der
letzten Jahre" hätten den

> Drang nach dem Absoluten, nach ethischen und religiösen Unbedingtheitswer-
> ten lebendiger denn je erstehen lassen. [...] Die Welt ist uns – trotz aller Er-
> kenntnisse der modernen Naturwissenschaften oder gerade auf Grund dersel-
> ben – mehr und mehr zum *Chaos* geworden. Wir aber möchten sie als *Kosmos*
> erleben, [...] möchten auf der Grundlage einer vertieften Religiosität neue ethi-
> sche Maßstäbe, denen wir eine unbedingte Gültigkeit zuerkennen können.

Auch in diesem Artikel deuten Sprache und Wortwahl unmißverständlich auf
die im Entstehen begriffene NS-„Weltanschauung" hin.[31] Der Schrei nach „Er-

---

[29] Dieses und die folgenden Zitate: Eder: Relativismus, S. 242.
[30] Dieses und die folgenden Zitate: ebd., S. 243.
[31] Vgl. etwa diese „nationalsozialistischen" Sätze von Max Wundt (Deutsche Weltanschauung, S. 58f.): „Diese Überzeugung von der durchgängigen Bedingtheit aller Wahrheit (Relativismus) aber gehört einem Denken an, das sich uns geradezu als das widervölkische er-

lösung vom Fluche eines übersteigerten Intellektualismus"[32] wurde zu diesem Zeitpunkt längst von den völkischen Demagogen gehört, der „Jude" als „Sohn des Chaos"[33] und „ewige[r] Agent der Relationen"[34] zum Staatsfeind erklärt. Die markante mentalitätsgeschichtliche Entwicklung von einer hauptsächlich in linksintellektuellen und liberalen Kreisen zu verzeichnenden Einstein-Euphorie hin zu einer im reaktionär-konservativen Lager aufbrechenden Hitler-Begeisterung war nicht mehr aufzuhalten. 1926 erklärte ein Zeitungsartikel, der sich noch einmal kritisch mit der folgenschweren „Beunruhigung" der „fachunkundigen Öffentlichkeit" durch die Relativitätstheorie auseinandersetzte, das „Unheil" sei einfach nicht mehr zu beheben. Die Gesellschaft habe aus Einsteins Theorie das „bloße Schlagwort ‚relativ' als einzige Heilslehre" geschöpft und halte nun „für ‚mathematisch' erwiesen [...], daß – – ‚alles relativ sei'."[35] Auch nachfolgende Aufklärungsversuche, „daß die Einsteinsche Relativitätstheorie nicht das geringste gemein hat mit jenem philosophischen Relativismus, der aus der Relativität jeder einzelnen Erkenntnis den falschen Schluß auf die Relativität aller Wahrheit zieht"[36], verhallten weitgehend ungehört.[37] Die Phrase von der „Relativität alles physischen und moralischen Seins"[38] hatte sich verselbständigt.

---

weisen wird. Solcher undeutschen Auffassung sollten wir am wenigsten folgen. Alles echte deutsche Denken ist immer von dem Glauben an die unbedingte Wahrheit und ihre allgemeine Gültigkeit ausgegangen."

[32] Eder: Relativismus, S. 243.

[33] Die Bezeichnung „Söhne des Chaos" für das Judentum ist allerdings nicht erst aus der Einstein-Kontroverse hervorgegangen. Sie war schon vorher landläufig (vgl. dazu Schickedanz: Ein abschließendes Wort zur Judenfrage. – In: NS Monatshefte 4 (1933), S. 1-33, hier: S. 27). Einsteins relativistische Kosmologie verlieh dem Schimpfwort jedoch erst seine volle Schlagkraft.

[34] Hentschel: Relativitätsprinzip, S. 71.

[35] Lichtenecker: Glück und Ende einer weltbewegenden Theorie. – In: Der Kunstwart 39 (1926), S. 63-65, hier: S. 64.

[36] Lenz: Die Relativitätstheorie und der dialektische Materialismus. Zu Albert Einsteins 50. Geburtstag am 14. März 1929. – In: Arbeiterstimme 14.3.1929, Nr. 62, Beilage.

[37] Das gilt auch noch für die Zeit des „Dritten Reichs". Arnold Zweig beteuerte 1933 in der *Bilanz der deutschen Judenheit*, „jenes Prinzip der Relativität, das durch die Zeitungsplauderer bis zur Unerträglichkeit mißbraucht wurde", habe mit dem Zeitgeist nichts gemein: Was Einstein „wirklich gedacht, entdeckt und in knappen Veröffentlichungen der Fachwelt mitgeteilt hat", habe „nichts zu tun mit den faulen Ausbrüchen eines moralischen Relativismus." (S. 224). Noch 1937 mahnte der Kölner Theologe und Philosoph Johannes Hessen an, die Relativitätstheorie bedeute „durchaus nicht, wie man sie oft mißgedeutet hat, Rela-

In deutschnationalen Kreisen hielt die Negativrezeption der Relativitätstheorie währenddessen ungebrochen an. Im 1931 publizierten Sammelband
Hundert Autoren gegen Einstein, einem extremen Tiefpunkt der pseudowissenschaftlichen Einstein-Rezeption,[39] hieß es z.b., übertrage man „die Grundsätze
der RTH und des Relativismus auf andere geistige Gebiete, so wird jede allge-
meingültige Richtschnur für menschliches Streben hinfällig"[40]. Dem entgegen-
zutreten hatten die größtenteils völkisch gesinnten Autoren als oberstes Anliegen auf ihre Fahnen geschrieben.

Daß die nationalsozialistische Propaganda eine immer größere Resonanz in
der deutschen Bevölkerung finden konnte, ist direkt auf die durch die tendenziöse Einstein-Rezeption genährte Sehnsucht der Massen nach festen Werten
und eindeutigen weltanschaulichen Signalen zurückzuführen. Sehr hellsichtig
mutet daher eine Beobachtung des Philosophen Moritz Geiger von 1921 an.
Geiger, der *Die philosophische Bedeutung der Relativitätstheorie* analysierte
und dabei vor allem auf eine theoriegeschichtliche Verbindung zum Empirismus aufmerksam machte, interpretierte den allgemeinen Relativismus zunächst
ebenfalls als Produkt der öffentlichen Einstein-Diskussion: Gegenwärtig schei-
ne jeder

> Laie – im Salon und am Biertisch, in der Zeitung wie in der Volksversamm-
> lung – weit mehr über die umstrittene Theorie zu wissen als der Fachmann, und
> weittragende Konsequenzen zu ziehen, von denen der Fachmann nichts ahnt.
> Die Relativitätstheorie, so wird uns von solchen Wissenden verkündet, habe un-
> ser ganzes Weltbild umgestürzt, von jetzt ab seien die alten Kategorien des
> Denkens nicht mehr brauchbar, neue müßten an deren Stelle treten.[41]

---

tivität der Wahrheit oder der Werte, sondern Relativität der *Bewegung*." (Die Geistesströmungen der Gegenwart, S. 29.)

[38] So Robert Kosmas Lewien in seinen *Apostaten-Briefen* von 1928 (ebd., S. 20) über Einstein.

[39] Fast alle Beiträge zu diesem populärwissenschaftlichen Machwerk waren rein polemisch
und zielten allein auf eine Diffamierung der Person Einsteins ab. So wurde das Postulat einer konstanten Lichtgeschwindigkeit als „völlig irrsinniger Gedanke" (Walther Rauschen-
berger: Anti-Einstein. – In: Hundert Autoren gegen Einstein, S. 39-40, hier: S. 39) abgetan
und das Äquivalenzprinzip der allgemeinen Relativitätstheorie als „plumpe Absurdität"
(Arvid Reuterdahl: Der Einsteinismus. Seine Trugschlüsse und Täuschungen. – Ebd., S. 40-
45, hier: S. 41). Daneben bezichtigte man Einstein wiederholt einer „bombastischen Reklame" für seine „närrischen Einfälle" (ebd., S. 44).

[40] W. Kuntz: Einsteins Relativität hebt jede objektive Geltung auf. – Ebd., S. 19.

[41] Geiger: Die philosophische Bedeutung der Relativitätstheorie, S. 5.

Das erstaunliche Breitenphänomen, schloß Geiger, sei eine Übergangserschei-
nung auf dem Weg zu einem kommenden totalitären Welterklärungsmodell,
einem „neuen Absolutismus":

> Das Wiedererwachen von Metaphysik und Mystik, [...] die Versuche, zu neuen
> Systembildungen zu kommen, die neuen religiösen Bewegungen – in der Poli-
> tik, das Bestreben, von rechts wie links her, an Stelle der nur auf das Tatsächli-
> che und Realpolitische gerichteten Einstellung eine Politik aus Ideen und Ge-
> staltungsprinzipien zu setzen, und vieles andere deuten darauf hin.[42]

---

[42] Ebd., S. 43. Geigers Buch galt in Fachkreisen als eine der besten philosophischen Erörterungen der Relativitätstheorie. Bernhard Bavink etwa lobte es als „ausgezeichnet klare
Schrift" (Zweifel am Kausalgesetz. – In: Hannoverscher Kurier 13.6.1927).

2.1.5 Goebbels: *Ein deutsches Schicksal*

> Diese ganze Welt der Erscheinungen da draußen und in unserm Innern sollte nicht mehr der „Kosmos", d.h. das „Schöngeordnete", das „Gesetzmäßige an sich" sein – sondern ein Chaos, ein wirres Gegen- und Durcheinander! Alle bislang geltenden Denkgesetze sollten durch die Lehren Einsteins [...] plötzlich „verbessert" und „geläutert" sein! [...] Es ist klar, daß durch diese Zerrüttung und Verzerrung aller Denkgesetze eine schreckliche Umwertung aller Werte eintreten muß, die folgerichtig und notwendig zum gesetzlosen, kulturmörderischen Bolschewismus, d.h. zum Untergang führt! Wir alle sehen die furchtbare Wirkung jener Lehren und ihrer Anwendung und Befolgung: Europa ist gegenwärtig ein bolschewistisch verseuchtes, chaotisch zerrüttetes und blutig zerstampftes Brachfeld, über das die apokalyptischen Reiter dahinrasen und der Hauch der Verwesung weht. [...]
> Aber es dämmert in den Hirnen! [...] An allen Ecken und Enden regt es sich. Die schamlose und überlaute Reklame für die Einsteinsche Relativitätstheorie hilft nicht mehr.[1]
>
> (Alfred Seelinger 1931 im *Deutschen-Spiegel*)

Die Interpretation von Goebbels' 1929 veröffentlichtem *Michael*-Roman[2] soll die Beobachtungen vertiefen und auf eine zweite zentrale Voraussetzung für die Erfolgsgeschichte des Nationalsozialismus ausweiten: seine Erscheinungsform als *politische Religion*. Die in *Werther*-Manier abgefaßten Tagebuch-

---

[1] Seelinger: Einsteins Zusammenbruch. – In: Deutschen-Spiegel 8 (1931), S. 1069-1072, hier: S. 1069f.

[2] Goebbels arbeitete von 1919 bis 1923 an seinem Roman, konnte ihn jedoch erst 1929 – modifiziert und in Teilen erweitert – bei Franz Eher publizieren (vgl. Vondung: Die Apokalypse in Deutschland, S. 465; Saalmann: Fascism and Aesthetics: Joseph Goebbel's [sic!] Novel *Michael: A German Fate Through the Pages of a Diary* (1929). – In: Orbis Litterarum 41 (1986), S. 213-228, hier: S. 214f.). Bis 1942 wurde das Werk 80 000mal verkauft; 1932 erschien der Text zusätzlich als Fortsetzungsroman in Goebbels *Angriff*. Daß sich Goebbels bis in die 30er Jahre hinein stark mit dem Roman identifizierte, belegen Helmut Heiber (vgl. Joseph Goebbels, S. 39) und Hans-Jürgen Singer (vgl. Michael oder der leere Glaube. – In: 1999 2.4 (1987), S. 68-79, hier: S. 69).

aufzeichnungen erzählen die Geschichte eines jungen Kriegsheimkehrers, der versucht, wieder Anschluß an das zivile Leben zu finden. Mit Blick auf die politischen Zustände und die allgemeine geistige Lage glaubt er im Geiste der „Dolchstoßlegende" schnell zu erkennen, daß der Weltkrieg nicht an der Front, sondern im Inland verloren wurde: daß eine marode Intelligenzija, unter dem Diktat des Auslands stehend, die tapfer kämpfenden Soldaten verraten hätte. Das wiederaufgenommene Studium nährt Michaels kompromißlose Aggression gegen alles Intellektuelle weiter: Der Feind ist jetzt nicht mehr der Kriegsgegner von einst, sondern „eine gewisse Sorte von Wissensbeflissenen" im eigenen Land. „Bleiches Gesicht, Intelligenzbrille, Füllfederhalter und eine dicke Mappe voll von Büchern und Kollegheften" (S. 14). Der Tagebuchheld räsoniert:

> Die Spezialwissenschaft züchtet Hochmut und Fachsimpelei. Der gesunde Menschenverstand geht dabei vor die Hunde.
> Der Intellekt ist eine Gefahr für die Züchtigung des Charakters. (S. 14)

„Wir Deutschen denken zu viel", notiert Michael ein anderes Mal. „Wir sind das intelligenteste, aber leider auch das dümmste Volk der Welt." (S. 36) Der Held ist sich sicher, daß die Sehnsucht nach neuen Wertmaßstäben, nach einer Aufhebung der Selbstentfremdung des deutschen Volkes, nur durch ein „nationales Wunder" gestillt werden könne:

> Ja, es ist so. Politische Wunder geschehen nur im Nationalen. Die Internationale ist ja nur eine Lehre des Verstandes, gegen das Blut gerichtet. Das Wunder des Volkes liegt nie im Hirn, immer im Blut. (S. 35)[3]

Michaels Vorstellungen decken sich natürlich mit denen der „Bewegung"; die „Schaffung der Volkseinheit in politischer, geistiger und weltanschaulicher Hinsicht"[4] – so Goebbels 1934 in *Wesen und Gestalt des Nationalsozialismus* – war oberstes Ziel völkischer Politik. „Wir kommen diesem Ziel ohne unnatür-

---

3 Michael bringt hier Gedanken vor, die zur Abfassungszeit des Romans bereits seit geraumer Zeit in nationaldeutschen Kreisen diskutiert wurden. Auch Hitler hatte schon 1923 in einer Rede geäußert, die Deutschen litten „an einer Ueberbildung. Man schätzt nur das Wissen." Was das Volk wirklich brauche, seien jedoch „Instinkt und Wille" (Adolf Hitlers Reden, S. 61). Das Zitat mag als erstes Indiz dafür dienen, daß Goebbels Roman nichts anderes als eine literarische Form der „offiziellen" Lehrdoktrin der nationalsozialistischen Hauptagitatoren darstellen sollte und darstellt. (Zu dem in nationalsozialistischen Kreisen weit verbreiteten Antiintellektualismus vgl. auch Grüttner: Studenten im Dritten Reich, S. 106; S. 201.)

liche Anspannung der Kräfte Tag um Tag näher", erläuterte Hermann Göring im selben Jahr,

> weil die nationalsozialistische Weltanschauung die jahrhundertealte Sehnsucht des deutschen Volkscharakters verwirklicht, weil sie den völkischen und rassischen deutschen Eigenschaften entspricht, weil der deutsche Volkscharakter im Nationalsozialismus sich selber gefunden hat und in ihm seine höchste Vollendung erblickt. Man kann einem Volk eine fremde Weltanschauung wohl auf kurze Zeit vorsetzen, auf die Dauer aber wird im Herzen des Volkes nur der Glaube wurzeln, der die Seele des Menschen völlig erfaßt und seine tiefe göttliche Sehnsucht erfüllt.[5]

Bei verschiedenen Reisen, die ihn quer durch das ganze Land führen, entwickelt Michael erste eigene Thesen zu den rassischen Ursprüngen „deutscher" Sinnesart. Bald schon sieht er sich als Vertreter einer ganzen Generation neuer Gefühlsdenker, die gegen das künstliche Überbetonen des Verstandes aufbegehren. Michaels Kampf gegen den Intellekt und seine Rückbesinnung auf „deutsche" Werte wie „Blut" und „Herz" lassen eine bestimmte für Goebbels' Roman charakteristische Antithetik bereits klar erkennen; noch deutlicher kommt sie in dieser Passage zum Ausdruck:

> Die vielgepriesene objektive Wissenschaft an den deutschen Universitäten: „Der Herren eigener Geist, in dem die Zeiten sich bespiegeln." [...]
> Ich stehe mit beiden Füßen in der Zeit. Stehe in den Niederungen und lasse mich von ihren Begeisterungen zu den Sternen tragen.
> Für die Zeitgenossen gibt es anscheinend nur ein Absolutes: die Relativität.
> Ich sitze viel in den Cafés. Da lerne ich Menschen aus aller Herren Ländern kennen. Man liebt dann um so mehr alles, was deutsch ist. Das ist leider im eigenen Vaterlande so rar geworden.
> Dieses München ist ohne seine snobistischen Juden nicht denkbar. (S. 78f.)

Die Opposition von „deutscher" Gesinnung einerseits und einem *Mixtum compositum* aus Wissenschaft, Relativismus, Internationalismus und Judentum andererseits, wie sie hier zum Ausdruck kommt, greift wesentliche Aspekte der seinerzeit im öffentlichen Diskurs überpräsenten Einstein-Diskussion auf. Selbst bei liberal eingestellten Deutschen hatte sich bis Mitte der 20er Jahre das Vorurteil verselbständigt, die Juden seien einem „Aberglauben an das Allein-

---

[4] Goebbels: Wesen und Gestalt des Nationalsozialismus, S. 21.
[5] Göring: Reden und Aufsätze, S. 180f.

seligmachende des relativierenden Rationalismus, der intellektualen Kräfte"[6], verfallen, und die Völkischen warnten entsprechend vor dem Übergriff dieses „Glaubens" auch auf die Nichtjuden.[7]

Um die Ressentiments der Bevölkerung gegen „jüdisches" Denken weiter zu schüren, war es für die völkischen Demagogen ein leichtes, auf die bedrohlich wirkenden Entwicklungen in der Wissenschaft anzuspielen. Das taten sie dann auch akribisch und riefen lautstark zum Aufstand gegen die „Diktatur des Intellekts"[8] auf. Speziell die Relativitätstheorie entpuppe sich

> bei näherem Zusehen als ein anmaßliches Wahngebilde, das nicht nur die Verschrobenheit eines einzelnen Kopfes, sondern eine furchtbare Bloßstellung der ganzen Judenschaft darstellt, die diesen philosophischen Quacksalber wie einen Propheten feiert.[9]

So etwa tönte es aus Theodor Fritschs Anti-Einstein-Manifest von 1921. Den jüdischen Verschwörern und „Trägern der Verwüstung" diene Einsteins Theorie beim „Zerstören aller Begriffe" als hervorragendes Mittel:

> Sie möchten uns geistig entmündigen und uns Zweifel an unseren gesunden Sinnen erwecken. Wenn wir ihnen nicht in ihre „Abstraktionen" folgen können, so sollen wir uns als geistig unzulänglich betrachten und immer erst bei den erleuchteten Judengehirnen anfragen, ob wir denn auch etwas zu denken wagen dürfen. [...]

---

[6] Schumann: Deutsche und jüdische „Schuld" und Aufgabe. – In: Der Jude 8 (1924), S. 369-385, hier: S. 385.

[7] Zumeist zeigte man sich dabei kämpferisch und erklärte, die Deutschen würden sich ihren eigenen „Glauben an die Macht der Ideen [...] durch keinen Relativismus, keine Zweifelssucht und keinen Stoffglauben rauben lassen" (Wundt: Deutsche Weltanschauung, S. 100). „Alles zu trennen und nur als Getrenntes aufzufassen, wird die Eigenart des jüdischen Denkens. Es ist recht eigentlich totes oder noch besser tötendes Denken, da es nichts in seinem lebendigen Zusammenhang zu schauen vermag. Dadurch ist das Judentum zu jener wesentlich verneinenden Macht geworden, die ihre furchtbaren Wirkungen auf das gesamte neuere Geistesleben ausgeübt hat" (ebd., S. 68).

[8] Das vollständige Zitat aus Georg Schotts Vorwort zu *Chamberlain der Seher des dritten Reiches* (1934) lautet: „Das kausallogische Denken [...] wird [...] zur Geißel der Menschheit, zum Tod aller genialen Schöpfungen. An diesem toten Punkt waren wir in den letzten Jahren angelangt: bei der Diktatur des Intellekts, der Begleiterscheinung des Pöbelregiments auf politischem Gebiet. Hier, im Geistigen, muß also die entscheidende Schlacht der Zukunft geschlagen werden und auf Sieg ist nur zu hoffen, wenn die *Vorherrschaft* des Intellekts gebrochen wird und der Verstand wieder die Rolle des Türhüters übernimmt, die ihm von der sittlichen Weltordnung zugewiesen ist" (S. 7f.).

[9] Roderich-Stoltheim [d.i. Fritsch]: Einstein's Truglehre, S. 9.

Es soll nichts Festes, nichts Zuverlässiges, nichts Beständiges in der Welt mehr
geben; so erfordert es der semitische Genius der „Dekomposition". All unser
Vertrauen in den Wert und die Beständigkeit der Dinge soll untergraben werden. [...] Wir sollen den Glauben verlieren, daß es überhaupt etwas Festes und
Untrügliches in der Welt gibt, wir sollen an dem Wert der Wahrheit zweifeln
lernen; darum lehrt Einstein: Alles ist relativ, alles nur eingebildet, alles trüge-
risch. Die moralische Wirkung solcher begriffs-zerstörerischen Lehren sollte
man nicht unterschätzen. Sie sind geeignet, den Wert des Lebens überhaupt her-
ab zu setzen und auch das Vertrauen zu den *sittlichen* Lebenswerten zu unterbinden. Diese Vexierkünste sind für die Kinder Juda zugleich ein Prüfstein,
wieweit das Urteils-Vermögen der arischen Gesellschaft eingeschläfert ist.[10]

Auch Hitler, obwohl er persönlich weit weniger Anteil an den weltanschaulichen Kontroversen innerhalb der Physik nahm – bekanntlich ließ er sich lieber
über die „Verjudung" der bildenden Künste aus –, stimmte in diese Art von
Bocksgesang mit ein. Ebenfalls 1921 klagte er auf der Titelseite des *Völkischen
Beobachters*:

Wissenschaft, einst unseres Volkes größter Stolz, wird heute gelehrt durch He-
bräer, denen im günstigsten Fall diese Wissenschaft nur Mittel ist zu ihrem eigenen Zweck, zum häufigsten aber Mittel zur bewußten planmäßigen Vergiftung unserer Volksseele und dadurch zur Herbeiführung des inneren Zusam-
menbruches unseres Volkes.[11]

---

[10] Ebd., S. 9f. – Hervorhebungen durch Unterstreichung v. mir, C.K.
[11] Hitler: Dummheit oder Verbrechen. – In: Völkischer Beobachter 3.1.1921, S. 1, hier zit. n.
     ders.: Sämtliche Aufzeichnungen 1905-1924, S. 286. Äußerungen Hitlers zur modernen
     Physik sind selten und stets wenig ausdifferenziert. Allerdings – dies zeigen vor allem seine
     entsprechenden Anspielungen in *Mein Kampf*, auf die an anderer Stelle noch gesondert ein-
     zugehen sein wird – vertrat auch er im Hinblick auf die Vulgarisierung der Relativitätstheo-
     rie schon frühzeitig die hypertrophierte Weltverschwörungstheorie. Insofern ist Albert
     Speers Rekapitulation unrichtig, Hitler sei erst später – von seinem politischen Weggefähr-
     ten Philipp Lenard – über die Gefahren der modernen Physik „belehrt" worden (Speer:
     Erinnerungen, S. 242). Daß „die Juden auf dem Wege über die Kernphysik und
     Relativitätstheorie einen zersetzenden Einfluß ausübten" (ebd.), hatte Hitler bereits 1920/21
     für sich erkannt.
     Nach der „Machtergreifung" finden sich bei Hitler praktisch keine Äußerungen mehr über
     das geistige Degenerationspotential der modernen Physik. Offensichtlich hielt er sich auf
     diesem Gebiet bewußt zurück und überließ Alfred Rosenberg, seinem „Beauftragten in
     weltanschaulichen Fragen", alle weitere „Aufklärungsarbeit". Es existieren lediglich Ver-
     suche, die Brisanz der experimentell immer eindrücklicher bestätigten neuen Erkenntnisse
     herunterzuspielen, wie dieser Auszug aus einer Reichsparteitagsrede von 1935 zeigt: „Oder
     will jemand behaupten, daß die Masse einer Nation direkt Anteil nimmt an den Spitzen-

Die Reaktion auf solche Bezichtigungen erfolgte postwendend. Als Beispiel mag ein 1922 in der *Allgemeinen Zeitung des Judentums* gedruckter Übersichtsartikel dienen, der die Relativitätstheorie als „bedeutendste[n] Fortschritt der Physik seit Newton"[12] verteidigte und stolz behauptete, daß die „Einsteinsche Lehre [...] unser ganzes Denken in eine ganz andere Richtung [zwingt], als in der es bisher gewohnt war, sich zu bewegen". Der „Relativitätstheorie und Judentum" betitelte Beitrag endete mit der Bemerkung:

> Die Welt muß erkennen, daß der jüdische Geist nicht „zersetzend" wirkt, wie die Gegner behaupten, sondern aufbauend und befruchtend, und daß er geistige Werte schafft, die für die Menschheit von unberechenbarer, weitreichender Bedeutung sind.

Auch in Goebbels' Tagebuchroman entpuppt sich die Relativitätstheorie als wichtige Folie für die konstruierte Antithetik zwischen „deutschem" und „jüdischem" Denken: Michaels Weltbild gewinnt seine Konturen durch bewußte Abgrenzung von der neuen physikalischen Theorie. „*Unsere* Weltanschauung", verkündet der Held feierlich,

> ist nicht erdacht, sie ist gewachsen, und deshalb hält sie auch dem grausamen, harten Leben stand. [...]
> *Weltanschauung ist: ich stehe an einem festen Punkt und betrachte unter einem ganz bestimmten Blickwinkel die Welt.* Das hat gar nichts mit Wissen oder gar mit Bildung zu tun. (S. 42 – Hervorhebungen v. mir, C.K.)

Der zeitgenössischen Leserschaft wird die Allusion nicht entgangen sein: Die Notizen des Helden richten sich hier in sehr direkter Form gegen die Einsteinsche Theorie, deren vulgarisierter Fassung zufolge ein „absoluter" weltanschaulicher Standpunkt eben prinzipiell nicht existieren *konnte*[13] und die mit

---

leistungen der Chemie, der Physik und überhaupt aller anderen höchsten Lebensäußerungen [...]? *Ich bin im Gegenteil davon überzeugt, daß die Kunst [...] unbewußt weitaus den größten Einfluß auf die Masse der Völker ausübt*" (Die Reden Hitlers am Parteitag der Freiheit 1935, S. 32).

[12] Dieses und die folgenden Zitate: Scherbel: Relativitätstheorie und Judentum. – In: Allgemeine Zeitung des Judentums 85 (1922), S. 271-272, hier: S. 272.

[13] Teilweise war von der Relativitätstheorie explizit als Einsteinscher „Standpunktslehre" die Rede. Vgl. z.B. Witte: Die Umwertung von Raum und Zeit. Zum Verständnis von Einsteins Standpunktslehre (Relativitätstheorie). – In: Suggestion Nr. 123 (Feb. 1921), S. 4-8, hier S. 7: „Raum und Zeit sind Standpunktsache, relative Begriffe! [...] Das ist ein neuer Unterbau für die [...] Weltanschauung: Der Zusammenhang des wahrnehmenden Ich mit der Außenwelt wird in einem Grade aufgelöst, daß ein Mehr kaum denkbar erscheint." Darüber hinaus wurde „Losgelöstsein" als das „Grunderlebnis" der Relativitätstheorie bezeichnet;

dieser Aussage – in den Augen der reaktionären Rechten – sämtliche überlieferten Normen und Werte zu korrumpieren versuchte. Die dem Diarium eingeschriebene antisemitische Grundhaltung ist wesentlich von Michaels Auffassung genährt, daß das „exakte" Denken nach Art der modernen Naturwissenschaften die Hauptschuld am kulturellen wie moralischen Niedergang Deutschlands trage. Goebbels greift sogar explizit auf die beliebte Gleichsetzung von „jüdischem" und „mathematischem" Verstand zu-

man fühle „eins mit zwingender Gewalt: eine eigentümliche Unsicherheit. Einen Zweifel an der eindeutigen Gewißheit unserer Weltanschauung." (Ebd., S. 6.) Bereits 1917 hatte mit Paul Hatvani einer der Theoretiker des Expressionismus Gemeinsamkeiten von Relativitätstheorie und moderner Kunst *in puncto* „*Relativität der Anschauungen*" ausgemacht: In Physik wie Expressionismus – frohlockte Hatvani damals – hätte man neuerdings „nichts weiter zu tun, als *seinen Standpunkt* aufzugeben" (Versuch über den Expressionismus, S. 72). Später pflegten Autoren wie etwa Arnold Zweig diesen Diskurs weiter: „In Einstein feiert die radikale Denkkraft [...] einen Triumph [...]! Die Zeit: nicht mehr absolut, eine selbständige Komponente unseres Welterfassens, sondern [...] abhängig vom Standpunkt des beschreibenden Beobachters." (Bilanz der deutschen Judenheit, S. 227.)
Daß die völkische Berichterstattung zur Relativitätstheorie unermüdlich auf die angeblich von Einstein verkündigte allgemeine Standpunktlosigkeit Bezug nahm, überrascht nicht. Im *Deutschen-Spiegel* etwa konnte man 1931 unter der Überschrift „Einsteins Zusammenbruch" lesen: „Alle festen Standpunkte und Richtungslinien der Physik und Metaphysik, der Denk- und Seelenlehre sollten brüchig und fragwürdig sein." (Seeliger: Einsteins Zusammenbruch. – In: Deutschen-Spiegel 8 (1931), S. 1069-1072, hier: S. 1069.) Weiter hieß es: „Die meisten Lehrer der Universitäten und Akademien beugten sich fast widerstandslos dieser geistigen Fremdherrschaft und duldeten die jämmerliche Vergewaltigung der Vernunft." Nun aber müsse man sich zur Wehr setzen. Die „Irrlehren" der modernen Physik hätten schon zu lange wie „giftiger Meltau" auf der „deutschen Wissenschaft" gelastet (ebd.).
Die suggestive Verbindung von Relativitätstheorie und allgemeiner Standpunktlosigkeit spricht auch aus diesem Zitat aus der evangelischen *Reformierten Kirchenzeitung*: „Professor Einstein hat vor nicht langer Zeit erklärt, die ganze Weltmeinung müsse gegen England aufgeboten werden, weil die Engländer den Juden nicht genügend in Palästina entgegengekommen seien. Jetzt sagt er, die ganze Weltmeinung müsse gegen das barbarische Deutschland gehen. Diese Haltung entspricht einer moralischen Relativitätstheorie." (Zit. n. van Norden: Der deutsche Protestantismus im Jahr der Machtergreifung, S. 325.) Es muß darauf hingewiesen werden, daß Anhänger Einsteins unter den damaligen Koryphäen der Physik oftmals in fahrlässiger Weise zu solchen Vulgarisierungen beitrugen. „Gerade der souveräne Wechsel des Standpunktes ist es, den die Relativitätstheorie uns frei gemacht hat", frohlockte Arnold Sommerfeld Anfang der 20er Jahre in einer vielbeachteten populärwissenschaftlichen Abhandlung. (Die Relativitätstheorie. – In: Süddeutsche Monatshefte 18 (1920/21), S. 80-87, hier: S. 87.) Sommerfeld wurde aufgrund dieser und ähnlicher Äußerungen schnell zur erklärten Zielscheibe seiner „deutschen" Fachkollegen. Die lokalen Widersacher an der Münchner Universität attackierten ihn als „Hauptpropagandist jüdischer Theorien" (Müller: Jüdische und deutsche Physik, S. 22.)

rück, die die gesamte antisemitisch verfärbte Anti-Einstein-Literatur der 20er und 30er Jahre kennzeichnete.[14] „Viele unserer modernen Könner sind wie Mathematiker", erbost sich sein Protagonist. „Sie bilden mit dem Hirn und nicht mit dem Herzen." (S. 107) „Der Intellekt hat unser Volk vergiftet" (S. 50), klagt Michael an anderer Stelle – und denkt bei solchen Äußerungen stets den Bezug zum Judentum mit:

> Der Jude ist uns im Wesen entgegengesetzt. Ich kann ihn gar nicht hassen, nur verachten. Er hat unser Volk geschändet, unsere Ideale besudelt, die Kraft der Nation gelähmt, die Sitten angefault und die Moral verdorben. Er ist das Eitergeschwür am Körper unseres kranken Volkstums.

---

[14] Diese Gleichsetzung wurde seitens der deutsch-jüdischen Intelligenz sogar mit Stolz bestätigt – was die Vorurteile der Antisemiten natürlich nur noch verstärkte. Arnold Zweig stellte die gesamte neuzeitliche Mathematik in der *Bilanz der deutschen Judenheit* (1933) offensiv als eine im Kern jüdische Errungenschaft dar. Da mathematisch-logisches Denken „*bis zur revolutionären Abstraktion*" (S. 214 – Hervorhebung v. mir, C.K.) eine genuin jüdische Eigenschaft sei, habe der „jüdische Genius" (S. 223) auch in der modernen Physik vieles zu leisten vermocht. „Diese moderne Physik ist mathematische Physik." (S. 214) Explizit wies Zweig auch auf die Göttinger Tradition jüdischer Mathematiker hin. – Ein Jahr darauf verunglimpfte Johannes Stark die Göttinger Schule als „Theoretiker-Konzern" von „mathematischen Juden" (Nationalsozialismus und Wissenschaft, S. 12). (Zur unterschiedlichen Einstellung der Nationalsozialisten gegenüber der Göttinger und der Berliner Mathematikerschaft vgl. Siegmund-Schultze: Mathematische Berichterstattung in Hitlerdeutschland, S. 64-66. Ausführliche Angaben zu den Entlassungen führender Göttinger Mathematiker 1933 macht Ralf Schaper: Mathematiker im Exil. – In: Die Künste und die Wissenschaften im Exil 1933-1945. Hrsg. v. Edith Böhne u. Wolfgang Motzkau-Valeton, S. 547-568, hier speziell: S. 547-552.) Mit den Jahren verselbständigte sich die landläufige Identifikation von mathematisch-formalem und „jüdischem" Denken sogar so weit, daß der Ausdruck „Mathematikjude" als schwere Insultation herhalten konnte (vgl. z.B. Krieck: Krisis der Physik. – In: Volk im Werden 8 (1940), S. 55-62, hier: S. 58). „Man kann mit Mathematik [...] viel besser täuschen als mit gewöhnlichen Worten", warnte Lenard in seiner *Deutschen Physik* (I, S. 11). Dies bedeute eine besondere Gefahr für die deutsche Intelligenz. Zu oft wüßten sich die Arier „nicht zu hüten vor jüdischem Denken" (S. XVI). Zu ergänzen ist, daß das Bild vom be-rechnenden Juden natürlich nicht erst in den Jahren der Einstein-Hetze entstand, sondern nur entscheidend erweitert und scheinbar bestätigt wurde. Den Hinweis, daß die gegen „jüdische" Ratio ins Feld geführte „deutsche" Innerlichkeit ihre Wurzeln mindestens bereits in der Romantik hat, erbrachte u.a. Michael Ley. Als kanonisierte literarische Texte, in denen der „gefühlskalte, berechnende Jude" schon im 19. Jahrhundert als „Gegentypus zum Ideal des „gefühlsbetonten Deutschen" gezeichnet wurde, führt Ley Gustav Freytags *Soll und Haben* und Wilhelm Raabes *Hungerpastor* an (vgl. Apokalyptische Bewegungen in der Moderne. – In: Der Nationalsozialismus als politische Religion. Hrsg. v. Michael Ley u. Julius H. Schoeps, S. 12-29, hier: S. 23f.).

[...] Entweder er richtet uns zugrunde, oder wir machen ihn unschädlich. Ein anderes ist da nicht denkbar. (S. 57)

Daß „Intellekt" und „Verstand" eigentlich positiv konnotierte Begriffe sind, bereitet dem Romanhelden – wie den Nationalsozialisten überhaupt – keine Probleme.[15] Michael erklärt, der „Jude" sei trotz seiner Vorliebe für das Denken „nicht schlau. Er ist nur raffiniert, getrieben, durchtrieben, gerissen und skrupellos." (Ebd.)

Besonders wichtig für die Konstituierung der neuen „deutschen" Weltanschauung in Goebbels' Roman ist die Bibel, in der Michael nahezu ununterbrochen liest.[16] Fasziniert von der Bergpredigt und dem „stillen, bleichen Mann von Nazareth" (S. 59) beschließt er sogar, ein eigenes Drama zu schreiben – mit Jesus Christus als Titelheld. Daß das positive Bild vom christlichen Religionsstifter diesen unweigerlich in Opposition zum mißliebigen Judentum bringt, stellt ebenfalls kein Problem dar. „Christus kann gar kein Jude gewesen sein. Das brauche ich erst gar nicht wissenschaftlich beweisen. Das ist so!" (S. 58). Wie der radikale Antisemitismus und Antiszientismus durchzieht auch der christliche Diskurs den ganzen Roman.[17] Goebbels präsentiert seinen Helden als eine tief religiöse Natur, einen Mystiker *avant la lettre*, der verzweifelt „auf ein Wort aus dem Munde Gottes" (S. 61) hofft. Gezielt werden auch Assoziationen zu Luther hervorgerufen: „Ich ringe mit mir selbst um einen anderen Gott." (S. 31)

Die im Entstehen begriffene „Bewegung" gegen die „Überfremdung des deutschen Geisteslebens durch das internationale Judentum"[18] bezeichnet Michael dann markanterweise auch als „Christussozialisten" (S. 82). Als Erklärung fügt er hinzu:

> Christus ist das Genie der Liebe, als solches der diametralste Gegenpol zum Judentum, das die Inkarnation des Hasses darstellt. Der Jude bildet eine Unterrasse unter den Rassen der Erde. Er hat dieselbe Aufgabe, die im menschlichen Organismus der Giftbazillus hat [...].

---

[15] Zu diesem Punkt vgl. auch Schmitz-Berning: Vokabular des Nationalsozialismus, S. 317-322.

[16] Das andere Buch, das er immer mit sich führt, ist Goethes *Faust*.

[17] Auch in anderen Schriften artikulierte Goebbels „sein politisches Problem [...] eindeutig in der Sprache der Religion, und zwar der christlichen Religion" (Bärsch: Erlösung und Vernichtung, S. 94).

[18] Goebbels: Rassenfrage und Weltpropaganda, S. 10.

> Christus ist der erste Judengegner von Format. [...]
> Der Jude ist die menschgewordene Lüge. [...]
> Christussozialisten: das heißt, freiwillig und gern das tuen, was die Allerwelts-
> sozialisten aus Mitleid oder Staatsraison tuen. (Ebd.)

Bedrückt von der Last des irdischen Lebens, das er als „Kette aus Schuld und Sühne" empfindet, sehnt sich der Protagonist immer nachhaltiger nach „Erlösung" (S. 88);[19] auch darin zeigt sich die subtile Anlehnung an christliche Vorstellungsinhalte.

Eines Tages erfüllen sich Michaels Hoffnungen dann. Als er mit unbestimmtem Ziel durch München streift, findet er sich „fast wie im Traum" in einem unbekannten Saal wieder, mitten „unter Menschen, die mir fremd sind. Arme, verhärmte Menschen. Arbeiter, Soldaten, Offiziere, Studenten. Das ist das deutsche Volk nach dem Kriege." (S. 101) Es kommt zur alles entscheidenden Begegnung:

> Ich merke kaum, wie plötzlich einer oben steht und zu reden beginnt. Stockend
> und schüchtern zuerst, als suchte er Worte für Dinge, die zu groß sind, als daß
> man sie in enge Formen presse.
> Da, mit einem Male beginnt der Fluß der Rede sich zu entfesseln. Ich werde ge-
> fangen, ich horche auf. Der da oben gewinnt Tempo. Wie ein Licht leuchtet es
> über ihm. (Ebd.)

Der nicht mit Namen genannte Hitler tritt als Typus eines zweiten Christus' in Michaels Leben ein, als messianischer Hoffnungsträger, der dem zerschlagenen deutschen Volk den ersehnten neuen Glauben schenkt. Michael berichtet:

> Ehre? Arbeit? Fahne? Was höre ich? Gibt es das noch in diesem Volk, von dem
> Gott seine segnende Hand gezogen?
> Die Menschen beginnen zu glühen. Auf den zersetzten, grauen Gesichtern
> leuchten Hoffnungsstrahlen. [...]
> Am zweiten Platz links von mir sitzt ein alter Offizier und weint wie ein Kind.
> Mir wird heiß und kalt.
> Ich weiß nicht, was mit mir vorgeht. Mir ist mit einem Mal, als hörte ich Kano-
> nen donnern. [...]
> Der da oben spricht. Wälzt Quader auf Quader zu einem Dom der Zukunft. Was
> in mir seit Jahren lebte, hier wird es Gestalt und nimmt greifbare Form an.

---

19 Vondung (Apokalypse, S. 466) erkannte in der „Erlösungssehnsucht" das zentrale Thema des Romans. (Vgl. auch Bärsch: Erlösung, S. 167.) Singer (Michael, S. 72) nennt neben „Erlösung" auch „Opfer", „Auferstehung" und „Glaube" als Schlüsselbegriffe.

Offenbarung, Offenbarung! [...]
Mir ist, als müßte ich aufspringen und schreien: „Wir sind ja alle Kameraden.
Wir müssen zusammenstehen!"
Ich halte kaum noch an mich. (S. 102)[20]

Das Bekehrungserlebnis erreicht seine Klimax:

Ich gehe, nein, ich werde getrieben bis an die Tribüne. Da stehe ich lange und
schaue diesem Einen ins Gesicht.
Das ist kein Redner. Das ist ein Prophet! [...]
Wie das jüngste Gericht donnert Wort um Wort und Satz um Satz. [...]
Der da oben schaut mich einen Augenblick an. Diese blauen Augensterne tref-
fen mich wie Flammenstrahlen. Das ist Befehl!
Von diesem Augenblick an bin ich neu geboren. (Ebd.)

Deutlich sind in dieser dramatischen und äußerst dichten Schilderung Anlehnungen an die biblische Apokalypse zu erkennen – der Verweis auf das „jüngste Gericht" und der Ausruf „Offenbarung, Offenbarung!" reißen den Diskurs
ja auch *expressis verbis* an. Der seiner Heimat entfremdete Michael wurde von
Goebbels dem exilierten Apostel Johannes gleichgesetzt, dem auf Patmos das
Ende der Geschichte geoffenbart wurde:

Ich [...] hörte [...] eine große Stimme wie einer Posaune, die sprach: Ich bin das
A und O, der Erste und der Letzte; *und was du siehest, das schreibe in ein Buch*
[...]. *Und ich wandte mich um, zu sehen die Stimme, die mit mir redete.* Und als
ich mich wandte, sah ich [...] einen, der war eines Menschen Sohne gleich [...]
und seine Augen wie eine Feuerflamme [...]. Und [...] aus seinem Mund ging ein
scharfes, zweischneidiges Schwert, *und sein Angesicht leuchtete wie die Sonne.*
(Offb. 1,10-16 – Hervorhebungen v. mir, C.K.)

Hitler wird zum triumphierenden Christus erhoben,[21] der nach biblischer Verheißung in der Endzeit zur Erde zurückkehrt, um das Tausendjährige Reich zu

---

[20] Solche und andere Dokumentationen von Hitlers frühen Münchner Auftritten stellen keine
Seltenheit dar. Wie Günther Scholdt feststellte, suchten nicht wenige Schriftsteller die
„Stätten Hitler'scher Redetriumphe" ganz gezielt auf, um sich einen persönlichen Eindruck
zu verschaffen (Autoren über Hitler, S. 342).

[21] Es handelt sich hierbei um eine bekannte Selbststilisierung Hitlers, die Goebbels lediglich
adaptierte. Bereits 1921 hatte der „Führer" die nationalsozialistische Bewegung in deutliche
Nähe zum entstehenden Christentum gerückt: „Wir sind zwar klein, aber einst stand auch
ein Mann wie ich in Galiläa, und heute beherrscht seine Lehre die ganze Welt. Ich kann mir
Christus nicht anders vorstellen als blond und mit blauen Augen, den Teufel aber nur in der
jüdischen Fratze." (Zit. n. Ernst Piper: Alfred Rosenberg – der Prophet des Seelenkrieges.
Der gläubige Nazi in der Führungselite des nationalsozialistischen Staates. – In: Der Natio-

errichten (vgl. Offb. 20,4).[22] In der christlichen Apokalypse geht dem *Millennium* allerdings noch ein entscheidender Kampf voraus. Johannes berichtet:

Und ich sah einen Engel vom Himmel fahren, der hatte den Schlüssel zum Abgrund und eine große Kette in seiner Hand. Und er ergriff den Drachen, die alte Schlange, welche ist der Teufel und Satan, und band ihn tausend Jahre. Und warf ihn in den Abgrund [...], daß er nicht mehr verführen sollte [...]. (Offb. 20,1-3)

Der innerweltliche Chiliasmus war ein Hauptcharakteristikum nationalsozialistischer Demagogie. Das „Dritte" Reich sollte ein „Tausendjähriges" sein, gekennzeichnet durch eine vom Übel „erlöste" Menschheit – wobei als Heilsbringer das gesamte deutsche Volk angesehen wurde, mit seinem „Führer" an der Spitze.[23] Auch wenn die Johannesoffenbarung die Identität des kämpfenden Engels nicht näher bestimmt, wird man in ihm üblicherweise den Erzengel Michael erkennen;[24] Goebbels jedenfalls spielte bei der Namengebung seines Ti-

---

nalsozialismus als politische Religion, S. 107-125, hier: S. 119.) Ein andermal artikulierte Hitler ganz direkt einen persönlichen Anspruch auf die Rolle des göttlichen Heilsbringers: „Christus war der größte Pionier im Kampf gegen den jüdischen Weltfeind. [...] *Die Aufgabe, mit der Christus begann, die er aber nicht zu Ende führte, werde ich vollenden.*" (Zit. n. Wistrich: Der antisemitische Wahn, S. 252 – Hervorhebung v. mir, C.K.) In *Mein Kampf* schrieb Hitler schließlich, er „glaube [...] im Sinne des allmächtigen Schöpfers zu handeln: *Indem ich mich des Juden erwehre, kämpfe ich für das Werk des Herrn*" (S. 70). Als Goebbels in Hitlers Bannkreis verschlagen wurde, fragte er sich anfänglich: „Wer ist dieser Mann? [...] Tatsächlich der Christus, oder nur der Johannes?" (Tagebücher, I, S. 200.) Im *Michael*-Roman beantwortete Goebbels diese Frage dann eindeutig. Hitler ist der Gottmensch, „ein zweiter Christus" (Bärsch: Erlösung, S. 301), Goebbels selbst dagegen ein Johannes – allerdings der Apokalyptiker und nicht der Täufer, auf den seine persönlichen Tagebücher anspielten (vgl. dazu Jes. 40,3; Matth. 3,3; Joh. 1,23).

22 Das Tausendjährige Reich der Bibel ist dabei nicht zu verwechseln mit dem neuen Paradies, dem abschließenden Zielpunkt der christlichen Heilsgeschichte. Das Millennium wird ganz klar als *irdisches* Gottesreich vorgestellt; dem himmlischen Jerusalem gehen dagegen noch das große Weltgericht (Offb. 20,11-15) und eine völlig neue Schöpfung (Offb. 21,1-2) voraus.

23 „Hitler sah das Heil der ganzen Welt davon abhängen, daß Deutschland den apokalyptischen Endkampf [gegen das Judentum] gewinnt" (Klaus Vondung: Die Apokalypse des Nationalsozialismus. – In: Der Nationalsozialismus als politische Religion, S. 33-52, hier: S. 42).

24 Johannes nennt den *princeps angelorum* im Zuge der Beschreibung eines ähnlichen Kampfes explizit: „Michael und seine Engel stritten mit dem Drachen [...]. Und es ward ausgeworfen der große Drache, die alte Schlange, die da heißt der Teufel und Satanas, der die ganze Welt verführt, und ward geworfen auf die Erde" (Offb. 12, 7b-9). (Das griechische διαβολος für Teufel bedeutet neben „Verleumder" bezeichnenderweise auch so viel

telhelden bewußt auf diese gängige Verbindung an.[25] Der Held „Michael" wird einerseits als Archetypus des neuen „Christussozialisten" vorgestellt, als *Pars pro toto* für das deutsche Volk; andererseits steht er sinnbildlich für den heilsbringenden göttlichen Vollstrecker, der den großen Verführer, Satan, bezwingt und damit dem Tausendjährigen Reich seines Herrn den Weg ebnet. Das auszumerzende teuflische Element erblickten die Nationalsozialisten im europäischen Judentum.[26]

Eine explizite Beschreibung des physischen Vernichtungskampfes gegen das Judentum spart das *Michael*-Tagebuch jedoch aus. Dieser sollte erst später – realiter – in der Schoah erfolgen. Was aber als Vorstufe der ultimativen Konfrontation zwischen „gut" und „böse" vorausgehen muß, findet sich im Roman bereits: das *innere* Ringen zwischen der „deutschen" nationalsozialistischen und der „russischen" bolschewistischen[27] Weltsicht – letztere verkörpert

---

wie „Durcheinander-" oder „Chaosbringer".) Vgl. dazu auch Albrecht Dürers bekannte Bearbeitung des Motivs vom ausgestoßenen Drachen („Michaels Kampf mit dem Drachen", http://camel.conncoll.edu/visual/images-big/11Durer.jpg).

[25] Daneben sollte Michael natürlich auch den Schutzpatron der Deutschen verkörpern (vgl. Vondung: Die Apokalypse in Deutschland, S. 465).

[26] Vgl. zu diesem Punkt auch Hitlers unmißverständliche Drohung, der „Jude" würde sein Streben nach Weltmacht nur so lang weiterverfolgen können, bis ihm – in Gestalt des Nationalsozialismus – „eine andere Kraft entgegentritt und in gewaltigem Ringen den Himmelsstürmer wieder zum Luzifer zurückwirft" (Mein Kampf, S. 751). François Bédarida deutet Stigmatisierungen wie diese als nazistische Anlehnungen an den christlichen Topos vom „Tausendjährigen Reich" und weist auf die Bedeutung des einleitenden Kampfes der Engel hin: „Das chiliastische Versprechen, die Welt zu reinigen, indem die Betreiber ihres Verderbens beseitigt werden, kann nur durch und am Ende eines erlösenden Kampfes gegen die Agenten des Bösen, vornehmlich das internationale Judentum, eingelöst werden." (Nationalsozialistische Verkündigung und säkulare Religion. – In: Der Nationalsozialismus als politische Religion, S. 153-167, hier: S. 157; vgl. auch Ley: Genozid und Heilserwartung, S. 27.)

[27] Die „russische" Weltsicht ist dabei identisch mit der „jüdischen". Goebbels Bild von der jüdisch-bolschewistischen Weltrevolution ist geprägt von Hitlers Vorgabe, man habe im *„russischen Bolschewismus [...] den im zwanzigsten Jahrhundert unternommenen Versuch des Judentums zu erblicken, sich die Weltherrschaft anzueignen"* (Mein Kampf, S. 751). In seinem persönlichen Tagebuch notierte der spätere Propagandaminister entsprechend: „Bolschewismus ist jüdische Mache!" (Tagebücher, I, S. 228.) Weiter hielt er zum „russischen Bolschewismus" fest, er sei „niederdrückend in seiner satanischen Grausamkeit. So mag der Teufel wüten, wenn er die Welt beherrscht. Der Jude ist wohl der Antichrist der Weltgeschichte. Man kennt sich kaum mehr aus in all dem Unrat von Lüge, Schmutz, Blut und viehischer Grausamkeit. Wenn wir Deutschland davor bewahren, dann sind wir wahrhaft patres patriae!" (Tagebücher, I, S. 257.)

durch die Figur des Antagonisten Iwan Wienurowsky.[28] Schwere körperliche
Arbeit – Michael hat der Universität enttäuscht den Rücken gekehrt und arbeitet jetzt beim „Volk" unter Tage – bringt Goebbels' Helden endlich die ersehnte „Erlösung". Die entscheidende Szene folgt im Anschluß an Michaels erste
gefahrene Schicht: Der Held ist ausgelaugt, Blut und Schmutz zeichnen sein
Äußeres. Es kommt zu folgendem inneren Monolog:

> Ich bin wie von Dämonen gepeitscht.
> In mir sitzt einer, der mich beobachtet, ein anderer, ein zweiter.
> Unerbittlich. Scharf. Kritisch.
> Iwan Wienurowsky!
> Jetzt habe ich Dich, verdammter Hund!
> Du Bestie! Du Teufel! Du Satan!
> Komm her, ich will Dich packen. Bei der Gurgel will ich Dich packen. [...]
> Wir wollen sehen, wer stärker ist. [...]
> Er ist gewandt wie eine Katze.
> Aber ich bin stärker als er.
> Jetzt packe ich ihn bei der Gurgel.
> Ich schleudere ihn zu Boden.
> Da liegt er!
> Röchelnd, mit blutunterlaufenen Augen.
> Verrecke, Du Aas!
> Ich trete ihm den Schädel ein.
> Und nun bin ich frei! (S. 129)

Die Passage zeugt von einem abgrundtiefen Haß des Autors gegen die Vertreter der vermeintlichen „jüdisch-bolschewistischen" Weltverschwörung. Eingeleitet wird der Absatz durch die Zeile „Die Schlote rauchen. Dampf, Qualm,
Ruß, Flammen gegen den Himmel! Schreien, Zischen, Lärm, Arbeit!" (S. 128)
Den Rahmen für den geistigen Mord bilden damit „Arbeit" und „Freiheit".
Kurz bevor das Tagebuch abbricht, weil Michael nach einem Grubenunglück
für immer im Berg bleibt, plazierte Goebbels darüber hinaus diese – gewisser-

---

Zur dogmatischen Gleichsetzung von „jüdischem" und „bolschewistischem" Weltherrschaftsstreben in der NS-Ideologie vgl. auch Piper: Rosenberg, S. 113-115; Kershaw: Hitler, S. 197; S. 199; Wistrich: Der antisemitische Wahn, S. 166-172. Wistrich macht auch auf Goebbels' ursprünglich noch abweichende Einstellung zu diesem Problemkomplex aufmerksam (ebd., S. 199).

[28] „Ihre Welt und meine Welt müssen noch einmal um die letzte Daseinsform kämpfen" (S. 120), hatte Wienurowsky Michael zuvor prophezeit.

maßen als Vermächtnis des Helden hinterlassenen – Sätze: „Die *Arbeit* erlöste
mich. Sie *machte* mich stolz und *frei*." (S. 153 – Hervorhebungen v. mir, C.K.)
Elf Jahre nach der Veröffentlichung des *Michael*-Romans sollten dieselben
Begriffe erneut vor dem Hintergrund eines – diesmal wirklich, und zwar in
millionenfacher Ausführung vollzogenen – Mordes miteinander in Beziehung
gesetzt werden: in der Inschrift auf dem Eingangstor des Konzentrationslagers
Auschwitz.[29]

---

[29] Eine ausführliche Analyse des nazistischen Begriffs von „Arbeit", speziell „jüdischer Arbeit", im Zusammenhang mit den „Arbeits"lagern des „Dritten Reichs"
bietet Daniel Goldhagen (Hitlers willige Vollstrecker, S. 333-382 – zur Lagertor-
Aufschrift „Arbeit macht frei" s. speziell: S. 364). Goldhagen diagnostiziert für die
30er Jahre einen allgemeinen „ideologische[n] und psychische[n] Drang [der Deut-
schen], Juden zum Arbeiten zu veranlassen" (S. 338), und bringt Beispiele dafür,
wie Juden von ganz „normalen" Zivilisten spontan zu vollkommen sinnlosen
Zwangsdiensten genötigt wurden, etwa zur Straßenreinigung mit winzigen Hand-
bürsten. Daraus leitet er ab, daß das nazistische Stereotyp der Inkompatibilität von
„Judentum" und „schaffender Arbeit" quasi von allen Deutschen geteilt wurde;
„jüdische Arbeit" galt als geistig überhöht und parasitär, „deutsche" dagegen als
rechtschaffen und produktiv. „Die Deutschen betrachteten die Juden als Inbegriff
der Verbindung von höchster Intelligenz und Gerissenheit gepaart mit abgrund-
tiefer Niedertracht" (ebd., S. 482). Diese Rekonstruktion ist korrekt, Goldhagens
kategorische Verallgemeinerung dieser spezifischen Form des Antisemitismus auf
die Deutschen dagegen unhaltbar. Der antiintellektuelle Antisemitismus war kein
„Axiom" (ebd., S. 491) deutscher Kultur, wie Goldhagen glauben lassen will. Eher
schon könnte man ihn mit Shulamit Volkov als kulturellen „Code" beschreiben
(vgl. Antisemitismus als kultureller Code. – In: Dies.: Jüdisches Leben und Antisemitismus im 19. und 20. Jahrhundert, S. 13-36), denn selbst in den 30er Jahren
war er auf einen bestimmten, wenn auch den überwiegenden Teil der Bevölkerung
beschränkt. Seine enorme Ausbreitung in den frühen 20er Jahren (vgl. Jochmann:
Gesellschaftskrise und Judenfeindschaft in Deutschland 1870-1945, S. 99-170) ist
als Ausdruck eines Zeitgeistes zu interpretieren, der auf bereits vorhandenen Tradi-
tionsmustern aufbauen konnte, dessen erschreckendes Ausmaß aber nur mentalitätsgeschichtlich – als Negativreaktion auf bestimmte koinzidierende sozio-

ökonomische, politische und kulturelle Großereignisse – erklärt werden kann. Die
Initiativrolle der vulgarisierten modernen Physik, für Goldhagens grob simplifizie-
rende Axiomhypothese ohnehin bedeutungslos, wurde dabei auch von anderen Untersuchungen bislang nicht beachtet.

2.1.6 Zur Schuld in Brochs *Schuldlosen*

> Ähnlich wie einst die Lehre des Kopernikus als religi-
> onsfeindlich galt, so erscheint heute manchem beschei-
> denen Geiste die Relativitätstheorie als staatsfeindlich
> und wohl gar als der reinste „wissenschaftliche Bol-
> schewismus", wobei unter Bolschewismus die zwecklo-
> se Zerstörung der bestehenden Einrichtungen, Abschaf-
> fung traditioneller Anschauungen usw. zu verstehen ist.
> Man sagt dann etwa: die Relativitätstheorie [...], ihr ist
> nichts heilig, sie kennt keine Autorität und keine Moral,
> sie ist die Theorie des staatlichen Verfalls. Daher müsse
> man dieser ketzerischen Lehre zu Leibe rücken [...].[1]
>
> (Rudolf Lämmel)

Aufmerksame Zeitgenossen hatten die Inspiration der reaktionären Demagogie und ultrarechten Politik durch die vulgarisierte Relativitätstheorie früh erkannt und moniert, wie aus Rudolf Lämmels vorstehender Bemerkung zur Mobil-machung der nationalen Rechten gegen Einstein und die Relativitätstheorie klar hervorgeht. Das Zitat stammt aus dem Jahr 1921. Nach dem Zweiten Welt-krieg ist die Mitschuld der modernen Physik im Hinblick auf Aufkommen und Durchsetzungserfolg des Nationalsozialismus dagegen kaum noch angemahnt worden. Auf die Gründe für dieses Phänomen wird noch genauer einzugehen sein. Eine der wenigen Ausnahmen in dieser Hinsicht stellte jedenfalls Hermann Broch dar, der in seinen Ausführungen zum „Projekt einer ‚Interna-tional University'" kritisierte, daß die Wissenschaft „versagt" habe:

> [...] sie hat die Weltkatastrophe nicht verhindern können, ja kann teilweise mit zu ihren Ursachen gerechnet werden; [...] der autonome Wissenschaftsfortschritt hat mit dem „Weltgeist", dessen [...] Exponent er ist, selber zur Katastrophe hingesteuert. (KW XI, 417)

---

[1]   Lämmel: Relativistisches Denken. – In: Kosmos 18 (1921), S. 283-287, hier: S. 283.

Broch rekurrierte hier in erster Linie auf die folgenschweren Entwicklungen innerhalb von Mathematik und Physik. Als „Hauptursachen" dafür, daß die exakten Wissenschaften „schuldig" werden konnten, nannte er im Anschluß

> a) [...] eine extensive, da die Wissenschaften sich infolge ihrer stürmischen Entwicklung (auf dem Gebiet der Naturbeherrschung) während des 19. Jahrhunderts in einer Weise spezialisiert hatten, daß jede innere Verbindung zwischen den verschiedenen Fächern aufgelöst wurde, geschweige denn, daß der einzelne Mensch je eine Gesamtübersicht über sie alle hätte gewinnen können, b) eine intensive, da [...] die Hauptdisziplinen sich genötigt sahen, bis zu ihren eigenen Grundlagen vorzustoßen und hiebei (sogar auch die Mathematik) entdeckten, daß hier keineswegs alles so gesichert ist, wie noch im 19. Jahrhundert angenommen war, und daß vielfach ein völliger Neuaufbau vorgenommen werden müsse, eine Entdeckung, die den einzelnen oft genug in die Bahn des schieren Relativismus in all seinen Anschauungen, nicht zuletzt den ethischen geworfen hat. (Ebd.)

Die Verbindung von physikalischem und ethischem Relativismus habe enorme kulturelle Auswirkungen und katastrophale politische Folgen gehabt. Die wissenschaftlichen Revolutionen hätten „das Eindringen isolierter naturwissenschaftlicher Erkenntnisse in ein halbphilosophisches Denken gefördert, das dann mithin – wie u.a. das Beispiel Spenglers zeigt – den unheilvollsten Einfluß auf die Weltgestaltung ausgeübt hat." (S. 418) Während mit dieser Bemerkung die einschlägigen Ausführungen im Aufsatz über die „International University" enden, findet sich eine elaborierte *literarische* Kritik in Brochs *Schuldlosen.*

Brochs in Romanform gefügte Novellensammlung *Die Schuldlosen* ist eine kurz nach dem Zweiten Weltkrieg konzipierte mentalitätsgeschichtliche Darstellung des aufkommenden Nationalsozialismus. Die „sozial-analytische Aufgabe" (KW V, S. 305) des Werkes sollte darin bestehen, so der Autor, literarisch den „Geistes- und Seelenzustand" darzustellen, „aus dem – und so geschah es ja – das Nazitum seine eigentlichen Kräfte gewonnen hat." (S. 325) Nicht auf die führenden Köpfe der „Bewegung" richte sich das Augenmerk, sondern auf die Mitläufer, das Heer der „normalen" Menschen:

> Der Roman schildert deutsche Zustände und Typen der Vor-Hitlerperiode. Die hierfür gewählten Gestalten sind durchaus „unpolitisch"; soweit sie überhaupt politische Ideen haben, schweben sie im Vagen und Nebelhaften. Keiner von

ihnen ist an der Hitler-Katastrophe unmittelbar „schuldig". Deswegen heißt das Buch „Die Schuldlosen". (S. 325)

Dem typischsten Vertreter der „Schuldlosen" begegnet der Leser in Gestalt des Studienrates Zacharias. Der Mathematiklehrer wird als kleinkarierter Mann vorgestellt, der zu dem Fach, das er unterrichtet, ein unorthodoxes Verhältnis pflegt. Schon mit der Lehramtsprüfung hatte er das Interesse am Fortschritt der reinen Mathematik gänzlich abgelegt und nimmt seit vielen Jahren keinerlei Anteil mehr an den brennenden Problemen seiner Zunft – noch einmal sei in diesem Kontext das Stichwort „Grundlagenkrise" genannt. Zacharias betreibt Mathematik, „ohne die höheren Aufgaben und Prinzipien der gewählten Wissenschaft zu bedenken oder anzustreben" (S. 33); sein Fach stellt für ihn nur einen Katalog von Rechenaufgaben dar, „die er oder seine Schüler zu lösen haben, und ebensolche Aufgaben sind ihm die Fragen des Stundenplans oder die seiner Geldsorgen" (ebd.). Vor Jahren, bei Antritt seiner ersten Stelle, hatte er das „abgeschlossene, säuberlich abgeschnürte und handliche Paket seines Wissens in kleine Paketchen" eingeteilt, die er seitdem nur noch brav an seine Schüler weitergab,

> auf daß er sie von diesen in Gestalt von Prüfungsergebnissen zurückverlangen könne. Wußte der Schüler nichts zu antworten, so bildete sich Zacharias die, wenn auch nicht klare, Meinung, jener wolle ihm sein Leihgut vorenthalten, schalt ihn als verstockt und fühlte sich benachteiligt. (S. 35)

Zacharias ist also alles andere als ein Wissenschaftler; er wurde von Broch als kleinbürgerlicher Philister gezeichnet, als ein „Minimum an Persönlichkeit" (S. 34), wie es im Text heißt. In seinem Kommentar charakterisierte der Autor seinen negativen Helden auch noch so:

> Der Studienrat Zacharias: der Zwischenschicht halbproletarischen Mittelstandes entstammend, also spezifischer Spießer, geduckt vor allem, was oben ist, dafür auf jeden trampelnd, der sich unter ihm befindet, ist er Repräsentant jener ganzen Zacharias-Klasse, die allüberall im gleichen Nebel von Opportunismus und Moralschlagworten lebt, Nebelmensch, dem alles gestattet ist, weil das Undurchdringliche ihm den Nebelmenschen verhüllt. (S. 315)

Sämtliche Romanfiguren seien als Typen, „nicht als Einzelfälle [...] gewählt und gezeichnet" worden, heißt es weiter, „so daß, bei allem Naturalismus, eine Reduzierung des Psychologischen aufs Schematische sichtbar wird" (S. 308). Zacharias, diejenige Figur, die im Verlauf der Handlung als einzige ein „wirklicher Nazi" (S. 306) werde, diene als Typus des deutschen Spießbürgers – und eben nicht als ein Vertreter der Wissenschaft.

Die für die Zacharias-Figur relevante Handlungszeit ist das Jahr 1923: „Um jene Zeit", heißt es im Roman,

> begann man in ganz Deutschland Protestversammlungen gegen die Einsteinsche Relativitätstheorie abzuhalten, die man, zumindest in der Ansicht national-gesinnter Kreise, allzulange stillschweigend geduldet hatte. (S. 142)

Zacharias lehnt die Relativitätstheorie aufgrund ihrer mathematischen Komplexität ab:

> An und für sich [...] war er von der Einsteinschen Lehre, außer daß sie ihn durch Schwerverständlichkeit abstieß, nur wenig berührt, denn sie war ja noch nicht in den Lehrplan der Gymnasien aufgenommen worden; doch gerade das hatte verhütet zu werden, gleichgültig wie es mit ihrer Richtigkeit oder Unrichtigkeit als solcher bestellt sein mochte. Wie konnte man seinen Lehrberuf ausüben, wenn man gezwungen werden sollte, unaufhörlich neuen Stoff zuzulernen? Hieß das nicht, dem Schüler freie Hand zur Aufwerfung vorwitziger, verlegenheitsträchtiger Fragen zu geben? Hatte der Lehrer nicht wohlbegründeten Anspruch auf Wissensabgeschlossenheit? Wozu denn sollte die Lehrbefähigungsprüfung dienen? Niemand wird bezweifeln, daß diese ein Meilenstein ist, anzeigend, daß die Periode des Lernens ihr Ende erreicht hat und daß nunmehr die des Lehrens beginnt, und unstatthaft ist es daher, darüber hinaus den Lehrer noch weiter mit neuen Theorien behelligen zu wollen und gar mit solchen, die wie die Einsteinsche selber noch umstritten sind! (S. 142f.)[2]

---

[2] Tatsächlich gab es in den 20er Jahren verstärkte – z.T. auch erfolgreiche – Anstrengungen, die Relativitätstheorie in die Curricula der Schulen aufzunehmen. Vgl. dazu z.B. Schoenflies: Ein Weg zur Relativitätstheorie für die Schule. – In: ZmnU 52 (1921), S. 1-13; Seyfarth: Relativitätstheorie und Schule. – In: ZpcU 34 (1921), S. 133-137; Trommersdorf: Relativitätstheorie und Schule. – In: Unterrichtsblätter für Mathematik und Naturwissenschaften 27 (1921), S. 41-47; Hintze: Das Relativitätsprinzip. – In: Blätter f. Fortbildung d. Lehrers u. d. Lehrerin 14 (1921), S. 151-160; S. 191-198; Riebesell: Die Behandlung der Grundlagen der speziellen Relativitätstheorie in der Schule. – In: Verh. d. Vers. Dt. Philologen u. Schulmänner 53 (1922), S. 93-94; ders.: Die Relativitätstheorie im Unterricht; Binder: Elementare Einführung in die spezielle Relativitätstheorie für den Unterricht in der Prima und zum Selbstunterricht bearbeitet; Müller: Über eine einfache Art, den Relativitätsbegriff im Schulunterricht zu behandeln. – In: Verh. d. Vers. Dt. Philologen u. Schulmänner 57 (1929), S. 138; ders.: Über den Relativitätsbegriff im Schulunterricht. – In: Südwestdt. Schulblätter 45 (1930), S. 7-15.
Auch Zacharias' Ablehnung dieser Bestrebungen wurde von Broch der allgemeinen zeitgenössischen Diskussion entnommen, was sich z.B. an diesem im *Pforzheimer Anzeiger* ge-

Seine negative Einstellung zur Relativitätstheorie bringt den Lehrer schnell in Opposition zu seinen Parteigenossen: Gewohnt, „seine Ansichten widerspruchslos von den jeweiligen Machthabern zu beziehen" (S. 141), war Zacharias sofort nach dem Ersten Weltkrieg von einem Getreuen des Kaisers zu einem Anhänger der SPD konvertiert. Diese jedoch verhält sich gegenüber der Relativitätstheorie mehrheitlich aufgeschlossen, ja fast schon euphorisch. Als die öffentliche Kampagne gegen Einstein immer stärkeren Zulauf findet, bringt Zacharias sein Parteibuch regelrecht in einen Gewissenskonflikt, denn er wußte,

> daß Einstein viele Anhänger innerhalb der Sozialdemokratischen Partei und ihrem Vorstand besaß, ja daß selbiger, hätte eine Abstimmung stattgefunden, sich vermutlich einhellig für die Relativitätstheorie ausgesprochen hätte [...]. (S. 142)

Sein Grundbedürfnis nach Ruhe und Ordnung läßt den Studienrat dieses Mal jedoch seine Obrigkeitstreue vergessen,

> und fast fühlte er sich, nicht ohne fachmännischen Stolz, als Rebell, weil er die Protestversammlungen [...] besuchte, herausstreichend, daß er als Mathematiker und Schulmann hierzu sowohl berechtigt wie verpflichtet sei. (Ebd.)

Interessant ist, wie Broch die Reaktion der versammelten Einstein-Gegner beschreibt, als Zacharias eines Tages tatsächlich einmal den Mund öffnet und seine Vorbehalte kundtut: Auch wenn die „gemäßigt scharfe Rede" des Lehrers „manchem Heißsporn" in der Anti-Einstein-Versammlung

> zu gemäßigt und zu wenig scharf war, so daß er einige Male das Wort „Judenknecht" zu hören bekam, seine Ablehnung ungesunder Neuerungssucht im Wissenschaftsbetrieb – „Wir wollen fortschrittlich, aber nicht modisch sein!" – erntete im allgemeinen doch reichliche Zustimmung, und in der darauffolgenden Debatte, welche recht lebhaft, ja stürmisch wurde, da die Einstein-Anhänger auf sachliche Auseinandersetzung und sachliche Begründung drangen, durfte er nochmals aufstehen und empört fragen, ob seine Ausführungen etwa unsachlich gewesen seien. (S. 142f.)

---

brachten Dialog belegen läßt: „‚Die geraden Straßen sind krumm, der Raum existiert nicht, die drei Dimensionen sind eine Täuschung und Euklid ist falsch,' sagt A. ‚Sagen Sie das nur nicht unseren Schuljungens,' fällt B. ein. ‚Die wollen dann überhaupt keine Geometrie mehr lernen. [...]'" (Anon.: [Das außerordentliche Interesse ...] – In: Pforzheimer Anzeiger 16.6.1921, Nr. 137.)

Der Studienrat, dem hier von den Radikalen der Vorwurf gemacht wird, daß auch er noch ein „Judenknecht" sei, entwickelt sich politisch rasch weiter. Immer deutlicher nähert sich der ewige Mitläufer der Linie der Nationalsozialisten an, wie aus den Gesprächen mit dem jungen Holländer A. hervorgeht. Darin pocht Zacharias fortwährend auf typisch „deutsche" Werte und plappert die gängigen antisemitischen Parolen der NSDAP nach. So verkündet er im Hinblick auf die Juden:

> Wir mögen auch nicht, daß sie in ihrem Großgetue sich mit der Neugestaltung unseres physikalischen Weltbildes befassen und uns mit voreiligen, ungesicherten und darum eitlen Resultaten behelligen; es ist unser Weltbild, und wenn wir es umgestaltet haben wollen, so werden wir uns den Umbau besser und solider als sie besorgen, und ohne viel Aufhebens davon zu machen. Das ist unsere Präzision, die Präzision der deutschen Wissenschaft; wir treffen's allein und, keine Sorge, ohne ihre Hilfe. (S. 149)

Broch paraphrasiert hier treffend die permanent gegen Einstein und seine Theorie vorgebrachten – und mit der Zeit fast nur noch politisch motivierten – Vorbehalte. Als Deutscher, verkündet Zacharias stolz, sei er „gegen das Modische" (S. 146) und gegen den um sich greifenden Internationalismus, denn dieser sei „undeutsch" (S. 154). Um die gutmütigen Deutschen handlungsunfähig zu machen und das „präziseste Volk Europas" (S. 148) geistig auszubeuten, habe das Ausland die Relativitätstheorie künstlich hochgejubelt – wobei Broch seinen Helden hier ganz offensichtlich auf die britischen Berichte über die geglückten Sonnenfinsternis-Expeditionen anspielen läßt:

> Bei den Westmächten wird bloß geschwätzt, scheinbar demokratisch geschwätzt, um ihre Geschäfte zu bemänteln. Deswegen machen sie auch so viel Lärm mit dem Einstein. Leeren Lärm. In Wahrheit geht's ihnen nur um ihre Geschäfte, und gerade das werden wir ihnen austreiben." (S. 155)

Implizit bringt Broch auch den nazistischen Unendlichkeits-Mythos[3] und seine Unterminierung durch die Relativitätstheorie[4] in das Gespräch zwischen A. und

---

[3] Im *Mythus des 20. Jahrhunderts* hatte sich Rosenberg ausgiebig über das „Unendlichkeitsgefühl" der Deutschen ausgelassen, „ein Gefühl, welches wir in keiner der uns bekannten Rassen- und Kulturseelen derart ausgeprägt anzutreffen vermögen" und damit das „Geheimnis der germanisch-nordischen Seele" (S. 389). Max Wundt pries das Unendliche in seiner *Deutschen Weltanschauung* 1926 als „Quell des göttlichen Lebens" (S. 68) und typisch „deutsches" Vorstellungsgut. „Alles zu trennen und nur als Getrenntes aufzufassen", sei im Gegensatz dazu die „Eigenart des jüdischen Denkens" (ebd.). Die Vorstellung von

Zacharias ein. Die Deutschen seien das „Volk der Unendlichkeit", läßt er den trinkfreudigen Studienrat lauthals proklamieren,[5] und ebendarum das des Todes, während die anderen im Endlichen verblieben sind, im Krämergeist, im Geldgeist, verhaftet der Meßbarkeit [...]. Wir haben zu

---

der Unendlichkeit des Kosmos wurde auch von der NS-Wissenschaftselite gern als genuine Leistung arischen Denkens gepriesen (vgl. z.B. Tirala: Nordische Rasse und Naturwissenschaft. – In: Naturforschung im Aufbruch. Reden und Vorträge zur Einweihungsfeier des Philipp Lenard-Instituts der Universität Heidelberg, S. 27-38, hier: S. 30: „Die griechische Seele war ihrer Anlage nach nicht geneigt, sich mit einer Unendlichkeit des Weltalls abzufinden [...], während der germanische Genius mit dem Begriff des Unendlichen ernst gemacht hat [...]."").

[4] Die „Krümmung" des Raum-Zeit-Kontinuums war spätestens 1920 zu einem geflügelten Wort in Deutschland geworden. Die Zeitungen berichteten ausgiebig über Einsteins Theorie des in sich geschlossenen, in vier Dimensionen *endlichen* Universums und druckten sogar die Formel zur Berechnung des Weltradius ab (vgl. dazu Gehrckes kritische Anmerkungen: Massensuggestion, S. 20). Fast alle populärwissenschaftlichen Darstellungen und Kritiken der Relativitätstheorie behandelten das Problem des endlichen, aber grenzenlosen Raumes (vgl. z.B. Einstein: Über die spezielle und die allgemeine Relativitätstheorie, S. 72-76; Moszkowski: Einstein. Einblicke in seine Gedankenwelt, S. 125-132; Friedrichs: Die falsche Relativität Einsteins, S. 32f.; Thirring: Die Idee der Relativitätstheorie, S. 161f.; Rülf: Gestalt und Größe der Welt nach Einstein. – In: Umschau 25 (1921), S. 65-68). Auch Hermann Brochs Filmskript zur Relativitätstheorie (1935) greift den Gedanken auf: „„Möchte wissen, was das heißt, unbegrenzt, aber nicht unendlich.' – ,Eine Häufung sinnloser Hypothesen.' – ,Ein Jonglieren mit Worten.' – ,Nein, mit Formeln.'" (KW II, S. 155) In der *Bilanz der deutschen Judenheit* (1933) schrieb Arnold Zweig: „In Einstein feiert die radikale Denkkraft des Juden einen Triumph wie nicht mehr seit den Tagen des Baruch Benedikt Spinoza. Das Weltall: kein unendliches System mehr, sondern eines, dem auf bestimmte Art die Eigenschaft des Geschlossenseins zugeschrieben werden muß!" (S. 227). Und ein Beispiel für eine *kritische* Stimme aus dem selben Jahr: „Nach *Einstein* soll [...] der Raum [...] endlich, gekrümmt, wenn auch ohne Grenzen sein. Gegen diese Auffassung *Einsteins* spricht als großer Nachteil, daß der *Einsteinsche* Raum weder für primitive noch für intelligente Menschen noch überhaupt irgendwie vorstellbar ist." (Heinsohn: Einstein-Dämmerung, S. 41f.) Daß die Nachricht von der Abschaffung der Unendlichkeit gerade auch *religiöse* Grundannahmen unterminierte, braucht kaum eigens betont zu werden. Als exaktwissenschaftliche Gewißheiten verkaufte Äußerungen wie „Ewigkeit und Unendlichkeit existieren nicht; das ist mit *Hilfe der Relativitätstheorie* auf erkenntnistheoretischem Wege nachgewiesen worden" (Rawitz: Raum, Zeit, und Gott, S. 69) hatten zweifellos entscheidenden Anteil an der wachsenden weltanschaulichen Verunsicherung der Menschen. (Zu diesem Punkt vgl. auch von Weizsäcker: Christlicher Glaube und Naturwissenschaft, S. 32f.)

[5] In diesem Kontext erinnere man sich noch einmal an den in einem zuvor behandelten Relativismus-Artikel formulierten Schrei nach „Erlösung vom Fluche eines übersteigerten Intellektualismus" und die im selben Atemzug diagnostizierte „Sehnsucht nach dem Unendlichen" (s.o.) in der durch die Schlüsse der Relativitätstheorie verunsicherten deutschen Bevölkerung.

ihrem Heil die Strafe der todschwangeren Unendlichkeit an ihnen zu vollziehen.
Fürwahr ein gewaltiger, fürwahr ein harter Unterricht! (S. 150)
Das All, zornig züchtigungsbereit in seiner Unendlichkeit, das mütterliche All
stimmt mir bei ... kannst du's hören? (S. 165f.)

Zusehens redet sich der Studienrat in Ekstase. Wiederholt fällt in seinen Reden
auch das Wort „Auslöschung": Die Brüderlichkeit, Zacharias zufolge das
Hauptmerkmal „deutscher" Gesinnung, wolle

nicht durch eine Schein-Auslöschung den Tod und den Todesekel hinweg-
schwindeln, nein, um der echten Auslöschung willen nimmt sie Tod und Ekel
mutig auf sich. Mögen die Frauen daheim das empfangene Kind austragen, die
Männer tragen den Tod aus und werden von ihm getragen, ausgelöscht in der
Vielheit, die das Echo des Unendlichen ist, das All-Echo. (S. 158)

Die Läuterung des deutschen Volkes von den schädlichen Zersetzungstenden-
zen könne allein durch „Abtötung jeglicher Auflehnung" (S. 159) erfolgen, für
Zacharias – ähnlich wie für Goebbels' Michael – eine geradezu sakrale Handlung, denn

je schwerer die Züchtigung ist, die der Novize anfangs auf sich genommen hat,
je tiefer er im Ekel angefangen hat, desto sicherer wird ihm die Ganzheit, in die
er, als wäre sie das All, ekelbefreit und furchtbereit zu verlöschen bestimmt ist.
Widerspruchslos empfängt er seine Befehle von der Ganzheit, und der Befehl
verbürgt ihm die Sicherheit des Wortes, der Dinge und der Namen, so daß die
Wirklichkeit nicht mehr angezweifelt zu werden braucht, ledig aller unnützen
Theoreme und alles Schwankens, das todzugekehrte Leben der Ganzheit, rück-
gestrahlt als Brüderlichkeit in das Leben des einzelnen, seine Auslöschung und
sein Glück. Und eben das wollen wir als deutsche Brüderlichkeit definieren.
(Ebd.)

Auch die Sehnsucht nach der starken Hand und das völkische Gesellschafts-
ideal finden implizit Eingang in Zacharias' Reden: „Wir brauchen geplante
Freiheit", lautet seine Forderung,

und ebendarum muß die flache und chaotische, ja läppische Freiheit des We-
stens durch eine geführte und geplante ersetzt werden. [...] Eine Gleichheit vor
dem Befehl, eine Gleichheit der Zucht und der Selbstzucht wird die unsere sein,
geordnet nach Alter, Rang und Leistung der Bürger, eine wohlausgewogene
Pyramide, und der Erlesenste wird an ihre Spitze berufen werden, ein strenger
und weiser und führender Zuchtmeister, er selber der Zucht unterworfen, auf
daß er die Brüderlichkeit verbürge. (S. 165)

Broch deutete in seinen *Schuldlosen* den Kausalnexus zwischen vulgarisierter Relativitätstheorie, weltanschaulicher Verunsicherung und aufkommendem Nationalsozialismus sehr subtil an. Einsteins Lehre erscheint dabei sowohl direkt – durch die Entzauberung des Weltalls und die formale „Widerlegung" seiner Unendlichkeit –, mehr aber noch indirekt – als Konturierungsobjekt für die völkische Propaganda – als mitauslösendes Moment für die Affiliation breiter Bevölkerungsschichten, denn Zacharias ist – wie gesehen – nur ein typischer Repräsentant[6] – an die „Bewegung". Der Plot des Zacharias-Kapitels läßt sich so wiedergeben: Ein in seiner Einschätzung zur Relativitätstheorie zunächst indifferenter Spießbürger besucht Anti-Einstein-Versammlungen und nähert sich darüber immer deutlicher den Nationalsozialisten an. Wichtig ist dabei, daß die Figur des „Prä-Nazis Zacharias" (S. 314) nicht als ein politisch irregeleiteter Wissenschaftler gestaltet wurde, sondern als Typus des deutschtümelnden Philisters, an dem das „aufkommende Nazitum scharf sichtbar" (S. 303) gemacht werden sollte. Zur Physik pflegt Zacharias kein auch nur irgendwie besonderes Verhältnis.

Broch ging es in den *Schuldlosen* um die „Herausarbeitung des Zeitgeist-Phänomens" (S. 323) der 20er Jahre, um eine literarische Darstellung der deutschen „Seelenmechanik" (S. 301) im Vorfeld der sog. *konservativen Revolution* von 1933. Wie, fragte er, „konnte ein hochgesittetes, tüchtiges Volk in solches Unheil taumeln?" (S. 313) Die Antwort, die er fand, weist der modernen Physik eine entscheidende Mitschuld zu. Seinem Roman zugrundegelegt ist eine mentalitätsgeschichtliche Deutung der weltanschaulichen Kämpfe im Fahrwasser der öffentlichen Kontroverse um die Relativitätstheorie, die seine Einschätzungen zur Schuldfrage im Essay über die „International University" adäquat ergänzt.

---

[6] Broch spricht sogar von den Deutschen als einer „Zacharias-Rasse" (S. 325).

2.2 Die religiöse Dimension

2.2.1 Relativitätstheorie und christliches Weltbild. Biblische Vorstellungen von Raum und Zeit

> Die Relativitätstheorie wurde infolge einer merkwürdigen Psychose nach dem Weltkrieg gleichzeitig gerühmt und angefochten. Viele vermuteten in ihr eine Herabsetzung der Moral oder der staatlichen Autorität, sogar der Religion.[1]
>
> (Rudolf Lämmel)

1921 erschien in der *Neuen Rundschau* unter dem Titel „Soziologische Gedanken zur Relativitätstheorie" ein Artikel, der sich eingehend mit den Folgen der Relativitätstheorie für Weltanschauung und Religion auseinandersetzte. Der Mensch sei, hieß es dort einleitend, nicht nur „biologisches Individuum" und „wirtschaftliches Subjekt", sondern immer auch „*Metaphysiker*" bzw. „*gläubige Seele*"[2]. Über die „Gesamtwirkung dieser Bestimmungselemente" habe sich im Laufe der Menschheitsgeschichte der „ideologische Gehalt der Gesellschaft: Religion, Wissenschaft, Weltanschauung" herausgebildet – der sich gegenwärtig von der modernen Physik in höchstem Maße provoziert sehe. Schwer wiege vor allem die In-Frage-Stellung der herkömmlichen „absolutistische[n] Denkweise", die bislang alle „Lebens- und Kulturgebiete" dominiert habe, allen voran die Religion:

> In jeder Kulturreligion ist Gott, als höchstes Wesen, als absoluter Urgrund des Seins, über alle Relationen erhaben. Sämtliche menschliche Handlungen werden auf ihn bezogen. Diese Absolutität wird auf die Einrichtungen übertragen,

---

[1] Lämmel: Die moderne Naturwissenschaft und der Kosmos, S. 198.
[2] Dieses und das folgende Zitat: Szende: Soziologische Gedanken zur Relativitätstheorie. – In: Neue Rundschau 32 (1921), S. 1086-1095, hier: S. 1090. Szende war einer der führenden Sozialwissenschaftler der Weimarer Republik.

welche sich als Vollstrecker der göttlichen Ordnung verkünden, vor allem auf
die Kirche.[3]

Eingehend wurde die Frage diskutiert, wie der Mensch mit seinem von einer
genuin „absolutistischen Tendenz"[4] geprägten Weltbild[5] auf die neue, mit dem
Anspruch wissenschaftlicher Exaktheit auftretende Lehre reagieren würde, die
in ihrer eklektischen Übertragung auf verschiedenste Lebensbereiche die Existenz jedweder absoluten Norm prinzipiell abstreite. Zwangsläufig müsste es,
so die Antwort, zu einem Kampf zwischen absolutistischer und relativistischer
Weltanschauung kommen, wobei letztere erwartungsgemäß unterliegen werde,
weil sie der „Riesenaufgabe [...], sich gegen die Übermacht der absolutistischen Assoziationen durchzusetzen"[6], nicht gewachsen sei; ein auf allen Ebenen von Absoluta gekennzeichnetes Weltbild stelle dem „Durchdringen der
relativistischen Auffassung schwer überwindliche Hindernisse"[7] entgegen.

Daß man dennoch ein „mächtiges Vorwärtsdrängen" der Relativitätstheorie in allen Bereichen des geistigen und kulturellen Lebens zu verzeichnen habe, liege an der speziellen Situation im Deutschland der Nachkriegszeit: „Die
Relativitätstheorie konnte mit solcher Wucht nur in einer Zeit aufkommen, wo
infolge weltumstürzender Ereignisse das Absolutitätsprinzip auf allen Gebieten
des Gemeinwesens erschüttert oder stark zurückgedrängt wurde."[8] Natürlich
wurde damit vor allem auf den Untergang der alten Machteliten angespielt:

> Jeder denkende Mensch konnte schon vor dem Kriege fühlen, daß die
> immanenten Kräfte der wirtschaftlichen und sozialen Machtgestaltung auf eine
> Entscheidung drängen. Eine beinahe unerträgliche Spannung machte sich
> fühlbar. Dann kam der fünfjährige Krieg, Zusammenbruch, Revolution, eine
> Umwertung der Werte. Keine Institution, kein Prinzip, keine bisher für
> unantastbar gehaltene Wahrheit konnte sich dieser Umwertung entziehen. Es ist
> selbstverständlich, daß die Generation, welche dieses in seinen Dimensionen
> riesenhafte Ereignis miterlebte, für die Theorie, welche auf physikalischem

---

[3] Ebd., S. 1091. Auch die Moral als „Sammelbegriff absolut gültiger Normen" (ebd.) würde
     diesen Sachverhalt widerspiegeln.
[4] Ebd., S. 1093.
[5] „Der jetzige Begriff des Staates ist absolut [...]. Die Rechtsordnung ist der Inbegriff absolut
     gültiger Normen [...]. Die Moral ist ein Sammelbegriff absolut gültiger Normen; die relati-
     vistischen Tendenzen des Utilitarismus und des Eudämonismus vermochten bisher wenig
     an deren Grundlagen zu rütteln." (Ebd., S. 1091.)
[6] Ebd.
[7] Ebd., S. 1090f.
[8] Ebd., S. 1094.

Ereignis miterlebte, für die Theorie, welche auf physikalischem Gebiete eine ähnliche grundstürzende Umwälzung zu bewerkstelligen versprach, leidenschaftliches Interesse kundgab.[9]

Der hier diagnostizierte Weltanschauungskampf zwischen einem auf absoluten Größen beruhenden, im wesentlichen christlich geprägten Weltbild einerseits und der Relativitätstheorie – in ihrer populär- und pseudowissenschaftlichen Rezeption – andererseits soll im folgenden noch weiter herausgearbeitet werden, insbesondere im Hinblick auf die überlieferten – von Einstein vermeintlich widerlegten – Vorstellungen von Raum und Zeit. Dem Umstand Tribut zollend, daß zu Beginn des 20. Jahrhunderts das Weltbild der Menschen oftmals noch unmittelbar auf der Bibel beruhte,[10] wird dabei zunächst auf die dort entwickelten Raum-Zeitvorstellungen bezug genommen.

Weder in der hebräischen Vorlage, noch in der griechischen Übersetzung des Alten Testaments findet sich ein einheitlicher Wortgebrauch für das Weltganze. In der Thora wird auf die Schöpfung in ihrer Gesamtheit vorzugsweise mit dem Ausdruck „Himmel und Erde" rekurriert: „Am Anfang erschuf Gott Himmel und Erde." (1. Mos. 1,1) Daneben existieren andere Formulierungen und Umschreibungen. Dasselbe gilt für die Septuaginta, wo in den meisten Fällen „κόσμος" gesetzt ist, wenn von der geordneten Gesamtheit der Himmelskörper und des Weltalls die Rede ist. Das neutestamentliche Griechisch verwendet daneben auch „αἰών".[11]

In der Lutherbibel[12] erscheint i.d.R. der Begriff „Himmel", um das Universum, die Ordnung der Gestirne u.ä. zu bezeichnen. Der Himmel, den Gott am zweiten Schöpfungstag „wie einen Teppich" ausbreitete (Ps. 104,2) und der am Ende der Zeit von ihm wieder „zusammengerollt werden [wird] wie ein Buch" (Jes. 34,4), gehört – im Gegensatz zur Erde, die den Menschen in Verbindung

---

[9] Ebd., S. 1087.
[10] Dies traf auf den protestantischen Teil der Bevölkerung, der in der Tradition des Lutherschen *soli scriptura* stand, natürlich in noch stärkerem Maße zu als auf den katholischen. Für die Katholiken war neben der Bibel auch die kirchenphilosophische Tradition, vor allem das Erbe von Patristik und Scholastik, wichtig. Auch darauf soll am Rande eingegangen werden.
[11] Die eigentliche Bedeutung von „αἰών" ist „Ewigkeit". In den Evangelien und den Apostelbriefen erscheint das Wort aber auch in der Bedeutung von „Weltzeitalter" und wurde von Luther mit „Welt" wiedergegeben (z.B. in 1. Kor. 2,7).
[12] Sämtliche Bibelzitate sind der revidierten Lutherbibel von 1912 entnommen.

mit dem kulturellen Mandat anvertraut wurde – allein dem Schöpfer (5. Mos. 10,14; Ps. 115,16) und unterliegt seiner absoluten Macht (Hiob 9,7). Ein eindrückliches Beispiel dafür, daß Gott der Souverän über die Gesetze des Kosmos ist, enthält das Buch Josua. Geschildert wird, wie Jahwe für das in einer Schlacht gegen die Amoriter begriffene Volk Israel Sonne und Mond „mitten am Himmel" so lang stillstehen läßt, bis das feindliche Heer vernichtend geschlagen ist (Jos. 10,13). Ein anderes Beispiel wird in Verbindung mit der Taufe Christi gegeben: Auf Gottes Geheiß hin öffnet sich der Himmel, um dem Heiligen Geist den Weg zum Heiland zu bahnen (Mark. 1,10). In der Endzeit soll Gottes Verfügungsgewalt über die Gesetze des Kosmos noch einmal offenbar werden. Nach biblischer Prophezeiung werden besondere Zeichen am Himmel erscheinen (Matth. 24,29; Offb. 12,1.3; 15,1), um die apokalyptischen Geschehnisse einzuläuten.

Im Hinblick auf die Vulgarisierung der Relativitätstheorie erscheint vor allem ein Punkt wichtig: Im Urteil der Bibel ist das Weltall Spiegel von Gottes Herrlichkeit; „des Himmels Ordnungen" (Hiob 38,33) sind unmittelbarer Ausdruck eines autonomen Schöpferwillens: „Er macht den Wagen am Himmel und Orion und die Plejaden und die Sterne gegen Mittag", heißt es im Buch Hiob (Hiob 9,9); er allein „zählt die Sterne und nennt sie alle mit Namen", verkündet der Psalmist (Ps. 147,4). Als Fundament der Welt sind „die Himmel" Sinnbild göttlicher Autokratie; im *pluralis majestatis* verkündigen sie Gottes Gerechtigkeit (Ps. 50,6) und preisen seine Wunder (Ps. 19,2; 89,6).

Allerdings sind die Eigenschaften des biblischen Himmels nicht auf physikalische Qualitäten wie Weite oder Ordnung reduzierbar, denn daneben ist ihm – dies wurde interessanterweise von den Theologen des 20. Jahrhunderts radikal in den Vordergrund gestellt – auch eine ontische Strukturhierarchie immanent. In seinem Zentrum birgt er die Wohnung des dreieinigen Gottes (5. Mos. 26,15; 1. Kön. 8,43.49). Dieser höchste Himmelsort ist absolut heilig, dorthin seine Begierden zu richten Ausdruck größten Frevels gegenüber dem Allmächtigen. Das Bild des Himmelsstürmers als kanonisierter biblischer Topos für frevelhaftes Aufbegehren gegen den gerechten Weltenherrscher ist das Urbild aller Sünde. Satans Revolte gegen Gott, die den Engelsturz zur Folge hatte, bestand gerade in dem Bestreben, den Gott allein gebührenden Platz im Himmel einzunehmen. Der Prophet Jesaja klagt:

Wie bist du vom Himmel gefallen, du schöner Morgenstern! Wie bist du zur Erde gefällt, der du die Heiden schwächtest! Gedachtest du doch in deinem Herzen: Ich will in den Himmel steigen und meinen Stuhl über die Sterne Gottes erhöhen; ich will mich setzen auf den Berg der Versammlung in der fernsten Mitternacht; ich will über die hohen Wolken fahren und gleich sein dem Allerhöchsten. (Jes. 14,12-14)[13]

Das irdische Pendant dieser kosmischen Begebenheit ist der Turmbau zu Babel. Hier waren es die hochmütigen Menschen, die sich mit einem Bauwerk, „des Spitze bis an den Himmel reiche, [...] einen Namen machen" wollten (1. Mos. 11,4). *Dieser* prometheische Versuch, allerheiligsten Boden zu betreten, zog als Strafe die Sprachverwirrung nach sich.

Kein sterbliches Wesen darf sich Jahwe bis zum Ort seiner ewigen Präsenz nähern. Dieses Privileg genießen allenfalls Engel, wie im Traum von der Jakobsleiter illustriert wird:

Und ihm [Jakob] träumte; und siehe, eine Leiter stand auf der Erde, die rührte mit der Spitze an den Himmel, und siehe, die Engel Gottes stiegen daran auf und nieder: und der Herr stand oben darauf und sprach: Ich bin der Herr, Abrahams, deines Vaters, Gott und Isaaks Gott; das Land, darauf Du liegst, will ich dir und deinem Samen geben. (1Mo. 28,12f.)

Die beiden Epiphanien des Messias sind ebenfalls eng mit dem Kosmos verknüpft. Christus kam aus dem himmlischem Heiligtum zu den Menschen auf die Erde (Joh. 3,13), seine Ankunft wurde den „Weisen vom Morgenland" aus der Weihnachtsgeschichte durch einen besonderen Stern angekündigt (Matth. 2,1f.), und die Himmelfahrt des Gottessohnes (Mark. 16,19) markiert den Beginn seiner erneuten physischen Abwesenheit. Bis er am Ende der Zeit zu seiner Gemeinde zurückkehrt, ist der Messias wieder bei seinem himmlischen Vater, wo er sich als perfekter Hohepriester für die Gläubigen verwendet (Hebr. 7,25; 9,24). Der erste christliche Märtyrer, Stephanus, hatte das Vorrecht, diese Szene beobachten zu dürfen:

Wie er aber voll heiligen Geistes war, sah er auf gen Himmel und sah die Herrlichkeit Gottes und sprach: Siehe, ich sehe den Himmel offen und des Menschen Sohn zur Rechten Gottes stehen. (Apg. 7,55)

---

[13]　Dieser Bericht wird im Neuen Testament vom Evangelisten Lukas bestätigt (vgl. Luk. 10,18).

Die exzeptionelle Bedeutung des Himmels für das christliche Weltbild ermißt
man zuletzt aus dem Umstand, daß der Gott der Bibel z.T. sogar weitgehend
mit dem „Himmel" gleichgesetzt wird. Jesus weist in der Bergpredigt seine
Zuhörer an, nicht beim Himmel zu schwören, „denn er ist Gottes Stuhl"
(Matth. 5,34).[14] Im Gleichnis vom verlorenen Sohn gebraucht der bußfertige
Heimkehrer gleich zweimal die Wendung „Vater, ich habe gesündigt gegen
den Himmel und vor dir" (Luk. 15,18.21). In der letzten Rede des Täufers Johannes findet sich sogar diese Metonymie: „Ein Mensch kann nichts nehmen,
es werde ihm denn gegeben vom Himmel." (Joh. 3,27)[15]

Der biblische Himmel ist Zielpunkt der Sehnsüchte einer gefallenen
Schöpfung und Sinnbild einer ultimativen moralischen Instanz. „Sammelt euch
aber Schätze im Himmel, da sie weder Motten noch Rost fressen, und da die
Diebe nicht nachgraben noch stehlen", lautet eines der Gebote der Bergpredigt
(Matth. 6,20). Paulus griff diese Formel auf, als er die Gläubigen ermahnte, ihr
Augenmerk primär auf das zu richten, „was droben ist, da Christus ist, sitzend
zu der Rechten Gottes" (Kol. 3,1). Nach biblischer Verheißung wird der Him-
mel einmal Wohnort aller Erlösten sein (Joh. 14,2); der Evangelist Lukas betont, daß die Namen der Geretteten seit jeher „im Himmel geschrieben sind"
(Luk. 10,20).

Die heutigentags naiv anmutende Vorstellung, daß sich der Herrschafts-
raum, von wo aus der allmächtige Gott den Weltenlauf regelt, an einem
distinkten *physikalischen* Ort jenseits der Wolken befindet, war zu Beginn des
20. Jahrhunderts noch sehr weit verbreitet und über ungezählte bildliche Darstellungen[16] unwiderruflich dem kulturellen Gedächtnis eingeschrieben. Gestützt wurde sie von all jenen Bibelpassagen, in denen Gott „aus dem Himmel
heraus" spricht (vgl. z.B. Matth. 3,17; Joh. 12,28). Jesus hob „seine Augen auf
gen Himmel", um göttlichen Rat einzuholen (Joh. 17,1) oder zu danken (Mark.
6,41). Geradezu plastisch vor Augen gemalt wird das Bild, Gottes Heiligtum sei in einer dritten Himmelssphäre jenseits von Wolken und Sternen gele-

---

[14] Bei anderer Gelegenheit formuliert er noch schärfer: „Und wer da schwört bei dem Him-
      mel, der schwört bei dem Stuhl Gottes und bei dem, der darauf sitzt" (Matth. 23,22).
[15] Vgl. auch Jesu Äußerung gegenüber Pilatus: „Du hättest keine Macht über mich, wenn sie
      dir nicht wäre von oben herab gegeben" (Joh. 19,11).
[16] Vgl. Abb. 15/16. Für eine allgemeine Auseinandersetzung mit der „immanente[n]
      Gedächtniskraft" von Bildern vgl. Assmann: Erinnerungsräume, S. 218-240, speziell:
      S. 225.

gen,[17] bei der Beschreibung der Himmelfahrt sowie der Prophezeiung der Rückkehr des Messias. Lukas berichtet:

> Und da er solches gesagt, ward er aufgehoben zusehends, und eine Wolke nahm ihn auf vor ihren Augen weg. Und als sie ihm nachsahen, wie er gen Himmel fuhr, siehe, da standen bei ihnen zwei Männer in weißen Kleidern, welche auch sagten: Ihr Männer von Galiläa, was stehet ihr und sehet gen Himmel? Dieser Jesus, welcher von euch ist aufgenommen gen Himmel, wird kommen, wie ihr ihn gesehen habt gen Himmel fahren. (Apg. 1,9-11)

Wie über den Raum, so herrscht Gott auch souverän über die Zeit; er ist Herr über Vergangenheit, Gegenwart und Zukunft. Der Psalmist preist ihn mit den Worten: „Und alle Tage waren auf dein Buch geschrieben, die noch werden sollten, als derselben keiner da war" (Ps. 139,16). Dem Buch des Predigers Salomo zufolge hat jedes Ereignis seine festgelegte „Zeit, und alles Vornehmen unter dem Himmel hat seine Stunde." (Pred. 3,1) Besonders deutlich wird Gottes uneingeschränkte Verfügungsgewalt über die Zeit im Zusammenhang mit ihrem angekündigten Ende. Christus verheißt: „Von dem Tage aber und der Stunde weiß niemand, auch die Engel nicht im Himmel, sondern allein mein Vater." (Matth. 24,36)[18]

Insgesamt finden sich in der Bibel aber nur wenige konkrete Aussagen über das Wesen von „Zeit"; eine paradigmatische christliche Zeitphilosophie entwickelte erst die Spätantike. Als maßgeblicher Zeittheoretiker der Alten Kirche lehrte Augustinus als erster, daß die Zeit selbst erst ein Produkt der Schöpfung sei und auch ihre Existenz damit allein auf Gottes freien Willen zurückgehe.[19] Ebenfalls von den Kirchenvätern erhärtet wurde das Suppositum eines absoluten, der göttlichen Allmacht unterworfenen Raumes. Die Integration von Platons Gegenüberstellung einer veränderlichen irdischen Erscheinungswelt und eines ewigem Ideenhimmels in das augustinische System trug dazu ebenso bei wie der Eingang der aristotelischen Unterscheidung von lunarer und sublunarer Welt in die Philosophie des Thomas von Aquin.

---

[17] Vgl. dazu 2. Kor. 2,12.
[18] Vgl. auch die anschließenden Endzeitgleichnisse (Matth. 24,43-25,13).
[19] Vgl. De genesi ad litteram, V, Kap.5, §12. Zur augustinischen Zeitlehre s. auch Flasch: Augustin. Einführung in sein Denken, S. 269-286; S. 277; Müller: Geschichtsbewußtsein bei Augustinus, S. 46-51; S. 128-130.

Auch in der neuzeitlichen Physik wurde lange Zeit *expressis verbis* an der Untrennbarkeit von Kosmos und göttlicher All-Macht festgehalten. Speziell Newtons Schriften zeugen noch von dieser Harmonie christlicher Glaubensinhalte mit physikalischen Raum-Zeitvorstellungen. In den *Opticks* heißt es über den Kosmos und die „wundervolle Gesetzmässigkeit im Planetensystem", dies alles könne „nur entstanden sein durch die Weisheit und Intelligenz eines mächtigen, ewig lebenden Wesens, welches allgegenwärtig die Körper durch seinen Willen zu bewegen und dadurch die Theile des Universums zu bilden und umzubilden vermag"[20]. In seinem Hauptwerk, den *Principia mathematica*, deklarierte Newton Raum und Zeit entsprechend als absolute Entitäten – verbindlich für die Physik der folgenden zwei Jahrhunderte:

> Die *absolute, wahre* und *mathematische Zeit* verfliesst an sich und vermöge ihrer Natur gleichförmig, und ohne Beziehung auf irgend einen äussern Gegenstand. [...] Der *absolute Raum* bleibt vermöge seiner Natur und ohne Beziehung auf einen äussern Gegenstand, stets gleich und unbeweglich.[21]

Als Einstein zu Beginn des 20. Jahrhunderts die Begriffe „absolute Zeit" und „absoluter Raum" aus der Physik verbannte, wankte nicht nur das naturwissenschaftliche, sondern auch das traditionell-christliche Weltbild, und gerade im deutschen Sprachraum, wo – anders als im englischen etwa – nicht zwischen „Himmel" und „Himmel" unterschieden wird, wo Gottesort und physikalischer Himmel sprachlich zusammenfallen, wurde dieser Vorstoß in vielen Fällen auch als Angriff auf Religion und Moral gewertet.

---

[20] Sir Isaac Newton's Optik, S. 144f.
[21] Sir Isaac Newton's mathematische Prinzipien der Naturlehre, S. 25.

2.2.2 „Offizielle" Reaktionen. Moderne Physik und moderne Theologie

> Wenn ich sehe die Himmel, deiner Finger
> Werk, den Mond und die Sterne, die du
> bereitet hast: Was ist der Mensch, daß du
> seiner gedenkst, und des Menschen Kind,
> daß du dich seiner annimmst?
> (Ps. 8,4f.)
>
> Ist nicht Gott hoch droben im Himmel?
> Siehe die Sterne an droben in der Höhe!
> (Hiob 22,12)

Wie wurde von „offizieller" Seite auf die Relativitätstheorie reagiert? Welche Antworten fanden die Theologen? Auf katholischer Seite hatte man unter Pius X. bereits vor Bekanntwerden der neuen Lehre eine inhaltliche Trennung von wissenschaftlichen Problemen und Glaubensfragen propagiert: „Der Glaube [...] richtet sich einzig darauf, was für die Wissenschaft nach ihrem eigenen Bekenntnis *unerkennbar* ist"[1], heißt es in der Enzyklika „Pascendi dominici gregis" von 1907:

> Daher [...] beschäftigt sich die Wissenschaft mit Phänomenen, wo für den Glauben kein Platz [ist]; der Glaube dagegen beschäftigt sich mit göttlichen Dingen, die die Wissenschaft überhaupt nicht kennt. Daher erst ergibt sich, daß es zwischen Glauben und Wissenschaft niemals Streit geben kann [...].

Allerdings war damit keine prinzipielle Inkompatibilität von Erkenntnisbereichen gemeint, sondern nur eine Art Aufgabenverteilung. Das päpstliche Lehramt hielt sehr wohl an der Möglichkeit eines Gottesbeweises durch sorgfältiges Studium der Naturprozesse fest und blieb in dieser Hinsicht der scholastischen Tradition treu. So lautet der erste Punkt des *Antimodernisteneids* von 1910: „Ich bekenne, daß Gott, der Ursprung und das Ziel aller Dinge, mit dem natür-

---

[1] Dieses und das folgende Zitat: Denzinger: Kompendium der Glaubensbekenntnisse und kirchlichen Lehrmeinungen, Nr. 3485.

lichen Licht der Vernunft [...] durch die sichtbaren Werke der Schöpfung, als Ursache vermittels der Wirkungen *sicher erkannt* und sogar bewiesen werden kann."[2]

Als in den folgenden zwei Jahrzehnten die Gültigkeit des Kausalgesetzes und die Möglichkeit einer „objektiven" Naturerkenntnis immer nachhaltiger in Frage gestellt wurde, suchte man einer Konfrontation mit der in weiten Bevölkerungskreisen hohes Ansehen genießenden Physik dadurch zu entgehen, daß man sich auf die Position einer kategorischen Trennung von Glaube und Wissenschaft zurückzog. Für die deutsche Theologie läßt sich dies bestens anhand der *Katholischen Dogmatik* von Michael Schmaus (1. Aufl. 1937/38) belegen. Schmaus vertrat die Ansicht, daß Gott als raum- und zeitloser Weltenschöpfer selbst „*unermeßlich*"[3] sei; die Aussagen der Physik zur Beschaffenheit der Welt träfen damit nie den Schöpfer selbst. Schmaus spricht auch von Gottes „Seinsweise der Zeitlosigkeit" und seiner „Seinsweise der Raumlosigkeit": „Wie Gott erhaben ist über das zeitliche Nacheinander, so ist er auch erhaben über das räumliche Nebeneinander."[4] Zur Relativitätstheorie hielt Schmaus explizit fest:

> Die theologischen Aussagen über die Raumlosigkeit und Allgegenwärtigkeit Gottes gelten unabhängig von den naturwissenschaftlichen Ansichten über Raum und Zeit. Was immer die Relativtätstheorie über Raum und Zeit festzustellen vermag, Gott ist von jedem wie immer gearteten Raum verschieden, weil er eine andere Seinsqualität hat als das innerhalb der Grenzen der Erfahrung vorkommende Sein. Deshalb wird er auch durch kein von ihm verschiedenes Sein in seiner Existenz eingeengt und kann daher jedem raumhaften Wesen zuinnerst gegenwärtig sein, mag die Raumhaftigkeit in welcher Weise immer verwirklicht sein. Der Fortschritt der Wissenschaft kann daher nie zu einer Änderung der Offenbarungslehre von der Unräumlichkeit und Allgegenwart Gottes nötigen, sondern nur zu deren tieferem Verständnis beitragen.[5]

Die intendierte Vermeidung einer direkten Konfrontation mit den Aussagen Einsteins, wie sie hier zum Ausdruck kommt, und die fortwährende Betonung des *ausschließlich* ontologischen Charakters der biblischen Himmelsvorstellungen läßt die Brisanz, die die Popularisierung der Relativitätstheorie seiner-

---

[2] Ebd., Nr. 3538.
[3] Schmaus: Katholische Dogmatik I, 1, S. 492.
[4] Ebd., S. 491.
[5] Ebd., S. 498.

zeit für den christlichen Glauben darstellte, noch deutlich erkennen.[6] Fast alle
führenden Theologen zogen sich umgehend auf den sicheren Standpunkt zurück, naturwissenschaftliche Erkenntnisse seien für den Glauben prinzipiell
irrelevant.[7] In diesem Sinne ist auch Schmaus' Äußerung zu verstehen,

> daß zwar die ganze Heilige Schrift inspiriert ist [...], daß sie aber *nicht natur-
> wissenschaftlicher Erkenntnis*, sondern *unserem Heile* dient. Die naturwissen-
> schaftlichen Aussagen der Bibel dürfen nicht als beabsichtigte Belehrung über
> naturwissenschaftliche Fragen verstanden werden, sondern als Leib bzw. als
> Kleid für den Offenbarungsinhalt. Sie fallen in den Bereich der literarischen
> Darstellungsform.[8]

---

[6]   In diesem Sinne ist auch die in der *Allgemeinen Rundschau* vorgebrachte Feststellung zu
verstehen, es liege im „katholischen Wahrheitsinteresse", wenn sich führende Wissenschaftler kritisch zur Relativitätstheorie äußerten (vgl. Seitz: Liquidierung der Relativitätstheorie. – In: Allgemeine Rundschau 22 (1925), S. 528-529, hier: S. 529).

[7]   Eine andere Auffassung wurde unterdessen von Otto Spülbeck vertreten, der in der modernen Physik ein „Bejahen des Wunders" (Der Christ und das Weltbild der modernen Naturwissenschaft, S. 39) ausmachte. Relativitätstheorie und Quantenmechanik hätten gezeigt,
daß Gott, der vom Deismus des 18. und 19. Jahrhunderts aus der Welt „hinauskomplimen-
tiert" (ebd., S. 16) worden sei, in Wirklichkeit permanent in das Weltgeschehen eingreife.
Spülbeck, Jahrgang 1904, war Propst in Leipzig und hatte im Vorfeld seines Theologie-
studiums Mathematik und Naturwissenschaften studiert. Seine Position kann durchaus als
stellvertretend für eine Reihe von Theologen angesehen werden. Heinz Zahrnt weist in seinem Überblick über die *protestantische* Theologie des 20. Jahrhunderts darauf hin, daß der
„Versuch, den Wunderglauben des neuen Testaments mit dem Hinweis auf die Relativierung des Kausalgesetzes durch die Erkenntnisse der modernen Atomphysik zu retten" (Die
Sache mit Gott, S. 239), sich einiger Beliebtheit erfreut habe. Entscheidend sei jedoch, daß
die *wichtigsten* evangelischen Theologen diese Versuche als „naiv" abgetan hätten.
Am Rande sei noch darauf hingewiesen, daß die Einschätzung, die moderne Physik hätte
die im 19. Jahrhundert vollzogene Trennung zwischen Glaube und Naturwissenschaft wieder rückgängig gemacht und dem Christentum damit einen großen Dienst erwiesen, nach
dem zweiten Weltkrieg auch von Pascual Jordan vertreten wurde (vgl. Die Stellung der
Physik im geistigen Geschehen unserer Zeit. – In: Ders.: Der gescheiterte Aufstand. Betrachtungen der Gegenwart, S. 59-83; Religion und Naturwissenschaft in ihrer Wechsel-
beziehung. – In: Ders.: Aufbruch zur Vernunft. Ein Naturforscher zur deutschen Besinnung, S. 26-39).

[8]   Schmaus: Katholische Dogmatik, II, S. 30f. In den 50er Jahren spielte die Auseinandersetzung mit den Naturwissenschaften bei Schmaus übrigens kaum noch eine Rolle. Nach
dem Krieg richtete sich sein Interesse nur noch auf den Bereich ihrer technischen Anwendung (vgl. z.B. Das naturwissenschaftliche Weltbild im theologischen Lichte, S. 18f.). Der
Theologe folgte damit einer mentalitätsgeschichtlichen Wende, die auch viele andere Kulturbereiche kennzeichnete. Dazu an anderer Stelle mehr.

Auch auf evangelischer Seite setzte sich rasch die Auffassung durch, man habe zwischen Glaube und Wissenschaft strikt zu trennen; nicht umsonst fällt die Entwicklung der *dialektischen Theologie* gerade in die Zeit zwischen den Weltkriegen – als die Aussagen von Relativitätstheorie und Quantenmechanik, den beiden naturwissenschaftlichen „Umsturzdisziplinen"[9], in aller Munde waren.[10] Kurzzeitig hatte Karl Barth noch versucht, ausgewählte Begriffe der modernen Physik für die Theologie fruchtbar zu machen,[11] sich dann aber radikal von solchen Vorstößen distanziert, was speziell an seinen Ausführungen zum biblischen „Himmel" deutlich wird:

> „Schöpfer *des Himmels und der Erde",* heißt es im Glaubensbekenntnis. [...]
> Diese zwei Begriffe bedeuten aber nicht etwa ein Äquivalent zu dem, was wir heute ein *Weltbild* zu nennen pflegen, wenn man freilich auch sagen kann, daß sich in ihnen etwas vom alten Weltbild widerspiegelt. Aber es ist weder Sache der heiligen Schrift noch des christlichen Glaubens, mit dessen Gegenstand wir uns hier zu befassen haben, ein bestimmtes Weltbild zu vertreten. Der christliche Glaube ist nicht an ein altes und auch nicht an ein modernes Weltbild gebunden. [...] Der christliche Glaube ist grundsätzlich frei allen Weltbildern gegenüber, das heißt allen Versuchen gegenüber, das Seiende zu verstehen nach Maßgabe und mit den Mitteln der jeweils herrschenden Wissenschaft.[12]

Die biblische Gegenüberstellung des in der Höhe thronenden Gottes und der in der Tiefe lebenden Menschen sei unter keinen Umständen als im herkömmlichen Sinne „räumlich" zu verstehen; sie diene lediglich der Veranschaulichung

---

[9] A.H.K.: Das Gesicht unserer Naturwissenschaft. Ein Vortrag Schrödingers. – In: Deutsche Allgemeine Zeitung 25.6.32, Nr. 294, S. 1.

[10] Vgl. dazu Bernhard Bavinks Einschätzung aus dem Jahr 1932: „[...] die neueste und einflußreichste Strömung der evangelischen Theologie, die sog. dialektische Schule, wehrt sich mit Händen und Füßen gegen eine [...] ‚Vermengung' theoretisch wissenschaftlicher mit religiösen Dingen." (Weltanschauungswandel in der Naturwissenschaft der Gegenwart. – In: Bremer Beiträge zur Naturwissenschaft 1 (1933), S. 126-158, hier: S. 129f.) „Der dialektischen Theologie war es um die rechte Gotteserkenntnis gegangen", heißt es bei Zahrnt (Die Sache mit Gott, S. 58). „Ihre scharfe Negation hatte darin bestanden, daß Gott Gott und der Mensch Mensch ist und daß der Mensch darum keinerlei Fähigkeit und Möglichkeit besitzt, von sich aus Gott zu erkennen [...]."

[11] Vgl. etwa die folgende eklektische Äußerung aus der *Christlichen Dogmatik I* von 1927: „Nicht das Leben der Welt ist das Wort Gottes, weder als Makrokosmos noch als Mikrokosmos. Das Wort Gottes ist auch nicht immer sich ereignendes Ereignis, sondern besonderes, einmaliges, zufällig kontingentes, es ist also räumlich und zeitlich umschränktes Ereignis: ein *hic et nunc* vom hörenden Menschen aus [...] betrachtet." (S. 80f.)

[12] Barth: Dogmatik im Grundriss, S. 75.

zweier diametral entgegengesetzter Seinsformen, der des heiligen Schöpfers einerseits und der des sündigen Geschöpfes andererseits. Unmißverständlichster Ausdruck der *Höhe* Gottes seien daher auch nicht das Firmament oder die Harmonie der Planetenbewegungen, sondern der Kreuzestod Christi als symbolischer Akt dafür, wie Gott sich zur Versöhnung mit den Menschen selbst er*niedrige*:

> Und nun wird vielleicht die Überschrift verständlich: Gott in der Höhe. Darin, daß Gott dieser ist, der Vater, der Sohn und der Heilige Geist in seinem Werk in Jesus Christus, eben darin ist er in *der Höhe*. Er, dessen Natur und Wesen darin besteht, dessen Existenz sich darin erweist, herunterzusteigen in die Tiefe, er der Barmherzige, der sich dahingibt für sein Geschöpf bis in die ganze Tiefe der Existenz seines Geschöpfs, er ist Gott in der Höhe. Nicht trotzdem, nicht in einem merkwürdigen paradoxen Gegensatz, sondern das ist die Höhe Gottes, daß er so herniedersteigt.[13]

Ausdrücklich verurteilte Barth die herkömmlichen Deutungsmuster des Begriffs „Höhe Gottes" gemäß naturwissenschaftlicher Denkart:

> Wer in eine andere Höhe blicken wollte, gerade der hätte das ganz Andere in Gott noch nicht verstanden, der wäre immer noch auf dem Weg der Heiden, die Gott in der Unendlichkeit suchen.

Weiter zeigt sich die für die Theologie des 20. Jahrhunderts charakteristische Reduktion der biblischen Aussagen zu Raum und Zeit auf den rein ontologischen Diskurs anhand von Barths Interpretation des Begriffs „Himmelfahrt":

> Was heißt Himmelfahrt? Nachdem, was wir [...] über Himmel und Erde feststellten, heißt es in jedem Fall auch dies: Jesus verläßt den irdischen Raum, den Raum also, der uns begreiflich ist und den er um unseretwillen aufgesucht hat. [...] Himmelfahrt meint nicht etwa, daß Christus in jenen anderen Bereich der *geschöpflichen* Welt übergegangen ist [...]. *Nicht der Himmel ist sein Aufenthalt: er ist bei Gott*. Der Gekreuzigte und Auferstandene ist dort, wo Gott ist.[14]

Einen gänzlich anderen Weg, der drohenden Gefahr für das herkömmliche christliche Weltbild zu begegnen, schlug der Tübinger Systematiker Karl Heim

---

[13]   Dieses und das folgende Zitat: ebd., S. 50.
[14]   Ebd., S. 165 – Hervorhebungen v. mir, C.K.

ein,[15] dessen Lebenswerk die wohl intensivste[16] Auseinandersetzung eines Theologen mit der modernen Physik darstellt.

Unmittelbar nach dem ersten Kontakt mit der Relativitätstheorie hatte Heim, der in der Zwischenkriegszeit zu den bekanntesten evangelischen Theologen Deutschlands zählte,[17] die Notwendigkeit erkannt, die implizite christliche Normaldogmatik mit Einsteins Aussagen in Einklang zu bringen, um das Ansehen der Kirche vor der drohenden Unterminierung durch die exakten Wissenschaften zu bewahren und den Gläubigen weltanschauliche Sicherheit bieten zu können.[18] „Wir müssen jetzt ganz neue Wege suchen, wenn wir nicht den Kontakt mit der Zeit vollends verlieren wollen, wenn nicht der Riß zwischen der [...] Theologie und der Welt der [...] Naturwissenschaftler über kurz oder lang zu einer Katastrophe führen soll"[19], lautete gewissermaßen sein Lebensmotto. Im Tübinger Umfeld erinnerte man sich später, Heim habe als erster erkannt, „in welche tödliche Krise der christliche Glaube [...] in unseren Tagen [...] durch den Siegeszug der Einsteinschen Relativitätstheorie kommen

---

[15] Auf die Opposition von Barth und Heim ist bereits vielfach hingewiesen worden (vgl. Beck: Götzendämmerung in den Wissenschaften, S. 48; Köberle: Karl Heim, S. 120f.; Holmstrand: Karl Heim on Philosophy, Science and the Transcendence of God, S. 10).

[16] Vgl. z.B. Fischer: Systematische Theologie, S. 72. Heims Sonderrolle blieb auch den theologisch versierten Physikern nicht verborgen. Jordan urteilte, die Theologen des 20. Jahrhunderts verfolgten durchweg das Ziel, „die Konfrontation von Glauben und Wissen ganz zu vermeiden und die in ihr liegenden Probleme zu verdrängen und abzuleugnen" (Begegnungen, S. 111). Dieser „von Barth gewiesene Weg" führe vorbei „an der Naturwissenschaft, deren Erkenntnismöglichkeiten ins Wesenlose (oder mindestens Unwesentliche) versinken vor der Position, die Barth der reinen Theologie zu geben bemüht" (ebd., S. 110) sei. Der „einzige unter unseren Theologen" (ebd., S. 112), der einer Konfrontation mit der modernen Physik nicht ausweiche, sei dagegen Heim.

[17] Vgl. dazu Kotowski: Die öffentliche Universität, S. 272f.

[18] Als wichtigsten Grund, warum Heim sich „mit den Naturwissenschaften und insbesondere mit der Physik" beschäftigte, nennt Helmut Krause die durch die „naturwissenschaftliche Betrachtungsweise der Welt" bedingte Säkularisierung des modernen Menschen. Heim hätte den naturwissenschaftlichen „Säkularismus [...] in radikaler Opposition zum christlichen Weltbild" gesehen. (Theologie, Physik und Philosophie im Weltbild Karl Heims, S. 31.) Außerdem weist Krause darauf hin, daß Heims Beschäftigung mit der Relativitätstheorie bereits andere Auseinandersetzungen mit brisanten naturwissenschaftlichen Themen vorausgegangen waren. „So beschrieb Heim 1905 [...] die Notwendigkeit, auf Menschen einzugehen, die durch ungelöste Fragen, z.B. wie der Darwinismus mit dem christlichen Weltbild zu vereinbaren sei, und den daraus sich ergebenden Glaubenszweifeln, seelisch zerrissen sind." (S. 32)

[19] Zit. n. Köberle: Das Glaubensvermächtnis der schwäbischen Väter, S. 64.

mußte."[20] Dabei war Heim von den Erkenntnissen der modernen Physik persönlich in hohem Maße fasziniert und interpretierte sie sogar als Chance, den vom materialistischen Monismus des späten 19. Jahrhunderts flankierten Atheismus zu überwinden. In seinen Lebenserinnerungen schrieb er, Einstein habe „durch seine ‚spezielle' und ‚allgemeine Relativitätstheorie' unserem ganzen naturwissenschaftlichen Denken eine neue Richtung gegeben [...]. Er ist auch für mich schon in meinen jungen Jahren richtunggebend geworden"[21].

Die Früchte seiner vor und während der NS-Herrschaft gesammelten Überlegungen legte Heim kurz nach dem Zweiten Weltkrieg in Form des zweibändigen Werkes *Der christliche Gottesglaube und die Naturwissenschaft* vor, dem Entwurf einer die Hauptgesichtspunkte von Relativitätstheorie und Quantenmechanik aufgreifenden christlichen Raumlehre.[22] Darin wurde zunächst die Brisanz der Einsteinschen Theorie für das herkömmliche christliche Weltbild erläutert. Letzteres basiere wesentlich auf der Vorstellung eines ruhenden Weltmittelpunkts, der allen Ereignissen einen absoluten Stellenwert zuordne. Am eindrücklichsten habe sich dies im Weltentwurf der Scholastik geäußert:

> Damals war die tellerförmige Erde, über der sich der gestirnte Himmel wölbte, die Weltbühne, auf der sich das ganze Drama des Weltgeschehens abspielte. Die Gestirne, Sonne, Mond und Sterne waren die Rampenlichter, die dieses Schauspiel beleuchteten. Hoch über dem Firmament oberhalb der Sphäre des Saturns, des fernsten der damals bekannten Planeten, war der Himmelraum, wo Gott thronte inmitten der Engel und seligen Geister. Gott war der unsichtbare Regisseur, unter dessen Leitung ein Akt des großen Weltdramas, das mit Schöpfung und Sündenfall begonnen hatte, nach dem anderen über die Bühne ging bis zum letzten Akt, in dem alles zu einem versöhnenden Abschluß kam.[23]

In diesem „naiven vorkopernikanischen Weltbild" habe sich der Mensch „in der Mitte des Kosmos als das zentrale Geschöpf" aufgehoben gewußt, „das

---

[20] Ebd., S. 66.
[21] Heim: Ich gedenke der vorigen Zeiten. Erinnerungen aus acht Jahrzehnten, S. 291.
[22] Schon die *Glaubensgewißheit* von 1916 enthielt deutliche Bezüge zur Relativitätstheorie (vgl. insbesondere das Kapitel „Raum und Zeit") und war ausdrücklich für Menschen bestimmt, „für die religiöse und verstandesmäßige Nöte [...] nicht auseinanderfallen. *Sie können sich religiösen Eindrücken nicht hingeben, solange nicht gewisse Einwände beseitigt sind* [...]. Das sittliche Gewissen solcher Menschen kommt nicht zur Ruhe, solange nicht das intellektuelle Gewissen zur Ruhe gekommen ist." (S. III – Hervorhebung v. mir, C.K.)
[23] Dieses und die folgenden Zitate: Heim: Der evangelische Glaube und das Denken der Gegenwart, IV, S. 11.

schon darum unter der besonderen Aufsicht und Fürsorge des im Himmel thronenden Herrgotts stand."[24] Im Anschluß argumentierte Heim, daß der Glaube an einen absoluten Raum und eine absolute Zeit aber auch nach der kopernikanischen Wende nie ernsthaft in Frage gestellt worden sei. Als „Ausdruck eines tiefen religiösen Bedürfnisses" sei der „Glaube an die ruhende Weltmitte" viel zu tief in der menschlichen Natur verankert, woran auch die Säkularisierungswellen des 18. und 19. Jahrhunderts nichts hätten ändern können:

> Der Mensch muß nicht bloß „etwas Festes" haben. Er will auch geborgen sein. Er will daheim sein in einem auf ewigen Fundamenten ruhenden „Gehäuse", in dem alle Dinge ihren Ort haben. Für das religiöse Bedürfnis, um das es hier geht, war zuletzt nicht das Entscheidende, daß gerade die Erde die ruhende Mitte ist. Es konnte auch ein anderes Gestirn an diese Stelle treten. Entscheidend ist nur, daß das Weltall überhaupt eine ruhende Mitte hat [...].[25]

Mit dieser Beobachtung stand Heim übrigens nicht allein. Seine Gedanken deckten sich beispielsweise mit denen des protestantischen Missionsarztes Hermann Vortisch, der bereits 1921 ein Buch über *Die Relativitätstheorie und ihre Beziehungen zur christlichen Religion* vorgelegt hatte:

> Einem, der das Weltgebäude vom christlichen Standpunkt aus betrachtet, scheint aus der Menge neuer Probleme der R.T. das größte das zu sein, daß es *im Weltraum nichts absolut Ruhendes* gibt, sondern, wie sich schon Heraklit um 500 v. Chr. ausgesprochen hat: panta rhei – alles fließt, oder gar panta chorhei – alles bewegt sich fort.[26]

Vortisch löste den Gegensatz zwischen Einsteins neuer Lehre, die er „im großen und ganzen für richtig"[27] hielt, und der christlichen Vorstellung einer in Gott ruhenden absoluten Weltmitte dadurch, daß er der Relativitätstheorie nur eine eingeschränkte Bedeutung zugestand:

> Die Bibel erklärt Gottes Namen, Jahwe oder Jehova, als den „Seienden" (2.Mose 3,14), und der Psalmist spricht: „ehe denn die Berge wurden und die Erde und die Welt geschaffen wurden, bist Du, Gott, von Ewigkeit zu Ewigkeit" (Ps. 90,2). Durch diese Bezeichnungen ist Er als das Zentrum hingestellt, als der ewige Schöpfer, der alles sich Bewegende schuf und „nun von seinen Werken

---

[24] Ebd., S. 11f.
[25] Ebd., V, S. 69.
[26] Vortisch: Die Relativitätstheorie und ihre Beziehung zur christlichen Weltanschauung, S. 11.
[27] Ebd., S. 7.

ruhet, wie wir einst von unsern" (Hebr. 4,10), d.h. wir, die ganze Schöpfung in ihrer Unruhe und Bewegung, werden erst in der Vollendung „ruhen" dürfen! Bewegung, Veränderung ist wohl das Los und die wesentliche Bestimmung alles Irdischen und Körperlichen, Ruhe aber die Verheißung und Erfüllung des Geistigen und Himmlischen [...].

Das scheint mir ein großer [...] Gedanke zu sein, ein neuer Aus- und Einblick in Ewigkeit und Unsterblichkeit: *Gott als unbeweglicher Mittelpunkt aller Kräfte und bewegter Körper, als absolute Ruhe bei aller Unruhe des Lebens*, als der, der ebensowohl Ruhe wie Bewegung geben kann![28]

Vortisch propagierte also eine Komplementarität der Anschauungen: Die Aussagen der Relativitätstheorie bezögen sich allein auf das Diesseits und weckten die Sehnsucht nach einem Absoluten im Jenseits. In letzter Konsequenz führe die moderne Physik die Menschen damit zu Gott:

Denn wenn alles Irdische nur relativ ist, so fragen wir uns unwillkürlich, ob es nicht doch sonstwo etwas Absolutes, das von nichts anderem abhängig ist, gibt. Wir kommen so ohne Umschweife zu dem Glauben – oder nennen wir es wenigstens Sehnsucht! – an [...] eine Welt, wo Räume und Zeiten absolut sind, aufgehoben und eingeschlossen in die sündlose Allgegenwart und Allmacht Gottes, an jene Welt, wo „keine Zeit mehr sein soll" (Offb. 10,6).[29]

Heims Auseinandersetzung mit der Relativitätstheorie zielte in eine ganz ähnliche Richtung, war jedoch weitaus komplexer und elaborierter. Noch zu Beginn des 20. Jahrhunderts sei der europäische Mensch mit seinem „ganzen Vorstellen und Denken unentrinnbar im Bann des euklidischen Raumes und des ptolemäischen Weltbildes befangen"[30] gewesen. Unweigerlich habe er am althergebrachten Weltentwurf festgehalten, der ihm „von Kind auf in Fleisch und

---

[28]   Ebd., S. 16. Vgl. auch S. 14; S. 74. Ähnlicher Argumente bediente sich – ebenfalls 1921 – auch Josef Heiler, der unter Berufung auf 2. Mos. 3,14 den jüdisch-christlichen Gott als manifeste Idee des „Absoluten" verstand: „Einzig und allein das Absolute, – oder, wie ich jetzt sagen darf: der Absolute – kann rechtmäßig von sich behaupten, daß in ihm die Forderung: ,Sei, der du bist', restlos erfüllt ist. Einzig und allein der Absolute kann in diesem Sinn von sich urteilen: ,Ich bin, der ich bin.'" (Das Absolute, S. 75.) Heiler wollte zur „Sinnklärung des Ideals des Absoluten" beitragen und dabei „auf neuem Grunde" aufbauen (ebd., S. 29). Wie Vortisch argumentierte er, Gott, dem „absolut heiligen Wesen" (ebd., S. 36), könnten physikalische Erkenntnisse nichts anhaben, denn „das Absolute selber ist nicht als materiales Gebilde vermeint, sondern als frei von aller Körperlichkeit" (ebd., S. 43).

[29]   Vortisch: Relativitätstheorie, S. 16; vgl. auch S. 35.

Blut übergegangen" sei. Mit der gleichsam „mathematischen" Abschaffung des
Absolutheitscharakters von Raum und Zeit sei diese entscheidende Grundfeste
christlicher Gläubigkeit dann massiv erschüttert worden. Als kirchen- und wissenschaftshistorischen Präzedenzfall führt Heim Giordano Bruno an. Sein Beispiel soll die Reaktion des religiösen Menschen auf die In-Frage-Stellung der
Existenz eines absolutes Raumes und einer absoluten Zeit illustrieren:

> Zu dem astronomischen Weltbild von Kopernikus, Kepler und Galilei konnte
> die Kirche, wenn auch nach langem Ringen, zuletzt doch ein positives Verhält-
> nis finden. Denn diese Astronomen hatten zwar der Erde ihre Stellung als Zen-
> tralkörper genommen, aber sie hatten an die Stelle der Erde die Sonne, wie Ko-
> pernikus sagt, in die Mitte des herrlichen Naturtempels hineingestellt. Die Welt
> hatte also nach wie vor einen Zentralkörper, um den sich alles drehte. Die Son-
> ne war jetzt Mittelpunkt eines Achsensystems, auf das alle Bewegungen im
> Kosmos bezogen werden konnten. Aber als Giordano Bruno auch der Sonne ih-
> re Zentralstellung nahm, so daß die Welt überhaupt keine ruhende Mitte mehr
> hatte, erhob sich ein Sturm der Entrüstung, der sich nicht mehr beruhigen ließ.
> Mit dieser Anschauung gab es für die Kirche keinen Frieden. Hier stand für sie
> alles auf dem Spiel. Denn wenn Bruno recht hatte, gab es überhaupt nichts Fes-
> tes mehr, an dem man sich orientieren konnte. Alles war ins Schwanken geraten
> und in einen Strudel hineingerissen.[31]

Die gegenwärtige Situation sei durchaus mit der historischen Vorlage vergleichbar; die offizielle Abschaffung von Lichtäther und „ruhender Weltmitte"
stürze die Menschen in dieselbe schwere Sinnkrise:

> Der ganze Gang dieser Auseinandersetzung zwischen Glauben und astronomi-
> schem Weltbild zeigt uns deutlich: Es besteht offenbar doch irgendein Zusam-
> menhang zwischen der scheinbar rein physikalischen Frage, ob es einen Körper
> gibt, der absolut ruht, und der Absolutheit Gottes, in dem letztlich allein alle
> Absoluta verankert sind.

Damit stand für Heim die oberste Aufgabe einer Theologie des 20. Jahrhunderts fest. Um in den Augen der Massen nicht als „wissenschaftlich widerlegt"
zu erscheinen, mußte die Kirche ein positives Verhältnis zur modernen Physik
gewinnen.

---

[30] Dieses und das folgende Zitat: Heim: Der evangelische Glaube und das Denken der Ge-
      genwart, IV, S. 185.
[31] Dieses und das folgende Zitat: ebd., V, S. 69.

Daß in Heims protestantischem Umfeld tatsächlich ein tiefes Bedürfnis für diese Synthese vorlag, belegen die Reminiszenzen seiner Schüler. Friedrich Hauß berichtet, Heims Vorlesungen seien in einer Zeit, in der das „wissenschaftliche Denken den Glauben an das Heil in Christus immer mehr an die Wand drückte", bei den „modernen Menschen, die [...] philosophische und naturwissenschaftliche Probleme kannten", als enorme Befreiung empfunden worden. „Für diesen Dienst, den uns unser Lehrer Karl Heim getan hat, können wir nicht genug dankbar sein."[32] Heim habe „deutliches Gespür" gehabt für „das Kommende [...]. Er konnte nicht untätig zusehen, wie viele Gebildete aus philosophischen oder naturwissenschaftlichen Gründen den christlichen Glauben preisgaben."[33] Ganz ähnlich lesen sich die Erinnerungen von Alfred Ringwald. Heim habe die Grenzen naturwissenschaftlicher Erkenntnis aufgezeigt, „damit wir Christen getrost glauben können und die Gebildeten sich nicht von den Einwürfen der Philosophen aus dem Weg bringen"[34] ließen.

Auch aus anderen Quellen wird ersichtlich, wie groß in kirchlichen Kreisen das Bedürfnis nach einem Brückenschlag zwischen Physik und Glaube seinerzeit war. Symptomatisch in diesem Kontext ist die bereits in anderem Zusammenhang behandelte Abhandlung *Das moderne physikalische Weltbild und der christliche Glaube* von Paul Gruner. Das Elementarproblem der Epoche laute, hieß es darin einleitend: „Haben christlicher Glaube und physikalischer Glaube nebeneinander Platz?"[35] Es gehe darum, festzustellen, „ob die eine Auffassung die andere ausschließt, oder ob sie miteinander in Harmonie zu bringen sind." Auch Gruner, Naturwissenschaftler mit Ambitionen auf theologischem Gebiet, versuchte am Ende, die Relativitätstheorie als eine Art Katalysator für ein tieferes religiöses Weltverständnis des modernen Menschen zu verkaufen. Da sie „nur die formalen Gesetze des Zusammenhanges der Wirklichkeit" berühre, nicht jedoch deren eigentlichen Inhalt, müsse man schließen,

---

[32] Hauß: Karl Heim. Der Denker des Glaubens, S. 31f. Der „Zudrang zu Heims Vorlesungen", berichtet Hauß weiter, sei „ganz außerordentlich" gewesen, so groß, „daß die größten Hörsäle kaum ausreichten" (ebd., S. 36).

[33] Ebd., S. 37.

[34] Ringwald: Karl Heim. Ein Prediger Christi vor Naturwissenschaftlern, Weingärtnern und Philosophen, S. 7.

[35] Dieses und das folgende Zitat: Gruner: Das moderne physikalische Weltbild und der christliche Glaube, S. 7.

„daß es ganz andere Erkenntniswege geben muß, um die Wirklichkeit zu erfassen"[36], den christlichen Glauben nämlich:

> So tritt uns die Wirklichkeit, vollständig außerhalb unseres naturwissenschaftlichen Erkennens, von einer ganz neuen, uns innerlich direkt zugänglichen Seite entgegen, als sittlich-religiöse Wirklichkeit, und wir ahnen, daß sie uns als solche zugänglich sein kann!
>
> [...] vielleicht können gerade die [...] physikalisch-relativistischen Gedankengänge dazu beitragen, wenigstens gewisse Hindernisse, die sich dem Suchenden so leicht entgegenstellen, aus dem Wege zu räumen.[37]

Doch zurück zu Heim, der versuchte, die neuen physikalischen Erkenntnisse dadurch für den Glauben fruchtbar zu machen, daß er sie explizit auf die Theologie anwandte:

> Zwischen Glaube und Naturwissenschaft kann heute nur dann eine Brücke des gegenseitigen Verständnisses geschlagen werden, wenn es möglich ist, den Begriff des Raums, der in der heutigen Physik eine zentrale Bedeutung erlangt hat, in einem höheren Sinn auf das Weltbild des Glaubens zu übertragen.[38]

Im folgenden soll der Inhalt von Heims christlicher Raumlehre kurz umrissen werden.

Vorausgeschickt wird, daß jeder Mensch einen individuellen Blick auf die Welt habe und damit Träger eines persönlichen relativen Raumes sei. In diesem Sinne definierte Heim „Raum" allgemein als diejenige

> Form, in der sich die ganze Wirklichkeit oder auch ein Teil derselben einem bestimmten Subjekt oder auch einer Gruppe von Subjekten darstellt, mit der diese Wirklichkeit in Beziehung tritt. Jedem Subjekt ist ohne sein Zutun eine bestimmte Stelle der Gegenstandswelt schon mit dem Eintritt seiner Existenz als die perspektivische Mitte seines Weltbildes zugewiesen.[39]

Das Verhältnis der Menschen untereinander spielt sich in „polaren Räumen" ab. Hier treffen Ich und Du aufeinander, und individuelle Urteile werden gefällt, die in ihrer Summe das Weltbild jedes einzelnen Menschen konstituieren. Die Interaktion mit Gott ereignet sich dagegen im „überpolaren Raum". Dieser Raum ist von einer gänzlich anderen Beschaffenheit als die polaren Räume; er enthält nichts im eigentlichen Sinne „Sichtbares", sondern andere, höhere

---

[36] Ebd., S. 25.
[37] Ebd., S. 26f.
[38] Heim: Der evangelische Glaube und das Denken der Gegenwart, IV, S. 141f.
[39] Ebd., S. 150f.

Seinsqualitäten. Übertrage man nun die Erkenntnis der Physik, daß die Welt in Wirklichkeit vierdimensional ist, obwohl nur drei Dimensionen „sichtbar" sind, auf die Religion, dann werde

> die paradoxe Tatsache verständlich, von der die Bibel überall redet: Gott, den niemand sehen kann, und der als Schöpfer von allem Geschaffenen durch einen unendlichen qualitativen Gegensatz geschieden ist, ist doch zugleich überall an jeder Stelle der Welt unentrinnbar nahe. [...] Die Welt Gottes, in der der glaubende und betende Mensch mit allen Fasern seines Herzens wurzelt, [...] die dem glaubenden Menschen unendlich viel wirklicher ist als die ganze sichtbare Welt zusammen – diese Welt ist für den Menschen des Säkularismus überhaupt nicht vorhanden.[40]

Auch Heim mußte sich zuletzt auf das ontologische Generalargument berufen. Der säkularisierte Mensch kenne lediglich polare Räume; sein Weltbild hänge an vermeintlichen Absoluta – die tatsächlich aber nur Relativa seien. Dies erkenne man jedoch erst, wenn einem durch den Glauben der überpolare Raum erschlossen worden sei. Heim sprach vom „Sehendwerden eines Blindgeborenen, durch das ihm eine Welt mit ganz neuen Dimensionen wie ein Geschenk vom Himmel plötzlich zuteil wird."[41] An anderer Stelle heißt es:

> Glauben ist die Art, wie wir in einem Raum existieren, aus ihm heraus leben, ganz und gar in ihm verwurzelt sind. Was das bedeutet, das wissen wir zunächst von den polaren Räumen, deren Wesen uns unmittelbar vertraut ist, wie etwa vom dreidimensionalen Körperraum, aus dem heraus das ganze materialistisch-mechanische Weltbild erwächst. Wenn nun das Wunder geschehen ist, daß uns der überpolare Raum aufgeschlossen ist, dann wird es uns möglich, genau so im überpolaren Raum zu stehen, wie wir bisher etwa im dreidimensionalen Körperraum gestanden haben.[42]

Unabhängig davon, ob der Mensch glaube oder nicht, würden drei spezielle Absoluta sein religiöses Grundbedürfnis kennzeichnen: „das *absolute Objekt*, also die Voraussetzung, daß es einen objektiven Tatbestand gibt, der völlig unabhängig von irgendeinem Subjekt [...] eine ganz bestimmte [...] Beschaffenheit hat"; daneben „der *absolute Raum* und die *absolute Zeit*" sowie zuletzt „die *absolute Determination des Weltgeschehens*"[43]. Alle überhaupt nur denk-

---

[40] Ebd., S. 190f.
[41] Ebd., S. 191.
[42] Ebd., V, S. 154f.
[43] Dieses und das folgende Zitat: ebd., S. 25.

baren Weltentwürfe basierten zuletzt auf diesen drei Elementen. Heim hielt fest, man empfinde „instinktiv, daß alle diese drei Absoluta für die Gottesfrage von entscheidender Wichtigkeit sind" – unabhängig davon, wie man sie persönlich beantworte. Der Verlust bereits eines dieser Grundpfeiler geistiger Lebenssicherheit stürze die Menschen in eine fundamentale Weltanschauungskrise:

> Sobald eins dieser drei Absoluta außer Geltung gesetzt wird, so ist es uns im ersten Augenblick, wie wenn durch einen Erdstoß das ganze Weltall und all seine Ordnungen ins Schwanken gekommen wären. Wenn es kein absolutes Objekt mehr gibt, sondern alles, was wir sehen, vom Subjekt mitbedingt wird, dann gibt es nichts mehr, auf das wir uns unbedingt verlassen können. Wir können keinen Satz mehr aussprechen, der wirklich für alle wahr wäre und allgemeine Geltung beanspruchen könnte. [...]
>
> Ebenso ist es mit dem zweiten Absolutum, dem absoluten Raum und der absoluten Zeit. Nur wenn wir in einem solchen Raum wohnen, dessen Maße und Ordnungen feststehen, fühlen wir uns in dieser Welt wirklich geborgen. [...]
>
> Ebenso schwerwiegend ist die Erschütterung der alten Überzeugung, daß der Gang des Geschehens durch das Kausalgesetz absolut fest bestimmt sei.[44]

Um einzusehen, daß Heims mentalitätsgeschichtliche Diagnose der Breitenwirkung von Relativitätstheorie und Quantenmechanik unbedingt ernst zu nehmen ist, vergleiche man sie mit den Überlegungen eines anderen Zeitzeugen. Seit Ende des Mittelalters, so Werner Heisenberg kurz nach Ende des Zweiten Weltkriegs,

> hatten die Menschen neben der christlichen Wirklichkeit [...] noch die andere Wirklichkeit der materiellen Erfahrung [...], also die „objektive" Wirklichkeit, die man durch [...] Experimente an der Natur in Erfahrung bringen kann. Aber auch beim Vordringen in diesen neuen Bereich der Wirklichkeit bleiben [sic!] gewisse Grundformen des Denkens unangetastet. Die Welt bestand aus den

---

[44] Ebd., S. 25f. In bezug auf den dritten Punkt äußerte sich Elisabeth Ströker 1990 ähnlich: Die von der modernen Physik ausgelöste Diskussion um das Kausalgesetz habe „das Selbstverständnis des Menschen in entscheidenden Bezirken seiner ethischen und religiösen Existenz" berührt (Zur Frage des Determinismus in der Wissenschaftstheorie, S. 8). Als zeitgenössische Bestätigung dieser nachträglichen Einschätzung sei stellvertretend für zahlreiche Kommentare ein Aufsatz aus der *Vossischen Zeitung* angeführt, in dem es 1931 hieß, die Anzweiflung des Kausalgesetzes durch die moderne Physik wirke „höchst beunruhigend" auf den Durchschnittsbürger; in seinen Augen laufe die Welt Gefahr, ein „vom blinden Zufall regiertes Chaos" zu werden (Rosenthal-Schneider: Kausalität oder Wahrscheinlichkeit. – In: Vossische Zeitung 31.10.1931, Unterhaltungsblatt Nr. 247).

Dingen im Raum, die sich in der Zeit nach Ursache und Wirkung veränderten, und außerhalb gab es den geistigen Bereich, also die Wirklichkeit der eigenen Seele, in der sich die Außenwelt wie in einem mehr oder weniger vollkommenen Spiegel abbildet.[45]

Heisenbergs „Grundformen des Denkens" entsprechen exakt den von Heim angeführten drei Absoluta, und auch der Physiker betont ihre fundamentale *religiöse* Bedeutung:

> So sehr sich [...] diese Wirklichkeit der Neuzeit, deren Bild von der Naturwissenschaft her bestimmt war, von der christlichen Wirklichkeit unterschied, so stellte sie doch auch eine göttliche Weltordnung dar, in der die Menschen mit ihrem Tun und Handeln auf festem Boden standen und nicht am Sinn ihres Lebens zu zweifeln brauchten. Die Welt war im Raum und in der Zeit unendlich, sie war gewissermaßen an die Stelle Gottes getreten oder doch durch ihre Unendlichkeit wenigstens zum Symbol des Göttlichen geworden.

Heisenberg spannte dasselbe Bild wie Heim auf. Trotz aller Säkularisierungstendenzen habe der Weltentwurf der meisten Menschen zu Beginn des 20. Jahrhunderts noch auf ganz bestimmten religiös konnotierten Grundvoraussetzungen beruht, die alle technischen und wissenschaftlichen Entwicklungen seit der Renaissance überdauert hätten und *eo ipso* allgemein als „gegeben" angesehen wurden.

Zuletzt kam Heisenberg auch auf die Folgen der physikalischen Revolutionen im ersten Jahrhundertdrittel zu sprechen: Als das säkular-religiöse Weltbild in den 20er und 30er Jahren von Relativitätstheorie und Quantenmechanik „untergraben" worden sei, „verloren die grundlegenden Denkschemata ihre absolute Bedeutung; selbst Raum und Zeit wurden zum Gegenstand der Erfahrung und verloren ihren symbolischen Gehalt." Die moderne Physik habe den Menschen vermittelt,

> *daß unser Verständnis der Welt nicht mit irgendeiner sicheren Erkenntnis beginnen kann, daß es nicht auf dem Felsen einer solchen Erkenntnis gegründet werden kann, sondern daß alle Erkenntnis gewissermaßen über einer grundlosen Tiefe schwebt.*

Als zwei voneinander unabhängige mentalitätsgeschichtliche Rekapitulationsversuche sind Heims und Heisenbergs Äußerungen als in hohem Grad authen-

---

[45] Dieses und die folgenden Zitate: Wissenschaft als Mittel zur Verständigung zwischen den Völkern. – In: Heisenberg: Deutsche und jüdische Physik, S. 174-186, hier: S. 182f.

tisch zu werten. Beide Autoren sprachen aus erlebter Erfahrung. Man entnimmt ihren Zeugnissen, daß die „Relativierung aller Werte"[46] durch die moderne Physik und das daraus resultierende „Fehlen einer ordnenden Mitte" vor allem für religiöse, aber auch für säkulare Zeitgenossen eine enorme Herausforderung darstellte. Als Relativitätstheorie und Quantenmechanik innerhalb weniger Jahre die drei – ex post in dieser Form zusammengestellten – „Absoluta" stürzten, sahen viele Menschen ihr Weltbild zur Disposition gestellt, manche sogar ihre Weltsicherheit, ja ihren persönlichen Glauben.

Karl Heim hatte speziell die Reaktion konservativer protestantischer Kreise auf die von der Tagespresse lauthals proklamierte Abschaffung aller absoluten Werte eingehend studiert. Wenn er in seiner Autobiographie eingangs des Kapitels „Die Hitlerzeit" die allgemein verbreitete Sehnsucht der Menschen nach „Ruhe und Ordnung"[47], nach neuen Sicherheiten und einer kommenden „starken Persönlichkeit"[48] beschrieb, bezog er sich nicht nur auf die politische und sozioökonomische Krise der Weimarer Republik, sondern auch auf die weltanschaulich-religiöse.

---

[46] Dieses und das folgende Zitat: ebd., S. 183.
[47] Heim: Ich gedenke der vorigen Zeiten, S. 262.
[48] Ebd., S. 262f.

2.2.3 Säkularisierte Positionen

> Auf die Frage: Gibt es eine Weltreligion,
> eine Religion, der alle Menschen auf der
> Welt anhängen?, würde ich – wenn auch
> vielleicht etwas zugespitzt – antworten:
> Ja, der Glaube an die Naturwissenschaft.[1]
> (Carl Friedrich von Weizsäcker)

Um etwaigen Bedenken vorzubeugen: Es soll hier nicht behauptet werden, im Deutschland des frühen 20. Jahrhunderts habe man (noch) durchweg im Sinne einer buchstabengetreuen Bibelauslegung „geglaubt" und als hätte sich der Nationalsozialismus gerade aus „frommen" Kreisen rekrutiert. Das Bürgertum war längst merklich säkularisiert, die Arbeiterklasse dem biblizistischen Weltbild vorangegangener Generationen ebenfalls nachhaltig entfremdet. Und dennoch trifft die in den beiden letzten Kapiteln begonnene Diagnose auch und gerade die sozusagen *moderat* religiöse Majorität der Bevölkerung zu – wie Heim ja auch selbst betonte. Zu tief hatten sich entscheidende „christlich" konnotierte Ideologeme, auch wenn sie nicht mehr in einem *wortwörtlichen* Sinne „geglaubt" wurden, in das Repertoire kollektiver kultureller Erinnerung eingeprägt.

So spielte es z.B. keine eigentliche Rolle, ob den Menschen bewußt war, daß die Gottesbeweise der katholischen Lehrmeinung seit Thomas von Aquin aufs engste an die Annahme eines streng kausalen Weltgeschehens geknüpft waren[2] – die Nachricht vom Ende aller Kausalität berührte sie dennoch in ih-

---

[1] Von Weizsäcker: Christlicher Glaube und Naturwissenschaft, S. 12.
[2] Zu diesem Punkt vgl. auch Gölz: Der gegenwärtige Kampf um das Kausalitätsprinzip und die Gottesbeweise. – In: Rothenburger Monatsschrift für praktische Theologie 16 (1931), S. 303-309, hier: S. 307: „Es ist begreiflich, daß bei diesem Kampf um das Kausalitätsprinzip [...] die Befürchtung in weite Kreise der Katholiken hineingetragen wird, die Grundlagen des kausalen Gottesbeweises seien erschüttert." Weiter heißt es, vor diesem Hintergrund werde es „dem Seelsorger nicht nur der Gebildeten, sondern auch des einfachen Volkes von Bedeutung sein zu erfahren, welchen Einfluß die gegenwärtige Krisis des Kausalitätsprinzips für die Gottesbeweise besitzt und ob man von einer Erschütterung der Grundla-

rem tiefsten Innern. Und auch wenn das ebenfalls – vermeintlich – von der modernen Physik annullierte „Absolute" nicht (mehr) zwangsläufig mit dem alles beherrschenden Gott der Bibel in Verbindung gebracht wurde – die Enthüllungen der Physiker nagten ebenso an den gemäßigt religiösen Grundvorstellungen. Seit Cusanus hatte man Gott mit dem „Absoluten" in Verbindung gebracht, in Hegels Religionsphilosophie war das Christentum *in extenso* als „absolute Religion" abgehandelt worden,[3] und spätestens Schopenhauer hatte „das Übersinnliche, [...] den lieben Gott und was dergleichen noch weiter seyn soll" paradigmatisch auf „das Absolute"[4] reduziert: Das „Absolutum", heißt es in seiner Abhandlung „Über die Universitäts-Philosophie", sei ohne Zweifel „der neumodische Titel für den lieben Gott"[5]. Traf diese Einschätzung zu – und Schopenhauer hatte sie durch die Integration in sein eigenes philosophisches Werk nur noch zusätzlich geadelt –, dann kam die „Abschaffung" des Absoluten durch Einstein der „Tötung" Gottes durch Nietzsche gleich – mit dem entscheidenden Unterschied, daß der Anschlag des Physikers eine ungleich schwerwiegendere Wirkung gehabt haben dürfte als die des Philosophen, denn seine „Mordinstrumente" waren die Authentizität des naturwissenschaftlichen Experiments und die Sicherheit des mathematischen Beweises.

Um die Wirkung der vulgarisierten neuen Erkenntnisse auf das Kollektivbewußtsein der Gesellschaft nachempfinden zu können, muß also gerade das profanierte Substrat des biblischen Weltbildes analysiert werden, wie es sich über die Jahrhunderte trotz oder gerade wegen der verschiedenen Säkularisierungswellen in der kulturellen Erinnerung sedimentiert hatte. „Weißt Du, wieviel Sternlein stehen?", fragt etwa ein altes Kinderlied.[6] Mit der beruhigenden Antwort „Gott, der Herr, hat sie gezählt, daß ihm auch nicht eines fehlet", waren Generationen deutscher Kinder in den Schlaf gesungen worden. Auch

---

gen jener natürlichen Gotteserkenntnis sprechen darf, die das Vatikanum mit so klaren Worten lehrt." (Ebd., S. 304.) Natürlich versuchte der Autor, eine mögliche Krise auch der Gottesbeweise abzustreiten – ebenso wie ein anderer Ausleger, der argumentierte, man würde die Bedeutung der Naturwissenschaften weit „überschätzen, wollte man von ihnen Aufschlüsse über transzendentale Ursächlichkeitsverhältnisse erwarten" (von Skibniewski: Kausalität, S. 122).

[3] Vgl. Werke, XVII, S. 185-346. Hessen kommentierte 1917, Hegels „Ausdruck ‚Absolutheit des Christentums'" besage, „daß das Christentum die in *Wahrheit einzige* und daher *für die ganze Menschheit geltende Religion* ist." (Die Absolutheit des Christentums, S. 15f.)

[4] Schopenhauer: Werke, IV, S. 188.

[5] Ebd., S. 117. Vgl. auch V, S. 332.

[6] Der Text stammt von Wilhelm Hey (1789-1854).

eingangs des 20. Jahrhunderts war es noch evident: Ob vom Gott der Bibel oder dem profanierten „lieben Gott" regiert oder am Ende selbst – in einem pantheistischen Sinne – göttlich, das Weltall mit seinen Planeten und Sternen war „heilig", ein absoluter, ewiger Kosmos und – das ist das entscheidende – eben kein *Chaos*, wie es die „jüdische" Physik – angeblich – weismachen wollte.

Zahlreiche bis dato tabuisierte „göttliche" Vorstellungswerte wurden auf einmal von der Physik konterkariert: Himmel, Kosmos, Ewigkeit, Unendlichkeit, Wahrheit, Wirklichkeit, Absolutheit, Gesetzlichkeit usw. Alle diese Begriffe hatten unmittelbar der Konstitution von Weltbildern und Glauben gedient; nun drohte ihnen die exaktwissenschaftliche Sinnentleerung. Auch die Elimination des Äthers, von den Gegnern der modernen Physik als besonders ruchlose Anmaßung der Relativitätstheorie empfunden, ist in diesem Kontext zu nennen. Als „Lichtenäther" und höchster Exponent der göttlichen Schöpfung hatte er Eingang bis ins Kirchenlied gefunden:

> Blick ich empor zu jenen lichten Welten
> Und seh der Sterne unzählbare Schar,
> Wie Sonn und Mond im Lichtenäther zelten,
> Gleich goldnen Schiffen hehr und wunderbar,
> Dann jauchzt mein Herz, dir, großer Herrscher, zu:
> Wie groß bist du, wie groß bist du![7]

Auch Physiker behandelten ihn ehrfurchtsvoll als „eigentliche und Ursubstanz"[8]. Aus Philipp Lenards Beschreibung von 1910 spricht eine geradezu sakrale Verehrung. Der immaterielle Lichtäther sei ein „gewaltiger, unermeßlicher Mechanismus, den ganzen Raum erfüllend, [...] in welchen alles eingebettet ist, was wir kennen."[9] Pathetisch wurde daran erinnert,

> wie unbedeutend wenig die Materie in der Welt ist; denn wie winzig sind die Sonnen im Vergleich zu den von Materie freien Zwischenräumen von einer

---

[7] Lieder für die Gemeinde, Nr. 6. Der deutsche Text des aus Schweden stammenden Liedes wurde von Manfred von Glehn (1867-1924) verfaßt. Mittlerweile wurde der Strophentext dem wissenschaftlichen Fortschritt übrigens angepaßt: „Blick ich empor zu jenen lichten Höhen | und seh die Sonne strahlen wunderbar | und seh den Mond des Nachts am Himmel stehen | und all der Sterne unzählbare Schar. | Dann jauchzt mein Herz" (Neue Gemeindelieder, Nr. 34).

[8] Riem: Der Kampf um die Physik des Aethers. – In: Deutsche Zeitung 1920, Nr. 237.

[9] Lenard: Über Äther und Materie, S. 8.

Sonne zur nächsten, die so groß sind, daß der schnelle Lichtstrahl Jahrtausende braucht, um sie zu durchlaufen.[10]

Tief beeindruckt gab sich Lenard von den schier unendlichen Dimensionen, über die er referieren durfte. Die unermeßlichen Weiten des Universums seien erfüllt „von einem Etwas, das fähig ist zu erzittern und die von einer Seite her empfangene Erzitterung von Punkt zu Punkt [...] getreu zu übertragen." Nebenbei bemerkt: Dieselbe Vorstellung von Ewigkeit und Größe, Geborgenheit und Treue, ist auch Hitlers Beschreibung des Kosmos entnehmbar. Auch in *Mein Kampf* zieht die Erde „schon Jahrmillionen durch den Äther"[11], der als Ort der Ewigkeit stilisiert wurde.

Es überrascht also nicht, daß auch mit der „Abschaffung" des Äthers mehr assoziiert wurde als nur die Verwerfung eines physikalischen Modells. Einsteins Arbeit wurde als Freveltat aufgefaßt und mit Wutschnauben quittiert. Auf völkischer Seite lamentierte man sogar, ein „Werkzeug germanischen Denkens" sei „unwirksam gemacht" worden,

> das die großartigsten Entdeckungen dreier Jahrhunderte möglich gemacht hatte. Es wurde ersetzt durch ein Dogma, nämlich die Erklärung der Unabhängigkeit der Lichtgeschwindigkeit von der Bewegung der Körper. Da dieses Dogma aller unmittelbaren [...] Anschauung widerspricht und unter Zugrundelegung der uns, wie Kant gezeigt hat, allein anschauliche Erkenntnis ermöglichenden Denkformen des Raumes und der Zeit undurchführbar ist, wurde ein vollkommen unanschauliches formal-mathematisches System entwickelt, in dem sich alle Erscheinungen in einem 4-dimensionalen Formelgewebe abspielen.[12]

Soviel zum Äther. Maßgeblich für den mentalitätsgeschichtlichen Einbruch, den Relativitätstheorie und Quantenmechanik bei vielen Zeitgenossen hervorriefen, war, daß die Physik aus der Tradition des 19. Jahrhunderts heraus selbst den Rang eines unantastbaren Welterklärungsmodells eingenommen hatte, einer „Religion der Wissenschaft"[13], der die Menschen mit „Wissenschafts-

---

[10] Dieses und das folgende Zitat: ebd., S. 7.

[11] Mein Kampf, S. 316.

[12] R[udolf] Tomaschek: Die Entwicklung der Äthervorstellung. – In: Naturforschung im Aufbruch. Reden und Vorträge zur Einweihungsfeier des Philipp Lenard-Instituts der Universität Heidelberg, S. 70-74, hier: S. 72.

[13] Dieses und das folgende Zitat: von Weizsäcker: Christlicher Glaube und Naturwissenschaft, S. 29. Die Physiker, führte von Weizsäcker (ebd., S. 13) weiter aus, seien „so etwas wie die ‚Priester' dieser Religion [...]; denn sie sind es, die die Geheimnisse dieser Religion wissen."

Gläubigkeit" huldigten – wie Carl Friedrich von Weizsäcker formulierte – bzw. einer „Religion der Naturgesetze"[14], wie Rudolf Lämmel 1927 anmahnte:

> Wenn wir von der kindlichsten Form des Glauben an eine Art Post von Gott zu den Menschen [...] absehen, so bleibt noch der moderne geläuterte Glaube – man stellt sich den lieben Gott nicht mehr als einen älteren Herrn vor, mit ehrwürdigem weißen Bart, sondern man sagt etwa: Gott ist das All, ist Kraft und Stoff in Raum und Zeit. Oder noch moderner: *Gott ist der Inbegriff der Naturgesetze!*
>
> So entstand vor etwa 30 Jahren neben der herkömmlichen Religion, die sich auf die Bibel stützte [...], im christlichen Abendland eine bibellose Gottverehrung, die Anbetung der Naturgesetze.[15]

Spinnt man diesen Gedanken weiter, dann stellte sich die Krise der modernen Physik als Zusammenbruch der Ersatzreligion „Naturwissenschaft" dar, der durch einen Rückgriff auf die vorhergehende – zuvor schon ad acta gelegte – christliche Religion nicht mehr kompensiert werden konnte. So weit wie Lämmel muß man indes gar nicht gehen. Das Weltbild des ausgehenden 19. Jahrhunderts gestaltete sich wohl eher als eine Symbiose säkularisiert-christlicher und „naturwissenschaftlicher" Versatzstücke,[16] zusammengehalten durch die Klammer der philosophischen Tradition, in Deutschland vor allem durch die kantische.[17] Als dieses Gesamtsystem im 20. Jahrhundert urplötzlich[18] aus-

---

[14]   Lämmel: Von Naturforschern und Naturgesetzen, S. 16.

[15]   Ebd., S. 11f.

[16]   Insofern ist Andreas W. Daums Annahme unbedingt zuzustimmen, „daß die naturwissenschaftlichen Bildungselemente [...] im Rahmen traditioneller religiös-kirchlicher Deutungssysteme eine große, ja positive Rolle" spielten (Wissenschaftspopularisierung im 19. Jahrhundert, S. 466). Weiter (S. 468) urteilt Daum, „Wissenschaft, Kunst und religiöses Bedürfnis zu vereinen", sei „bis weit in das Lager der christlich begründeten Naturwissenschaft hinein ein Merkmal popularisierender Textstrategien" gewesen. Eine zentrale Bedeutung für die flächendeckende Popularisierung der Naturwissenschaften im Deutschland des 19. Jahrhunderts kam nach Daum interessanterweise auch dem evangelischen Pfarrhaus zu (vgl. ebd., S. 413f.).

[17]   Die mannigfaltige Reaktion der Philosophie auf die Untergrabung des kantischen Systems durch die Raum-Zeitaussagen der Relativitätstheorie böte Stoff für ein ganzes Buch. Es sei allein daran erinnert, daß Raum und Zeit nach Kant Formen der Anschauung waren und Kausalität eine Kategorie der menschlichen Erfahrung. Klaus Hentschel abstrahierte aus der Unzahl zeitgenössischer Abhandlungen zu dieser Thematik je drei zentrale Immunisierungs- bzw. Revisionsstrategien der Neukantianer, die das System des Königsberger Philosophen abschotten bzw. durch Erweiterung schützen sollten. (Vgl. Interpretationen und Fehlinterpretationen der speziellen und der allgemeinen Relativitätstheorie durch Zeit-

einanderfiel, fand sich ein Großteil der Gesellschaft in einer weltanschaulichen Zwangslage wieder.[19] „Müssen wir an die Relativitätstheorie glauben?"[20], lautete die brennende Frage, und man könnte ergänzen: „so wie wir bisher an die Newtonsche Mechanik geglaubt haben." – „Ist das Gewand der Welt ein Flickwerk?", meldete sich ein anderer Autor zu Wort:

> Wenn wir staunend und ergriffen von der Großartigkeit und Unbegreiflichkeit der Welt einem allweisen Regierer und Schaffer die allumfassende Hoheit und

---

genossen Albert Einstens, S. 199-239; behandelt wurden u.a. Natorp, Hönigswald, Cohen und Cassirer.)

[18] Das Attribut „urplötzlich" erscheint in diesem Kontext durchaus angemessen. Selbst die Physiker hatten noch bis zur Jahrhundertwende geglaubt, ihre Wissenschaft sei bereits im wesentlichen abgeschlossen und zukünftige Forschung würde sich in der genauen quantitativen Festlegung der Naturkonstanten erschöpfen. So schrieb Heinrich Hertz in der Einleitung seiner *Prinzipien der Mechanik* (1894), es erscheine den meisten Physikern „einfach undenkbar, daß [...] die spätere Erfahrung an den feststehenden Grundsätzen der Mechanik noch etwas zu ändern finden könne." (S. 11) Max von Laue bestätigte diese Einschätzung rückblickend: „Ums Jahr 1890 herum erschien die Physik zu einem gewissen Abschluß gekommen zu sein, insofern ein vollkommen einheitliches Weltbild vorzuliegen oder doch kurz vor der Vollendung zu stehen schien." (Das physikalische Weltbild, S. 4.) Während die Physiker dann von Plancks Arbeit zur Wärmestrahlung Ende des Jahres 1900 aufgeschreckt wurden, konnte das Gefühl von Harmonie und Abgeschlossenheit außerhalb der Fachwelt noch bis in die 10er Jahre des 20. Jahrhunderts überdauern, was ein Blick in den populärwissenschaftlichen Sammelband *Die Welt in 100 Jahren* von 1910 belegt. Darin hatten verschiedene renommierte Referenten über die zu erwartenden Veränderungen innerhalb ihres Zuständigkeitsbereichs Auskunft erteilt. Im Beitrag zur Naturwissenschaft war zu lesen: „Jede Wirkung ist im ewigen Kreislauf Ursache zu anderen Wirkungen, die ihr wieder genau gleich sind. [...]. Jedes vorhandene Atom folgt einer mathematisch genauen Bahn, die sicher durch die von allen anderen bestehenden Atomen ausgeübten Kräfte genau ebenso bestimmt ist, wie ein Stern nicht gehen kann, wohin er will, sondern seiner vorgeschriebenen Himmelsbahn folgen muß. [...] In der Natur gibt es keinen Zufall." (Hudson Maxim: Das 1000jährige Reich der Maschinen. – In: Die Welt in 100 Jahren. Hrsg. v. Arthur Brehmer, S. 5-26, hier: S. 6.) Man male sich die Breitenwirkung aus, als die Zeitungen nur wenige Jahre später alle Welt darüber „aufklärten", daß die Welt im Gegenteil gerade von Unstetigkeit und Akausalität geprägt sei!

[19] Ernst Cassirer kommentierte, die „Dinge der gewöhnlichen Weltsicht, die zuvor als die einzigen unangreifbaren Realitäten galten", würden im Angesicht der modernen Physik mehr und mehr „versinken" (Philosophische Probleme der Relativitätstheorie. – In: Neue Rundschau 31 (1920), S. 1337-1357, hier: S. 1357).

[20] Vgl. Thomas: Müssen wir an die Relativitätstheorie glauben? – In: Der Fels 28 (1933/34), S. 252-257. „Wäre die Relativitätstheorie ein harmloses Gedankenspiel, mit dem sich in stiller Kammer einige weltabgewendete Gelehrte beschäftigten", heißt es in diesem Artikel (S. 255), dann würde sie gar keine Gefahr darstellen. „Aber die Relativitätstheorie ist eine Angelegenheit geworden, die alle Gemüter erfaßt, sie ist der Ausdruck einer Weltanschauung."

Macht, damit auch den Inbegriff der Welt im höchsten Sinne einem allumfas-
senden und regierenden *Gott* zuschreiben, so müssen wir auch fragen: hat Gott
jene Gewänder der Natur [Raum, Zeit und Zahl], jene die ganze uns bekannte
Natur durchdringenden Formen geschaffen als Flickwerk – oder sind wir nicht
vielmehr genötigt, zu glauben und also auch bei unserem Denken festzuhalten,
daß auch die Gewänder der Natur etwas Erhabenes, etwas Harmonisches, etwas
auf das Weiseste und Kunstvollste Eingerichtetes sein werden. Wir werden
wohl bei unserem Forschen diese letzte Auffassung stets [...] festhalten müssen,
wir werden solchen etwaigen Resultaten einer speziellen Forschung – sei es
auch der vielbewunderten mathematischen – nicht trauen dürfen, welche gegen
die Annahme jener Harmonie, jenes tieferen oder höheren Zusammenhanges,
verstoßen.[21]

Physik und Religion widersprachen sich plötzlich in eklatanter Weise, und für
die meisten Menschen stand fest, daß ein gemeinsamer Weg in Zukunft nicht
mehr gangbar sein würde. Die „Tatsache des Durchbrechens eines starken religiösen Bedürfnisses"[22] gegen Ende der 20er Jahre ging nicht nur, aber auch –
und zwar unmittelbar – auf genau dieses Verlustgefühl zurück.[23]

Während der Unterschied zwischen „strengen" und „gemäßigten" Christen
also nicht wesentlich war, was die Brisanz der neuen naturwissenschaftlichen
„Erkenntnisse" betraf – gegenüber einer anderen gesellschaftlichen Großgrup-
pe unterschieden sich beide erheblich: Nicht für jeden war mit der klassischen

---

[21] Geissler: Ist das Gewand der Welt ein Flickwerk? – In: Der Fels 28 (1933/34), S. 214-224,
hier: S. 216. Bezeichnenderweise macht der Autor im folgenden aus seiner Sympathie für
die „Machtergreifung" der Nationalsozialisten keinen Hehl: Auch ein Staat sei nur ein
„Flickwerk, wenn nicht eine gemeinsame Idee alle Bevölkerungsschichten, alle gesetzli-
chen Einrichtungen zusammenfügt und zusammenhält, wenn auch viele einzelne Menschen
zum Staate gehören. Darin besteht eine *Gleichschaltung.*" (Ebd., S. 217.) Der zeittypische
Brückenschlag von der Einstein-Debatte zur Politik wurde sogar noch weiter getrieben:
„Wie gegen den Marxismus, den Denkformalismus auf sozialem Gebiete, so ist auch eine
Revolution nötig gegen den Formalismus in der Wissenschaft, z.B. gegen die Lehre *Ein-
steins* und anderer ‚Nichteuklidiker', die den unendlichen Raum für krumm erklären."
(Ebd., S. 224.)

[22] Hoche: Geistige Wellenbewegungen, S. 16.

[23] Vgl. dazu die folgende 1929 geäußerte Einschätzung: Die „durch die Relativitätstheorie
verursachte Beeinflussung des menschlichen Denkens" sei „schon in weitem Umfange zu
bemerken." Einsteins Lehre sei ein schwerer „Schlag gegen alle Religionen [...]. Einstein
vernichtet die Sonderstellung des menschlichen Geistes. [...] wenige erst haben die Tragweite dieser gewaltigen Gedanken erkannt, aber schon sammeln sich die Gegner. Murrer
und engstirnige Dogmenknechte wittern Morgenluft." (Biese: Ueber das Wesen der Relativitätstheorie Einsteins. – In: Die Gewerkschaft 33 (1929), Sp. 92-96, hier: Sp. 96.)

Physik ein Weltbild zusammengebrochen. Unter Progressiven, Liberalen und Linken faßte man die physikalischen Revolutionen zumeist ganz anders auf. Hier bedeuteten die exaktwissenschaftlichen Sensationen nicht den Untergang des alten – im wesentlichen traditionell-christlichen – Weltbildes. An das glaubte man ohnehin nicht mehr; die „Entgötterung der Welt"[24] hatte bereits stattgefunden, und das erschien gut so. So überrascht nicht, daß gerade Einstein in den entsprechenden Kreisen höchstes Ansehen genoß. Die Relativitätstheorie wurde als eine Art exaktwissenschaftliche Bestätigung dessen aufgenommen, was man persönlich immer schon geglaubt und vertreten hatte: etwa, daß alle Menschen gleich seien und niemand – auch kein Volk (!) – absolute Wahrheit oder Vorherrschaft für sich beanspruchen könne. Mit „einem Gefühl der Befreiung huldigte man dem Geist, der die neue Botschaft brachte."[25] – Dieser zeitgenössische Kommentar gibt die entsprechende Stimmung treffend wieder.[26]

---

[24] Born: Albert Einstein. – In: Universum 24 (1920), S. 480.

[25] Ebd.

[26] Wie die *extreme* Linke Einstein begegnete, sei abschließend anhand des bereits in anderem Zusammenhang zitierten Artikels aus der *Arbeiterstimme* aufgezeigt: „In der bürgerlichen Welt wurde die Einsteinsche Theorie zum Teil im Sinne von allerlei idealistischen und mystischen metaphysischen Systemen mißdeutet, zum Teil mit reaktionärer Beschränktheit angegriffen. Das revolutionäre Proletariat, das durch seine Weltanschauung zur vorurteilslosen, kritischen Haltung gegenüber allen überlieferten Theorien geführt, für neue umwälzende Gedanken aufnahmefähig gemacht wird, *begrüßt in dem großen Revolutionär auf dem Gebiete der Naturwissenschaften einen Mitstreiter gegen die finsteren Mächte der Unwissenheit, der Barbarei und des Rückschritts.*" (Lenz: Die Relativitätstheorie und der dialektische Materialismus. Zu Albert Einsteins 50. Geburtstag am 14. März 1929. – In: Arbeiterstimme 14.3.1929, Nr. 62, Beilage.)

2.2.4 Der Nationalsozialismus als politische Religion

> Für uns sind die drei Worte, die viele gedankenlos aus-
> sprechen, mehr als Schlagwort: die Worte Liebe, Glau-
> be und Hoffnung. Wir Nationalsozialisten wollen unser
> Vaterland lieben lernen, eifersüchtig lieben lernen, al-
> lein und keinen anderen Götzen neben uns dulden. [...]
> Wir glauben an das urewige Recht unseres Volkes. [...]
> Wir hoffen und glauben, daß der Tag kommen wird, an
> dem Deutschland von Königsberg bis Straßburg und
> von Hamburg bis Wien reichen wird.[1]
>
> (Adolf Hitler)

Die signifikante Okkupierung des christlichen Diskurses, wie sie in diesem
Ausschnitt aus Hitlers Rede zum 1. Mai 1923 symptomatisch zum Ausdruck
kommt,[2] muß mit den grundlegenden neuen Arbeiten von Claus-Ekkehard
Bärsch, Michael Ley u.a. als das eigentliche Spezifikum nationalsozialistischer
Demagogie herausgestellt werden. Der Zulauf, den die „Bewegung" im
Deutschland der Weimarer Republik erfuhr, war wesentlich geknüpft an die
Erscheinungsform des Nationalsozialismus als *politische Religion*.[3] Hitlers
Attraktivität resultierte nicht aus der persuasiven Kraft des NSDAP-
Parteiprogramms – sofern es eine solche, objektiv besehen, überhaupt gab –,

---

[1]   Adolf Hitlers Reden. Hrsg. v. Ernst Boepple, S. 63f.
[2]   Vgl. den Schlußvers des neutestamentlichen Hohelieds der Liebe (1. Kor. 13,13) sowie das
      erste Gebot (2. Mos. 20,3). Eine Vielzahl skatologischer Adaptionen alt- wie neutestament-
      licher Verse durch die NS-Propaganda findet man bei von Leers: 14 Jahre Judenrepublik,
      S. 20-22.
[3]   Vgl. die Quintessenz von Bärschs umfangreicher Studie über *Die politische Religion des
      Nationalsozialismus* (S. 383): „Der Erfolg der Nationalsozialisten vor dem Beginn der lega-
      len Herrschaft 1933 beruht auf dem religiösen Gehalt ihrer Ideologie. Der Charakter der po-
      litischen Religion der NS-Ideologie zählt zu den wesentlichen Bedingungen der Macht-
      gewinnung der Nationalsozialisten." Die bisher letzte Bestätigung erfuhr diese These in Sa-
      bine Behrenbecks Analyse des nationalsozialistischen Totenkults. Auch hier lautet das we-
      sentliche Ergebnis, „daß ein wichtiger Grund für den Erfolg und die Überzeugungskraft der
      nationalsozialistischen ‚Bewegung' in der Befriedigung religiöser Bedürfnisse bestand."
      (Der Kult um die toten Helden, S. 19.)

sondern aus der religiösen Aura, die ihn umgab und die von seinen Handlangern geschickt inszeniert wurde. Nationalsozialist zu sein oder nicht war weniger eine Frage politischer Parteizugehörigkeit, sondern vielmehr eine Art Glaubensentscheidung.[4]

Was macht nun eine politische Religion aus? Nach Hans Maier kennt sie

> „reine Lehren", „heilige Bücher", Ketzer und Ketzergerichte, strafbewehrte Sorge für „Glaube" und „Sitte", Häresie und Inquisition, Dissidenten und Renegaten, Apostaten und Proselyten – dazu ein umfangreiches, quasi-liturgisches Feier-Ritual sowie Entwürfe neuer Kalender, ja einer neuen Zeitrechnung.[5]

Alle modernen Diktaturen lassen sich Maier zufolge auf die jeweiligen Füllwerte dieser Variablen hin untersuchen:

> Es ist kein Zweifel: Viele Anhänger der modernen Diktatoren verstanden ihren politischen Auftrag nicht als Anti-Religion, sondern als Religion. Viele fühlten sich als Glieder einer neuen Kirche, als Adepten einer neuen Rechtgläubigkeit. Ohne diesen quasi-religiösen Eifer ihrer Anhänger sind viele Züge der modernen Despotien kaum erklärbar: die Unempfindlichkeit gegenüber Kritik und Anfechtung, das Bewußtsein, auf der richtigen Seite zu stehen und eine historische Mission zu erfüllen, die Gehorsams- und Leidensbereitschaft – oft bis zur Selbstverleugnung und Selbstvernichtung.

Inwiefern insbesondere der Nationalsozialismus eine politische Religion darstellte, kann an dieser Stelle nicht erschöpfend dargelegt werden;[6] allein einige zentrale Aspekte seien angeführt. Erstes entscheidendes Charakteristikum der nationalsozialistischen Religion war der „Führerkult". Zu dessen religiöser Konnotation führt Bärsch aus:

---

[4] Vgl. dazu die verschiedenen bei Gudrun Brockhaus (Schauder und Idylle, S. 222f.) aufgeführten Beitritts*bekenntnisse*.
  „Glaube" ist in diesem Kontext tatsächlich der Schlüsselbegriff. Die Völkischen hatten die „furchtbare geistige Zerrissenheit unseres Volkes" stets darauf zurückgeführt, daß es den Deutschen an „Glauben" fehle: „Sie wissen nicht, was sie wollen, weil sie nicht mehr wissen, was sie glauben sollen, denn aller kraftvoller Wille kann nur aus einem festen Glauben kommen." (Wundt: Deutsche Weltanschauung, S. 18f.) Sich selbst bezeichnete man als „deutschgläubig" (Schwarz: Ewigkeit, S. 8); Göring nannte den Nationalsozialismus eine „gläubige, starke, gewaltige Bewegung" (Reden und Aufsätze, S. 16). Mit zunehmender Konturierung und In-Szene-Setzung des „Glaubens" stieg auch der Zuspruch von außen.

[5] Dieses und das folgende Zitat: Maier: Politische Religionen, S. 7.

[6] Verwiesen sei in diesem Zusammenhang auf die hier zitierten Forschungsarbeiten, denen auch weiterführende Lektürehinweise zu entnehmen sind.

In den Augen der Nationalsozialisten ist das Charisma Hitlers nicht irgendeine Gnadengabe, sie kommt vielmehr von Gott. Hitler ist der von Gott gesandte Führer des deutschen Volkes. Die Gabe Hitlers ist geistiger Natur und wiederum auf Gott gerichtet. Hitler hat im Glauben der Nationalsozialisten eine außergewöhnliche Beziehung zu Gott. Sie ist unmittelbarer, intensiver und vor allem wirkungsvoller als die anderer Menschen. Hitler vermittelt zwischen Gott und Deutschen sowie Deutschen und Gott und zwischen Volk und Gott sowie zwischen Gott und Volk. [...] Politische Kausalverläufe, also Machtprozesse, können via Hitler durch Gott gesteuert werden. [...] Hitler ist nicht nur Vermittler kollektiver Identität auf der horizontalen Ebene gesellschaftlicher Beziehung. Hitler vermittelt zwischen unten und oben, zwischen Diesseits und Jenseits.[7]

Vor allem Goebbels' propagandistischem Eifer ist es zuzuschreiben, daß Hitler nicht nur rein vordergründig als Mittler zwischen Gott und Volk, sondern – auf ungleich konkretere Weise – als „Inkarnation einer spezifischen Christussymbolik [...], nämlich als kämpfender und siegender Christus"[8], von den Menschen angenommen wurde. Der nationalsozialistische „Mythosproduzent"[9] stellte seinen „Herrn" als zurückgekehrten Weltheiland und zweiten Christus vor,[10] und der Erfolg dieser häretisch-propagandistischen Glanzleistung – virulent nicht zuletzt in der Grußformel „Heil Hitler" – war essentiell für die Entwicklung des Nationalsozialismus zur Massenbewegung. „Daß Hitler der Messias sei, der Erlöser aus Furcht und Elend, Arbeitslosigkeit und Inflation", darin

---

[7] Bärsch: Politische Religion, S. 186. (Die Zitate, aus denen Bärsch ableitet, daß Hitler selbst an einen persönlichen Einfluß auf den Willen Gottes und darüber auf den Ablauf der Weltgeschichte geglaubt haben muß, finden sich ebd., S. 285).

[8] Ebd., S. 134.

[9] So Sabine Behrenbecks treffende Bezeichnung für Hitlers Propagandaminister (Kult, S. 119).

[10] Zu Goebbels' zentraler Bedeutung bei der Inszenierung des pseudoreligiösen Führerkultes s. auch Schieder: Die NSDAP vor 1933. Profil einer faschistischen Partei. – In: Geschichte u. Gesellschaft 19 (1993), S. 141-154, speziell: S. 145f. Zu den Feiern im NS-Staat und ihrer Bedeutung für die Festigung des nationalsozialistischen Glaubens vgl. Ley: Genozid und Heilserwartung, S. 31; S. 209-211; Vondung: „Gläubigkeit" im Nationalsozialismus. – In: „Totalitarismus" und „Politische Religionen". Konzepte des Diktaturvergleichs. Hrsg. v. Hans Maier u. Michael Schäfer, II, S. 15-28, speziell: S. 18-22.

ist Ralf Schnell zuzustimmen, „dieser Glaube hat entscheidend zum Sieg des Faschismus in Deutschland beigetragen."[11]

Kommt es nach christlicher Erwartung bei der zweiten Parusie zur Vereinigung Christi mit seiner Braut, der gläubigen Gemeinde (vgl. Offb. 19,7f.), so tritt Hitler in der nationalsozialistischen Umdeutung dem deutschen „Volk" gegenüber. „Und Führer und Himmel sind ein Gesicht. | [...] Und Volk und Führer sind vermählt"[12], heißt es in Hanns Johsts Gedicht „Dem Führer". Der erste, der diese unterschwelligen, aber deutlichen Zusammenhänge klar erkannte und auch den Begriff „politische Religion" in der Forschung etablierte, war Eric Voegelin. In Anspielung auf die politisch-ideologischen Umwälzungen seiner Zeit argumentierte er, wie die „christliche Idee" die „Ekklesia, die Gemeinde als den mystischen Leib Christi"[13] ansehe, würde im Nationalsozialismus – so Klaus Vondungs Paraphrase – das „Volk" zur „innerweltlichen Ekklesia"[14] erhoben.[15]

---

[11] Schnell: Dichtung in finsteren Zeiten, S. 45. Schnell ergänzt, der „Mythos vom genialen Führer als Inkarnation göttlicher Vorhersehung" sei „von der NS-Propaganda [...] konsequent entwickelt und forciert vorgetragen worden" (ebd.).

[12] Dem Führer. Worte deutscher Dichter, S. 56.

[13] Voegelin: Die politischen Religionen, S. 33.

[14] Vondung: „Gläubigkeit", S. 17.

[15] Die Neubesetzung wesentlicher christlicher Ideologeme geht an dieser Stelle noch viel weiter – beispielsweise wurde das „Volk" als „unteilbares Subjekt" (Bärsch: Politische Religion, S. 191.) mit eigener Kollektivseele betrachtet, ähnlich wie die neutestamentliche Gemeinde den einheitlichen Leib Christi konstituiert (vgl. Röm. 12,4-5; 1. Kor. 10,17). Auch an die radikale Umdeutung des Begriffs von der „Erbsünde" ist zu denken (vgl. Schmitz-Berning: Vokabular des Nationalsozialismus, S. 204f.), ebenso wie an die identitätsstiftende Wirkung des christlichen Abendmahls und seine Reflexion im nazistischen Mythos vom arischen Blut: „Heute erwacht ein *neuer* Glaube: der Mythus des Blutes [...]. Der mit dem hellsten Wissen verkörperte Glaube, daß das nordische Blut jenes Mysterium darstellt, welches die alten Sakramente ersetzt und überwunden hat." (Rosenberg: Der Mythus des 20. Jahrhunderts, S. 114.) Natürlich äußert sich in solchen Zitaten aber auch die unüberbrückbare Diskrepanz zwischen Nationalsozialismus und Christentum. In diesem Kontext zu erwähnen ist auch die „Divinisierung des Volkes durch die Einheit von menschlicher und göttlicher Natur als Qualität des Ariers", nach Bärsch (Politische Religion, S. 362) das „neue Sakrament der nationalsozialistischen Religion". Daß sich der nazistische Chiliasmus gegenüber dem christlichen vor allem durch seinen innerweltlichen Charakter unterschied, war bereits Goebbels' *Michael*-Roman zu entnehmen gewesen. Das Jenseits spielte in der nationalsozialistischen Religion keine eigentliche Rolle. So ist Bärsch (ebd., S. 378) darin zuzustimmen, daß die „Angst vor dem Tod als Angst vor der Finsternis und dem ewigen Nichtsein" nicht durch eine – wie auch immer geartete – Jenseitsverheißung aufgehoben wurde, sondern durch den Gedanken, „daß das Individuum

Für die Nationalsozialisten waren die Deutschen das „neue auserwählte Volk, das das jüdische ablöst"[16]. In *Mein Kampf* beschrieb Hitler diesen heilsgeschichtlichen Wechsel mit den Worten, die Welt gehe einer „großen Umwälzung entgegen. Und es kann nur die eine Frage sein, ob sie zum Heil der arischen Menschheit oder zum Nutzen des ewigen Juden ausschlägt."[17] Deutlich vernimmt man den manichäischen Unterton dieses Heilsmodells. Die arischen „Lichtträger" sollten die jüdischen „Dunkelmänner" besiegen. *In nuce* handelt es sich dabei jedoch um eine radikale Uminterpretation der Johannesoffenbarung, die dem Judentum innerhalb einer politischen Apokalypse die Rolle des Antichrist zuwies. „Die Hauptvertreter des Bösen bzw. des Satan sind die Juden. Als ‚Antichrist' muß ‚der Jude' vernichtet werden"[18], kommentiert Bärsch, und Ley ergänzt, der „Sieg über den Antichrist" sei notwendige „Voraussetzung für das Tausendjährige Reich, sowohl in der christlichen Tradition als auch in der nationalsozialistischen Weltanschauung."[19]

War Vernichtung somit „wesentlicher Bestandteil der Ideologie" und eng geknüpft an die Gewißheit einer „religiösen Sinngebung"[20], so ging es zuletzt doch um Selbsterlösung, wie bereits Goebbels' *Michael*-Roman zu entnehmen

---

ein Teil der unsterblichen Rasse" sei. (Zu der bereits von Voegelin herausgestellten Innerweltlichkeit der nationalsozialistischen Religion vgl. Vondung: Die Apokalypse des Nationalsozialismus. – In: Der Nationalsozialismus als politische Religion. Hrsg. v. Michael Ley u. Julius H. Schoeps, S. 33-52, hier: S. 40; Juan J. Linz: Der religiöse Gebrauch der Politik und/oder der politische Gebrauch der Religion. – In: „Totalitarismus" und „Politische Religionen", I, S. 129-154, hier: S. 130.)

16   Ley: Genozid, S. 190.
17   Mein Kampf, S. 475.
18   Bärsch: Politische Religion, S. 134.
19   Ley: Genozid, S. 29. Ebenso äußert sich Julius H. Schoeps: Der Antichrist sei „bei den Nationalsozialisten der Jude, den es der eigenen Heilsgewißheit wegen zu vernichten gilt." (Erlösungswahn und Vernichtungswille. Die sogenannte „Endlösung der Judenfrage" als Vision und Programm des Nationalsozialismus. – In: Der Nationalsozialismus als politische Religion, S. 262-271, hier: S. 268.) Vgl. auch François Bédarida: Nationalsozialistische Verkündigung und säkulare Religion. – Ebd., S. 153-167, hier: S. 157: „Das chiliastische Versprechen, die Welt zu reinigen, indem die Betreiber ihres Verderbens beseitigt werden, kann nur durch und am Ende eines erlösenden Kampfes gegen die Agenten des Bösen, vornehmlich das internationale Judentum, eingelöst werden."
20   Bärsch: Politische Religion, S. 374. Schoeps (Erlösungswahn, S. 264) vertritt in diesem Kontext zurecht die Auffassung, daß der „Zusammenhang von Erlösungswahn und Vernichtungswille" im deutschen Nationalsozialismus singulär war: „Mit herkömmlichen Interpretationsmustern und den üblichen Instrumentarien der Historiker ist dem Judenmord [...] nicht beizukommen. Dieser hatte offensichtlich eine ‚heilstheologische' Dimension."

war. An dieser Stelle klaffen nationalsozialistische und christliche Religion unüberbrückbar weit auseinander. Das zeigt auch eine genauere Analyse des nazistischen „Opfer"-Begriffs. Überzeugend argumentiert Bärsch hier, daß die Vernichtung des europäischen Judentums einem groß angelegten sakralen Ritualmord gleichkam. Der Sinn des alttestamentlichen Blutopfers wurde von den Nationalsozialisten dahingehend pervertiert, daß die Juden „zum Zwecke des Heils des kollektiven Selbst"[21] als Fremdopfer dargebracht wurden. Das „Opfer als Objekt der Gewalt (engl.: victim, frz.: victime)" fiel „mit dem sakralen Charakter des Begriffs als sacrificium (engl.: sacrific [sic!], frz.: sacrifice) zusammen"[22], und zwar nicht nur in bezug auf den

> Tod des Individuums der eigenen Gesellschaft, sondern auch für den Tod des Feindes. Das bedeutet, daß auch der Tod und die Vernichtung jedes einzelnen Juden von Hitler als *sacrificium* bewertet wurde. [...] Die Ermordung der Juden ist ein realhistorischer Exorzismus durch Vernichtung.

Bärsch vertritt darüber hinaus die Auffassung, Hitler sei dem Wahn verfallen gewesen, durch das von ihm herbeigeführte kollektive Menschenopfer den Gang der Weltgeschichte magisch beeinflussen zu können:

> Weil Hitler glaubte, in einer Spezialbeziehung zum allmächtigen Schöpfer und Herrn der Vorsehung zu stehen, hat die Vernichtung der Juden den Charakter eines Sakrifiziums, einer sakralen Handlung. Diese Art der Religiosität hat eine magische Komponente, insofern der Magier glaubt, durch sein eigenes Tun überirdische Kräfte zum Zwecke der Beeinflussung irdischer Kausalverläufe manipulieren zu können. [...] Dabei findet im Glauben an die Bedeutung des Blutopfers eine Inversion statt. Das Selbstopfer wird durch das Fremdopfer ausgetauscht.[23]

Auch Michael Ley interpretiert den Genozid am europäischen Judentum als „Versuch, durch Menschenopfer den Gang der Geschichte zu beeinflussen bzw. die Heilsgeschichte zu realisieren."[24] Inwiefern dies tatsächlich zutraf

---

[21] Bärsch: Politische Religion, S. 375.

[22] Dieses und das folgende Zitat: ebd., S. 315.

[23] Ebd., S. 380. An anderer Stelle setzte Bärsch den nazistischen Glauben an die Kraft des Menschenopfers in expliziten Bezug zur militärischen Wende im Weltkrieg: „Daß die massenhafte Vernichtung der Juden gerade nach den Niederlagen der deutschen Armeen erst richtig in Gang kam, läßt die Vermutung zu, mit dem Tod der Juden sollte die Gunst des ‚Weltenschicksals' hervorgerufen werden." (Erlösung und Vernichtung, S. 292f.)

[24] Ley: Genozid, S. 193. Vgl. auch ders.: Apokalyptische Bewegungen in der Moderne. – In: Der Nationalsozialismus als politische Religion, S. 12-29, hier: S. 26: „Das Menschenopfer,

oder nicht, soll hier nicht weiter erörtert werden. In jedem Fall aber trifft die letzte Teilaussage zu: daß sich die Nationalsozialisten als Vollstrecker eines numinosen Heilsplans und in diesem – passiveren – Sinne als *„Instrumente* göttlichen Willens"[25] verstanden.

Interessant erscheint nun der Hinweis, daß die politische Religion des Nationalsozialismus nicht in allen Bevölkerungsgruppen den gleichen Zuspruch erfuhr. In der bislang umfangreichsten Quellenanalyse zum Wahlverhalten der Deutschen im Vorfeld der „Machtergreifung" nennt Jürgen W. Falter in absteigender Bedeutung drei demographische Merkmale, die eine Stimmabgabe für die NSDAP eindeutig bzw. zumindest tendenziell begünstigten. Der mit Abstand wichtigste Aspekt war demnach die Konfessionszugehörigkeit der Wähler. Falter konstatiert, daß die NSDAP ihre größten Erfolge „vor allem in agrarischen Regionen mit evangelischer Bevölkerungsmehrheit und in überwiegend protestantischen Kleingemeinden erreichte"[26]. Es habe ein „klar positiver, äußerst starker statistischer Zusammenhang zwischen dem Anteil evangelischer Wähler und den Wahlerfolgen der Nationalsozialisten"[27] in dem Sinne bestanden,

> daß es sich im Falle der Konfessionszugehörigkeit [...] um einen „genuinen", von anderen Größen weitestgehend unabhängigen Einflußfaktor handelte, der für das Wahlverhalten gegenüber der NSDAP bis ins Jahr 1933 von ausschlaggebender Bedeutung war.[28]

---

das die Nationalsozialisten darbrachten, die Tötung des ‚ewig wandernden Juden', war die politische Theologie des Nationalsozialismus." Inwiefern speziell Rosenberg als Theoretiker der Notwendigkeit des jüdischen Opfertods für die Errichtung des „Tausendjährigen Reiches" gelten kann, diskutiert eine weitere Studie von Bärsch: Alfred Rosenbergs „Mythus des 20. Jahrhunderts" als politische Religion. Das „Himmelreich in uns" als Grund vökisch-rassischer Identität der Deutschen. – In: „Totalitarismus" und „Politische Religionen", II, S. 227-248, speziell: S. 244-248.

[25]   Bärsch: Erlösung und Vernichtung, S. 309f. – Hervorhebung v. mir, C.K.
[26]   Falter: Hitlers Wähler, S. 163.
[27]   Ebd., S. 175.
[28]   Falter: Hitlers Wähler, S. 193. Vgl. auch ders., Michael H. Kater: Wähler und Mitglieder der NSDAP. Neue Forschungsergebnisse zur Soziographie des Nationalsozialismus 1925 bis 1933. – In: Geschichte u. Gesellschaft 19 (1993), S. 155-177. Auch Antisemitismus war unter Protestanten weiter verbreitet als unter Katholiken (vgl. Jochmann: Gesellschaftskrise und Judenfeindschaft in Deutschland 1870-1945, S. 151).

Den zweiten, bereits deutlich weniger markanten Einflußfaktor erkennt Falter im Grad der Urbanisierung. Demnach konnte die „Bewegung" ihre größten Erfolge

> bei der protestantischen *Landbevölkerung* erzielen, wo sie schon im Juli 1932 von fast jedem zweiten Wahlberechtigten gewählt worden zu sein scheint. Die nicht-katholischen *Städter* erwiesen sich im Vergleich dazu als erheblich resistenter.[29]

Als dritten – abermals weniger dominanten – Aspekt nennt Falter den Arbeiteranteil:

> Den stärksten Anstieg zwischen 1928 und 1933 erfuhr die NSDAP in den Gebieten, in denen sie auch absolut die höchsten Wähleranteile zu mobilisieren vermochte, nämlich in den evangelischen Agrarregionen *mit einem geringen Prozentsatz an Arbeitern.*[30]

Daß das aus Falters Studie extrapolierbare Profil eines „typischen" NSDAP-Wählers von Beginn an im Kern feststand, merkt ergänzend Wolfgang Schieder an:

> Schon vor dem Durchbruch zur Massenpartei war die NSDAP [...] auch eine Bauernpartei, die ihre Schwerpunkte in den protestantischen Gebieten des Nordens und Ostens (Schleswig-Holstein, Mecklenburg, Ostpreußen) hatte.[31]

Weitere protestantisch-ländliche Hochburgen der Nationalsozialisten lagen auch in Franken, einem Gebiet, mit dessen NS-Vergangenheit sich zuletzt Björn Mensing intensiv auseinandersetzte.[32] Wie alle Autoren pflichtet auch Mensing Falter bei, daß dem „Wahlverhalten der evangelischen Bevölkerung eine historisch entscheidende Bedeutung" zukam. „Es war eine notwendige, wenn auch sicherlich nicht hinreichende Bedingung für Hitlers Machtübernahme, der die Errichtung des ‚Dritten Reiches' folgte."[33]

---

[29] Falter: Hitlers Wähler, S. 184 – Hervorhebungen v. mir, C.K.
[30] Ebd., S. 215 – Hervorhebung v. mir, C.K.
[31] Schieder: Die NSDAP vor 1933. Profil einer faschistischen Partei. – In: Geschichte u. Gesellschaft 19 (1993), S. 141-154, hier: S. 151.
[32] Vgl. Pfarrer und Nationalsozialismus, S. 13: „Hier lagen in den fast ausschließlich protestantischen Teilen Mittel- und Oberfrankens schon bei den Reichstagswahlen im Mai 1924 mit einer Ausnahme alle reichsweiten Hochburgen der Nationalsozialisten mit bis zu 47% der Stimmen. Im Juli 1932 stellten diese Regionen vier der fünf Kreise mit einem NSDAP-Wahlergebnis von über 75%."
[33] Ebd., S. 11.

Auf die Frage, warum Protestanten – und zwar sowohl „fromme" als auch säkularisierte,[34] Vertreter des Kulturprotestantismus also – im Durchschnitt etwa doppelt so anfällig für Hitlers Verführungskünste waren wie Katholiken, sind verschiedene Antworten angeboten worden. Nach Falter konnten Protestanten zunächst einmal viel leichter die Partei wechseln, weil sie – anders wie die deutschen Katholiken – keine expliziten Wahlnormen kannten.[35] Hartmut Lehmann u.a. machen demgegenüber vor allem historische Gründe geltend. Das überzeugende Argument lautet, die Sehnsucht nach einer „kollektive[n] Erneuerung des deutschen Volkes"[36] sei keine genuine Erscheinung des frühen 20. Jahrhunderts gewesen. Gerade im deutschen Protestantismus hätten nationale Ideen seit der Revolution von 1848/49 eine stetig wachsende Zahl von Anhängern gefunden,[37] und nicht wenige Protestanten warteten in den Wirren der Weimarer Nachkriegszeit sehnsüchtig auf einen von Gott gesandten Retter, der die Wiedergeburt des Volkes bewerkstelligen würde.[38] Typisch für evangelische Einschätzungen waren dann auch Vergleiche Hitlers mit Luther, wie Lehmann ausführt:

---

[34]   Zu diesem Punkt vgl. Lehmann: Protestantische Weltsichten, S. 148.

[35]   Vgl. Falter: Hitlers Wähler, S. 190. Demnach zeichneten sich die Protestanten allgemein durch einen Hang zur Wechselwählerschaft aus, während Katholiken mit erstaunlicher Konstanz dem Zentrum und der BVP die Treue hielten (vgl. ebd., 172).

[36]   Lehmann: Protestantische Weltsichten, S. 142.

[37]   Als Vordenker nennt Lehmann Friedrich von Bodelschwingh und Johann Hinrich Wichern. Ley führt als weiteren wichtigen Vorläufer Johann Gottlieb Fichte an: „Für Fichte sind die Deutschen das ‚Urvolk' schlechthin. Er sieht die Welt in einem Verfallsprozeß, den nur die Deutschen aufhalten können. Sie sind welthistorisch und heilsgeschichtlich ausersehen, den göttlichen Weltplan zu exekutieren. Er fordert deshalb eine apokalyptische Totalrevision der Geschichte durch die Deutschen. Er sieht ein irdisches Reich der Vollkommenheit und eine ‚nova creatura' durch die göttlichen Deutschen gekommen. [...] Das Judentum verkörpert den Antichrist, der bezwungen werden muß" (Apokalyptische Bewegungen in der Moderne, S. 19). Wie Jochmann (Gesellschaftskrise, S. 268) bemerkt, erreichte die national-patriotische Identifikationskraft der deutschen Protestanten durch die Errichtung des Kaiserreiches unter preußisch-protestantischer Führung einen Kulminationspunkt: „Besonders die evangelischen Christen, die stolz waren, daß an der Spitze des geeinten Reiches ein protestantischer Monarch stand, wollten den Staat in ihrem Sinne prägen. Dazu bedurfte es der Aktivierung des Volkes."

[38]   Die Einschätzung, daß die Krisensituation nach Ende des Ersten Weltkriegs speziell für die evangelischen Deutschen ein schwerwiegendes Problem darstellte, teilt auch Jochmann (Gesellschaftskrise, S. 270): „Die Protestanten, die so fest an die innere und äußere Stärke des deutschen Volks geglaubt hatten, waren auf diesen Ausgang des Waffengangs nicht vorbereitet."

Am Beispiel Luther lernten gute evangelische Deutsche, wie ein Retter der
Deutschen aussah. Diese Vorstellung übertrugen sie [...] fast mühelos auf Hitler.
Daß Hitler aus einfachen Verhältnissen kam, paßte ins Klischee, wurde gar
noch kultiviert im Bild vom Gefreiten des Weltkriegs. Der Zeit Luthers im
Kloster, in der seine neuen Ideen heranreiften, schien Hitlers Zeit als Soldat im
Ersten Weltkrieg zu entsprechen, zur Zeit Luthers auf der Wartburg, wo er mit
der Übersetzung des Neuen Testaments die Grundlagen des neuen evangelischen Glaubens geschaffen hatte, schien Hitlers Festungshaft zu passen, wo er
mit „Mein Kampf" die Programmschrift seiner Bewegung produzierte. Zum
polternden Luther, der keine Auseinandersetzung scheute, schien der Demagoge
Hitler zu passen.[39]

Auch die Frage, warum die katholischen Bevölkerungsteile resistenter gegenüber der nazistischen Indoktrination waren, beantwortet Lehmann mit der „nationalen Bestimmtheit" des deutschen Protestantismus:

> Im Gegensatz zum – wenigstens theologisch immer grundsätzlich festgehalte-
> nen – Universalismus der katholischen Kirche, war der lutherische Protestan-
> tismus aus Not und Überzeugung national. Er hatte vom Sieg des nationalen
> Gedenkens im 19. Jahrhundert in Deutschland profitiert und hatte nun auch an
> seiner großen Krise teil. Und insoweit die völkische Bewegung nichts anderes
> war als der Versuch, die Krise zu überwinden und den nationalen Gedanken in
> seiner neuen, völkischen Form wieder in seine Rechte einzusetzen, bestand zwi-

---

[39] Lehmann: Protestantische Weltsichten, S. 144. Mit Ley (Apokalyptische Bewegungen in
der Moderne, S. 16) ließe sich an dieser Stelle noch ergänzen, daß nicht zuletzt auch die
dezidiert antijüdischen Schriften in Luthers reichhaltigem Opus sich besonders für eine
Vereinnahmung durch die Nationalsozialisten eigneten. Besonders in Eckarts „Zwiegesprä-
chen" mit Hitler, einem nach Auskunft des Hoheneichen-Verlags „für die christliche Einstellung der völkischen Bewegung zeugenden, hochbedeutsamen" Werk (Eckart: Der Bolschewismus von Moses bis Lenin, S. 50), kam dies zum Ausdruck. Hitler wurde darin von
Eckart mit folgenden Worten zitiert: „Luther war ein großer Mann, ein Riese. Mit einem
Ruck durchbrach er die Dämmerung; er sah den Juden, wie wir ihn erst heute zu sehen beginnen. Nur leider zu spät, und auch dann noch nicht da, wo er am schädlichsten wirkt:
im Christentum. Ach, hätte er ihn da gesehen, in der Jugend gesehen! Nicht den Katholi-
zismus hätte er angegriffen, sondern den Juden dahinter!" (S. 35f.)
Daß man die entsprechenden Passagen im Spätwerk des Reformators allerdings noch entscheidend umzudeuten und ihrer originalen Lesart zu entfremden hatte, um sie für den völkischen Diskurs fruchtbar zu machen, mahnt Heiko A. Obermann an. So gebrauchte Luther
den Begriff „Juden" zwar im Sinne von „teuflisches Element" (vgl. Obermann: Wurzeln
des Antisemitismus, S. 154f.), aber nie als Bezeichnung einer ethnischen Gruppe. Getaufte
Juden akzeptierte er ausnahmslos als Angehörige des neutestamentlichen Gottesvolkes (vgl.
ebd., S. 136).

schen völkischer Bewegung und Protestantismus offenbar eine natürliche Bundesgenossenschaft.[40]

Die genannten Argumente haben durchweg ihre Berechtigung. Ein weiteres sei hinzugefügt. Den Ausführungen der vorhergehenden Kapitel war bereits entnehmbar, daß sich protestantische Zeitschriften und Autoren weitaus häufiger dem Thema „moderne Physik" widmeten als katholische. Auch unter Theologen, die eine Bedrohung des christlichen Glaubens durch Relativitätstheorie und Quantenmechanik erkannt zu haben glaubten, waren evangelische eindeutig in der Mehrheit. Es scheint tatsächlich so gewesen zu sein, daß Protestanten von den physikalischen Revolutionen der Gegenwart tendenziell stärker berührt wurden als Katholiken. Warum? Pascual Jordan urteilte nach 1945, bis „etwa zum Ersten Weltkrieg" hätte die „evangelische Gläubigkeit [...] eine Stellung" einnehmen können, die gegenüber den aufstrebenden Naturwissenschaften „eine gut zu verteidigende Rückzugsstellung schien. Kantische Philosophie, verbunden mit dem vielgepriesenen ‚deutschen Idealismus' gab einen Rückhalt, mit dem auch die Kirche gut auszukommen schien."[41] – Dann aber zerbrach diese Einheit an den physikalischen Revolutionen des 20. Jahrhunderts,[42] und in bezug auf die augenfällige NS-Affinität der Protestanten erscheint die Koinzidenz mit dem Zusammenbruch der Symbiose von Thron und Altar von entscheidender Bedeutung. Die Protestanten hatten mit dem Kaiser nicht nur das Staatsoberhaupt, sondern auch ihren *Summus Episkopus* verloren, denn der preußische König und Kaiser war automatisch evangelischer Kirchenführer. Um ein Bild von der entsprechenden Stimmung innerhalb des deutschen Protestantismus nach Ende des Ersten Weltkriegs zu vermitteln, sei ein Auszug aus der Eröffnungsansprache des Vorsitzenden des Dresdner Kirchentags, Reinhard Möller, vom 1. September 1919 angeführt:

---

[40] Ley: Genozid und Heilserwartung, S. 179. Hans Mommsen spricht von der katholischen Kirche als einem „Gegenstand größter Bewunderung" für ihre Anhänger (Der Nationalsozialismus als politische Religion. – In: „Totalitarismus" und „Politische Religionen", II, S. 173-181, hier: S. 178), vor allem, als sich die Situation der deutschen Bevölkerung im Verlauf des Zweiten Weltkriegs zunehmend verschlechterte.

[41] Jordan: Begegnungen, S. 110.

[42] Fatalerweise interpretierte jedoch auch Jordan diesen Kollaps als begrüßenswert. Der christliche Glaube sei durch die moderne Physik von den Gefahren des Materialismus befreit worden, denen man im 19. Jahrhundert eben nur durch eine Zwangsehe mit der idealistischen Philosophie hätte begegnen können.

Die Herrlichkeit des deutschen Kaiserreichs, der Traum unserer Väter, der Stolz jedes Deutschen ist dahin. Mit ihr der hohe Träger der deutschen Macht, der Herrscher und das Herrscherhaus, das wir als Bannerträger deutscher Größe so innig liebten und verehrten. [...]
Das deutsche Volk, durch unabsehbare Opfer an Gut und Blut, durch vieljähriges Hungerleiden in eine Umwälzung und in eine vielfach anscheinend unabsehbare Verworrenheit aller öffentlichen Verhältnisse hineingestürzt, liegt gebrochen am Boden und blutet [...] aus tausend Wunden.
In diesen Zusammenbruch ist die evangelische Kirche der deutschen Reformation tief hineingezogen.
In den evangelischen Kirchen unseres Vaterlandes bestanden seit den Tagen der Reformation die engsten Zusammenhänge mit den öffentlichen Gewalten des Staates. [...]
Und wir können weiter nicht anders, als in tiefem Schmerz feierlich bezeugen, wie die Kirchen unseres Vaterlandes ihren fürstlichen Schirmherren, mit ihren Geschlechtern vielfach durch eine vielhundertjährige Geschichte verwachsen, tiefen Dank schulden, und wie dieser tiefempfundene Dank im evangelischen Volke unvergeßlich fortleben wird.[43]

Es kann kein Zweifel daran bestehen, daß die Vulgarisierung der Relativitätstheorie mit ihrer Kernbotschaft, daß es nichts „Absolutes" (mehr) gebe, im Zusammenspiel mit der Aufkündigung des traditionellen Weltanschauungskonglomerats aus Religion, Philosophie und – klassischer – Physik in der vorherrschenden Stimmung nach dem Untergang des preußischen Königtums eine verheerende Wirkung insbesondere auf das protestantische Selbstverständnis ausübte. Um dies zu belegen, seien noch einmal zwei Aufsätze aus evangelischen Zeitschriften angeführt, der erste von 1920/21. Zu Beginn seiner Ausführungen stellte der Autor, seines Zeichens Pastor, klar, daß trotz des hohen mathematischen Aufwands der modernen Physik „auch der schlichte Verstand und besonders der *christlich* erleuchtete [...] sehr wohl zu einem eigenen Urteil in der Streitfrage wegen der Relativitätstheorie kommen"[44] könne. Persönlich gehe es ihm darum, dem „konsternierenden Eindruck"[45] entgegenzuwirken, den diese derzeit „auf viele Zeitgenossen" ausübe. Die Ausführungen des

---

[43] Zit. n. Staat und Kirche in der Zeit der Weimarer Republik. Hrsg. v. Ernst Rudolf Huber, S. 518-519, hier: S. 519.

[44] Lettau: Die Einsteinsche Relativitätstheorie im Verhältnis zur christlichen Weltanschauung. – In: Die Furche 11 (1920/21), S. 153-155, hier: S. 153.

[45] Dieses und die folgenden Zitate: ebd., S. 154.

Geistlichen vermitteln einen guten Eindruck von den Schlüssen, die in seinem Umfeld ganz offensichtlich vielfach aus der modernen Physik gezogen wurden. So liest man, die meisten Menschen hätten die neue Lehre allein in der Form aufgenommen, daß Einstein auch die „letzte der festen Landmarken an unserm geistigen Horizont ins Schwanken" gebracht habe:

> Hat er recht, dann ist für unsere Weltbetrachtung nirgends ein ruhender Pol in der Erscheinungen Fluß. Alles um uns flieht, wo wir es greifen und fest halten wollen. Wir müssen neben dem räumlich gedachten Himmel auch den zeitlich gedachten aufgeben. Und was bleibt für uns als Christen dann z.B. auf dem Gebiet der Unsterblichkeitshoffnung?

Noch einmal sei hier auf die Besonderheit der deutschen Sprache verwiesen, wo das Wort „Himmel" gleichzeitig physischer und eschatologischer Begriff ist. Schenkt man dem Autor Glauben, dann war der Vorstoß der Relativitätstheorie auf kosmologischem Gebiet im christlichen – und speziell im protestantischen – Lager flächendeckend als Angriff auf herkömmliche „Himmels"-Vorstellungen wie „Ewigkeit", „Leben nach dem Tod" usw. aufgefaßt worden:

> Es ist unbestreitbare Tatsache, daß das vulgär-christliche Bewußtsein sich das Jenseits nur denken kann als eine irgendwie zeitlich geordnete Fortsetzung unserer Weltzustände. Unser Himmel wird für gewöhnlich mit dem Inventar ausgestattet, das uns hier auf Erden lieb geworden ist. *Und nun kommt Einstein und untersagt uns solche Vorstellungen im Namen der Wissenschaft.* Wir sollen gezwungen sein, all die lieben Vorstellungen dahinten zu lassen, mit denen wir den Himmel schön machen. Können und müssen wir uns da fügen?[46]

Aufschlußreich ist auch das Einschwenken auf den antisemitischen Diskurs am Ende des Artikels: „Einstein ist Jude und überzeugter Jude, wie man aus Zeitungen vernimmt. Da will es einem guten Deutschen nicht ein, von ihm etwas anzunehmen."[47]

Der zweite Aufsatz wurde 1932 im *Neuen Sächsischen Kirchenblatt* abgedruckt und stammt aus der Feder desselben Autors, der mit der Frage, „Müssen

---

[46] Ebd., S. 154f. – Hervorhebung v. mir, C.K.
[47] Ebd., S. 155. Dem versuchte der Autor im Anschluß zwar noch entgegenzuhalten, daß sich Einsteins Ausführungen nur auf die diesseitige Welt bezögen: „Gott ist, das steht dem Christen fest, über Raum und Zeit." (Ebd., S. 154) Durch die Erkenntnis, daß das Diesseits unvollkommen und „im Fluß" sei, könne die Relativitätstheorie dem christlichen Glauben am Ende sogar zu einer neuen Innerlichkeit verhelfen. – Allerdings dürfte der Aufsatz wenig geeignet gewesen sein, das prävalente Negativimage von Einsteins Theorie zu nehmen.

wir an die Relativitätstheorie glauben?" aufwartete. Diesmal lautete der viel-
sagende Titel: „Die Weltanschauungskrisis als Folgeerscheinung der Umwandlung des Weltbildes." Darin war zu lesen, das „Besondere der geistigen Lage
der Gegenwart" bestünde darin, daß sie sich „gewissermaßen in einem Kopernikanischen Augenblick" befände, denn „von seiten der Naturwissenschaft"
würde das „bisherige Weltbild immer mehr in Frage gezogen"[48]. Bevor der
Artikel explizit auf die Schlußfolgerungen von Relativitätstheorie und Quantenmechanik einging, wurde dem Leser ein historischer Präzedenzfall *ad ocu-
los* demonstriert:

> Jede Weltanschauung erhebt eigentlich den dauernden [...] Anspruch auf *frag-
> lose* Geltung. Sie spricht von der Grundlage eines allgemein als feststehend an-
> erkannten Weltbildes aus.
> In dieser Lage befand sich das Mittelalter. Deshalb hielt es erfolgreich welt-
> anschaulich dem Ansturm des Humanismus und der Renaissance stand. Bis
> 1543 Kopernikus [...] das Ptolemäische Weltbild zerriß. Mit einem Schlag än-
> derte sich die Situation; denn mit der Zerreißung des [...] Weltbildes wurde der
> bisherigen Weltanschauung faktisch die Grundlage entzogen, da das bisher er-
> schaute, ideale Weltbild als falsch und ungültig erwiesen war.
> Kein Wunder, daß alle, die bisher auf dieses Weltbild geschworen und auf die-
> sem scheinbar felsenfesten Grunde das kunstvolle Gebäude ihrer Weltanschau-
> ung errichtet hatten, in helle Verzweiflung gerieten und den Zertrümmerer ihrer
> Illusion der Gottlosigkeit bezichtigten.[49]

Der anschließende Einwand bezog sich dann auch auf für die Gegenwart: Er
galt den Menschen, die sich im Oktober 1932 in einer ähnlich prekären Lage
befanden:

> Es darf an dieser Stelle eingeflochten werden, daß diese Bezichtigung jeder Un-
> terlage entbehrt, sofern es ein Irrtum ist, Weltanschauung dogmatisch mit Got-
> tesanschauung, geschweige denn mit *Glaube* gleichzusetzen: „Gott ist Gott und
> nicht, was die Menschen aus ihm machen."[50]

Auf der anderen Seite konnte sich der Autor des folgenden Selbsteingeständ-
nisses – nachdem er mehr oder weniger souverän über die Hintergründe der

---

[48] Thomas: Die Weltanschauungskrisis als Folgeerscheinung der Umwandlung des Weltbildes. – In: Neues Sächsisches Kirchenblatt 39 (1932), Sp. 641-644, hier: Sp. 642.
[49] Ebd., Sp. 641f.
[50] Ebd., Sp. 642.

von Einstein postulierten Raum-Zeitkrümmung und andere Ergebnisse der Relativitätstheorie berichtet hatte – nicht erwehren:

> *Zeit ist eben nicht absolut, sondern relativ.* Diese Beziehung bezeichnet man mit der fünften [sic!] Dimension, der „gekrümmten Zeit".
> Wo ich dies niedergeschrieben habe, wird mir fast bange, aber wie kann in gedrängter Kürze etwas derartiges allgemeinverständlich gesagt werden?[51]

Offenbar waren die weltanschaulichen – und damit eben doch unbestreitbar glaubensrelevanten – Implikationen der modernen Physik auch am persönlichen Weltbild des Autors nicht ohne Folgen vorübergegangen – entgegen der Stärke, die er seinen Lesern eigentlich vermitteln wollte.[52]

Doch noch einmal zurück zum Vergleich mit der frühen Neuzeit. Tröstlicher Beweis dafür, daß aus der früheren, von Kopernikus herbeigeführten Weltanschauungskrise zuletzt sogar noch etwas Gutes, ja Hervorragendes, erwachsen konnte, war nach Meinung des Autors das Einsetzen der Reformation:

> In der Tat hat der Zusammenbruch des mittelalterlichen Weltbildes und der von ihm abgelesenen Weltanschauung [...] dazu gedient, dem Glauben, als dem Sichangefaßtfühlen von der Offenbarung des lebendigen Gottes und dem dadurch Umgeschaffenwerden zum Gotteskind, entsprechend dem Verständnis der Reformation, weithin den Zugang der Seelen freizumachen.[53]

Dieser Hinweis war umgekehrt als Durchhalteparole an die von der *modernen* Physik in ihrem Glaubensfundament angegriffenen – evangelischen – Christen des 20. Jahrhunderts konzipiert: Dem historischen Vorbild folgend, dürften

---

[51] Ebd., Sp. 643.
[52] Und gerade hier zeigt sich bei katholischen Autoren nicht selten die Fähigkeit, über die angeblichen Konsequenzen der modernen Physik ungleich souveräner hinwegzugehen. Robert Kosmas Lewien beispielsweise schrieb 1928, nach Einstein biete das Universum „Raum für eine unendlich große Zahl von Weltanschauungskisten, also von Bezugssystemen, eine Kollision ist nicht möglich, weil jede Kiste Ausblick gewährt in die eigene absolut-relative Welt. Alles ist gleich wahr, gleich falsch, gleich absolut, gleich relativ." (Apostaten-Briefe, S. 20.) Zur Reaktion der Katholiken auf diese mit einem guten Schuß Ironie vorgetragenen „Erkenntnisse" hielt Lewien dann im unmittelbaren Anschluß fest: „Uns Katholiken sind diese Kisten-Weltanschauungen verboten; wir gebrauchen sie gar nicht, brauchen überhaupt keine Weltanschauung, empfinden also gar keine Freiheitsberaubung unter solchem Verbot. *Unsere ,Weltanschauung' – wenn Sie so wollen, ist eine Summe der Dogmen, die anzunehmen das Glück des Katholiken ausmacht.* Und gern gibt unser Verstand die Zustimmung zu den Dogmen, weil diese uns mit der Wirklichkeit verbinden." (Ebd. – Hervorhebung v. mir, C.K. Vgl. auch das von Lewien als Argument gegen Einstein angeführte persönliche Gotteserlebnis: ebd., S. 258-261.)

auch sie auf einen glorreichen Ausgang der derzeitigen Einstein-Krise und eine entscheidende Wende zum Guten hoffen. Und das fatale Argument dabei laute-te, nach Kopernikus sei ja schließlich auch Luther gekommen.

---

[53] Thomas: Weltanschauungskrisis, Sp. 642.

2.3   Einsteinbilder
2.3.1   Albert Einstein – „Weiser von Zion"?

> Die Einsteinsche Weltzauberformel für alle nur
> möglichen Relativitäten und Transmutationen ist nur
> die moderne Form oder Formel für den alten kabba-
> listischen „Stein der Weisen" (der Weisen von Zion
> nämlich), und dieser wiederum ist ebenso eine Ab-
> wandlung des uralten Steins der Juden mit dem
> „Schem", das heißt des Götzen Jehova-Messias [...].[1]
>
> (Ernst Krieck)

Man kann darüber streiten, ob der deutsche Antisemitismus schon im Vorfeld
des Ersten Weltkriegs eine Sonderstellung im europäischen Vergleich einnahm
oder nicht.[2] In jedem Fall wird die Frage, wie es in den 20er und 30er Jahren
zur explosionsartigen Ausbreitung antisemitischer Paranoia und Gewalt kam,
nicht ohne Verweis auf den enormen Publikationserfolg der sog. *Protokolle der
Weisen von Zion* zu beantworten sein, des mit Abstand wichtigsten „Beweis-
materials" für die nazistische Theorie von der Verschwörung des „internationalen Judentums". Das nachweislich gefälschte, um 1919 von Rußland nach
Deutschland gelangte Dokument enthält angebliche geheime Aufzeichnungen

---

[1]   Krieck: Einstein und Krönungsstein. – In: Volk im Werden 8 (1940), S. 142-143, hier:
      S. 143.
[2]   Gegen die u.a. von Daniel J. Goldhagen vertretene These, es habe schon vor dem Ersten
      Weltkrieg einen spezifischen – besonders extremen – „deutschen" Antisemitismus gegeben
      (vgl. Hitlers willige Vollstrecker, S. 490f.), wandten sich zuletzt Thomas Nipperdey
      (Machtstaat vor der Demokratie, S. 289) und Saul Friedländer (Das Dritte Reich und die
      Juden, I, S. 95). Julius H. Schoeps argumentiert, daß der Antisemitismus schon im Deutsch-
      land der Bismarck-Zeit zu einer „Weltanschauung" geworden war, die von weiten Bevölke-
      rungsteilen getragen wurde (vgl. Das Gewaltsyndrom, S. 11; S. 60f.). Zu einer „tödlichen
      Bedrohung" (ebd., S. 66) für die Juden sei er aber erst um 1920 geworden. Ein ähnliches
      Urteil fällt Dirk Walter in seiner breit angelegten Untersuchung der Entwicklung antisemi-
      tischer Aggressionen im Deutschland der Weimarer Republik (vgl. Antisemitische Krimi-
      nalität und Gewalt): Eine bereits im Kaiserreich in *bestimmten* Kreisen zu verzeichnende
      politische Judenfeindschaft sei in den 20er Jahren in eine neue Form von Judenhaß umge-
      schlagen: in konkrete antisemitische Gewalt *breiter* Bevölkerungsteile.

über insgesamt 24 konspirative Zusammenkünfte einer multinationalen jüdischen Untergrundregierung, die den Weg des Judentums an die ultimative Weltherrschaft vorzeichnen.[3] In Deutschland zirkulierten die *Protokolle* in den 20er Jahren in mehreren Versionen[4] – jede einzelne mit beachtlichen Auflagenzahlen. Zur Frage, wann und wo sich die „Weisen von Zion" zu ihren geheimen Sitzungen zusammengefunden haben sollten – diese Information blieben die *Protokolle* nämlich schuldig –, wurden verschiedene Antworten gegeben. Die populärste lautete, man habe sich 1897 abseits des offiziellen Geschehens auf dem Baseler Gründungskongreß der *Zionistischen Weltorganisation* getroffen.[5]

Die große Breitenwirkung, die von den *Protokollen* ausging, und die Art, wie sich speziell die im Entstehen begriffene NS-„Weltanschauung" an ihrem Inhalt ausrichtete, sind Forschungsgegenstand mehrerer neuer Arbeiten zur Vorgeschichte des „Dritten Reichs". So wurden Hitlers persönliche Rezeption der *Protokolle*,[6] die Beeinflussung des Sprachgebrauchs[7] und die flächen-

---

[3] Zur Genealogie des aus mehreren fiktionalen Texten kollagierten Machwerks s. den Kommentar von Jeffrey L. Sammons (in: Die Protokolle der Weisen von Zion. Die Grundlage des modernen Antisemitismus – eine Fälschung, S. 7-26).

[4] Sammons (ebd., S. 20f.) nennt vier: Das von Ludwig Müller unter dem Pseudonym Gottfried zur Beek herausgegebene deutschsprachige „Original", die später daraus hervorgegangene, im Parteiverlag der NSDAP erschienene Version, drittens die aus dem Englischen, nicht dem Russischen übersetzten *Zionistischen Protokolle* von Theodor Fritsch und zuletzt Rosenbergs kommentierte Version von 1923. Ergänzen könnte man noch die deutsche Übersetzung von Henry Fords *The International Jew*, der amerikanischen Paraphrase. Darüber hinaus erscheint der Hinweis angebracht, daß die *Protokolle* auch von führenden Zeitungen abgedruckt wurden, beispielsweise von der *Deutschen* und der *Kreuzzeitung* (vgl. dazu Ley: Genozid und Heilserwartung, S. 169). Im folgenden zitiert wird die von Sammons 1998 neu und kommentiert herausgegebene erste Auflage von Müllers Version. (Zur Korrespondenz zwischen Ludwig Müller und den Redakteuren des *Völkischen Beobachters* über die *Protokolle* vgl. außerdem Walter: Antisemitische Kriminalität, S. 47. Der *Völkische Beobachter* brachte seinen ersten Leitartikel zu den *Protokollen* im April 1920.)

[5] Maßgeblich verbreitet wurde dieses Gerücht durch Rosenbergs Schrift *Der Weltverschwörerkongreß zu Basel* (1927).

[6] Vgl. Wistrich: Der antisemitische Wahn, S. 166f.; Ernst Piper: Alfred Rosenberg – der Prophet des Seelenkrieges. Der gläubige Nazi in der Führungselite des nationalsozialistischen Staates. – In: Der Nationalsozialismus als politische Religion. Hrsg. v. Michael Ley u. Julius H. Schoeps, S. 107-125, hier: S. 111.

[7] Vgl. Schmitz-Berning: Vokabular des Nationalsozialismus, S. 702f.

deckende Hysterie vor einem jüdischen Komplott innerhalb der Finanzwelt[8] untersucht.[9] Neben einer Reihe von Äußerungen über „Stockungen (Krisen) im Wirtschaftsleben"[10], die gezielt zur Unterjochung nichtjüdischer Betriebe und Staaten ausgelöst würden, sowie zahlreichen Passagen über die strategische Bedeutung jüdischer Freimaurerlogen im Hinblick auf die Erlangung der Weltherrschaft war ein drittes Hauptthema der *Protokolle* die später von den Nationalsozialisten mit dem Schlagwort „Geistesverjudung"[11] bedachte allgemeine „Knechtung des Denkvermögens"[12]. Zerrüttung althergebrachter Denkmuster, Stiften von Verwirrung und Schüren von Zweifel sollten zur Infiltration nichtjüdischer Gesellschaften dienen – so konnte man es seinerzeit den *Protokollen* entnehmen. Es gehe um die Indoktrination der Kritikfähigkeit und damit des Widerstands aller ideologischen Gegner. „Um die öffentliche Meinung zu beherrschen, müssen wir Zweifel und Zwietracht säen"[13], leitet der namenlose Sprecher der *Protokolle* seine geheimen Mitwisser an. Zweifel an der Realisierbarkeit einer solchen insidiösen staatenübergreifenden Usurpation kommen ihm nicht. Auf dem Weg zur Weltherrschaft sei man bereits ein gutes Stück vorangekommen. Mit „vollem Erfolge" habe man die „hirnlosen Köpfe der Nichtjuden verdreht", und zwar – so der entscheidende Zusatz – „durch den Fortschritt"[14].

---

[8] Vgl. Tanner: „Bankenmacht": politischer Popanz, antisemitischer Stereotyp oder analytische Kategorie? – In: Zeitschr. f. Unternehmensgeschichte 43 (1998), S. 19-34, hier speziell: S. 27-30.

[9] Norman Cohn schrieb zusammenfassend zur Bedeutung der *Protokolle* für den Nationalsozialismus: „Die Protokolle und der Mythos der jüdischen Weltverschwörung waren Werkzeuge der Nazi-Propaganda, solange es eine gab, von den Anfängen der Partei um 1920 bis zum Zusammenbruch des NS-Staats im Jahre 1945. Nacheinander dienten sie dazu, der Partei an die Macht zu verhelfen, das Terrorregime zu legitimieren und schließlich die Kapitulation hinauszuzögern." („Die Protokolle der Weisen von Zion". Der Mythos der jüdischen Weltverschwörung, S. 198) Cohn bezeichnete die *Protokolle* auch als einen „heiligen Text des Dritten Reiches" (ebd., S. 205). Es sei „sicher, daß viele, die sie lasen, zu fanatischen Gläubigen wurden."

[10] Die Protokolle der Weisen von Zion, S. 99.

[11] Vgl. z.B. Johann von Leers: Rassengeschichte des deutschen Volkes. – In: Grundlagen, Aufbau und Wirtschaftsordnung des Nationalsozialistischen Staates, I, Gr. 1, Nr. 4, S. 50.

[12] Die Protokolle der Weisen von Zion, S. 89.

[13] Ebd., S. 49.

[14] Ebd., S. 75. Die These von der grundlegenden intellektuellen Überlegenheit der Juden, von den Nationalsozialisten *mutatis mutandis* als Antithetik von mathematisch-jüdischem Verstand und lauterer arischer Wahrheitsliebe aufgegriffen, kommt in den *Protokollen* un-

Henry Ford, der die *Protokolle* in den Vereinigten Staaten publik machte,
ging in seinem Kommentar intensiv auf diesen Punkt ein. Die geheimen Über-
einkünfte enthielten als Quintessenz, heißt es in *Der internationale Jude*, daß
das „Weltjudentum" auf den „Zusammenbruch der menschlichen Gesellschaften"[15] hinwirke. Entscheidendes Mittel zur Verwirklichung dieses Ziels sei das
In-die-Welt-Setzen von kontaminierenden Theorien, die zu Tarnungszwecken
gern als Beiträge zur allgemeinen Aufklärung oder gar als Marksteine des wissenschaftlichen Fortschritts ausgegeben würden; die *Protokolle* offenbaren
indes eindeutig, daß in Wirklichkeit „*Verwirrung* und *Entmutigung* das erstreb-
te Ziel" seien. Es gehe ausschließlich um die „Zerstörung der natürlichen
Sammelpunkte des Geisteslebens der Nicht-Juden"[16], und zu diesem Zweck
versuche man eben, die Gegenwart „zu einem hoffnungslosen Durcheinan-
der"[17] zu machen:

> Die ganze *Methode* der Protokolle kann in das eine Wort ,*Zersetzung*' zusam-
> mengefaßt werden.
> [...] Die erstrebte *Verwirrung* ist da. Verwirrung charakterisiert heute alle Le-
> bensäußerungen der Menschen. Sie wissen nicht mehr, woran sie sich halten
> und glauben sollen.[18]

Als wichtigstes Forum für die degenerierenden neuen Lehren nennen die *Protokolle* die Zeitungen. „Durch die Presse kamen wir zu Einfluß und blieben
doch selbst im Schatten"[19], erklärt der anonyme Rädelsführer im „Original". Es
sei

> gelungen, die Gedankenwelt der nichtjüdischen Gesellschaft in einer Weise zu
> beherrschen, daß fast alle Nichtjuden die Weltereignisse durch die bunten Glä-
> ser der Brillen ansehen, die wir ihnen aufgesetzt haben.[20]

---

mißverständlich in diesen Sätzen zum Ausdruck (ebd., S. 82): „Die tief greifenden Unterschiede in der geistigen Veranlagung der Juden und Nichtjuden zeigen deutlich, daß wir
Juden das auserwählte Volk sind. Von unseren Stirnen strahlt hohe Geisteskraft, während
die Nichtjuden nur einen triebmäßigen, viehischen Verstand haben."
[15] Dieses und die folgenden Zitate: Ford: Der internationale Jude, S. 124.
[16] Ebd., S. 132.
[17] Ebd., S. 124.
[18] Ebd., S. 125; S. 131.
[19] Die Protokolle der Weisen von Zion, S. 38.
[20] Ebd., S. 68. Daß sich das Pressewesen in Deutschland tatsächlich weitgehend in jüdischem
Besitz befand – Saul Friedländer spricht von einer „sehr starke[n] jüdische[n] Präsenz"
(Das Dritte Reich und die Juden, I, S. 93) –, erhöhte die Suggestionskraft der *Protokolle* natürlich erheblich.

Auf dem eingeschlagenen Weg gelte es unbeirrt weiter zu gehen – eine Aufforderung, die von den Nationalsozialisten immer wieder aufgriffen wurde. „In
gewaltigem Ausmaß erfolgte [...] die Bearbeitung der öffentlichen Meinung
durch die Tagespresse"[21], schrieb Gottfried Feder 1933 im Rückblick auf die
20er Jahre. „Fast alle großen Zeitungen gingen nach und nach in jüdischen
Besitz über. Damit war der Ring um das deutsche Volk geschlossen." Ähnlich
hatte auch Hitler formuliert: Die weitgehend in jüdischer Hand befindlichen
Verlage würden unterschwellig eine einzigartige „Volksbelügung und Volksvergiftung"[22] betreiben. Durch die Zeitungen würde die deutsche Denkkraft
untergraben und verhöhnt. Der „Jude" versuche, die „nationalen Träger der
Intelligenz auszurotten", und mache die „Völker, indem er sie ihrer natürlichen
geistigen Führung beraubt, reif zum Sklavenlos einer dauernden Unterjochung."[23] Vornehmliches Kennzeichen des „Juden" seien Schwindel und
Übervorteilung. Explizit heißt es in *Mein Kampf*:

> Wie sehr das ganze Dasein dieses Volkes auf einer fortlaufenden Lüge beruht,
> wird in unvergleichlicher Art in den [...] „Protokollen der Weisen von Zion" ge-
> zeigt. [...] Was viele Juden unbewußt tun mögen, ist hier bewußt klargelegt.[24]

Daß die Frage nach der Identität des Wortführers sowie der Autorschaft der
Protokolle gänzlich ungeklärt und heftig umstritten war, irritierte Hitler nicht:

> Es ist ganz gleich, aus wessen Judenkopf diese Enthüllungen stammen, maß-
> gebend aber ist, daß sie mit geradezu grauenerregender Sicherheit das Wesen
> und die Tätigkeit des Judenvolkes aufdecken und in ihren inneren Zusammen-
> hängen sowie den letzten Schlußzielen darlegen.

Mein Kampf enthielt in puncto „jüdische Weltverschwörung" keine wirklich
„neuen" Vorwürfe oder gar „Argumente". Hitler adaptierte im wesentlichen die
Thesen der *Protokolle*. Das ultimative Ziel, wie es dem „internationalen Judentum" dort angehängt wird, sei die totale Ausschaltung der Kritikfähigkeit der
Opfer, d.h. der Nichtjuden. „Haben die Menschen allmählich immer mehr die
Fähigkeit zum selbständigen Denken verloren, so werden sie uns Alles nach
sprechen."[25]

---

[21] Dieses und das folgende Zitat: Der Deutsche Staat auf nationaler und sozialer Grundlage,
  S. 53.
[22] Hitler: Mein Kampf, S. 268.
[23] Ebd., S. 358.
[24] Dieses und das folgende Zitat: ebd., S. 337.
[25] Die Protokolle der Weisen von Zion, S. 75.

Markanterweise – und spätestens hier mußten sich die zeitgenössischen
Leser an die Relativitätstheorie erinnert fühlen – wiesen die Protokolle in
puncto Ausschaltung des allgemeinen Denkvermögens der Wissenschaftspopularisierung eine zentrale Rolle zu. Voraussetzung für die Realisierung einer
internationalen jüdischen Weltregierung sei, daß die Nichtjuden

> fest an das glauben, was wir ihnen als *Gebote der Wissenschaft* eingeträufelt
> haben. Darum erwecken wir fortwährend durch unsere Presse ein blindes Zu-
> trauen zu unserer Lehre. Die klugen Köpfe der Nichtjuden werden sich mit ih-
> rem Wissen brüsten und die „aus der Wissenschaft" gewonnenen Kenntnisse
> [...] zu verwirklichen suchen, ohne dieselben folgerichtig zu prüfen und ohne zu
> ahnen, *daß sie von unseren Vertretern zusammen gestellt wurden, um die Men-
> schen in der für uns notwendigen Geistesrichtung zu erziehen.*[26]

Unter der Überschrift „*Erfolge der zersetzenden Lehren*" hieß es dann im unmittelbaren Anschluß:

> Glauben Sie nicht, daß unsere Behauptungen nur leere Worte seien. Blicken Sie
> auf die von uns erweiterten Erfolge der Lehren von Darwin, Marx und Nietz-
> sche. Ihre zersetzende Wirkung auf nichtjüdische Köpfe sollte uns wenigstens
> klar sein.

Daß die zeitgenössischen Leser der *Protokolle* kaum anders konnten, als bei
den als wissenschaftliche Erkenntnisse getarnten „jüdischen" Verwirrungstheo-
rien an Einstein und die Relativitätstheorie zu denken, liegt auf der Hand –
nach allgemeiner Einschätzung versuchte Einstein ja, das Weltbild zu stürzen –
und darüber hinaus an einigen ambivalenten Formulierungen. So rekurriert der
Kopf der Verschwörung immer wieder auf das nahe Kommen eines „von Gott
ausgewählte[n] Weltherrscher[s]"[27]. Um den Aufstieg dieses neuen „Königs
der Juden" an die Macht gezielt vorbereiten zu können, erhalten die Gefolgsleute ein ausgefeiltes Programm:

> Damit unser Weltherrscher sich die Herzen und Sinne der Jugend und des gan-
> zen Volkes erobert, müssen wir in den Schulen und auf den Plätzen eine rege
> Werbetätigkeit für ihn entfalten: ist er selbst verhindert, zu sprechen, so müssen
> wir um so eifriger von seiner Bedeutung, seiner unermüdlichen Arbeit, seinen
> Wohltaten sprechen.[28]

---

[26] Dieses und die folgenden Zitate: ebd., S. 37 – Hervorhebungen v. mir, C.K.
[27] Dieses und das folgende Zitat: ebd, S. 111.
[28] Dieses und die folgenden Zitate: ebd., S. 88.

Explizit spricht der namenlose Rädelsführer von regelmäßig einzuberufenden
„Versammlungen", auf denen eingeweihte „Lehrer" die Ideen des aufsteigen-
den Weltherrschers verbreiten sollten. Dann heißt es:

> Allmählich werden die Vorlesungen auf ihren eigentlichen Gegenstand, die
> großen, der Menschheit bisher noch nicht enthüllten *Lehren der neuen Zeit*
> übergehen. *Diese Lehren werden wir zu Glaubenssätzen erheben, welche die*
> *Übergangsstufen zu unserer Religion bilden sollen.*[29]

Faßte man die „Lehren der neuen Zeit" nicht nur im Sinne von „epochal neuen
Lehren", sondern auch als „Lehren *von* der neuen Zeit" oder als „neue Lehren
der Zeit" auf, dann konnte man hier sogar einen expliziten Verweis auf die
Relativitätstheorie ausmachen, und Einstein wurde im Umkehrschluß als der
angekündigte jüdische Weltherrscher „enttarnt", dessen Inthronisation durch
eine Medienkampagne größten Ausmaßes vorbereitet werden sollte. Daß Einsteins „Lehre" tatsächlich die Beschaffenheit der Welt behandelte, die physikalische Struktur des Kosmos nämlich,[30] und er sich damit bereits als vermeintlicher *wissenschaftlicher* Welt-Beherrscher geoffenbart hatte, wird seinen Teil
zu dieser naheliegenden Assoziation beigetragen haben, ebenso wie die Vielzahl der Veröffentlichungen zum Thema „Relativitätstheorie".

Ein Blick in das überreichliche Anti-Einstein-Schrifttum der 20er und 30er
Jahre belegt, daß die Interpretation nicht übertrieben ist. Da sind zunächst die
noch vergleichsweise moderaten Ausführungen über die „unmäßige Reklame",
mit der die Relativitätstheorie selbst „beim Laienpublikum"[31] durchgesetzt
werden solle. Eine „gewisse Presse" habe „lange Zeit hindurch das Publikum
ganz einseitig bearbeitet [...], meistens mit Beiträgen aus ganz ungeeigneten
Federn, deren Lektüre den Leser nur noch verwirrter machte."[32] „Wie das Was-

---

[29] Ausnahmsweise ist hier eine spätere Auflage der Protokolle zitiert. (Die Geheimnisse der
      Weisen von Zion. Hrsg. v. Gottfried zur Beek. 21. Aufl. 1936, S. 58 – Hervorhebungen v.
      mir, C.K.) Die von Sammons neu herausgegebene erste Auflage hat hier einen leicht anders
      lautenden Wortlaut (vgl. dort S. 88f.); beispielsweise ist vom „jüdischen Glauben" anstatt
      von „unserer Religion" die Rede.
[30] So rechtfertigte etwa Joseph Petzoldt seine Auseinandersetzung mit der Relativitätstheorie
      mit dem Hinweis darauf, daß „es sich hier um die letzte Frage handelt, um die nach dem
      Wesen der Welt." (Das Weltproblem vom Standpunkte des relativistischen Positivismus
      aus historisch-kritisch dargestellt, S. V.)
[31] J[akob] K[urt] Geissler: Schluss mit der Einstein-Irrung! – In: Hundert Autoren gegen Ein-
      stein, S. 10-12, hier: S. 10.
[32] Riem: Gegen den Einsteinrummel. – In: Umschau 24 (1920), S. 583-584, hier: S. 583.

Wasser bei einer Überschwemmung, so überflutete die Theorie auf einmal das geistige Leben der großen Öffentlichkeit"[33]; „ungezählte Schriften, Artikel und Vorträge beschäftigten sich mit ihr." Wie eine „Sintflutwelle" habe der „Einsteinismus"[34] die öffentliche Meinung ertränkt. Allerorts träten Redner auf, „die für ihre popularisierenden Vorträge volle Säle finden"[35]; unfähig auch nur der leisesten Kritik nähmen die Massen das „Reklamebräu"[36] als wissenschaftliche Wahrheit auf.

Direkter noch auf den Inhalt der *Protokolle* zugeschnitten waren die Kommentare im entschieden rechtsgerichteten Schrifttum. 1920 schrieb der *Völkische Beobachter*, Einsteins Lehre habe keinen eigentlichen wissenschaftlichen Wert. Sie sei „jüdischer Wissenschaftsraub" bzw. „rabbulistischer Bluff"[37] und diene ausschließlich der Herbeiführung der jüdischen Weltrevolution. Das „Tamtam" um den „Wissensschröpfer" Einstein sprenge das menschliche Aufnahmevermögen; ein unerträgliches „Trommelfeuer von volkstümlichen und gemeinverständlichen Broschüren" verbreite seine infiltrativen Ideen unter den Massen.[38] Einsteins „Machenschaften" – so Theodor Fritsch im Jahr darauf – seien ein integraler Bestandteil im „großen System der planmäßigen geistig-sittlichen Zerrüttung"[39] der deutschen Gesellschaft:

> Prof. Einstein hat ein Relativitäts-Prinzip aufgestellt, das alle unsere Vorstellungen von Raum und Zeit wankend machen und uns überzeugen soll, daß es überhaupt nichts Festes, Zuverlässiges und Wahres in der Welt gibt; alles sei nur Selbsttäuschung und trügerischer Schein [...].
> Was Einstein beweisen will, ist: es gibt nichts Absolutes, sondern alles ist relativ, d.h. es gibt nichts Unanfechtbares, alles ist nur eingebildet, mehr oder minder täuschende Vorstellung.[40]

---

[33] Dieses und das folgende Zitat: Müller: Die philosophischen Probleme der Einsteinschen Relativitätstheorie, S. 1.

[34] Arvid Reuterdahl: Der Einsteinismus. Seine Trugschlüsse und Täuschungen. – In: Hundert Autoren gegen Einstein, S. 40-45, hier: S. 44.

[35] Geissler: Gemeinverständliche Widerlegung des formalen Relativismus, S. 7.

[36] Anon.: Tödliche Reklame. – In: Deutsche Tageszeitung 16.6.1921, Nr. 276, 1. Beiblatt.

[37] Dieses und die folgenden Zitate: Braßler: Das Einstein'sche Relativitätsprinzip. – In: Völkischer Beobachter 11.2.1920, Nr. 12, S. 2-3, hier: S. 2.

[38] Noch 1939 warf man Einstein vor, die „Schriftenflut" zu seiner „Weltlehre" sei offensichtlich „von einer jüdischen Weltzentrale organisiert worden." (Müller: Jüdischer Geist in der Physik. – In: ZgN 5 (1939), S. 162-175, hier: S. 169.)

[39] Roderich-Stoltheim [d.i. Fritsch]: Einstein's Truglehre, S. 21.

[40] Ebd., S. 1.

Bei näherer Betrachtung – so Hitlers Ideengeber weiter – bleibe von den „Einstein'schen Entdeckungen" allerdings „nichts übrig als ein ungeheures Geschrei, welches von der jüdischen Reklame- und Lügenpresse wie auf Kommando angestimmt wurde."[41]

Fritsch gehörte zu den besonders hartnäckigen Einstein-Gegnern. Noch zehn Jahre später sah sich der von ihm herausgegebene *Hammer* dazu veranlaßt, seine Leser über Einsteins eigentliche Mission in Kenntnis zu setzen. Das „unerträgliche Treiben der Judenpresse"[42] solle den Nobelpreisträger längst nicht nur zum „Triumphator [...] über Zeit und Raum"[43] machen; die „Judenheit aller Länder"[44] bezwecke weit mehr mit ihm. Gezielt verbreite man das Gerücht,

> Einsteins weltbewegende Entdeckung werde auch die *religiösen* Anschauungen der Menschen umwandeln, aufs tiefste erschüttern und dementsprechend auch eine allgemeine Umwälzung in der Welt der Religion herbeiführen. [...] Juda hat im richtigen Augenblick den Messias den Menschen geschenkt, – alles durch die Relativitätslehre.

In völkischen Kreisen konnte sich die Wahnidee von Einsteins führender Rolle bei der „jüdischen Weltrevolution" ungehindert austoben. Die Relativitätstheorie sollte demnach den Schlußpunkt einer Serie von Anläufen darstellen, „den Deutschen seinem eigenen Wesen zu entfremden, es zu verderben."[45] Markenzeichen der „jüdische[n] Propagandalüge" seien „Zersetzung und Irreführung". Mit teuflischer Genialität verstünden es die geheimen Drahtzieher, die neue Physik am Ende noch als eine „deutsche" Errungenschaft zu verkaufen. Müßten sich die Deutschen etwa „nicht zur höchsten Ehre anrechnen", so wurde ironisch gefragt,

> den Entdecker der Relativitätstheorie als deutschen Gelehrten in der ganzen Welt gerühmt zu sehen? [...] Und der gute Michel nickt gedankenschwer mit

---

[41] Ebd., S. 20.

[42] Hentschel: Einstein und sein Ende. – In: Hammer 30 (1931), S. 57-62, hier: S. 57.

[43] Ebd., S. 60.

[44] Dieses und das folgende Zitat: Reventlow: Einstein: Unser Messias. – In: Hammer 30 (1931), S. 11-15, hier: S. 11. (Zur Rezeption der *Protokolle der Weisen von Zion* durch den Autor s. Walter: Antisemitische Kriminalität, S. 48f.)

[45] Dieses und die folgenden Zitate: Reventlow: Was sind für uns die Juden? – In: Der Jud ist schuld...?, S. 13-40, hier: S. 32.

seinem Philisterhaupt und sagt: Ja, ja, das stimmt alles und die Relativitätstheorie ist allerdings etwas ganz Ungeheures![46]

„Die Überschwemmung des Büchermarktes mit populären und halbpopulären Darstellungen zur Relat.-Theorie" – so Bruno Thüring 1936 – habe von Anfang an nur auf die „Ebene der inneren Seele und der Weltanschauung" abgezielt. Es gehe gar „nicht um neue Forschungsergebnisse"[47]:

> Ist sich der unbefangene Betrachter dessen erst einmal bewußt geworden und erinnert er sich ferner an die Flut von weniger wissenschaftlichen als vor allen Dingen billigen und populären Büchern über Einstein und seine Theorie, welche sich in den Jahren um 1920 bis in unsere Tage herein über den Büchermarkt ergoß und die angeblich revolutionären wissenschaftlichen sowohl wie allgemein philosophischen, ja sogar ethischen Konsequenzen des neuen relativistischen Weltbildes in allen Schattierungen behandelte, so wird dieser unbefangene Betrachter, der gewohnt ist, mehr seinem Herzen und gesunden Gefühl als der Reklame zu gehorchen, ahnen, daß hier letzten Endes etwas anderes vorliegt als bloß eine neue wissenschaftliche Theorie, er wird ahnen, daß hier eine andere, und zwar fremde seelisch-geistige Grundhaltung aktiv am Werke ist. Er wird erkennen, daß es sich [...] um eine – allerdings gut getarnte – Kampfansage handelt.[48]

Noch 1940 sahen es Hartgesottene als geboten an, die Öffentlichkeit über Einsteins angeblichen Hang zu rabbinischen Schriftauslegungsarten aufzuklären:

> Die Midrasch-Denkmethode führt zu der verborgenen Phantasie von der „Krümmung des Raumes", zu den bekannten Behauptungen Einsteins von dem durch Fortbewegung (z.B. eine Reise) gegenüber seinem in Ruhe befindlichen Zwillingsbruder B relativ jung bleibenden Bruder A [...].[49]

Nachdem man sich hinsichtlich des tatsächlichen Zwecks der Relativitätstheorie lange Zeit bedeckt gehalten habe, sei „Einsteins *jüdische Sendung*" 1929 endlich auch offen verkündet worden, in Jerusalem, als der Nobelpreisträger

> im Namen der Stadt mit den Worten begrüßt wurde: „Du hast den Namen ‚Gaon' verdient, den das jüdische Volk seinen erwählten geistigen Führern gibt",

---

[46] Ebd., S. 31.
[47] Thüring: Kepler-Newton-Einstein – ein Vergleich. – In: Deutsche Mathematik 1 (1936), S. 705-711, hier: S. 710.
[48] Ebd., S. 706.
[49] Dieses und die folgenden Zitate: Bergdolt: Forschungen zur Judenfrage. – In: ZgN 6 (1940), S. 144-146, hier: S. 145.

worauf Einstein in Zion antwortete: „Der heutige Tag ist der größte meines Lebens."[50]

In allen Facetten wurde Einsteins Affinität zum Zionismus vor dem impliziten Hintergrund der *Protokolle* ausgeschlachtet:

> Der talmudische Physiker wurde als „eine kosmische Berühmtheit", als „eine männliche Sphinx", als „der Jesus des 20. Jahrhunderts" vorgestellt, dem nach einem Bericht des deutschen Generalkonsulats in New York 1931 viele „Hände und Kleidungsstücke küßten". Seine Theorie nannte man „eine neue wissenschaftliche Bibel" usw. usw.[51]

Der infamste Beitrag von allen aber stammt von Waldemar Tobien,[52] der Einstein in seinem Elaborat über den Konnex von *Protokollen* und Relativitätstheorie auch ganz unumwunden als „Weisen von Zion"[53] brandmarkte. Der Titel von Tobiens mit wissenschaftlichem Anspruch ausgestattetem Machwerk, *Der Einstein-Putsch als Werkzeug zur Verewigung der Jahweherrschaft*, sprach bereits für sich; tatsächlich wurde das gesamte Register der *Protokolle* auf die Relativitätstheorie angewandt. Nie zuvor habe „eine wissenschaftliche Lehre so schnell und mit so nachtwandlerischer Sicherheit nicht nur bei den Fachleuten, sondern im ganzen Volke, Fuß gefaßt wie die Relativitätstheorie

---

[50] Hitler hatte Einstein schon Anfang der 20er Jahre mit der These in Verbindung gebracht, die Juden würden ihre angeblichen verdeckten internationalen Machenschaften in zunehmendem Maße nicht länger zu verheimlichen suchen, so sicher seien sie mittlerweile vom Erfolg ihrer Weltverschwörungspläne überzeugt. Dietrich Eckart zitiert Hitler mit folgenden Worten: „Bliebe also noch das Nationalgefühl der Juden. Natürlich nicht das der einen für Deutschland, der anderen für England u.s.w. Mit diesem Speck sind wohl nirgends mehr Mäuse zu fangen. [...] Der Physiker Einstein, den die jüdische Reklame wie einen zweiten Keppler [sic!] bestaunen ließ, erklärt, er habe mit dem Deutschtum nichts zu tun; die Gepflogenheit des Zentralvereins deutscher Staatsbürger jüdischen Glaubens, nur die religiöse Gemeinschaft der Juden, nicht aber auch deren völkische herauszukehren, findet er ‚unaufrichtig'. Ein weisser Rabe? Nein. Nur einer, der sein Volk schon über'm Berg glaubt und es daher nicht mehr für nötig hält, sich zu verstehen." (Eckart: Der Bolschewismus von Moses bis Lenin, S. 12.)

[51] Bergdolt: Judenfrage, S. 146. Inhaltlich sind diese Vorwürfe noch nicht einmal aus der Luft gegriffen. Äußerungen wie die, man müsse Einstein „für den größten Juden seit Christus" (Lämmel: Von Naturforschern und Naturgesetzen, S. 145) halten, waren durchaus an der Tagesordnung.

[52] Die Identität des Autors konnte leider bislang nicht geklärt werden. U.U. handelt es sich bei dem Namen auch um ein Pseudonym.

[53] Tobien: Der Einstein-Putsch als Werkzeug zur Verewigung der Jahweherrschaft, S. 18.

Albert Einsteins."[54] Mit der Sensation von der unumkehrbaren „Umkrempe-
lung der Weltbetrachtung"[55] dringe die „Relativitätsseuche"[56] bis zu den Menschen auf der Straße vor. Der eigentliche Inhalt der Theorie werde dabei entweder

> durch irreführende Benennung vertarnt oder auch als eine Selbstverständlichkeit
> oder etwas durchaus belangloses hingestellt und infolgedessen so flüchtig be-
> handelt [...], daß die Vernunft, sofern sie nicht dem Gebotenen gegenüber auf
> dem Posten bleibt, leicht in Gefahr gerät, das ihr gestellte Bein zu übersehen.[57]

Neben den für die „Allgemeinheit meist undurchschaubaren Möglichkeiten der
Propaganda" durch die Presse stünden „dem Juden Einstein in Gestalt seiner
Beziehungen zum Okkultismus"[58] weitere erhebliche Machtmittel zur Verfügung. Die Bemerkung, „*daß Einstein von einer okkulten Autorität, wenn nicht
den Auftrag, so zum mindesten die Förderung zur Verblödung der Opfer Jah-
wehs erhalten*" habe, stellte den Höhepunkt einer ganzen Reihe von haarsträu-
benden Mutmaßungen über „Einsteins Verhältnis zu Propaganda, Suggestion
und okkulten Organisationen"[59] dar. Bezugspunkt des Spiritismus-Diskurses
waren die bereits erwähnten *Protokolle*-Passagen über Freimaurerlogen und
okkulte Geheimgesellschaften, angeblich vom „internationalen Judentum" eingesetzt, um den Generalangriff auf die Weltherrschaft im Geheimen voranzu-
treiben. In der Vorlage hieß es:

> Die Hauptaufgabe unserer Geheimbünde besteht darin, die öffentliche Meinung
> durch eine zersetzende Beurteilung aller Vorgänge in ihrer Widerstandskraft zu
> lähmen, den Menschen das eigene Denken [...] abzugewöhnen, und die vorhan-
> denen Geisteskräfte auf bloße Spiegelfechtereien einer hohlen Redekunst abzu-
> lenken.[60]

Diesen Punkt behandelte Tobien besonders intensiv. Anhänger Einsteins aus
den Reihen der Physiker bezeichnete er etwa als „Priesterschaft für den neuen
Glauben", die „mit Hilfe gefügiger Propagandisten" die „Laienschar zu der

---

[54] Ebd., S. 13.
[55] Ebd., S. 13.
[56] Ebd., S. 23.
[57] Ebd., S. 22.
[58] Ebd., S. 24.
[59] Ebd., S. 26.
[60] Die Protokolle der Weisen von Zion, S. 48.

festen Überzeugung" verleite, daß ihr eine „gewaltige wissenschaftliche Leistung geschenkt werde."[61]

Das Cover des *Einstein-Putsch*-Buches (vgl. Abb. 17) zierte eine vom Autor selbst gestaltete Zeichnung, die die mutmaßlichen Zusammenhänge von Weltherrschaftsstreben, Verführung, Spiritismus und Relativitätstheorie schon vor der Lektüre deutlich machen sollte. Im Zentrum der perspektivisch zugeschnittenen Skizze ist ein monumentaler Kubus zu sehen, dessen Vorderseite ein Davidstern mit der hebräischen Aufschrift „Thora" für „Lehre" oder „Gesetz" dominiert. Daneben sind mit Zirkel und Winkel in den Ecken Symbole des Freimaurertums zu erkennen. Auf der rechten Würfelseite erblickt man ein magisches Quadrat, identisch mit dem auf Dürers bekanntem Kupferstich „Melencolia I". Hinter dem durch Tintenfaß, Thorarolle und Kruzifix gleichzeitig als Gelehrtenkatheder wie Altar ausgewiesenen Steinblock ist noch gerade eine Bibel auszumachen; vor dem Kubus lehnt ein weiteres Buch mit der Aufschrift „Kabbalistische Geometrie". Der ganze Würfel, samt Beiwerk und Insignien, ruht wiederum auf einem – in diesem Fall übergroßen – Buch, auf dem man, flankiert von zwei weiteren Davidsternen, den Titel „Die Protokolle der Weisen von Zion" liest. Ein Lesezeichen trägt außerdem die Aufschrift „Massensuggestion".

Während im Vorderfeld der Zeichnung zwei letzte – ganz offensichtlich verworfene – Bücher Einsteins Bruch mit klassischer Physik und euklidischer Geometrie symbolisieren, erhebt sich im Bildhintergrund ein gewaltiger Berg bis in den Himmel. Auf dem Gipfel des durch das göttliche Dreiecksauge als Berg Zion ausgewiesenen Massivs thront eine hoch entrückte Festung, deren Türme und Dächer eine Staatsflagge, zwei Kreuze – eines davon orthodox –, ein Halbmond und abermals ein Davidstern zieren, Kennzeichen für die drei abrahamitischen Weltreligionen. Ob die Dreizahl der vom göttlichen Auge ausgehenden Strahlen ebenfalls auf die drei Religionen anspielt oder aber auf die christliche Trinitas, bleibt der Interpretation des Betrachters überlassen. Eine Taube mit Heiligenschein, die sich von der Feste Zion auf den Einstein-Altar herabsenkt, ist jedenfalls eindeutig als Anlehnung an die Taufe Jesu zu verstehen, wie sie in allen vier Evangelien geschildert wird.

Auch der christlichen Religion weist Tobien den Status einer vom „internationalen Judentum" ersonnenen Truglehre zu, die gezielt zur Blendung und

---

[61] Tobien: Einstein-Putsch, S. 23.

Einschüchterung der Nichtjuden ersonnen worden sei und damit – wie die Relativitätstheorie – als globales „Werkzeug zur Verewigung der Jahweherrschaft" diene. Der durch eine überlange Leiter symbolisierte Glaubensweg von den Niederungen des Daseins hin zum Heils- und Himmelstor dient demnach allein dem Zweck, die Nichtjuden von der Weltherrschaft *fern*zuhalten: Der durch ein Kreuz auf dem Rücken als Christ und eine Zipfelmütze auf dem Kopf als „deutscher Michel" ausgewiesene Gottsucher wird ganz sicher nie an der vorgegaukelten ewigen Herrschaft teilhaben; sein Hoffen auf Christus und sein Glaube an die Erkenntnisse der modernen Physik halten ihn im Gegenteil nur auf Distanz und machen ihn der „alljüdischen Weltregierung" gefügig.

2.3.2 *Relativia. Der Roman eines Propheten*

> Einstein pflegte so oft von Gott zu re-
> den, daß ich beinahe vermute, er sei
> ein verkappter Theologe gewesen.[1]
>
> (Friedrich Dürrenmatt)

Um zu belegen, daß Tobiens *Einstein-Putsch* keine singuläre, sondern lediglich eine *extreme* Darstellung des spekulativen Zusammenhangs von Relativitätstheorie, Religion und vermeintlichem jüdischen Weltmachtstreben darstellte, sei die Aufmerksamkeit noch auf ein anderes Buch gelenkt, das den in den 20er und 30er Jahren landläufigen Diskurs mit Mitteln der Komik und Ironie literarisch weiterzuspinnen.

Erich Ruckhabers Trivialroman *Relativia* (1929) ist eine sarkastisch gefärbte Parodie auf die Relativitätstheorie und ihre frühe Erfolgsgeschichte. Jowidor, der negative Held, verkörpert Albert Einstein, der als neuzeitlicher Prophet vom babylonischen Gott Jowa auf die Erde gesandt wird, um eine neue Religion, den Relativismus, zu begründen. In einer Rahmenhandlung wird berichtet, wie der oberste aller Götter, der „allweise und allgütige Weltgeist" (S. 5)[2], wegen einer wichtigen Dienstreise für einige Zeit die Erde verlassen muß und die regionalen „Untergötter" in den Genuß der Regierungsgewalt über das irdische Geistesleben kommen. Der Erzähler nennt

> den indischen Gott Brahma, den babylonischen Gott Jowa, den Gott des Islams Allah und den Gott des Abendlandes Wotan. Nur der Griechengott Zeus wurde diesmal von der Mitregierung ausgeschlossen, weil er das letzte Mal sein Amt stark vernachlässigt und das ihm anvertraute Gut sehr heruntergewirtschaftet hatte. (S. 5.)

Das Abendland, in der Antike Heimat der größten Philosophen, ist zu Beginn des 20. Jahrhunderts geistig abgewirtschaftet; die für diesen Teil der Erde zuständigen Untergötter, Zeus und Wotan, suspendiert bzw. „bettlägerig an Gicht

---

[1] Dürrenmatt: Albert Einstein. – In: Ders.: Werkausgabe, XXVII, S. 150-172, hier: S. 151.
[2] Sämtliche in Klammern stehenden Seitenzahlangaben dieses Kapitels beziehen sich auf Ruckhabers Roman.

und Rheumatismus" (S. 6.). So wittert Jowa, der semitische Untergott, die Chance, einmal in das Geistesleben der westlichen Hemisphäre einzugreifen, und macht sich auf den Weg nach Walhalla, um vom kranken Wotan die Verfügungsgewalt zu erschwindeln. Diesem hatte man jedoch nach einem erneuten „schweren Gichtanfall" (S. 7) strengste Bettruhe verordnet, und Jowa muß mit „Kriegsminister Logi" (S. 6), der die Regierungsgeschäfte kommissarisch weiterführt, Vorlieb nehmen. Es kommt zu folgendem Dialog:

> Jowa: „[...] es soll ja sehr schlimm mit dem Abendlande stehen, man redet geradezu von seinem Untergange".
>
> Logi: „Das mit dem Untergange mußt du nicht so wörtlich nehmen, unsere Zeit liebt nur die Superlative, denn wer heute nicht in Superlativen redet, wird überhaupt nicht gehört. Sensation und Reklame sind heute Trumpf. Aber das ist richtig: Es sieht traurig bei uns aus, und wenn jemand sagt, das Abendland sei bankrott, so hat er nicht übertrieben; wir sind tatsächlich, falls du das Wort besser verstehst, pleite. Pleite ist die Politik, pleite ist die Landwirtschaft und Industrie, pleite die Kunst und pleite die Philosophie."
>
> „Pleite?", sagte schmunzelnd Jowa, „das Abendland pleite? Das ist ja höchst interessant. Dann bin ich wohl zur rechten Zeit gekommen und kann euch vielleicht helfen. Ich mache dir, da du ja Vollmacht hast, einen Vorschlag: Ich kaufe die Konkursmasse!" (7f.)

Die Anspielung auf Spenglers *Untergang des Abendlandes* ist hier ebenso wenig zu übersehen wie das maßgebend von den *Protokollen der Weisen von Zion* geschürte antisemitische Stereotyp, die Juden würden das von Krieg und Inflation geschwächte Europa vermöge ihrer ökonomischen Macht ausbeuten und unterwerfen. Vor allem aber geht es um das verlotterte Geistesleben. Der stellvertretende Germanengott fordert Auskunft darüber, wie Jowa das „Sanieren" (S. 9) der okzidentalen Geisteswelt denn anfangen möchte:

> Jowa: „Wie ich es anfange? [...] ich muß ihr einen neuen Propheten senden; er soll der größte von allen sein, kein bloßer Wahrsager wie die anderen, sondern ein Weltweiser und Weltumgestalter, wie er noch nie da war. [...] Wie der Dieb in der Nacht wird die neue Wahrheit die Welt überraschen, dann aber wird alles Volk ‚Hosiannah!' rufen, und sie werden ihm Palmen auf den Weg streuen."
> (9f.)

Nach kurzem Hin und Her willigt Wotans Stellvertreter ein. Jowa darf 50 Jahre lang frei über das Abendland verfügen, und aus Logis abschließender Bemerkung lassen sich weitere Rückschlüsse auf Ruckhabers persönliche Einstellung

zu Einstein und der Relativitätstheorie ziehen. Der germanische Vizegott berichtet, er leide an Langeweile und habe

> schon lange nicht mehr gelacht. Wenn du es fertig bringst, Jowa, mich wieder
> einmal richtig zum Lachen zu bringen, dann kannst du meinetwegen die ganze
> Welt auf den Kopf stellen; dein Prophet soll überall freien Zutritt haben, bei der
> Philosophie, bei der Kunst, bei der Politik und selbst bei der Gemüsefrau, und,
> was das wichtigste ist, alle Zeitungen sollen ihm ihre Spalten offen halten und
> seine Gegner totschweigen. (S. 11)

Das erste Kapitel beschreibt dann folgerichtig die Kindheit des neuen Propheten, dessen Name, „„Jowidor', d.h. ‚Jowas Gabe'" (S. 13), seiner Mutter im
Traum eingegeben worden war.[3] Vorausgeschickt ist der entsprechenden Passage diese Erklärung des Erzählers:

> Aus dem obigen Gespräch in der Walhallah wirst du, liebe(r) Leser(in), den
> Grund ersehen haben, warum sich die Geburt des neuen Propheten ohne jedes
> Aufheben vollzog, warum keine Weisen aus dem Morgenlande kamen, um dem
> neugeborenen Knäblein Gold, Weihrauch und Myrrhen zu bringen. Wie immer
> um die Zeit, wenn ein wahrer Prophet geboren wird, tauchten auch viele fal-
> schen [sic!] Propheten auf, Theosophen, Anthroposophen, Horoskopisten, Ge-
> sundheitsbeter, Spiritisten usw., die aber nur dazu dienen, den Glanz des wahren
> Propheten zu erhöhen. (S. 12)

Ruckhaber stellte die Einsteinsche Relativitätstheorie als Höhepunkt einer Reihe von geistigen Auflösungserscheinungen und Zersetzungsbewegungen zu
Beginn des 20. Jahrhunderts dar. Um sie der Lächerlichkeit anheimzugeben,
ließ er seinen Erzähler in der Folge einige erzwungen komische „Beweise" für
den „übermenschlichen" Verstand des kleinen Jowidor anführen, der den „gewöhnlichen sogenannten gesunden Menschenverstand" regelmäßig „seiner
eingewurzelten Irrtümer überführte." (S. 13) So verblüfft der heranwachsende
Prophet einmal eine Gruppe Erwachsener dadurch, daß er auf die Frage „Was
ist schwerer zu tragen, ein Pfund Eisen oder ein Pfund Federn?" die Federn
nennt.

> Niemand wollte es ihm glauben. Darauf sagte er: „Wenn ihr es nicht glauben
> wollt, so soll das Experiment entscheiden. Bringt ein Pfund Eisen und ein Pfund

---

[3]   Die Anspielung auf die Namengebung Jesu ist hier nicht zu übersehen. Matthäus berichtet,
      wie Josef im Traum ein Engel erschien und den Namen „Jesus" bestimmte (vgl. Matth.
      1,20-21). Nach Lukas war Maria der Name bereits bei der Verkündigung durch den Erz-
      engel Gabriel genannt worden (vgl. Luk. 1,26-31).

Federn her!" Man brachte ein Pfundgewicht und ein Pfund Federn in einem
Kissen. Da aber sagte er: „Wenn ihr das Eisen unverpackt bringt, so müßt ihr
auch die Federn unverpackt bringen, sonst ist das ein ungleicher und unreeller
Handel". Vergeblich bemühte man sich nun, das Pfund Federn ohne jede Um-
hüllung durch das Zimmer zu tragen, es flogen immer einige davon. So bewies
er, daß „schwer" ein relativer Begriff ist. (S. 13f.)

Die primitive Komik, die der Satire von Einsteins wissenschaftlicher Sozialisa-
tion zugrundegelegt ist, verschleiert phasenweise die bissige Kritik des Autors,
die hinter dem Roman als ganzem steht. Ruckhabers eigentliche Intention ist
nicht die Belustigung seiner Leserschaft; er will die mutmaßliche Haltlosigkeit
der Relativitätstheorie aufdecken und bedient sich der Komik dabei als eines
stilistischen Transportmittels. Nicht selten äußert sich seine Kritik aber auch
direkt. So antwortet der heranwachsende Religionsstifter einmal auf die Frage
seines Vaters, was er eigentlich werden wolle: „Zauberkünstler, denn was kann
es herrlicheres geben als der Welt etwas vorzuzaubern und von ihr wie ein Gott
bewundert zu werden?" (S. 15)

Das früh erwachende Interesse an physikalischen Problemen belegt die un-
glaubliche Begabung des Jungen auf wissenschaftlichem Gebiet. Während

> der gewöhnliche Physiker mit der stark abgenutzten Logik des sogenannten ge-
> sunden Menschenverstandes arbeitet, erfand er eine neue Logik, die weit über
> die Kraft der gewöhnlichen Logik hinausging und zu den kühnsten Hoffnungen
> für den Fortschritt des Menschengeschlechts berechtigte, sozusagen eine Ultra-
> logik. Er interessierte sich aus diesem Grunde nicht einfach für die nüchterne
> Physik, wie sie in der Schule gelehrt wird, sondern ganz besonders auch für die
> ultraphysikalischen Erscheinungen. (S. 14)

Wesentlicher Inhalt der „Ultralogik" ist – hier rekurriert Ruckhaber implizit auf
seine eigene 1928 veröffentlichte philosophische Kritik der Relativitätstheorie[4] –, daß „alles zugleich auch sein eigenes Gegenteil sein kann." (S. 23) Diesem Leitsatz folgend, schickt sich Jowidor an, seinen ahnungslosen Zeitgenossen den Glauben an ihre überlieferten absoluten Werte auszutreiben:

---

[4] Ruckhaber: Die Relativitätstheorie widerlegt durch das Widerspruchsprinzip und die natürliche Erklärung des Michelson-Versuchs. Schon in seiner Dissertation hatte Ruckhaber den
Satz vom Widerspruch als dasjenige „Denkgesetz, welches offenbar am meisten übertreten
wird", bezeichnet (Untersuchung über das Prinzip des Widerspruchs, S. 54).

Er sah seinen Weg und seine große Mission klar vor sich: Er mußte die Welt von einer Krankheit heilen, die ihr selbst gar nicht bewußt war, von der Absolutitis, er war dazu bestimmt, ihr Erlöser und Heiland zu werden. (S. 22)

Anspielungen auf den vermeintlichen religiösen Stellenwert der modernen Physik durchziehen den gesamten Roman.[5] Ruckhaber, der selbst mit einer stark säkularisierten, u.U. auch atheistischen Attitüde schreibt, läßt Einstein als zweiten Christus auftreten, dessen Absolutheitsanspruch – ausgedrückt etwa in den Worten „Ich bin der Weg, die Wahrheit und das Leben; niemand kommt zum Vater denn durch mich" (Joh. 14,6)[6] – durch die neue Lehre überholt wird. Jowa sendet einen neuen Religionsstifter in die Welt und hebt damit die Verbindlichkeit der vorangegangenen Religion, des Christentums, wieder auf.

---

[5] Man beachte, daß Ruckhabers Ausführungen zu diesem Punkt nicht gänzlich aus der Luft gegriffen sind. Äußerungen Einsteins über Fragen der Religion sowie über den Zusammenhang von Naturwissenschaft und Religion existieren *en masse*. Zeitgleich mit Ruckhabers *Relativia* entstanden beispielsweise seine Texte über „Die Religiosität der Forschung" (Mein Weltbild, S. 21f.) oder „Religion und Wissenschaft" (ebd., S. 17-21; Erstveröffentlichung: Berliner Tageblatt 11.11.1930). Aus seinen Sympathien für eine pantheistisch-ganzheitliche Weltvorstellung in der Tradition Spinozas machte der prominente Physiker nie einen Hehl (vgl. dazu z.B. Kötzschke: Albert Einstein und die Religion. – In: Christliche Welt 46 (1932), S. 671). Darüber hinaus ließ er sich ausgiebig über „kosmische Religiosität" aus, worunter er den wissenschaftlichen „Glaube[n] an die Vernunft des Weltenbaues" sowie die „Sehnsucht nach dem Begreifen wenn auch nur eines geringen Abglanzes der in dieser Welt geoffenbarten Vernunft" (Mein Weltbild, S. 21) verstanden haben wollte. Für die nationaldeutsche Presse waren solche Äußerungen natürlich ein gefundenes Fressen: In Einsteins Ausführungen erkenne jeder das „neue ‚Weltreligions'-System [...]. Das Kernstück wird natürlich sein: ein Jude, der das größte Genie der Gegenwart, Vergangenheit und aller möglichen Zukunft hat[,] der unter unbrauchbaren, veralteten Formen erstarrten und erstickten Religiosität der Kulturvölker kühn und genial, bahnbrechend einen neuen Horizont von ungeahnten Weiten freilegt, den früher so unheilvollen Gegensatz zwischen Religion und Wissenschaft beseitigt [...]. Und wie schön ist es, daß dieser selbe unvergleichliche Mann darauf hinweist, daß schon in den Psalmen Davids und bei einigen der Propheten sich auch eine kosmische Religiosität findet! So hat unser Einstein, dieser große Jude und ausgezeichnete Deutsche, dieser edle, überragende Menschheitsführer [...] nicht allein sein auserwähltes Volk darüber beruhigt, daß die kosmische Religion die Religion der hervorragendsten seiner Väter war, sondern auch die Bekenner des Christentums wissen nun, daß die kosmische Religion schon in dem Buch der Bücher, der göttlichen Bibel, enthalten ist. Wird man da nicht unseren Einstein mit dem Tempel Jahwes auf dem Berge Zion vergleichen können, zu dem die Völker hinwallen, um *alle vereint* den Gott Juda's anzubeten?" (Reventlow: Einstein: Unser Messias! – In: Hammer 30 (1931), S. 11-15, hier: S. 15.)

[6] Dieser Unbedingtheitsanspruch Christi durchzieht das gesamte Neue Testament (vgl. z.B. Joh. 11,25; Apg. 4,11f.; 1. Kor. 3,11; 1. Tim. 2,5; Offb. 21,6).

Wie bereits gesehen, karikiert der Roman mit der Darstellung Einsteins als Welterlöser ein authentisches Stück Zeitgeschichte; der Leitgedanke, man versuche Einstein der Öffentlichkeit als messianischen Heilsbringer zu verkaufen, geht längst nicht auf Ruckhaber zurück. Man verdeutliche sich den Realitätsgehalt des Diskurses noch einmal anhand eines Artikels von Ernst Krieck, der 1940 in *Volk im Werden* erschien. Bei seiner Kritik der allgemeinen Einstein-Euphorie während der Weimarer Republik schlug der prominente NS-Wissenschaftler dieselben Töne an, die Ruckhaber elf Jahre zuvor in seinen Roman hatte einfließen lassen:

> Judas Geschichte durch alle Jahrhunderte zurück ist angefüllt mit messianischen Prätendenten und Hochstaplern. [...] Der letzte von ihnen trat im Format der Naturwissenschaften allermodernsten Stils hervor, war in Schwaben erzeugt, kam aus der Schweiz [...], wurde in Berlin von deutschen Wissenschaftern auf den Schild erhoben und dann von der Weltmischpoche zum Weltheiland ausgerufen. [...] „Ein neuer Kopernikus und Newton", schallte es von den Juden und Judengenossen der Reichshauptstadt in die Welt hinaus, der Heiland, der „Jesus des 20. Jahrhunderts", die „kosmische Berühmtheit", die „größte Gestalt der Wissenschaftsgeschichte", deren „Reich nicht von dieser Welt" ist, der eine „neue wissenschaftliche Bibel" geschaffen hat, so klang es von der Mischpoche aus aller Welt zurück. Ist jemals ein anderer Messias rund um die Erde so verehrt und gepriesen worden? Da sind die Disraeli und Genossen doch Waisenknaben daneben.[7]

Im *Relativia*-Roman richtete sich Einstein-Jowidors Augenmerk jedoch zunächst auf das Gebiet von Erkenntnistheorie und Naturwissenschaft, weniger auf die Religion: „Sämtliche absoluten Philosophen und Physiker, vornean der naive Newton, mußten gestürzt werden" (S. 22), war da zu lesen. Seinem Freund Verus allerdings verrät der Held schon früh sein insgeheimes Streben nach Weltherrschaft:

> Sind wir erst einmal von der Erbkrankheit der Absolutitis geheilt, so sind wir auch absolute Herren der Welt, sogar Raum und Zeit selbst nach unseren Wünschen zu verändern. Daß dies die größte Umwälzung werden muß, die je ein Prophet der Welt gebracht hat, dürfte wohl auch dem Dümmsten einleuchten. (S. 25)

---

[7]   Krieck: Einstein und Krönungsstein. – In: Volk im Werden 8 (1940), S. 142-143, hier: S. 142f.

Kerngedanke der entstehenden Relativismus-Religion ist, daß es keine absolute Wahrheit (mehr) gibt. „Auch die Wahrheit muß sich, da sie nur relativ ist, verändern" (S. 26). Sukzessive verkündet Jowidor im folgenden die „Relativität der Zeit und [...] die des Raumes" sowie die „der Bewegung, der Wahrheit und selbst der Logik" (S. 29). Ironisch hält der Erzähler fest:

> Wo soviel Uebereinstimmung herrschte, mußten die böswilligsten Zweifel verstummen. Und obwohl sonst neue große Wahrheiten den größten Widerstand in der Welt zu finden pflegen, eroberte diese Wahrheit die Welt im Sturme, und sie war, man möchte sagen schon ihrer äußeren Schönheit wegen, so einnehmend, daß selbst diejenigen sie mit Applaus aufnahmen, die eingestandenermaßen sie nicht verstanden. (S. 29)

Wiederholt wird die Rolle der Tagespresse als eines sensationslüsternen, fachlich völlig inkompetenten Propagandaorgans der Relativitätstheorie herausgestellt. Es sei pures „Glück für die Verbreitung der neuen Wahrheit" gewesen,

> daß die sonst so kritischen Herren von der Presse diesmal das immer bereite Messer der Kritik in der Scheide stecken ließen, ja sogar durch das Eingeständnis, daß diese neue Wahrheit selbst für sie zu hoch sei, ihren Glanz noch erhöhten. (S. 29)

Die Begeisterung für die neue Theorie steigert sich immer weiter, „je weniger man sie begriff" (S. 31), und Jowidor wird zu einer öffentlichen Zelebrität:

> Seinen Namen hörte und las man in allen Hörsälen, Schulen, Zeitungen und selbst Barbierstuben, und er wurde mit allen erdenklichen Ehren überhäuft. Sein Bild erschien alle Wochen einmal in den Zeitungen, manchmal auch zweimal; der Bildfunk trug es mit Lichtgeschwindigkeit in die Welt hinaus, derselben Geschwindigkeit, die er als die größtmögliche bewiesen hatte. (S. 31)

Zwei Jahre nach Erscheinen des *Relativia*-Romans brachte Ruckhaber als Mitherausgeber des Sammelbandes *Hundert Autoren gegen Einstein* diesen Kritikpunkt noch einmal vor. Die Relativitätstheorie sei „so schwer-, ja unverständlich für die Allgemeinheit", hieß es im Vorwort des Buches,

> daß ihre Popularität kaum begreiflich erscheint. Die Suggestivkraft eines immer wieder plakatierten Namens, das mißverständliche und mißverstandene Schlagwort von der „Relativität", snobistische Bewunderung halberfaßter Paradoxien beugen den einfachen ratlosen Verstand.[8]

---

[8] Dieses und das folgende Zitat: Israel, Ruckhaber, Weinmann: Vorwort. – In: Hundert Autoren gegen Einstein, S. 3-4, hier: S. 3.

Einsteins Erkenntnisse seien „denkunmöglich und -überflüssig", eine selbstkontradiktive Lehre, die „unser ganzes Weltbild umgestalten will"[9]. Zur Rolle der Medien war zu lesen:

> Zeitschriften und Zeitungen, die allein die Stimme der Aufklärung und Kritik oder doch wenigstens des Zweifels vor die Hunderttausende zu bringen in der Lage wären, scheinen sich mit verschwindend wenig Ausnahmen verschworen zu haben, jedes, auch das platteste Ja zu bringen, jedem Nein sich zu verschließen. Ähnliches gilt leider auch für die Haltung der Verleger und neuerdings schließt sich der gleichen Parole auch der Rundfunk an.[10]

In seinem eigenen Beitrag zum Sammelband der 100 Einstein-Gegner forderte Ruckhaber in diesem Sinne, was man „noch mehr zu bekämpfen" habe, als die „unsinnige Theorie selbst", sei

> die Dreistigkeit eines Teiles der Presse, der sich alle erdenkliche Mühe gibt, solch ein nie dagewesenes Meisterstück von Unlogik als die Weltanschauung der Zukunft auszuposaunen und unter Verschweigung, daß die Gegnerschaft weit größer ist als die ernst zu nehmende Anhängerschaft, die Öffentlichkeit irrezuführen.[11]

Doch zurück zur literarisierten Form der Kritik. Nachdem die Darstellung von Jowidors Aufstieg zu – völlig unberechtigtem und maßlos überzogenem – Ruhm abgeschlossen war, parodierte die zweite Hälfte des Romans hauptsächlich Einsteins Sympathien für den Zionismus: Um die von ihm „gefundene Lösung des Weltproblems auch in die Praxis umzusetzen", beschließt Jowidor, einen eigenen Staat zu gründen, „der sich allmählich zum Weltstaat auswachsen sollte." (S. 32) Eine Reise führt ihn von Deutschland über Palästina, das „von vornherein als Provinz des neuen Staates betrachtet wurde" (S. 34), nach Babylon, in „die Stadt seines göttlichen Protektors Jowa" (S. 33), die auserkorene Hauptstadt des zukünftigen Weltreichs „Relativia".

Die Gründungsphase des relativistischen Staates verläuft ähnlich erfolgreich wie die vorausgegangene Verbreitung der neuen „Erkenntnisse". Die technische Ausnutzung des Relativitätsprinzips – man hatte energieerzeugende „Jowidor-Motoren" entwickelt (S. 36) – ermöglicht die zügige Entwicklung der

---

[9]   Ebd., S. 4.
[10] Ebd., S. 3.
[11] Ruckhaber: Die völlige Unlogik der Relativitätstheorie. – In: Hundert Autoren gegen Einstein, S. 47-49, hier: S. 49.

modernsten Infrastruktur der Welt; der Aufbau des neuen Staates erfolgt quasi über Nacht.

Den ersten Höhepunkt des beeindruckenden Aufstiegs markiert die feierliche Einweihung der Universität.[12] In der Einführungsvorlesung verheißt Jowidor seinen Mitbürgern eine Zukunft in Glück und Harmonie. Sogar der soziale Friede sei durch das Relativitätsprinzip gesichert, denn daraus,

> daß die Dinge, Zeiten und Räume von unserem Standpunkt abhängen, folgt unabweisbar als wichtigstes, daß wir nur die Standpunkte zu wechseln brauchen, um die Dinge, Zeiten und Räume unseren Wünschen gemäß zu verändern, so-

---

[12]   Auch an diesem Punkt bezieht sich der Roman auf reales Zeitgeschehen. 1921 war Einstein mit dem ersten Präsidenten des späteren Staates Israel, Chaim Weizmann, in die USA gereist, um Gelder für den jüdischen Nationalfonds und die hebräische Universität in Jerusalem einzuwerben. In Deutschland wurde über diese Reise und ihre Zwecke ausgiebig berichtet (vgl. z.B. anon.: Eine Amerikareise Professor Einsteins. – In: Berliner Tageblatt 25.2.1921, Nr. 93, S. 2; Sch.: Einstein über amerikanische und englische Wissenschaft. – In: Berliner Tageblatt 7.7.1921, Nr. 314, S. 2). Noch während der Reise verfaßte Einstein für die *Jüdische Rundschau*, das zentrale Organ der deutschen Zionisten, das Bekenntnis „Wie ich Zionist wurde" (vgl. Reichinstein: Albert Einstein, S. 158). Auch in Deutschland trat er in der Folgezeit weiter für die „Errichtung einer jüdischen Universität in Jerusalem" ein; sie sei „eines der wichtigsten Ziele der zionistischen Organisation" (Mein Weltbild, S. 110). Aber schon vor 1921 war Einsteins Affinität zum Zionismus und sein „starkes Interesse an der projektierten hebräischen Hochschule in Jerusalem" (Anon.: Professor Albert Einstein. – In: Das Jüdische Echo 6 (1919), S. 617) in Deutschland herausgestellt worden, und auch die völkische Presse hatte sich in dieser Angelegenheit zu Wort gemeldet und spöttisch gekontert, sollte Einsteins Initiative für den Aufbau der hebräischen Universität tatsächlich einmal von Erfolg gekrönt werden, würde man in Deutschland „auf diese Weise" nur allzu bequem die „mehr als zahlreichen jüdischen Lehrer und Studenten los" (Braßler: Das Einstein'sche Relativitätsprinzip. – In: Völkischer Beobachter 11.2.1920, Nr. 12, S. 2-3, hier: S. 2). Einsteins Engagement für den Zionismus sollte auch später nicht abreißen. Beispielsweise führte ihn seine erste größere Auslandsreise nach der schweren Erkrankung von 1928/29 im August 1929 zum internationalen Zionistenkongreß in die Schweiz (vgl. Grundmann: Einsteins Akte, S. 348). Seine zweite USA-Reise (1931) war ebenfalls nur in zweiter Linie dem wissenschaftlichen Austausch gewidmet; zunächst einmal war sie als „Werbeaktion für die Gründung eines Staates der Juden" (ebd., S. 331) geplant. Weitere Zeitungsberichte über Einsteins Engagement in Sachen Zionismus sind bei Gehrcke: Die Massensuggestion der Relativitätstheorie, S. 42-44, zusammengestellt. Zu Einsteins persönlicher Entwicklung in der Frage des Zionismus vgl. Tauber: Einstein and Germany, S. 336-338; Grundmann: Einsteins Akte, S. 182-187. Abschließend sei bemerkt, daß Einsteins enormes Engagement für das Judentum im allgemeinen und den Zionismus im besonderen atypisch für einen deutsch-jüdischen Physiker war (vgl. Volkov: Soziale Ursachen des jüdischen Erfolgs in der Wissenschaft – In: Dies.: Jüdisches Leben und Antisemitismus im 19. und 20. Jahrhundert, S. 146-165, hier: S. 156), daß sich Einstein in dieser Hinsicht also deutlich von seinen Fachkollegen unterschied.

daß wir freie Herren über sie werden. Da hiervon oft unser Glück abhängt, relativieren wir auch das Glück, und es beginnt eine glückliche Aera für die Menschen, wie sie sie nie zu träumen gewagt haben. (S. 41)

Daß das Vorhalten allgemeiner Standpunktlosigkeit in den späten 20er Jahren, der Abfassungszeit des Romans, längst zu den von der vulgarisierten Relativitätstheorie genährten typischen Vorwürfen der nationalen Rechten gegen das „internationale Judentum" gehörte, war bereits im Zusammenhang mit Goebbels' *Michael*-Tagebuch gezeigt worden.[13] Bei Ruckhaber wurden entsprechende Gedanken wiederholt vorgebracht, am signifikantesten vielleicht in Form eines Gedichts, das die Textvorlage für die spätere Nationalhymne von Relativia abgibt. Bei der Hochschuleröffnung wird es zum ersten Mal öffentlich vorgetragen:

> Eilt herbei von fern und nah',
> Kommt nach Relativia,
> Wo kein Ort und keine Stadt
> Einen festen Standpunkt hat!
>
> Nichts ist fest, nichts absolut;
> Ob es sich bewegt, ob ruht,
> Ob's hinaufgeht, ob hinab,
> Hängt allein vom Standpunkt ab.
>
> Nichts ist g'rade, nichts ist schief,
> Alles ist nur relativ;
> Krumm und g'rade, gut und schlecht,
> Jeder Standpunkt ist uns recht.
>
> Alles ist, so wie ihr's seht,
> Kein „An sich" dahinter steht,

---

[13] Ergänzend ließe sich noch angeben, daß auch die „deutschen" *Physiker* von der modernen Physik als einer „durch Einstein geschaffenen, *standpunktlosen* Pseudophysik" (Müller: Jüdischer Geist in der Physik. – In: ZgN 5 (1939), S. 162-175, hier: S. 175 – Hervorhebung v. mir, C.K.) sprachen. Der „Jude" stehe offenbar „unter dem Schicksalszwang, *seine eigene abstrakte Wesenlosigkeit* [...] *auf alle Dinge zu übertragen* und alle organischen Ganzheiten parasitisch zu zersetzen." (Ders.: Zur „Krisis der Physik". – In: ZgN 6 (1940), S. 321-322, hier: S. 322 – Hervorhebung v. mir, C.K.) Ähnlich formulierte es Krieck 1934: Während es für die Nationalsozialisten stets „nur eine Wahrheit" gebe, könne der „Relativist [...] je nach Bedarf so oder so ,erkennen' und lehren, [...] von ,Standpunkt' zu ,Standpunkt' pendeln und alle möglichen ,Standpunkte' in ihrer ,relativen' Geltung anerkennen" (Wissenschaft, Weltanschauung, Hochschulreform, S. 16f.).

Kein „An sich" trübt uns den Blick,
Eins nur gilt, Mathematik. [...]

Was nicht mit der Logik geht,
Macht die Relativität;
Alles, was unmöglich ist,
Macht die relative List.

Heil dir, Relativprophet,
Alles wie am Schnürchen geht,
Nie war solche Freiheit da,
Kommt nach *Relativia*! (S. 42f.)

Die Hymne bringt Einstein auch noch einmal persuasiv mit der *Zionistischen Weltorganisation* in Zusammenhang und gibt zugleich den Blick frei auf die Vorbehalte der Konservativen und die bissige Kritik der völkischen Rechten.

Im Anschluß suchte Ruckhaber bei den Lesern die Assoziation einer Verwandtschaft der Relativitätstheorie zu anderen – ebenfalls von den aufstrebenden Faschisten bekämpften – „Modeerscheinungen" zu wecken. Jazzmusik[14] und Avantgardekunst waren seine Beispiele:

Donnernder Applaus belohnte den begabten Pegasusreiter, und es wurde beschlossen, den größten Komponisten der Gegenwart, den Jazz-Musiker Samba, in dessen Adern das königliche Blut eines ehemaligen Herrschers von Nigeria floß, mit der Vertonung dieser herrlichen Dichtung zu beauftragen.

Es ist selbstverständlich, daß in einem Staate wie Relativia kein Raum für veraltete absolutistische Kunstrichtungen war, sondern auch in den bildenden Künsten, besonders in der Malerei, nur solche Künstler zur Geltung kamen, die jeden festen Standpunkt aufgegeben hatten, wie dies im Futurismus und Kubismus der Fall ist. (S. 44)

Besonders gravierende Unterschiede gegenüber herkömmlichen Staaten offenbart das Justizwesen von Relativia. Die Rechtsprechung gestaltet sich ungeahnt einfach, weil „mit der Relativität der Wahrheit und Logik ja auch das Recht

---

14 Einstein als „Exponenten der Jazz-Physik" (Lewien: Hundert Autoren und Einer gegen Einstein. – In: Allg. Rundschau 29 (1932), S. 156-159, hier: S. 158) zu bezeichnen, war in den Kreisen seiner Gegner nicht unüblich: „Man synkopatert alles Bestehende. In der Physik synkopatert man Raum und Zeit. [...] Man zersprengt den Raum wie atonale Musiker den Oktaven-Raum zersprengen. – Appell! – Man untersuche die seelischen Beziehungen zwischen den Liebhabern der Comedian-Harmonist-Jazz-Synkopater-Kunst und unseren zeitgenössischen Lobatschi-Stein-Keine-Plancke-Ein-Riemanson-Michel-Raum-Akrobaten!"

relativiert" (S. 42) worden war und die Unterscheidung von Recht und Unrecht damit entfällt. Erneut wendet sich der Erzähler direkt an sein Publikum:

> Du wirst denken, liebe(r) Leser(in), eine Justiz nach solchen relativistischen Grundsätzen sei unmöglich. Aber du irrst, denn du kommst nur von deinen absolutistischen Vorurteilen nicht los. Wir wollen dir daher einen von vielen Fällen weiser richterlicher Entscheidung schildern, der gerade zu den kompliziertesten gehört. (S. 45)

Folgendes Beispiel wird erzählt:

> Ein alter eingeborener Babylonier hatte ein junges Weib gefreit, d.h. nach dortiger Sitte gekauft. Einem hübschen jungen Manne gelang es, sie zu verführen. Der Alte verklagte den Jungen. Der Alte sagte: „Ich habe viel Geld für sie gegeben, und er hat Eigentum von mir gestohlen". Der Richter antwortete: „Da hast du recht". Der Junge aber sprach: „Das Alter hat kein Recht auf die Jugend, und ich habe mir nur das genommen, was mir nach natürlichem Recht zusteht". Der Richter antwortete: „Da hast du recht". Da fuhr der Alte erregt auf und rief: Wir können doch nicht beide recht haben". Der Richter antwortete: „Da hast du wieder recht". Nun sagte der Junge, der das Relativitätsprinzip schon besser begriffen hatte als der Alte: „Jawohl, nach dem Relativitätsprinzip können wir beide recht haben". Der Richter antwortete: „Da hast du wieder recht". Die strenge Durchführung des Relativitätsprinzips ergab nämlich, daß sowohl derjenige, welcher behauptete, daß sie nicht beide recht haben können, als auch derjenige, welcher behauptete, daß sie beide recht haben können, recht hatte [...]. Was hätte nun hier der angeblich so weise Salomon getan, der vom Relativitätsprinzip noch keine Ahnung hatte? Er hätte in brutal-absoluter Weise einen Kriegsknecht rufen lassen und ihm befohlen: „Zerschneide diese Frau und gib jedem die Hälfte". Aber der Richter von Relativia war weiser als Salomon und traf eine vernünftigere Entscheidung. „Dir, Alter", sagte er, „gehört die Frau kraft des Geldes, das du für sie gegeben hast, bei Tage, sie soll für dich kochen und waschen. Dir, dem Jungen, aber gehört sie kraft deiner Jugend bei Nacht". So gehörte die Frau fortan relativ beiden. (S. 45f.)[15]

---

[15] Auch in der Boulevardpresse wurde die Unmöglichkeit einer „relativistischen Rechtsprechung" als „Argument" gegen Einsteins Theorien vorgebracht: „Übrigens könnte man [...] anmerken, daß die Relativitätstheorie bereits zur Zeit Harun al Raschids bekannt gewesen ist, denn dieser große Kalif gab einst, als ihn zwei Streitende um sein Urteil baten, beiden recht. Als ein Dritter ihn darauf aufmerksam machte, daß es doch eigentlich merkwürdig sei, wenn ein Richter bei einem Streit beiden Parteien recht geben könnte, erklärte er: ‚Du hast auch recht!'. Wahrscheinlich hat der wise [sic!] Beherrscher aller Gläubigen den beiden Streitenden relativ recht gegeben, während der Frager absolut recht bekommen hat."

Der Expansionsdrang der relativistisch-zionistischen Weltherrschaftsbewegung macht am Ende selbst vor dem Universum nicht Halt; der neue Staat expandiert immer weiter. Dann aber bricht Jowidors Reich unversehens zusammen. Nachdem man begonnen hatte, „auch den Mond zu relativieren, d.h. zu einer Kolonie zu machen" (S. 51), wird die Theorie ihres bloßen Scheincharakters überführt – und dies bezeichnenderweise durch den vielbeschworenen „gesunden Menschenverstand" des einfachen Mannes auf der Straße. Bei „einer der vielen Volksvorlesungen über die Relativitätstheorie, die durch Kinovorführungen leichter begreiflich gemacht wurden" (S. 55), behauptet ein Hörer, entgegen den Aussagen der Relativitätstheorie gebe es doch Gleichzeitigkeit. Zum maßlosen Schrecken der anderen Gäste vermag er seine These auch im Anschluß mit wenigen Worten zu belegen – anhand eines einfachen Beispiels aus dem täglichen Leben. Die „Behauptung, daß sich keine absolute Gleichzeitigkeit feststellen läßt", schließt er seinen Einwand, sei

> entweder ein Mangel an Nachdenken oder ein großer Bluff, und die Relativitätstheorie der Zeit nicht nur Unsinn, sondern auch eine überflüssige Spielerei. Die ganze Theorie fällt damit zusammen, sie ist ein Taschenspielerkunststück. (S. 56)

Im Vortragssaal droht Tumult. „Allgemeines Entsetzen ergriff die Versammlung"; nur mit Mühe kann der offizielle Redner für Ordnung sorgen. Er fragt den Kritiker nach dessen Legitimation; ob er sich überhaupt anmaßen könne, ein eigenes Urteil über den physikalischen Begriff der „Gleichzeitigkeit" abzugeben:

> „Was sind sie eigentlich von Beruf, Physiker, Mathematiker, Mediziner, Jurist?" Der Gefragte antwortete: „Gott sei Dank nichts von alledem, denn ich sage immer: ‚Je gelehrter, desto verkehrter', ich bin meines Zeichens ein Uhrmacher". (S. 56f.)

Der Vortragende möchte sich natürlich nichts von einem dahergelaufenen Handwerker sagen lassen:

> „Und Sie wollen über Zeit und Gleichzeitigkeit mitreden? Wissen Sie, was Sie wollen? Sie wollen nur Ihr Geschäft vergrößern und jedesmal statt einer Uhr zwei verkaufen. Einer weiteren Antwort bedarf daher Ihr Einwand nicht".

(Aros: Die verfilmte Relativität. Eindrücke eines ehemals klaren Laienverstandes. – In: Film-Echo. Beilage zur Sonderausgabe des „Berliner Lokal-Anzeigers" 8.5.1922, Nr. 18.)

Schallendes Gelächter folgte dieser witzigen Erwiderung, einige riefen: „Er will
für seine Uhren Reklame machen", andere: „Absolutiker, Syphilitiker", andere:
„Hakenkreuzler, raus mit ihm!" (S. 57 – Hervorhebung v. mir, C.K.)

Ganz offensichtlich fügte hier ein antisemitisch gesinnter Kritiker der Relativitätstheorie die geistigen Machtkämpfe seiner Zeit in die Fiktion eines Kurz-
romans. Allerdings erscheint es wenig wahrscheinlich, daß Ruckhaber dem
Nationalsozialismus, auf den er mit dem insultierenden Ausdruck „Hakenkreuzler" sogar explizit anspielte, zur Abfassungszeit des Romans persönlich
nahestand. Anzunehmen ist vielmehr, daß er in der Ablehnung der Republik
und der „Modeströmungen" der Zeit zwar einige wichtige Berührungspunkte
mit der nationalsozialistischen „Weltanschauung" hatte,[16] die „Bewegung" als
solche jedoch eher abfällig mit den Augen eines im Kaiserreich aufgewachse-
nen, aus dem Großbürgertum stammenden Intellektuellen betrachtete.[17] Nur so
ist zu erklären, warum der als „Hakenkreuzler" beschimpfte Uhrmacher zwar
einerseits als Ideal eines einfachen Menschen mit ungetrübtem Verstand, nüchtern und bodenständig, auftritt, andererseits aber auch als pöbelnder Prolet und
„Radaumacher", der von der relativistischen Mehrheit unsanft des Saales verwiesen wird:

Der Uhrmacher war zwar nicht faul mit Gegenkomplimenten wie „Bluffer,
Schwindler, Schieber, Idioten", erreichte damit aber nur um so schneller, daß er
an die frische Luft gesetzt wurde. (S. 57)

---

[16] In diesem Sinne wurde z.B. auch Einstein-Jowidors „republikanischer Standpunkt" (S. 50)
kritisiert.

[17] Ruckhaber, Jahrgang 1876, stammte aus einer in Breslau ansässigen Kaufmannsfamilie.
Nach einer kaufmännischen Lehre arbeitete er zunächst in Hamburg und Berlin, bevor er
die Jahre von 1898 bis 1909 größtenteils in Afrika verbrachte. Das Abitur holte er 1911
nach und studierte bis Kriegsausbruch Philosophie in Berlin. 1925 nahm er das Studium
wieder auf und promovierte 1927 mit der bereits erwähnten Arbeit über den Satz vom
Widerspruch.
In seiner Ablehnung der pöbelhaften Erscheinungsform des Nationalsozialismus erkennt
man in Ruckhaber wohl einen typischen Vertreter der alten – wilhelminischen – Machteliten; in dieser Hinsicht ist er vergleichbar mit anderen konservativen Intellektuellen. (Vgl.
etwa die Darstellung Ernst Jüngers bei Jan Ipema: Gottfried Benn und Ernst Jünger. Eine
Konfrontation. – In: Duitse Kroniek 43 (1993), S. 18-33, hier speziell: S. 21f.) Nach der
„Machtergreifung" schwenkte Ruckhaber dann jedoch auf Parteilinie ein, was seine Mit-
wirkung an dem 1940 publizierten Band *Persönlichkeiten der Gegenwart* von Lothar Wilfried Hellwig belegt, einer Biographiensammlung von „hervorragenden" NS-Vertretern aus
den verschiedensten Kulturbereichen. (Vorgestellt wurden u.a. Albert Speer, Philipp Lenard, Johannes Stark, Ernst Krieck und Hanns Johst.)

Eindeutig gestützt wird diese Interpretation von der Rahmenhandlung, die den neu eingeführten völkischen Diskurs noch einmal auf der Ebene der Götter reflektiert. Dem Streit zwischen der relativistischen Übermacht und dem ersten Nationalsozialisten war wiederum ein Vorspiel im Himmel vorausgegangen. Nachdem die irdische Weltherrschaft an Jowas Propheten gefallen war, hatte sich Logi, der germanische Vizegott, noch einmal zu Wort gemeldet:

> Jowa triumphierte, denn sein Prophet hatte mehr erreicht als er selbst erhofft hatte. Nicht nur das Abendland war erobert, sondern der ganze Erdball und der Mond dazu, Logi war glänzend überlistet.
>
> Logi aber lächelte zufrieden und dachte bei sich: „Endlich habe ich wieder einmal eine interessante Arbeit bekommen. Diese schöne Weltharmonie, die Jowas Prophet gezaubert hat, ist ja wurmstichig, *und es bedarf nur eines Winkes von mir, um die Geister auf die Bühne zu rufen, die das Kartenhaus wieder umblasen werden*". (S. 54 – Hervorhebung v. mir, C.K.)

Als erster dieser vom Germanengott gesandten Geister tritt nun der Uhrmacher auf. Nachdem ein Anfang gemacht ist, distanzieren sich in der Folge immer mehr Menschen von der Relativitätstheorie und konvertieren zu einem neuen Absolutismus: „Der Geist Logis schien sich eingenistet zu haben und die Absolutitis um sich zu greifen." (S. 58) Nur durch Erlaß von Notstandsgesetzen gelingt es den Relativisten, ihre Herrschaft noch einmal kurzfristig zu behaupten. Sie verabschieden ein Ausnahmegesetz,

> nach dem alle Personen, die sichtbare Symptome von Absolutitis aufwiesen, interniert und alle absolutistischen Schriften verboten wurden. Öffentliche Versammlungen und Zusammenrottungen auf der Straße wurden ebenfalls untersagt. (S. 58)

Auf diese Weise entledigt man sich der unerwünschten Revolutionäre also wieder; die von den Absolutisten angezettelten Straßenkämpfe – in *Hundert Autoren gegen Einstein* ist allen Ernstes vom „Terror der Einsteinianer"[18] die Rede – werden gewaltsam unterbunden. Der Uhrmacher und seine Gefolgsleute werden interniert bzw. deportiert. – Dann aber kollabiert der Weltstaat Relativia. Auslösendes Moment ist ein Streit, der sich unter den Relativisten an der Frage entzündet hat, wer zu Verjüngungszwecken eine der begehrten Mondreisen unternehmen darf und wer nicht.

---

[18] Israel, Ruckhaber, Weinmann: Hundert Autoren, S. 4.

Im Chaos der erneut aufbrechenden Straßenkämpfe spielt auch der inhaftierte Uhrmacher wieder eine entscheidende Rolle. Er ist es, der die Massen mobilisiert:

> Der allgemeine Kampf ums verlängerte Dasein hätte noch viele Jahre angedauert, wenn nicht eines Tages mitten in die Straßenkämpfe ein Mann auf eine Mauer geklettert wäre und den Kämpfenden ein donnerndes Halt zugerufen hätte. „Hört mich an", sagte er, „bevor ihr weiter rauft!" Und als alle erstaunt auf ihn hinsahen, fuhr er fort: „Wißt ihr, wer ich bin? Ich bin der Uhrmacher, den ihr eingesperrt habt, weil er euch alle für Narren erklärt hat. Es ist mir gelungen, aus dem Kerker auszubrechen, und so ist es mir denn vergönnt, euch zu erklären, daß ihr heute noch viel größere Narren seid als damals [...]." (S. 62)

Zumindest bis zu einem gewissen Grad läßt sich der aus der Haft zurückgekehrte Uhrmacher mit Hitler identifizieren, der nach seinem Münchner Putschversuch 1923 zu fünf Jahren Festungshaft verurteilt worden war, dann aber vorzeitig entlassen wurde und trotz eines gegen ihn verhängten Redeverbots unverzüglich wieder die politische Bühne betrat.[19]

Das Romanende trägt überraschend versöhnliche Züge. Jowidor, der vor dem wütenden Mob aus der Hauptstadt flüchten muß, wird unterwegs von Verus, seinem logisch denkenden und philosophisch geschulten Jugendfreund, zu einer alternativen absolutistischen Weltsicht bekehrt. Er schwört den alten Irrlehren ab, nimmt den Namen „Dr. Absolutus" an und publiziert wenig später eine „neue absolute Weltanschauung" (S. 74). Im Vorwort dieses Dementis heißt es:

> Wundere Dich nicht, lieber Leser [...], über den Gesinnungswandel. Er ist nur scheinbar. Alle Relativität ist selbst nur relativ und wird von einem Absoluten getragen. Daher habe ich ja selbst die absolute Konstanz der Lichtgeschwindigkeit vorausgesetzt, die Endlichkeit der Welt behauptet und sogar ihren absoluten Radius zu berechnen versucht [...]. (S. 74f.)

---

[19] Eine zweite Inspiration für die Figur des Uhrmachers ist aber auch im Schweizer Physiker Charles Edouard Guillaume zu erkennen, der eine gegen Temperaturschwankungen resistente Eisen-Nickel-Legierung entwickelt hatte, die bei der industriellen Uhrenherstellung praktische Anwendung fand. Guillaume war ausgewiesener Gegner der Relativitätstheorie und vertrat gegen Einstein eine Lehre der „universellen Zeit". Für seine Arbeit über Präzisionszeitmessungen in der Physik erhielt er 1920, ein Jahr vor Einstein, den Nobelpreis. (Zur Gegnerschaft von Guillaume und Einstein s. z.B. Fölsing: Albert Einstein. Eine Biographie, S. 531-533.)

Die Rahmenhandlung endet beim Gespräch der Götter im Himmel. Der Weltgeist ist zurückgekehrt und verlangt Rechenschaft über die fatalen Ereignisse während seiner Abwesenheit. Speziell fordert er Auskunft über die genauen Symptome der Relativitäts-Krankheit, der in der Zwischenzeit so viele Menschen zum Opfer gefallen sind. Logi beschreibt den Verlauf der Epidemie:

> Am raschesten sind ihr die Physiker erlegen, wie die Fliegen am Leim blieben die meisten an der neuen Theorie hängen. Auch manche Philosophen gingen ihr auf den Leim, aber die meisten von ihnen haben sich immun gezeigt. Da sie aber weder Geld noch Zeitungen haben, konnten sie die Ausbreitung der Krankheit nicht verhindern, man schwieg sie tot, und um so lauter gebärdeten sich die Redseligen, denen die Theorie deswegen gefiel, weil man über sie reden und schreiben kann, ohne daß es notwendig ist, daß man sie verstanden hat [...]. (S. 80)

Um eine „möglichst baldige Genesung des Erdhirns zu erreichen" (S. 80), konsultiert der Weltgeist zu guter Letzt den antiken Gott der Heilkunde Äskulap. Auch dieser stellt die Diagnose, daß die Relativitätstheorie zuvörderst die Kritikfähigkeit der Menschen befallen habe. Sein Therapievorschlag, die Philosophie müsse das allgemeine Denkvermögen zu alten Tugenden zurückführen, entspricht exakt Ruckhabers eigener Ansicht, wie man der „Relativitätskrisis" beizukommen habe:

> [...] niemandes Aussagen sind als völlig ernst zu nehmen, der die Wahrheit für relativ erklärt, ganz besonders wenn er noch auf dem pragmatistischen Standpunkte steht, wahr sei das, was ihm nütze. So tief, sehe ich leider, ist die Philosophie gesunken und hat damit den tiefsten „Standpunkt" erreicht, den sie überhaupt erreichen kann. [...] Diese Denkkrankheit artet notwendig zu einer schweren Alogitis aus, die schließlich die handgreiflichsten Widersprüche nicht mehr sieht oder wenigstens mißachtet. An dieser schweren Alogitis leidet heute das Erdhirn. (S. 82)

Zur Heilung verschreibt Äskulap dann „Logicin" (S. 83), die philosophische Rückbesinnung auf die platonisch-idealistische Tradition.

2.3.3 Philistertum und Sensationsgier. Brochs Filmskript *Das Unbekannte X*

> Das Interesse für die Relativitätstheorie ist
> [...] ein Produkt der Gegenwart, das Unver-
> ständnis ihr gegenüber eine Folge der Ver-
> gangenheit.[1]
> (Paul Szende 1921 in der *Neuen Rundschau*)

Ein ganz anderes Stück Literatur, das sich kritisch mit der Popularisierung der Relativitätstheorie und speziell mit den fatalen Reaktionen auf der Seite der Gegner auseinandersetzte, ist Hermann Brochs Filmskript *Das Unbekannte X.* Es handelt sich um eine 1935 von der amerikanischen *Paramount* in Auftrag gegebene, im Endeffekt jedoch nicht realisierte Drehbuchvorlage zu einem dokumentarischen Spielfilm, der Einsteins Erfolgsweg und die Durchsetzung der Relativitätstheorie zum Inhalt haben sollte. Die Wiener Niederlassung der *Paramount* war durch die *Unbekannte Größe* auf Broch aufmerksam geworden und hatte ihn um eine Abwandlung des Romans zu einem Filmskript gebeten. Der notwendige Zuschnitt des Stoffs auf die Erfolgsgeschichte der Relativitätstheorie führte dann aber dazu, daß Original und Überarbeitung am Ende nur noch wenig mehr gemein hatten als das Kerngerüst der Figurenkonstellation und die Namen der wichtigsten handelnden Personen.

Einstein, auf den die Rolle von Professor Weitprecht zugeschnitten werden mußte, tritt als Physiker an der Universität Wien und geistiger Vater einer nicht explizit genannten, in jedem Fall aber bahnbrechenden Theorie auf, an deren empirischer Überprüfung auch sein junger Assistent Richard Hieck arbeitet. Daß es sich bei den Laborexperimenten nicht mehr um Materiewellen-Interferenzversuche handelt, versteht sich von selbst; im *Unbekannten X* drehen sich Hiecks Elektronenexperimente um die Verifikation der relativistischen Massenzunahme bewegter Körper: „Wenn es mir gelingt, die Spaltung des

---

[1] Szende: Soziologische Gedanken zur Relativitätstheorie. – In: Neue Rundschau 32 (1921), S. 1086-1095, hier: S. 1094.

bewegten Elektrons in eine longitudinale und transversale Masse nachzuweisen, dann ist die Theorie praktisch erwiesen" (KW II, S. 148), erläutert Hieck auf Anfrage Kapperbrunns, der wie in der *Unbekannten Größe* als Privatdozent für Mathematik und erster Mitarbeiter Weitprechts auftritt.

Während Richard von Einstein-Weitprechts revolutionärer Theorie geradezu berauscht ist, meldet sich das wissenschaftliche Establishment fast ausschließlich kritisch zu Wort. Von den Astrophysikern hört man etwa, es gebe „schon genug Theorien", sie würden „sich auf keine neuen ein[lassen], weil sie ihre Ordnung haben möchten" (S. 150) – ein Vorurteil, das stark an die spießbürgerlichen Vorbehalte des Studienrats Zacharias in Brochs *Schuldlosen* erinnert. Im Anschluß an einen Vortrag, den Weitprecht vor der Wiener Akademie der Wissenschaften über die „Wandlung unserer Anschauungen über Raum und Zeit" (S. 153) hält, sind sich die Kollegen durchweg einig: „,Haben Sie verstanden?' ,Nicht ein Wort verstanden.' ,Ein ausgemachter Unsinn.' ,Eine Gefahr für die Wissenschaft.' ,Ein Hohn auf den gesunden Menschenverstand.'" (S. 154) Auch die Professoren-Gattinen nehmen Anstoß an der neuen Lehre. Ihr Urheber sei zu „unpatriotisch" (S. 155), mokieren sie sich, und seine Theorie von der Raum-Zeitkrümmung ein bloßes „Jonglieren mit Worten" – „Hat man so etwas gehört, gekrümmter Raum." (Ebd.)

Trotz oder gerade wegen dieser kritischen Töne dringt die Kunde von der epochal neuen Weltanschauung über Nacht bis zum gemeinen Volk vor. Selbst die „Marktweiber" (S. 184) beteiligen sich inbrünstig an der Diskussion. Maßgeblich an der Popularisierung beteiligt sind die Zeitungen; Broch plante, Überschriften wie diese in den Film einblenden zu lassen: „Hirngespinste der Gelehrsamkeit", „Bewegte Massen sollen schwerer als ruhende sein", „Sonderbare Umwälzungen auf dem Gebiet der Astronomie", „Gekrümmte Lichtstrahlen im gekrümmten Raum", „Das Licht hat Gewicht", „Gilt noch der gesunde Menschenverstand?" (S. 158). Je häufiger die Presse das Thema „Relativitätstheorie" aufgreift, desto heftiger wird die Kritik der Gegner. Weitprechts Arbeit wird als „Hohn auf den gesunden Menschenverstand" und „Sensationshascherei ... Spekulation auf die breite Masse der Halbgebildeten" abgetan; ein Anklang auf die im Sog der *Protokolle der Weisen von Zion* geführte Diskussion ist auch hier unüberhörbar. Aus der Phalanx der Philosophen kommt außerdem der auch bei Ruckhaber im Vordergrund stehende Vorwurf, „daß die Theorie Weitprechts nicht nur dem gesunden Menschenverstand widerspricht, sondern auch im Widerspruch mit allen anderen erkenntnistheoretischen und logischen Erwägungen steht." (S. 159) In studentischen Kreisen regt sich ebenfalls massiver Widerstand. Die deutschtümelnde Burschenschaft Walkyria bezichtigt Weitprecht, er habe „mit seinen unwürdigen Irrlehren die Universität verraten, die akademische Wahrheit geschändet und die Freiheit mit Füßen getreten" (S. 166).

Um gegen den wachsenden Widerstand und trotz unzureichender finanzieller Mittel eine geplante Sonnenfinsternis-Expedition zur Überprüfung der allgemeinen Relativitätstheorie durchführen zu können, gründet man eine „Weitprecht-Gesellschaft", die über „Straßensammlungen" und „Benefizvorstellungen in sämtlichen Theatern und Kinos" (S. 177) Geldmittel einwerben soll[2] – was den Protest der Gegenseite natürlich nur noch umso stärker anschwellen läßt. Das Finanzierungsproblem löst sich dann aber unverhofft, als Weitprecht eine großzügige Finanzspritze von der amerikanischen „Fellerock-Stiftung" (S. 188) zugesprochen bekommt.[3]

Nach einer ungestörten Ozeanüberfahrt, auf der Weitprecht zur Freude der anderen Passagiere seine Künste als passionierter Cellist aufblitzen läßt – der wirkliche Einstein unterhielt seine Mitreisenden bekanntlich auf der Violine (vgl. Abb. 18) –, erreicht man voller Erwartung den tropischen Zielort der Expedition. Die um zwei amerikanische Physiker erweiterte Weitprecht-Gruppe richtet sich vor Ort ein und beginnt mit dem Aufbau der Meßapparate. Broch läßt sich in diesem Zusammenhang nicht die Freiheit nehmen, über eine Schilderung der panischen Reaktion der ansässigen Ureinwohner die Kritiker der Relativitätstheorie im eigenen Kulturkreis der Lächerlichkeit anheimzugeben. Die von einem primitiven Aberglauben genährte Angst der Eingeborenen, die fremden Wissenschaftler könnten mit ihren Formeln und Meßinstrumenten „den Himmel verzaubern" (S. 208), entlädt sich in einem Mordanschlag auf Weitprecht und fällt direkt auf die nationalen Gegner Einsteins in Deutschland

---

[2] Zum realen Hintergrund dieser Episode vgl. Siegfried Grundmanns Anmerkungen zur sog. „Einstein-Spende"-Aktion von 1919 (Einsteins Akte, S. 121f.).

[3] Broch erweiterte hier die Thematik des anvisierten Films auf Einsteins mutmaßliche Verbindungen zum „internationalen Finanzjudentum". Hinter dem Namen „Fellerock-Stiftung" verbirgt sich natürlich nichts anderes als die 1913 gegründete *Rockefeller Foundation* des jüdisch-amerikanischen Großindustriellen John Davison Rockefeller, die sich von 1924/25 an sehr stark um die Förderung einzelner – mit Vorliebe auch gerade Wiener – Wissenschaftler verdient gemacht hatte.

zurück.[4] Entgegen aller widrigen Umstände verläuft die Mission zuletzt aber doch erfolgreich. Das Attentat schlägt fehl, und die Meßergebnisse der Sonnenfinsternis bestätigen die Voraussagen der Theorie; die internationale Forschergruppe kann gutgelaunt die Rückreise antreten. Mit dem dramatischen Höhepunkt erfährt auch die Kritiklinie des Filmskripts eine Wende. Richtete sich Brochs Fokus im Vorfeld der Sonnenfinsternis primär auf die von philiströsen Vorbehalten durchtränkte, de facto unwissenschaftliche Polemik der Einstein-Widersacher, so rückt im letzten Teil des Filmskripts das zwielichtige Agieren der Presse zunehmend in den Mittelpunkt der Darstellung. Für einen entschiedenen Befürworter der Relativitätstheorie zeigte sich Broch in diesem Zusammenhang ausgesprochen kritisch. Ein erster, lediglich *verhalten* optimistischer Funkspruch Weitprechts wird von sensationshungrigen Journalisten abgefangen, und postwendend erscheinen in Amerika Extraausgaben, die ausführlich vom *vollen* Erfolg der Reise und den gravierendsten Konsequenzen für das Weltbild berichten. Als das Lauffeuer von der glänzenden Bestätigung der Theorie an der Wiener Universität eintrifft, tut

---

[4]   Tatsächlich scheint es schon frühzeitig konkrete Morddrohungen gegen Einstein gegeben zu haben, die allerdings – anders als bei seinem Freund Walter Rathenau, der am 24. Juni 1922 erschossen wurde – niemals in die Realität umgesetzt werden konnten. Am 6. Juli 1922 sagte Einstein Max Planck für einen bereits zugesagten öffentlichen Auftritt wieder ab. Er habe erfahren, daß er „zu der Gruppe gehören [soll], gegen die von völkischer Seite Attentate geplant sind." (Zit. n. Seelig: Albert Einstein, S. 213.) Einen Tag vor dem Hitlerputsch, am 7. November 1923, mußte Einstein nach erneuten Drohungen fluchtartig Berlin verlassen (vgl. Fölsing: Albert Einstein, S. 619; Hermann: Einstein, S. 304f.) und hielt sich überhaupt nicht zuletzt seiner persönlichen Sicherheit wegen so oft im Ausland auf (vgl. Grundmann: Einsteins Akte, S. 175). 1933 wurde Einstein dann faktisch für vogelfrei erklärt. In dem von Johann von Leers herausgegebenen Machwerk *Juden sehen Dich an*, wo er als einziger Intimfeind des „Dritten Reichs" gleich mit drei Abbildungen bedacht wurde, war über Einstein zu lesen (S. 28): „Erfand eine stark bestrittene „Relativitätstheorie". Wurde von der Judenpresse und dem ahnungslosen deutschen Volke hoch gefeiert, dankte dies durch verlogene Greuelhetze gegen Adolf Hitler im Auslande. (Ungehängt.)" (Der ebenfalls in der Kategorie „Lügenjuden" aufgeführte Kulturphilosoph Theodor Lessing wurde am 31. August 1933 ermordet.) Ob die Hitlerregierung am Ende sogar eine Prämie auf Einsteins Kopf ausgesetzt hat, steht nicht eindeutig fest. (Zu diesem Punkt vgl. Klaus Bärwinkel: Die Austreibung von Physikern unter der deutschen Regierung vor dem Zweiten Weltkrieg. Ausmaß und Auswirkung. – In: Die Künste und die Wissenschaften im Exil 1933-1945. Hrsg. v. Edith Böhne u. Wolfgang Motzkau-Valeton, S. 569-599, hier: S. 570.)

man entsprechende Meldungen allerdings lapidar als „Zeitungsenten" (S. 224)
ab[5] – „aber dagegen ist man natürlich machtlos ..." (Ebd.)

Mit dieser Einschätzung liegen die eingeschworenen Weitprecht-Gegner
indes nicht ganz falsch. Noch während sich der über Nacht zu Weltruhm auf-
gestiegene Physiker auf der Überfahrt nach San Francisco befindet, erscheinen
in den Zeitungen wildeste Mutmaßungen über die Folgen seiner Theorie; der
Übergang von seriöser zu unseriöser Berichterstattung ist dabei fließend. Als
das Schiff in den Hafen einläuft, stürmt sofort ein sensationsgieriger „Schwarm
von Reportern" (S. 230) an Bord und bearbeitet den hilflosen Physiker mit
Fragen:[6]

> „Ist es richtig, Herr Professor, daß es keine Gleichzeitigkeit mehr gibt? die ame-
> rikanische Öffentlichkeit ist an dieser Frage besonders interessiert!" – „ Ist es
> richtig, Herr Professor, daß kraft Ihrer Theorie nunmehr eine exaktwissenschaft-
> liche Verbindung mit dem Geisterreich hergestellt ist?" (Ebd.)[7]

Daß Brochs Darstellung auch hier nicht überzogen ist, kann leicht anhand von
authentischen Beispielen aus der Unmenge pseudowissenschaftlicher Einstein-
Berichte der 20er Jahre belegt werden. So brachte das *Berliner Tageblatt* am
11. Dezember 1926 auf seinem ersten Beiblatt die Relativitätstheorie unter der

---

[5]   Auch wird der Vorwurf geäußert, im Zweifelsfall handle es sich bei den erzielten Meß-
     resultaten sicherlich um „offenkundige Sinnestäuschung" (ebd.).
[6]   Einstein selbst benannte das Problem in seinem Kurzessay „Die Interviewer" (Mein Welt-
     bild, S. 46f.). Er werde für alles, was er irgendwann einmal geäußert habe – und „sei es
     auch im Spaß, in übermütiger Laune oder im momentanen Ärger" gewesen –, „öffentlich
     zur Rechenschaft gezogen". Vor der Sensationsmacherei der Presse gebe es für ihn „kein
     Entrinnen". Dies deckt sich mit den Berichten über Einsteins USA-Reise von 1930. Deut-
     sche Zeitungen berichteten, wie amerikanische Journalisten den einreisenden Physiker noch
     auf dem Dampfer mit Fragen bestürmt hätten – im wesentlichen, um die „Zugkraft seines
     Namens für die Verlagsinteressen" (Ernst Untermann: Amerika feiert Einstein. – In: Sozia-
     listische Monatshefte 37 (1931), S. 556-560, hier: S. 560) auszunutzen: „Schon auf der
     Belgenland ging die Hetze los, ehe das Land erreicht war. Der Berichterstatter der New
     Yorker Evening Post beschrieb den Vorgang so: ,Einstein wurde von einem Deck der Bel-
     genland auf das andere gejagt, mit Fragen bombardiert, von einem halben Hundert Repor-
     tern verfolgt, von einer ähnlichen Zahl von Kameras geschnappt.' Er selbst sagte scher-
     zend: ,Diese Leute sind wie hungrige Wölfe. Jeder will ein Stück aus mir ausbeißen.'"
     (Ebd., S. 556.) Zur Jagd der Journalisten auf Einstein vgl. auch: Pariser: Einstein-Milieu. –
     In: Umschau 33 (1929), S. 194-195.
[7]   In Einsteins Reisetagebuch zur USA-Reise von 1930 heißt es, „Scharen von Reportern"
     seien „bei Long Island auf's Schiff" gekommen. „Dazu ein Heer von Photographen, die
     sich wie ausgehungerte Wölfe auf mich stürzten. Die Reporter stellten ausgesucht blöde
     Fragen" (zit. n. Hermann: Einstein, S. 365).

Überschrift „Gibt es eine vierte Dimension? Wo bleiben die Gespenster?"[8] unzweideutig mit Schwarzer Magie, Aberglaube und Okkultismus in Verbindung. Ähnlich wie Spiritisten die „Seelen der Toten, die Geister und Gespenster" in eine weitere Dimension jenseits der drei wahrnehmbaren verlegten, thematisiere nun auch die Physik eine verborgene vierte Dimension.[9] (Dieselben Bezüge hatte Thomas Mann übrigens drei Jahre zuvor in seinem Essay „Okkulte Erlebnisse" hergestellt[10] – auch dies nicht uninteressant im Hinblick auf die einschlägigen Passagen im *Zauberberg*.[11]) In Brochs *Unbekanntem X* reagiert der mit entsprechenden Insinuationen bestürmte unfreiwillige Starphysiker vollkommen überfordert:

> „Ja, meine Herren ... es ist ein wenig viel ... wie kommen die Herren auf das Geisterreich? ich möchte meinen ..." – Der betreffende Reporter: „Die vierte Dimension spielt doch, wie ich aus zuverlässiger Quelle erfuhr, bei Ihnen eine bedeutende Rolle ... oder sind Sie imstande, dies zu bestreiten?" – Weitprecht: „Allerdings ... wir haben gewiß eine vierte Dimension eingeführt, aber ..." – Der Reporter: „Kein Aber, Herr Professor ... bei dem starken Interesse, das in unserem Land der vierten Dimension entgegengebracht wird [...]." (KW II, S. 230)

---

8 Dieses und das folgende Zitat: Wolff: Gibt es eine vierte Dimension? Wo bleiben die Gespenster? Die Welt als Raum, Zeit und Stoff. – In: Berliner Tageblatt 11.12.1926, Nr. 584, 1. Beiblatt. Vgl. auch Friedrichs: Die falsche Relativität Einsteins, S. 31: „Hört man von ‚vierdimensional', so denkt man unwillkürlich an die vierdimensionalen Geister der Spiritisten. [...] Ihre Erschaffung hat viel Ähnlichkeit mit der Aufstellung der Relativitätstheorie [...]." Auch die „deutschen" Physiker kreideten Einstein an, er habe das falsche Gerücht von einem „gespenstischen Über-Raum" (Müller: Jüdischer Geist in der Physik. – In: ZgN 5 (1939), S. 162-175, hier: S. 162) in die Welt gesetzt.

9 Die „theoretischen Deduktionen der Forschung" wurden dann entsprechend auch im selben Atemzug mit den „vagen Spekulationen der Okkultisten" abgetan. Als Grund für das Urteil, es könne „*nur* drei Dimensionen" geben, wird angeführt, daß es „für jedes menschliche Gehirn" effektiv unmöglich sei, „sich Gebilde von mehr als drei Dimensionen vorzustellen" (Wolff: Vierte Dimension?). Einstein waren solche Assoziationen, die zuerst 1911 von Moszkowski ausgesprochen worden waren (vgl. Das Relativitätsproblem. – In: Archiv f. syst. Philos. 17 (1911), S. 255-281, hier: S. 256 – Moszkowski bezeichnete „Vierdimensionalität" als „okkulte Vorstellung"), zur Genüge bekannt. Er ging in seinen auflagenstarken gemeinverständlichen Schriften sogar scherzhaft auf sie ein: Ein „mystischer Schauer" ergreife jeden „Nichtmathematiker, wenn er von ‚vierdimensional' hört, ein Gefühl, das dem vom Theatergespenst erzeugten nicht unähnlich ist." (Über die spezielle und die allgemeine Relativitätstheorie, S. 37.)

10 Vgl. Essays, II, S. 182f.

11 Dort heißt es über den herbeigerufenen „spirit Holger", er besitze ein „Zeitelement" *sui generis*; „mit irdischen Worten und Meßgenauigkeiten mochte er [...] zu operieren verlernt haben" (GW III, S. 920).

Auch die Klarstellungsversuche der anderen Wissenschaftler verhallen ungehört. Am nächsten Tag erscheinen die Überschriften „Sonnenfinsternis beweist
vierte Dimension" und „Professor Weitprecht tötet Kannibalen" (S. 232) als
Aufmacher. Das physikalische Genie, ein schüchterner, friedliebender Mensch,
wie Broch es darstellt, wird von den Medien schamlos ausgenutzt. In wissenschaftlicher Hinsicht schaffendes Subjekt, agiert es im direkten Umgang mit
Menschen unbeholfen und ist nur Spielball und Sensationsobjekt der Öffentlichkeit.

Hier zeigen sich auch die Grenzen der Kritikleistung des Filmskripts. So
treffend es die Quelle der Vorbehalte zahlreicher Einstein-Gegner und vor allem die ambivalente Rolle der Presse beleuchtet – das zugrundeliegende Einstein-Bild ist einseitig und sentimental. Broch reduzierte eine komplexe Persönlichkeit, die sehr wohl gezielt und aktiv auch auf *politische* Entwicklungen
Einfluß zu nehmen versuchte – und dabei längst nicht über jeden Zweifel erhaben agierte[12] –, auf einen gutmütigen, humanitätsstiftenden Ausnahmewissen-
schaftler mit dem gewissen – sympathischen – Hang zur Weltfremdheit, die
einem physikalischen Genie offenbar zu eigen sein *muß* – wovon auch das heutige Einstein-Bild noch kündet.[13]

Nach einem „Triumphzug" (S. 232), der ihn quer durch ganz Amerika
führt, ergreift Weitprecht am Ende der Drehbuchvorlage beim New Yorker
Festbankett der Fellerock-Stiftung noch einmal das Wort, um ein Loblied auf
die durch wissenschaftlichen Fortschritt „stetig zunehmende Humanität"

---

[12] Vgl. etwa seine adversative Haltung in der Frage der Mitgliedschaft in der *Internationalen*
Kommission für geistige Zusammenarbeit. Daß er überhaupt positiv eingestellt war hinsichtlich einer vom Völkerbund ins Leben gerufenen, eindeutig von französischen Intellektuellen dominierten Organisation, war seinen nationalen Gegnern in Deutschland natürlich
der beste Beweis einer Illoyalität gegenüber dem deutschen Staat. Die Wankelmütigkeit in
der Frage der Mitarbeit – Einstein trat zwischen 1922 und 1927 mehrfach ein und wieder
aus (vgl. Grundmann: Einsteins Akte, S. 280-289) – wurde in Deutschland weitenteils als
Bestätigung für eine generelle charakterliche – „jüdische" – Perfidie aufgenommen. Auf
seine unüberlegte „Antwort" an Gehrcke und Lenard im *Berliner Tageblatt* war bereits hingewiesen worden. Weitere Inkonsequenzen in Einsteins politischem Handeln sind zusammengetragen bei Fölsing: Albert Einstein, S. 446-467.

[13] Da sich Broch anderenorts überaus kritisch mit der modernen Physik und ihren Schöpfern
auseinandersetzte – etwa, wie bereits gesehen, im Essay „Bemerkungen zum Projekt einer
‚International University'" –, ist die Arglosigkeit der Einstein-Darstellung im *Unbekannten*
X wohl weitgehend auf die spezifischen Erfordernisse der Auftragsarbeit für die *Para-*
mount-Gesellschaft zurückzuführen.

(S. 236) anzustimmen. Seine paränetischen Ausführungen entspringen jedoch einem kurzsichtigen Wunschdenken, das durch den realen Verlauf der Geschichte – gerade auch im Hinblick auf den historischen Einstein und seine Arbeiten – in eklatanter Weise widerlegt wurde:

> Die Erkenntnis dient [...] der Liebe, und wenn sie auch zu hassen vermag, so ist es nicht Haß, sondern gerechter Abscheu und Zorn gegen alles, was sich der Humanität und der Freiheit entgegenstellt. [...] *jeder Erkenntnisschritt, der die Natur erschließt, sei er ein mathematischer oder sonst einer, und sei er noch so klein, zielt in diese ersehnte Sphäre des Humanen.* Nicht zu viel, nein zu wenig Erkenntnis ist noch in der Welt, nicht zu viel Wissenschaft, sondern noch viel zu wenig [...]. (S. 236f. – Hervorhebung v. mir, C.K.)

2.3.4 Von Kopernikus zu – Brechts – *Galilei*

> Die Astronomie, eine große Wissenschaft,
> hat uns gelehrt, die Erde als ein im Riesen-
> getümmel des Kosmos höchst unbedeuten-
> des, selbst noch in ihrer eigenen Milchstraße
> ganz peripher sich umtreibendes Winkel-
> sternchen zu betrachten.[1]

(Thomas Mann)

In Brochs Filmskript suchen die Einstein-Gegner unter den Wiener Professoren auch die Unterstützung der Kirche bei ihrer Kampagne gegen die Relativitäts-theorie. Eine Abordnung wird beim Erzbischof vorstellig, um auf die gefährli-che religiöse Verunsicherung aufmerksam zu machen, die von der neuen Lehre ausgehe. Es handle sich um Theorien, die

> eine gewaltige Beunruhigung in Laienkreise tragen, so daß eine entsprechende
> Gegenwirkung der Kirche sicherlich am Platze und ebensowohl im Interesse der
> gefährdeten Wissenschaft als der Religion äußerst begrüßenswert wäre. (KW II,
> S. 161)

Der Erzbischof verspricht „ernsteste Erwägung" (ebd.) der geäußerten Beden-ken, stellt jedoch eine eher abwartende Haltung der Kirche in Aussicht, und die Professoren ziehen unverrichteter Dinge wieder ab.

Wenige Szenen vor dieser Begegnung im fürsterzbischöflichen Palais war die Haltung der Kirche in Sachen Relativitätstheorie schon einmal zur Sprache gekommen. Auf Hiecks begeistertes Diktum, Weitprecht sei das „größte Genie seit Kepler und Galilei" (S. 156), hatte Kapperbrunn skeptisch gekontert: „Das größte physikalische Genie ... wird schon stimmen, aber eine gefährliche Ver-anlagung."

Hieck: „Warum?"

---

[1] Mann: Lob der Vergänglichkeit. – In: Ders.: Gesammelte Werke, X, S. 383-385, hier:
    S. 385.

Kapperbrunn, sich am Kopfe kratzend: „Hm, eine bedenkliche Nähe zum Scheiterhaufen ... Sie werden doch nicht meinen, daß ein paar hundert Jahre die Menschen wesentlich geändert hätten ...“

Ilse [...]: „Aber Herr Doktor, wir sind doch nicht mehr im Mittelalter.“

Kapperbrunn: „Gewiß nicht, wir sind im Untermittelalter.“ (Ebd.)

15 Jahre, bevor Broch diesen Dialog entwarf, konnte man in einer populärwissenschaftlichen Abhandlung über die Relativitätstheorie bereits eine ähnliche
Stellungnahme zum Verhältnis von Kirche und moderner Physik finden. Die
sich in konservativen Kreisen immer weiter ausbreitende Abwehrhaltung gegenüber Einstein und seiner Lehre wurde mit der Negativrezeption der kopernikanischen Wende in der frühen Neuzeit verglichen. „Daß der Schemel der
Füße Gottes, der Schauplatz der Taten des Welterlösers, nicht mehr sein sollte
als Venus oder Mars, das verletzte die Zeitgenossen Luthers in ihren tiefsten
Tiefen.“[2] Einstein, der sich nun anschicke, das Weltsystem abermals zu revolu-
tionieren, befinde sich *prima facie* in derselben Lage wie einst die Verfechter
des heliozentrischen Weltbildes. Daß die Relativitätstheorie „keinen Bruno auf
den Scheiterhaufen, keinen Galilei vor oder gar in die Folterkammer führen“
werde, liege allein daran, daß sich die Zeiten geändert hätten und das Gros der
Menschen säkularisierter sei und aufgeklärter reagiere als noch vor wenigen
Jahrhunderten.

Auch in der Tagespresse wurde Einstein immer wieder mit den großen
historischen Vorbildern aus der Pionierzeit der Physik verglichen. 1919 wähnte
sich Erwin Freundlich[3] angesichts der Relativitätstheorie an einem „Wendepunkt in der Geschichte der Naturwissenschaften, nur zu vergleichen mit Epochen, welche mit den Namen Ptolemäus, Kopernikus, Kepler und Newton verknüpft werden.“[4] Besonders der Vergleich mit Kopernikus[5] lag nahe: „Er ent-

---

[2] Dieses und das folgende Zitat: Kirchberger: Was kann man ohne Mathematik von der Relativitätstheorie verstehen?, S. 85.

[3] Freundlich war Leiter verschiedener Sonnenfinsternis-Expeditionen zur Prüfung der Relativitätstheorie und Schöpfer des großen Teleskops im Potsdamer Einstein-Turm, dem er auch
als Observator vorstand. (Zu Freundlich s. Hentschel: Der Einstein-Turm.)

[4] Dieses und die folgenden Zitate: Freundlich: Albert Einstein. Zum Siege seiner Relativitätstheorie. – In: Vossische Zeitung 30.11.1919, Nr. 610, 2. Beilage.

[5] Erstmals war Einstein 1909 – von Max Planck – mit Kopernikus verglichen worden. (Vgl.
Armin Hermann: Der Papst der Physik verläßt die alte Welt. Einsteins Emigration. – In:
Der Exodus aus Nazideutschland und seine Folgen. Jüdische Wissenschaftler im Exil. Hrsg.
v. Marianne Hassler u. Jürgen Wertheimer, S. 19-31, hier: S. 24.)

thronte die Erde und erhob die Sonne zum Mittelpunkt der Welt. Diese Tat
stellt den wohl entscheidendsten Fortschritt in der Gestaltung unseres Weltbildes dar", eine später in dieser Form nicht mehr erreichte Leistung. Erst in aller-
jüngster Vergangenheit sei wieder Vergleichbares geschehen. Endlich stünde
die Menschheit erneut „am Beginn einer ganz neuen Epoche der Naturbeschreibung [...], geknüpft an den Namen *Einstein* [...]".

In nichts nach stand Freundlichs inhaltlich zutreffendem, in der Art der
Darstellung jedoch überzogenem Aufsatz in der *Vossischen Zeitung* ein Leitartikel der *Kölnischen Zeitung*, ebenfalls von 1919. Auch hier wurde eine physikalische „Entdeckung von weltumwälzender Bedeutung"[6] angepriesen: „Einstein stürzt den bisherigen physikalischen Zeitbegriff um." Um die Ungeheuerlichkeit der neuen Theorie begreifen zu können, müsse man sich – so lautete
wiederum der Rat – bis „in die Zeit des Kopernikus zurück[versetzen]", als
„die Menschheit einem neuen *Raum*begriff ebenso verständnislos gegenüber[stand]":

> *Wie Kopernikus die Erde aus der beherrschenden Stellung im Raum in die Rolle*
> *eines armseligen Planeten, gleich Millionen anderer Planeten, verdrängt hat,*
> *so verdrängt Einstein sie aus ihrer beherrschenden Stellung in bezug auf die*
> *Zeit.*

Sogar in Blättern, denen wissenschaftliche Berichterstattung normalerweise
völlig fremd war, wurde der Kopernikus-Vergleich gebracht. 1920 erschien im
Allgemeinen Wegweiser für jede Familie unter dem Titel „Eine neue Weltanschauung" ein doppelseitiger Artikel, der „eine Angelegenheit streifen" sollte,

> die schon seit einiger Zeit die gebildete Welt stark erregt. Die Angelegenheit
> liegt auf dem Gebiet der Wissenschaft, der allerstrengsten Wissenschaft, jener,
> die ganz und gar Denktätigkeit ist und scheinbar mit dem praktischen Leben gar
> keine Berührung hat. Wenn nun an dieser Stelle für solche rein abstrakte [sic!]
> Dinge sonst kein Raum ist, so sei eine Ausnahme deshalb gestattet, weil über
> die Frage [...] nicht nur sehr viel gesprochen, sondern weil ihr ein Gewicht bei-
> gelegt wird, das in seinen Folgerungen zu ganz neuen [...] Anschauungen führen
> muß.
> [...] Es ist ein Produkt der Mathematik, und in der Art, wie es sich dem Laien
> präsentiert, erscheint es zunächst nicht allein recht unverständlich, sondern der-

dermaßen dem praktischen, täglichen Leben abgewandt, daß man Arbeit und Resultate für ganz und gar zwecklos halten möchte. Anders freilich denkt darüber die wissenschaftliche Welt, die den neuen Gedanken als eine der größten wissenschaftlichen Taten bezeichnet, die so gewaltig in die Zukunft hineinragt, daß man der Ueberzeugung ist, daß nach einem Jahrhundert die Anschauungen über viele naturwissenschaftliche und astronomische Erscheinungen ganz anders sein werden, als sie jetzt sind.[7]

Das allgemeine *on dit* mache eine eingehende In-Kenntnis-Setzung der *Wegweiser*-Leserschaft notwendig, und so wurde dann auch *in extenso* dargelegt, warum Raum und Zeit fortan in einem vierdimensionalen Raum-Zeitkontinuum zusammenzufassen seien. Längenkontraktion und Zeitdilatation wurden anhand der üblichen Kometen-Beispiele veranschaulicht, ausschmückende Adjektive wie „befremdlich" und „unverständlich" halten den Spannungsbogen aufrecht, wiederholt folgen Kommentare wie „Das ist etwas, wogegen sich unser bisheriges Denken durchaus sträubt – es geht sozusagen nicht in den Kopf hinein." Selbst der Begriff „Wirklichkeit" wurde vor den Augen der hilflosen Leserschaft dekonstruiert: „Auch der Begriff des Wirklichen verliert seine absolute Bedeutung."[8]

---

[6] Dieses und die folgenden Zitate: Anon.: Das Relativitätsprinzip. I. – In: Kölnische Zeitung, 7.12.1919, Nr. 1111, S. 1.

[7] Dieses und das folgende Zitat: Anon.: Eine neue Weltanschauung! Einstein's Relativitätstheorie. – In: Allgemeiner Wegweiser für jede Familie 12 (1920), S. 189-190, hier: S. 189.

[8] Ebd., S. 190. Ähnlich wie der Kopernikus-Diskurs stellte die Dekonstruktion der „Wirklichkeit" ein besonders häufig aufgegriffenes Thema dar. 1922/23 konnte man über den „Erzformalist[en]" Einstein (Krannhals: Die Relativitätstheorie als Abenteuerroman. – In: Rheinisch-Westfälische Zeitung 15.7.1922, Nr. 580, S. 1) lesen, er relativiere „nicht nur Zeit und Raum, er *relativiert auch Zustände und Vorgänge an körperlichen Dingen und damit die Wirklichkeit schlechthin*. Dagegen lehnt sich der gesunde Menschenverstand mit Recht auf: Eine *„relative Wirklichkeit"* [...] hat [...] höchstens im Spiritismus ihren Platz." (Vogtherr: Wohin führt die Relativitätstheorie?, S. 32.) Von Entrüstung geprägt war auch die folgende Beschreibung eines Auftritts des Physikers: „Dann aber sprach Einstein wirklich. Und er sprach zum physikalischen Raum- und Aether-Problem; sprach mit solcher Gelassenheit von der Bodenlosigkeit des Universums, daß man meinte, die ganze Welt wäre nur ein absolut seichtes Gewässer der Relativität. [...] Mit gleicher Gelassenheit sagte er, die ganze Wirklichkeit sei nicht vorhanden. Und endet mit einer Apotheose des Nichts!" (Lewien: Hundert Autoren und Einer gegen Einstein. – In: Allg. Rundschau 29 (1932), S. 156-159, hier: S. 157.) Der neue Diskurs diente der völkischen Kritik an der modernen Physik in der Folgezeit als wichtiger Profilierungspunkt. „Das Verhängnis der formalistischen, analytischen Physik beginnt mit der Denaturierung der Natur, mit der Entwirklichung der Wirklichkeit", mokierte sich beispielsweise Ernst Krieck (Natur und Naturwissenschaft, S. 60). Die moderne

Dann kam der Artikel auf die *allgemeine* Relativitätstheorie zu sprechen, wo die Sache „noch verwickelter"[9] sei: Wie die Erde keine exakte Kugelgestalt habe, „sondern aus Berg und Tal, aus vielfachen Krümmungen besteht, so hat auch der Weltraum Krümmungen, denen sich die Weltkörper anpassen und in denen sie sich krummlinig beschleunigt bewegen." Es folgten eine Erklärung für die Merkur-Perihelverschiebung sowie eine Deutung der Lichtablenkung in starken Gravitationsfeldern, bevor zu guter Letzt – einmal mehr – der obligatorische Kopernikus-Vergleich eingespielt wurde:

> Wie die Arbeiten von Kopernikus der Menschheit eine ganz neue Anschauung über unser Sonnensystem gebracht haben [...] – wie Kopernikus durch sein kühnes Denken die Anschauungen von Jahrtausenden über den Haufen warf, so stürzt auch das Relativitätsprinzip viele Meinungen, Arbeitsmethoden und Anschauungen um, die bisher scheinbar unerschütterliche Geltung hatten.

Als krönendes Beispiel für die landläufige Identifikation Einsteins mit Kopernikus sei der bereits in anderem Zusammenhang erwähnte Dombrowski-Artikel noch einmal angeführt: „Wir stehen an einem Wendepunkt der Geschichte des Menschengeistes"[10], hieß es dort. Die Konsequenzen aus Einsteins Theorie seien einfach

> revolutionär. Man hat das Gefühl, den Boden unter den Füßen zu verlieren. Kopernikus hat die ruhende Erde zu einem kreisenden Trabanten gemacht und den kreisenden Himmel ruhen lassen. *Er war als Forscher ein Waisenknabe gegen Einstein, der Raum und Zeit ins Wanken bringt. Kopernikus stürzte die absolute Ruhe der Erde, Einstein aber stürzt den Absolutismus überhaupt. Nichts ist*

Physik habe zur „Zerstörung und Negierung der Naturwirklichkeit" geführt. Ihr Versuch, jene „durch den formal-mathematischen Relativismus" (ebd., S. 74) zu ersetzen, sei der Gipfel intellektueller Dekadenz.
Wie sich die Einstein zugeschriebene Abschaffung der Wirklichkeit speziell in Form eines allgemeinen *antisemitischen* Vorurteils verselbständigen konnte, zeigt sich in Lenards *Deutscher Physik* (I, S. X): „Dem Juden fehlt auffallend das Verständnis für *Wahrheit*, für mehr als nur scheinbare *Übereinstimmung mit der von Menschen-Denken unabhängig ablaufenden Wirklichkeit* [...]. Dem Juden scheint wunderlicherweise Wahrheit, Wirklichkeit überhaupt nichts Besonderes, von Unwahrem Verschiedenes zu sein, sondern gleich irgendeiner der vielen verschiedenen, jeweils vorhandenen Denkmöglichkeiten."

[9] Dieses und die folgenden Zitate: Anon.: Neue Weltanschauung!, S. 190.
[10] Fischart: Albert Einstein. – In: Europäische Staats- und Wirtschaftszeitung 5 (1920), S. 529-535, hier: S. 535.

„wirklich", für jeden Beobachter ist das Weltbild ein anderes, aber jeder hat recht.[11]

Die Beispiele ließen sich beliebig vermehren. Insofern muß der zeitgenössischen Kritik an der modernen Physik zumindest in dem Punkt recht geben werden, daß vielen Berichterstattern tatsächlich weniger an der Verbreitung neuer physikalischer Erkenntnisse gelegen war als an der Inszenierung eines allgemeinen „Relativitätstrubels"[12].

Interessant ist nun, daß sich der Einstein-Kopernikus-Diskurs mit den Jahren immer mehr zu einem Einstein-Galilei-Diskurs wandelte. Zweifellos spiegelt sich darin eine entscheidende Wahrnehmungsverschiebung wider: weg vom *Inhalt*, hin zur *Brisanz* des neuen Weltbildes. Spätestens gegen Ende der 20er Jahre war das physikalische Problem so stark emotional angeheizt und politisiert worden, daß es längst um Gesinnungsfragen ging, wann immer die Rede auf Einstein kam.[13] Die Antworten schieden Rechte und Linke, Konservative und Liberale, Antisemiten und Juden fein säuberlich in Lager, ja konstituierten diese z.T. überhaupt erst.[14]

---

[11] Ebd., S. 533 – Hervorhebung v. mir, C.K.

[12] Kühn: Grabgesang für den „neuen Kopernikus"? – In: Rheinisch-Westfälische Zeitung 25.1.1924, Nr. 69, S. 2.

[13] Armin Hermann formuliert in diesem Sinne treffend, daß die Relativitätstheorie „politisch anstößig" gewesen sei. (Der Papst der Physik verläßt die alte Welt. Einsteins Emigration. – In: Der Exodus aus Nazideutschland und seine Folgen, S. 19-31, hier: S. 19.)

[14] Der Begriff „Juden" ist an dieser Stelle natürlich nicht ethnologisch gefaßt, sondern es wird auf die identitätsstiftende Wirkung der Relativitätstheorie für einen erheblichen Teil des Judentums angespielt. Die folgende Bemerkung eines – ethnischen – Juden zu den „Hauptirrtümern der modernen jüdischen Wissenschaftler" belegt exemplarisch, was gemeint ist. Die Ausführungen handeln von einer bestimmten, an der Physik orientierten Art wissenschaftlicher Arbeit: „Für diese materialistische Wissenschaft, die zwar – man kann es nicht oft genug wiederholen – nicht ausschließlich jüdisch ist, zu der sich aber die überwältigende Mehrzahl intellektueller Juden von heute bekennt, so alle Liberalen und Sozialisten, gilt nur das Beweisbare, während das Erlebte und nur Erlebbare, kurz das spontan Lebendige, jeden Augenblick Neues Ermöglichende, mehr oder weniger verdrängt, d.h. nicht da ist." (Schmitz: Wünschenswerte und nicht wünschenswerte Juden. – In: Der Jude. Sonderheft Antisemitismus und jüdisches Volkstum 1925, S. 17-33, hier: S. 21.) Solche Gedanken enthielten i.d.R. nur Äußerungen von völkisch gesinnten Kommentatoren. (Die Tatsache, daß die deutschen Juden in den 20er Jahren keine auch nur annähernd in ihren Einstellungen und Interessen homogene Bevölkerungsgruppe darstellten, wurde in allgemeiner Form von Hans Johst erörtert (vgl. Juden in der Kultur der Weimarer Republik. – In: Juden in der Weimarer Republik. Hrsg. v. Walter Grab u. Julius Schoeps, S. 9-37). Auf eine Verquickung von politischen Ansichten und persönlichen Einstellungen speziell zum

1927 erschien in der kulturgeschichtlichen Reihe *Menschen Völker Zeiten*
des Berliner Francke-Verlags ein Buch des bekannten Wissenschaftspublizisten Rudolf Lämmel.[15] Der Titel des Werkes, *Galileo Galilei im Licht des
zwanzigsten Jahrhunderts*, deutete bereits an, worum es ging. Thema war ein
erneuter Vergleich der zeitgenössischen Diskussionen um die moderne Physik
mit dem historischen Präzedensfall, der Anfeindung des heliozentrischen
Weltbildes, nur stand jetzt der von der Inquisition verfolgte Galilei im Mittelpunkt und nicht mehr der eigentliche Urheber der Theorie, Kopernikus. Das
„Galilei-Problem", schrieb Lämmel, sei „immer noch höchst aktuell, es ist der
ewige Kampf gegen die menschliche Dummheit"[16]. In eklatanter Weise wie-
derhole sich im Zuge der Einstein-Kontroverse Geschichte. Man könne „einzelne Äußerungen von Gegnern der Relativitätstheorie finden, die wörtlich
übereinstimmen mit den Redewendungen, die einst die Gegner Galileis gebraucht haben."[17] – Lämmels Kritik richtete sich dabei weniger gegen die Kirche, als gegen das Bildungsbürgertum und speziell gegen die Kant-Gläubigkeit
der deutschen Philosophie. Selbst aus anerkanntermaßen liberalen Zeitungen
sei die Relativitätstheorie „verbannt" worden,

> weil sie wider Kant erscheint. [...] Man lese eben Kant nach ... ! – Ganz so wie
> zu Galileis Zeiten die Frage nach dem richtigen Weltsystem nicht durch die Na-
> turwissenschaftler entschieden werden durfte, sondern durch die Theologen er-
> ledigt wurde.[18]

Leider beschränke sich das Problem jedoch nicht auf die Philosophie. Längst
sei der Streit in die Öffentlichkeit getragen worden und habe politische Züge
angenommen. Man empfinde Einsteins Theorie als „unmoralisch" und „staats-
feindlich", ja als „für den Bestand der Gesellschaft gefährlich". Dennoch blieb
Lämmel optimistisch. Die Wahrheit werde es dieses Mal einfacher haben als
ausgangs des Mittelalters. Der allgemeine „Fortschritt von Galilei bis zu unse-

---

Problem des Kausalgesetzes in der *Quantenmechanik* ging Paul Forman ein. (Weimarer
Kultur, Kausalität und Quantentheorie 1918-1927. – In: Quantenmechanik und Weimarer
Republik. Hrsg. v. Karl von Meyenn, S. 60-179, speziell: S. 177f.) Allerdings bezog sich
Forman nicht auf die Allgemeinheit, sondern auf die an der Ausformulierung der Quanten-
theorie selbst beteiligten Physiker.)

[15]   Lämmels erfolgreichstes Werk, die *Wege zur Relativitätstheorie* (1921), erlebte 1922 bereits die 26. Auflage.

[16]   Galileo Galilei im Licht des zwanzigsten Jahrhunderts, S. 17.

[17]   Ebd., S. 15f.

[18]   Dieses und die folgenden Zitate: ebd., S. 16.

rer Zeit" sei Garant dafür, daß Einstein nicht „zum Abschwören gezwungen"[19] werden könne:

> Kein Zweifel, daß die scharf intoleranten Kräfte des unintelligenten Menschentums, durch viele naturwissenschaftliche und philosophische „Denker" vertreten, auch heute noch herrschen. Aber es liegt doch zwischen Galilei und unserer Zeit das Jahrhundert der Aufklärung, die französische Revolution und der russische Umsturz. Das sind positive Fortschritte, die den Dunkelmännern der Gegenwart den Kampf erschweren.

Lämmels Abschlußurteil fiel also positiv aus. Eine die Forschung in ihrer Existenz bedrohende staatliche Unterdrückung könne es nicht mehr geben, eine dauerhafte Ablehnung wissenschaftlich fundierter Tatsachen sei im 20. Jahrhundert unmöglich. Galilei, hieß es am Ende, habe „nicht umsonst gelebt: Die Menschheit lernt doch etwas aus ihrer Geschichte."

Ihre markanteste Formulierung fand die nunmehr ins Politische verlagerte Thematik in Bertolt Brechts Historiendrama *Leben des Galilei* – auch wenn der Brecht-Forschung der unmittelbare Einstein-Bezug des Stücks weitgehend entgangen zu sein scheint. Mitschuldig daran war der Autor selbst, der das spätestens 1932/33 anvisierte Drama im Winter 1938/39 aus tagesaktuellen Gründen spontan in die Nähe zu der gerade von Otto Hahn entdeckten Uranspaltung gerückt hatte.[20]

Die veränderte Kritikführung in den drei vorliegenden Fassungen des *Galilei* ist oft nachgezeichnet worden. Während sich Brechts Augenmerk in der dänischen Fassung von 1938/39 vor allem auf die oppressive Haltung der Kirche gegenüber dem von Galilei propagierten kopernikanischen Weltbild richtete, wurde in den späteren Fassungen die Frage nach der Verantwortung des Wissenschaftlers immer wichtiger.[21] Der Grund für die Umdeutung des The-

---

[19] Dieses und die folgenden Zitate: ebd., S. 284.
[20] Wichtige Belege dafür, daß Brecht das Stück „*nicht*, wie immer wieder angenommen wird, unter dem Eindruck der gelungenen Kernspaltung niedergeschrieben hat", erbrachte z.B. Wolfgang Hallet bei einer Analyse der nachträglichen Eingriffe in den Textkorpus (vgl. Hallet: Bertolt Brecht. Leben des Galilei, S. 14-19, hier: S. 17).
[21] Die Standardinterpretation lautet, daß Galilei in der ersten Fassung als „Widerstandskämpfer gegen die durch die katholische Kirche vertretene Obrigkeit der Zeit" (Knopf: Bertolt Brecht: Leben des Galilei, S. 9) auftritt und als Figur positiver konnotiert ist als in der zweiten und dritten Fassung, wo „die Verantwortung, oder besser gesagt, die Verantwortungslosigkeit der Wissenschaft und ihrer Vertreter" (ebd., S. 17) zum zentralen Thema erhoben wurde.

menstoffs ist vor allem in der allgemeinen Schockreaktion auf den Abwurf der Atombombe zu erkennen; Brecht selbst gab an, daß das Drama nach Hiroschima ein anderes werden *mußte*:

> Von heute auf morgen las sich die Biographie des Begründers der neuen Physik anders. Der infernalische Effekt der Großen Bombe stellte den Konflikt des Galilei mit der Obrigkeit seiner Zeit in ein neues, schärferes Licht." (S. 209)[22]

Um Einsteins Bedeutung ermessen zu können, solle man sich die Zeit von Kopernikus und Galilei zurückversetzen, hatten die deutschen Gazetten nach dem Ersten Weltkrieg ausgerufen. Damals – hieß es in einem der bereits zitieren Artikel – sei die Erde als unendlich ausgedehnte Ebene vorgestellt worden:

> „Oben" der Himmel, „unten" [...] die Hölle. Kein Zweifel, was „oben" und „unten" war. [...] Aber es mehrten sich die Beweise für die Kugelgestalt der Erde. [...] Es kam die Kenntnis von den Antipoden, Menschen, die uns gegenüber auf der anderen Seite der Erde wohnten, die [...] behaupten: Die Richtung, die ihr, die Finger zum Himmel streckend, „nach oben" nennt, in dieselbe Richtung weisen wir, wenn wir die Finger in die Erde stecken und nennen die Richtung „nach unten"; und wir haben dazu genau dasselbe Recht wie ihr, die ihr diese Richtung „oben" nennt.

Man solle sich noch einmal die „Revolution" vergegenwärtigen,

> die diese Erörterung in den Köpfen der Menschheit anrichtete, die erbitterten Fehden, die man über den Begriff oben und unten führte, bis man – ganz langsam – einsehen lernte, daß es im Raume keine „absolute Richtung oben" und keine „absolute Richtung unten" gibt, sondern daß alle Richtungen im Raume gleichwertig sind; daß oben und unten *relative*, das heißt vom Standpunkt des Beobachters [...] abhängige Begriffe sind.[23]

Auch Brecht zog in seinem Theaterstück die Verbindungslinie von der Einstein-Kontroverse der eigenen Zeit zu den „erbitterten Fehden" um die Begriffe „oben" und „unten" in der Ära der kopernikanischen Revolution: Im *Galilei* wurden die Befürworter des neuen Weltbildes bezichtigt, sie setzten die Erde

> einem Wandelstern gleich. Mensch, Tier, Pflanze und Erdreich verpacken sie auf einen Karren und treiben ihn im Kreis durch einen leeren Himmel. Erde und Himmel gibt es nicht mehr [...]. Da ist kein Unterschied mehr zwischen Oben und Unten, zwischen dem Ewigen und dem Vergänglichen. (S. 67)

---

[22] Sämtliche Brecht-Zitate in diesem Kapitel beziehen sich auf den *Spectaculum*-Sonderband *Bertolt Brechts Leben des Galilei*, Frankfurt/Main 1998.

Das Gegensatzpaar „oben" und „unten", das vor allem durch den Transfer auf überkommene Herrschaftsverhältnisse essentiell für das Drama ist, wird unmittelbar, nachdem diese Kritik vorgebracht wird, noch einmal von der Bühnenhandlung reflektiert. Auf äußerst subtile Weise versuchte Brecht dabei, seine Zuschauer und Leser auf das eigentliche Thema seines *Galilei* hinzuweisen. Die Regieanweisung zu dieser Stelle lautet:

> DER ERSTE GELEHRTE *zu Galilei:* Herr Galilei, Ihnen ist etwas hinabgefallen.
> GALILEI *der <u>seinen</u> <u>Stein</u> während des Vorigen aus der Tasche gezogen, damit gespielt und ihn am Ende auf den Boden hat fallen lassen, indem er sich bückt, ihn <u>aufzuheben</u>:* Hinauf, Monsignore, er ist mir hinaufgefallen. (S. 67 – Hervorhebungen durch Unterstreichung v. mir, C.K.)

Schon als der Stein das erste Mal auf den Bühnenboden fällt, dient er dem Zweck, auf die hintergründige, für das Publikum der 30er Jahre immer noch zeitaktuelle Einstein-Thematik aufmerksam zu machen.[24] Der Physiker sinniert gerade über die Macht der Vernunft und ihre Bedeutung für die Verbreitung der kopernikanischen Lehre bei den ungebildeten Massen:

> Ja, ich glaube an die sanfte Gewalt der Vernunft über die Menschen. Sie können ihr auf die Dauer nicht widerstehen. Kein Mensch kann lange zusehen, wie ich *er <u>läßt</u> <u>einen</u> <u>Stein</u> <u>zu</u> <u>Boden</u> <u>fallen</u> <u>einen</u>* <u>Stein</u> fallen lasse und dazu sage: er fällt nicht. [...]. Die Verführung, die von einem Beweis ausgeht, ist so groß. Ihr erliegen die meisten, auf Dauer alle. (S. 46f. – Hervorhebungen durch Unterstreichung v. mir, C.K.)

In sehr direkter Form kommt in dieser Passage aber auch schon das Dilemma von Galilei respektive Einstein zum Ausdruck: seine Fehleinschätzung der Beweiskraft rationaler Argumente und das unkritische Setzen auf die menschliche Vernunft.

In seiner Einschätzung, warum eine neue mathematisch-physikalische Theorie überhaupt auf Resonanz bei den Massen treffen solle – denn natürlich wundert man sich auch im Theaterstück, wie „es Leute geben [kann], daß sie diesen Sklaven ihrer Rechentafeln Glauben schenken!" (S. 68) –, erscheint Einstein-Galilei überraschend selbstkritisch: „Es sind nicht die Bewegungen einiger entfernter Gestirne, welche [...] aufhorchen machen, sondern die Kun-

---

[23] Anon.: Das Relativitätsprinzip. I. – In: Kölnische Zeitung 7.12.1919, Nr. 1111, S. 1.
[24] Eine Anspielung auf Galileis Fallgesetze ist dagegen allenfalls sekundär.

de, daß für unumstößlich gehaltene Meinungen ins Wanken gekommen sind"
(S. 58).

Diese Aussage ist von grundlegender Bedeutung für das Anliegen des ganzen Dramas: Brecht instrumentalisierte sie dahingehend, daß auch die überlieferten *gesellschaftlichen* Normen und Hierarchien nun stärker hinterfragt werden müßten, denn ganz offensichtlich – läßt er seinen Protagonisten verkünden – gebe es davon „zu viele" (ebd.). Die neue physikalische Theorie mit ihren weltanschaulichen Konsequenzen sollte zum Überdenken auch anderer
unzeitgemäßer Wertsysteme anregen.

In diesem Zusammenhang wird deutlich, daß der in der Brecht-Forschung
beliebte Schluß von der Kirche im Drama auf den Nationalsozialismus in der
Realität, auch wenn er ohne Zweifel seine Berechtigung hat, die Intention des
Stücks zu stark beschneidet. Der Konflikt mit der Religion, wie er im *Galilei* in
Szene gesetzt wurde, richtet sich z.T. tatsächlich – gegen die Religion. Nicht
jede Mönchskutte ist mit einer SS-Uniform gleichzusetzen, wie beispielsweise
diese Passage zeigt:

> EIN SEHR DÜNNER MÖNCH *mit einer aufgeschlagenen Bibel nach vorn, fana-
> tisch den Finger auf eine Stelle stoßend:* Was steht hier in der Schrift? „Sonne,
> stehe still zu Gibeon und Mond im Tale Ajalon!" Wie kann die Sonne still-
> stehen, wenn sie sich überhaupt nicht dreht, wie diese Ketzer behaupten? Lügt
> die Schrift?" (S. 67)

Brechts Antwort auf diese Frage fiel natürlich affirmativ aus. Dem erklärten
Atheisten ging es eben auch darum, religiöse Eiferer salonunfähig zu machen
und moderat-religiösen Zeitgenossen den – aus seiner Sicht längst überfälligen – Emanzipationsprozeß von einer anachronistischen Weltsicht zu erleich-
tern. In diesem Sinne ist von einer „Furcht" (S. 44) der Menschen angesichts
der neuen physikalischen Theorie die Rede – eine Furcht, die objektiv besehen
aber vollkommen unbegründet ist, denn das Publikum weiß natürlich, daß die
Erde nicht ruht, wie die Galilei-Gegner weiter unverfroren behaupten.

Bezeichnend in diesem Kontext ist Galileis Begegnung mit einem kleinen,
durchaus sympathisch gezeichneten Mönch, der sich zunächst mit Neugier in
die neue physikalische Lehre einarbeitete, aufgrund der „Gefahren [...], die ein
allzu hemmungsloses Forschen für die Menschheit in sich birgt" (S. 78), seine
Studien jedoch kurzerhand wieder abbricht. Die einfachen Verhältnisse, aus
denen er stamme, und das schwere Los der Eltern gestatteten es ihm nicht, be-

richtet er dem perplexen Titelhelden, sich weiter in die neue Theorie zu vertiefen. Die Eltern kannten nichts als Arbeit; was ihrem Leben allein Sinn verleihe, sei der Glaube:

> Was würden sie sagen, wenn sie von mir erführen, daß sie sich auf einem kleinen Steinklumpen befinden, der sich unaufhörlich drehend im leeren Raum [...] bewegt, einer unter sehr vielen, ein ziemlich unbedeutender. Wozu ist jetzt noch [...] solches Einverständnis in ihr Elend nötig oder gut? Wozu sind die heiligen Schriften noch gut, die alles erklärt und als notwendig begründet haben, den Schweiß, die Geduld, den Hunger, die Unterwerfung, und die jetzt voll von Irrtümern befunden wurden? [...] ich sehe, wie sie sich verraten und betrogen fühlen. (S. 78f.)

Die Ahnung des kleinen Mönchs trifft durchaus den wahren Sachverhalt. Die alles entscheidende Frage, die den Menschen auf den Lippen brennt, „Und wo ist dann Gott? [...] wo ist dann Gott in deinem Weltsystem?", beantwortet Einstein-Galilei konsequent mit „In uns oder nirgends!" (S. 33) – ganz nach dem Gusto des Autors.

Brechts Verständnis für die Vorbehalte der einfachen Leute hat natürlich enge Grenzen. Entschieden insistiert er darauf, daß veralteten Wertvorstellungen abzuschwören ist. Kampf erklärt er vor allem der Institution Kirche, die Galileis empirische Beweise für die Richtigkeit des kopernikanischen Weltsystems in ausgesprochen dekadenter Weise übergeht und über die Inquisition mit roher Gewalt ihre Machtposition konserviert. Von ihr wird der große Physiker als „Feind des Menschengeschlechts" verurteilt, weil er den „Menschen aus dem Mittelpunkt des Weltalls irgendwohin an den Rand" (S. 68) versetzt habe.

Über die Darstellung der Inquisition kommt dann auch die Anlehnung an den Nationalsozialismus zum Ausdruck, am deutlichsten zu erkennen in der elften Szene. Hier wird u.a. die antisemitisch durchsetzte Wissenschaftsfeindlichkeit der NS-„Weltanschauung" paraphrasiert – wie so häufig über den Diskurs „Mathematik":

> DER INQUISITOR: Daß es die Rechentafel ist und nicht der Geist der Auflehnung und des Zweifels, das sagen diese Leute. Aber es ist nicht die Rechentafel. Es ist die Unruhe ihres eigenen Gehirns, die diese auf die unbewegte Erde übertragen. Sie schreien: Die Zahlen zwingen uns! (S. 97)

Für die nazistische Inquisition ist Einstein-Galilei der im Rampenlicht öffentlicher Reklame stehende Exponent einer ganzen Schar revolutionärer Geister,[25] „Würmer von Mathematikern" (ebd.), die nichts anderes im Sinn haben, als Unruhe ins Volk zu tragen.[26] Brechts Anspielung auf die völkische Dimension der Anti-Einstein-Debatte ist hier kaum zu übersehen; vehement läßt er den Inquisitor über die Vernunft lamentieren, die Einstein-Galilei, „dieser Wahnsinnige", für „die einzige Instanz erklärt!" (S. 98) Unmißverständlich auf die Nationalsozialisten gemünzt ist auch diese verbitterte Feststellung: „Dieser Mensch weiß, was er tut, wenn er seine astronomischen Arbeiten statt in Latein in der Sprache des Volkes, im Idiom der Fischweiber und Wollhändler verfaßt." (Ebd.)

Tatsächlich ist dies aber genau das, was der Held von vornherein angestrebt hatte. Schon in seinem ersten großen Monolog hebt er euphorisch hervor, daß man bereits „auf den Märkten [...] von den Gestirnen" (S. 29)[27] spreche:

---

[25] Als ein Vorläufer des neuen Diskurses muß das sehr erfolgreiche *Einstein*-Buch des Publizisten und Satirikers Alexander Moszkowski genannt werden. Im Verlauf mehrerer Interviews mit Einstein hatte Moszkowski die Rede u.a. auch auf Giordano Bruno gelenkt: „Ich will gar nicht ausdenken, was Ihnen [Einstein] geblüht hätte, wenn Ihre Relativitätstheorie etwa zur Zeit der Inquisition aufgekommen wäre. Denn das, was Giordano Bruno bekannte, war doch ein Kinderspiel gegen Ihre Weltkonstruktion [...]. Das Inquisitionstribunal hätte Ihre Differentialgleichungen[,] Gravitationspotentiale, Tensoren und Äquivalenzen nicht verstanden, vielmehr kurzerhand die ganze Lehre auf die Formel der Zauberei, des Teufelsspuks gebracht und in die Feuerwerksbeleuchtung seiner Scheiterhaufen gerückt." (Einstein. Einblicke in seine Gedankenwelt, S. 143f.) Indessen, kommentierte Moszkowski, brauche man die „historische Phantasie gar nicht bemühen, denn im Grunde genommen steht die Lehre vom Weltenbau auch heute noch im Kampfe gegen ererbte Vorstellungen, die mit dogmatischer Gewalt fortwirken. Leugnen wir es nicht: im Kopfe jedes Gebildeten, der sich zum erstenmal den Einsichten [...] Einsteins öffnet, bäumen sich Widerstände, ereignen sich Tumulte [...], und jeder erlebt in sich die Aufregungen eines Inquisitionstribunals. [...] Noch wissen die wenigsten, welche weitere innere Revolution uns auf Grund der Einsteinschen Erkenntnisse bevorstehen [sic!], nur im Unterbewußtsein regen sich Ahnungen, die uns das Ende scheinbar unerschütterlicher Denkformen prophezeien." (S. 144.)

[26] Nach der halboffiziellen NS-Dogmatik äußerte sich „der Kampf der vom Juden befallenen Volker" gerade in den „Krankheitserscheinungen [...] Unruhe und Erregung". (Feder: Der deutsche Staat auf nationaler und sozialer Grundlage, S. 49f. Hitler hatte dieses Buch in einem Geleitwort als „*Katechismus*" (S. 5) der nationalsozialistischen Bewegung autorisiert.)

[27] Solche Kommentare sind dem zeitgenössischen Schrifttum zuhauf entnehmbar: Die „Relativitätstheorie triumphiert in Akademien wie auf den Märkten! Der Raum ist endlich und unbegrenzt, Bewegung und Masse sind Illusionen von Bezugssystemen!" (Lewien: Aposten-Briefe, S. 24.)

Es hat immer geheißen, die Gestirne sind an einem kristallenen Gewölbe ange-
heftet, daß sie nicht herunterfallen können. *Jetzt haben wir den Mut gefaßt und
lassen sie im Freien schweben, ohne Halt, und sie sind in großer Fahrt, gleich
uns, ohne Halt und in großer Fahrt.*
[...] O Hauch des Windes, der von neuen Küsten kommt! (Ebd. – Hervorhebung
v. mir, C.K.)

Der „Mut" aufzubegehren gegen das, was schon viel zu lang und zu Unrecht
als „gegeben" hingenommen worden war, genau das war es, was Brecht den
Menschen mit seinem *Galilei* vermitteln wollte. Die auf die Relativitätskrisis
projizierte kopernikanische Wende sollte Ausgangspunkt auch eines gesellschaftlichen und politischen Umbruchs sein.

Eben diese Quintessenz hatten auch die Völkischen von Beginn an aus der
Relativitätstheorie extrahiert; Brecht bestätigte mit dem *Galilei* also noch einmal nachträglich ihre frühen Ressentiments. Hitler hatte in *Mein Kampf* heftig
über die wissenschaftliche Berichterstattung durch die „sogenannte Intelli-
genzpresse"[28] der Juden geklagt und vor dem „Gift" gewarnt, das sie „in die
Herzen ihrer Leser" gieße:

Unter einem Geseires von schönen Tönen und Redensarten lullen sie [die „jüdischen" Zeitungen] dieselben in den Glauben ein, als ob wirklich reine Wissenschaft oder gar Moral die Triebkräfte ihres Handelns seien.

In Wirklichkeit gehe es bei diesem „Unfug" indes keineswegs um Wissenschaft, sondern um „Volksbelügung und Volksvergiftung"; die deutsche Intelligenz sei nur schon so geschwächt, daß sie dies nicht mehr erkenne. Widerstandslos ließe sie sich bereits vom bloßen „Anschein der berühmten Objektivi-
tät"[29] blenden – ein Erfolg der „unendlich schlauen Taktik der Judenheit"[30].
Hitler nannte den Namen „Einstein" nicht explizit. Dennoch ist klar, daß sich
seine Ausführungen an dieser Stelle nur auf die Relativitätstheorie und die Art
ihrer Popularisierung beziehen konnten, denn eindeutig geht es um eine gerade
erst vollzogene Revolution auf naturwissenschaftlichem Gebiet – deren Wahrheitsgehalt Hitler allerdings mit aller Macht abstritt:

[...] der Mensch darf niemals in den Irrsinn verfallen, zu glauben, daß er wirklich zum Herrn und Meister der Natur aufgerückt sei – wie der Dünkel einer

---

28 Dieses und die folgenden Zitate: Hitler: Mein Kampf, S. 268.
29 Ebd., S. 267.
30 Ebd., S. 266.

Halbbildung dies so leicht vermittelt [...]. *Er wird dann fühlen, daß in einer
Welt, in der Planeten und Sonnen kreisen, Monde um Planeten ziehen, in der
immer nur die Kraft Herrin der Schwäche ist und sie zum gehorsamen Diener
zwingt oder zerbricht, für den Menschen nicht Sondergesetze gelten können.*[31]

Ernst Cassirer schrieb Anfang der 40er Jahre, sämtliche Religionen hätten gemeinsam, „daß sie dem Schöpfergott die doppelte Rolle und die zweifache
Aufgabe zusprechen, der Begründer der astronomischen und der sittlichen
Ordnung zu sein und beide den Mächten des Chaos zu entreißen."[32] Moral und
gesellschaftliche Ordnung gehörten in allen religiös konnotierten Weltentwür-
fen untrennbar mit der kosmischen Ordnung zusammen, und genau dieser
Konnex wird auch hier virulent: Während Brecht die Relativitätstheorie als
wissenschaftlichen Fortschritt begrüßte und ihre – vermeintliche – Aussage,
daß die Gestirne nunmehr „im Freien schweben" dahingehend zu verallgemei-
nern suchte, daß es auch unter Menschen keine „naturgesetzlich" festgelegten
Hierarchien gebe, wollte Hitler, der die Theorie im Geiste der *Protokolle der
Weisen von Zion* als Exzeß einer globalen „jüdischen Weltverschwörung" ein-
stufte, gerade diesen Schluß verhindern. In seinem Weltbild gab es Herren und
„Diener", so wie es eine unverrückbare kosmische Ordnung gab. Wer für ihn
unterprivilegiert war und „gezwungen" oder sogar „zerbrochen" werden durfte,
braucht kaum noch eigens erwähnt zu werden: die Juden. Die Vorzugsstellung
der Arier galt dem Despoten als grundlegenstes Naturgesetz überhaupt, als
„eiserne Logik der Natur"[33], wie er es nannte, und eben dieses Grundgesetz
drohte von der alles nivellierenden und relativierenden modernen Physik unterlaufen zu werden:

Die jüdische Lehre des Marxismus [...] setzt an Stelle des ewigen Vorrechtes
der Kraft und Stärke die Masse der Zahl und ihr totes Gewicht. [...] Sie würde
als Grundlage des Universums zum Ende jeder gedanklich für Menschen faßli-
chen Ordnung führen.[34]

Wieder verschwieg Hitler Namen und Urheber der neuen mathematisch gefaß-
ten Kosmologie, auf die er bezug nahm. Die metaphorische Wendung, die

---

[31] Ebd., S. 267 – Hervorhebung v. mir, C.K.
[32] Zur Logik der Kulturwissenschaften, S. 2.
[33] Hitler: Mein Kampf, S. 314. Daß Hitler Arterhaltung und Kampf gegen minderwertige
Rassen auch später noch als grundlegenstes Naturgesetz bezeichnete, entnimmt man z.B.
Pickers *Tischgesprächen* (S. 17; S. 28; S. 79; S. 100, S. 421; S. 491).
[34] Hitler: Mein Kampf, S. 69.

Menschen würden jetzt im Weltall umhertreiben „wie Schiffer auf hoher See"[35] – „ohne Orientierung" durch ein sinnentleertes Universum, das nur noch den „Anblick eines beständigen Flusses aller Teile" zu bieten hätte – sie gehörte zur Abfassungszeit von *Mein Kampf* jedoch längst zum „öffentlichen" Gedankengut, und die zeitgenössischen Leser werden Hitlers Anspielungen auf die Relativitätstheorie verstanden haben. Am Ende wurde dann auch das mutmaßliche Grundgesetz der Theorie, das von der Presse kolportierte „Alles ist relativ", attackiert. Die von Juden und Linken geforderte „Anwendung eines solchen Gesetzes"[36] auf das Weltall würde nach Hitler den „größten erkennbaren Organismus" mit seiner ewigen Ordnung[37] in ein totales „Chaos" invertieren, ein anarchisches Etwas, in dem auch die Erde nur noch sinn- und ziellos umherirre. Akzeptierten die Menschen als „Bewohner dieses Sterns" das neue Naturgesetz, bedeute dies unweigerlich auch ihren eigenen „Untergang".[38]

Doch zurück zum *Galilei*. In der neunten Szene, die schon aus formalen Gründen hervorsticht, weil die Handlung durch ein eingeschobenes Bänkellied aufgebrochen wird, kommt auch Brecht auf die Popularisierung der Relativitätstheorie und die neue Gesetzlosigkeit zu sprechen. Ein Straßensängerpaar tritt auf und trägt seine Sichtweise der Kopernikanischen Wende vor:

> Zur Sonne sagte der Herr Galileh
> Der große Physikus
> Daß sie sich jetzt nicht mehr um die Erd
> Als Lampe drehen muß. [...]

---

[35] Dieses und die folgenden Zitate: Lämmel: Wege zur Relativitätstheorie, S. 22f. Der Absatz endet mit den Fragen: „Was soll in diesem Chaos ‚wirklich' sein? Was kann als ‚absolut' verstanden werden? *Wo ist unsere Erde? und wohin bewegt sie sich wirklich?"*

[36] Dieses und die folgenden Zitate: Hitler: Mein Kampf, S. 69.

[37] Ähnlich bezeichnete Rosenberg die „kosmische Gesetzmäßigkeit" als „das größte Wunder der Welt" (Der Kampf um die Freiheit der Forschung, S. 14).

[38] Noch einmal sei Hitlers Gesinnungsfreund Theodor Fritsch in diesem Zusammenhang zitiert. In *Einstein's Truglehre* hatte auch er die Relativitätstheorie unzweideutig mit einer allgemeinen, speziell sittlichen Gesetzlosigkeit in Verbindung gebracht. Einsteins Theorie sei das beste Beispiel dafür, wie „der Jude" mit „Abstraktions-Wut und Formel-Anbetung alle Begriffe" zerstöre und „überall gegen Vernunft, Sitte und Recht" aufbegehre. Der „Jude" sei eben „ein Hasser jeder Gesetzlichkeit – auch der natürlichen." (Roderich-Stoltheim [d.i. Fritsch]: Einstein's Truglehre, S. 13.) Linksgerichtete Kommentatoren beschimpften solche Ausfälle zurecht als ein Anheizen von „‚Wauwaustimmung'; die Relativitätstheorie als die schreckliche wissenschaftliche Anarchie!" (Anon: Bedenken, die gegen die Relativitätstheorie vorgebracht worden sind. – In: Kosmos 18 (1921) [Sonderheft zur Relativitätstheorie], S. 298-301, hier: S. 299.)

Und von der Stund an, wo die Sonne nicht mehr
Mußt unsere Lampe sein
Ging der Mesner nicht hinterm Pfarrer mehr her
Noch der Lehrling hinterm Meister drein. [...]
Die Mägde bleiben bei den Knechten sitzen
Wenn der Herr vorübergeht.
Der Herr, er sieht mit bassem Erstaunen
Daß sich nichts mehr um ihn dreht. (S. 91f.)

Der Titel der Szene lautet „Die kopernikanische Lehre findet Verbreitung beim
Volk" – und doch ist dies nicht das eigentliche Thema. Brecht ging es zum
einen darum, „Vorurteile über den Anbruch einer neuen Zeit zu revidieren"[39],
wie er selbst aussagte. Daß er dieses Ziel vor allem durch eine Ridikülisierung
konservativer Ängste zu verwirklichen suchte, zeigt sich insbesondere in der
von der Frau gesungenen Strophe:

Auch ich bin neulich aus der Reihe getanzt
Ich sagte zu meinem Mann
Vielleicht, lieber Mann, daß was du kannst
Auch ein anderer Fixstern kann. (S. 92)

Die sexuelle Konnotation dieser Strophe ist nicht zu überhören.

Gleichzeitig verfolgte Brecht mit dem Lied aber auch den Zweck, sein
Publikum noch einmal ostentiös auf den Initiativcharakter der Debatte um das
neue physikalische Weltbild zu stoßen. Gezielt weitete er die Kritik auch auf
andere in seinen Augen hinterfragungswürdige Weltbilder aus: das patriarcha-
le, das soldatische, das ständische, das kapitalistische usw. Sämtliche Formen
hierarchischen Denkens sollten zur Disposition gestellt werden.[40] Der illusi-
onsbrechende Song ist Aufforderung an die Zuschauer, mündig zu werden und
über den Rahmen der Relativitätstheorie hinaus weiter zu denken. Anregungen
gibt Brecht zur Genüge: „Die Soldaten [...] horchen auf kein Gebot"; der „Kaiser backt sich selber sein Brot." (S. 93)

---

[39] In einem Kommentar zur ersten Fassung des *Galilei* (S. 130).
[40] Entsprechend ist auch Brechts Feststellung zu verstehen, die Wissenschaft sei nicht nur
      „geistliche Obrigkeit" – als „Zweig der Theologie" nämlich –, sondern auch „weltliche
      Obrigkeit, *letzte politische Instanz*" (S. 130 – Hervorhebung v. mir, C.K.).

Am Ende richtet Brecht die Kritiklinie noch einmal demonstrativ auf die Kirche, die „ewige Mutter des Absoluten"[41] – und wirklich ist hier die Kirche gemeint, nicht der Nationalsozialismus:

> Drei Erzengel kamen zu der Erde mit Beschwerden
> Sie soll lauter Hosiannah schrein.
> Die Erde aber sprach: es gibt ja viele Erden
> Warum soll es da ich grad sein? (S. 93)

Damit ist das Lied – und mit ihm der ganze *Galilei* – vor allem in dieser Hinsicht interessant: Als Werk eines erklärtermaßen politisch weit links orientierten Autors bestätigt es die Vorbehalte der Konservativen gegenüber der Relativitätstheorie. Brecht versuchte, die enorme Publizität der modernen Physik zu nutzen, um öffentlich für eine Aufbrechung auch von *gesellschaftlichen* Fehlstrukturen und ein Aufbegehren gegen überkommene *politische* Vorstellungswelten einzutreten. Es sei bekannt, schrieb er in seinen „Anmerkungen zum ‚Leben des Galilei'" ohne Umschweife,

> wie vorteilhaft die Überzeugung, an der Schwelle einer neuen Zeit zu stehen, die Menschen beeinflussen kann. Ihre Umgebung erscheint ihnen da [...] erfreulichster Verbesserungen fähig [...]. Bisheriger Glaube wird als Aberglaube behandelt, was gestern noch als selbstverständlich erschien, wird neuem Studium unterworfen. *Wir sind beherrscht worden, sagen die Menschen, aber nun werden wir herrschen.* (S. 127 – Hervorhebung v. mir, C.K.)

Als er diesen Kommentar zur ersten Fassung niederschrieb, hatte ihn die politische Realität jedoch längst eingeholt. „Furchtbar", heißt es dann auch wenige Zeilen darauf, sei „die Enttäuschung, wenn die Menschen erkennen oder zu erkennen glauben, daß sie einer Illusion zum Opfer gefallen sind, daß das Alte stärker war als das Neue [...]. Es ist dann nicht nur so schlecht wie vorher, sondern viel schlechter" (S. 128). Und in deutlicher Anlehnung an die Person

---

41 Hentschel: Das Relativitätsprinzip im Rahmen einer Gesamtsicht von Welt und Mensch, S. 70. Ebenfalls „auf ein Stetiges und Festes deuten" nach Aussage des prominenten Rassenkundlers und späteren NS-Parteimitglieds Hentschel „der Glaube, das Vertrauen, die Liebe und Freundschaft" sowie „Stand und Staat" (ebd.). Diese Aufzählung aus dem Jahr 1921 belegt noch einmal, welche für die menschliche Existenz essentiellen Entitäten die Konservativen seinerzeit durch die Relativitätstheorie bedroht sahen. In Deutschland, fuhr Hentschel fort, sei nach dem Weltkrieg „alles Feste in Bewegung und unter die Relationen [geraten]; die letzten Dämme [...] brachen, und was noch fehlte, brachte uns der Jude, der ewige Agent der Relationen, der aber, wie die Schlange gegen ihr eigenes Gift, durch eine zweitausendjährige rabbinische Satzung gegen sie immunisiert ist." (Ebd., S. 71f.)

Albert Einsteins und seine Proskription durch die Nationalsozialisten[43] fuhr Brecht fort:

> Der Forscher oder Entdecker, ein unbekannter, aber auch unverfolgter Mann, bevor er seine Entdeckung veröffentlicht hat, ist nun, wo sie widerlegt oder diffamiert ist, ein Schwindler und Scharlatan, ach, allzusehr bekannt, der Unterdrückte [...] nun, nachdem sein Aufstand niedergeschlagen wurde, ein Aufrührer, der besonderer Unterdrückung und Bestrafung unterzogen wird. (Ebd.)

Was Brecht, als er diese Zeilen abfaßte, noch nicht wissen konnte, war, daß die „besondere Bestrafung" nicht nur des als „Aufrührer" verfemten Wissenschaftlers, sondern auch seiner Anhänger und „Volksgenossen" wenig später in nie gekanntem Ausmaß und eigens dafür errichteten Lagern auch tatsächlich durchgeführt werden sollte.

---

[43] Einsteins Ächtung im faschistischen Deutschland stellte Brecht auch sehr drastisch im „Physiker"-Kapitel von *Furcht und Elend des Dritten Reiches* dar, wo die zwei Göttinger Physiker X und Y Todesängste ausstehen müssen, während sie heimlich eine Arbeit Einsteins über Gravitationswellen studieren. Zudem findet sich hier noch ein weiterer sicherer Beleg dafür, daß der *Galilei* tatsächlich Einstein und die Relativitätstheorie zum – impliziten – Gegenstand hatte: *Furcht und Elend des Dritten Reiches* war unmittelbar vor dem Historiendrama entstanden. Die „Physiker"-Szene einleitend, sollte eine Stimme folgende einführenden Sätze an das Theaterpublikum richten: „Ihre Kinder an sich drückend, | Stehen die Mütter der Bretagne und durchforschen entgeistert | Den Himmel nach den Erfindungen unserer Gelehrten. | Denn es sind auch gelehrte Männer auf unserm Karren | Schüler des berüchtigten Einstein | Freilich in eiserne Schulung genommen vom Führer | Und belehrt, was arische Wissenschaft ist." (GW II, S. 1191.) Hier wurden die Zusammenhänge, die später im *Galilei* in aller Breite diskutiert werden sollten, bereits in sehr deutlicher Form angerissen. Die Relativitätstheorie sollte bis zum gemeinen Volk auf die Straße vordringen, die „Mütter der Bretagne" ebenso wie die Bauern der Campagne zum Nachsinnen über die Verhältnisse und Geschehnisse auf dem „Karren" Erde veranlassen. Als Hauptwidersacher der als Beitrag zur Befreiung des Proletariats gedachten Popularisierung wissenschaftlicher Erkenntnisse erkannte Brecht inmitten der zahlreichen Einstein-Gegner die Nationalsozialisten – mit ihrem „Führer" an der Spitze.

2.4 Quantensprünge und Faschismus

2.4.1 Die repristinierte Kausalität. Rassenbiologie als Staatsphysik

> Wehe einer Wissenschaft, die man national machen will
> [...]. Sie wird zur Halbwissenschaft der Halb- und Vier-
> telgebildeten. Wahrlich niemandem wird es beifallen,
> die Geheimnisse des Blutes und des Volkstums, der
> Heimat und der Sprache zu leugnen, wer aber die Er-
> kenntnis bekämpft, weil sie diese Geheimnisse nicht
> besitzt, und wer diese Erkenntnisse künstlich der Er-
> kenntnis aufpfropfen will, der verrät, daß er die Absicht
> hat, die Erkenntnis zu mißbrauchen.[1]
>
> (Hermann Broch, *Das Unbekannte X*)

Die landläufige Identifikation Einsteins mit Kopernikus bzw. Galilei, zwei eindeutig positiv konnotierten Figuren der Wissenschafts-, ja der Menschheitsgeschichte, war völkischen Kräften natürlich ein Dorn im Auge. In z.T. grotesk
anmutenden Umdeutungen versuchte man daher, die historischen Sympathieträger für die eigene Sache zu vereinnahmen. So war in Philipp Lenards Gali-
lei-Portrait unter fadenscheiniger Bezugnahme auf die politische Situation der
Weimarer Republik von „machthabenden Dunkelgeistern" die Rede, gegen die
sich die „Lichtgeister [...], die neues Wissen bringen"[2], erst noch durchsetzen
müßten. Der Physik-Nobelpreisträger verkaufte Galilei als eine Art nationalsozialistischen Wahrheitsbringer, dem die verhaßte „Novemberrepublik" nur
mit massiver Repression zu begegnen wüßte.

Bruno Thüring beschränkte seine Deutung auf den wissenschaftlichen Diskurs. Er setzte in die von der Historie vorgegebenen Variablen einfach genau
die entgegengesetzten Werte wie Brecht ein:

---

[1] Broch: KW II, S. 235f.
[2] Lenard: Große Naturforscher, S. 45. Das Buch wurde 1929 zum ersten Mal aufgelegt.

Auch heute stehen die Fronten in der Wissenschaft ähnlich wie zur Zeit Galileis. Wo dort blinder Aristotelismus stand, da steht heute blinder Einsteinismus und Relativismus; so wie dort der Aristotelismus sich durch Experimente zu stützen versuchte, so gilt heute in manchen Kreisen der Einsteinismus und Relativismus als durch Experimente bewiesen; und auch mit ebensowenig Berechtigung wie dort. *Galileische Geistesrichtung und Galileisches Kämpfertum tun daher der heutigen Wissenschaft ebenso not wie der damaligen.*[3]

Diese Eskamotage dürfte ihren Zweck jedoch kaum erfüllt haben; Thürings Vergleich wirkt extrem konstruiert und wird auch in der Phase, als der Nationalsozialismus seinen Einflußzenit erreichte, nur von der eigenen Jüngerschaft ernst genommen worden sein. Dasselbe gilt für Ernst Kriecks Anlauf, Galilei – und mit ihm Einstein – jedwede wissenschaftliche Bedeutung abzusprechen.[4] Plausibler mutete da schon Rosenbergs Lesart an. Der oberste Parteiphilosoph brachte die Renaissancephysik mit den Anfängen von Rassenbiologie und Vererbungslehre in Verbindung:

Wenn seitens der alten Mächte gegen die Rassenkunde Sturm gelaufen wird, so müssen wir auf die heroischen Kämpfe der Vergangenheit verweisen, die Ähnliches zu überstehen gehabt hatte. Als Kopernikus seine Lehre veröffentlichte, daß nicht mehr die Erde im Zentrum der Welt stehe als Scheibe, [...] drohte mit der neuen Lehre tatsächlich ein 1000jähriges geistiges Gefüge zusammenzustürzen. Die alten Geistesmächte dieser Zeit hatten sich dann auch in erbittertster Feindschaft gegen die neue Lehre gewendet, die alles umwertete, was vorher behauptet wurde. [...]
Ebenso wie die Entdeckung eines Kopernikus nicht unterdrückt werden konnte, genausowenig kann die Bekämpfung der vom Nationalsozialismus geschützten und verwirklichten Rassenkunde die neue Entdeckung des Zusammenhanges zwischen Blut und Charakter ungeschehen machen.[5]

---

[3] Thüring: Galileo Galilei. – In: ZgN 8 (1942), S. 1-4, hier: S. 3. Ähnlich äußerte sich auch Johannes Stark (Der germanische Galilei. – In: NS Erziehung 6 (1937), S. 105).

[4] Galileis Leistungen seien „Technik, Technologie, Mathematik oder sonst etwas, jedenfalls aber nicht Wissenschaft von der Natur, die schon allemal gemäß ihrem Namen lebendige Natur, nicht aber Maschine oder mathematische Formel ist." (Natur und Naturwissenschaft, S. IIIf.)

[5] Rosenberg: Nationalsozialismus, Religion und Kultur. – In: Grundlagen, Aufbau und Wirtschaftsordnung des Nationalsozialistischen Staates, I, Gr. 1, Nr. 1, S. 3f.

Dieser Transfer war zumindest insofern konsistent, als daß die Rassenkunde, nach Rosenberg das „ganze große Gebiet der Biologie und Charakterologie"[6], tatsächlich zur unangefochtenen Führungswissenschaft im NS-Staat avancierte[7] – wenngleich weniger aus der strengen Notwendigkeit innerwissenschaftlicher Entwicklung heraus, als vielmehr aufgrund ihrer konzeptionellen Verquickung mit der Parteiideologie.[8]

Einen Monat, nachdem er auch offiziell zum „Beauftragten des Führers für die gesamte geistige und weltanschauliche Erziehung der N.S.D.A.P." gemacht worden war, hielt Rosenberg am 22. Februar 1934 seine erste kulturpolitische Grundsatzrede. Feierlich beschwor er vor dem Reichstag das „Mysterium des Blutes"[9] als neues Paradigma der Wissenschaft.[10] Der Aufstieg des Nationalsozialismus auf politischem Gebiet sei ursächlich verknüpft mit dem „Entstehen einer neuen Wissenschaft [...], die wir *Rassenkunde nennen*"; beides zusammen stelle „großes menschliches Erwachen" dar.

Daß die Rassenkunde eine Art nationale Ersatzphysik darzustellen hatte, die das Bedürfnis der Menschen nach wissenschaftlicher Grundlegung und Absicherung ihres Weltbildes stillen sollte,[11] wurde dann in Rosenbergs Bei-

---

[6] Ebd., S. 6.
[7] Daß der „Rassebegriff als Kernstück der NS-Ideologie [...] in das Zentrum wissenschaftlicher Forschung und Lehre gerückt" wurde, stellt Michael Grüttner zufolge eines von vier Hauptcharakteristika nationalsozialistischer Forschungspolitik dar (Studenten im Dritten Reich, S. 160). Als weitere Kernpunkte der „rasch zusammengezimmerten Wissenschaftsideologie" (ebd., S. 159) des NS-Staates nennt Grüttner Nutzen für die Volksgemeinschaft, Ganzheitlichkeit und Antiinternationalismus.
[8] Treffend bemerkt Robert Wistrich zu diesem Punkt, man habe die Biologie „zur Schicksalsmacht erklärt und zur Rechtfertigung einer Politik gemacht, wie sie in dieser mörderischen Radikalität nicht einmal die Kirche auf dem Höhepunkt ihrer Autorität im Mittelalter hingenommen oder gar praktiziert hätte." (Der antisemitische Wahn, S. 250.)
[9] Dieses und die folgenden Zitate: Rosenberg: Der Kampf um die Weltanschauung, S. 12.
[10] Heuss hatte Rosenberg zuvor schon als Hitlers „Rayonchef" in Sachen „Blutdogma" bezeichnet. (Hitlers Weg, S. 34.)
[11] Die verhaßte und zumindest nach außen hin auf den Index gesetzte moderne Physik kam dafür natürlich nicht mehr in Frage. Aber auch die systemkonforme „deutsche" Physik à la Lenard und Stark konnte nicht den Rang einer Führungswissenschaft einnehmen. Wie Steffen Richter feststellt, wurde im Gegenteil die Rassenkunde sogar zum „Ausgangspunkt für die wissenschaftstheoretische Begründung des Wesens und einer Methodologie" der Physik erhoben (Die „Deutsche Physik". – In: Naturwissenschaft, Technik und NS-Ideologie. Beiträge zur Wissenschaftsgeschichte des Dritten Reichs. Hrsg. v. Herbert Mehrtens u. Steffen Richter, S. 116-141, hier: S. 118). Das einstige Primat der Physik gegenüber den anderen Wissenschaften war damit natürlich aufgehoben; den Nationalsozialisten galt sämtliche Er-

trag zur Reihe *Nationalsozialistische Wissenschaft* deutlich. Die Zusammenhänge erkennt man beispielsweise daran, wie Vorwürfen begegnet wird, die
neue Reichsregierung beschneide durch ihre restriktive Haltung gegenüber
Relativitätstheorie und Quantenmechanik die Freiheit der Forschung:[12]

> Dieser Vorwurf hat uns besonders geschmerzt, weil wir der inneren Überzeu-
> gung sind, daß wir nicht nur Wissenschaften nicht knebeln, sondern ganz im
> Gegenteil, daß wir einer neuen Freiheit der Wissenschaft Bahn geschlagen ha-
> ben. Die Rassenkunde unserer Zeit, sie ist eine neue Wissenschaft, und wenn
> andere Völker und Staaten diese Wissenschaft nicht zulassen wollen, dann zei-
> gen sie [...] bloß, daß sie kein inneres Recht besitzen, über „Unfreiheit" bei uns
> zu sprechen.[13]

Was innerhalb der Partei kaum ernsthaft hinterfragt wurde, weil es konstitutiv
für ihre „Weltanschauung" war,[14] sollte nun auch nach außen hin legitimiert

---

kenntnisarbeit als „blutsmäßig bedingt" (Lenard: Deutsche Physik, I, S. IX); Wissenschaft
war durch den „rassischen Charakter" (Krieck: Natur und Naturwissenschaft, S. 13) der beteiligten Menschen bestimmt. (Vgl. auch ders.: Der Wandel der Wissenschaftsidee und des
Wissenschaftssystems im Bereich der nationalsozialistischen Weltanschauung. – In: Volk
im Werden 4 (1936), S. 378-381; Die Erziehung im nationalsozialistischen Staat, S. 17.)
Kultur im umfassendsten Sinne erhielt den Stellenwert eines „bloßen Derivats vital-
biologischer Faktoren" (Hessen: Geistige Kämpfe der Zeit im Spiegel eines Lebens,
S. 150).

[12] Vgl. z.B. Heisenbergs Beschwerde gegenüber Hitlers Wissenschaftsminister Bernhard
Rust, man würde die Jugend gezielt „vom Studium der Physik ab[schrecken]; insbesondere
aber die Physikstudenten vom Studium der theoretischen Physik". (Der Brief an Rust wird
zitiert in: Heisenberg: Deutsche und jüdische Physik, S. 81-83, hier: S. 81.)

[13] Rosenberg: Weltanschauung und Wissenschaft, S. 5. Bei anderer Gelegenheit brachte Rosenberg vor, hinter dem „Schlachtgeschrei gegen die angebliche Unterdrückung der Forschung in Deutschland" stünde „nichts anderes als das Bewußtsein, eine neuaufkommende
Gedankenwelt im Dienste einer bestimmten rassenchaotischen Weltpolitik unterdrücken zu
wollen" (Der Kampf um die Freiheit der Forschung, S. 17).

[14] Wolfgang Schieder konstatiert, der „rassenbiologische Antisemitismus" sei „ohne Frage der
eigentliche Kern der nationalsozialistischen Weltanschauung" gewesen (Die NSDAP vor
1933. Profil einer faschistischen Partei. – In: Geschichte u. Gesellschaft 19 (1993), S. 141-
154, hier: S. 144). Durch Hitler, der sein persönliches Weltbild unmittelbar nach dem Ersten Weltkrieg an den antisemitischen Machwerken von Houston Stewart Chamberlain,
Adolf Wahrmund und Theodor Fritsch geschult hatte (vgl. dazu Kershaw: Hitler, S. 97-
105; S. 197), war die Rassentheorie von vornherein untrennbar mit der nationalsozialistischen Bewegung verknüpft gewesen. (Zu diesem Punkt vgl. auch Röhm, Thierfelder: Juden, Christen, Deutsche, I, S. 55-57.) Hitlers Vorliebe, die Rhetorik seiner Stimmungs-
mache mit Vergleichen aus der Biologie zu unterfüttern, ist darüber hinaus bei Wistrich
(Antisemitischer Wahn, S. 236f.) dokumentiert. Daß ein „üppiger Gebrauch" von biologi-

werden. Plakativ stellte Rosenberg die Politik der neuen Regierung unter das „Bekenntnis [...] zur *exakten wissenschaftlichen Forschung*"[15]. Diese sei in der Republik kläglich vernachlässigt worden und müsse ihrer angestammten Bedeutung erst wieder neu zugeführt werden: „In den letzten Jahren hat es nicht an Romantikern gefehlt, welche glaubten, dieses Gebiet verlassen zu können und in allen Zonen zu schwärmen." Aberwitzigerweise rekurrierte Rosenberg damit gerade auf die *Akme* exaktwissenschaftlicher Forschung, die theoretische Physik:

> Wir sind dagegen der Überzeugung, daß das gewissenhafte Experiment schon in den vergangenen Jahrzehnten verhinderte, daß die europäische Wissenschaft sich in den geistigen Nebeln einer Phantasterei verlor. Man hörte in den letzten Jahren manches Mal, das mechanistische Zeitalter der Wissenschaft sei gestorben, der Kausalitätsbegriff sei überwunden und durch andere ersetzt worden.

Hier wird implizit ein weiterer Hauptgrund dafür angegeben, warum ausgerechnet Biologie und Vererbungslehre im „Dritten Reich" in die Rolle der Physik als Führungswissenschaft schlüpfen konnten.[16] Zahlreiche Vertreter der Rassenkunde hatten – insbesondere seit der Wiederentdeckung der Mendelschen Regeln zu Beginn des Jahrhunderts – eine streng am Kausalnexus ausgerichtete Naturforschung propagiert. Rosenberg verstand die Förderung der neuen Rassenkunde daher auch als ein „Bekenntnis zur kausalitätsbedingten Forschung"[17]. Das klassische Paradigma der Naturwissenschaften, das ausgerechnet bei den Physikern in Ungnade gefallen war, sollte Dreh- und Angelpunkt der neuen Nationalwissenschaft werden,[18] und gerade diejenigen Rassenforscher, die schon immer besonders nachdrücklich einen strengen Ursache-Wirkungs-Charakter der Vererbung propagiert hatten, arrivierten zu den Gali-

---

sierenden Metaphern allgemein typisch für den Sprachgebrauch der Nationalsozialisten war, ergänzt Gudrun Brockhaus (Schauder und Idylle, S. 201.)

[15] Dieses und die folgenden Zitate: Rosenberg: Weltanschauung und Wissenschaft, S. 6.

[16] Vgl. in diesem Zusammenhang auch Hitlers von Rauschning überliefertes Diktum, Politik sei „ohne biologische Begründung und ohne biologische Ziele völlig blind" (Gespräche mit Hitler, S. 233).

[17] Der Kampf um die Freiheit der Forschung, S. 14.

[18] Heisenberg wies bereits auf die außerordentliche Attraktivität kausaler Gesetzmäßigkeiten für den Menschen hin. So habe der Vitalismus des 19. Jahrhunderts gerade aus dem Grund große Durchsetzungsprobleme gehabt, weil er „dem rationalistischen Bedürfnis nach kausaler Deutung der Vorgänge nicht im gleichen Maße entgegen[kam] wie die exakten Naturwissenschaften." (Über das Weltbild der Naturwissenschaft. – In: Heisenberg: Deutsche und Jüdische Physik, S. 107-121, hier: S. 109.)

onsfiguren der NS-Wissenschaft. Das beste Beispiel dafür ist Hans Günther, dessen Schriften Rosenberg zufolge von besonders großer Bedeutung für die völkische Bewegung waren.[19]

Von Beginn an hatte Günther die Mendelschen Regeln, das Kernstück der Rassenkunde, als *kausale* Gesetze ausgegeben und hielt noch daran fest, als längst erwiesen war, daß es sich auch hierbei nur um *statistische* Beziehungen handelte.[20] Ausdrücklich warnte er davor,

> in den rassischen Merkmalen eines Körpers Zufallsgebilde zu sehen oder umwelterzeugte Wandlungen wahrzunehmen. Nur die Kenntnis der Vererbungsgesetze bewahrt den Betrachter vor der Verwirrung durch das scheinbar unentwirrbare Durcheinander der europäischen Rassenmischungen.[21]

Günther vertrat eine materialistisch-mechanistische Vorstellung, der zufolge sämtliche Vererbungsmerkmale eindeutig durch die Gene bestimmt sein sollten. 1924 frohlockte er, man könne „vorhandene Verschiedenheiten zwischen Bewohnern verschiedener Gebiete eines Landes oder zwischen verschiedenen Schichten eines Volkes" mittlerweile exakt „aus *Erbanlagen* erklären"[22]. Der Genotyp eines Lebewesens sei durch das „Grundgesetz der Vererbung"[23] unwiderruflich festgelegt; Umwelteinflüsse berührten allenfalls das „Erscheinungsbild eines Lebewesens, nicht das Erbbild."[24]

Wie alle Anthropologen und Eugeniker auf Parteilinie brachte Günther den Juden ein besonderes Interesse entgegen. Auch in diesem Zusammenhang stößt man in seinen Schriften permanent auf monokausale Erklärungsmuster. So konnte er sich nicht damit zufriedengeben, allein die „leiblichen Erscheinungen

---

[19] Vgl. Rosenberg: Weltanschauung und Wissenschaft, S. 4f. Wistrich (Amtisemitischer Wahn, S. 22) bezeichnete Günther als einen der wichtigsten „Theologen" der nationalsozialistischen Bewegung – neben Hitler und Rosenberg. Zu Günthers Bedeutung für die Nationalsozialisten s. auch Jeffrey L. Sammons' Kommentar zu den *Protokollen der Weisen von Zion* (Die Protokolle der Weisen von Zion. Die Grundlage des modernen Antisemitismus – eine Fälschung, S. 24).

[20] Zum statistischen Charakter der Mendelschen Regeln vgl. z.B. die folgenden zeitgenössischen Darstellungen: Bavink: Eugenik als Forschung und Forderung der Gegenwart; Hoche: Geistige Wellenbewegungen, S. 5; Jordan: Quantenphysikalische Bemerkungen zur Biologie und Psychologie. – In: Erkenntnis 5 (1935), S. 215-252, hier: S. 237f.

[21] Günther: Rassenkunde des deutschen Volkes, S. 207. Dieses Werk erlebte 1930 bereits seine 15. Auflage.

[22] Rassenkunde Europas, S. 106f.

[23] Ebd., S. 108.

[24] Ebd., S. 109.

der im jüdischen Volke vorkommenden Kopfformen, Nasenformen, Augen-
farben usw. aus *Erbanlagen* und besonderen *Auslesevorgängen* zu erklären"[25].
Auch „eine aus seelischem Zwiespalt kommende *sittliche Schlechtigkeit*"[26]
sollte schon im jüdischen Erbgut angelegt sein;[27] zuletzt scheute sich Günther
sogar nicht, kulturelle „Erscheinungen wie den Talmud, das Ghetto, die Juden-
gegnerschaft"[28] aus den Genen abzuleiten.

Bei anderen Autoren ging der fanatische Glaube an das biologische Kausalgesetz noch weiter. Eugen Fischer, Direktor des Kaiser-Wilhelm-Instituts
für Anthropologie, menschliche Erblehre und Eugenik und seit 1933 Rektor
der Berliner Universität, erklärte, daß nicht nur jede körperliche, sondern auch
„jede geistige Leistung von Erbanlagen abhängt."[29] Es sei zweifelsfrei erwiesen, „daß jede Leistung des Menschen auf unveräußerbaren und unerwerbba-
ren, nur im Erbgang übertragenen Eigenschaften beruht."[30] Walter Scheidt,
Professor für Anthropologie in Hamburg, abstrahierte aus der Allgemeingültigkeit der Vererbungsgesetze sogar eine prinzipielle Vorhersagbarkeit der
Geschichte,[31] und Lothar Tirala, seit 1933 Direktor des Instituts für Rassenhygiene an der Universität München,[32] lehrte allen Ernstes,

---

[25] Rassenkunde des jüdischen Volkes, S. 285.
[26] Rassenkunde des deutschen Volkes, S. 214.
[27] Der „nordischen" Rasse schrieb Günther dagegen hereditäre „*Führereigenschaften*" (Rassenkunde Europas, S. 73) zu.
[28] Rassenkunde des jüdischen Volkes, S. 285.
[29] Fischer: Der völkische Staat, biologisch gesehen, S. 13. Fischer hatte die Mendelschen
Regeln als erster auch für Rassenkreuzungen beim Menschen untersucht. Seine Schrift über
die *Rehobother Bastards* (1913) galt lange Zeit als *das* Standardwerk der Eugenik. 1942
übernahm Fischers Schüler Otmar Freiherr von Verschuer die Leitung des Kaiser-Wilhelm-
Instituts. In dieser Position war er auch für die in Auschwitz durchgeführten Zwillings-
experimente verantwortlich.
[30] Ebd., S. 14f. In Fischers Lob, Hitler habe seine rassenhygienischen Anschauungen „nicht
von Überlegungen und Ideen aus und als Theoretiker, sondern gefühlsmäßig, mit dem gesunden Instinkt und lebendigen Sinn für die rassenmäßigen alten Wurzeln echten deutschen
Volkstums" (ebd., S. 13) gewonnen, kommt auch noch einmal die für das nationalsozialistische Weltbild charakteristische Aversion gegen Rationalismus, Theorie und Mathematik
zum Ausdruck.
[31] „Für die Historie beginnt die Möglichkeit der Feststellung von Tatsachen [...] erst dann,
wenn die Menschen, Träger jener historisch feststellbaren Tatsachen, da, d.h. *als Individuen*
da sind. [...] Dagegen lehrt die Rassenbiologie, daß die Erbanlagen, welche sich in unendli-
cher Mannigfaltigkeit zu immer wieder anderen, neuen Individuen zusammenfügen, auch
im Hinblick auf ein Einzelwesen schon vor der Existenz dieses Individuums ‚historisch' betrachtet werden können." (Lebensgesetze der Kultur, S. 19.) Biologie und Geschichts-

daß zwei eineiige Zwillinge, welche verbrecherische Anlagen besitzen, zur gleichen Zeit, wenn sie auch viele hundert Kilometer voneinander entfernt sind und in einer ganz verschiedenen Umgebung leben, dennoch die gleichen Verbrechen begehen.[33]

Die ins Maßlose verkehrte Wertschätzung des genetischen Kausalgesetzes ist nur vor dem Hintergrund einer pathologischen Abneigung gegenüber der modernen Physik und ihrem statistischen Charakter nachzuvollziehen. Das spätestens mit der Quantenmechanik verworfene Kausalitätsideal der klassischen

---

philosophie gehörten im „Dritten Reich" nahezu untrennbar zusammen. Rust prägte die Formel, die „Zielsetzungen des nationalsozialistischen Staates" seien „aus der praktischen Erkenntnis der natürlichen Gesetze der Natur und Geschichte aufgebaut" (Das nationalsozialistische Deutschland und die Wissenschaft, S. 22). Nicht selten wurde die „Notwendigkeit eines gesetzmäßigen Entwicklungsganges der Geschichte" im selben Atemzug genannt wie das biologische „Entwicklungsgesetz", dem „jedes Volk unterliegt" (Schulze-Soelde: Weltanschauung und Politik, S. 52). Hitler sprach in *Mein Kampf* davon, daß „alle Geschehnisse im Völkerleben [...] nicht Äußerungen des Zufalls [sind], sondern naturgesetzliche Vorgänge [...] der Selbsterhaltung und Mehrung von Art und Rasse" (S. 310). Später mystifizierte er in seinen Reden die „Zwangsläufigkeit des geschichtlichen Ablaufes" und die „Ursachen und damit die Zwangsläufigkeit des größeren Gesamtgeschehens" (Des Führers große kulturpolitische Rede, S. 5f.). In Anspielung auf diese Vorgaben wurden der Anbruch des „Tausendjährigen Reiches" und das Kommen des „Führers" gern als geschichtliche Notwendigkeiten ausgegeben (vgl. z.B. Schulze-Soelde: Weltanschauung, S. 94). „Was in der Geschichte geschehen ist [...], hätte [...] nicht anders geschehen können." (ebd., S. 52) – Aus dieser Grundhaltung bezog der Nationalsozialismus seine heilsgeschichtliche Legitimation, ähnlich wie der Kommunismus aus der dialektischen Geschichtsauffassung.

[32] Wie an anderen Universitäten auch war in München 1933 ein neuer Lehrstuhl für „Rassenhygiene" eingerichtet worden. Tirala, von seiner Ausbildung her eigentlich Gynäkologe, wurde zum ersten Ordinarius berufen. Nachdem er als Wissenschaftler für die Universität jedoch unhaltbar geworden war, wurde er bereits 1936 wieder suspendiert, worauf das Ordinariat vakant blieb. (Vgl. dazu Florian Steger: Innovation und Ausserordentlichkeit. Die medizinische Fakultät der Ludwig-Maximilians-Universität München in den Jahren 1920-1945. – In: Kultur und Wissenschaft beim Übergang ins „Dritte Reich". Hrsg. v. Carsten Könneker, Arnd Florack u. Peter Gemeinhardt, S. 163-179, speziell: S. 172.)

[33] Rasse, Geist und Seele, S. 21. Wie bei Günther findet man auch bei Tirala den Gedanken, die „*Erbanlagen des Geistes*" seien „*Ursachen*" für die verschiedenen Weltanschauungen der einzelnen Völker (Rasse und Weltanschauung. – In: NS Monatshefte 5 (1934), S. 943-950, hier: S. 949). Andere Autoren behaupteten umgekehrt, Kausalität sei auf eine bestimmte „rasseseelische Haltung" zurückzuführen; das Kausalgesetz sei einfach „Ausformung, Ausprägung, Ausdruck rassenpsychischer Grundfunktionen" (Requard: Kausalität und Rasse. – In: ZgN 4 (1938/39), S. 85-95, hier: S. 86); während minderwertigen Rassen ein akausales und diskontinuierliches Weltverständnis eigentümlich sei, nähme beim nordi-

Physik[34] sollte in der rassenbiologischen „*Entwicklungsmechanik*"[35] seinen Fortbestand finden. Anstelle der Schrödingergleichung wurden die Mendelschen Regeln zum Fundament der „modernen" Naturwissenschaft erhoben;[36] mit ihrer Hilfe sollte das gesamte Weltgeschehen gedeutet werden können.[37]

---

schen Menschen die Kausalität „unbedingte Allgemeingültigkeit in Anspruch" (ebd., S. 94).

[34] Man beachte in diesem Kontext aber auch die wegbereitende Rolle der Relativitätstheorie. Einstein zufolge stünde die Zukunft „nicht eindeutig fest", hieß es schon in einer Darstellung von 1921 (Witte: Die Umwertung von Raum und Zeit. Zum Verständnis von Einsteins Standpunktslehre (Relativitätstheorie). – In: Suggestion Nr. 123 (Feb. 1921), S. 4-8, hier: S. 8). Vergangenheit, Gegenwart und Zukunft könnten laut Relativitätstheorie „verschieden zusammengeordnet werden, je nach dem eingenommenen (Bewegungs-)Standpunkt. Das bedeutet eine Auflockerung, an die keine Philosophie je gedacht hatte" (ebd.).

[35] Scheidt: Das Erbgefüge menschlicher Bevölkerungen, S. 50.

[36] Selbst die Newtonsche Bewegungsgleichung wurde im Zuge der allgemeinen Abneigung gegenüber der Physik von führenden Kulturpolitikern zu einer Durchgangsstation auf dem Weg der Naturwissenschaften zum „Relativitätstod" (Krieck: Natur und Naturwissenschaft, S. 41) degradiert – man wolle die Natur nicht länger „begraben" sehen „unter dem Marterl einer Differentialgleichung" (ebd.). Philipp Frank sprach 1935 von einer allgemeinen „verwendeten Modephrase [...], daß an Stelle der ‚mechanischen' nun die ‚organische' Auffassung getreten sei" (Das Ende der mechanistischen Physik, S. 25).

[37] Fast möchte man in diesem Zusammenhang von einem völkischen Glauben an einen ins Biologische verlagerten *Laplaceschen Dämon* sprechen. Während die vollkommene Determination des Weltgeschehens im Zeitalter des Materialismus über die Körperbausteine der Lebewesen aus der als unantastbar angenommenen *physikalischen* Kausalität abgeleitet wurde, bezog der nationalsozialistische Biozentrismus dasselbe Resultat aus dem Glauben an die Kräfte des *biologischen* Erbguts. (Es wäre noch genauer zu überprüfen, inwiefern Johann Gottfried Herder als Vordenker dieses Modells angeführt werden kann. Vgl. dazu Wolfgang Proß: Die Begründung der Geschichte aus der Natur: Herders Konzept von „Gesetzen" in der Geschichte. – In: Wissenschaft als kulturelle Praxis, 1750-1900. Hrsg. v. Hans Erich Bödeker, Peter Hanns Reill u. Jürgen Schlumbohm, S. 187-225, hier speziell: S. 225.) Mitunter trieb dieser Glaube groteske Blüten. Um die frühere Assistententätigkeit Philipp Lenards bei Heinrich Hertz, einem deutschen Juden, rechtfertigen zu können – noch 1910 hatte Lenard die zweite Auflage der *Prinzipien der Mechanik* seines früh verstorbenen Lehrers herausgegeben –, schrieben Lenards Studenten 1937: „Heinrich Hertz war von eigenartigem, schwer verständlichem Charakter. Die bei ihm vorhandene Blutmischung der jüdischen und nordischen Rasse spiegelt sich wider in einer inneren Zwiespältigkeit, welche auf der einen Seite Eigenschaften eines nordischen Naturforschers, auf der anderen eine uns fremde Denkweise erkennen läßt." (Philipp Lenard der deutsche Naturforscher, S. 27.) Die Nachwuchsautoren hatten keine Probleme, aus der „jüdischen" Komponente eine widerwärtige herrschsüchtige Gesinnung gegenüber dem jungen Lenard abzuleiten, während Hertz' nun einmal nicht zu leugnende „Fruchtbarkeit als Experimentator" andererseits „als Folge seines nordischen Rasseanteils" (ebd., Anm. 1) erklärt wurde.

Vor allem Tirala wurde nicht müde, den „gewaltigen Unterschied zwischen den mathematisch-physikalischen Naturwissenschaften und der Biologie"[38] immer wieder neu zu akzentuieren.[39] Er verkaufte die streng kausalen Vererbungsgesetze als Manifestation eines „germanische[n] naturwissenschaftliche[n] Weltbild[es]"[40], das bei Goethe seine vollkommenste Ausprägung erhalten habe, bevor es im 20. Jahrhundert durch einen hinterlistigen „Vorstoß der vorderasiatischen Rasse [...] bedroht worden" sei:

> In diesem Weltbild, das wir Einstein verdanken, hat er *die Zeit* als 4. Dimension neben den 3 Dimensionen des Raumes eingeführt und nun versucht, mit mathematischen Formeln den einfachen Tatbestand und das großartige arische Weltbild zu zerstören.

Die Berufung auf Goethe an diesem Punkt darf auf keinen Fall unterschätzt werden. Die gesamte klassische Periode des dichtenden Naturforschers war von der Vorstellung vorbestimmter Entwicklungsprozesse geprägt gewesen, die *Metamorphose der Pflanzen* ebenso wie seine Autobiographie *Dichtung und Wahrheit*.[41] Goethes Schriften *Zur Morphologie* und seine herablassende Haltung gegenüber der Newtonschen Physik, wie sie vor allem in der *Farbenlehre* zum Ausdruck kommt, stellen ein nationalwissenschaftliches Unikat dar, auf das sich die völkische Wissenschaft äußerst bequem berufen konnte[42] und in dessen Entwicklungslinie sie sogar selbst stand.

---

[38] Rasse, Geist und Seele, S. 10.

[39] Als einer von ganz wenigen Autoren setzte Tirala seien Feldzug gegen die moderne Physik übrigens auch nach dem Zweiten Weltkrieg fort. Noch 1969 (!) höhnte er, den „sogenannten theoretischen Physikern" erscheine jeder Mathematiker „wie ein Hoherpriester im Tempel, der sich hinter den Vorhang begibt, um mit dem lieben Gott als Übermathematiker Zwiesprache zu halten, dann mit Gesetzestafeln herauszutreten und Glauben zu fordern." (Massenpsychosen in der Wissenschaft, S. 33.)

[40] Dieses und die folgenden Zitate: ebd., S. 198.

[41] Wie der Same alle für die Entwicklung der Pflanze notwendigen Informationen enthalte, sei die Entwicklung eines Menschen bereits im Kind angelegt. Daß es sich bei Goethe allerdings weniger um eine *kausale*, als vielmehr um eine *teleologische* Determination handelte, störte die nazistischen Rezipienten nicht weiter.

[42] In diesem Punkt ist die Attraktivität Goethes für die Nationalsozialisten eindeutig. Dem *Literaten* Goethe gegenüber war die Haltung der „Bewegung" dagegen ambivalent, z.T. sogar in eklatanter Weise uneinheitlich. (Zu diesem Punkt vgl. Thadeusz Namowicz: Zur Instrumentalisierung des Goethebildes im Dritten Reich. – In: Traditionen und Traditionssuche des deutschen Faschismus. Hrsg. v. Günter Hartung u. Hubert Orłowski, S. 61-78.) Es spricht für sich, daß selbst unter den Germanisten des „Dritten Reichs" Goethes *natur-*

Symptomatisch läßt sich dies anhand von Goethes Unterscheidung zweier verschiedener Grundkategorien von Naturwissenschaftlern aufzeigen. Vertreter der einen Art bezeichnete er als „gewaltsam", wenn auch gleichzeitig als „genial" und „produktiv"[43]; sie würden „eine Welt aus sich selbst hervor[bringen], ohne viel zu fragen, ob sie mit der wirklichen übereinstimmen werde." Nicht selten, so die eindringliche Warnung des Dichterfürsten, entstünde dabei ein „Wahnbild, das in der allgemeinen Welt kein Gegenbild findet", sich aber dennoch in der Öffentlichkeit durchsetze. Mitunter könne ein solcher „Irrtum" geradezu „gewaltsam um sich greifen und die Menschen Jahrhunderte durch hinreißen und übervorteilen."[44]

Die andere Klasse von Naturwissenschaftlern – hier sah Goethe die eigene geistige Heimat – wird demgegenüber als „behutsam" und „geistreich" charakterisiert. Zu dieser privilegierten Gruppe gehören „gute Beobachter, sorgfältige Experimentatoren, vorsichtige Sammler von Erfahrungen" – aus den Schriften *Zur Morphologie* ließe sich ergänzen: Forscher, die aus einer „lebhaften Beobachtung" heraus die Natur regelrecht „verehren"[45] und denen „redliches Bemühen"[46] um ihre verborgenen Geheimnisse eigentümlich ist. – Das genaue Gegenteil hierzu verkörperte für Goethe Newton, der hervorragendste Vertreter der ersten Wissenschaftler-Kategorie. Zu Newtons Arbeitsweise heißt es in der *Farbenlehre*:

> Er irrt und zwar auf entschiedene Weise. Erst findet er seine Theorie plausibel, dann überzeugt er sich mit Übereilung, ehe ihm deutlich wird, welcher mühseligen Kunstgriffe es bedürfen werde, die Anwendung seines hypothetischen Aperçus durch die Erfahrung durchzuführen. Aber schon hat er sie öffentlich ausgesprochen, und nun verfehlt er nicht alle Gewandtheit seines Geistes auf-

---

wissenschaftliche Studien den mit Abstand größten Anklang fanden (vgl. ebd., S. 71f.); in dieser Hinsicht konnte von Ambivalenz also keine Rede sein.

[43] Dieses und die folgenden Zitate: Münchner Ausgabe, X, S. 740.

[44] An anderer Stelle sprach Goethe auch von „Zauberformeln" (XIII.2, S. 335), mit denen sich die Mathematik der Welt zu bemächtigen suche, und vom „Mißbrauch der Mathematik": Die „Vorliebe für die Anwendung von Formeln macht nach und nach diese zur Hauptsache. Ein Geschäft das eigentlich nur zu Gunsten eines Zweckes geführt werden sollte, wird nun der Zweck selbst" (ebd., S. 328).

[45] XII, S. 11.

[46] Ebd., S. 17.

zubieten, um seine These durchzusetzen; wobei er mit unglaublicher Kühnheit das ganz Absurde als ausgemachtes Wahre der Welt ins Angesicht behauptet.[47]

Problemlos hätte man diese bissige Charakterstudie als Beitrag in *Hundert Autoren gegen Einstein* plazieren können; bis auf den Namen des Angeklagten wäre kein Wort zu ändern gewesen.

Schon bei Goethe waren für solche in persönliche Angriffe gegen Newton kulminierenden Äußerungen generelle Ressentiments gegenüber der Mathematik ausschlaggebend. Wie die völkischen Demagogen rund ein Jahrhundert nach ihm war auch er sich sicher,

> daß so rein und sicher die Mathematik in sich selbst behandelt werden kann, sie doch auf dem Erfahrungsboden sogleich bei jedem Schritte periklitiert und eben so gut, wie jede andere ausgeübte Maxime, zum Irrtum verleiten, ja den Irrtum ungeheuer machen [...] kann.[48]

Dies ist der geistesgeschichtliche Ballast, der in Verbindung mit dem ideologischen Substrat von Hetzschriften wie den *Protokollen der Weisen von Zion* eine – progressive – physikalische Revolution in eine – konservative – politische transformieren konnte.[49]

---

[47] X, S. 740. An anderer Stelle (ebd., S. 786) ergänzte Goethe, Newton konstruiere erst eine vollkommen willkürliche mathematische Theorie – und entferne dann „alles, was ihr schädlich ist und ignoriert dieses, wenn er es nicht leugnen kann." Am Rande sei darauf hingewiesen, daß auch die entgegengesetzte Haltung zu Goethes Lebzeiten vertreten wurde, beispielsweise von Lichtenberg, der Newton als einen „physikalischen Erlöser" verehrte (vgl. Lichtenberg: Schriften und Briefe, IV, S. 886). Zu Goethes Korrespondenz mit Lichtenberg über Newton vgl. Krätz: Goethe und die Naturwissenschaften, S. 170.

[48] Münchner Ausgabe, X, S. 786.

[49] Daß sich das allgemeine Naturbild in weiten Teilen mit dem Goetheschen deckte, entnehme man der Quintessenz von Andreas W. Daums Untersuchung der *Wissenschaftspopularisierung im 19. Jahrhundert* (S. 465): „Im Zentrum der populärwissenschaftlichen Gedankenwelt stand eine ganzheitliche Auffassung von Natur. [...] Das ‚Anschauen der Natur' und die ‚Naturempfindung' waren stets wichtiger als die ‚kalte, nüchterne und berechnende Zergliederung der Natur'. Natur wurde vorrangig als ‚vollendete Harmonie', als ‚Mutter', ‚Umarmung' und ‚Heimath' aufgefaßt und gegen die ‚trockne, todte Buchstaben-Naturwissenschaft' abgesetzt. Sie wurde zum ‚Heiligthum' und zum ‚Evangelium'." Ein Beispiel dafür, wie stark diese Tradition noch bis ins 20. Jahrhundert fortwirkte, bietet Alfred Döblins Kommentar zur Relativitätstheorie, 1923 vom *Berliner Tageblatt* abgedruckt (Die abscheuliche Relativitätslehre. – In: Berliner Tageblatt 24.11.23, Nr. 543, S. 5): Die Popularisierer der Theorie – schrieb Döblin – hätten sich „geirrt, wenn sie glauben, ich lasse mich um mein angeborenes Recht auf Erkenntnis der Welt prellen. Diese Mutter Erde, dieses Licht, die Bäume, Blumen, dieser Himmel und seine Sterne sind so gewiß mein, wie

es ihre sind. Es hat mich schon lange finster gestimmt, wenn ich in ein Buch sah, das Naturdinge behandelte – im Physikbuch besonders [...] – und sah, wie diese schönen, großartigen und feinen, uns alle angehenden Dinge traktiert, einseitig angegangen, verarmt und entwürdigt wurden. Die Mathematik ist der Feind der Natur und der Naturerkenntnis." Die aus diesen Sätzen sprechende, maßgeblich von Goethe inspirierte Traditionslinie sollte dann später – in Verbindung mit antisemitischen Versatzstücken, die Döblin freilich fern lagen – von der NS-Wissenschaftspolitik institutionalisiert werden.

2.4.2 Fallbeispiel Gottfried Benn

> Wir sind der Überzeugung, daß [...] Kausalität
> die methodologische Voraussetzung aller un-
> serer Wissenschaft gewesen ist. In verschie-
> denen Formen aufgetreten, betont sie, daß der
> europäische Mensch Leben und Weltall gar-
> nicht anders zu erblicken vermag als von einer
> inneren Gesetzmäßigkeit bedingt.[1]
>
> (Alfred Rosenberg)

Andächtige Verehrung einer in göttlichem Globalzusammenhang vorgestellten
Natur, Bejahung des Lebensprinzips und Bekenntnis zu organischer Anschaulichkeit, von Goethe gegen Newton ins Feld geführt, mußten lediglich um die
antisemitische Komponente erweitert werden, damit sie als kontemplative
„Ehrfurcht vor der ewig wahren Natur"[2] von den Nationalsozialisten gegen
Einstein ins Feld geführt werden konnten.[3] Nichts lag näher, als die Relativitätstheorie mit ihren enormen mathematischen Anforderungen[4] als „Einbruch

---

[1] Rosenberg: Der Kampf um die Freiheit der Forschung, S. 14.

[2] A[lfons] Bühl: Die Physik an deutschen Hochschulen. – In: Naturforschung im Aufbruch.
Reden und Vorträge zur Einweihungsfeier des Philipp Lenard-Instituts der Universität Heidelberg, S. 75-80, hier: S. 80.

[3] Auch sachlich argumentierende Kritiker, denen antisemitische Polemik abging, hatten in
Einstein von vornherein das genaue Gegenteil eines Naturwissenschaftlers gesehen, der
„anschaulich und aufbauend arbeitet" (Riem: Der Kampf um die Physik des Aethers. – In:
Deutsche Zeitung 1920, Nr. 237). Man beachte, mit welchen Worten Lenard-Schüler im
„Dritten Reich" die Arbeitsweise guter Physiker umschrieben: Die wichtigsten Erkenntnisse über die Natur hätten Forscher zusammengetragen, „welche in das Geheimnis der Naturgesetze ehrfurchtsvoll und unvoreingenommen einzudringen suchten, da für sie die Natur
Offenbarung des Göttlichen ist." Auch in Zukunft gelte daher, „sich voll tiefer Ehrfurcht
hineinzuversenken in die Natur selbst und ihre großen nordischen Forscher, um dort deutsches Wesen in herrlicher Fülle zu finden." (Philipp Lenard der deutsche Naturforscher,
S. 6.)

[4] Kritiker sprachen von „ungeheuren Zumutungen an unser natürliches [...] Denken" (Weinmann: Anti-Einstein-Quintessenz. – In: Archiv f. syst. Philos. 30 (1927), S. 263-270, hier:
S. 264), „unbegreiflich willkürlichen Konstruktionen" (ders.: Der Widersinn und die Überflüssigkeit der speziellen Relativitätstheorie. – In: Ann. d. Philos. u. d. philos. Kritik 8

einer artfremden Denkform"[5] und „kabbalistische Geometrie"[6] zu diskreditie-
ren, dem nordischen „Geist restloser Klarheit, der Ehrlichkeit der Außenwelt
gegenüber, zugleich der inneren Einheitlichkeit"[7] diametral entgegengesetzt:[8]

> [...] zwischen der Naturforschung arischer Völker und der „Naturforschung" der
> Juden besteht ein entscheidender Gegensatz! Auf der einen Seite stehen Ach-
> tung vor der Wahrheit des schon Erkannten, Freude am Kampf um die Geheim-
> nisse der Natur und Ehrfurcht vor den ewigen Rätseln des Alls. Auf der anderen
> Seite herrscht marktschreierische Reklame, Sensation und egoistische Betrieb-
> samkeit, alles unseren Sinnesorganen zugängliche, alles Schöne und Erhabene
> in ein farbloses Nichts abstrakter Zahlenmysterien auflösend.[9]

(1929), S. 46-57, hier: S. 55) und „Vergewaltigung der Anschauung" (Thüring: Kepler-
Newton-Einstein – ein Vergleich. – In: Deutsche Mathematik 1 (1936), S. 705-711, hier:
S. 709).

[5] R[udolf] Tomaschek: Die Entwicklung der Äthervorstellung. – In: Naturforschung im Aufbruch, S. 70-74, hier: S. 74.

[6] Tobien: Der Einstein-Putsch als Werkzeug zur Verewigung der Jahweherrschaft, S. 24.
Anderenorts entrüstete sich ein Lenard-Schüler: „Einstein war der Herr jener Tage. Dogmatisch wurde die Naturforschung beherrscht und jeder Andersdenkende bekämpft. [...] Man
warb mit Bild und Film und suchte die gesicherte Erfahrung zweier Jahrtausende auszulö-
schen. Formelgebäude wurden errichtet, [...] hinter denen sich das jüdische Rechengehirn
verbarg" (Wesch: Das neue Weltbild der Physik, S. 30). Als Gegenbewegung zu diesem
„relativistischen Wahn" wurde dann die von der neuen, „im Geist unseres Führers" erzoge-
nen Generation vertretene „nordische Lehre" gepriesen (ebd., S. 32).

[7] J[ohannes] Stark: Philipp Lenard als deutscher Naturforscher. – In: Naturforschung im
Aufbruch, S. 10-15, hier: S. 14.

[8] Vgl. auch diese Äußerung des „deutschen" Physikers Wilhelm Müller: „In allen von Juden
verfaßten Schriften über Einstein aus den 20er Jahren bemerken wir diese schwulstige und
geradezu schmierige Aufbauschung einer mathematischen Theorie zur umfassenden Welt-
formel, aus der die höhnische und hämische Freude über den Zerfall des großen arischen
Weltbildes hervorgrinst." (Jüdischer Geist in der Physik. – In: ZgN 5 (1939), S. 162-175,
hier: S. 166.)
In pathologischen Fällen ging die Abneigung gegenüber der theoretischen Physik sogar so
weit, daß man versuchte, Wissenschaft und Forschung aus dem „uralte[n] nordische[n]
Geist der indogermanischen Landnahme in unbekannten Erdteilen, [...] der Wikingerzeit
und ihrer kühnen Eroberungszüge" abzuleiten. (Wolfgang Schultz: Deutsche Physik und
nordisches Ermessen. – Ebd., S. 39-50, hier: S. 45.) Schon „weil der Bauer sein Getreide
abmessen" müsse, wurzelten „Messen und Ermessen [...] tief im Wesen nordischer Rasse"
(ebd., S. 49).

[9] Bühl: Die Physik, S. 80. Zu ergänzen ist, daß auch die Quantenmechanik dem an Goethe
geschulten „deutschen" Naturbild in massiver Weise widersprechen mußte. Wegweisend
für die Völkischen dürfte in diesem Zusammenhang einmal mehr Houston Stewart Chamberlain gewirkt haben, der in seiner Goethe-Monographie von 1912 eingehend auch die naturwissenschaftlichen Ansichten des Dichterfürsten behandelt hatte: „Mechanik auf die

Daß man indes kein notorischer Antisemit sein mußte, um durch persönliche Antipathie gegenüber der modernen Physik Zugang zur Ideenwelt des Nationalsozialismus und Gefallen an völkischer Rassenkunde zu finden, zeigt eindrücklich das Beispiel Gottfried Benns.

Wie die meisten seiner Schriftstellerkollegen war der praktizierende Mediziner schon früh über die exaktwissenschaftlichen Revolutionen des ersten Jahrhundertdrittels informiert gewesen. Sein 1917 entstandenes Gedicht „Aufblick" lebt von Allusionen auf die Relativitätstheorie;[10] 1920, im Essay „Das moderne Ich", erwähnte Benn die von Einstein vollzogene „Relativierung von Zeit und Raum" (GW III, S. 44) erstmals explizit. Anfang der 30er Jahre, nachdem die zwischenzeitlich nachgelassene Diskussion um die Relativitätstheorie im Zuge der Debatte um die Quantenmechanik wieder neu entfacht worden war,[11] häuften sich dann Benns Bezugnahmen auf die moderne Physik, vor allem in seinem Theoriewerk.

1930 ging der gelernte Arzt näher auf die Brisanz der neuen Erkenntnisse ein: Die klassische Physik habe ein abgeschlossenes wissenschaftliches System dargestellt, „in euklidischen Formeln ergab sich die Natur, und Kant schloß jahrhundertelange Gedankengänge für immer und entscheidend ab." (S. 86) Seit Beginn des 20. Jahrhunderts spreche man jedoch „nur noch von Zuordnungsdefinitionen, Raum und Zeit sind Bezugssysteme zwischen starren Körpern, die berühmte und wahrhaft große Theorie." (Ebd.) Benns Grundton ist hier ironisch. Längst war er auf Distanz zur modernen Physik gegangen, deren Aussagen ihm unnötig wirr und kontradiktiv erschienen. Einerseits sollten die

---

letzten, nicht mehr wahrnehmbaren, also nur noch gedachten Teile zurückgeführt, ist *Atomistik*. Diesen beiden widerstrebt [...] Goethes Geist auf das heftigste", hieß es dort u.a. (S. 282). Unter gezielter Aussparung von „mathematisch-mechanischen Hypothesen" fuße Goethes Naturwissenschaft allein auf „Anschauung" (S. 247).

[10] In hymnischem Ton thematisiert es die Aufhebung des dreidimensionalen euklidischen Raumes durch das relativistische vierdimensionale Raum-Zeitkontinuum: „Mir aber glüht sich das Morgenlicht | Entraumter Räume um das Knie, | Ein Hirtengang eichhörnchent in das Laub, | Euklid am Meere singt zur Dreiecksflöte: | O Rosenholz! Vergang! Amaticello!" (GW I, S. 113). Sämtliche in Klammern angegebenen Seitenzahlangaben dieses Kapitels beziehen sich auf Gottfried Benns Gesammelte Werke in der Fassung der Erstdrucke (= GW I-IV), hrsg. v. Bruno Hillebrand, Frankfurt/Main 1982-91.

[11] Vgl. dazu etwa folgende Äußerung von 1934: „Heute ist, zumindest im Sprachgebiet der deutschen Zunge, der Kampf um die *Relativitätstheorie* auf der ganzen Linie entbrannt." (Hofmann: Kampf um die Relativitätstheorie. – In: Natur und Kultur 31 (1934), S. 315-319, hier: S. 315.)

klassischen Raum-Zeit-Vorstellungen durch Einstein überholt sein, andererseits wurde dessen Lehre wiederum von Bohrs Komplementaritätstheorie konterkariert: „[...] schon scheint es unstatthaft, den Raum in das physikalisch Kleine, das Atom hineinzunehmen, für die Quantenmechanik gilt die Kausaltheorie des Raumes nicht." (Ebd.)

Natürlich behandelte Benn solche Probleme nicht als Naturwissenschaftler. Ihn interessierte vor allem die ästhetische Seite des neuen Weltbilds. Ähnlich wie Musil, nur mit entgegengesetzter Stoßrichtung, forderte er, die Kunst könne sich den von der Naturwissenschaft aufgeworfenen Problemen nicht verschließen und müsse Stellung beziehen. Wie sich bildende Künstler zu fragen hätten, ob sie in ihren Werken die traditionelle „euklidische oder die sphärische Geometrie entfalten" (S. 87) wollten, so seien auch die Schriftsteller von der Physik herausgefordert:

> Wenn aber nun gar, wie heute, die Basis des wissenschaftlichen und damit des modernen Weltbilds überhaupt schwankt, [...] das Kausalgesetz selbst Sprünge zeigt, mit einem Wort [...] die Naturgesetze in geradezu panischer Weise offenbaren, bis zu welcher Tiefe alles launisch war, wo soll dann der Dichter sich befinden, jede neue Bulle des wissenschaftlichen Ordens erst studieren, feststellen, was die Haute Couture diese Saison liefert, euklidische Muster oder akausale Dessous, oder genügt er schon seiner Charge, wenn er einstimmt in das allgemeine Gejodel über die Größe der Zeit und den Komfort der Zivilisation? (Ebd.)

Anders als andere Avantgardekünstler, die den exaktwissenschaftlichen Revolutionen positiv, teilweise richtiggehend enthusiastisch gegenüberstanden, reagierte Benn allein in einer Hinsicht – zumindest anfangs – offen: Eine Zeitlang dachte er, die aktuelle Weltanschauungskrise würde zu einer Überwindung des „mathematisch-physikalischen, also gänzlich unanschaulichen Weltbild[s]" (S. 196) des 19. Jahrhunderts führen. Sein Interimsoptimismus zehrte von der Hoffnung, daß durch die breite Rezeption von Relativitäts- und Quantentheorie auch metaphysische Fragestellungen wieder ins Zentrum allgemeinen Interesses gerückt würden – was dann auch der Kunst zugute käme. Im Aufsatz über „Goethe und die Naturwissenschaften" verkündete der Dichter:

> Es ist die Problematik, die uns aus jedem Vortrag in jedem Hörsaal, in jeder Akademie, in jedem Institut heutigentags entgegentritt, uns, mitten, wie wir hören, im Zusammenbruch des zweiten großen rationalistischen Erfassungsversuchs der Welt, Parallele zum Ausgang der Antike, uns, vor deren Augen die

Relativitätstheorie durch Auflösung des physikalischen Raums den idealen, den aus ästhetischen Kategorien Kants, doppelt beschwört, [...] die Quantentheorie [...] den Begriff der Realität, diesen [...] metaphysischen Begriff in hoher Inbrunst ehrt, mit einem Wort uns, in deren Gegenwart die geistig-wissenschaftliche Gesamtvernunft das komplizierte, zerfaserte, hybrid übersteigerte Begriffsnetz der modernen induktiven Naturexegese beiseite schiebt und eine neue, die alte Wirklichkeit durch Wiedergewinnung eines natürlichen Weltbildes sucht. (S. 193f.)

Allein als Überwindung der herkömmlichen Physik konnte Benn Relativitätstheorie und Quantenmechanik einen positiven Aspekt abgewinnen;[12] darüber hinaus war seine Haltung ablehnend, wovon auch seine literarischen Texte Zeugnis ablegen. Im Essay *Saison* (1930) etwa polemisiert ein radikal entsubjektivierter Erzähler, die neuerdings ganz offensichtlich Modeeinflüssen unterworfene Physik bringe

diesen Winter die akausale Auffassung des Weltgeschehens. Nur noch ein statistischer Charakter steht dem physikalischen Gesetze zu. Physiker wie Philosophen halten absolute Determination des Atomvorgangs für unwahrscheinlich [...]. Brüche im Bau, Risse im Hymen, Spuk im Parthenon, der Wurm in den konsolidierten Immobilien; die Wahrheit ist Lorche geworden, helles Bier; das Waschwasser des Pilatus ist zum reißenden Strom geworden –: aber hoch der neue Flottenverein, Ersatz-Galilei, Vorschuß-Newton, Attrappen-Copernikus – das Gehirnmaché des Bürgerkleins! (GW II, S. 124f.)

Weiter heißt es, Einsteins Erkenntnisse bedeuteten keinen „echten intellektuellen Putsch"; es würden lediglich „eingeschliffene Methoden weiter- und wiedergekäut" (S. 125). In der „aufgelösten liberalen Ära" würde auch die Physik nur noch wild „mit Instrumenten, Formeln, Lehrbüchern" hantieren. Mit aller Macht versuche man, Profanes

zu etwas Weltanschaulichem aufzublähen, mit Hilfe von Presse und Photographien in alle Magazine zu spülen und in soignierten Abendkursen die Gemeinschaft mit dem Publikum (‚morgen einem Bauchredner, übermorgen einem Tomatenpropheten') herzustellen [...].

---

[12] Vgl. zu diesem Punkt auch Fischer-Harriehausen: Gottfried Benn als Wissenschaftskritiker. – In: Wirkendes Wort 44 (1994), S. 270-278. Der Aufsatz geht außerdem auf Benns Prägung durch Goethes Naturphilosophie ein, allerdings fast ausschließlich in bezug auf seine Darwinismus-Kritik, weniger hinsichtlich der Physik.

Auch in späteren Texten ging Benn noch auf die „Auflösung der Natur" (S. 137) durch die modernen Wissenschaften ein. So werfen die Gäste im *Weinhaus Wolf* dem Ich-Erzähler vor, er wolle die „Natur zersetzen, das ist die Höhe!" (S. 141). Darauf der Protagonist vielsagend: „Unser Blut und Boden? Ihre Natur, mußte ich erwidern, ist sie denn natürlich? Kann man von ihr ausgehen? Ich kann beweisen, daß sie unnatürlich ist, äußerst sprunghaft" (ebd.).

Für Benn lag die Sache auf der Hand: Die Natur war nicht mehr „natürlich", genauso wenig, wie die Wirklichkeit noch „wirklich" war. Daraus gerade ergab sich die Mission des Künstlers: „eine neue, die alte, Wirklichkeit" (GW III, S. 194) zu erschließen. Immer deutlicher hatte der Schriftsteller erkennen müssen, daß die wissenschaftliche Entwicklung nicht zu einer Wirklichkeitsauseinandersetzung Goethescher Provenienz zurückführen würde – „wo eine große Kraft freiwillig vor dem Maßlosen und Unbegrenzten stehen blieb", um „auf einem noch zitternden Boden die Ordnung zu weisen, das große Gesetz" (S. 434f.) –, und um so massiver wurden Kritik und Polemik. Zuletzt nahm Benn die moderne Physik nur noch als „Positivismus der anonymen Wahrheit, des amorphen Wissens, der fluktuierenden Formeln der wissenschaftlichen Relativität" (S. 435) wahr.

Am Beispiel Gottfried Benns läßt sich bestens studieren, wie aus einer ablehnenden Haltung gegenüber den Aussagen und Implikationen der modernen Physik eine Affinität zum Gedankengut der Nationalsozialisten erwachsen konnte – ein Phänomen, das Anfang der 30er Jahre symptomatisch für zahlreiche konservative Intellektuelle war.[13] Beispielsweise äußerte sich dies in seinen Äußerungen zur Rassenbiologie. So propagierte er für alle Gebiete menschlicher Kulturproduktion eine „Bindung rückwärts als mythische und rassische Kontinuität" (S. 238). Noch in jüngster Vergangenheit habe die Wissenschaft versucht, über der Natur eine künstliche „Welt aus Klammern und Zahlen zu errichten". Statt dessen solle man sich ihr jedoch „anschauend,

---

[13] Ein anderes Paradebeispiel in dieser Hinsicht ist Martin Heidegger. Auch bei ihm fielen Ablehnung der Relativitätstheorie und NS-Nähe unmittelbar zusammen. Heidegger speiste Einstein in seiner mehrere hundert Seiten starken Monographie über *Sein und Zeit* (!) 1926 *en canaille* in einer einzigen Fußnote ab (vgl. GA 2, S. 418). Auch in seiner Vorlesung *Prolegomena zur Geschichte des Zeitbegriffs* (GA 20, vgl. S. 5) strafte er die Relativitätstheorie mit kategorischer Nichtbeachtung. (Zum Zusammenhang von philosophischen und politischen Ansichten bei Heidegger vgl. Thomä: Die Zeit des Selbst und die Zeit danach, S. 466-607; zu Heideggers NS-Affinität Safranski: Ein Meister aus Deutschland, S. 273-295; S. 310f.)

empfangend, wieder in jener alten inneren Bereitschaft" nähern. Dies wären dann erste „Äußerungen tiefer anthropologischer Verwandlung" (ebd.), deren Endprodukt einmal der „neue deutsche Mensch" (ebd.) darstellen würde:

> Alle Vorbedingungen für seine Entstehung sind da: hinter ihm ein Vierteljahrhundert grundlegender Krise, echter Erschütterungen, eines Aufgewühltseins wie bei keinem anderen Volk der Welt und im letzten Jahrzehnt eine Bewußtmachung der biologischen Gefahren im Sinne jenes Satzes, daß ein Volk, das sich seiner Gefahren bewußt wird, den Genius erzeugt. (S. 239)[14]

Benn ging es in erster Linie um einen *ästhetischen* neuen Menschen. Entsprechend sah er in der gegenwärtigen Kulturkatastrophe, die in die Geburt eines neuen Genius' einmünden sollte, auch eine ästhetische Krise (ebd.):

> Die Verdrängung des Inhalts, die Übersteigerung jedes noch effektiven Erlebens ins Formale, das wurde [...] der Untergang einer ganzen Epoche, ihr apokalyptischer und Untergangszug: Aufgabe aller Realität überhaupt, Transferierung aller Substanz in die Form, in die Formel, in diesem gigantischen Schattenzug von Abkürzungen, Diminutiven, Chiffern, Fremdworten, wie sie die modernen Naturwissenschaften [...] vollzogen und die eine tatsächliche neue Welt von Begriffen oberhalb der alten naturhaften schuf: die funktionale Welt.

Der von der Physik hofierte kompromißlose Intellektualismus sei – so Benns Vermutung – von vornherein „zur Abwehr mythischer, introvertierter, biologisch alter Reste [angesetzt]" (S. 240) gewesen. Einst habe er „begonnen mit großem produktiven Elan"; jetzt ende er jämmerlich „als Neurose, als Raumneurose" (ebd.). Die Entwicklung der Physik sci an ihr Ende gelangt. „Rassenzüchtigung" (S. 241) ist das Schlagwort, das die neue Wissenschaft überschreiben sollte – bei Benn in erster Linie vorgestellt als Schöpfung des ästhetischen Übermenschen:

> [...] was wir heute rassenmäßig verlangen, ist *Form*, ist *Abstraktion*, ist *Ausdruck von Inhalten* –: Ausdruck, der liegt klar zutage, hat Kontur, kann nicht ausweichen, hat keinen Hinterhalt, ist hart, ausgeschliffen, und so sehen wir eine neue Welt mit ungeheurer Wucht sich nähern [...]. (S. 281)

---

[14] Daß Benns „Biologisierung" der Annäherung an den Nationalsozialismus vorausging, wurde bereits von Rainer Stollmann herausgestellt (vgl. Gottfried Benn. Zum Verhältnis von Ästhetizismus und Faschismus. – In: Text & Kontext 8 (1980), S. 284-308, hier: S. 288). Die katalytische Rolle, die Benns Abneigung gegenüber der modernen Physik dabei zukam, erkannte Stollmann allerdings nicht.

Der Schriftsteller bezichtigte die Physik, seit der Renaissance an der Errichtung einer falschen, allein auf Formelfragmenten beruhenden Wirklichkeit gearbeitet zu haben. Die jüngste Entwicklung hätte das grundlegende Manko zwar offenbaren können – dies sei ihr Verdienst –, aber nicht behoben, sondern sogar ins völlig Absurde übersteigert. Der erforderliche Rückgriff auf die „wahre" Realität, die klassische Antike,[15] sei nicht erfolgt. Was die relativierte und gequantelte Physik zu bieten habe, sei allein das Bild vollkommener Orientierungslosigkeit:

> Wirklichkeit –, Europas dämonischer Begriff: glücklich nur jene Zeitalter und Generationen, in denen es eine unbezweifelbare gab, welches tiefe erste Erzittern des Mittelalters bei der Auflösung der religiösen, welche fundamentale Erschütterung jetzt seit 1900 bei der Zertrümmerung der naturwissenschaftlichen, der seit 400 Jahren „wirklich" gemachten. Neue Wirklichkeit –, da die Wissenschaft offenbar nur die alte zerstören konnte, blickte man in sich und blickte zurück. Draußen lösten sich die Restbestände auf, und was übrigblieb waren Beziehungen und Funktionen; irre, wurzellose Utopien; [...] Auflösung der Natur Auflösung der Geschichte. Die alten Realitäten Raum und Zeit, Funktionen von Formeln [...]. (S. 266)[16]

Die in diesen Worten enthaltene Sehnsucht hin zu alten Ufern, zu einem ursprünglicheren, eindeutigen und ästhetisch erhabeneren Weltbild, ist Benns größter gemeinsamer Nenner mit der Vorstellungswelt der Nationalsozialisten.[17] Kurz nach der „Machtergreifung" urteilte der Dichter, die „großartige nationale Bewegung" (ebd.) sei alleiniger Garant dafür, daß die vordringliche Aufgabe, „neue Realitäten zu schaffen" (ebd.), auch wirklich in die Tat umgesetzt werde. Die Jahre, in denen es „keine Wirklichkeit, höchstens noch ihre Fratzen" (S. 265) gegeben hätte, würden nun bald der Vergangenheit angehören.[18]

---

[15] Der moderne Naturwissenschaftler wolle nur noch „Veränderungen wahrnehmen, Differenzen, Quanten, keinen Olymp, keine Schöpfung" (GW III, S. 389). Das antike Ideal sei verraten worden; „die *griechische Physik hatte ästhetischen Charakter.*" (S. 388)

[16] Ähnlich fiel die Einschätzung von Ludwig Klages aus. In *Der Geist als Widersacher der Seele* bezeichnete er die „Auflösung der Grundbegriffe" durch die moderne Physik als Ausdruck von „äußerste[m] *Negativismus*" (Sämtliche Werke, I, S. 797).

[17] Hans Dieter Zimmermann spricht in diesem Sinne treffend von einem „unpolitischen Enthusiasmus" des Schriftstellers für den Faschismus (Der Wahnsinn des Jahrhunderts, S. 48).

[18] Schon Benns 1932 geäußerte Hoffnung, „daß unter dem nicht mehr aufzuhaltenden Realitätszerfall [...] sich ein radikaler Vorstoß der alten noch substanziellen Schichten vorberei-

In den folgenden Monaten wurde Benn dann auch nicht müde, die ästhetische Dimension der sog. *konservativen Revolution* zu beschwören. Als kraftvollste Manifestation des neuen Stils galt ihm das Führerprinzip: „Führer ist
nicht der Inbegriff der Macht, ist überhaupt nicht als Terrorprinzip gedacht,
sondern als höchstes geistiges Prinzip gesehen. Führer: das ist das Schöpferische" (S. 237). Auch in der zunehmenden Totalität des Staates sah er weniger
die politische Diktatur, als vielmehr eine Konzentration aller artistischen Kräfte
des Volkes. Zum 1. Mai 1933 schrieb er im *Berliner Tageblatt*, daß

> die neue geschichtliche Bewegung ja immer auftritt, um eine neue anthropolo-
> gische Qualität und einen neuen menschlichen Stil zu bringen, um aus ihrem
> politischen Grundbegriff heraus neue intelligible und ästhetische Werte zu ent-
> wickeln. (S. 233)[19]

Erst als er gewahr wurde, daß die neue Reichsregierung doch für eine andere
Art von Kulturtotalität eintrat, als er gehofft hatte, änderte sich Benns Haltung.[20] Auf die grassierende Diffamierung der Avantgardekunst und -literatur
reagierend, verfaßte er sein berühmtes „Bekenntnis zum Expressionismus"
(1933), eine großangelegte Apologetik der modernen Kunst. Leidenschaftlich
versuchte er darin, dem ästhetischen Aufbruch zwischen 1910 und 1925, namentlich dem Expressionismus, zu dessen Vertretern er sich selbst zählen
konnte, die Rolle eines Wegbereiters des Faschismus zuzuweisen:[21]

> [...] vorher war nur diese Handvoll von Expressionisten da, diese *Gläubigen ei-
> ner neuen Wirklichkeit und eines alten Absoluten*, und hielten mit einer Inbrunst
> ohnegleichen, mit einer Askese von Heiligen, mit der todsicheren Chance, dem

---

ten wird" (GW III, S. 454), hätte von einem der tonangebenden NS-Ideologen stammen
können.

[19] Derselben Formulierung hatte Benn sich zuvor schon in einem Rundfunkvortrag bedient
(vgl. S. 461).

[20] Ein weiterer wichtiger Grund für Benns Abkehr vom Nationalsozialismus war der sog.
Röhm-Putsch. (Zu diesem Punkt vgl. Sauerland: Gottfried Benn und das Dritte Reich. – In:
Convivium 3 (1995), S. 29-48, hier speziell: S. 42f.)

[21] Fast alle prominenten Nationalsozialisten hatten die verschiedenen künstlerischen Avant-
gardeströmungen zuvor als Degenerationserscheinungen auf kulturellem Gebiet ver-
unglimpft. So bezeichnete Rosenberg den Expressionismus als „Spottgeburt": „Ein ganzes
Geschlecht schrie nach Ausdruck und hatte nichts mehr, was es hätte ausdrücken können.
Es rief nach Schönheit und hatte kein Schönheitsideal. Es wollte neuschöpferisch ins
Leben greifen und hatte jede echte Gestaltungskraft verloren. So wurde Ausdruck Manier;
so wurde, an Stelle eine neue stilbildende Kraft zu zeugen, die *Atomisierung* erneut weitergeführt." (Der Mythus des 20. Jahrhunderts, S. 301 – Hervorhebung v. mir, C.K.)

Hunger und der Lächerlichkeit verfallen, ihre Existenz dieser Zertrümmerung entgegen. (S. 266 – Hervorhebung v. mir, C.K.)

Symptomatisch für den konservativen Teil der deutschen Intelligenz äußert sich in Benns „Bekenntnis" ein auch für die NS-„Weltanschauung" charakteristischer Atavismus, eine Sehnsucht nach Ursprünglichkeit, Ganzheit und Eindeutigkeit, und zwar – dies ist der eigentlich wichtige Punkt – als Reaktion auf die „Verhöhnung" des „wahren" Weltbildes durch die moderne Physik. Benn war der festen Überzeugung, daß die expressionistische Bewegung die „reine Verwertungswelt der Wissenschaft" schon vor dem Nationalsozialismus überwunden hätte: indem sie

> jenen schwierigen Weg nach innen ging zu den Schöpfungsgeschichten, zu den Urbildern, zu den Mythen, und inmitten dieses grauenvollen Chaos von Realitätszerfall und Wertverkehrung zwanghaft, gesetzlich und mit ernsten Mitteln um ein neues Bild des Menschen rang. (S. 268)

Die Kunst habe der Politik überhaupt erst die Bresche ins Volk geschlagen. Was das neue Regime über die Institutionen des staatlichen Gewaltmonopols erreichen wolle und werde: die Rückgewinnung einer allgemein verbindlichen Realität, dieses Ziel habe die Avantgardekunst als geistige Bewegung vorweggenommen.

Für Benn gehörte nicht die moderne *Kunst*, sondern die moderne *Physik* auf die Anklagebank nationalsozialistischer Kulturpolitik. „Diese monströse Wissenschaft, in der es nichts gibt als unanschauliche Begriffe, künstlich abstrahierte Formeln, das ganze eine [...] völlig sinnlose konstruierte Welt" (S. 269), sei es schließlich gewesen, die den Mann auf der Straße seiner weltanschaulichen Ideale beraubt und so maßlos verwirrt habe. Die Kunst dagegen habe damit nichts zu tun – im Gegenteil, sie schaffe ja gerade neue Verbindlichkeiten. In der Frage, *wie* eine abstrakte Naturwissenschaft eine so große negative Breitenwirkung habe erzielen können, zeigte sich Benn einig mit den Parteidemagogen: Man habe „ein solches Wesen" mit der Physik getrieben und sie „zu einem so aufgedunsenen Balg aus angeblich weltanschaulicher Bedeutung und ruhmvoller Erkenntnis öffentlich" aufgeblasen,

> daß der Zeitungsleser in der Morgen- wie in der Abendausgabe seine Atomzertrümmerung verlangte. [...] Hier werden Theorien, die auf der ganzen Erde nur von acht Spezialisten verstanden werden, von denen sie fünf bestreiten, Landhäuser, Sternwarten und Indianertempel geweiht; aber wenn sich ein Dichter über sein besonderes Worterlebnis beugt, ein Maler über seine persönlichen

Farbenglücke, so muß das anarchisch, formalistisch, gar eine Verhöhnung des Volkes sein. (S. 269)[22]

Es sei paradox, daß die Physiker „ihren spezialistischen Humbug bei festen Gehältern, Witwen- und Waisenpensionen bis zur Altersgrenze vor sich hinpusseln" dürften, während die Künstler auf der anderen Seite um ihre Existenz fürchten müßten. „Einen solchen Widersinn wird das neue Deutschland bestimmt nicht mitmachen" (S. 269), lautete Benns eindringlicher Appell. – Längst war er gehört worden: Die Nationalsozialisten belegten die moderne Physik mit demselben Bann wie die moderne Kunst.

---

[22] Daß Benn bei seinen Ausführungen über die „Spezialisten" unter den Physikern insbesondere an Einstein dachte, ersieht man aus seiner Bemerkung, man habe den Wissenschaftlern „Landhäuser, Sternwarten und Indianertempel geweiht": Die Stadt Berlin hatte Einstein zum 50. Geburtstag ein Geschenk gemacht – ein Grundstück vor der Stadt, aus dem über Umwege dann Einsteins Caputher Sommerresidenz wurde (vgl. dazu Grundmann: Einsteins Akte, S. 393). Der Hinweis zu den „Sternwarten" bezog sich auf den 1921 fertiggestellten Potsdamer Einstein-Turm. Zur „Indianertempel"-Bemerkung vgl. ergänzend noch einmal Abb. 14.

Am Ende sei noch darauf hingewiesen, daß die wachsenden Ressentiments gegenüber dem Nationalsozialismus Benns Aversion gegenüber der Physik keinen Abbruch taten – woran man noch einmal erkennen kann, *welche* Einstellungen bei ihm *wovon* bedingt waren. Noch 1941 klagte er, daß der von der Physik verursachte „tiefe substantielle Zerfall" die Lebenswirklichkeit zugrunde gerichtet hätte. Allein die Kunst hätte sich dieser Entwicklung entgegengestemmt: „[...] hier wurde im Artistischen die Überführung der Dinge in eine *neue Wirklichkeit* versucht, in einen neuen echten Zusammenhang, in eine *biologische* Realität, erwiesen durch die Gesetze der Proportion, erlebbar als Ausdruck ansetzender geistiger Daseinsbewältigung, erregend in seiner schöpferischen Spannung zu einem aus innerem Schicksal sich ergebenden Stil. *Kunst als Wirklichkeitserzeugung; ihr Herstellungsprinzip.*" (GW III, S. 343f. – Hervorhebungen v. mir, C.K.)

2.4.3 Die Choreographie der Wirklichkeit

> *Der Wille zur Form, der Wille, das Chaos*
> *zu entwirren, die aus den Fugen geratene*
> *Welt wieder in Ordnung zu bringen und als*
> *Wächter [...] der Ordnung zu walten, – das*
> *ist die ungeheure Aufgabe, die sich der Na-*
> *tionalsozialismus gestellt hat.*[1]
>
> (Gottfried Feder)

Für Gottfried Benn war die Krise der Moderne in erster Linie eine Form- und Wahrnehmungskrise. Den eigentlichen Auslöser des allgemeinen geistigen Dilemmas – einschließlich der politischen und sozioökonomischen Ausläufer – sah er in den von einer linksliberalen Medienmacht künstlich hochstilisierten physikalischen Revolutionen der Gegenwart. Eine durch die Naturwissenschaft ihrer Wirklichkeit beraubte Welt konnte auch in anderen Lebensbereichen keine verbindlichen Autoritäten mehr bieten. Im April 1932 klagte Benn die Physik vor der *Preußischen Akademie der Künste* in diesem Sinne offen an:

> Die alten Realitäten Raum und Zeit Funktionen von Formeln; [...] überall imaginäre Größen, überall dynamische Phantome, selbst die konkretesten Mächte wie Staat und Gesellschaft substantiell gar nicht mehr zu fassen, immer nur der Prozeß an sich, immer nur die Dynamik als solche [...]. (GW III, S. 450)

Ein Jahr später war sich der Dichter sicher, daß der Nationalsozialismus die lang erwartete, neue Realitäten schaffende, schöpferische Einheit von Kunst und Autorität herbeiführen würde. Im Essay „Züchtigung", einem seiner fragwürdigsten Texte,[2] heißt es dazu: „Der totale Staat, im Gegensatz zum plurali-

---

[1] Feder: Das Programm der N.S.D.A.P. und seine weltanschaulichen Grundgedanken, S. 26.

[2] Treffend bemerkt Karol Sauerland über diesen Aufsatz – in dem u.a. das Führerprinzip und der „totale Staat" gefeiert werden –, „einen besseren Fürsprecher ihrer Ziele hätten die Nazis sich nicht wünschen können" (Gottfried Benn und das Dritte Reich. – In: Convivium 3 (1995), S. 29-48, hier: S. 31). In „Züchtigung" bezeichnete Benn Moses als „größte[n] völkische[n] Terrorist[en] aller Zeiten und großartigste[n] Eugeniker aller Völker" (GW III, S. 240). Damit lag er ganz auf der tiefen Linie von Julius Streichers Hetzblatt *Der Stürmer*: Streicher, einer von Hitlers übelsten Schergen, brachte die Nürnberger Gesetze mit den mo-

stischen der vergangenen Epoche, [...] tritt auf mit der Behauptung völliger Identität von Macht und Geist" (GW III, S. 237).

Daß der von den Nationalsozialisten inszenierten neuen Wirklichkeit tatsächlich eine minuziös elaborierte Ästhetik immanent war – als Folge eines Prozesses, den zuerst Walter Benjamin als „Ästhetisierung des politischen Lebens"[3] bezeichnet hatte –, ist kaum zu bestreiten. Alte Wochenschau-Filme von SS-Aufmärschen, Aufnahmen der Lichtdome auf den Nürnberger Reichsparteitagen (vgl. Abb. 19) u.ä.[4] sind auch heute noch in der Lage, Eindrücke von dieser magisch konnotierten realen Scheinwelt zu vermitteln.[5] Zurecht urteilt Dieter Bartetzko daher, daß die NS-Propagandafilme

> nicht erst im Medium Scheinwelten schufen, sondern nur die bereits an Ort und Stelle kultisch-magisch wirkenden Körperfeste durch Auswahl und Aufnahmetechniken verdichteten und für deren massenhafte Verbreitung sorgten [...].
> Beides, die inszenierte Realität und deren selektive Wiedergabe im Film, waren Bestandteile eines Täuschungsmanövers, in dem Kunst und Leben eins schienen.[6]

Erklärtes Ziel der sorgfältig durchchoreographierten künstlichen Wirklichkeit des „Dritten Reichs" war es, die nationalsozialistische Weltanschauung nach außen hin sichtbar zu machen[7] und dadurch zu festigen und weiter zu verbrei-

---

     saischen Anweisungen zur Reinhaltung jüdischen Blutes (vgl. 2. Mos. 34,16; Neh. 10,31) in Verbindung. (Zu diesem Punkt vgl. auch Wistrich: Der antisemitische Wahn, S. 14.)

[3]   Das Kunstwerk im Zeitalter seiner technischen Reproduzierbarkeit, S. 48.

[4]   Eine gute Übersicht über die verschiedenen Elemente nazistischer Wirklichkeitsmanipulation enthält das dritte Kapitel von Sabine Behrenbecks *Der Kult um die toten Helden* (vgl. ebd., S. 195-446).

[5]   Vgl. Brockhaus: Schauder und Idylle, S. 238: „Die Massenveranstaltungen und Feiern des Regimes wirken bis heute mit ihrer sinnlichen Präsenz. Auch wir Nachgeborenen können die Bilder und Töne der faschistischen Spektakel sofort abrufen. In Filmen, auf Fotos und Schallplatten haben wir das Geschrei, den Jubel, die ornamentalen Massenchoreographien, die Lichteffekte, die dramatischen Inszenierungen der Reichsparteitage, der Hitlerreden, der Sportpalastveranstaltungen gesehen und gehört."

[6]   Zwischen Zucht und Ekstase, S. 50f.; S. 54.

[7]   Für Klaus Vondung bedeutet diese Inszenierung von Wirklichkeit die „praktische sozialrelevante Umsetzung der nationalsozialistischen Religion" (Die Apokalypse des Nationalsozialismus. – In: Der Nationalsozialismus als politische Religion. Hrsg. v. Michael Ley u. Julius H. Schoeps, S. 33-52, hier: S. 38). Überzeugend argumentiert Vondung, daß die „verschiedenartigen Feiern des Nationalsozialismus" mit ihren „liturgischen Texten" einen „Kult im strengen Sinn des Wortes" (ebd.) darstellten und daher als weiterer Beleg dafür gelten müßten, „daß der Nationalsozialismus tatsächlich als politische Religion betrachtet werden kann."

ten.[8] In allen Bereichen des öffentlichen Lebens sollte der Bevölkerung die von der Verbalpropaganda fingierte, alles umfassende Homogenität im wahrsten Sinne des Wortes auch noch einmal vor Augen geführt werden. „Einheit" bzw. „Einheitlichkeit" lautete die Devise. Man wollte das geistig zerrüttete Vaterland wieder „in Form bringen"[9] und hatte sich dazu dem „Gesetz der *Homogenität von Volk, Staat und Führung*" verschrieben. Rosenberg beschwor in seinen Schriften unermüdlich die neue „*Einheit von Staat und Kultur*" – und verkaufte letztere nochmals als „*Einheit von Forschung, Wissenschaft und Kunst*"[10] –, wobei er allerdings nur vage umriß, worin das Wesen dieser alles durchdringenden Einheit genau bestehen sollte. Auch andere Autoren frönten der attraktiven Worthülse von der „Kultur*totalität* der religiösen, wissenschaftlichen, künstlerischen und politischen Strebungen des deutschen Menschen"[11]. Goebbels sprach davon, daß die „*Totalität der Idee* [...]" im gesamten öffentlichen Leben zur Anwendung"[12] gebracht werden müsse. Auch er ließ jedoch offen, um welche „Idee" es dabei konkret gehen sollte.

Das große Ziel, eine neue „organische Ganzheitlichkeit" zu schaffen, „die alle Erscheinungen des Lebens umfaßt"[13], wurde von den Nationalsozialisten z.T. regelrecht als Missionsbefehl verstanden. Das weltanschauliche Programm der Partei hatte den Stellenwert eines Katalogs seelsorgerischer Rehabilitationsmaßnahmen für eine von einem weltanschaulichen Chaos sondergleichen drangsalierte „Volksseele". Aussagen wie die, „daß der ganze geistige Mensch in allen seinen Äußerungen, in Religion, Kunst, Wissenschaft und Politik von

---

8   Daß dieses Ziel in vielen Fällen auch erreicht wurde, ist nicht zu bestreiten. Ebenso herrscht Konsens darüber, daß die „ideologische Botschaft" der Nationalsozialisten tatsächlich erst über die Inszenierung von Wirklichkeit, „durch nonverbale Symbole, Rituale, Gesten, Uniformen, Massenkundgebungen wirksam" wurde (Michael Rohrwasser: Kommunismus und Nationalsozialismus und die Rolle des Schriftstellers. – In: „Totalitarismus" und „Politische Religionen". Konzepte des Diktaturvergleichs. Hrsg. v. Hans Maier, I, S. 383-400, hier: S. 386).

9   Dieses und das folgende Zitat: Otto Dietrich: Der Nationalsozialismus als Weltanschauung und Staatsgedanke. – In: Grundlagen, Aufbau und Wirtschaftsordnung des Nationalsozialistischen Staates, I, Gr. 1, Nr. 2, S. 7. Dietrich war „Reichspressechef" der NSDAP.

10   Rosenberg: Gestaltung der Idee, S. 236.

11   Schwerber: Nationalsozialismus und Technik, S. 7.

12   Goebbels: Wesen und Gestalt des Nationalsozialismus, S. 18.

13   Rüdiger: Grundlagen deutscher Kunst. – In: NS Monatshefte 4 (1933), S. 465-472, hier: S. 466.

dieser echten und wahren Seelsorge erfaßt werden muß"[14], waren in eben diesem religiös-therapeutischen Sinn wörtlich zu nehmen und formulierten ein
tiefes Bedürfnis nach weltanschaulicher *Katharsis.*

   Der NS-Staat wurde also keineswegs nur mittels kühl durchkalkulierter
Propagandatätigkeit – gleichsam von außen – „gesteuert". Die elementare Abscheu vor dem geistigen Zustand des verhaßten „Novembersystems" – das man
von Anfang an nur als „Wirrnis der Gegenwart"[15] und „Chaos des heutigen
öffentlichen Lebens"[16] verteufelt hatte, kann in gewisser Hinsicht als „ehrlich"
bezeichnet werden.[17] Geübte Kritiker hatten diese Tendenz früh erkannt. Das
„verzweifelt-gläubige Hinüber in die neue Ordnung"[18] – so Theodor Heuss –,
war *das* Hauptkennzeichen der nationalsozialistischen „Bewegung" – wobei
„Ordnung" allerdings fast nur negativ definiert war: als bloßes Gegenteil von
„Chaos".

   Auch nach eigenem Selbstverständnis stellte der Nationalsozialismus in
erster Linie eine Protest- und Gegenbewegung zu der „so fürchterlich tiefe[n]
Erschütterung des Gefüges eines Volkes"[19] dar. Darüber hinaus wurde immer
wieder dem Gedanken Ausdruck verliehen, daß es die *„geistigen Grundlagen*
der [...] Gesellschaft" seien, die „zerrüttet oder falsch" seien, und erst in zweiter Linie die sozioökonomischen. In diesem Sinne wurde der Weg an die
Macht als „heiliger Kampf um die seelischen und geistigen Dinge"[20] ausgegeben – und nicht primär gegen Arbeitslosigkeit, gegen die Reparationsforderun-

---

[14] Schwerber: Nationalsozialismus, S. 62.
[15] Feder: Der Deutsche Staat auf nationaler und sozialer Grundlage, S. 10.
[16] Feder: Programm der N.S.D.A.P., S. 25.
[17] Klaus Vondung spricht hier von einer „subjektiven Gläubigkeit" bis in die Spitze der Partei
      hinein. Den „meisten politischen Führern und Propagandisten" einschließlich Goebbels und
      Rosenberg müsse man „unterstellen, daß sie die Ideologeme, die sie als ‚Glauben' vermit-
      telten, im Sinne der subjektiven Gläubigkeit tatsächlich glaubten" („Gläubigkeit" im Natio-
      nalsozialismus. – In: „Totalitarismus" und „Politische Religionen". Konzepte des Diktatur-
      vergleichs. Hrsg. v. Hans Maier u. Michael Schäfer, II, S. 15-28, hier: S. 27). Ähnlich
      äußert sich Claus-Ekkehard Bärsch: Es sei nicht anzunehmen, daß etwa Dietrich Eckart
      oder Goebbels „aus taktischen und strategischen Überlegungen Zweck-Mittel-Relationen
      aufgestellt haben, um die magischen Ressourcen einer christlich erzogenen Gesellschaft zu
      reaktivieren. Sie waren keine Genies der Werbung und keine Kenner der Volksseele. Ihnen
      ist die Reaktivierung apokalyptischer Deutungsmuster einfach passiert." (Die politische Re-
      ligion des Nationalsozialismus, S. 133.)
[18] Hitlers Weg, S. 166.
[19] Dieses und die folgenden Zitate: Feder: Programm der N.S.D.A.P., S. 27.
[20] Göring: Reden und Aufsätze, S. 92.

gen des Versailler Vertrags o.ä. „Die nationalsozialistische Bewegung vertritt die Anschauung", ließ Göring sich vernehmen, „daß nicht nur das soziale und wirtschaftliche Moment allein maßgebend sein kann für die Geschlossenheit und Wiedergesundung eines Volkes. Noch stärker bewegt uns die Sorge um das geistige und seelische Gut"[21]. Sogar der nationalsozialistische Antisemitismus scheint mehr weltanschaulich als ethnisch motiviert gewesen zu sein. Noch in seinem „politischen Testament" ließ Hitler für die Nachwelt festhalten, von „jüdischer Rasse" sprächen die Nationalsozialisten „nur aus sprachlicher Bequemlichkeit". In Wirklichkeit sei die „jüdische Gemeinschaft [...] vor allem eine Gemeinschaft des Geistes. [...] Geistige Rasse ist härter und dauerhafterer Art als natürliche Rasse."[22]

Die aktiven ordnungs- und einheitstiftenden Eingriffe in die äußere Wirklichkeit und die neue „Gestaltung [...] auch für das Kultur- und Geistesleben unseres Volkes"[23] fielen also von vornherein untrennbar zusammen. Dies erkennt man nicht zuletzt daran, daß sich die Nationalsozialisten mit Vorliebe einer mit Begriffen aus Architektur und bildender Kunst angereicherten Lokution bedienten. Man sprach etwa vom „schlichte[n] monumentale[n] Stil des nationalsozialistischen weltanschaulichen Lebens"[24] oder davon, daß das „Erleben unserer Zeit auf allen Gebieten [...] einfach und monumental"[25] sei. Die Formel, es gebe „wohl kaum ein Gebiet des Lebens, dessen *architektonische Gestaltung* der Nationalsozialismus nicht in Angriff genommen hätte"[26], bringt diese Grundhaltung auf den Punkt.[27]

Während die Baukunst Einzug in den Sprachgebrauch hielt, gewannen umgekehrt die weltanschaulichen Bekenntnisse ihren sichtbarsten Ausdruck in

---

[21] Ebd., S. 180. In diesem Sinne sollte auch die Bücherverbrennung aufgefaßt werden: als symbolischer Akt für die heißersehnte Reinigung und Läuterung des „deutschen" Geisteslebens.
[22] Hitlers politisches Testament, S. 68f.
[23] Feder: Deutscher Staat, S. 10.
[24] Rosenberg: Der Kampf um die geistig-kulturelle Gestaltung. – In: Völkischer Beobachter 1.1.1935, hier zit. n. Rosenberg: Gestaltung der Idee, S. 235-S. 238, hier: S. 238.
[25] Rosenberg: Nationalsozialismus, Religion und Kultur. – In: Grundlagen, Aufbau und Wirtschaftsordnung des Nationalsozialistischen Staates, I, Gr. 1, Nr. 1, S. 8.
[26] Schrade: Bauten des Dritten Reichs, S. 37 – Hervorhebung v. mir, C.K.
[27] Eine Rolle gespielt haben dürfte in diesem Kontext natürlich auch, daß Rosenberg von seiner Ausbildung her Architekt war und Hitler in jungen Jahren gern ein solcher geworden wäre.

der Architektur[28]: „Die Bauten des Führers sind die Zeugen der weltanschaulichen Wende unserer Zeit" und damit „gebauter Nationalsozialismus"[29], wurde allerorts verkündet. Rosenberg zufolge dienten die Monumentalbauten des „Dritten Reichs" zuvörderst als „Darstellung dessen, was wir unsere Weltanschauung nennen"[30]. Mitunter sprachen die Anhänger der neuen politischen Religion auch unumwunden von *„Bauten des Glaubens"* – deren Aufgabe es eben sein sollte, „dem weltanschaulichen Erleben sichtbaren Ausdruck zu geben"[31].

Was aber war Inhalt der neuen Weltanschauung, ob „steingeworden" oder nicht? Hitlers Vorstellungen folgend, hatte die neue *Baukunst* in erster Linie eindeutig und klar zu sein.[32] Der großangelegte „Versuch, mittels der Architektur suggestive Wirkungen zu erzielen"[33] – so Albert Speer in der Rückschau der 70er Jahre – zielte auf die Vermittlung von Eindeutigkeit, Klarheit und Monumentalität[34] ab; in diesem Sinne sollte der neue architektonische Stil „für sich" sprechen.[35]

---

[28] Vgl. etwa Joachim Petsch: Architektur der 20er und 30er Jahre. Kontinuitäten und Brüche. – In: Kultur und Wissenschaft beim Übergang ins „Dritte Reich". Hrsg. v. Carsten Könneker, Arnd Florack u. Peter Gemeinhardt, S. 11-27, hier: S. 25f.: „Die Architektur diente der Darstellung der nationalsozialistischen Weltanschauung und sollte zugleich auf sie verweisen – sie war Teil der nationalsozialistischen Propaganda im ‚Dritten Reich‘." Petsch bezeichnet die eigentliche NS-Architektur in diesem Sinne auch als *„heroisch-faschistische Staats- und Parteiarchitektur"* (ebd., S. 24).

[29] Anon.: Nationalsozialistische Baukunst. – In: Die Kunst im Dritten Reich 3 (1939), S. 223-224, hier: S. 224.

[30] Rosenberg: Weltanschauung und Wissenschaft, S. 11.

[31] Anon.: Nationalsozialitische Baukust, S. 224 – Hervorhebung v. mir, C.K.

[32] „Klarheit" bezeichnete Hitler als „Gebot unserer Schönheit" (Des Führers große kulturpolitische Rede, S. 22). Rosenberg ergänzte, die neue Baukunst müsse „ehrlich" sein (Der Mythus des 20. Jahrhunderts, S. 386). Wie Joachim Petsch bestätigt, fand Hitlers „These, ‚deutsch sein‘ bedeute ‚klar sein‘" (Kunst im „Dritten Reich", S. 15), in Albert Speers Arbeiten ihre kraftvollste nach außen hin sichtbare Bestätigung. Neben Klarheit nennt Petsch als weitere Hauptcharakteristika der NS-Architektur Ruhe (Bewegungslosigkeit) und Übergröße (vgl. ebd., S. 25).

[33] Speer: Vorwort. – In: Albert Speer. Architektur. Arbeiten 1933-1942, S. 7-8, hier: S. 7.

[34] In seinen *Erinnerungen* sprach Speer von der „in die Ewigkeit projizierten Vorstellung der eigenen Größe [...]. Ich begeisterte [...] Hitler, wenn ich ihm beweisen konnte, daß wir geschichtlich hervorragende Bauwerke zumindest in den Größenverhältnissen ‚geschlagen‘ hätten" (S. 83). Auf die besondere Bedeutung des Faktors „Monumentalität" für die in sich inhomogene nationalsozialistische Baukunst macht auch Petsch aufmerksam (Architektur der 20er und 30er Jahre, S. 25): „Auswahl und Übernahme historischer Bautypen, Bauformen und Baumotive erfolgten [...] nicht nach ästhetischen Kriterien, sondern aufgrund

So authentisch die NS-Bauten aber weltanschauliche Ideale wie Klarheit, Ordnung, Einheit und Größe zu hypostasieren vermochten und so tief das Bedürfnis weiter Bevölkerungsteile für diese stereotypen Urbilder ganz offensichtlich war – welchen konkreten normativen Aussagen entsprachen sie? – Auf die Heterogenität der nationalsozialistischen „Ideologie" ist in der Vergangenheit vielfach hingewiesen worden. „Es ist nicht so sehr von Belang, woran wir glauben; nur daß wir glauben."[36] Dieser Ausspruch von Goebbels' Romanheld *Michael* kann hier im Sinne eines übergreifenden Mottos aufgefaßt werden. Bis in die oberste Parteiriege hinein existierten z.T. ganz erhebliche Meinungsverschiedenheiten zu zentralen Weltanschauungsfragen. Hitlers ablehnende Haltung gegenüber weiten Passagen von Rosenbergs *Mythus* oder seine Kritik an Himmlers Vorstellungen von der Wiedereinführung altgermanischer Riten sind nur zwei Beispiele von vielen. Die meisten Interpreten vertreten daher zurecht die Ansicht, daß von *der* nationalsozialistischen „Weltanschauung", sooft diese auch heraufbeschworen wurde, gar keine Rede sein konnte. Es gab keine NS-Ideologie im engeren Sinne,[37] sondern lediglich einen Satz bestimmter Ideologeme, die in unterschiedlichen Konstellationen und Nuancierungen von den verschiedenen Parteiphilosophen immer wieder abgerufen wurden. Die unerschöpflichen Wortergüsse zum Thema „Kulturtotalität" formulierten de facto nicht viel mehr als ein Wunschdenken, und die an den geschmeidigen Propagandaphrasen ausgerichtete äußere Illusionswelt hatte nicht zuletzt den Zweck, gerade dies zu überdecken.

---

ihrer Bedeutung und Brauchbarkeit für die Vermittlung von nationalsozialistischen Inhalten. Bevorzugt wurden Typen und Formen, die sich auf bestimmte Momente unumschränkter Herrschaft bezogen [...]. An der historischen Architektur interessierte vorrangig ihre Eignung zur Monumentalität."

[35] Robert Wistrich weist ergänzend auf die Rolle der Propaganda hin: „Man hob die Klarheit und Symmetrie der Bauten hervor und das Gefühl von Sicherheit und Ordnung, das sie ausstrahlten." (Adolf Hitler – Kunst und Megalomanie. – In: Der Nationalsozialismus als politische Religion, S. 126-150, hier: S. 142.)

[36] Goebbels: Michael, S. 31.

[37] Hans Mommsen spricht hier treffend von einer „chamäleonhaften ideologischen Flexibilität" des Nationalsozialismus (Nationalsozialismus als politische Religion. – In: „Totalitarismus" und „Politische Religionen". Konzepte des Diktaturvergleichs. Hrsg. v. Hans Maier u. Michael Schäfer, II, S. 173-181, hier: S. 174.)

2.4.4 Die Wiederverzauberung des Makroskopischen. Das „Volk" als monumentaler „Massenkristall"

> Jetzt spüren wir schon deutlicher, worum es geht:
> [...] es geht um Leben und Tod; mehr noch: es
> geht um die Frage, ob der Mensch persönlich e-
> xistieren dürfe oder sich in ein überpersönliches
> Realissimum aufzulösen habe.[1]
>
> (Eric Voegelin)

Als eine der ganz wenigen Übereinstimmungen innerhalb der diversen ideologischen Teilströmungen, die sich hinter dem Topos von der *einen* nationalsozialistischen Weltanschauung scharten, muß die singuläre Aufwertung des Begriffs „Volk" angeführt werden.[2] Diese neben dem „Führer"-Begriff zentralste nazistische Wortneubesetzung war auch das entscheidende weltanschauliche Äquivalent zum „Monumentalbau" der NS-Architektur. Bartetzko spricht in diesem Sinne treffend von der „totale[n] Ordnung, die sich im Riesenornament hypertrophierter Bauten und im Ornament der Masse abbildet; Menschen und Architektur sind austauschbar geworden."[3]

Schon 1921 hatte Rosenberg verkündet: „*Das Erfühlen oder das Erkennen der [...] Gemeinschaft eines Volksganzen, die Anerkennung der Einordnung des einzelnen unter das Allgemeine, nennt sich heute Nationalsozialismus.*"[4] „Volk" bedeutete alles, der einzelne dagegen nichts, darin war sich die Parteiführung – bei allen sonstigen Disharmonien – stets einig. „Volk" versinnbildlichte gleichzeitig Einheit, Ordnung, Homogenität, Monumentalität und Si-

---

[1]   Voegelin: Die politischen Religionen, S. 14.
[2]   Vgl. Brockhaus: Schauder und Idylle, S. 101: „Der Begriff der Volksgemeinschaft ist der Zentralbegriff der nationalsozialistischen Propaganda in allen Bereichen [...]."
[3]   Zwischen Zucht und Ekstase, S. 152. Zuletzt machte Ralf Schnell noch einmal auf die „Kongruenz von Architektur und Massenszene" (Dichtung in finsteren Zeiten, S. 52) in der Inszenierung der NS-Wirklichkeit aufmerksam.
[4]   Rosenberg: Kampf um die Macht, S. 76.

cherheit – und das nicht nur dem Worte nach, sondern auch über die äußere Inszenierung (vgl. dazu Abb. 20).[5]

Auch in der Sublimierung des „Volkes" ist der Versuch zu erkennen, die vorangegangene Entwirklichung der Wirklichkeit wieder rückgängig zu machen. Claus-Ekkehard Bärschs These von der „Wiederverzauberung von Welt durch die Sakralisierung des Volkes"[6] umreißt diesen Vorgang sehr genau. Es scheint tatsächlich so gewesen zu sein, daß die allgemeine Sinn- und Weltanschauungskrisis in der Endphase der Weimarer Republik so elementar geworden war, daß allein die Floskeln von „Einheit", „Eindeutigkeit", „Sicherheit" usw. – im Zusammenspiel mit ihrer unmittelbar erfahrbaren Manifestation in der entstehenden realen Scheinwelt – eine solche identitätsstiftende Wirkung erzielten, daß der Nationalsozialismus – trotz aller augenfälligen und oft nur unzureichend kaschierten inhaltlichen Disparitäten – zur tonangebenden „Weltanschauung" avancieren konnte.

An diesem Punkt lohnt es sich, die zentralen Inhalte der modernen Physik, wie sie in den 20er Jahren bis ins Alltagsbewußtsein der Menschen hineingetragen worden waren, noch einmal zu rekapitulieren. Relativität, Akausalität, extreme Unanschaulichkeit und eine bis dato ungeahnte Aufwertung des Einzelnen gegenüber dem Verbund waren der Öffentlichkeit als Kernaussagen der grundlagenwissenschaftlichen Revolutionen angepriesen worden. Die Quintessenz der in Literatencafés wie Markthallen gehandelten Theorien ließe sich grob in folgende – aus physikalischer Sicht natürlich radikal diluierte – Sätze fassen: „Es gibt keine absoluten Werte, keine eindeutigen Wahrheiten und keine Wirklichkeit im strengen Wortsinn mehr. Das Weltgeschehen beruht auf einer fundamentalen Gesetzlosigkeit. Im Grunde ist alles fortwährender Zerfall."[7]

---

[5] In bezug auf die ausgefeilte Massendramatik der *Reichsparteitage* spricht Yvonne Karow auch vom „kultisch in Szene gesetzten Idealbild einer starken und geschlossenen Volksgemeinschaft" (Deutsches Opfer, S. 95).

[6] Claus-Ekkehard Bärsch: Alfred Rosenbergs „Mythus des 20. Jahrhunderts" als politische Religion. Das „Himmelreich in uns" als Grund völkisch-rassischer Identität der Deutschen. – In: „Totalitarismus" und „Politische Religionen". Konzepte des Diktaturvergleichs. Hrsg. v. Hans Maier u. Michael Schäfer, II, S. 227-248, hier: S. 230f. Vgl. auch ders.: Die politische Religion des Nationalsozialismus, S. 367.

[7] Vgl. dazu noch einmal ein zeitgenössisches Beispiel. Laut moderner Physik, so war 1932 in der *Neuen Züricher Zeitung* zu lesen, gäbe „es keine Materie, keine Kräfte, keine Trennung in Zeit und Raum, keine Ursachen und Wirkungen, kein Vorher und Nachher, überhaupt

Die verlorene Kausalität, die Sicherheit eines determinierten und damit
sinnvollen Weltablaufs, war den Menschen unter fortwährend akzentuierter
Privation von formal-mathematischen Ausdrucksweisen durch die völkische
Rassenkunde wiedergeschenkt worden. Entwurf und Ausgestaltung einer eindeutigen, greifbaren „Wirklichkeit" erfolgten durch Propaganda und Baukunst.[8] „Absolutheit" herrschte ohnehin in sämtlichen Teilbereichen des „totalen Staates" vor. Das „Treuegelöbnis" der NSDAP, „Ich gelobe meinem Führer
Adolf Hitler Treue. Ich verspreche, ihm und den Führern, die er mir bestimmt,
jederzeit [...] Gehorsam entgegenzubringen"[9], bringt diesen Anspruch beispiel-
haft zum Ausdruck. Anschaulichkeit, Ganzheit und Makroskopie zuletzt wurden über die Architektur sowie den nazistischen Kultus vom „Volk" an die
Gesellschaft zurückgegeben.

Gesetzlosigkeit und Zerfall, die letzten Punkte der pauschalisierten, in ihren weltanschaulichen Konsequenzen niederschmetternden Aussagenkette aus
dem vorletzten Absatz, bezogen sich primär auf die Vulgarisierung der modernen Mikrophysik. Daß das Atom als vermeintlich kleinster Materiebaustein
gern mit dem einzelnen *Menschen* assoziiert wurde, war zwar kein genuines
Phänomen des 20. Jahrhunderts.[10] Schon etymologisch gehören das lateinische
individuum und das griechische ἄτομος gewissermaßen „unteilbar" zusammen.
Um so verheerender wirkte aber gerade die Nachricht, daß Atome gar keine
„Atome" im eigentlichen Wortsinn mehr darstellten, daß auch sie sich in
Fragmente auflösen und zerfallen konnten. Auf dem Weg der Popularisierung

---

kein ‚Geschehen' mehr, sondern nur noch einen Zustand des [...] eigenschaftslosen [...]
Seins, der beschrieben wird durch gewisse mathematische Symbole und Gleichungen, die
[...] *alle* Aussagen über die Struktur jenes vierdimensionalen Weltphantoms [...] enthalten."
(Koelsch: Relativitätstheorie und Quantenmechanik. – In: NZZ 16.1.1932, Nr. 86, S. 1.)

[8] In diesem Zusammenhang erscheint auch ein kurzer Verweis auf die nazistische Blut-und-
Boden-Ideologie interessant: „Die Heimaterde, die uns trägt, können wir uns ausgewechselt
denken durch eine chemisch-physikalische „gleiche" andere Erde. Aber ist uns nicht schon
der bloße Gedanke einer solchen „Ersetzung" unerträglich? Ist die Erde nicht in einer
Seinseinheit mit uns? Diese eine Erde, unsere Heimaterde! *Hier handelt es sich um Wirklichkeit in einem totalen Sinne*, um Wirklichkeit, die nur *dem* sich ganz erschließt, der
seinsmäßig, bluthaft und schicksalhaft ihr zugehörig ist." (Sauer: Naturgesetzlichkeit und
Relativismus, S. 100.)

[9] Ich kämpfe. Sonderdruck zur Erinnerung an die Aufnahme in die NSDAP, S. 3.

[10] Man denke z.B. an Goethes *Wahlverwandtschaften*, wo die Ausführungen des Hauptmanns
über chemische Redoxreaktionen von Eduard ohne Umschweife auf menschliche Beziehungen übertragen werden: „Du stellst das A vor, Charlotte, und ich dein B" (Münchner
Ausgabe, IX, S. 319).

der modernen Atomphysik fanden die Bilder vom gesetzlosen Individuum und der zerfallenden Masse direkt Eingang in die Köpfe der Menschen und trieben dort ihr Unwesen.

Die moderne Mikrophysik und ihr theoretisches Fundament, die Quantenmechanik, hatten auf dem Wege ihrer Popularisierung alle Welt darüber aufgeklärt, daß in einem Verband radioaktiver Atome der sukzessive Zerfall nicht aufzuhalten ist. Über das Verhalten einzelner Materieteilchen ließen sich keine verbindlichen Aussagen (mehr) treffen. Im Anschluß an die Verbreitung dieser Erkenntnisse kam es zu einer regelrechten Flut neuer Übertragungen, die z.T. darauf abzielten, den Gegensatz von menschlicher Freiheit und materieller Determination, wie er im neunzehnten Jahrhundert noch Bestand gehabt hatte, aufzulösen.[11] Weitaus häufiger jedoch wurden Irrsinn, Schizophrenie und Anarchie mit atomarem Zerfall und Quantensprüngen in Verbindung gebracht – wovon ja auch die Mathematikerromane von Musil und Broch zeugen.[12]

---

[11] Vgl. z.B. Hessen: Die Geistesströmungen der Gegenwart, S. 28f.: Die Erkenntnisse der Atomphysik hätten „weittragende philosophisch-weltanschauliche Folgen. Sie betreffen das Problem der *Willensfreiheit*. Der Determinismus, der die Freiheit leugnete, pflegte sich dafür auf die von der Naturwissenschaft behauptete strenge Gesetzmäßigkeit des Naturgeschehens zu berufen. Diese Stütze ist heute morsch geworden. Die strenge Determiniertheit des Naturgeschehens ist [...] aufgegeben. Die Argumentation des Determinismus, der die strenge Gesetzmäßigkeit der Naturvorgänge einfach [...] auf das seelische Geschehen ausdehnte, ist damit ad absurdum geführt."

[12] Da das Phänomen radioaktiven Zerfalls schon seit Beginn des Jahrhunderts publik war, wurde solchen Gedanken natürlich auch schon vor der Ausformulierung der Quantenmechanik Ausdruck verliehen. Wie gesehen, brachte schon Spenglers *Untergang des Abendlandes* den Gedanken einer „innere[n] Verwandtschaft von Atomtheorie und Ethik" vor (I, S. 493). Alexander Moszkowski schrieb 1922, das Wesen der Atomphysik sei das „*Unmoralische*". Physikalische Gegenstände seien „bis in die Atome hinein infiziert mit Zweckwidrigkeit" und „Egoismus" (Die Welt von der Kehrseite, S. 250f.). Bezeichnend ist auch die spontane Reaktion von Victor Klemperer, als er 1923 von einem Freund, dem Physiker Harry Dember, über die erwiesene Teilbarkeit von Atomen aufgeklärt wurde: „Dember hielt bis tief in die Nacht Privatissima über Einstein u. über die mir ganz neue Rutherfordsche Atomzertrümmerung. Mir fiel sogleich das Stück Renans meiner M.P. [*Die moderne französische Prosa 1870-1920*] ein: es könnte doch einer kommen u. das Atom auflösen. Wer weiß, wie vieles dann anders würde." Zwar bedeuteten die neuen Erkenntnisse in Klemperers Augen auch eine gewisse „Vereinfachung" der allgemeinen Naturauffassung. „*Eine so ungeheuerliche aber doch, daß man darüber den Verstand verlieren könnte. Wenn man ihn nicht an Dollarcurs, Brodpreis [sic!] u. ähnliches hinge.*" (Klemperer: Leben sammeln, nicht fragen wozu und warum, I, S. 760 – Hervorhebung v. mir, C.K.)

Nicht selten förderten die Physiker entsprechende Assoziationen durch die Art ihrer Darstellung auch selbst, wenn sie z.B. verlauten ließen, das „Verhalten des einzelnen Individuums" – Schrödinger meinte hier das Atom (!) – sei grundsätzlich „undeterminiert" bzw. „zufallsbestimmt"[13]. Über die Tagespresse fand der Gedanke vom zerfallenden und gesetzlosen Individuum regste Verbreitung. 1928 war auf der Titelseite der *Frankfurter Zeitung* zu lesen, daß jedes Materieteilchen „sein besonderes, individuelles Schicksal" habe – ein Schicksal freilich, das allein „vom Zufall regiert" werde. Explizit wurde die Vermenschlichung der Quantenmechanik dabei auf den Begriff „Bevölkerung" ausgedehnt. Die Leser erfuhren, daß kein einziges Molekül „genau das gleiche Schicksal" habe

> wie ein anderes. Für den Physiker aber, der das Verhalten des „Kollektivwesens" [...] (der „Molekülbevölkerung") erforschen will, sind diese Einzelschicksale ebenso gleichgültig, wie sie es dem Bevölkerungsstatistiker sind. Er kann die Gesetze, die das Verhalten des Ganzen bedingen, nur dann erkennen, wenn er sein Auge vor der verwirrenden Fülle der Einzelschicksale verschließt und sich auf das *durchschnittliche* Verhalten der Einzelmoleküle stützt.[14]

Auch die *Deutsche Allgemeine Zeitung* widmete der Frage „Willensfreiheit im Atom?"[15] 1930 einen ausführlichen Artikel. Die „Anzweiflung der Gültigkeit des Kausalprinzips", war zu vernehmen, sei „für die angesehensten Vertreter der Physik heute ‚der Weisheit letzter Schluß'" und betreffe „in ihren geistigen Wirkungen uns alle". Zuletzt übten sich auch die Publizisten eifrig in einschlägigen Vergleichen. „Das historische Geschehen rollt als ein riesiges Würfelspiel durch die Welt"[16], konnte man bei Lämmel lesen. „Der Mensch ist darin Atom. Sein Einzelschicksal ist nicht kausal."

Die Metapher vom „Würfelspiel der Natur"[17], von der Nachwelt zumeist auf Einstein zurückgeführt,[18] machte eine besonders große Runde durch den

---

[13] Schrödinger: Das Gesetz der Zufälle. Der Kampf um Ursache und Wirkung in den modernen Naturwissenschaften. – In: Koralle 5 (1929), S. 417-418, hier: S. 417.

[14] Westphal: Wellenmechanik und Fermische Statistik. – In: Frankfurter Zeitung 24.7.1928, Nr. 546, S. 1-2, hier: S. 1 – Hervorhebung durch Unterstreichung v. mir, C.K.

[15] Dieses und das folgende Zitat: Wolf: Willensfreiheit im Atom? Zum Streit der Physiker über das Kausalprinzip. – In: Deutsche Allgemeine Zeitung 12.1.1930, Nr. 12, Sonntagsbeilage „Das Unterhaltungsblatt".

[16] Dieses und die folgenden Zitate: Lämmel: Die moderne Naturwissenschaft und der Kosmos, S. 238.

[17] Wolf: Willensfreiheit im Atom?

Blätterwald. Mitunter sprachen die Gazetten im selben Atemzug auch von einer maßlosen „Erschütterung der relativen Lebenssicherheit, die der ‚Kulturmensch' unserer Epoche aus der Wissenschaft zieht" – was sicherlich nicht unbedingt dazu beitrug, die Krisenstimmung zu entschärfen.

Wie bereits gezeigt, konnte die Vulgarisierung der modernen Atomphysik bequem auf den längst etablierten Einstein-Diskurs zurückgreifen. Im Zuge der oftmals in augenfälliger Weise sensationsheischenden „Berichterstattung" wurde den Lesern dann erklärt, der Abschied vom deterministischen Weltbild, wie er durch die Quantenmechanik vollzogen werde, habe in weltanschaulicher Hinsicht noch weitaus verheerendere Wirkungen als die Abschaffung des „Absoluten" während der Relativitätskrise der frühen 20er Jahre. Bernhard Bavink beispielsweise verlieh diesem Gedanken mehrfach Ausdruck. Die Abschaffung der kantischen Kausalkategorie markiere „ein Ergebnis, das in erkenntnistheoretischem Betracht von gar nicht zu überschätzender Tragweite"[19] sei, schrieb er 1927 im *Hannoverschen Kurier*. Es handle sich um ein

> mindestens ebenso tiefgreifendes, wenn nicht noch viel tiefer reichendes Problem [...], als bei der Relativitätstheorie vorliegt. Es mag einem wohl schwindeln bei dem Gedanken, daß die uns allen bereits fast zur Selbstverständlichkeit gewordene strenge Gesetzlichkeit des Weltgeschehens nur ein äußerlicher Schleier sein sollte, hinter dem eine vielleicht im Grundsatz gänzlich unberechenbare Einzelwirklichkeit ebenso verborgen steckte, wie etwa hinter einer Selbstmordstatistik [...].

Musil läßt an dieser Stelle noch einmal grüßen. In der Rückschau von 1933, nachdem die Kunde von der aufgedeckten Akausalität der Welt – und davon, daß sie zu „noch viel radikaleren Umwälzungen"[20] geführt habe als die Relativitätstheorie – sechs Jahre lang im Blätterwald gewütet hatte, sah sich Bavink zu einem vorläufigen Resümee veranlaßt. Die Quantenmechanik sei „wie eine Bombe eingeschlagen". Sie habe „das ganze bisherige Gebäude der theoretischen Physik ins Wanken" gebracht und offenbart

> daß die ganze Auffassung, die wir [...] vom Wesen der Naturgesetzlichkeit gehabt haben, jetzt hinfällig geworden ist. Die Welt ist ganz anders konstituiert als

---

[18] Vgl. z.B. Heisenberg: Der Teil und das Ganze, S. 100.
[19] Dieses und das folgende Zitat: Bavink: Zweifel am Kausalgesetz. Ein neuer Gedanke der naturwissenschaftlichen Forschung. – In: Hannoverscher Kurier 3.6.1927.
[20] Bavink: Weltanschauungswandel in der Naturwissenschaft. – In: Bremer Beiträge zur Naturwissenschaft 1 (1933), S. 126-158, hier: S. 135.

wie Newton, Laplace, Kant und alle Physiker und Philosophen mit ihnen gedacht hatten. *Daß diese Erkenntnis für die ganze Weltanschauung unberechen-*
bare Folgerungen nach sich ziehen muß, ist von vornherein klar.[21]

Ganz ähnlich formulierte Alfred Bäumler ein Jahr später. Zwar sei es

ein gewaltiger Schritt von Newtons Mechanik zur Mechanik Einsteins – und
doch ist die letztere nur eine Vollendung der ersten. Das Grundaxiom der Newtonschen Welt bleibt in ihr erhalten: daß in der Welt „alles" nach strengen Gesetzen geschah, daß das Geschehen bis ins Kleinste hinein determiniert sei. Dieses Grundaxiom ist durch die Quantenphysik erschüttert. [...]
Es ist klar, daß das Aufgeben des strengen Determinismus eine Wendung von
noch unübersehbarer Tragweite bedeutet. Max Born erzählt, wie er gefragt worden sei, ob jetzt die Zeit des Okkultismus komme? Es scheint schlechterdings
zu allem die Tür offen zu stehen.[22]

Im Nachhinein kann kein Zweifel daran bestehen, daß die moderne Physik –
auf dem Weg ihrer tendenziösen Vulgarisierung – entscheidend mit dazu beitrug, daß der *politische* Okkultismus Anfang der 30er Jahre flächendeckend
Einzug in Deutschland halten konnte. Das im Jahr der „Machtergreifung" von
Broch entwickelte, eindeutig vom Phänomen „Quantensprung" inspirierte Cre-
do, man müsse „bei jedem entgegenkommenden Menschen auf einen aggressiven Irrsinnsanfall" (KW II, S. 49) gefaßt sein, kann in diesem Sinne als Motto
des Vorabends der sog. *konservativen Revolution* angesehen werden. Die eindeutig religiös konnotierte Frage, ob „alles, was wir vor uns sehen", nur „sinn-
loses Atomspiel"[23] sei, geisterte auf allen Ebenen durch die Weimarer Re-

---

[21]   Ebd., S. 149 – Hervorhebung v. mir, C.K.
[22]   Männerbund und Wissenschaft, S. 87; S. 89. Vgl. auch Eddingtons Ausführungen zu diesem Punkt: Auf die vielfach geäußerte „Empörung über den Bolschewismus moderner Naturwissenschaft" und die gleichzeitig formulierte „Sehnsucht nach der alten wohlbegründe-
ten Ordnung" bezug nehmend, konstatierte er, die eigentliche Brisanz bestünde gar „nicht
in der Umordnung von Raum und Zeit, sondern in der Auflösung alles dessen, was wir als
durch und durch fest angesehen hatten, in winzige Teilchen, die im Leeren schweben. Diese
Erkenntnis muß jeden in die größte Verwirrung stürzen, der da glaubt, die Dinge seien
mehr oder weniger das, was sie scheinen." (Das Weltbild der Physik, S. 9.)
[23]   Hoche: Geistige Wellenbewegungen, S. 23. Später rückte derselbe Autor das Phänomen des
Quantensprungs auch in die Nähe zu menschlichem Irrsinn – ähnlich wie Broch und Musil:
„Das Verstehen, auf dem jede innere Lebensbeziehung ruht, hat ein Ende, wenn die Geset-
ze, auf deren Geltung auch im Kopfe des anderen wir bisher wie auf eine unverbrüchliche
Tatsache bauen konnten, auf einmal keine Kraft mehr besitzen; das Gehäuse steht noch da
in den bekannten Linien und Farben, aber den Besitzer treffen wir nicht mehr." (Hoche: Die
Geisteskranken in der Dichtung, S. 6.)

publik und fand im politischen Chaos der Zeit entscheidende Schützenhilfe. Sehr feinsinnig deckte einmal mehr Theodor Heuss die Zusammenhänge auf. Der Individualismus der Weimarer Republik sei von den radikal Konservativen als „Todsünde dieses Zeitalters" empfunden worden; speziell der National-sozialismus suche vor diesem Hintergrund den „Weg zurück zu einer neuen, *nicht auf das Atom, den Einzelnen, sondern auf den Verband [...] begründeten staatlichen und gesellschaftlichen Ordnung,* zurück oder voran."[24] Tatsächlich verkündete Hitler, als seine Macht weitgehend zementiert war, die „zügellose Einzelfreiheit"[25] der „Systemzeit" gehöre nun endgültig der Vergangenheit an. Im „Dritten Reich" zählte nur noch das „Volk" – nicht mehr das mikrophysika-lische Individuum, sondern der makroskopische Fest- bzw. Volkskörper.

Sehr prägnant läßt sich das Bild vom „Volk", wie es im NS-Staat dann auch öffentlich in Szene gesetzt wurde, als gigantischer „Massenkristall" in der Lesart von Elias Canetti beschreiben. In *Masse und Macht* definierte Canetti Massenkristalle als menschliche „Verbände, die ihrer Natur nach nur eine be-grenzte Zahl von Mitgliedern aufnehmen können" – im Fall des „Dritten Reichs" würde man hier die „reinrassigen" Deutschen nennen – und die „ihren Bestand durch harte Regeln sichern" – man denke an die sog. *Nürnberger Ge-setze.* Gegenteil des harten, in alle Raumrichtungen symmetrischen Massen-kristalls ist nach Canetti die in Fluß und Zerfall[26] begriffene „Masse": „Die Masse [...] zerfällt. Sie fühlt, daß sie zerfallen wird. Sie fürchtet den Zerfall."[27]

---

[24] Hitlers Weg, S. 30f. – Hervorhebung v. mir, C.K.

[25] Des Führers große kulturpolitische Rede, S. 7.

[26] Nicht wenige Autoren bezogen auch die in den 20er Jahren zu verzeichnende Renaissance des Heraklit zugeschriebenen „panta rhei" auf die Popularisierung der Atomphysik (vgl. z.B. Hessen: Die Geistesströmungen der Gegenwart, S. 26f.). Auch „Fluß" diente demnach zuweilen nur als Synonym für – radioaktiven – „Zerfall".

[27] Werke, III, S. 18. Vgl. auch Canettis vorbereitende Überlegungen in der *Blendung:* „,Die Menschheit' bestand schon lange, bevor sie begrifflich erfunden und verwässsert wurde, als Masse. Sie brodelt, ein ungeheures, wildes, saftstrotzendes und heißes Tier in uns allen, sehr tief, viel tiefer als die Mütter. [...] Wir wissen von ihr nichts; noch leben wir als ver-meintliche Individuen. Manchmal kommt die Masse über uns, ein brüllendes Gewitter, ein einziger tosender Ozean, in dem jeder Tropfen lebt und dasselbe will. Noch pflegt sie bald zu zerfallen und wir sind dann wieder wir, arme, einsame Teufel. [...] Indessen rüstet sich die Masse in uns zu einem neuen Angriff. Einmal wird sie nicht zerfallen, vielleicht in ei-nem Land erst, und von dort aus um sich fressen, bis niemand an ihr zweifeln kann, weil es kein Ich, Du, Er mehr gibt, sondern nur noch sie, die Masse. (Werke, I, S. 449f.)

Aus der Panik der sich auflösenden Masse[28] erklärt sich die Attraktivität des Festkörpers: „Die Klarheit, Isoliertheit und Konstanz des Kristalls sticht von den aufgeregten Vorgängen in der Masse [...] unheimlich ab."[29] Die „Bedrohung durch Zerfall, die der Masse ihre eigentümliche Unruhe" verleihe, sei „innerhalb des Kristalls nicht wirksam"; er sei „statisch durch und durch". Über Menschen, die ihre Lebenssicherheit aus der Zugehörigkeit zum Kristall bezögen, urteilte Canetti:

> Auf ihre *Einheit* kommt es viel mehr an als auf ihre Größe. [...] Eine Uniform [...] kommt ihnen sehr zustatten.
> Der Massenkristall ist *beständig*. [...] Wer sie [die Angehörigen des Kristalls] sieht oder erlebt, muß zuerst spüren, daß sie nie auseinanderfallen werden. Ihr Leben außerhalb des Kristalles zählt nicht.[30]

Um es noch einmal auf den Punkt zu bringen: Die von der modernen Physik „abgeschaffte" Kausalität des Weltgeschehens wurde durch die nazistische Rassenbiologie restituiert. Die Restauration von Anschaulichkeit, Absolutheit und Makroskopie erfolgte über die Architektur und in Gestalt der kultisch-magischen Massenaufmärsche – die gleichzeitig auch die neue, eindeutige, aufgrund ihrer plastischen Greifbarkeit quasi nicht mehr weiter zu hinterfragende „Wirklichkeit" verkörperten. Das im NS-Staat in Szene gesetzte „Volk" glich einem spröden kristallinen *Fest*körper. Als harte, abgeschlossene Einheit von untereinander gleichberechtigten „Volksgenossen" bildete es das Gegenstück zur amorphen „Masse" der „Systemzeit", die als chaotisches, heterogenes und zusammenhangloses Zerfallsgemisch verabscheut wurde, in dem anarchische „Atome" scheinbar tun und lassen konnten, was sie wollten. Die neue Weltanschauung ging nicht mehr vom „Einzel-Ich" aus, sondern von

---

[28] Vgl. hierzu auch Haas: Europäische Rundschau. – In: Neue Rundschau 35 (1924), S. 87-94, hier: S. 88: „Wo also steht das deutsche Volk als Volk heute? Am Rande des individualistischen Chaos. Es ist wieder nur ein sozusagen körpergewordener Konzentrationszustand des allseits Diffusen, mit allen erschreckenden Konturen des Zerfalls."

[29] Dieses und die folgenden Zitate: Canetti: Werke, III, S. 85.

[30] Ebd., S. 84. In diesem Zusammenhang interessant, weil ohne Rückgriff auf Canetti entwickelt, ist Klaus Vondungs Auslegung von Voegelins Schrift *Die politischen Religionen*. Die Erhebung des Volkes als einer „innerweltlichen Entität zum Realissimum" habe im Nationalsozialismus eine „sakrale und wertmäßige *Rekristallisation* der Wirklichkeit zur Folge" gehabt („Gläubigkeit" im Nationalsozialismus. – In: „Totalitarismus" und „Politische Religionen". Konzepte des Diktaturvergleichs. Hrsg. v. Hans Maier u. Michael Schäfer, II, S. 15-28, hier: S. 17 – Hervorhebung v. mir, C.K.).

„Volk" und „Rasse";[31] ihr Ansporn war der „Kampf um die Seele des deutschen Volkes"[32] und nicht das – demokratische – Ringen um die Stimmen einzelner Bürger.[33] Das Paradoxon, daß der Nationalsozialismus mit diesem „Programm" an die Macht *gewählt* wurde, ist ohne Berücksichtigung der „physikalischen" Unterminierung der Weimarer Wirklichkeit nicht zu erklären.

---

[31] Vgl. Schulze-Soelde: Weltanschauung und Politik, S. 52.
[32] Wesen, Grundsätze und Ziele der Nationalsozialistischen Deutschen Arbeiterpartei, S. 21.
[33] Es spricht für sich, daß die Ablehnung der Demokratie bei den Nationalsozialisten auch eng mit Ressentiments gegenüber Mathematik und Statistik liiert war. So bedeutete „Parlamentarismus" für Goering nichts anderes, als daß „ein Volk sich beugen [soll] vor der Feigheit der Zahl" (Reden und Aufsätze, S. 89).

2.5 Physik im „Dritten Reich"
2.5.1 Der Kampf um Heisenberg

> Bedauerlicherweise ist es mit Rücksicht
> auf das Ausland nicht möglich, dem Pro-
> fessor Heisenberg eine schärfere Zurecht-
> weisung zu erteilen, oder ihn, wie das wohl
> wünschenswert wäre, zu maßregeln.[1]
>
> (Alfred Rosenberg 1934)

Die Weimarer Republik war bis in ihren Alltag hinein von der Vulgarisierung
der modernen Physik geprägt gewesen, ein Aspekt, dem von der Forschung
bislang kaum Beachtung geschenkt worden ist. Daß es darüber hinaus aber
sogar noch eine Kontinuität bis in den NS-Staat hinein gab: daß die moderne
Physik – indirekt, *ex negativo* und sicherlich auch ohne daß die politischen
Ästhetisierer sich dessen unmittelbar bewußt waren – selbst noch das Geschehen im „Dritten Reich" implizit mitbestimmte, blieb gänzlich unbemerkt.[2] Dabei liegt zum Verhältnis von Nationalsozialismus und Physik bereits eine ganze
Reihe von Publikationen vor. Fast alle haben gemein, daß sie eine Auseinandersetzung mit *Personen* – „deutschen" Physikern wie Lenard und Stark etwa
oder aber ihren Opponenten, in erster Linie Einstein und Heisenberg – in den
Mittelpunkt der Analyse stellen, auch dann, wenn sie dem Anspruch nach konkreten *Themen* – etwa der Emigration von Physikern oder der Geschichte des
deutschen „Uranvereins" – nachgehen. Charakteristisch für die meisten Beiträ-

---

[1] Rosenberg zit. n. Werner Haberditzl: Der Widerstand deutscher Naturwissenschaftler gegen
die „Deutsche Physik" und andere faschistische Zerrbilder der Wissenschaft. – In: Naturwissenschaft, Tradition, Fortschritt. Hrsg. v. Gerhard Harig u. Alexander Mette, S. 320-
326, hier: S. 323.

[2] Dabei hätte ein Blick auf den eigenen Sprachgebrauch die Interpreten bereits in die richtige
Richtung lenken können. Gudrun Brockhaus beispielsweise nennt als „Momente, die die
Attraktivität des Nationalsozialismus ausgemacht haben", die „Ablehnung der entzauberten
Moderne und die Fiktion einer Welt von Unbedingtheit und Absolutheit" (Schauder und
Idylle, S. 197). Mit „Absolutheitsrhetoriken" sei der „Regimealltag aufrechterhalten" wor-
den (ebd., S. 244).

ge ist, daß „der Nationalsozialismus" in ihnen als gegebene Größe erscheint und versucht wird, ausgehend von bestimmten nachgezeichneten Episoden der Wissenschaftsgeschichte diese Entität in irgendeiner Form zu „befragen".[3] Sich andeutende Zusammenhänge zwischen nationalsozialistischer „Ideologie" und dem ihr stets immanenten Konturierungsobjekt, der modernen Physik, bleiben durch vorschnelle Hinweise auf personelle Verquickungen – vorzugsweise zwischen Lenard und Hitler – unbemerkt. Nicht selten kulminiert das Verfahren am Ende in der Formulierung der These, daß Nationalsozialismus und Physik friedlich hätten koexistieren können, wenn Einstein „Arier" gewesen wäre[4] – eine Aussage, die in dieser pauschalisierten Form eindeutig falsch ist, auch wenn die jüdische Abstammung nicht nur Einsteins, sondern einer Vielzahl von führenden Physikern[5] natürlich eine zu beachtende Rolle spielte.

Die beiden letzten Unterkapitel gehen vor dem Hintergrund der hier gewonnenen Erkenntnisse noch einmal den beiden beliebtesten „Geschichten" nach, die zum Thema „Physik und Nationalsozialismus" immer wieder erzählt werden. Beide drehen sich um Werner Heisenberg.

Daß Einsteins offener Brief an die „antirelativitätstheoretische G.m.b.H." zu einer persönlichen Ehrverletzung Lenards geführt hatte, ist bereits angedeutet worden. Daß sich der Heidelberger Experimentalphysiker bis zum Hitlerputsch von einem allseits Achtung genießenden Wissenschaftler mit korrektem Umgangston zu einem fiebernden Eiferer für den „Führer" entwickeln konnte, ist allerdings kaum allein damit zu erklären, daß Einstein ihn mit seiner Bemerkung, er habe in theoretischer Physik „noch nichts geleistet", zu stark persönlich angegriffen hätte. (Andere Einflüsse, die auch für Lenards Metamorphose mit ausschlaggebend gewesen sein dürften, sind aufgezählt worden.)

---

[3] Vgl. z.B. Steffen Richter: Die „Deutsche Physik". – In: Naturwissenschaft, Technik und NS-Ideologie. Beiträge zur Wissenschaftsgeschichte des Dritten Reichs. Hrsg. v. Herbert Mehrtens u. Steffen Richter, S. 116-141, hier: S. 116: „Hier soll [...] untersucht werden, wie unter der nationalsozialistischen Herrschaft versucht wurde, die Physik als Wissenssystem zu beeinflussen, also Inhalt und Methoden politischen und ideologischen Forderungen anzupassen, so wie es in der ‚Deutschen Physik' geschah."

[4] Vgl. z.B. Heiber: Universität unterm Hakenkreuz, I, S. 258.

[5] Über die Gründe für die deutlich überproportionale Präsenz von Juden unter den Physikern – und dabei speziell unter den Theoretikern – ist oft debattiert worden. Stellvertretend sei hier auf die gute Studie von Klaus Fischer (Jüdische Wissenschaftler in Weimar: Marginalität, Identität und Innovation. – In: Jüdisches Leben in der Weimarer Republik. Hrsg. v. Wolfgang Benz, S. 89-116) verwiesen.

Hitler jedenfalls versuchte am 8. November 1923, in Bayern die Macht an sich zu reißen und mit einem „Marsch auf Berlin" die dortige Regierung Stresemann zu stürzen. Der Versuch mißglückte. Schon am folgenden Tag löste die bayerische Polizei den Demonstrationszug der NSDAP vor der Feldherrnhalle auf, und Hitler wurde umgehend zu fünf Jahren Festungshaft verurteilt.

Am 8. Mai 1924, der Delinquent saß noch nicht lange in Landsberg ein, erschien dann in der *Großdeutschen Zeitung* eine von Philipp Lenard verfaßte und von Johannes Stark mit unterzeichnete Solidaritätsbekundung für den „Hitlergeist". Die beiden Nobelpreisträger wollten alle Welt wissen lassen, daß sie „in Hitler und seinen Genossen" ihre „allernächsten Geistesverwandten"[6] sahen. „Kulturbringer-Geister" wie Hitler seien selten und fänden sich „erfahrungsgemäß nur mit arisch-germanischem Blute verkörpert, wie denn auch die [...] Großen der Naturforschung dieses Blutes waren." Zur Gegenseite wurde angemerkt:

> Es ist immer ganz die gleiche Tätigkeit, immer mit demselben asiatischen Volk im Hintergrund, die Christus ans Kreuz, Jordanus Brunus auf den Scheiterhaufen brachte, Hitler und Ludendorff mit dem Maschinengewehr beschießt und hinter Festungsmauern bringt; der Kampf der Dunkelgeister gegen die Lichtbringer [...].[7]

In der aktuell schwierigen Lage seien „klare Menschen" gefordert,

> eben wie Hitler einer ist. *Er und seine Kampfgenossen, sie scheinen uns wie Gottesgeschenke aus einer längst versunkenen Vorzeit*, da Rassen noch reiner, Menschen noch größer, Geister noch weniger betrogen waren.[8]

Das pathetisch vorgetragene „nationale Bekenntnis zu Hitler"[9] sollte nicht ungehört bleiben. Mark Walker urteilt, daß Hitler die „Unterstützung durch zwei international bekannte Wissenschaftler [...] in dieser prekären Phase seiner Bewegung" zweifellos „besonders zu schätzen"[10] gewußt habe. Mit beiden pflegte er dann auch nach seiner vorzeitigen Haftentlassung Freundschaften: Zusammen mit Rudolf Heß besuchte er Lenard 1928 in dessen Heidelberger

---

[6] Diese und die folgenden Zitate: Lenard, Stark: Hitlergeist und Wissenschaft. – Zit. n. Stark: Nationalsozialismus und Wissenschaft, S. 5-7, hier: S. 5.
[7] Ebd., S. 5f.
[8] Ebd., S. 6 – Hervorhebung v. mir, C.K.
[9] Stark: Nationalsozialismus und Wissenschaft, S. 7.
[10] Walker: Die Uranmaschine, S. 80.

Wohnung,[11] und auch Stark scheint zumindest bis in die frühen 30er Jahre hinein regelmäßig Zugang zum „Führer" gehabt zu haben.[12]

Als natürliche Konsequenz wurden Lenard und Stark nach der „Machtergreifung" in wichtige Ämter berufen bzw. wiederholt öffentlich geehrt und bekamen als prominente „Kämpfer der ersten Stunde" gern auch in führenden NS-Blättern das Wort erteilt. So beschwerte sich Lenard am 13. Mai 1933 im *Völkischen Beobachter* heftig über den ungebrochenen Einfluß des „Relativitätsjuden"[13] Einstein auf die deutsche Geisteswelt; einen anderen Artikel – unter Berufung auf Lenard und Stark – brachte das zentrale Parteiorgan am 29. Januar 1936.[14]

Der letztgenannte Beitrag sollte indes größere Wellen schlagen, denn mittlerweile schwelte in München der Kampf um die Sommerfeld-Nachfolge. Während fachlich alles für Heisenberg sprach, den die Berufungskommission auch nachhaltig favorisierte, wollte man sich seitens der Partei und der weitgehend rechtsgerichteten Studentenschaft[15] in der „Hauptstadt der Bewegung" unter keinen Umständen einen „Gesinnungsjuden" auf einem angesehenen Lehrstuhl bieten lassen. Rudolf Heß übte in diesem Sinne mehrfach persönlich Druck auf die Entscheidungsträger aus.[16]

Zu einer Zeit, als der Besetzungskampf noch in vollem Gange war, konnte Heisenberg besagten Artikel unmöglich unkommentiert lassen. Tatsächlich gelang es ihm, am 28. Februar eine offizielle „Entgegnung" zu publizieren – und zwar im *Völkischen Beobachter* (!) –, in der er die „Weiterführung" von

---

[11] Mindestens ein solcher Besuch ist bekannt (vgl. Heiber: Universität unterm Hakenkreuz, I, S. 378).

[12] Max von Laue schrieb 1934 an Einstein, er habe erfahren, daß Stark ein „guter Freund Hitlers" sei, in seinem unmittelbaren Umfeld „bekannt" und „geschätzt". „Man wende sich gern an ihn, wenn man etwas zu Hitlers Ohren kommen lassen wolle, und das habe auch manchmal Erfolg, weil Stark als ‚alter Kämpfer' den persönlichen Zutritt zu Hitler habe." (Zit. n. Hermann: Die Jahrhundertwissenschaft, S. 154.)

[13] Lenard: Ein großer Tag für die Naturforschung. – In: Völkischer Beobachter 13.5.1933.

[14] Vgl. Menzel: Deutsche Physik und jüdische Physik. – In: Völkischer Beobachter 29.1.1936, Nr. 29.

[15] Daß unter den deutschen Studenten die rechtsradikale Begeisterung besonders weit verbreitet war, ist bekannt. Für die Münchner Studentenschaft galt dies sogar in besonderem Maße. Einstein hatte schon 1921 eine Reihe von geplanten Münchner Gastvorlesungen Sommerfeld gegenüber wieder absagen müssen, weil er von den geplanten Gegenmaßnahmen der dortigen Hörerschaft – „diesem antisemitisch-reaktionären Wespennest" (Einstein, Sommerfeld: Briefwechsel, S. 90) – Mitteilung erhalten hatte.

[16] Vgl. Cassidy: Werner Heisenberg, S. 476.

Relativitäts- und Quantentheorie, „von der vielleicht noch die stärksten Einflüsse auf die Struktur unseres ganzen Geisteslebens ausgehen werden", als „eine der vornehmsten Aufgaben der deutschen wissenschaftlichen Jugend"[17] verteidigte.

Warum hatte der *Völkische Beobachter* einen Artikel mit dermaßen provokantem, der eigenen politischen Linie gänzlich zuwiderlaufendem Inhalt angenommen? Die Antwort auf diese Frage enthält eine „Stellungnahme von Prof. Dr. J. Stark", abgedruckt unmittelbar unter Heisenbergs Beitrag. Darin war im Anschluß an einige der Standardinsultationen gegen Einstein zu lesen, auch Heisenberg vertrete ganz offensichtlich immer

> *noch die Grundeinstellung der jüdischen Physik, ja, er erwartet sogar, daß die jungen Deutschen diese Grundeinstellung sich zu eigen machen und sich Einstein und dessen Genossen zum wissenschaftlichen Vorbild nehmen.*

Dies war ein überaus geschickter Schachzug der Herausgeber. Der um seine Berufung auf den begehrten Lehrstuhl ringende Heisenberg enttarnte sich quasi selbst und an überaus exponierter Stelle als Verfechter „jüdischen" Gedankenguts und notorischer Verführer der deutschen Jugend. Damit aber nicht genug. In der Folgezeit fingen seine politischen Schwierigkeiten „erst richtig an"[18], wie Walker richtig bemerkt. Im *Schwarzen Korps*, der Zeitung der SS, erschien am 15. Juli 1937 Starks bis dahin schärfster Artikel. Bereits der Titel, „‚Weiße Juden' in der Wissenschaft", machte deutlich, daß es darin „nicht um die Juden ‚an sich'" gehen sollte, „sondern um den Geist oder Ungeist, den sie verbreiten"[19]. Schändlicherweise sei es so gewesen, so Stark,

> daß die furchtbare Gefahr der Verjudung unseres öffentlichen Lebens und die Macht des jüdischen Einflusses, die der Nationalsozialismus dämmen mußte, nicht allein von dem zahlenmäßig schwachen Judentum getragen wurde, sondern in nicht geringerem Maße auch von solchen Menschen arischen Geblüts, die sich für den jüdischen Geist empfänglich zeigten und ihm hörig wurden. [...] Man könnte [...] auch von Geistesjuden, Gesinnungsjuden oder Charakterjuden sprechen. Sie haben den jüdischen Geist willfährig aufgenommen, weil es ihnen an eigenem mangelt.

---

[17] Heisenberg: Zum Artikel *Deutsche und jüdische Physik.* – In: Völkischer Beobachter 28.2.36, Nr. 59, S. 6.
[18] Walker: Die Uranmaschine, S. 81.
[19] Diese und die folgenden Zitate: Stark: „Weiße Juden" in der Wissenschaft. – In: Das Schwarze Korps 15.7.1937, S. 6.

Die „Schlüsselstellung, von der aus das geistige Judentum immer wieder maßgeblichen Einfluß auf alle Lebensgebiete" ausübe, sei die „*jüdisch verseuchte Wissenschaft*"; speziell in der Physik habe der „jüdische Geist die *dogmatisch verkündete, von der Wirklichkeit losgelöste Theorie* in den Vordergrund" gestellt.

Der Name „Heisenberg" fiel in Starks Aufsatz nicht explizit; Andeutungen über „Judenzöglinge" und weltanschauliche Entgleisungen von „arischen Judengenossen" blieben in der Schwebe. Den überfälligen Schluß auf den Schöpfer der Quantenmechanik vollzog dann aber ein anonymer – wahrscheinlich[20] von Hermann Beuthe, einem Handlanger Starks, abgefaßter – zweiter Aufsatz, der auf der Mitte der Seite in ersteren eingebettet war.[21] Hier wurde Heisenberg unumwunden als „Statthalter des Einsteinschen ‚Geistes' in Deutschland"[22] und „Ossietzky der Physik" an den Pranger gestellt. Am Ende des Beitrags folgte dann der indirekte Aufruf, Heisenberg umgehend aus dem öffentlichen Leben zu entfernen:

> Heisenberg ist nur ein Beispiel für manche andere. Sie allesamt sind Statthalter des Judentums im deutschen Geistesleben, die ebenso verschwinden müssen wie die Juden selbst.[23]

Ohne Zweifel steckte Heisenberg in einer prekären Lage. Im offiziellen Organ der SS mit derart heftigen Wortattacken bedacht zu werden, bedeutete immer auch eine unmittelbare persönliche Gefahr. Glücklicherweise hielt der Physiker jedoch ein entscheidendes *Atout* in der Hand. Seine Mutter war mit Heinrich Himmlers Mutter bekannt, und unter Ausnutzung dieses Umstands[24] wandte sich Heisenberg sechs Tage nach den Angriffen des *Schwarzen Korps* direkt an den „Reichsführer SS", um eine „grundsätzliche Entscheidung" einzufordern.[25] Sollten die „Ansichten des Herrn Stark mit denen der Regierung übereinstim-

---

[20] Vgl. Cassidy: Heisenberg, S. 466.

[21] Vgl. die Wiedergabe Abb. 23. Unterhalb des anonymen Artikels hatte man zusätzlich Starks ausdrückliche Einverständniserklärung mit dessen Inhalt abgedruckt. (Vgl. Stark: Die „Wissenschaft" versagte politisch. – Ebd.)

[22] Dieses und die folgenden Zitate: Anon: Die Diktatur der grauen Theorie. – Ebd.

[23] Carl von Ossietzky, auf den hier ebenfalls angespielt wurde, starb bekanntlich 1938 an den Folgen seiner Gestapo-Haft.

[24] Anna Heisenberg leitete den Brief ihres Sohnes an Anna Himmler weiter. (Vgl. Physics and National Socialism, S. 176f., Anm. 2.)

[25] Auszüge des Briefs an Himmler sind zitiert bei Hermann: Die Jahrhundertwissenschaft, S. 171.

men", werde er freiwillig von allen Posten zurücktreten. Im umgekehrten Fall erbitte er sich jedoch „wirksamen Schutz" gegen weitere Attacken sowie die Wiederherstellung seiner Ehre.

David Cassidy vertritt die Auffassung, daß Heisenbergs Schreiben seinen Bestimmungsort überhaupt nur dank Himmlers Mutter erreichte.[26] Ob dem so war, sei dahingestellt. Richtig ist in jedem Fall, daß Himmler sich der Angelegenheit annahm und eine eingehende Prüfung anordnete. Daß er sich im Endeffekt zu Heisenbergs Gunsten aussprach, dürfte jedoch weniger am Abschlußbericht der von ihm eingesetzten Untersuchungskommission gelegen haben – dieser wurde bis heute nicht gefunden[27] –, als vielmehr an der persönlichen Intervention von Ludwig Prandtl. Prandtl, Direktor des Göttinger *Kaiser-Wilhelm-Instituts für Strömungsforschung*, war die unangefochtene Nummer eins unter Deutschlands Luftfahrtingenieuren und in dieser Eigenschaft natürlich von immenser Bedeutung für Hitlers Wiederaufrüstungspolitik. Am 1. März 1938, Prandtl saß bei einer Tagung der *Deutschen Akademie für Luft-*

---

[26] Vgl. David C. Cassidy: Werner Heisenberg – Die deutsche Wissenschaft und das Dritte Reich. – In: Naturwissenschaft und Technik in der Geschichte. Hrsg. v. Helmuth Albrecht, S. 65-80, hier: S. 77.

[27] Bekannt ist lediglich ein vorbereitender oder Teilbericht, verfaßt wahrscheinlich von Johannes Juilfs, einem Assistenten Max von Laues, der daneben auch für den SD arbeitete und Anfang 1938 mit einem Gutachten zu Heisenberg beauftragt worden war (vgl. dazu Cassidy: Werner Heisenberg, S. 478f.). In diesem Kurzbericht wurde ein ambivalentes Bild von Heisenberg gezeichnet, das jedoch in allen Punkten eine Entwicklung hin zu größerer Loyalität gegenüber dem Regime bekundete. Zwar habe Heisenberg als führender Vertreter der Sommerfeld-Schule ursprünglich ausschließlich „artfremde" Physik betrieben, sich in letzter Zeit jedoch wieder anschaulicheren Methoden angenähert. Zu seiner politischen Position wurde festgehalten, daß er die Unterzeichnung einer 1934 von Stark aufgesetzten Sympathiebekundung deutscher Wissenschaftler für Hitler mit Hinweis auf eine prinzipiell unpolitische Gesinnung verweigert hätte. Andererseits habe sich seine Einstellung gegenüber dem Nationalsozialismus in jüngerer Zeit merklich gebessert; beispielsweise lehne er die „Überfremdung des deutschen Lebensraumes mit Juden [...] heute grundsätzlich ab." (Eine Kopie des Gutachtens befindet sich als Anlage eines Briefes aus Himmlers Büro an das *Reichsministerium für Wissenschaft, Erziehung und Volksbildung* vom 26. Mai 1939. (BA, Abt. Potsdam, ZS: R4901, „Reichsministerium für Wissenschaft, Erziehung und Volksbildung", Nr. 2943, Bl. 371-372.) Die Aussagekraft des Gutachtens – sowohl in bezug auf Himmlers Entscheidungsfindung als auch hinsichtlich Heisenbergs Einstellung gegenüber dem NS-Regime, ist jedoch unklar. Cassidy (Heisenberg, S. 479) ist darin zuzustimmen, daß es „unmöglich" sei, „darüber zu befinden, bis zu welchem Grad die Ansichten, die Heisenberg [...] zugeschrieben wurden, wirklich von ihm selbst stammten, wie weit sie von Juilfs oder sonst jemandem formuliert waren und wieviel mit Gestapo-Methoden erpreßt worden war."

fahrtforschung unmittelbar neben Himmler, verwendete er sich erstmals mit Nachdruck *für* Heisenberg – mit dem für den SS-Führer wohl noch am ehesten nachvollziehbaren Argument, daß der nationalen Physik im umgekehrten Fall erheblicher Schaden zugefügt werden könnte. Um seinem offensichtlich persönlich motivierten Anliegen Nachdruck zu verleihen, schrieb Prandtl am 12. Juli 1938 darüber hinaus auch noch einen Brief an Himmler, in dem er seine Forderungen erneuerte.[28]

Bereits neun Tage später, auf den Tag genau ein Jahr, nachdem Heisenberg seine Beschwerde aufgesetzt hatte und danach wiederholt unangenehme Gestapo-Verhöre über sich ergehen lassen mußte,[29] verließen dann drei Schreiben das Büro des „Reichsführers SS". Eines war die Antwort an Heisenberg (vgl. die Kopie Abb. 22), in der Himmler wissen ließ, daß er den fraglichen Beitrag im *Schwarzen Korps* „nicht billige" und für die Zukunft garantiere, daß „ein weiterer Angriff" nicht erfolge. Trotz des positiven Inhalts war der Tonfall des Briefes jedoch nicht wirklich freundlich. Im Postskriptum ermahnte Himmler den unbequemen Begründer der Quantenmechanik noch einmal eindringlich, sich in der Öffentlichkeit tunlichst vorsichtiger auszudrücken und Forschungsergebnisse sauber von den Personen der beteiligten Forscher zu trennen.[30]

Das zweite Schreiben war die Antwort an Prandtl.[31] Darin informierte Himmler über sein – wie gewünscht – positives Abschlußurteil über Heisenberg und stellte für die Zukunft auch eine von Prandtl geforderte Publikationsmöglichkeit für Heisenberg im offiziellen Organ der „Reichsfachgruppe Naturwissenschaft", der *Zeitschrift für die gesamte Naturwissenschaft*, in Aussicht.

Am interessantesten jedoch war Himmlers drittes Schreiben (vgl. die Kopie Abb. 23): die Bekanntgabe seiner Entscheidung an Reinhard Heydrich, den Leiter der gegen Heisenberg laufenden Ermittlungen. Die Tatsache, daß ausgerechnet der gefürchtete Berliner Gestapo-Chef – Hauptverantwortlicher für

---

[28] Das Schreiben befindet sich im Archiv zur Geschichte der Max-Planck-Gesellschaft Berlin-Dahlem (III. Abt., Repositur 61, Nr. 675).

[29] Außerdem hörte man seine Wohnung ab und ließ seine Leipziger Vorlesungen bespitzeln.

[30] In dieser Ermahnung ist ein deutlicher Bezug zu Prandtls Brief an Himmler zu erkennen. Prandtl hatte geschrieben, man müsse bei Einstein streng „zwischen dem Menschen und dem Physiker unterscheiden." Als Wissenschaftler sei er „erstklassig", als Mensch jedoch „unleidlich".

[31] Archiv zur Geschichte der Max-Planck-Gesellschaft Berlin-Dahlem, III. Abt., Repositur 61, Nr. 675.

zahlreiche politische Morde, etwa im Zusammenhang mit dem sog. Röhm-Putsch, und später von Hitler mit der Gesamtplanung der „Endlösung der Judenfrage" beauftragt[32] – die Untersuchungen im Fall Heisenberg unterstellt worden waren, läßt unschwer erahnen, welcher Alternative zu seiner tatsächlich erfolgten Duldung der Physiker zwischenzeitlich entgegengesehen hatte. Ein anderes Urteil Himmlers hätte sich sicherlich nicht darin erschöpft, Heisenberg seiner Ämter zu entheben und aus dem öffentlichen Leben „verschwinden" zu lassen, wie es das *Schwarze Korps* gefordert hatte. Himmler ließ Heydrich am 21. Juli 1938 wissen, daß man es sich nicht leisten könne, Heisenberg „zu verlieren *oder tot zu machen."*[33] Das mitgelieferte – erschreckende – Argument, der Physiker sei schließlich „verhältnismässig jung" und könne noch „Nachwuchs heranbringen", deutet darüber hinaus darauf hin, daß die Stimmung innerhalb von Gestapo und NSDStB, den Heydrich ebenfalls umgehend in Kenntnis setzen sollte, eindeutig gegen Heisenberg war.[34] Ebenfalls für diese Präsumption spricht, daß Himmler der Anordnung an Heydrich den Brief Prandtls, „dem ich sehr beipflichten muss", ohne näheren Kommentar zur Kenntnisnahme beilegte. Offenbar entschuldigte sich der „Reichsführer SS" damit bei seinen Leuten für einen ungewöhnlichen Freispruch.

Ein weiterer Grund für die Annahme, daß man Heisenberg wohl nur Prandtl zuliebe am Leben ließ, ist in Himmlers Vorschlag zu erkennen, Heisenberg aus der Physik zu entfernen. Der ideologisch unbequeme Quantentheoretiker sollte in systemkonformere Forschungszweige abgeschoben werden – am liebsten in die Entwicklung der sog. „Welteislehre",[35] für die sich Himmler persönlich interessierte und engagierte.[36]

---

[32] Zu Heydrichs grauenerregendem Wirken im „Dritten Reich" vgl. z.B. Wistrich: Der antisemitische Wahn, S. 212f.

[33] Hervorhebung v. mir, C.K.

[34] Daß persönliche Ressentiments Himmlers gegenüber Lenard den Ausschlag für Heisenberg gegeben haben könnten, wie Reinald Schröder (Die „schöne deutsche Physik" von Gustav Hertz und der „weiße Jude" Heisenberg – Johannes Starks ideologischer Antisemitismus. – In: Naturwissenschaft und Technik in der Geschichte, S. 327-341, hier speziell: S. 337-341) vermutet, ist dagegen sehr unwahrscheinlich.

[35] Zur Welteislehre, die auf Phantasien des österreichischen Ingenieurs Hanns Hörbiger zurückgeht, vgl. ebd., S. 338f.

[36] Zu einer Einbeziehung Heisenbergs in das Welteislehre-Projekt ist es natürlich nie gekommen. Eine solche Maßnahme hätte der passionierte Physiker zurecht als entwürdigende Maßnahme empfunden und sich sicherlich mit allen ihm zur Verfügung stehenden Mitteln

Für die Nationalsozialisten – Partei, SS, NSDStB – sprach kaum etwas für, aber sehr vieles gegen Heisenberg – bis vielleicht auf das eine Argument, man könnte das Ausland unnötig verstimmen, sollte der Nobelpreisträger von 1932 von der Bildfläche „verschwinden".[37] Nur die persönliche Intervention eines entscheidenden Machtträgers im „Dritten Reich", Ludwig Prandtl, vermochte den ideologieimmanenten Haß auf die „jüdische" moderne Physik und ihre „weißen" Exponenten im Fall Heisenberg zu kompensieren. So wurde dem Physiker zwar das Leben gelassen, die ebenfalls geforderte Wiederherstellung seiner Ehre erfolgte aber nicht: Eine öffentliche Rehabilitierung der Person Heisenberg hätte gleichzeitig auch eine öffentliche Rehabilitierung der modernen Physik auf der vielbeschworenen „Weltbild"-Ebene bedeutet, und das konnte sich der NS-Staat *um seiner eigenen Glaubwürdigkeit willen* unmöglich erlauben.

---

gewehrt. Um dennoch eine effektivere Kontrolle über den unliebsamen Theoretiker ausüben zu können, wurde Heisenberg daraufhin umgehend an die Universität Wien „berufen". Die dortigen Physikprofessoren zeichneten sich Himmler zufolge durch ausgesprochene Parteitreue aus und würden somit quasi von allein dafür sorgen, daß Heisenberg ein gebührendes Interesse am Nationalsozialismus entwickle. (Vgl. den bereits erwähnten Brief an das Reichsministerium für Wissenschaft, Erziehung und Volksbildung, BA: In Wien habe der „Kreis der fachlich guten Hochschulprofessoren der Physik größtenteils bereits während der illegalen Zeit der NSDAP. angehört" und sei „politisch und weltanschaulich zuverlässig, so daß die Gewähr gegeben scheint, daß Heisenberg durch den dortigen Kreis zum Jnteresse [sic!] am politischen Geschehen und der nationalsozialistischen Weltanschauung hingezogen wird.")

[37] Vgl. dazu z.B. Rosenbergs Mitteilung von 1934, die dem Kapitel als Motto vorangestellt ist. Im Anschluß an Heisenbergs Vortrag auf der *Versammlung der Deutschen Naturforscher und Ärzte* desselben Jahres hatte sich ein Denunziant schriftlich beim „Beauftragten des Führers" beschwert, es sei ein „Skandal", daß Heisenberg sich unbehelligt öffentlich zu Arbeiten des „niederträchtige[n] Juden Einstein" bekennen könne. „Gehört ein solcher Mann auf einen Lehrstuhl einer deutschen Hochschule? Nach meiner Ansicht sollte man ihm Gelegenheit geben, sich einmal gründlich mit den Lehren der Juden von der Sorte Einstein [...] zu befassen. Das Konzentrationslager ist zweifellos der geeignete Platz für Herrn Heisenberg ... Auch dürfte eine Anklage wegen Volks- und Rasseverrats fällig sein." (Zit. n. Haberditzl: Widerstand deutscher Naturwissenschaftler, S. 323.) Rosenbergs Antwort (zit. ebd.) lautete, er teile „grundsätzlich diese Auffassung" und werde dafür sorgen, daß man Heisenberg „in Form eines Verweises nahelegt, Bemerkungen dieser Art, die als Kränkung der Bewegung angesehen werden müssen, zu unterlassen." Im Anschluß führte er dann jedoch aus, daß eine deutlichere Bestrafung „mit Rücksicht auf das Ausland" leider „nicht möglich" sei.

2.5.2 Die Ideologiefalle der „Jahrhundertwissenschaft"[1]

> Ein Versuch zur Konstruktion
> von Atombomben wurde nicht
> angeordnet.[2]
>
> (Werner Heisenberg)

Heisenberg im Sommer 1938 öffentlich zu rehabilitieren – etwa durch eine Gegendarstellung in einer führenden NS-Zeitschrift oder in Form der Berufung auf den immer noch vakanten Münchner Lehrstuhl[3] –, hätte nicht nur massiven Unwillen bei den „alten Kämpfern" Stark und Lenard und in der völkischen Studentenschaft hervorgerufen – der Nationalsozialismus hätte sich in gewisser Weise selbst widersprochen, und zwar in einem Punkt, von dem aus er einen nicht zu unterschätzenden Teil der eigenen Identität bezog und der während der „Kampfzeit" mit ausschlaggebend für seinen Aufstieg gewesen war. Zwar gehörten Widersprüche im Sinne von divergierenden Antworten auf konkrete Fragen oder Kompetenzrangeleien zwischen verschiedenen Ressorts zur Alltagsrealität des NS-Staates, eine Rehabilitierung der modernen Physik aber wäre einem elementaren Selbstwiderspruch gleichgekommen und war damit völlig ausgeschlossen – jedenfalls noch zu diesem Zeitpunkt.

Nachdem man ihn im Sommer 1938 also gewissermaßen „nur" am Leben gelassen hatte, erfuhr Heisenberg die geforderte *öffentliche* Genugtuung erst 1942/43. Am 24. April 1942 wurde er Direktor des Kaiser-Wilhelm-Instituts für Physik, am 1. Oktober Ordinarius für theoretische Physik an der Berliner Universität; 1943 schließlich konnte sein schon längst abgefasster Grundsatzartikel über die moderne Physik endlich in der NS-*Zeitschrift für die gesamte*

---

[1] Der Begriff „Jahrhundertwissenschaft" stammt von Armin Hermann (vgl. Die Jahrhundertwissenschaft. Werner Heisenberg und die Geschichte der Atomphysik). Während er dort im wesentlichen auf die Quantentheorie angewandt wird, soll er hier allgemeiner gefaßt sein und die gesamte moderne Physik, also einschließlich der Relativitätstheorie, bezeichnen.

[2] Heisenberg: Der Teil und das Ganze, S. 214.

[3] Erst Ende 1938 wurde Wilhelm Müller, Heisenbergs fachlich vollkommen ungeeigneter völkischer Gegenkandidat, berufen.

Naturwissenschaft erscheinen,[4] ganze fünf Jahre, nachdem Prandtl sich bei Himmler für diese Rekompensmaßnahme eingesetzt hatte.[5] Daß eine so umfassende Rehabilitierung Heisenbergs nunmehr möglich geworden war, hatte im wesentlichen zwei Gründe. Erstens befand man sich mittlerweile mitten im Krieg, und die Menschen waren mit ganz anderen Dingen beschäftigt als mit der ideologischen Glaubwürdigkeit des Regimes; das Leben war nun von ganz anderen – praktischeren – Fragen ausgefüllt. Zweitens aber hatte man in der Zwischenzeit erkennen müssen, daß an der modernen Physik u.U. doch etwas „dran" sein könnte. Die Atombombe, das „gemeinsame Kind von Relativitäts- und Quantenphysik"[6], war nach Auskunft der Wissenschaft in den Bereich des Möglichen gerückt.

Ende 1938 hatten Otto Hahn und Fritz Straßmann in Berlin-Dahlem die erste Kernspaltung durchgeführt. Spätestens ein halbes Jahr danach war sich die internationale Fachwelt darüber im Klaren, daß eine technische – und damit auch militärische – Nutzung von Kernprozessen prinzipiell möglich sein würde. Auch die deutsche Wehrmacht war auf die Entwicklung aufmerksam gemacht worden,[7] hatte zu dieser Zeit, wenige Monate vor dem Überfall auf Polen, aber wohl anderes zu tun, als sich mit Atomphysik auseinanderzusetzen.

Kurz nach Kriegsausbruch erhielt Heisenberg seinen Einberufungsbefehl, aber nicht an die Front, wo es jetzt ein Leichtes gewesen wäre, ihn „verschwinden" zu lassen, sondern zum Heereswaffenamt nach Berlin. Er sollte wissenschaftlicher Leiter eines noch zu bestellenden geheimen deutschen „Uranprojekts" werden. Obwohl sich sein persönliches Forschungsinteresse von der nunmehr vorgegebenen Thematik unterschied, hatte er binnen weniger Monate eine Theorie zur Energiegewinnung durch Kernumwandlung ausgearbeitet, die er in Form eines zweiteiligen Geheimberichts auch dem Heereswaf-

---

4　Vgl. Heisenberg: Die Bewertung der „modernen theoretischen Physik". – In: ZgN 9 (1943), S. 201-212. Die *Zeitschrift für die gesamte Naturwissenschaft* war das offizielle Organ des Reichsstudentenbundes.
5　Zu weiteren Auszeichnungen für Heisenberg durch das NS-Regime vgl. Cassidy: Werner Heisenberg, S. 560; S. 567.
6　Reinald Schröder: Die „schöne deutsche Physik" von Gustav Hertz und der „weiße Jude" Heisenberg – Johannes Starks ideologischer Antisemitismus. – In: Naturwissenschaft und Technik in der Geschichte. Hrsg. v. Helmuth Albrecht, S. 327-341, hier: S. 329.
7　Beispielsweise am 29. April 1939 durch den Industriephysiker Nikolaus Riehl (vgl. Walker: Die Uranmaschine, S. 30).

fenamt vorlegte; 1941 war er maßgeblich am Bau der ersten Vorform eines Atomreaktors beteiligt.

Allerdings ging die Arbeit im deutschen „Uranverein" nur schleppend voran. Waren durch die NS-Rassenpolitik zahlreiche wichtige Physiker zur Emigration gezwungen worden und hatte die bodenlose ideologische Verfemung der modernen Physik die Zahl der Neueinschreibungen seit Jahren dramatisch sinken lassen,[8] so erreichte nun – durch die Einberufungswelle zur Wehrmacht – der eklatante Mangel an Fachleuten seinen absoluten Höhepunkt.[9] Erschwerend kam noch hinzu, daß dem Kernenergieprojekt seitens der politischen Entscheidungsträger zunächst einmal keine *unmittelbar* kriegswichtige Bedeutung beigemessen wurde, was sich beispielsweise in einer niedrigen Dringlichkeitsstufe bei der Materialbeschaffung widerspiegelte.

Als im Winter 1941/42 die Ostfront-Offensive zum Stillstand kam, wurde das deutsche Uranprojekt im Zuge der allgemeinen Reorganisation der Kriegswirtschaft dann aber noch einmal auf den Prüfstand gehoben. Die Physiker sollten offenlegen, ob „in absehbarer Zeit mit militärischen Anwendungen der Kernspaltung gerechnet werden könne."[10] Auch Wissenschaftler des Heereswaffenamtes wurden um ein Gutachten ersucht. Die übereinstimmende Antwort lautete, daß Kernsprengstoffe sowohl aus angereichertem Uran 235 als auch aus Plutonium die „millionenfache Sprengwirkung der gleichen Ge-

---

[8] Heisenberg sprach 1938 von einer Abnahme der Gesamtzahl deutscher Physikstudenten auf ein Zehntel des Standes von 1933 (Deutsche und jüdische Physik, S. 84). Vgl. auch Walker: Uranmaschine, S. 69: „Die meisten der jüngeren Mitarbeiter am Kernenergieprojekt hatten ihr Universitätstudium aufgenommen, bevor die Nationalsozialisten an die Macht gekommen waren und den Zugang zur höheren Bildung von der politischen Zuverlässigkeit des einzelnen abhängig machten. Auf Grund der Politisierung der Universitäten sank die Zahl der Immatrikulationen beträchtlich. Weil die Physik ständig ideologischen Angriffen ausgesetzt war, wurden die Naturwissenschaften allgemein besonders schwer getroffen. Mit Beginn des Krieges wurden die meisten Studenten eingezogen und an die Front geschickt. All das zusammen bewirkte, daß die Zahl der ausgebildeten Physiker sich drastisch verringerte. Bereits 1940 gab es praktisch keine Studenten mit abgeschlossenem Physikstudium mehr. Einem geheimen Lagebericht des SD zufolge herrschte ein so akuter Mangel an Physikern, daß Physikstudenten, die durch das Examen gefallen waren, sofort von der deutschen Industrie übernommen wurden."

[9] Sogar Heisenbergs engsten Mitarbeiter, Carl Friedrich von Weizsäcker, ereilte 1942 der Marschbefehl an die Front. Nur unter äußersten Anstrengungen gelang es Heisenberg, die offiziellen Stellen in dieser Angelegenheit noch einmal umzustimmen.

[10] Walker: Uranmaschine, S. 64.

wichtsmenge Dynamit"[11] haben würden. Doch erneut erachteten die Entscheidungsträger innerhalb der Wehrmacht einen etwaigen Erfolg des Uranprojekts nicht als kriegsentscheidend. Zu hoch und zu langwierig erschienen die notwendigen Aufwendungen, und so wanderte das laufende Projekt zurück in die zivile Forschung, in den Zuständigkeitsbereich der Kaiser-Wilhelm-Gesellschaft. Mark Walker ist darin zuzustimmen, daß dies eine durchaus rationale Entscheidung darstellte, waren die deutschen Militärs zu diesem Zeitpunkt doch immer noch fest davon überzeugt, daß sie den Krieg binnen weniger Monate zu ihren Gunsten entscheiden würden.[12] Bekanntlich dauerte er aber länger, und bei den Alliierten, wo sich so manche der vom Nationalsozialismus vertriebenen Physiker – Albert Einstein, Leo Szilárd, Victor Weisskopf, Edward Teller, Otto Frisch, Eugene Wigner u.a. – entsprechend zu engagieren begonnen hatten,[13] zog man zur gleichen Zeit gänzlich andere Konsequenzen aus der sich abzeichnenden Möglichkeit der Entwicklung einer nuklearen Massenvernichtungswaffe.[14]

---

[11] Zit. ebd., S. 65.

[12] Vgl. Walker: Uranmaschine, S. 66.

[13] Einsteins Engagement beschränkte sich auf das Aufsetzen des bekannten Schreibens an Roosevelt, in dem auf die Möglichkeit des Baus von Atombomben sowie die dringend gebotene Sicherung der amerikanischen Uranversorgung hingewiesen wurde. In das „Manhattan Project" wurde er nicht direkt einbezogen, weil das amerikanische FBI ihn aufgrund seiner politischen Orientierung nicht für vertrauenswürdig befand. (Vgl. dazu Gerald Holton: Werner Heisenberg and Albert Einstein. – In: Physics Today 53.7 (2000), S. 38-42, hier: S. 42.) Szilárd, ein ungarischer Jude, hatte von 1925 bis 1932 in Berlin studiert und gelehrt, bevor er 1933 zunächst nach England, 1938 dann in die USA emigrierte. Dort arbeitete er maßgeblich am „Manhattan Project" (Frühphase) mit. Teller, ebenfalls ungarischer Jude, hatte von 1926 an in Deutschland studiert, 1931 bei Heisenberg promoviert und arbeitete von 1933 bis zu seiner Auswanderung 1935 – nach der Verabschiedung der Nürnberger Rassengesetze – in Göttingen, u.a. bei Born. Gemeinsam mit Robert Oppenheimer, der ebenfalls zeitweise in Göttingen studiert hatte, war er mit der wissenschaftlichen Leitung in Los Alamos betraut; wie Weisskopf und Frisch – beides österreichische Juden – hatte er in den 20er Jahren mit Heisenberg und von Weizsäcker in Kopenhagen geforscht. Auch der Leiter des Kopenhagener Instituts, Niels Bohr, mußte 1943 angesichts der zu dieser Zeit in Dänemark drastisch an Ausmaß zunehmenden Deportationen als Halbjude fliehen und wurde umgehend als Berater in das amerikanische Atombombenprojekt eingebunden.

[14] Vgl. dazu Walker: Uranmaschine, S. 68: „Unbemerkt von den Deutschen hatten sowohl Amerikaner als auch Engländer ihr eigenes Kernforschungsprogramm aufgenommen. Fast gleichzeitig unterzogen amerikanische Beamte die militärischen Einsatzmöglichkeiten der Kernenergie einer eingehenden Überprüfung, erwogen sorgsam technische Informationen und wissenschaftliche Forschungsergebnisse, die denen, über die man in Deutschland ver-

Am 26. Februar 1942 berichteten die wichtigsten in Deutschland verbliebenen Physiker, darunter Hahn und Heisenberg, erneut über den Fortgang ihrer Arbeit. In Anwesenheit des Reichsforschungsministers und anderer Parteifunktionäre ging Heisenberg explizit auf Anwendungsmöglichkeiten einer zukünftigen Plutoniumgewinnung ein – in seinen Worten „wie reines Uran 235 ein Sprengstoff der gleichen unvorstellbaren Wirkung"[15].

Sichtlich angetan von Heisenbergs Ausführungen, unterstellte Rust das Uranprojekt umgehend seinem eigenen „Reichsforschungsrat", entriß der Kaiser-Wilhelm-Gesellschaft die Federführung also wieder. Wahrscheinlich war er es auch, der die Neuigkeiten erstmals bis in die oberste Parteispitze weiterleitete. Walker schreibt, die „Kunde von den militärischen Anwendungsmöglichkeiten der Kernenergie" sei nun auch „bis in die höchsten Kreise des NS-Staates"[16] vorgedrungen. Sein überzeugender Beleg ist eine Tagebuchnotiz von Goebbels, eingetragen am 21. März 1942:

> Mir wird Vortrag gehalten über die neuesten Ergebnisse der deutschen Wissenschaft. Die Forschungen auf dem Gebiet der Atomzertrümmerung sind so weit gediehen, daß ihre Ergebnisse unter Umständen noch für die Führung des Krieges in Anspruch genommen werden können. Es ergeben sich hier bei kleinstem Einsatz derart immense Zerstörungswirkungen, daß man mit einigem Grauen dem Verlauf des Krieges entgegenschauen kann. Die moderne Technik gibt dem Menschen Mittel der Zerstörung an die Hand, die unvorstellbar sind. Die deutsche Wissenschaft ist hier auf der Höhe, und es ist auch notwendig, daß wir auf diesem Gebiet die Ersten sind; denn wer eine revolutionäre Neuerung in diesen Krieg hineinbringt, der hat eine um so größere Chance zu gewinnen.[17]

Am 4. Juni berichtete Heisenberg abermals vor Politikern und Militärs über den Stand der Dinge. Dieses Mal war mit Albert Speer – mittlerweile „Reichsminister für Bewaffnung und Munition" – auch ein wirklich enger Vertrauter Hitlers anwesend. Wie Armin Hermann unter Berufung auf persönliche Erinnerungen Ernst Telschows, des damaligen Generalsekretärs der Kaiser-Wilhelm-Gesellschaft, berichtet, fiel in Heisenbergs Vortrag wiederholt das

---

fügte, glichen, und gelangten zu völlig anderen Schlußfolgerungen: Kernwaffen waren machbar und konnten den Ausgang des Krieges entscheiden."

[15] Heisenberg zit. n. Walker: Uranmaschine, S. 76. Die Tagungsbeiträge erschienen, wie Walker weiter anmerkt, unter dem Titel „Physik und Landesverteidigung" auch in der Tagespresse.

[16] Walker: Uranmaschine, S. 77.

[17] Zit. ebd.

Wort „Atomsprengstoff"; sogar die konkrete „Wirkungsweise einer Uranbombe" sei erläutert worden:

> Das Wort „Bombe" rief im Saal sichtliches Aufsehen hervor. „Ich selbst hörte zum erstenmal in diesem Zusammenhang das Wort", berichtete [...] Telschow. Heisenberg hatte sich schon wieder gesetzt, als Generalfeldmarschall Milch die Frage kam: „Wie groß müßte eine Bombe sein, die eine große Stadt wie London in Trümmer legt?" Heisenberg drehte sich halb um, und etwas verlegen, wie es Telschow schien, deutete er mit den Händen die Umrisse einer kleinen Kugel an: „Etwa so groß wie eine Ananas."[18]

Es überrascht nicht, daß auch Speer sich nun so schnell wie möglich von den konkreten Realisierungschancen einer „deutschen" Atombombe in Kenntnis setzen lassen wollte. In Anbetracht der enormen materiellen wie menschlichen Ressourcen, die den Berechnungen der Physiker zufolge zur Herstellung eines atomaren Sprengsatzes benötigt wurden, lautete aber auch sein Entschluß am Ende, daß die Gruppe um Heisenberg und von Weizsäcker ihre Aktivität allein auf die längerfristige Entwicklung einer „Uranmaschine" im Sinne eines „friedlichen" Atomreaktors für die Energieversorgung in der Nachkriegszeit richten sollten. Damit hatte sich das Regime endgültig festgelegt. Vom Winter 1942/43 an wurde im „Dritten Reich" zwar weiter – und in ganz erheblichem Ausmaß – Rüstungsforschung betrieben, allerdings im Bereich der – konventionellen – Raketentechnik. Die ersehnte „Wunderwaffe", die der kriegsmüden Bevölkerung in den kommenden Monaten mit zunehmender Frequenz als Durchhalteparole vor Augen gemalt wurde, sollte eine „V2"-Rakete mit herkömmlichem Sprengsatz sein – und keine „deutsche" Atombombe.

Von der Forschung wurden immer wieder zwei Arten von Ursachen dafür angeführt, warum es im NS-Staat nicht zum Bau einer Atombombe gekommen ist, einer Waffe, die den Zweiten Weltkrieg – wäre sie „rechtzeitig" und in „ausreichenden" Stückzahlen verfügbar gewesen – zweifellos zu einem völlig anderen Ausgang gebracht hätte. Einerseits wurde argumentiert, die politischen Entscheidungsträger hätten sich einer bedingungslosen Unterstützung des Uranprojekts ganz einfach aus dem Grund verweigern *müssen*, daß von Seiten der Wissenschaftler zu hohe Forderungen an Material und Personal gestellt wurden. Die konkreten Gegebenheiten im Kriegszustand hätten an eine ausreichende Förderung des Uranprojekts prinzipiell nicht denken lassen. Dieses

---

[18] Hermann: Jahrhundertwissenschaft, S. 189.

Argument hat durch die Kritik von Paul Lawrence Rose zuletzt eine gewisse Nuancierung erhalten. Rose konnte nachweisen, daß Heisenberg bei der Berechnung der kritischen Masse des für Kettenreaktionen notwendigen Urans 235 schon in der Frühphase der Planung ein entscheidender Fehler unterlaufen war, der den entsprechenden Wert um ein Vielfaches zu hoch erscheinen ließ.[19] – Doch selbst wenn man den Fehler umgehend korrigiert hätte und den Entscheidungsträgern der *materielle* Aufwand vor dem Hintergrund des tatsächlichen Wertes lohnenswert erschienen wäre – ob man die hohen *personellen* Mittel, wie sie die Amerikaner auf der Gegenseite in das „Manhattan Project" investierten, auch im NS-Staat hätte aufwenden können bzw. wollen, bleibt mehr als fraglich.[20] Sicherlich wäre dies nur unter der Voraussetzung möglich gewesen, daß ein Großteil der an der Front kämpfenden Physiker für diese Aufgabe zurückbeordert worden wäre[21] und außerdem die enormen Mittel, die Hitler in das „V2"-Projekt fließen ließ,[22] statt dessen dem Uranverein hätte zukommen lassen. Dann wäre eine „deutsche" Atombombe u.U. tatsächlich möglich geworden.

---

[19] „[...] it was because he [Heisenberg] believed from 1940 on that an impossibly huge amount of U235 would be required for a U235 bomb, an amount that would not be obtainable within several decades, let alone before the end of the war. [...] This was the true reason why Nazi Germany failed to achieve the bomb" (Rose: Heisenberg and the Nazi Atomic Bomb Project, S. 77).

[20] Walker (Uranmaschine, S. 195) nennt für die U.S.A. die Zahl von 125 000 am Aufbau der Atomfabriken beteiligten Personen. 65 000 wurden noch benötigt, um nach der Fertigstellung der Reaktoren den Betrieb aufrechterhalten zu können. Damit übertrafen die alliierten Anstrengungen die deutschen etwa um das 1000 (!) fache.

[21] Statt dessen versuchte man ab Mai 1944, einen Teil der zu bewältigenden Rechnungen von KZ-inhaftierten jüdischen Physikern (!) ausführen zu lassen. „Ich beauftrage den SS-Obergruppenführer Pohl, in einem Konzentrationslager eine wissenschaftliche Forschungsstätte einzurichten, in der das Fachwissen dieser Leute für das menschenbeanspruchende und zeitraubende Ausrechnen von Formeln, Ausarbeiten von Einzelkonstruktionen, sowie aber auch zu Grundlagen-Forschung angesetzt wird", heißt es in Himmlers entsprechender Anordnung. (Abgedruckt in: Das Dritte Reich und seine Denker, S. 319.) Wie aus einem Schreiben von Walter Gerlach (vgl. ebd., S. 321) hervorgeht, waren die Physiker des deutschen Uranvereins über diese Maßnahme aufgeklärt und begrüßten sie ausdrücklich als Entlastung.

[22] Michael J. Neufeld zufolge arbeiteten in Peenemünde, dem Zentrum der deutschen Raketenforschung, zeitweilig bis zu 12 000 Menschen (vgl. Die Rakete und das Reich, S. 16). Von 1943 an wurde das „V2"-Projekt mit der höchsten im NS-Staat zu vergebenden Dringlichkeitsstufe gefördert (vgl. ebd., S. 229). Die finanziellen Aufwendungen beziffert Neufeld auf mehrere hundert Millionen Mark (vgl. ebd., S. 16).

Aus einem ganz anderen Grund erscheint dieses Szenario jedoch völlig ausgeschlossen. Der zweite Aspekt, der unabhängig von der Frage nach der praktischen Realisierbarkeit den Bau der „Uranbombe" vereitelte, lag im „Nationalsozialismus" selbst begründet. „Zum Glück für die Welt schlug [...] hier, auf dem Gebiet der Kerntechnik, die Politik des ‚Dritten Reiches' auf die Machthaber selbst zurück."[23] Mit dieser Aussage weist Armin Hermann der Antwort den Weg. Die „Ahnungslosigkeit Hitlers in Fragen der Wissenschaft" sei nicht zufällig gewesen,

> sondern gehörte sozusagen zum System. Er war ernsthaft davon überzeugt, daß die Juden alle Wege benutzten, auch den über Kunst und Wissenschaft, um das deutsche Volk geistig zu verderben. In Fragen der Physik galt für ihn Philipp Lenard als die große Autorität, und von ihm hatte er frühzeitig erfahren, daß es auch in der Wissenschaft die schrecklichsten „Entartungen" gab. Es ist unter diesen Umständen durchaus denkbar, daß Hitler Informationen über die Chancen der Kernenergie zugegangen sind, ihm aber die Sache unglaubwürdig erschien. Eine neue Waffe als technische Anwendung der „jüdischen Physik"? Er wußte es besser: Die Juden waren die großen Lügenmeister.[24]

Hermanns argumentativer Ansatz ist richtig, sein Wurf aber viel zu kurz. Daß eine Förderung der modernen Physik in der Chefetage der NSDAP niemals ernsthaft in Erwägung gezogen wurde – auch dann nicht, als Heisenbergs Urangruppe eine militärische Nutzung prinzipiell in Aussicht stellen konnte –, lag längst nicht am persönlichen Einfluß Lenards auf Hitler – wie weit dieser Anfang der 40er Jahre überhaupt noch reichte, ist daneben eine ganz andere Frage. Nein, Hitler hatte sich schon Jahre, bevor er Lenard überhaupt kennenlernte, heißblütig über Einstein und die Relativitätstheorie erbost, und Goebbels, Rosenberg und andere NS-Größen standen ihm dabei in nichts nach. Daß es keine „nationalsozialistische" Atombombe geben *konnte*, lag daran, daß den zuständigen physikalischen Teildisziplinen, Relativitätstheorie und Quantenmechanik, über Jahre hinweg aus ideologischen Gründen die Arbeitsgrundlage entzogen worden war – durch Vertreibung von Personal, Streichung von Mitteln, Vergraulung von Studenten –, Jahre, die das Regime gegenüber den Alliierten – deren Rüstungsforschung vom personengebundenen Wissenstransfer im Zuge der völkischen Vertreibungspolitik darüber hinaus auch noch unmit-

---

[23] Hermann: Jahrhundertwissenschaft, S. 141.
[24] Ebd., S. 194.

telbar „profitierte" – niemals mehr hätte aufholen können. Daß die „nationalsozialistische Wissenschaftspolitik [...] vom ersten Tag der Machtergreifung an von krassem Unverständnis geleitet"[25] war – so noch einmal Hermanns Worte –, liegt in der Geschichte des Nationalsozialismus begründet, ausgehend von der Entstehung der „Bewegung" über die Phase der zunehmenden ideologischen Profilierung während der „Kampfzeit" bis hin zur Wahl in die Regierungsverantwortung. Indirekt hatte die Physik den Nationalsozialisten mit an die Macht verholfen; indirekt bewirkte sie gleichzeitig, daß dieselbe nur eine zeitlich begrenzte sein konnte.

---

[25] Ebd., S. 188.

Schlußbetrachtungen: Die Schuld der Physik

> Das Tragische in meines Mannes Schick-
> sal ist, dass alle deutschen Juden ihn da-
> für verantwortlich machen, dass ihnen
> dort so schreckliches widerfahren.[1]
> (Elsa Einstein am 12. April 1933)

Durch seine Beiträge zur Entwicklung der modernen Physik und als politisch höchst umstrittene Person hatte Einstein entscheidend mit dazu beigetragen, daß sich die weltanschaulich-ideologischen Fronten in der Weimarer Republik zunehmend verhärtet hatten bzw. überhaupt erst in der zu beobachtenden Form ausbildeten. Dem anzitierten Brief seiner Frau ist zu entnehmen, daß ihm nicht wenige deutsche Juden vor diesem Hintergrund eine Teilschuld an ihrer in den ersten Wochen nach der „Machtergreifung" nochmals deutlich zugespitzten Misere anlasteten. Die Oppressionen durch die Nationalsozialisten führte man zumindest mittelbar auch auf den Schöpfer der Relativitätstheorie zurück, und mit einer Mischung aus Empörung und Verwunderung mußte Elsa Einstein am Anfang der Exilzeit konstatieren, daß ihr Mann „mehr hasserfüllte Briefe von den Juden als von den Nazis"[2] erhielt.

Bereits 1921 hatte ein jüdischer Autor in einem von der *Kölnischen Zeitung* wiedergegebenen Appell gefordert, man solle den „Reklamekult", den man speziell von zionistischer Seite mit Einstein und der Relativitätstheorie treibe, tunlichst unterbinden, um nicht der „Stellung der deutschen Juden in ihrer Gesamtheit" empfindlichen Schaden zuzufügen. Die „christlichen Mitbürger" könnten kaum anders, als sich „mit Widerwillen von diesem Schauspiel abwenden"[3]. Auch in den Folgejahren verstummte Kritik dieser Art nicht. So ist u.a. vom Berliner Generalmusikdirektor Erich Kleiber bekannt, daß er

---

[1] Elsa Einstein an Antonia Luchaise, 12.4.1933. – Zit. n. Siegfried Grundmann: Einsteins Akte, S. 366.
[2] Ebd.
[3] B. Rosenberg: Einstein-Rummel. – In: Kölnische Zeitung 23.9.1921, Nr. 637, S. 1.

„zu den Leuten [gehörte], die Einstein für die Judenverfolgung in Deutschland verantwortlich machen wollten."[4]

Nach dem Zweiten Weltkrieg sind solche Worte nicht mehr in den Mund genommen worden. Weder die moderne Physik als solche noch ihre Vulgarisierung durch die Medien noch das individuelle Auftreten Einsteins wurden in die Diskussion um die Ursprünge des Nationalsozialismus und die Hintergründe des in Deutschland rasant anwachsenden Antisemitismus einbezogen.[5] Antworten auf die Frage, wie es zu Hitlers Wahlerfolgen kommen konnte, beschränkten sich nur zu oft auf Hinweise zum sozioökonomischen Hintergrund der Epoche oder zum Charisma des „Führers". Massenarbeitslosigkeit und flächendeckende soziale Verelendung hätten die Menschen in die Arme der radikalen Rechten getrieben;[6] „Fieberwahn" der Inflation[7], „turbulente Konjunkturschwankungen"[8] usw. lauten bis heute entsprechende Schlagworte.

Dabei genügt schon ein erster Blick in das zeitgenössische Schrifttum, um festzustellen, daß die deutschen Faschisten zuvörderst auf der Ebene von „Weltanschauung" um Anhänger und Wählerstimmen buhlten[9] und nicht mit

---

[4] Der Architekt Konrad Wachsmann im Interview mit Michael Grüning (Ein Haus für Albert Einstein, S. 27-288, hier: S. 151).

[5] Eine vage Andeutung findet sich allenfalls bei Siegfried Grundmann, der eine von den Nationalsozialisten „selbst produzierte kausale Verbindung ‚Relativitätstheorie – Judentum – Bolschewismus'"(Einsteins Akte, S. 418) zur Sprache bringt, diesen Gedanken allerdings nicht weiter ausführt. Statt dessen legt er die weltanschaulichen Kämpfe um die Relativitätstheorie an anderer Stelle auch in dem herkömmlichen, ungleich einfacheren Sinne aus, daß Einstein für die Nationalsozialisten einen „Feind wie aus dem Bilderbuch" (ebd., S. 336) abgegeben habe, weil er die verhaßten Eigenschaften, Jude und Linker zu sein, markant in einer Person vereinigte.
Generell muß angemerkt werden, daß sich das Bild Einsteins nach dem Zweiten Weltkrieg sofort in die bis heute vorherrschende Richtung wandelte: Der Physiker wurde zur Ikone eines wissenschaftlichen Genies stilisiert und zum „Ehrenretter der Menschheit" (Th. Mann: Gesammelte Werke, X, S. 550) erklärt.

[6] Auch die Physiker, die es eigentlich besser hätten wissen müssen, vertraten diese Ansicht. So wollte Einstein in der „nationalsozialistischen Bewegung [...] nur eine Folgeerscheinung der momentanen wirtschaftlichen Notlage und eine Kinderkrankheit der Republik" erkennen (zit. n. Fölsing: Albert Einstein, S. 712), und ähnlich urteilte Stark nach dem Krieg, die „wirtschaftliche Notlage in den Jahren vor 1933" sei der „Hauptgrund für den Erfolg Hitlers" gewesen (Erinnerungen eines deutschen Naturforschers, S. 132).

[7] Friedrich: Morgen ist Weltuntergang. Berlin in den zwanziger Jahren, S. 159.

[8] Schoeps: Das Gewaltsyndrom, S. 66.

[9] Vgl. dazu auch Schmitz-Berning: Vokabular des Nationalsozialismus, S. 686-689.

realpolitischen Maßnahmenkatalogen.[10] Diesem Umstand zollt die in den letzten Jahren an Intensität zugenommene Diskussion um den religiösen Gehalt des Nationalsozialismus in hohem Maße Tribut. Auf die Frage, mit welchen *Mitteln* die „Bewegung" Wirkungen erzielte – und darüber ihre (Wahl-)Erfolge verbuchen konnte –, wurden zahlreiche gute Antworten gegeben. Die vorgeschaltete Frage, warum es in Deutschland aber überhaupt ein offensichtlich so eklatant großes allgemeines Bedürfnis nach *weltanschaulicher Katharsis* gab – das die Nationalsozialisten eben bis zu einem hinreichend hohen Grad zu stillen vermochten –, blieb jedoch weiter größtenteils unbeantwortet. Dabei ist gerade dieses Problem entscheidend, denn auch in anderen Ländern hatte das Vertrauen in Kirche und Religion im Zuge der allgemeinen Säkularisierung nachgelassen und hier wie dort herrschten in den 20er Jahren wirtschaftliche Depression und Rekordarbeitslosigkeit.

Man wird an dieser Stelle einwenden wollen, daß andererseits aber auch die Vulgarisierung der modernen Physik längst nicht nur in Deutschland stattfand. Warum führten die von der Presse kolportierten Revolutionen nicht auch anderswo, in England oder Frankreich beispielsweise, zu jenem folgenschweren mentalitätsgeschichtlichen Einbruch, der hier für die Weimarer Republik nachgezeichnet werden konnte? Die Antwort auf diese Frage ist vielschichtig. Zunächst einmal war das Ausmaß der *deutschsprachigen* Rezeption doch mit Abstand am größten, was im wesentlichen daran lag, daß bereits die Entwicklung der modernen Physik als solche – was Primär- und Sekundärtexte anbelangte – im wesentlichen in deutscher Sprache vorangetrieben wurde.[11]

---

[10] Auch das von Rosenberg herausgegebene „Programm der Bewegung" beschränkte sich im wesentlichen auf den Aufruf zum „Kampf um die Seele des deutschen Volkes" (Wesen, Grundsätze und Ziele der Nationalsozialistischen Deutschen Arbeiterpartei, S. 21) sowie gegen „Revolutionsjuden" (ebd., S. 24).

[11] Konkrete Zahlen zu den Fachpublikationen zur *Relativitätstheorie* (im internationalen Vergleich bis 1924) nennt Klaus Hentschel (Interpretationen und Fehlinterpretationen der speziellen und der allgemeinen Relativitätstheorie durch Zeitgenossen Albert Einsteins, S. 67): 38% aller weltweit veröffentlichten Fachtexte waren demnach in Deutschland publiziert worden. (Zu diesem Punkt vgl. auch Lewis Pyenson: The Relativity Revolution in Germany. – In: The Comparative Reception of Relativity. Hrsg. v. Thomas F. Glick, S. 59-111, hier: S. 61.) Ähnliches gilt für die *Quantenmechanik*, die in „weitaus überwiegendem Maße [...] von Deutschen und Österreichern geschaffen" wurde (Paul Forman: Weimarer Kultur, Kausalität und Quantentheorie. – In: Quantenmechanik und Weimarer Republik. Hrsg. v. Karl von Meyenn, S. 61-200, hier: S. 182), wodurch auch die „unmittelbaren antikausalen Interpretationen [...] und das Übertreiben der Bedeutung dieser Theorie in Bezug auf den

Daneben ist natürlich die politische Großwetterlage zu berücksichtigen. Deutschland hatte den Ersten Weltkrieg verloren. Der von breiten Bevölkerungsschichten mit Entsetzen wahrgenommene Untergang des Kaiserreiches hatte in der vulgarisierten Quintessenz der Relativitätstheorie seine vermeintliche „wissenschaftliche" Begründung gefunden. „Novemberrevolution" und physikalische Revolution fielen zusammen. Bei den Siegermächten ließen sich entsprechende Verbindungslinien nicht ziehen, und so empfand man die Nachricht von der Umgestaltung des Weltbildes auch nicht im Sinne eines gewaltsamen „Umsturzes", sondern als Lauf der Dinge und natürliche Weiterentwicklung der Wissenschaft.[12] Darüber hinaus führte Einsteins politisches Auftreten im Ausland gerade zu einem „Wendepunkt in den Nachkriegs-Gefühlen" – so drückte es die britische *Nation* aus[13] – und damit zu einer *positiveren* Grundstimmung. Auch in Frankreich, wo man anfänglich bestehende Ressentiments gegen die „deutsche" Relativitätstheorie „schnell vergaß"[14], wurde in Einstein, dem Anti-Militaristen und Schweizer (!) Physiker, ein willkommener Sympathieträger ausgemacht. Im Zusammenhang mit seinem Besuch auf den Schlachtfeldern des Ersten Weltkriegs – im Anschluß an seine erste Pariser

---

Determinismus [...] auf den deutschsprachigen Raum Mitteleuropas beschränkt" blieb (ebd., S. 187). Zur Bedeutung der deutschen Sprache als des primären Austauschmediums für die „internationale Gemeinschaft der Physiker" vgl. auch Klaus Bärwinkel: Die Austreibung von Physikern unter der deutschen Regierung vor dem Zweiten Weltkrieg. Ausmaß und Auswirkung. – In: Die Künste und Wissenschaften im Exil 1933-1945. Hrsg. v. Edith Böhne u. Wolfgang Motzkau-Valeton, S. 569-599, hier: S. 593; Könneker: Hermann Brochs Rezeption der modernen Physik. Quantenmechanik und „Unbekannte Größe". – In: Zur deutschen Literatur im ersten Drittel des 20. Jahrhunderts. Hrsg. v. Norbert Oellers u. Hartmut Steinecke, S. 205-239, hier: S. 237.

[12] Lewis Pyenson (Relativity Revolution, S. 63) bietet einen Vergleich typischer Begriffe, mit denen in Deutschland sowie im Ausland über die Relativitätstheorie berichtet wurde: Für Deutschland nennt er u.a. „Revolution", „Umschwung", „Grundstürzung", „Umwälzung" und „Umsturz". Der Vergleich mit dem Sprachgebrauch in anderen Ländern zeige, daß der deutsche „Umsturz"-Diskurs im Ausland keine Entsprechung hatte: „French writers did not often refer to a *révolution* in physics. British commentators, too, did not speak in revolutionary terms."

[13] Vgl. Hermann: Einstein, S. 271.

[14] Andreas Kleinert: Von der Science Allemande zur deutschen Physik. Nationalismus und moderne Naturwissenschaft in Frankreich und Deutschland zwischen 1914 und 1940. – In: Francia 6 (1978), S. 509-525, hier: S. 521.

Vortragsreise (1922) – wurde ausgiebig über den offenherzigen Pazifisten, der hinter der neuen Theorie stand, berichtet.[15] Weitere substantielle Gründe für die unterschiedliche Aufnahme der modernen Physik in den verschiedenen Ländern sind in der jeweiligen nationalen Geistesgeschichte zu erblicken. Die deutsche philosophische Tradition, das kantische System und der Idealismus, boten von vornherein weit mehr Angriffsfläche für die Implikationen von Relativitätstheorie und Quantenmechanik als etwa die ungleich skeptischere Tradition des englischen Empirismus. Auch die Frage nach Wert oder Unwert des mathematisch-formalen Gehalts der neuen Theorien wurde vor dem Hintergrund der verschiedenen Wissenschaftstraditionen unterschiedlich beurteilt. Noch einmal sei in diesem Kontext an die entscheidende, maßgeblich von Goethe inspirierte Traditionslinie innerhalb der deutschen Naturwissenschaften erinnert. Zuletzt spielte natürlich auch das Erbe der Reformation eine wichtige Rolle. Auch darauf wurde hingewiesen.

Es waren also zahlreiche Faktoren, die zusammenwirkten und letztlich den Aufstieg des Nationalsozialismus an die Macht – was die „Beteiligung" der modernen Physik daran betraf – entscheidend begünstigten. Dabei stellte die vulgarisierte theoretische Physik – dies sei am Ende noch einmal ausdrücklich festgehalten – natürlich ebenfalls nicht den *alleinigen* oder *primären* Einflußfaktor dar, sondern lediglich einen – allerdings sehr wichtigen und dabei bislang gänzlich übersehenen – unter mehreren. Die 1946 von Curt Wallach ge-

---

[15] Ausgangspunkt der Berichte war Charles Nordmanns eindrückliche und ausgedehnte Schilderung des Gedenkbesuchs in der Zeitschrift *L'Illustration*. (Eine deutsche Übersetzung findet sich bei Grundmann: Einsteins Akte, S. 205-207). Ein kurzer Auszug vermittelt einen Eindruck von der Art der Darstellung: „Wir sind in Reims angekommen. Die völlige Zerstörung einer großen Stadt, wo nur wenige Häuser stehen blieben, macht einen erschütternden Eindruck auf Einstein und veranlaßt ihn zu Betrachtungen voller Mitleid und edelster Menschlichkeit." (Ebd., S. 207.) Grundmann bemerkt, daß sich die zunächst uneinheitliche Einschätzung der Franzosen gegenüber Einstein sofort änderte, „als bekannt wurde, daß Einstein die Schweizer Staatsangehörigkeit besitzt, im 1. Weltkrieg den Aufruf ‚An die Kulturwelt' nicht unterzeichnet hat und eigentlich gar kein ‚Deutscher' sei." (Ebd., S. 148.) Daß in Frankreich erst mit deutlicher Verzögerung gegenüber Deutschland, England und den USA breit über Einstein und seine Theorie berichtet wurde, belegt Michel Biezunski. (Vgl. Einstein's Reception in Paris in 1922. – In: The Comparative Reception of Relativity, S. 169-187, hier speziell: S. 169). Auf die von Beginn an fast einhellig positive anglo-amerikanische Berichterstattung wurde bereits hingewiesen. Einstein selbst berichtete, daß er schon bei seiner ersten USA-Reise durchweg mit „viel Liebe" und „Verehrung" begrüßt worden sei (Mein Weltbild, S. 47).

troffene Einschätzung, daß von der – speziell, aber längst nicht ausschließlich für die „Deutsche Physik" – zeittypischen Abwehrhaltung gegenüber dem revolutionär Neuen, zumal wenn es von jüdischen Intellektuellen initiiert wurde, eine Entwicklungslinie ausging, die „in letzter Folge bis zu den Vernichtungslagern in Auschwitz und Maidanek führte"[16], erscheint weit überzogen. „Auschwitz" läßt sich auch mit „Einstein" nicht „erklären".

Bleibt noch ein Punkt offen: *warum* der Diskurs „moderne Physik" in der Nachkriegsdiskussion um die Geschichte der Weimarer Republik, um das „Dritte Reich" und den Nationalsozialismus bis heute – von ganz wenigen frühen Ausnahmen abgesehen – so flagrant unbeachtet blieb.[17]

Die ideologisch motivierten Repressionen durch das NS-Regime und der Alltag in Kriegs- und Nachkriegszeit hatten auf die öffentliche Diskussion über die moderne Physik wie eine jahrelang anhaltende Zäsur gewirkt. Die Sorge um das tägliche Überleben ließ Fragen nach den politisch-weltanschaulichen Implikationen der Theorien kaum mehr aufkommen. Sie im NS-Staat offen anzusprechen, hätte darüber hinaus mit großer Wahrscheinlichkeit persönliche Konsequenzen nach sich gezogen.[18] Aber auch nach Kriegsende, als sich das Leben wieder zu normalisieren begann, wurde an den alten Diskurs nicht mehr angeknüpft: Der Abwurf der Atombombe hatte allen Spekulationen über Richtigkeit und Unrichtigkeit, Sinn und Unsinn von Relativitätstheorie und Quan-

---

[16] Wallach: Völkische Wissenschaft – Deutsche Physik. – In: Deutsche Rundschau 69 (1946), S. 126-141, hier: S. 141.

[17] Auf die Frage, inwiefern diese Nichtbeachtung auch einer in ihrem Selbstverständnis unangenehm berührten „geisteswissenschaftlichen" Mentalität anzulasten ist, die – darin ist Otto Gerhard Oexle zuzustimmen – „nach wie vor unter dem Eindruck einer Dominanz des Wissenschaftskonzepts der Naturwissenschaften [...] steht" (Naturwissenschaft und Geschichtswissenschaft. Momente einer Problemgeschichte. – In: Naturwissenschaft, Geisteswissenschaft, Kulturwissenschaft: Einheit – Gegensatz – Komplementarität? Hrsg. v. Otto Gerhard Oexle, S. 99-151, hier: S. 123), soll hier nicht näher eingegangen werden. Richtig ist jedoch, daß sich so mancher „Geisteswissenschaftler" mit dem Eingeständnis schwer zu tun scheint, daß es entscheidende Einflüsse aus den „exakten" Wissenschaften auf die eigene – bzw. deren Forschungsgegenstände – gab und gibt.

[18] Noch einmal sei in diesem Zusammenhang auf das schändliche Machwerk *Juden sehen Dich an* verwiesen. Direkt neben einem ganzseitigen Portrait Einsteins konnte man dort folgende Anweisung lesen: „Jeder Deutsche ist moralisch verpflichtet, neue Lügen- und Hetzversuche der Juden und ihrer Freunde sogleich zur Kenntnis der nächsten nationalsozialistischen Parteistelle oder Polizeibehörde zu bringen. Seid auf der Wacht!" (Von Leers: Juden sehen Dich an, S. 35.)

tenmechanik mit einem – im wahrsten Sinne des Wortes gewaltigen – Schlag
jede Grundlage entzogen. Vom 6. August 1945 an stand auch das deutsche
Geistesleben – oder das, was zu diesem Zeitpunkt davon übriggeblieben war –
unweigerlich im Schatten der Bombe.

Der Anbruch des sog. Nuklearzeitalters ließ den alten Diskurs aber nicht
nur endgültig erlöschen; durch eine Substitution, eine inhaltliche Neuausrichtung, verstellte er auch bis heute den Blick auf die Vergangenheit. Wenn nach
Hiroshima von „Folgen" der modernen Physik für die Menschheitsgeschichte
gesprochen wurde, dachte man „nur" noch an die bedrückende Möglichkeit, in
zukünftigen Kriegen könnten ganze Landstriche und Nationen atomar ausra-
diert werden.[19] Der Akzent hatte sich von Fragen nach Weltbild und Religion
unumkehrbar zu einer Phobie vor der militärisch-technischen Bedrohung sowie
dem Problem der moralischen Verantwortung von Wissenschaft (und Wissenschaftlern) verschoben, bestens erkennbar beispielsweise an den verschiedenen
Versionen von Brechts *Galilei*.[20]

---

[19] Symptomatisch in diesem Zusammenhang ist etwa die Fehleinschätzung von Wolf Lepenies, der die Entwicklung der modernen Physik bis zum Anbruch des Nuklearzeitalters als
„unproblematisch" für das Kollektivbewußtsein bezeichnet. Erst die erfolgte Atomspaltung
hätte „Folgen gezeitigt, die keine Ängste mehr abbauen, sondern Ängste hervorbringen"
(Lepenies: Angst und Wissenschaft. – In: Ders.: Gefährliche Wahlverwandtschaften. Essays zur Wissenschaftsgeschichte, S. 39-60, hier: S. 58f.).

[20] Brecht verlagerte die Kritiklinie des Stücks bereits in der zweiten – amerikanischen – Fassung von den überkommenen gesellschaftlichen Hierarchien hin zur Person des gefallenen
Wissenschaftlers. Besonders markant kommt dies in der Abschlußszene zum Ausdruck. Einerseits ließ Brecht Einstein-Galilei noch einmal reumütig auf die große gesellschaftliche
Befreiung zurückblicken, die die breite Popularisierung der physikalischen Gedankenrevolution hätte mit sich bringen können: „As a scientist I had an almost unique opportuni-
ty. In my day astronomy emerged into the market-places." (*Spectaculum*-Sonderband,
S. 201.) Andererseits wurde die Reue über die vertane historische Chance auf die erfolgte
militärische Ausnutzung seiner Theorie ausgeweitet: „I surrendered my knowledge to the
powers that be, to use it, abuse it, just as it suits their ends. I have betrayed my profession."
(Ebd.)
Auch an anderen Nachkriegstexten läßt sich die Wahrnehmungsverschiebung – weg von
Weltanschauungsfragen, hin zu den Folgen technischer Machbarkeit – aufzeigen; Dürrenmatts *Physiker*, Kipphardts *In der Sache J. Robert Oppenheimer* und Hans Henny Jahnns
Der staubige Regenbogen sind hier als Musterbeispiele anzuführen. Hatte der *Roman* der
Vorkriegszeit fast ausschließlich die Theorien behandelt, wurde das Thema „Verantwor-
tung der Physik" vornehmlich vom Nachkriegs*drama* aufgegriffen. Dürrenmatts Diktum,
ein „Drama über die Physiker" könne niemals den „Inhalt der Physik zum Ziele haben,
sondern nur ihre Auswirkung" – denn diese gehe „alle Menschen" an (21 Punkte zu den

Die durch Weltkrieg und Abwurf der Atombombe bewirkte Diskurs-
ablösung bedeutete einen extrem tiefen kultur- und mentalitätsgeschichtlichen
Einschnitt. Allein vor diesem Hintergrund ist auch Habermas' aberwitziges
Diktum von 1966 zu entschuldigen, Literatur reagiere immer nur auf die technischen Folgen von naturwissenschaftlichen Fortschritten, nie aber auf neue
Theorien als solche.[21] Wie gezeigt werden konnte, gingen im Gegenteil gerade
von der Rezeption der physikalischen *Theorien* ganz entscheidende Impulse
auf die Literatur, namentlich den Roman der Moderne aus, und Untersuchungen zur modernen Kunst (Expressionismus, Formalismus),[22] zur Architektur
(Expressionismus),[23] zur Musik (Atonalität)[24] usw. versprechen weitere interessante Ergebnisse zutage zu fördern.[25]

Physikern. – In: Dürrenmatt: Werkausgabe, VII, S. 91-93, hier: S. 92) –, bringt diese
Genreverschiebung auf den Punkt.

[21] „Die Erkenntnisse der Atomphysik bleiben, für sich genommen, ohne Folgen für die Interpretation unserer Lebenswelt [...]. Erst wenn wir mit Hilfe der physikalischen Theorien
Kernspaltungen durchführen, erst wenn die Informationen für die Entfaltung produktiver
oder destruktiver Kräfte verwertet werden, können ihre umwälzenden praktischen Folgen in
das literarische Bewußtsein [...] eindringen – *Gedichte entstehen im Anblick von Hiroshima
und nicht durch die Verarbeitung von Hypothesen.*" (Jürgen Habermas: Technischer Fortschritt und soziale Lebenswelt. – In: Die zwei Kulturen. Literarische und naturwissenschaftliche Intelligenz. Hrsg. v. Helmut Kreuzer, S. 313-327, hier: S. 315 – Hervorhebung
von mir, C.K.) Habermas fiel mit dieser Auffassung wieder auf den Stand der Diskussion
von vor 1920 zurück. Gustav Mie hatte ihr indes schon 1921 richtig entgegengehalten, daß
physikalische Entdeckungen die „allgemeine Aufmerksamkeit" zwar i.d.R. nur dann fessel-
ten, „wenn sie durch praktische Anwendungen Einfluß auf die Gestaltung des menschlichen
Lebens gewinnen." In Gestalt der Relativitätstheorie läge jedoch eine derjenigen wissenschaftlichen Entwicklungen vor, „die ein allgemeines menschliches Interesse beanspruchen
dürfen", weil sie sich „mit dem allgemeinen Bild der Welt befassen, der Welt, in der sich
das Menschenleben abspielt." (Die Einsteinsche Gravitationstheorie. – In: Deutsche Rundschau 47 (1921), S. 167-184; S. 310-342, hier: S. 167.)

[22] Vgl. etwa Kandinskys Feststellung von 1926, die traditionelle, „scheinbar klare und berech-
tigte" Einteilung „Malerei – Raum (Fläche)" und „Musik – Zeit" sei „urplötzlich zweifel-
haft geworden [...]. Das im allgemeinen heute noch gepflogene Übersehen des Zeitelements
in der Malerei zeigt deutlich die Oberflächlichkeit der herrschenden Theorie, die von einer
wissenschaftlichen Basis laut abrückt." (Punkt und Linie zu Fläche, S. 28f.) Ein abschließendes „Verständnis des Gesamtgesetzes von Weltkomposition" (ebd., S. 97) könne
nur bei Beachtung sowohl der Kunst- als auch der Naturgesetze erreicht werden.

[23] Mendelsohns 1921 vollendeter Einstein-Turm etwa gilt als eines der Paradebeispiele ex-
pressionistischer Architektur, und natürlich hatte sich sein Erbauer zuvor eingehend mit der
dort experimentell zu überprüfenden Relativitätstheorie auseinandergesetzt. Im *Berliner
Tageblatt* schrieb er 1923 über den Einfluß von Einsteins Denken auf die moderne Architektur: „Seit der Erkenntnis, daß die von der Wissenschaft bisher getrennten Begriffe: Ma-

Schon 1954, nicht einmal zehn Jahre nach Ende des Zweiten Weltkriegs, war es notwendig geworden, die Öffentlichkeit, wenn die Rede auf Einstein kam, gezielt daran zu erinnern, daß die Relativitätstheorie ursprünglich aufgrund ihrer *weltanschaulichen Brisanz* und nicht wegen *militärischer Anwendungen* in aller Munde gewesen war: „Der Ruhm Einsteins datiert nicht erst seit dem Zeitpunkt, da die Atombombe die Richtigkeit seiner relativistischen Energieformel erwiesen hat"[26], mahnte damals die *ZEIT*. Die Relativitätstheorie habe „nicht nur durch die Technik unser *Dasein*, sondern auch unser *Bewußtsein* verwandelt."[27] Bereits inhaltlich hätte sie „in den Gang der Weltgeschichte entscheidend eingegriffen":

Einstein bedeutet einen Wendepunkt des menschlichen Bewußtseins vom Universum. Seine Gedanken sind voller unabsehbarer Konsequenzen [...] für andere

terie und Energie, nur zwei verschiedene Zustände desselben Urstoffs sind, daß in der Ordnung der Welt nichts ohne Relativität zum Kosmos, ohne Beziehung zum Ganzen vor sich geht, verläßt der Ingenieur die mechanistische Theorie der toten Materie und begibt sich wieder in den Pflichtdienst der Natur." (Zur neuen Architektur. – In: Berliner Tageblatt 13.12.1923, Nr. 574, 1. Beiblatt.) Die Entwicklung der modernen Physik sei durch die geleistete Überwindung des Materialismus von großer Bedeutung für die Architektur. Sie erhebe die Maschine, „bisher der gefügige Handlanger der toten Ausbeutung, [...] zum konstruktiven Element eines neuen lebendigen Organismus", was sich insbesondere am „revolutionäre[n] Spiel der Zug- und Druckkräfte im Eisen" zeige, *dem* Element der neuen „dynamischen Architektur".

[24] Am Rande sei außerdem auf die Schrift *Das Relativitätsprinzip der musikalischen Harmonie* von Wilhelm Werker (Pseudonym: Ariel) verwiesen. Das 1925 erschienene Werk stellte einen Versuch dar, das 19stufige Tonsystem unter Berufung auf die Relativitätstheorie als einzig wahre Grundlage einer allgemeinen Harmonielehre zu etablieren. Man könne „auf jedem Wissensgebiet nach dem Relativitätsprinzip Theorien errichten", kommentierte Werker sein Vorhaben einleitend (S. 8). Einsteins Erkenntnisse könnten ebenso in einer „Relativitätstheorie des Geldes oder in einer relativistischen Farbentheorie" (S. 9) aufgehen. Zur Korrespondenz von physikalischer und musikalischer Theorie hielt der Autor fest (S. 169), „dass nicht nur in der Behandlungsmethode, sondern auch in den Voraussetzungen der Materie selbst, wesentliche Übereinstimmungen zwischen der Lehre vom musikalischen Relativitätsprinzip und der neueren physikalischen Relativitätstheorie bestehen. Gleich wie letztere auf den Grundbegriffen der Bewegung [...] und des Raumzeitlichen beruht, so wurden dort die harmonischen Tonbeziehungen aus jenen ‚inneren‘ Bewegungen erklärt, die in der harmonischen Kette ihren Ausdruck haben und für die sich ebenfalls 4 raumzeitliche Koordinaten aufstellen lassen."

[25] Der Einfluß auf Philosophie und Theologie wurde bereits anhand von ausgewählten Beispielen belegt; aber auch hier erscheinen weitere Untersuchungen vielversprechend.

[26] Dieses und die folgenden Zitate: Nitschmann: Einstein entsinnlichte den Kosmos. Die Relativitätstheorie als kulturgeschichtliches Ereignis. – In: Die Zeit Nr. 50 (1954), S. 4.

[27] Hervorhebungen v. mir, C.K.

geistige Bezirke. [...] Er errichtete ein neues Universum [...]. Wir haben die Bereicherung des Geistes mit der Entsinnlichung des Kosmos bezahlen müssen.

Mit Nachdruck versuchte der konzise Artikel, den Gang der Ereignisse noch einmal in das Bewußtsein der Zeitzeugengeneration zurückzurufen:

> Einstein wurde zu Beginn der zwanziger Jahre „populär". Die Presse beschäftigte sich mit seiner Lehre immer ausführlicher. Banale und gelehrte Vorträge über ihn waren an der Tagesordnung. Ganze Bibliotheken wurden über seine Gedanken zusammengeschrieben. Jeder, der etwas auf sich hielt, fühlte sich auch verpflichtet, zu den freilich recht komplizierten Neuheiten Stellung zu nehmen. [...]
> Mit der wachsenden Autorität Einsteins steigerten sich auch die Angriffe von religiöser und politischer Seite. [...] Von rechts wurde die Anklage gegen die „nichtarische Bolschewistenmetaphysik" immer lauter. [...] Goebbels ließ seine Werke auf dem Platz vor der Berliner Oper öffentlich verbrennen.

Obwohl er die Zusammenhänge andeutete, kam der Artikel nicht explizit auf eine „Schuld" der Physik zu sprechen. Geradezu blind zeigten sich in dieser Hinsicht auch die unmittelbar Betroffenen: „Bald hatten wir das Gefühl, es sei besser, die Geister der Vergangenheit nicht mehr weiter zu beschwören."[28] – Dieser Satz aus Heisenbergs Autobiographie, wenn auch in einem leicht abweichenden Kontext geäußert,[29] muß als symptomatisch für den Umgang der Physiker mit ihrer Vergangenheit angesehen werden. 1947 – um ein weiteres Beispiel anzuführen – verneigte sich die Physikergilde in den *Physikalischen Blättern* ehrfürchtig „vor dem toten Philipp Lenard, *indem wir über die letzten Jahrzehnte seines Lebens hinwegsehen*"[30].

Gedanken an eine etwaige Verantwortung ihrer Wissenschaft kamen den Physikern allein in bezug auf die Atombombe. Für Carl Friedrich von Weizsäcker war *sie* der Aufhänger für die Aussage, daß die „Naturwissenschaft die Menschheit in eine der tiefsten Krisen ihrer Geschichte geführt"[31] habe. An die

---

[28] Heisenberg: Der Teil und das Ganze, S. 237.
[29] Konkret ging es um ein Treffen Heisenbergs mit Niels Bohr vom Herbst 1941, in dessen Verlauf es offenbar zu Differenzen zwischen den ehemaligen Freunden und Kollegen hinsichtlich Heisenbergs Rolle als Physiker im „Dritten Reich" gekommen war.
[30] Brüche: NS-Physiker. – In: Physik. Bl. 3 (1947), S. 168 – Hervorhebung von mir, C.K. Vgl. auch Brüche: Philipp Lenard. – Ebd., S. 161.
[31] Von Weizsäcker: Der Naturwissenschaftler, Mittler zwischen Kultur und Natur. – In: Ders.: Der Garten des Menschlichen, S. 85-100, hier: S. 96.

Popularisierung und Vulgarisierung weltanschaulich hochbrisanter Theorien konnte auch er in diesem Kontext nicht denken.

Klarer als irgendjemand anders formulierte 1968 Max Born, zwei Jahre vor seinem Tod: In einer Zeit, in der man mit dem Begriff „moderne Physik" fast nur noch die Vorstellung von der „enormen Erweiterung des Horizonts unseres Wissens im Makrokosmos sowohl wie im Mikrokosmos" verbinde, dürfe nicht in Vergessenheit geraten, daß dieser „Gewinn" auf der anderen Seite „mit einem bitteren Verlust bezahlt" worden sei:

> Die wissenschaftliche Haltung ist geeignet, Zweifel und Skeptizismus zu erzeugen gegenüber überlieferter unwissenschaftlicher Erkenntnis und sogar gegenüber natürlichen, unverfälschten Handlungsweisen, von denen die menschliche Gesellschaft abhängt. [...]
> Die politischen und militärischen Schrecken sowie der vollständige Zusammenbruch der Ethik, deren Zeuge ich während meines Lebens gewesen bin, sind kein Symptom einer vorübergehenden Schwäche, sondern eine *notwendige Folge des naturwissenschaftlichen Aufstiegs* – der an sich eine der größten intellektuellen Leistungen der Menschheit ist.[32]

---

[32] Max Born: Die Zerstörung der Ethik durch die Naturwissenschaft. Überlegungen eines Physikers. – In: Die zwei Kulturen. Literarische und naturwissenschaftliche Intelligenz. Hrsg. v. Helmut Kreuzer, S. 254-261, hier: S. 258; S. 260 – Hervorhebung v. mir, C.K.

Abbildungen

— C'est la déviation de la lumière... M. Einstein comprendra très bien...

(Abb. 1: Relativitätstheorie und moderne Kunst. *Le Journal*, 19. März 1922)

Der Überwinder des Schwerkraftgesetzes in der Weinstube.

(Abb. 2: Einstein brüskiert das Establishment. *Vossische Zeitung*, 1. Mai 1921)

(Abb. 3: Einstein in aller Munde. *Simplicissimus*, 26. April 1922)

Berlin W.

(Abb. 4: Einstein als Attraktion der Salons. *Simplicissimus*, 31. Mai 1922)

— Quel concert de louanges ! Ces dames parlent encore de leurs coutu-
riers.'
— Mais non, il s'agit d'Einstein.

(Dessin de P. PORTELETTE.)

(Abb. 5: Auch in Frankreich gibt es nur ein Thema. *L'Echo de Paris*, 1922)

Französische Relativitäts-Theorie

Millerand: „Sagen Sie, cher professeur Einstein, können Sie nicht dem törichten boche einreden, daß er bei dem absoluten Fehlbetrag von 67 Milliarden relativ glänzend dasteht?"

(Abb. 6: *Kladderadatsch*, 31. Oktober 1920)

Der Hausknecht der Deutschen Gesandtschaft in Brüssel wurde beauftragt, einen dort herumlungernden Asiaten von der Wahnvorstellung, er sei ein Preuße, zu heilen.

(Abb. 7: *Deutsche Tageszeitung*, 1. April 1933)

(Abb. 8: Titelblatt der *Deutschvölkischen Monatshefte*, 1921)

14. Dezember
1 9 1 9
Nr. 50
28. Jahrgang

Berliner

Einzelpreis
des Heftes
25 Pfg.

Illustrirte Zeitung

Verlag Ullstein & Co, Berlin SW 68

(Abb. 9: Titelblatt *Berliner Illustrirte Zeitung*, 14. Dezember 1919)

85. Jahrgang. Nr. 24 — Berlin, 25. November 1921

Allgemeine
Zeitung des Judentums.

Ein unparteiisches Organ für alles jüdische Interesse

Diese Zeitung erscheint vierzehntäglich
Abonnements-Preis: durch den Buchhandel oder die Post (in Berlin und Vor-
orten durch unsere Vertriebsstellen) bezogen
vierteljährlich 3 M. — Postscheckkonto 524.

Begründet von
Rabbiner Dr. Ludwig Philippson

Verlag: Rudolf Mosse, Berlin, Jerusalemer Strasse 46-49

Alle Zusendungen für Redaktion und
Expedition sind an die Adresse: Verlag der
„Allgem. Zeitung des Judentums", Berlin
SW, Jerusalemer Straße 46-49, zu richten.
Verlag von Rudolf Mosse, Berlin.

Relativitätstheorie und Judentum[1]).
Von Sanitätsrat Dr. Scherbel (Lissa i. P.).

Man könnte wohl fragen, was die Relativitätstheorie mit dem Judentum zu tun hat. Aber abgesehen da-von, daß ihr Begründer, Albert Einstein, ein Jude ist, finden sich doch manche Beziehungen zum Judentum, namentlich zu den kosmogenetischen Vorstellungen der Bibel - freilich mehr in entgegengesetztem Sinne. — Denn der Schöpfungs-geschichte der Bibel will eine der Grundlehren der Relativi-tätstheorie nicht entsprechen. Sie lautet: So wenig wie das Leben selber irgendein Entstehen, so wenig kann der Stoff entstehen; er ist für menschliche Vorstellungen seit je her da.

Aber geradezu packend bei beiden ist der Gedanke von der weltbeherrschenden Stellung des Lichtes. Und Gott sprach: „Es werde Licht; und es ward Licht. Und Gott sah das Licht, daß es gut war, und Gott schied zwischen dem Licht und der Finsternis." Nach der Relativitätstheorie beruht alles Ge-schehen in der Welt auf dem Licht und auf der Lehre, daß die Geschwindigkeit des Lichtes die größtmögliche in der Welt ist. Eine der Grundvorstellungen der Physik war bisher, daß der Aether der Träger des Lichtes ist, und man dachte sich den Aether als ein ruhendes oder wildbewegtes Etwas, das den ganzen Weltenraum erfüllt oder durchflutet. Die Relativi-tätslehre aber bestreitet die Existenz eines Aethers, sie will das Licht als eine Sache für sich und jede Wirkung heißer Körper, bei der wir uns nur noch kein Bild machen können, welche mechanischen Zustände das Wesen dieser Wir-kung ausmachen.

Jedenfalls lautet ein Grundsatz Einsteins: Die Geschwin-digkeit des Lichtes ist eine unveränderliche Größe, die von der Bewegung der Lichtquelle oder des Beobachters ganz unab-hängig ist. Sie beträgt 300000 Kilometer in der Sekunde.

In der Relativitätstheorie erscheint die Lichtgeschwindigkeit als eine besondere Größe, die sich nicht so verhält wie andere Geschwindigkeiten.. Ferner nimmt die Relativitätstheorie an, daß der Ablauf der Zeit relativ ist, das heißt, daß sie für jeden Beobachter anders ist, ungefähr so, wie es in einem Ge-dichte heißt, daß „der Regenbogen ist für jeden Wandernder ein anderer". Aber für jeden Beobachter ergibt sich die gleiche Lichtgeschwindigkeit, wenn auch der Ablauf für jeden ein anderer ist. Das nötigt dazu, den Gedanken an eine absolute Zeit aufzugeben, ebenso die Meinung, eine gewisse Entfernung zwischen zwei Punkten sei für alle Beobachter dieser Entfer-nung die gleiche Länge. Das sind noch Vorstellungen aus der früheren klassischen Physik, mit denen Einstein (der übri-gens früher ein kleiner Beamter am Patentbureau in Bern war) gründlich aufräumen will.

Und ebenso räumt Einstein mit den bisherigen Begriffen Raum, Zeit und Stoff auf. Auch diese Begriffe, die bisher als absolut galten, haben sich ihm als relativ er-wiesen. Der Verlauf der Zeit ist von der Bewegung des Beob-achters abhängig, und ebenso sind räumliche Entfernungen relativ. Die Relativitätstheorie betrachtet also die Dauer eines Vorganges als relativ. Das ist etwas durchaus Neues, ja geradezu Unerhörtes. Denn: der Weltkrieg hat doch, von wo aus man auch den Anfang der Zeitrechnung bestimmen wollte, immer vier Jahre und drei Monate gedauert. Die Relativitätstheorie aber sagt: Für uns zwar, die wir Zeit- und Ortsgenossen dieses Krieges sind, hat er so lange gedauert. Wenn aber irgendein Beobachter auf einem Stern im Welt-raum mit optischen und elektrischen Strahlen den Vorgang verfolgt hätte, und wenn er sich dabei mit großer Geschwindig-keit von uns wegbewegt hätte, so wäre er ihm als länger er-schienen. Das Relativitätsprinzip ist also ein Verknüpfungs-gesetz. Es verbindet Raum und Zeit zu einem unlösbaren, einheitlichen Ganzen.

Auch die Frage, wie Stoff und Kraft zusammenhängen, ist durch die Relativitätstheorie gelöst worden. Sie kommt zu dem Ergebnis, daß der Stoff nichts anderes ist als Energie selber, und zwar Energie in der Form von Bewegung. Man sieht das beim Radium, das jahraus und jahrein Strahlen und Wärme ausströmen vermag, ohne daß man eine Ab-nahme des Gewichtes bemerkt. Es kann also eine sehr große Menge Energie in ganz unbedeutende Stoffmenge vorstellen. Man nimmt auch an, daß das Atom selber aus beweglichen Teilen besteht, und kommt so zum Ahnen von der verborgenen Schätzen an Kraft im Innern des Stoffes. Im dem Stoff steckt also eine ungeheure Energie, oder anders ausgedrückt, diese ungeheure Energie ist Stoff. Kraft und Stoff sind daher eine Einheit, und die Masse der Körper ist gleich der Wirkung der in ihnen enthaltenen Energie. Die Relativitätstheorie denkt an einen Aether in neuer Form. Aber dieser Aether ist nicht der Träger des Lichtes und anderer Erscheinungen, sondern er ist das Licht selber.

[1]) „Wege zur Relativitätstheorie." Von Rudolf Lämmel, Kos-mos, Gesellschaft der Naturfreunde. Französische Verlagshandlung, Stuttgart. — Der bekannte Physiologe Dr. Rudolf Lämmel hat das schwierige Problem der Relativitätstheorie volkstümlich be-handelt und in lichtvoller, fesselnder Weise gezeigt, welche Wege von der klassischen Physik zu ihr hinführen. Viele Abbildungen er-leichtern das Verständnis. Schon wegen der Aktualität des Themas verdient das Buch weiteste Verbreitung.

(Abb. 10: Titelblatt *Allgemeine Zeitung des Judentums*, 25. November 1921)

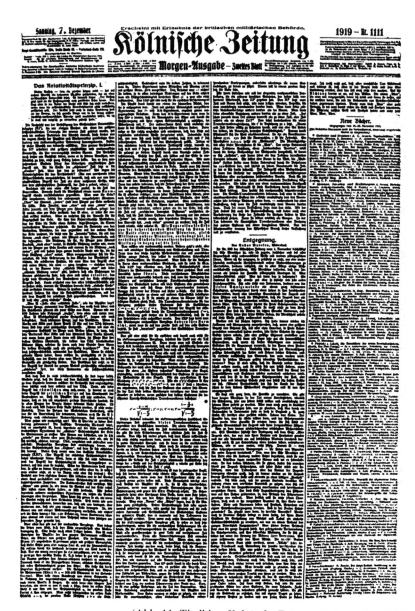

(Abb. 11: Titelblatt *Kölnische Zeitung*, 7. Dezember 1919)

1932 **Nr. 41**

Neues
Sächsisches Kirchenblatt

Neununddreißigster Jahrgang
Leipzig, den 9. Oktober 1932. 20. Sonntag nach Trinitatis

Zu beziehen durch alle Postämter u. Buchhandlungen oder unmittelbar vom Verlag Arwed Strauch in Leipzig. — Postzeitungsliste S. 119. — Haltegebühr vierteljährlich durch Buchhandel oder Post M. 3.30, geradewegs vom Verlag M. 3.95. Auch monatlicher Bezug zulässig. — Anzeigen die 4 gespaltene Millimeterzeile 12 Pf. — Familien-Anzeigen werden den Beziehern mit 10 Pf. für die 4 gespaltene Millimeterzeile berechnet. — Postscheck des Verlages: Leipzig Nr. 83050. — Girokasse Leipzig Nr. 789

Inhalt: Die Weltanschauungskrisis als Folgeerscheinung der Umwandlung des Weltbildes. — Was hat der sächsische Missionsgemeinde der Brüdermission zu danken? Kirchliche Chronik: Versammlungen — Das veränderte Weltbild. — Kirchliche Versorgung der Siedlungen. — Siedlung und Kirche. — Betheler Siedlungsdienst. — Kirche und Reichstagswahl. — Der Gottesdienst am 6. November dieses Jahres. — Ein neues mythisches Spiel. — Vom kirchenmusikalischen Institut in Leipzig. — Ausgrabungen in Palästina. — Kinderehen bei den Juden zur Zeit Jesu. — Konsistorialverordnungsblatt — Büchertisch. — Briefkasten.

Die Weltanschauungskrisis
als Folgeerscheinung der Umwandlung des Weltbildes

Wer sich über Weltanschauung besinnen will, muß sich darüber klar werden, daß jeder Anschauung ein Bild zugrunde liegt, demgemäß jeder Weltanschauung ein Weltbild und daß zwischen Schauen und Sehen ein elementarer Unterschied besteht. Man sieht ein reales Bild, aber man schaut ein ideales Bild. Der Sehende sowohl wie der Schauende ist in dem, was er sieht, bezehentlich schaut, von seiner Subjektivität, sagen wir von seiner Seh- oder Schaukraft abhängig; denn er ist, mit Aristoteles und Goethe gesprochen, von seiner Entelechie bestimmt, also von seiner inneren Stimme und Stimmung, die sich aus Anlage, Umwelt- und Überwelteindrücken gestaltet und dauernd weiter wandelt, es sei denn, daß er erstarrt und damit im eigentlichen Sinne aus dem Lebensprozeß, dem Werdegang des Geschehens aktiv ausgeschaltet ist und nur noch als Ballast mitgeschleppt werden muß. Er wird in den seltensten Fällen, selbst bei genialischer Veranlagung, das Real- oder Idealbild in der Totalität sehen oder schauen. Er wird vielmehr dies oder das unbewußt aus dem Bild heraus- oder in es hineinsehen oder hineinschauen. Es tritt, auf das Letzte gesehen, für besondere die Frage nach dem Grund (Ousia) und nach der Ursache (Aitia) auf, woraus die Wirkungen fließen.

Hieraus ergibt sich zwingend die schier unüberwindliche Schwierigkeit, das Geschehene, noch mehr das intuitiv, oder gar pneumatisch Erschaute bündig zu beschreiben. Die Blickkraft, wie die Gestaltungskraft erscheinen zu schwach für diese Aufgabe. Der Charakter des ausgesprochenen Wagnisses haftet der Wesensschau an; darum handelt es sich aber, wenn von Weltanschauung gesprochen werden soll.

Jede Weltanschauung erhebt eigentlich den dauernden, zumindest für lange Zeit behaupteten Anspruch auf fraglose Geltung. Sie spricht von der Grundlage eines allgemein als feststehend anerkannten Weltbildes aus.

In dieser Lage befand sich das Mittelalter. Deshalb hielt es erfolgreich weltanschaulich dem Ansturm des Humanismus und der Renaissance stand. Bis 1543 Kopernikus mit seinem Buch „De revolutionibus orbium coelesticum" das Ptolemäische Weltbild zerriß. Mit einem Schlag änderte sich die Situation; denn mit der Zerreißung des seither allgemein anerkannten Weltbildes wurde der bisherigen Weltanschauung faktisch die Grundlage entzogen, da das bisher

erschaute, ideale Weltbild als falsch und ungültig erwiesen war.

Kein Wunder, daß alle, die bisher auf dieses Weltbild geschworen und auf diesem scheinbar felsenfesten Grunde das kunstvolle Gebäude ihrer Weltanschauung errichtet hatten, in helle Verzweiflung gerieten und den Zertrümmerer ihrer Illusion der Gottlosigkeit bezichtigten.

Es darf an dieser Stelle eingeflochten werden, daß diese Beziehtigung leider Unterlage entbehrt, sofern es ein Irrtum ist, Weltanschauung dogmatisch mit Gottesanschauung, geschweige denn mit Glaube gleichzusetzen. „Gott ist Gott und nicht, was die Menschen aus ihm machen."

In der Tat hat der Zusammenbruch des mittelalterlichen Weltbildes und der abgelösenen Weltanschauung nicht an Gott herangereicht, sondern hat dazu gedient, dem Glauben, als Ein-Gangesfähigkeit der Offenbarung des lebendigen Gottes und dem dadurch Umgeschaffenwerden zum Gotteskind, entsprechend dem Verständnis der Reformation, weithin den Zugang zu den Seelen freizumachen.

Es soll nicht großartig gesprochen sein, behauptet man, das Besondere der geistigen Lage der Gegenwart sei, sie befinde sich gewissermaßen in einem Kopernikanischen Augenblick; denn von seiten der Naturwissenschaft wird das bisherige Weltbild immer mehr in Frage gezogen und korrigiert.

War man bisher gewohnt, in den drei Dimensionen Länge, Breite, Höhe zu sehen, sich alles vorzustellen und darin zu denken, so wird dies heute als unzureichend bezeichnet. Angebahnt ist die Umwandlung des Weltbildes, seit durch Gauß und Weber (um 1860) die Begriffe „Länge, Gewicht, Zeit" wissenschaftlich feststehender Denkbrauch geworden sind. Als vierte Dimension wird das „Unbegrenzt-Endliche", der „gekrümmte Raum" und als fünfte Dimension die „gekrümmte Zeit" eingeführt.

Eine Kugel, wie der Erdball, erscheint dem auf ihr Befindlichen, genauer gesagt, dem zweidimensional Gutachten, als unbegrenzte Fläche und damit als unendlich, sieht er aber von außenher, lagen wir vor der Stratosphäre aus, diese Kugel in der Schwebe, so erkennt er, die Fläche ist zwar unbegrenzt, aber endlich, also der „gekrümmte Raum". Das ist noch leichter zu fassen. Schwieriger ist es, ganz knapp zu sagen, worum es bei der „gekrümmten Zeit" geht.

Alle Weltkörper befinden sich in Bewegung. Addieren, beziehentlich subtrahieren sich die Eigengeschwindigkeiten und wird dieser Vorgang von außen her, gleichsam mit der

(Abb. 12: Titelblatt Neues Sächsisches Kirchenblatt, 9. Oktober 1932)

(Abb. 13: Titelblatt *Berliner Illustrirte Zeitung*, 23. April 1922)

Das auch noch! Vor dem Abschluß seiner amerikanischen Propagandareise, bei der ihm, wie bekannt, ein reichliches Maß von Verachtung serviert wurde, hat der Relativitätsjude Einstein sich noch schnell von den Indianern des Zirkus Hopi in Arizona in ihren Stamm aufnehmen lassen! Wir gönnen den Guten diese neueste Krampfattraktion!

(Abb. 14: Einsteins zweite Amerikareise. Foto und bissiger Kommentar des *Illustrirten Beobachters*, 28. März 1931)

(Abb. 15: Gott ist das Zentrum des Universums. — Hans Baldung: Christi Leichnam
zum Himmel getragen. Holzschnitt, 1512)

(Abb. 17: Cover von Waldemar Tobiens Machwerk *Der Einstein-Putsch als Werkzeug zur Verewigung der Jahweherrschaft*, 1938)

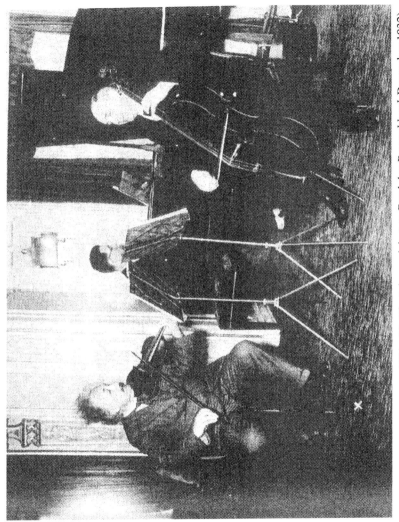

(Abb. 18: Einstein musiziert an Bord der *Deutschland*, Dezember 1932)

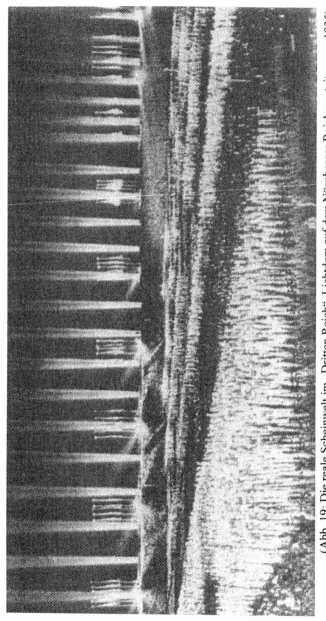

(Abb. 19: Die reale Scheinwelt im „Dritten Reich". Lichtdom auf dem Nürnberger Reichsparteitag von 1935)

(Abb. 20: Die Inszenierung von „Volk" im NS-Staat. Nürnberger Reichsparteitag 1935)

Seite 87 Folge 28 „Das Schwarze Korps" 15. Juli 1937

„Weiße Juden" in der Wissenschaft

Gesinnungsjuden

Die Diktatur der grauen Theorie

Der „Ossietzky" der Physik

Die Taktik wechselte

Einstein als Eckstein

Die „Wissenschaft" versagte politisch

Neue jüdische Sintflut

Ein neuer Wirkstoff im Trilysin

(Abb. 21: Der Angriff auf Heisenberg in dem von Himmler herausgegebenen SS-Magazin *Das Schwarze Korps*, 15. Juli 1937)

Der Reichsführer ⚡⚡
Tgb.Nr. AH 4 rJ
RF/Pt.

Berlin SW 11 , den 14. 7.1938
Prinz-Albrecht-Straße 8

Herrn Prof. H e i s e n b e r g
L e i p z i g O 27
Bozener Weg 14.

Sehr geehrter Herr Professor H e i s e n b e r g !

Ich komme erst heute dazu, Ihnen abschliessend auf Ihren Brief vom 21.7.1937, in dem Sie sich wegen des Artikels im Schwarzen Korps von Prof. Stark an mich wandten, zu antworten.

Ich habe, gerade weil Sie mir durch meine Familie empfohlen wurden, Ihren Fall besonders korrekt und besonders scharf untersuchen lassen.

Ich freue mich, Ihnen heute mitteilen zu können, dass ich den Angriff des Schwarzen Korps durch seinen Artikel nicht billige, und dass ich unterbunden habe, dass ein weiterer Angriff gegen Sie erfolgt.

Ich hoffe, dass ich Sie im Herbst -allerdings erst sehr spät, im November oder Dezember- einmal bei mir in Berlin sehen kann, sodass wir uns eingehend mündlich von Mann zu Mann aussprechen können.

Mit freundlichem Gruss und

H e i l H i t l e r !

Ihr

PS. Ich halte es allerdings für richtig, wenn Sie in Zukunft die Anerkennung wissenschaftlicher Forschungsergebnisse von der menschlichen und politischen Haltung des Forschers klar vor Ihren Hörern trennen.

(Abb. 22: Himmlers Brief an Heisenberg vom 21. Juli 1938)

Der Reichsführer-SS   Berlin, den 21 Juli 1938

Tgb.Nr. AR/453

RF/Pt,

1). SS-Gruppenführer H e y d r i c h

     B e r l i n .

     Lieber H e y d r i c h !

          Den sehr sachlichen und guten Bericht über
     Prof. Werner Heisenberg, Leipzig, habe ich erhalten.
     Ich lege Ihnen einen sehr ordentlichen Brief des
     Prof. P r a n d t l, Göttingen, bei, dem ich sehr
     beipflichten muss. Ferner lege ich Ihnen meinen Brief
     an Heisenberg in Abschrift zur Kenntnisnahme bei.

          Ich bitte Sie, dem Reichsstudentenführer doch
     den Vorschlag von Dr. Prandtl, dass Heisenberg in
     der "Zeitschrift für die gesamte Naturwissenschaft"
     etwas erscheinen lassen kann, sehr nahe zu legen.

          Ich bitte Sie ferner, durch S i x den ganzen
     Fall sowohl beim Studentenbund als auch bei der
     Reichsstudentenführung zu klären, da ich ebenfalls
     glaube, dass Heisenberg anständig ist, und wir es
     uns nicht leisten können, diesen Mann, der verhält-
     nismässig jung ist und Nachwuchs heranbringen kann,
     zu verlieren oder tot zu machen.

          Darüber hinaus hielte ich es für gut, wenn Six
     Prof. Heisenberg einmal mit Prof. Wüst zusammenbräch-
     te. Leiten Sie doch diesen gesamten Schriftwechsel
     Wüst zu mit der Bitte, ihn nach Kenntnisnahme dem Pers
     Stab wieder zuzuschicken. Wüst soll dann versuchen,
     mit Heisenberg Fühlung aufzunehmen, da wir ihn für
     das Ahnenerbe, wenn es einmal eine totale Akademie
     werden soll, vielleicht brauchen können und den Mann
     als guten Wissenschaftler zu einer Zusammenarbeit mit
     unseren Leuten von der Welteislehre bringen können.

                         Heil Hitler ! Ihr

                         gez. H. Himmler.

(Abb. 23: „und wir es uns nicht leisten können, diesen Mann [...] tot zu machen"
Himmlers Mitteilung an Heydrich, Heisenberg betreffend, 21. Juli 1938)

Bibliographie
Quellen

– ungedruckte –

Brief von Arthur Haas an Niels Bohr vom 17. November 1927. – Niels Bohr Archive, Kopenhagen.

Brief von Ludwig Prandtl an Heinrich Himmler vom 12. Juli 1938. – Archiv zur Geschichte der Max-Planck-Gesellschaft, Berlin-Dahlem, III. Abt., Repositur 61, Nr. 675.

Brief von Heinrich Himmler an Ludwig Prandtl vom 21. Juli 1938. – Ebd.

Der Reichsführer SS / Der Chef des Sicherheitshaupamtes J. A. an das Reichsministerium für Wissenschaft, Erziehung und Volksbildung z.Hd. v. SS-Standartenführer Prof. Dr. [Rudolf] Mentzel, 26. Mai 1939. – BA, Abt. Potsdam, ZS: R4901, „Reichsministerium für Wissenschaft, Erziehung und Volksbildung", Nr. 2943, Bl. 370-372.

– gedruckte –

Adolf Hitlers Reden. Hrsg. v. Ernst Boepple. München: Deutscher Volksvlg. Dr. E. Boepple 1934.

Albert Einstein: Zur Elektrodynamik bewegter Körper. – In: Ann. d. Phys. 4.F. 17 (1905), S. 891-921.

Albert Speer. Architektur. Arbeiten 1933-1942. M. e. Vorw. v. Albert Speer u. Beitr. v. Karl Arndt, Georg Friedrich Koch, u. Lars Olof Larsson. Frankfurt/Main, Berlin, Wien: Propyläen 1978.

Alliata, Giulio: Das Weltbild der Äthermechanik. Leipzig: Hillmann 1922.

Alliata, Giulio: Das Wesen der Kraft und Einheit des Weltbildes. Leipzig: Hillmann 1922.

Alliata, Giulio: Verstand contra Relativität. Zum Nachweis der Translation des Sonnensystems mit einem Anhang zur praktischen Durchführung der Versuche. Leipzig: Hillmann 1922.

Alliata, Giulio: Mißverständnisse zu den Grundlagen der Einsteinschen Relativitätstheorie, zu de Sitters Einwand zum Impulsbetrieb, zum Dopplereffekt. Leipzig: Hillmann 1923.

Anfänge der dialektischen Theologie. Hrsg. v. Jürgen Moltmann. Bd. 1-2. München: Chr. Kaiser Vlg. 1963 (Theologische Bücherei. 17).

Angersbach [, Adam]: Das Relativitätsprinzip in elementarer Behandlung. Weilburg a. d. L.: Druck v. A. Cramer 1913 (Beigabe zum Progr. d. Königl. Gymnasiums zu Weilburg).

Anon.: Das Weltbild des Physikers. Professor Einstein über die Motive des Forschens. – In: VZ 23.7.1918, Nr. 371, S. 2.

Anon.: Sonnenfinsternis und Relativitätstheorie. – In: VZ 13.5.1919, Nr. 241, S. 4.

Anon.: Sonnenfinsternis und Relativitätstheorie. – In: VZ 15.10.1919, Nr. 526, Beilage.

Anon.: Einstein und Newton. Die Ergebnisse der Sonnenfinsternis vom Mai 1919. – In: VZ 18.11.1919, Nr. 589, Beilage.

Anon.: Das Relativitätsprinzip. I. – In: Kölnische Zeitung 7.12.1919, Nr. 1111, S. 1.

Anon.: Das Relativitätsprinzip. II. – In: Kölnische Zeitung 14.12.1919, Nr. 1136, S. 1.

Anon.: Wissenschaftsraub und Bluff. – In: DZ 19.12.1919, Nr. 573, S. 2.

Anon.: Professor Albert Einstein. – In: Das jüdische Echo 6 (1919), S. 617.

Anon.: Die Hetze gegen die Ostjuden. – In: Mitteilungen an den Verein zur Abwehr des Antisemitismus [Berlin] 10.1.1920, S. 2-4.

Anon.: Einstein auf dem Katheder. – In: VZ 20.2.1920, Nr. 94, S. 5.

Anon.: Ein Bild von der Sonnenfinsternis. Die Photographie im Dienste der Relativitätstheorie. – In: VZ 24.2.1920, Nr. 101, Beilage.

Anon.: Der Kampf um Einstein. – In: Vorwärts 25.8.1920, Nr. 423, S. 2.

Anon: Der Hakenkreuzfeldzug gegen Professor Einstein. – In: Die Freiheit 26.8.1920, Nr. 351, S. 2.

Anon.: Albert Einstein will Berlin verlassen! – In: BT 27.8.1920, Nr. 402, S. 3.

Anon.: Verblödung. – In: Die Freiheit 31.8.1920, Nr. 359, S. 2.

Anon.: An Einstein. – In: BT 31.8.1920, Nr. 409, S. 5.

Anon.: Einstein-Manie in England. – In: Düsseldorfer Nachrichten 3.9.1920, Nr. 413, S. 2.

Anon.: Hänisch an Einstein. – In: Hamburger Fremdenblatt 7.9.1920, Nr. 433, S. 2.

Anon.: Einsteins Relativitätstheorie. – In: Kölnische Zeitung 30.9.1920, Nr. 834, S. 1.

Anon.: Der Einsteinrummel. – In: Umschau 24 (1920), S. 554-555.

Anon.: Eine neue Weltanschauung! Einstein's Relativitätstheorie. – In: Allgemeiner Wegweiser für jede Familie 12 (1920), S. 189-190.

Anon.: Die Wissenschaft in Rußland. – In: Vorwärts 5.2.1921, Nr. 59, S. 2.

Anon.: Eine Amerikareise Professor Einsteins. – In: BT 25.2.1921, Nr. 93, S. 2.

Anon.: Tödliche Reklame. – In: DT 16.6.1921, Nr. 276, 1. Beiblatt.

Anon.: [Das außerordentliche Interesse.] – In: Pforzheimer Anzeiger 16.6.1921, Nr. 137.

Anon.: Einstein und die französische Atmosphäre. – In: Kölnische Zeitung 27.6.1921, Nr. 456, S. 1.

Anon.: „Einstein-Rummel". – In: Kölnische Zeitung 23.9.1921, Nr. 637, S. 1.

Anon.: Prof. Einstein Vizepräsident der „Bewegung für den Frieden durch die Religion". – In: Allgemeines Jüdisches Familienblatt 21.8.1931, S. 4.

Anon.: Albert Einsteins Lebens-Bekenntnis. – In: Tempo [Berlin] 24.1.1933, S. 3.

Anon.: Um den Physiker Einstein. – In: C. V. Zeitung 8.11.1934, 1. Beiblatt, S. 1.

Anon.: „Weiße Juden" in der Wissenschaft. – In: Das Schwarze Korps 15.7.1937, S. 6.

Anon.: Die Diktatur der grauen Theorie. – In: Das Schwarze Korps 15.7.1937, S. 6.

Anon.: Nationalsozialistische Baukunst. – In: Die Kunst im Dritten Reich 3 (1939), S. 223-224.

Ariel [d.i. Wilhelm Werker]: Das Relativitätsprinzip der musikalischen Harmonie. Bd. I: Die Gesetze der inneren Tonbewegungen. Das evolutionäre Temperierungsverfahren und das 19-stufige Tonsystem. Leipzig: Neunzehn-Stufen-Vlg. 1925.

Aros: Die verfilmte Relativität. Eindrücke eines ehemals klaren Laienverstandes. – In: Film-Echo. Beilage zur Sonderausgabe des „Berliner Lokal-Anzeigers" 8.5.1922, Nr. 18.

Augustinus, Aurelius: Über den Wortlaut der Genesis. De genesi ad litteram libri duodecim. Der große Genesiskommentar in zwölf Bänden. Zum erstenmal in deutscher Sprache von Carl Johann Perl. Bd. 1-2. Paderborn: Vlg. Ferdinand Schöningh 1961.

Dr. B.: Der Kampf um Einstein. Die Auseinandersetzung auf dem Naturforschertag. – In: VZ 24.9.1920, Nr. 472, S. 1-2.

B., M.: Die Minute in Gefahr. Eine Sensation in der mathematischen Wissenschaft. [Rez. v. Lecher: Physikalische Weltbilder.] – In: Neues Wiener Tagblatt 22.9.1912, Nr. 200, S. 11-12.

Baeumler, Alfred: Männerbund und Wissenschaft. Berlin: Junker u. Dünnhaupt Vlg. 1934.

Barnewitz, Friedrich: A. Einsteins Relativitätstheorie. Versuch einer volkstümlichen Zusammenfassung. Rostock: Leopold 1920.

Barth, Karl: Die Lehre vom Worte Gottes. Prolegomena zur christlichen Dogmatik. [Die christliche Dogmatik im Entwurf. I.] München: Chr. Kaiser Vlg. 1927.

Barth, Karl: Das Wort Gottes und die Theologie. [Gesammelte Vorträge. I.] München: Chr. Kaiser Vlg. 1929.

Barth, Karl: Dogmatik im Grundriss im Anschluß an das apostolische Glaubensbekenntnis. Stuttgart: W. Kohlhammer Vlg. 1947.

Baur, Erwin, Eugen Fischer, Fritz Lenz: Menschliche Erblehre und Rassenhygiene. Bd. 1: Menschliche Erblehre. 4., neubearb. Aufl. München: J. F. Lehmanns Vlg. 1936.

Bavink, Bernhard: Grundriß der neueren Atomistik. Leipzig: S. Hirzel 1922.

Bavink, Bernhard: Ergebnisse und Probleme der Naturwissenschaften. Eine Einführung in die moderne Naturphilosophie. 3. Aufl. Leipzig 1924.

Bavink, Bernhard: Zweifel am Kausalgesetz. Ein neuer Gedanke der naturwissenschaftlichen Forschung. – In: Hannoverscher Kurier 3.6.1927.

Bavink, B[ernhard]: Raum, Zeit und Kausalität im System des kritischen Realismus. – In: Kant-Studien 32 (1927), S. 264-272.

Bavink, Bernhard: Die Naturwissenschaft auf dem Wege zur Religion. Leben und Seele, Gott und Willensfreiheit im Licht der heutigen Naturwissenschaft. Frankfurt/Main: Vlg. Moritz Diesterweg 1933.

Bavink, Bernhard: Die Naturwissenschaften im Dritten Reich. – In: Unsere Welt 25 (1933), S. 225-236.

Bavink, Bernhard: Weltanschauungswandel in der Naturwissenschaft. – In: Bremer Beiträge zur Naturwissenschaft 1 (1933), S. 126-158.

Bavink, Bernhard: Eugenik als Forschung und Forderung der Gegenwart. Leipzig: Vlg. v. Quelle & Meyer 1934 (Wissenschaft u. Bildung. 293).

Becker, A.: Das Wesen der Quantentheorie. – In: Rheinisch-Westfälische Zeitung 10.1.1922, Nr. 30, S. 3; 13.1.1922, Nr. 40, S. 3.

Becker, Walther: Die Relativitätstheorie gemeinverständlich dargestellt. Leipzig: Hachmeister u. Thal 1921 (Lehrmeister Bücherei. 651/653).

Beckford, John: Vathek. Leipzig: Vlg. Julius Zeitler 1907 (Editionen merkwürdiger u. berühmter Romane d. Weltlit. 1).

Benjamin, Walter: Das Kunstwerk im Zeitalter seiner technischen Reproduzierbarkeit. Drei Studien zur Kunstsoziologie. Frankfurt/Main: Suhrkamp 1963 (edition suhrkamp. 28).

Benn, Gottfried: Gesammelte Werke in der Fassung der Erstdrucke. Textkrit. durchges. u. hrsg. v. Bruno Hillebrand. Bd. 1-4. Frankfurt/Main: Fischer Tb. Vlg. 1982-91 (Fischer Tb. 5231-34).

Berg, Otto: Das Relativitätsprinzip der Elektrodynamik. Göttingen: Vandenheock & Ruprecht 1910.

Bergdolt, Ernst: Forschungen zur Judenfrage. [Rez. v. Thüring: A. Einsteins Umsturzversuch der Physik.] – In: ZgN 6 (1940), S. 144-146.

Bergmann, Hugo: Über einige philosophische Argumente gegen die Relativitätstheorie. – In: Kant-Studien 33 (1928), S. 387-404.

Bergmann, Hugo: Der Kampf um das Kausalgesetz in der jüngsten Physik, Braunschweig: Friedr. Vieweg & Sohn 1929.

Beurlen, Karl: Der Zeitbegriff in der modernen Naturwissenschaft und das Kausalitätsprinzip. – In: Kant-Studien 41 (1936), S. 16-37.

Biese, W.: Ueber das Wesen der Relativitätstheorie Einsteins. – In: Die Gewerkschaft 33 (1929), Sp. 92-96.

Binder, Erich: Elementare Einführung in die spezielle Relativitätstheorie für den Unterricht in der Prima und zum Selbstunterricht bearbeitet. Lübeck: Coleman 1923.

Blei, Franz: Schriften in Auswahl. M. e. Nachw. v. A. P. Gütersloh. München: Biederstein 1960.

Blei, Franz: Porträts. Hrsg. v. Anne Gabisch. Wien [u.a.]: Hermann Böhlaus Nachf. 1987 (Österr. Bibliothek. 6).

Böhm, Karl: Einführung in die Relativitätstheorie. – In: Schriften d. physik.-ökonom. Ges. zu Königsberg 55 (1914), S. 230-231.

Bohr, Niels: On the Constitution of Atoms and Molecules. – In: Philos. Mag. 26 (1913), S. 1-25.

Bohr, Niels: Das Quantenpostulat und die neuere Entwicklung der Atomistik. – In: Naturwissenschaften 16 (1928), S. 245-257.

Bohr, Niels: Die Atomtheorie und die Prinzipien der Naturbeschreibung. – In: Naturwissenschaften 18 (1930), S. 73-78.

Bohr, Niels: Kausalität und Komplementarität. – In: Erkenntnis 6 (1936), S. 293-303.

Bohr, Niels: Atomphysik und menschliche Erkenntnis: Braunschweig: Vieweg 1958.

Borchardt, Bruno: Relativitätstheorie (Nauheimer Sitzung der Deutschen physikalischen Gesellschaft). – In: Sozialistische Monatshefte 54 (1920), S. 1097.

Borchardt, Bruno: Ist die Relativitätstheorie erschüttert? – In: DAZ 7.1.1926, Nr. 7/8, S. 2.

Born, Hedwig u. Max: Der Luxus des Gewissens. Erlebnisse und Einsichten im Atomzeitalter. Hrsg. v. Armin Hermann. München: Nymphenburger Vlg.shandl. 1969.

Born, Max: Die Relativitätstheorie Einsteins und ihre physikalischen Grundlagen gemeinverständlich dargestellt. Berlin: Vlg. v. Julius Springer 1920 (Naturwiss. Monogr. u. Lehrbücher. 3).

Born, Max: Die Einsteinsche Relativitätstheorie. – In: FZ 18.1.1920, Nr. 46, S. 2; 23.1.1920, Nr. 61, S. 2.

Born, Max: Das Einsteinsche Relativitätsprinzip. – In: FZ 31.1.1920, Nr. 82, S. 2.

Born, Max: Quantenmechanik der Stoßvorgänge. – In: Zeitschr. f. Phys. 38 (1926), S. 803-827.

Born, Max: Neue Experimente zur Relativitätstheorie. – In: FZ 9.4.1927, Nr. 264, S. 2.

Born, Max: Quantenmechanik und Statistik. – In: Naturwissenschaften 15 (1927), S. 238-242.

Born, Max: Gibt es physikalische Kausalität? – In: VZ 12.4.1928, Nr. 88, S. 5.

Born, Max, Pascual Jordan: Elementare Quantenmechanik. Berlin: Springer 1930 (Vorlesungen ü. Atommechanik. 2; Struktur d. Materie i. Einzeldarst.n. 9).

Born, Max: Symbol und Wirklichkeit. Ein Versuch, auf naturwissenschaftliche Weise zu philosophieren – nicht eine Philosophie der Naturwissenschaften. – In: Universitas 19 (1964), S. 817-834.

Born, Max: Natural Philosophy of Cause and Chance. New York: Dover Publ. 1964.

Born, Max: Von der Verantwortung des Naturwissenschaftlers. Gesammelte Vorträge. München: Nymphenburger Vlg.shandl. 1965.

Born, Wolfgang: Albert Einstein. – In: Universum 24 (1920), S. 480.

Braßler, K.: Das Einstein'sche Relativitätsprinzip. – In: VB 11.2.1920, Nr. 12, S. 2-3.

Brecht, Bertolt: Gesammelte Werke in acht Bänden. Hrsg. v. Suhrkamp Vlg. i. Zusammenarb. m. Elisabeth Hauptmann. Frankfurt/Main: Suhrkamp 1967.

Brecht, Bertolt: Leben des Galilei. Drei Fassungen, Modelle, Anmerkungen. Frankfurt/Main: Suhrkamp 1998 (Spectaculum. 65).

Brenner, Kurt: Die Naturwissenschaft am Wendepunkt! Ein neues Weltbild auf wissenschaftlich einwandfreier Grundlage. Leipzig: Hillmann 1925.

Bresler, Johannes: Jenseits von Klug und Blöde. 1. Bezuglehre (Relativitätstheorie). Halle/Saale: Marhold 1922.

Briefe zur Wellenmechanik. Schrödinger, Planck, Einstein, Lorentz. Hrsg. v. K[arl] Przibram. Wien: Springer-Vlg. 1963.

Brill, Alexander: Das Relativitätsprinzip. Eine Einführung in die Theorie. 2. Aufl. Leipzig, Berlin: Vlg. v. B. G. Teubner 1914.

Broch, Hermann: Kommentierte Werkausgabe. Hrsg. v. Paul Michael Lützeler. Bd. 1-13. Frankfurt/Main: Suhrkamp 1974-1981.

Broglie, Louis de: Recherches sur la théorie des quanta. Paris 1924 [Nachdruck Paris: Masson 1963].

Brösske, Ludwig: Der Sturz der Irrlehre Einsteins und der bisherigen Auslegungen der Aberration, des Airy- und des Fizeauschen Versuches, sowie die Lösungen dieser Fragen. Düsseldorf: Industrievlg. 1931.

Br[üche, Ernst]: „Deutsche Physik" und die deutschen Physiker. – In: Phys. Bl. 2 (1946), S. 232-236.

[Brüche, Ernst:] NS-Physiker. – In: Physik. Bl. 3 (1947), S. 168.

Brüche, E[rnst]: Philipp Lenard [Nachruf]. – In: Physik. Bl. 3 (1947), S. 161.

Brühlmann, Otto: Möglichkeit und Deutung der absoluten Konstanz der Lichtgeschwindigkeit. Leipzig: Hillmann 1931.

Büchler, Robert: Lehrsätze über das Weltall mit Beweis in Form eines offenen Briefes an Professor Einstein. Aachen 1921.

Büchler, Robert: Über die Einsteinsche Relativitätstheorie. Aachen 1922.

Busam, Theodor: Der Irrtum Einsteins. Der Begriff. Raum und Zeit. Relativität. Der Irrtum. Der Ausweg. Baden-Baden: Selbstvlg. 1921.

Canetti, Elias: Werke. [Bd. 1-9.] München [u.a.]: Hanser 1992-1994.

Carnap, Rudolf: Über die Aufgabe der Physik. – In: Kant-Studien 28 (1923), S. 90-107.

Cassirer, Ernst: Philosophische Probleme der Relativitätstheorie. – In: Neue Rundschau 31 (1920), S. 1337-1357.

Cassirer, Ernst: Zur Einstein'schen Relativitätstheorie. Erkenntnistheoretische Betrachtungen. Berlin: B. Cassirer 1921.

Cassirer, Ernst: Zur Logik der Kulturwissenschaften. Fünf Studien. 6., unveränd. Aufl. Darmstadt: Wiss. Buchges. 1994.

Chamberlain, Houston Stewart: Die Grundlagen des neunzehnten Jahrhunderts. Bd. 1-2. 6. Aufl. München: Vlg.sanstalt F. Bruckmann 1906.

Chamberlain, Houston Stewart: Goethe. München: Vlg. v. F. Bruckmann A.-G. 1912.

Chamberlain, Houston Stewart: Arische Weltanschauung. 6. Aufl. München: F. Bruckmann A.-G. 1931.

Chamberlain der Seher des dritten Reiches. Das Vermächtnis Houston Stewart Chamberlains an das Deutsche Volk in einer Auslese aus seinen Werken von Georg Schott. München: Vlg. F. Bruckmann AG 1934.

Christoph, Hans: Die Liebe im Jenseits. Ein Relativitätsroman. – In: Deutsche Allgemeine Zeitung 23.7.1921, Nr. 170 bis 11.9.1921, Nr. 213, Unterhaltungsblatt.

Christoph, Hans: Die Fahrt in die Zukunft. Ein Relativitätsroman. Stuttgart: Dt. Vlg.s-Anst. 1922.

Christiansen, Hans: Absolut und relativ! Eine Ablehnung des „Relativitäts-Prinzips" Einsteins auf Grund seiner reinen Begriffs-Mathematik. Wiesbaden: Staadt 1920.

Classen, Johannes: Über das Relativitätsprinzip in der modernen Physik. – In: ZpcU 23 (1910), S. 237-267.

Cohn, Emil: Physikalisches über Raum und Zeit. – In: Himmel und Erde 23 (1910), S. 228-231 [auch als Separatum: Leipzig, Berlin: B. G. Teubner 1910 (Naturwiss. Vortr. u. Schriften. Berliner Urania. 6)].

Darwin, Charles Galton: The Electron as a Vector Wave. – In: Proc. Royal Soc. London (A) 116 (1927), S. 227-253.

Das Dritte Reich und seine Denker. Dokumente. Hrsg. v. Léon Poliakov u. Josef Wulf. Berlin-Grunewald: Arani Vlg.s-GmbH 1959.

Das nationalsozialistische Deutschland und die Wissenschaft. Heidelberger Reden von Reichsminister Rust und Prof. Ernst Krieck. [o. Hrsg.] Hamburg: Hanseatische Vlg.sanstalt 1936.

Das Relativitätsprinzip. Hrsg. v. Otto Blumenthal. Leipzig: Teubner 1913.

Davisson, Clinton J., Lester H. Germer: Diffractions of Electrons by a Crystal of Nickel. – In: Phys. Rev. 30 (1927), S. 705-740.

Dehio, Georg: Geschichte der deustchen Kunst. Bd. 1-4. 2., durchgearb. Aufl. Berlin, Leipzig: Walter de Gruyter & Co. 1931.

Dem Führer. Worte deutscher Dichter. Ausgew. v. August Friedrich Velmede. Berlin: Oberkommando d. Wehrmacht 1941 (Tornisterschrift d. Oberkommandos d. Wehrmacht, Abt. Inland. 37).

Denzinger, Heinrich: Kompendium der Glaubensbekenntnisse und kirchlichen Lehrentscheidungen. Verb., erw., ins Dt. übertr. u. unter Mitarb. v. Helmut Hoping hrsg. v. Peter Hünermann. 37. Aufl. Freiburg i. Br. [u.a.]: Herder 1991.

Der Jud ist schuld...? Diskussionsbuch über die Judenfrage. [o. Hrsg.] Basel, Berlin, Leipzig, Wien: Zinnen-Vlg. 1932.

Dickel, Otto: Die Auferstehung des Abendlandes. Augsburg: Reichel 1921.

Die Geheimnisse der Weisen von Zion. Hrsg. v. Gottfried zur Beek [d.i. Ludwig Müller]. 21. Aufl. München: Zentralvlg. d. NSDAP, Franz Eher Nachf. 1936.

Die Reden Hitlers am Parteitag der Freiheit 1935. München: Zentralvlg. d. NSDAP, Franz Eher Nachf. 1935.

Die Reichsparteitage der NSDAP 1923-1939. Zeitgeschichte im Bild. Zusammengest. u. hrsg. v. R. Nederling. Leoni am Starnbergersee: Druffel Vlg. 1981.

Die Welt in 100 Jahren. Hrsg. v. Arthur Brehmer. Hildesheim, Zürich, New York: Olms Presse 1988 [Nachdr. d. Ausg. Berlin 1910].

Die zwei Kulturen. Literarische und naturwissenschaftliche Intelligenz. C. P. Snows These in der Diskussion. Hrsg. v. Helmut Kreuzer. München: Dt. Tb. Vlg. 1987 (dtv/Klett-Cotta. 4454).

Dingler, Hugo: Die Kultur der Juden. Eine Versöhnung zwischen Religion und Wissenschaft. Leipzig: Der neue Geist-Vlg. 1919.

Dingler, Hugo: Kritische Bemerkungen zu den Grundlagen der Relativitätstheorie. – In: Phys. Zeitschr. 21 (1920), S. 668-675.

Dingler, Hugo: Relativitätstheorie und Ökonomieprinzip. Leipzig: Vlg. v. S. Hirzel 1922.

Dingler, Hugo: Das Problem des absoluten Raumes in historisch-kritischer Behandlung. Leipzig: Vlg. v. S. Hirzel 1923.

Dingler, Hugo: Der Zusammenbruch der Wissenschaft und der Primat der Philosophie. München: Vlg. v. Ernst Reinhardt 1926.

Dingler, Hugo: Albert Einstein zu seinem 50. Geburtstag. – In: Münchner Neueste Nachrichten 14.3.1929, Nr. 72, S. 1-2.

Dingler, Hugo: Zur Entstehung der sogen. modernen theoretischen Physik. – In: ZgN 4 (1938/39), S. 329-341.

Dingler, Hugo: Philipp Lenard und die Prinzipien der Wissenschaft. – In: ZgN 8 (1942), S. 115-117.

Donath, B[runo]: Die Umwertung von Raum und Zeit. – In: Die Woche 16 (1914), S. 639-641.

Döblin, Alfred: Die abscheuliche Relativitätslehre. – In: BT 24.11.1923, Nr. 543, S. 5.

Döblin, Alfred: Naturerkenntnis, nicht Naturwissenschaft. – In: BT 13.12.1923, Nr. 575, S. 2.

Dournay, Erich: Die Einsteinsche Relativitätstheorie. Ziel und kulturelle Bedeutung. – In: Berliner Börsen-Zeitung 19.2.1920, Nr. 85, S. 3.

Dournay, Erich: Die Einsteinsche Relativitätstheorie. Der Weg von der klassischen Mechanik zur vierdimensionalen Physik der Energien. – In: Berliner Börsen-Zeitung 22.2.1920, Nr. 89, S. 3.

Driesch, Hans: Relativitätstheorie und Weltanschauung. Leipzig: Quelle u. Meyer 1925.

Drossbach, P[aul]: Relativismus in der physikalischen Chemie und seine Überwindung. – In: ZgN 8 (1942), S. 161-175.

Drossbach, Paul: Kant und die gegenwärtige Naturwissenschaft. Berlin: Lüttke 1943.

Dürrenmatt, Friedrich: Werkausgabe in dreißig Bänden. Hrsg. i. Zusammenarb. m. d. Autor. Zürich: Diogenes 1980.

Düsing, Karl: Einsteins Relativitätstheorie. Leipzig: Jäncke 1922.

Eberhardt, Walter: Die Antike und wir. München: Zentralvlg. d. NSDAP, Franz Eher Nachf. 1935 (NS Wiss. 2).

Eckart, Dietrich: Der Bolschewismus von Moses und Lenin. Zwiegespräch zwischen Adolf Hitler und mir. München: Hoheneichen-Vlg. [1925].

Eddington, A[rthur] S.: Das Weltbild der Physik und ein Versuch seiner philosophischen Deutung (The Nature of the Physical World). A. d. Engl. übers. v. Marie Freifrau Rausch v. Traubenberg u. H. Diesselhorst. Braunschweig: Friedr. Vieweg & Sohn 1931.

Eder, Curt: Der Relativismus unserer Zeit. – In: Unsere Welt 15 (1924), S. 241-243.

Ehrenfest, P[aul]: Zur Frage der Entbehrlichkeit des Lichtäthers. – In: Phys. Zeitschr. 13 (1912), S. 317-319.

Ehrenfest, P[aul]: Zur Krise der Lichtätherhypothese. Rede gehalten beim Antritt des Lehramts an der Reichs-Universität zu Leiden. Berlin: Julius Springer 1913.

Ein Haus für Albert Einstein. Erinnerungen, Briefe, Dokumente. Aufgez. u. hrsg. v. Michael Grüning. M. e. Vorbem. v. Margot Einstein u. e. Nachw. v. Werner Mittenzwei. Berlin: Vlg. d. Nation 1990.

Einstein, Albert: Über einen die Erzeugung und Verwandlung des Lichtes betreffenden heuristischen Gesichtspunkt. – In: Ann. d. Phys. 4.F. 17 (1905), 132-148.

Einstein, Albert: Zur Elektrodynamik bewegter Körper. – In: Ann. d. Phys. 4.F. 17 (1905), S. 891-921.

Einstein, Albert: Ist die Trägheit eines Körpers von seinem Energieinhalt abhängig? – In: Ann. d. Phys. 4.F. 18 (1906), S. 639-641.

Einstein, Albert: Das Prinzip von der Erhaltung der Schwerpunktsbewegung und die Trägheit der Energie. – In: Ann. d. Phys. 4.F. 20 (1906), S. 627-633.

Einstein, Albert: Über die vom Relativitätsprinzip geforderte Trägheit der Energie. – In: Ann. d. Phys. 4.F. 23 (1907), S. 371-384.

Einstein, Albert: Über das Relativitätsprinzip und die aus demselben gezogenen Folgerungen. – In: Jahrb. d. Radioaktivität 4 (1907), S. 411-462.

Einstein, Albert: Über die Entwicklung unserer Anschauungen über das Wesen und die Konstitution der Strahlung. – In: Phys. Zeitschr. 10 (1909), S. 817-825.

Einstein, Albert: Die Relativitätstheorie. – In: VNGZ 56 (1912), S. 1-14.

Einstein, Albert und Marcel Grossmann: Entwurf einer verallgemeinerten Relativitätstheorie und einer Theorie der Gravitation. Leipzig, Berlin: Vlg. v. B. G. Teubner 1913.

Einstein, Albert: Die Relativitätstheorie. – In: Die Kultur der Gegenwart. Ihre Entwicklung und ihre Ziele. Hrsg. v. Paul Hinneberg. 3. Teil: Mathematik, Naturwissenschaften, Medizin. 3. Abt.: Anorganische Naturwissenschaften. Bd. 1: Physik. Leipzig, Berlin: Vlg. v. B.G.Teubner 1915, S. 703-713.

Einstein, Albert: Die Grundlage der allgemeinen Relativitätstheorie. – In: Ann. d. Phys. 4.F. 49 (1916), S. 769-822.

Einstein, Albert: Dialog über Einwände gegen die Relativitätstheorie. – In: Naturwissenschaften 6 (1918), S. 697-702.

Einstein, Albert: Die Zuwanderung aus dem Osten. – In: BT 30.12.1919, Nr. 623, S. 2.

Einstein, Albert: Meine Antwort. Ueber die antirelativitätstheoretische GmbH. – In: BT 27.8.1920, Nr. 402, S. 1-2.

Einstein, Albert: Über die spezielle und die allgemeine Relativitätstheorie (Gemeinverständlich). 10. erw. Aufl. Braunschweig: Vlg. v. Friedr. Vieweg & Sohn 1920.

Einstein, Albert: Äther und Relativitätstheorie. Rede gehalten am 5. Mai 1920 an der Reichs-Universität zu Leiden. Berlin: Vlg. v. Julius Springer 1920.

Einstein, Albert: Geometrie und Erfahrung. Erw. Fassung d. Festvortrages geh. a. d. Preuss. Akad. d. Wiss. zu Berlin am 27. Jan. 1921. Berlin: Vlg. v. Julius Teubner 1921.

Einstein, A[lbert]: Vier Vorlesungen über Relativitätstheorie, gehalten im Mai 1921 an der Universität Princeton. Braunschweig: Vlg. v. Friedr. Vieweg & Sohn 1922.

Einstein, Albert: Nichteuklidische Geometrie und Physik. – In: Neue Rundschau 36 (1925), S. 16-20.

Einstein, A[lbert], B[oris] Podolsky, N[athan] Rosen: Can Quantum-Mechanical Description of Physical Reality Be Considered Complete? – In: Phys. Rev. 47 (1935), S. 777-780.

Einstein, A[lbert]: Quanten-Mechanik und Wirklichkeit. – In: Dialectica 7/8 (1948), S. 320-323.

Einstein, Albert, Arnold Sommerfeld: Briefwechsel. Sechzig Briefe aus dem goldenen Zeitalter der modernen Physik. Hrsg. u. komment. v. Armin Hermann. Basel, Stuttgart: Schwake 1968.

Einstein, Albert, Hedwig u. Max Born: Briefwechsel 1916-1955. Komment. v. Max Born, Geleitw. v. Bertrand Russell, Vorw. v. Werner Heisenberg. München: Nymphenburger 1969.

Einstein, Albert: Mein Weltbild. Hrsg. v. Carl Seelig. Berlin: Ullstein 1997 (Ullstein-Buch. 34683).

Einstein, Carl: Werke. Berliner Ausgabe. Hrsg. v. Hermann Haarmann, Klaus Siebenhaar u.a. Bd. 1-5. Berlin: Fannei u. Walz 1992-96.

Einstein, Carl: Bebuquin. Hrsg. v. Erich Kleinschmidt. Durchges. u. bibliogr. erg. Ausg. Stuttgart: Philipp Reclam jun. 1995 (Reclam Univ.-Bibl. 8057).

Elsbach, A[lfred] C.: Kant und Einstein. Untersuchungen über das Verhältnis der modernen Erkenntnistheorie zur Relativitätstheorie. Leipzig, Berlin: de Gruyter 1924.

Exner, Franz: Vorlesungen über die physikalischen Grundlagen der Naturwissenschaften. Wien: Franz Deuticke 1919.

Faerber, Max: Eindeutigkeit und Relativitätstheorie. – In: Kant-Studien 28 (1923), S. 127-135.

Fauth, Ph.: Kosmologie zum Hausgebrauch. – In: Schlüssel zum Weltgeschehen 8 (1932), S. 355-358.

Feder, Gottfried: Das Programm der N.S.D.A.P. und seine weltanschaulichen Grundlagen. 56.-60. Aufl. München: Vlg. Frz. Eher Nachf. 1932 (NS Bibliothek. 1).

Feder, Gottfried: Der deutsche Staat auf nationaler und sozialer Grundlage. Neue Wege in Staat, Finanz und Wirtschaft. München: Vlg. v. Frz. Eher Nachf. 1933 (NS Bibliothek. 35).

Felke, Georg N.: Einstein für Jedermann. Die Relativitätstheorie in ihren Grundlagen für Laien. Berlin-Hassenwinkel: Vlg. d. Neuen Ges. 1928.

Fischart, Johannes [d.i. Erich Dombrowski]: Albert Einstein. – In: Europäische Staats- und Wirtschaftszeitung 5 (1920), S. 529-535.

Fischer, Eugen: Die Rehobother Bastards und das Bastardisierungsproblem beim Menschen. Anthropologische und ethnographische Studien am Rehobother Bastardvolk in Deutsch-Südwest-Afrika. Jena: Fischer Vlg. 1913.

Fischer, Eugen: Der völkische Staat, biologisch gesehen. Berlin: Junker u. Dünnhaupt Vlg. 1933.

Fischer, Franz Xaver: Das Einsteinsche Relativitätsprinzip und die philosophischen Anschauungen der Gegenwart. – In: Wissen und Glauben 19 (1921), S. 129-159.

Fischer, H. J.: Völkische Bedingtheit von Mathematik und Physik. – In: ZgN 3 (1937/38), S. 422-426.

Fischer, Otto: Geschichte der deutschen Malerei. (Deutsche Kunstgeschichte. Bd. 3) 2. Aufl. München: F. Bruckmann Vlg. 1943.

Flamm, Ludwig: Die neuen Anschauungen über Raum und Zeit. Das Relativitätsprinzip. Wien: Braumüller 1914.

Flamm, Ludwig: Albert Einstein und seine Lehre. – In: Neues Wiener Tagblatt 5.12.1919, Nr. 332, S. 2-3; 6.12.1919, Nr. 333, S. 2-3.

Fleck, Ludwig: Zur Krise der „Wirklichkeit". – In: Naturwissenschaften 17 (1928), S. 425-430.

Ford, Henry: Der internationale Jude. 20. Aufl. Leipzig: Hammer-Vlg. 1922.

Frank, Philipp: Was bedeuten die gegenwärtigen physikalischen Theorien für die allgemeine Erkenntnislehre? – In: Erkenntnis 1 (1930/31), S. 126-157.

Frank, Philipp: Das Kausalgesetz und seine Grenzen. Wien: Vlg. v. Julius Springer 1932 (Schriften zur wiss. Weltauffassung. 6).

Frank, Philipp: Das Ende der mechanistischen Physik. Wien: Vlg. Gerold & Co. 1935 (Einheitswissenschaft. 5).

Freundlich, Erwin: Albert Einstein. Zum Siege seiner Relativitätstheorie. – In: VZ 30.11.1919, Nr. 610, 2. Beilage.

Freundlich, Erwin F.: Die Frage nach der Endlichkeit des Weltraums, als astronomisches Problem behandelt. – In: Erkenntnis 1 (1930/31), S. 42-60.

Fricke, H[ermann]: Eine neue und einfache Deutung der Schwerkraft und eine anschauliche Erklärung der Physik des Raumes. Wolfenbüttel: Heckners Vlg. 1919.

Fricke, H[ermann]: Der Fehler in Einsteins Relativitätstheorie. Wolfenbüttel: Heckners Vlg. 1920.

Fricke, Hermann: Der Fehler in Einsteins Relativitätstheorie. – In: DT 24.11.1920, Unterhaltungsbeilage.

Fricke, Hermann: Weltätherforschung. Ein Aufbauprogramm nach dem Umsturz der Physik. Weimar: Borkmann 1939.

Friedemann, Käte: Das Gespenst des Relativismus. – In: Philos. Jahrb. d. Görres-Ges. 45 (1932), S. 18-34.

Friedländer, Salomo: Kant gegen Einstein. Fragelehrbuch zum Unterricht in den vernunftwissenschaftl. Vorbedingungen der Naturwissenschaft. Berlin: Wolff 1932.

Friedrichs, Gustav: Die falsche Relativität Einsteins und die Relativität der Sinne. Keine Mathematik, nur gewöhnliches Rechnen. Osnabrück: Arthur Baumert Vlg.sbuchhandl. 1920.

Frischeisen-Köhler, Max: Wissenschaft und Wirklichkeit. Leipzig, Berlin: Teubner 1912 (Wiss. u. Hypothese. 15).

Frischeisen-Köhler, Max: Das Zeitproblem – In: JdP 1 (1913), S. 129-166.

Fritsch, Theodor: Der neue Glaube. 3. Aufl. Leipzig: Hammer-Vlg. 1936.

Fuld, E.: Der Abscheu vor der Relativitätstheorie. – In: BT 2.12.1923, Nr. 556, 2. Beiblatt.

Gehrcke, E[rnst]: Bemerkungen über die Grenzen des Relativitätsprinzips. – In: Verh. Dt. Physikal. Ges. 13 (1911), S. 665-669.

Gehrcke, E[rnst]: Nochmals über die Grenzen des Relativitätsprinzips. – In: Verh. Dt. Physikal. Ges. 13 (1911), S. 990-1000.

Gehrcke, E[rnst]: Die gegen die Relativitätstheorie erhobenen Einwände. – In: Naturwissenschaften 1 (1913), S. 62-66.

Gehrcke, E[rnst]: Die erkenntnistheoretischen Grundlagen der verschiedenen physikalischen Relativitätstheorien. – In: Kant-Studien 19 (1914), S. 482-487.

Gehrcke, E[rnst]: Die Relativitätstheorie. Eine wissenschaftliche Massensuggestion. Berlin: Arbeitsgem. Deutscher Naturforscher zur Erhaltung Reiner Wissenschaft e.V. 1920 (Schriften a. d. Vlg. d. Arbeitsgem. Dt. Naturforscher zur Erhaltung Reiner Wiss. 1).

Gehrcke, E[rnst]: Die Relativitätstheorie auf dem Naturforschertage in Nauheim. – In: Umschau 25 (1921), S. 99.

Gehrcke, E[rnst]: Physik und Erkenntnistheorie. Leipzig, Berlin: Vlg. v. B. G. Teubner 1921 (Wiss. u. Hypothese. 22).

Gehrcke, E[rnst]: Zur Frage der Relativitätstheorie. – In: Kosmos 18 (1921) [Sonderheft zur Relativitätstheorie], S. 296-298.

Gehrcke, E[rnst]: Die Massensuggestion der Relativitätstheorie. Kulturhistorisch-psychologische Dokumente. Berlin: Vlg. v. Hermann Meusser 1924.

Gehrcke, E[rnst]: Kritik der Relativitätstheorie. Gesammelte Schriften über absolute und relative Bewegung. Berlin: Vlg. v. Hermann Meusser 1924.

Geiger, Moritz: Die philosophische Bedeutung der Relativitätstheorie. Vortrag gehalten im 1. Zyklus gemeinverständlicher Einzelvorträge, veranstaltet von der Universität München. Halle/Saale: Max Niemeyer 1921.

Geissler, [Friedrich Jakob] Kurt: Moderne Verirrungen auf mathematisch-philosophischen Gebieten. Kritische und selbstgegebene Untersuchungen. Ebikon bei Luzern: Alpwacht 1909.

Geissler, Fr[iedrich] J[akob] Kurt: Gemeinverständliche Widerlegung des formalen Relativismus (von Einstein und verwandten) und zusammenhängende Darstellung einer grundwissenschaftlichen Relativität. Leipzig: Vlg. Otto Hillmann 1921.

Geißler, [Friedrich Jakob] Kurt: Zum Umsturz der heutigen Mathematik. – In: Natur und Gesellschaft 16 (1929), S. 175-178.

Geissler, Fr[iedrich] J[akob] Kurt: Ist das Gewand der Welt ein Flickenteppich? – In: Der Fels 28 (1933/34), S. 214-224.

Geppert, H[arald]: Ist die Welt absolut oder relativ? Vollständige Widerlegung der Relativitätstheorie. Eine Grundlage für die Weltanschauung. Karlsruhe: Reiff 1923.

Gerlach, J. E.: Kritik der mathematischen Vernunft. Bonn: Cohen 1922.

Gilbert, Leo: Das Relativitätsprinzip, die jüngste Modenarrheit der Wissenschaft. Und die Lösung des Fizeau-Problems. Brackwede i. W.: Vlg. Dr. W. Breitenbach 1914 (Wiss. Satyren. 1).

Glaser, L[udwig] C.: Zur Erörterung der Relativitätstheorie. – In: Tägliche Rundschau 16.8.1920, Nr. 180.

Glaser, L[udwig] C.: Juden in der Physik. – In: ZgN 5 (1939), S. 272-275.

Gleich, Gerold von: Einsteins Relativitätstheorie und die physikalische Wirklichkeit. Leipzig: Vlg. v. Johann Ambrosius Barth 1930.

Gölz, Benedikt: Der gegenwärtige Kampf um das Kausalitätsprinzip und die Gottesbeweise. – In: Rothenburger Monatsschr. f. prakt. Theol. 16 (1931), S. 303-309.

Goebbels, J[oseph]: Rassenfrage und Weltpropaganda. Langensalza: Hermann Beyer & Söhne (Beyer & Mann) 1934 (Fr. Manns Pädag. Magazin. 1390; Schriften zur polit. Bildung. Reihe 12: Rasse. 6).

Goebbels, Joseph: Wesen und Gestalt des Nationalsozialismus. Berlin: Junker u. Dünnhaupt Vlg. 1934.

Goebbels, Joseph: Der Faschismus und seine praktischen Ergebnisse. Berlin: Junker u. Dünnhaupt Vlg. 1934 (Schriften d. Dt. Hochschule f. Politik. 1).

Goebbels, Joseph: Michael. Ein deutsches Schicksal in Tagebuchblättern. 9. Aufl. München: Zentralvlg. d. NSDAP, Franz Eher Nachf. 1936.

Goebbels, Joseph: Tagebücher 1924-1945. Hrsg. v. Ralf Georg Reuth. Bd. 1-5. Erw. Sonderausg. München, Zürich: Piper 1999.

Goethe, Johann Wolfgang: Sämtliche Werke nach Epochen seines Schaffens. Münchner Ausgabe. Hrsg. v. Karl Richter i. Zus.arb. m. Herbert G. Göpfert, Norbert Miller u. Gerhard Sauder. Bd. 1-21. München: Carl Hanser 1985-1998.

Gogarten, Friedrich: Weltanschauung und Glaube. Berlin: Furche-Vlg. 1937.

Goldschmidt, Ludwig: Gegen Einsteins Metaphysik. Eine kritische Befreiung. Lübeck: Coleman 1923.

Göring, Hermann: Reden und Aufsätze. Hrsg. v. Erich Gritzbach. München: Zentralvlg. d. NSDAP, Franz Eher Nachf. 1938.

Goudsmit, Samuel A.: ALSOS. New York: Henry Schuman 1947.

Gramatzki, H[ugh] J[ohn]: Der Sinn der Relativitätstheorie. – In: Die Sendung 4 (1927), S. 129.

Groos, Karl: Der Kampf um den Relativismus. – In: Forum Philosophicum 1 (1931), S. 461-468.

Grundlagen, Aufbau und Wirtschaftsordnung des Nationalsozialistischen Staates. Hrsg. v. H[ans]-H[einrich] Lammers u. Hans Pfundtner. Bd. 1-3. Berlin: Industrievlg. Spaeth & Linde 1936-1939.

Gruner, Paul: Das moderne physikalische Weltbild und der christliche Glaube. Berlin: Furche-Vlg. 1922 (Stimmen a. d. dt. christl. Studentenbewegung. 13).

Günther, Hans [F. R.]: Rassenkunde des deutschen Volkes. München: J. F. Lehmanns-Vlg. 1922.

Günther, Hans F. R.: Rassenkunde Europas. Mit besonderer Berücksichtigung der Rassenkunde der Hauptvölker indogermanischer Sprache. 3., wesentl. verm. u. verb. Aufl. München: J. F. Lehmanns Vlg. 1929.

Günther, Hans F. R.: Rassenkunde des jüdischen Volkes. 2. Aufl. München: J. F. Lehmanns Vlg. 1930.

Günther, Hans F. R.: Die Verstädterung. Ihre Gefahren für Volk und Staat vom Standpunkte der Lebensforschung und der Gesellschaftswissenschaft. Leipzig, Berlin: B. G. Teubner 1934.

Haas, Arthur: Über Frequenzerhöhungen von Lichtquanten durch Zusammenstöße mit rasch bewegten Materieteilchen. – In: Sitzungsber. d. Akad. d. Wiss. in Wien. Math.-naturwiss. Kl. Abt. 2a: Math., Astron., Phys. u. Meteorol. 135 (1926), S. 647-652.

Haas, Arthur: Die Welt der Atome. Zehn gemeinverständliche Vorträge. Berlin, Leipzig: de Gruyter 1926.

Haas, Arthur: Über die Ableitung der fundamentalen relativitätstheoretischen Sätze aus der Broglieschen Hypothese der Phasenwellen. – In: Phys. Zeitschr. 28 (1927), S. 632-634.

Haas, Arthur: Die Hypothese des elementaren Wirkungsquantums als Folge der Relativitätstheorie. – In: Phys. Zeitschr. 28 (1927), S. 707-709.

Haas, Arthur: Über den Zusammenhang zwischen Relativitätstheorie und Quantentheorie. – In: Akad. d. Wiss. Wien. Math.-naturwiss. Kl. Anzeiger 64 (1927), S. 140-141.

Haas, Arthur: Wellenmechanik und Relativitätstheorie. – In: Forschungen u. Fortschritte 4 (1928), S. 3-5.

Haas, Arthur: Atomtheorie. 2., völlig umgearb. u. wesentl. verm. Aufl. Berlin, Leipzig: de Gruyter 1929.

Haas, Arthur: Materiewellen und Quantenmechanik. Eine Einführung auf Grund der Theorien von de Broglie, Schrödinger, Heisenberg und Dirac. 2., verb. u. wesentl. verm. Aufl. Leipzig: Akad. Vlg.sges. 1929.

Haas, Arthur: Materiewellen und Quantenmechanik. Eine Einführung auf Grund der Theorien von de Broglie, Schrödinger, Heisenberg und Dirac. 3., verb. u. abermals wesentl. verm. Aufl. Leipzig: Akadem. Vlg.sges. 1930.

Haas, Arthur: Das Naturbild der neuen Physik. 3., verm. u. verb. Aufl. Berlin, Leipzig: de Gruyter 1932.

Haas, Arthur: Physik für Jedermann. Mit besonderer Berücksichtigung der modernen technischen Anwendungen. Berlin: Springer 1933.

Haas, Willy: Europäische Rundschau. – In: Neue Rundschau 35 (1924), S. 87-94.

Haedicke, Johannes: Die physikalische Unhaltbarkeit der Relativitätstheorie Einsteins. Leipzig: Hillmann 1932.

Handmann, Rudolf: Einsteins Relativitätstheorie. – In: Theologisch-praktische Quartalschrift 75 (1922), S. 431-450; S. 558-576.

Hartmann, Nicolai: Ethik. Berlin, Leipzig: Walter de Gruyter & Co. 1926.

Hasse, Max: Albert Einsteins Relativitätslehre. Versuch einer volkstümlichen Darstellung. Magdeburg: Selbstvlg. 1920.

Hatvani, Paul: Versuch über den Expressionismus. – In: Theorie des Expressionismus. Hrsg. v. Otto F. Best. Stuttgart: Philipp Reclam jun. 1976 (Reclam Univ.-Bibl. 9817), S. 68-73.

Hegel, Georg Wilhelm Friedrich: Werke. Auf d. Grundlage d. Werke v. 1832-1845 neu ed. Ausg. Redaktion Eva Moldenhauer u. Karl Markus Michel. Bd. 1-20. Frankfurt/Main: Suhrkamp 1969-1971 (Theorie-Werkausgabe).

Heidegger, Martin: Gesamtausgabe. Bd. 1-63. Hrsg. v. Friedrich-Wilhelm von Herrmann. Frankfurt/Main: Klostermann 1975-1988.

Heiler, Josef: Das Absolute. Methode und Versuch einer Sinnklärung des „transzendentalen Ideals". München: Vlg. v. Ernst Reinhardt 1921.

Heim, Karl: Glaubensgewißheit. Eine Untersuchung über die Lebensfrage der Religion. Leipzig: J. C. Hinrichs'sche Buchhandl. 1916.

Heim, Karl: Gedanken eines Theologen zu Einsteins Relativitätstheorie. – In: ZTK N.F.2 (1921), S. 330-347.

Heim, Karl, Rich[ard] H. Grützmacher: Oswald Spengler und das Christentum. Zwei kritische Aufsätze. München: C. H. Beck'sche Vlg.sbuchhandl. Oskar Beck 1921.

Heim, Karl: Der evangelische Glaube und das Denken der Gegenwart. Grundlage einer christlichen Lebensanschauung. Bd. I: Glaube und Denken. Philosophische Grundlegung einer christlichen Lebensanschauung. 3., völig umgearb. Aufl. Berlin: Furche-Vlg. 1934; Bd. IV: Der christliche Gottesglaube und die Naturwissenschaft. Erster Teilbd.: Grundlegung. Tübingen: Furche-Vlg. 1949; Bd. V: Die Wandlungen im naturwissenschaftlichen Weltbild. [2. Folge v.: Der christliche Gottesglaube und die Naturwissenschaft.] Hamburg: Furche-Vlg. 1951.

Heim, Karl: Ich gedenke der vorigen Zeiten. Erinnerungen aus acht Jahrzehnten. Hamburg: Furche-Vlg. 1957.

Heinsohn, Johs.: Einstein-Dämmerung. Kritische Betrachtungen zur Relativitätstheorie. Leipzig: Otto Hillmann Vlg. 1933.

Heisenberg, Werner: Über quantentheoretische Umdeutung kinematischer und mechanischer Beziehungen. – In: Zeitschr. f. Phys. 33 (1925), S. 878-893.

Heisenberg, Werner, Max Born, Pascual Jordan: Zur Quantenmechanik II. – In: Zeitschr. f. Phys. 35 (1925/26), S. 557-615.

Heisenberg, Werner: Über quantentheoretische Kinematik und Mechanik. – In: Math. Ann. 95 (1925/26), S. 683-705.

Heisenberg, Werner: Quantenmechanik. – In: Naturwissenschaften 14 (1926), S. 989-994.

Heisenberg, Werner: Über den anschaulichen Inhalt der quantentheoretischen Kinematik und Mechanik. – In: Zeitschr. f. Phys. 43 (1927), S. 172-198.

Heisenberg, Werner: Die Entwicklung der Quantentheorie 1918-1928. – In: Naturwissenschaften 17 (1929), S. 490-496.

Heisenberg, Werner: Fortschritte in der Theorie des Ferromagnetismus. – In: Metallwirtschaft 9 (1930), S. 843-844.

Heisenberg, Werner: Kausalgesetz und Quantenmechanik. – In: Erkenntnis 2 (1931), S. 172-182.

Heisenberg, Werner: Die Entwicklung der Quantenmechanik. – In: Die moderne Atomtheorie. Die bei der Entgegennahme des Nobelpreises 1933 in Stockholm gehaltenen Vorträge. Leipzig: S. Hirzel 1934, S. 1-18.

Heisenberg, Werner: Wissenschaft und technischer Fortschritt. – In: Stahl und Eisen 54 (1934), S. 749-752.

Heisenberg, Werner: Zur Geschichte der physikalischen Naturerklärung. – In: Ders.: Wandlungen in den Grundlagen der Naturwissenschaft. 2 Vorträge. Leipzig: S. Hirzel 1935, S. 27-45.

Heisenberg, Werner: Zum Artikel *Deutsche und jüdische Physik*. – In: VB 28.2.1936, Nr. 59, S. 6.

Heisenberg, Werner: Physik und Philosophie. Stuttgart: Hirzel 1959.

Heisenberg, Werner: Schritte über Grenzen. Gesammelte Reden und Aufsätze. München: R. Piper & Co. Vlg. 1971.

Heisenberg, Werner: Der Teil und das Ganze. Gespräche im Umkreis der Atomphysik. 8. Aufl. München: Dt. Tb. Vlg. 1984 (dtv. 903).

Heisenberg, Werner: Deutsche und Jüdische Physik. Hrsg. v. Helmut Rechenberg. München: Piper 1992 (serie piper. 1676).

Hellwig, L[othar] W[ilfried]: Persönlichkeiten der Gegenwart. Luftfahrt, Wissenschaft, Kunst. Unter wiss. Mitarb. v. Dr. E[rich] Ruckhaber. Berlin: AGV.-Vlg. Dr. Richard Pape 1940.

Helmholtz, H[ermann von]: Über die Erhaltung der Kraft. Leipzig: Vlg. v. Wilhelm Engelmann 1889 (Ostwald's Klassiker der exacten Wissenschaften. 1).

Hentschel, Willibald: Das Relativitätsprinzip im Rahmen einer Gesamtsicht von Welt und Mensch. Leipzig, Hartenstein i. Erzgebirge: Erich Matthes Vlg. 1921.

Hentschel, Willibald: Einstein und sein Ende. – In: Hammer 30 (1931), S. 57-62.

Herrfahrdt, Heinrich: Werden und Gestalt des Dritten Reiches. Berlin: Junker u. Dünnhaupt Vlg. 1933.

Hertz, Heinrich: Die Prinzipien der Mechanik in neuem Zusammenhange dargestellt. Hrsg. v. P[hilipp] Lenard. M.e. Vorw. v. H[ermann] von Helmholtz. 2. Aufl. Leipzig: Vlg. v. Johann Ambrosius Barth 1910.

Hertz, Paul: Über den Kausalbegriff im Makroskopischen, besonders in der klassischen Physik. – In: Erkenntnis 1 (1930/31), S. 211-227.

Hesse, Richard: Abstammungslehre und Darwinismus. 6. Aufl. Leipzig: Teubner 1922 (Aus Natur u. Geisteswelt. 39).

Hessen, Johannes: Die Absolutheit des Christentums. Religionsphilosophisch und apologetisch dargestellt. Köln: J. P. Bachem 1917 (Rüstzeug d. Gegenwart. N.F.6).

Hessen, Johannes: Die Geistesströmungen der Gegenwart. Freiburg i. Br.: Herder Vlg.sbuchhandl. 1937.

Hessen, Johannes: Wissen und Glauben. München, Basel: Ernst Reinhardt Vlg. 1959 (Glauben u. Wissen. 20).

Hessen, Johannes: Das Kausalprinzip. 2., erw. Aufl. München, Basel: Ernst Reinhardt Vlg. 1958.

Hessen, Johannes: Geistige Kämpfe der Zeit im Spiegel eines Lebens. Nürnberg: Glock u. Lutz 1959.

Heuß, Theodor: Hitlers Weg. Eine historisch-politische Studie über den Nationalsozialismus. Stuttgart, Berlin, Leipzig: Union Dt. Vlg.sges. 1932.

Hilbert, David: Die Grundlagen der Physik. – In: Math. Ann. 92 (1924), S. 1-32.

Hilbert, David: Über das Unendliche. – In: Math. Ann. 95 (1925/26), S. 161-190.

Hilbert, D[avid], J[ohann] von Neumann, L[othar] Nordheim: Über die Grundlagen der Quantenmechanik. – In: Math. Ann. 98 (1927), S. 1-30.

Hintze: Das Relativitätsprinzip. – In: Blätter f. d. Fortbildung d. Lehrers u. d. Lehrerin 14 (1921), S. 151-160; S. 191-198.

Hitler, Adolf: Mein Kampf. 2 Bd.e in 1 Bd. 97.-101. Aufl. München: Vlg. Franz Eher Nachf. 1934.

[Hitler, Adolf:] Des Führers große kulturpolitische Rede. Gehalten auf dem Reichsparteitag der Ehre Nürnberg 1936. Köln: Werkstätte f. Satz u. Druck d. Handwerkerschule d. Hansestadt Köln 1936.

Hitler, Adolf: Sämtliche Aufzeichnungen 1905-1924. Hrsg. v. Eberhard Jackel zus. m. Axel Kuhn. Stuttgart: Dt. Vlg.s-Anst. 1980 (Quellen u. Darstellungen zur Zeitgeschichte. 21).

Hitlers politisches Testament. Die Bormann Diktate vom Februar und April 1945. M. e. Essay v. Hugh R. Trevor-Roper u. e. Nachw. v. André François-Poncet. Hamburg: Albrecht Knaus Vlg. 1981.

Hoche, Alfred: Geistige Wellenbewegungen. Rede gehalten bei der Jahresfeier der Freiburger Wissenschaftlichen Gesellschaft am 13. November 1926. Freiburg i. Br.: Speyer & Kaerner, Universitätsbuchhandl. 1927 (Freiburger Wiss. Ges. 14).

Hoche, Alfred E.: Die Geisteskranken in der Dichtung. München, Berlin: J. F. Lehmanns Vlg. 1939.

Hofmann, Jos[eph]-E[hrenfried]: Der Kampf um die Relativitätstheorie. – In: Natur u. Kultur 31 (1934), S. 315-319.

Holst, Helge: Wirft die Relativitätstheorie den Ursachenbegriff über Bord? – In: Zeitschr. f. Phys. 1 (1920), S. 32-39.

Höpfner, L[udwig]: Versuch einer Analyse der mathematischen und physikalischen Fiktionen in der Einsteinschen Relativitätstheorie. – In: Ann. d. Philos. u. philos. Krit. 2 (1920), S. 466-501.

Hund, Friedrich: Das Naturbild der Physik. Potsdam: Stichnote 1947.

Hund, Friedrich: Geschichte der Quantentheorie. 3., überarb. Aufl. Mannheim [u.a.]: Bibliogr. Inst. 1984.

Hundert Autoren gegen Einstein. Hrsg. v. Hans Israel, Erich Ruckhaber u. Rudolf Weinmann. Leipzig: R. Voigtländers Vlg. 1931.

Husserl, Edmund: Die Krisis der europäischen Wissenschaften und die transzendentale Phänomenologie. Eine Einleitung in die phänomenologische Philosophie. [Husserliana. VI.] Hrsg. v. Walter Biemel. Haag: Martinus Nijhoff 1954.

Ich kämpfe. Sonderdruck zur Erinnerung an die Aufnahme in die NSDAP. Hrsg. v. Hauptkulturamt in der Reichspropagandaleitung der NSDAP. München: Zentralvlg. d. NSDAP, Franz Eher Nachf. 1943.

Inführ, Heinrich [d.i. Rudolf Lämmel]: Die neue Kolonie. Jena: Granula-Vlg. 1924.

Isenkrahe, Caspar: Zur Elementaranalyse der Relativitätstheorie. Einleitung und Vorstufen. Braunschweig: Vieweg & Sohn 1921.

Israel, Hans: Beweis, weshalb die Einsteinsche Relativitätstheorie ad acta zu legen ist. Leipzig: Hillmann 1929.

Jazz in Scientific World. Prof. Charles Lane Poor of Columbia explains Einstein's Astronomical Theories. – In: New York Times 16.11.1919, Nr. 22, 567, Sect.3, S. 8.

J[oël], K[urt]: Grundgedanken der Relativitätstheorie. Professor Einstein am Vortragstisch. – In: VZ 15.4.1919, Nr. 194, S. 2.

Joël, Kurt: Die Sonne bringt es an den Tag? Eine Himmelsentscheidung in der Relativitätstheorie. – In: VZ 29.5.1919, Nr. 270, 4. Beilage.

Joël, Kurt: Der Sieg der Einsteinschen Relativitätstheorie. – In: Das Wissen 13 (1919), S. 270-272.

Jordan, Pascual, Max Born: Zur Quantenmechanik. – In: Zeitschr. f. Phys. 34 (1925), S. 858-888.

Jordan, Pascual: Über die neue Begründung der Quantenmechanik. – In: Zeitschr. f. Phys. 40 (1926), S. 809-838.

Jordan, Pascual: Die Quantenmechanik und die Grundprobleme der Biologie und Psychologie. – In: Naturwissenschaften 20 (1932), S. 815-821.

Jordan, Pascual: Quantenphysikalische Bemerkungen zur Biologie und Psychologie. – In: Erkenntnis 4 (1934), S. 215-252.

Jordan, Pascual: Ergänzende Bemerkungen über Biologie und Quantenmechanik. – In: Erkenntnis 5 (1935), S. 348-352.

Jordan, Pascual: Das Bild der modernen Physik. 2. Aufl. Hamburg-Bergedorf: Stromvlg. 1947.

Jordan, Pascual: Der gescheiterte Aufstand. Betrachtungen der Gegenwart. Frankfurt/Main: Vittorio Klostermann 1956.

Jordan, Pascual: Begegnungen. Albert Einstein, Karl Heim, Hermann Oberth, Wolfgang Pauli, Walter Heitler, Max Born, Werner Heisenberg, Max von Laue, Niels Bohr. Oldenburg, Hamburg: Gerhard Stalling Vlg. 1971.

Jordan, Pascual: Aufbruch zur Vernunft. Ein Naturforscher zur deutschen Besinnung. Zürich: Edition Interfrom AG 1976 (Texte + Thesen, Sachgeb. Gesellschaft. 73).

Jüdische und deutsche Physik. Vorträge zur Eröffnung des Kolloquiums für theoretische Physik an der Universität München. Hrsg. v. Wilhelm Müller. Leipzig: Helingsche Vlg.sanst. 1941.

K., A. H.: Das Gesicht unserer Naturwissenschaft. Ein Vortrag Schrödingers. – In: DAZ 15.6.1932, Nr. 294, S. 1.

Kandinsky [, Wassily]: Punkt und Linie zu Fläche. Beitrag zur Analyse der malerischen Elemente. München: Vlg. Albert Langen 1926 (Bauhausbücher. 9).

Kant, Immanuel: Werke in sechs Bänden. Hrsg. v. Wilhelm Weischedel. Darmstadt: Wiss. Buchges. 1963.

Karollus, Franz: Wo irrt und was übersieht Einstein? Ein neuer Versuch zur Lösung einer strittigen physikalischen Frage. Brünn: Winiker 1921.

Kaufmann, Arthur: Zur Relativitätstheorie. Erkenntnistheoretische Erörterungen. – In: Neuer Merkur 3 (1920), S. 587-594.

Kaufmann, Felix: Wiener Lieder zur Philosophie und Ökonomie. Hrsg. v. Gottfried von Haberler u. Ernst Helmstädter. M. e. Einf. v. J. Herbert Furth. Stuttgart [u.a.]: Gustav Fischer 1992.

Kayser, Rudolf: Der jüdische Revolutionär. – In: Neue jüdische Monatshefte 4 (1919), S. 96-98.

Keller, Hugo: Die Haltlosigkeit der Relativitätstheorie. Leipzig: Hillmann 1924.

Key, Ellen: Die Entfaltung der Seele durch Lebenskunst. – In: Neue Rundschau 16 (1905), S. 641-686.

Kirchberger, Paul: Was kann man ohne Mathematik von der Relativitätstheorie verstehen? Karlsruhe: Vlg. d. C.F.Müllerschen Hofbuchhandl. 1920.

Kirchberger, P[aul]: Die Entwicklung der Atomtheorie. – In: DAZ 20.5.1922, Nr. 233, 2. Beiblatt.

Klages, Ludwig: Sämtliche Werke. Hrsg. v. Ernst Frauchiger [u.a.]. Bd. 1-8. Bonn: H. Bouvier u. Co. Vlg. 1964ff.

Klemperer, Victor: Leben sammeln, nicht fragen wozu und warum. Tagebücher 1918-1932. Bd. 1-2. Hrsg. v. Walter Nowojski unter Mitarb. v. Christian Löser. Berlin: Aufbau-Vlg. 1996.

Koelsch, Adolf: Relativitätstheorie und Quantenphysik. – In: NZZ 16.1.1932, Nr. 86, S. 1; 26.1.1932, Nr. 149, S. 1.

Köhler, Fritz: Das Relativitätsprinzip, ein fundamentaler Fortschritt der modernen Physik. – In: Natur 2 (1911), S. 180-182.

König, Edmund: Ist Kant durch Einstein widerlegt? Sondershausen: Eupel 1929.

Kötzschke, Hermann: Albert Einstein und die Religion. – In: Christliche Welt 46 (1932), S. 671.

Koller-Aeby, H[ermann]: Der Grundirrtum Newton's als Ursache des Einstein'schen Grundirrtums. Leipzig: Hillmann 1931.

Koller, H[ermann]: Die Einsteinsche Relativitätstheorie und das Problem der Kausalität. Leipzig: Hillmann 1931.

Kopff, A[ugust]: Grundzüge der Einsteinschen Relativitätstheorie. 2. verb. Aufl. Leipzig: Vlg. v. S. Hirzel 1922.

Kranichfeld, Hermann: Das Verhältnis der Relativitätstheorie Einsteins zur Kantschen Erkenntnistheorie. – In: Naturwiss. Wochenschr. 37 [= N.F.21] (1921), S. 593-603.

Krannbals, Paul: Die Relativitätstheorie als Abenteuerroman. – In: Rheinisch-Westfälische Zeitung 15.7.1922, Nr. 580, S. 1.

Kraus, Oskar: Fiktion und Hypothese in der Einsteinschen Relativitätstheorie. Erkenntnistheoretische Betrachtungen. – In: Ann. d. Philos. u. philos. Krit. 2 (1920), S. 335-396.

Kraus, Oskar: Zum Kampf gegen Einstein und die Relativitätstheorie. – In: Bohemia [Prag] 3.9.1920, Nr. 208, S. 3.

Kraus, Oskar: Schlußwort zur Debatte über die Relativitätstheorie. – In: Ann. d. Philos. u. philos. Krit. 2 (1920), S. 463-465.

Kraus, O[skar]: Zur Lehre von Raum und Zeit. – In: Kant-Studien 25 (1920), S. 1-23.

Kraus, Oskar: Die Unmöglichkeit der Einsteinschen Bewegungslehre. – In: Umschau 25 (1921), S. 681-684.

Kraus, O[skar]: Die Verwechslung von „Beschreibungsmittel" und „Beschreibungsobjekt" in der Einsteinschen speziellen und allgemeinen Relativitätstheorie. – In: Kant-Studien 26 (1921), S. 454-486.

Kraus, Oskar: Offene Briefe an Albert Einstein und Max von Laue über die gedanklichen Grundlagen der speziellen und allgemeinen Relativitätstheorie. Wien, Leipzig: Wilhelm Braumüller 1925.

Kremer, Josef: Einstein und die Weltanschauungskrisis. Graz: Styria 1921.

Kremer, Josef: Die Relativität der Einsteinschen Relativitätstheorie. – In: Reichspost [Wien] 10.12.1922, S. 6.

Kremer, Josef: Einiges über die „neue Physik". – In: Grazer Volksblatt 20.6.1923, S. 1-2.

Krieck, Ernst: Die Revolution der Wissenschaft. Ein Kapitel über Volkserziehung. Jena: Vlg. Eugen Diederichs 1920.

Krieck, Ernst: Staat und Kultur. Frankfurt/Main: Neuer Frankfurter Vlg. 1929.

Krieck, Ernst: Geschichte der Bildung. München, Berlin: Vlg. v. R. Oldenbourg 1930 (Handb. d. dt. Lehrerbildung).

Krieck, Ernst: Dichtung und Erziehung. 2. Aufl. Leipzig: Armanen-Vlg. 1933.

Krieck, Ernst: Wissenschaft, Weltanschauung, Hochschulreform. Leipzig: Armanen-Vlg. 1934.

Krieck, Ernst: Erziehung im nationalsozialistischen Staat. Berlin: Industrievlg. Spaeth & Linde 1935.

Krieck, Ernst: Der Wandel der Wissenschaftsidee und des Wissenschaftssystems im Bereich der nationalsozialistischen Weltanschauung. – In: Volk im Werden 4 (1936), S. 378-381.

Krieck, Ernst: Krisis der Physik. – In: Volk im Werden 8 (1940), S. 55-62.

Krieck, Ernst: Einstein und Krönungsstein. – In: Volk im Werden 8 (1940), S. 142-143.

Krieck, Ernst: Natur und Naturwissenschaft. Leipzig: Vlg. v. Quelle & Meyer 1942.

Kries, J[ohannes] v.: Kants Lehre von Raum und Zeit in ihrer Beziehung zur modernen Physik. – In: Naturwissenschaften 12 (1924), S. 318-324.

Kries, Johannes v.: Immanuel Kant und seine Bedeutung für die Naturforschung der Gegenwart. Berlin: Springer 1924.

Krise und Neuaufbau in den exakten Wissenschaften. Fünf Wiener Vorträge. [o.Hrsg.] Leipzig, Wien: Franz Deuticke 1933.

Kritzinger, H[ans] H[ermann]: Licht von der Finsternis. Sonnenfinsternis-Expeditionen 1919 und die Einsteinsche Theorie. – In: VZ 27.1.1920, Nr. 49, Beilage.

Kritzinger, H[ans] H[ermann]: Wankt die Relativitätstheorie? Prof. Courvoisiers Aetherdruck-Forschung vielseitig gesichert. – In: DT 8.12.1927, Nr. 577.

Kritzinger, Hans-Hermann: Todesstrahlen und Wünschelrute. Beiträge zur Schicksalskunde. Leipzig [u.a.]: Grethlein & Co. 1929.

Kubach, F.: Deutsche Physik. [Rez. v. Lenard: Deutsche Physik.] – In: Deutsche Mathematik 1 (1936), S. 256-258.

Kühn, L[enore]: Grabgesang für den „neuen Kopernikus"? – In: Rheinisch-Westfälische Zeitung 25.1.1924, Nr. 69, S. 2.

Kuhn, Thomas S., John L. Heilbron, Paul Forman [u.a.]: Sources for History of Quantum Physics. An Inventory and Report. Philadelphia: The American Philosophical Society 1967 (Memoirs of the American Philosophical Society. 68).

Kuhn, Thomas S.: Die Struktur wissenschaftlicher Revolutionen. A. d. Amerik. v. Kurt Simon. 9. Aufl. Frankfurt/Main: Suhrkamp 1988 (stw. 25).

Kuhnert, A[dolf]: Die Katastrophe im modernen Geistesleben. – In: Rheinisch-Westfälische Zeitung 5.12.1920, Nr. 888, S. 7.

Kurella, Hans: Elektrizität und organisches Leben. – In: Neue Rundschau 14 (1903), S. 152-159.

Lämmel, Rudolf: Wege zur Relativitätstheorie. Stuttgart: Franckh'sche Vlg.shandl. 1921 (Kosmos-Bändchen. 81).

Lämmel, Rudolf: Zum Geleite. – In: Kosmos 18 (1921) [Sonderheft zur Relativitätstheorie], S. 281-283.

Lämmel, Rudolf: Relativistisches Denken. – Ebd., S. 283-287.

Lämmel, R[udolf]: Albert Einstein. – Ebd., S. 306-307.

Lämmel, R[udolf]: Das relativistische Kernproblem. – Ebd., S. 307-308.

Lämmel, Rudolf: Von Naturforschern und Naturgesetzen. Leipzig: Hesse & Becker 1927 (Prometheus-Bücher).

Lämmel, Rudolf: Galileo Galilei im Licht des zwanzigsten Jahrhunderts. Berlin: Paul Franke Vlg. 1927 (Menschen Völker Zeiten. 18).

Lämmel, Rudolf: Die moderne Naturwissenschaft und der Kosmos. Berlin: Wegweiser-Vlg. 1929.

Langenbucher, Hellmuth: Volkhafte Dichtung der Zeit. Berlin: Junker u. Dünnhaupt Vlg. 1933.

Lasker, Emanuel: Gibt es noch Kausalität? – In: VZ 21.3.1928, Unterhaltungsblatt Nr. 69.

Laue, M[ax v.]: Das Relativitätsprinzip. 2., verm. Aufl. Braunschweig: Friedr. Vieweg & Sohn 1913 (Die Wissenschaft. 38).

Laue, M[ax] v.: Die Lorentz-Kontraktion. – In: Kant-Studien 26 (1921), S. 91-95.

Laue, M[ax] v.: Das physikalische Weltbild. Vortrag, gehalten auf der Kieler Herbstwoche 1921. Karlsruhe: C. F. Müllersche Hofbuchhandl. 1921.

Lecher, Ernst: Physikalische Weltbilder. Leipzig: Thomas 1912.

Leers, Johann von: Juden sehen Dich an. 1. Aufl. Berlin-Schöneberg: NS.-Druck u. Vlg. [1933].

Leers, Johann von: 14 Jahre Judenrepublik. Die Geschichte eines Rassenkampfes. 2. Aufl. Berlin-Schöneberg: Vlg. Deutsche Kultur-Wacht [1933].

Leers, Johann von: Spenglers weltpolitisches System und der Nationalsozialismus. Berlin: Junker u. Dünnhaupt Vlg. 1934.

Lehmann, O.: Das Relativitätsprinzip der neue Fundamentalsatz der Physik. Karlsruhe: Druck d. G. Braunschen Hofbuchdruckerei 1910.

Lenard, Philipp: Über Äther und Materie (Vortrag, gehalten in der Sitzung der Gesamtakademie am 4. Juni 1910). Heidelberg: Carl Winter's Universitätsbuchhandl. 1910 (Sitzungsber. Heidelb. Akad. d. Wiss. Stiftung Heinrich Lanz. Math.-naturwiss. Kl. Jg. 1910, Ber.16).

Lenard, Philipp: Über Relativitätsprinzip, Äther, Gravitation. 3. Aufl. m. e. Zusatz, betreffend die Nauheimer Diskussion. Leipzig: S. Hirzel 1921.

Lenard, Philipp: Über Energie und Gravitation. Berlin, Leipzig: Walter de Gruyter 1929 (Sitzungsber. Heidelb. Akad. d. Wiss. Math.-naturwiss. Kl. Jg. 1929, Abh.8).

Lenard, Philipp: Ein großer Tag für die Naturforschung. – In: VB 13.5.33.

Lenard, Philipp: Gedanken zu deutscher Naturwissenschaft. – In: Volk im Werden 4 (1936), S. 381-383.

Lenard, Philipp: Große Naturforscher. Eine Geschichte der Naturforschung in Lebensbeschreibungen. 4., verm. u. neu berab. Aufl. München: J. F. Lehmanns Vlg. 1941.

Lenard, Philipp: Deutsche Physik. Bd. 1-4. 3. verm. Aufl. München, Berlin: J. F. Lehmanns Vlg. 1942.

Lenz, J.: Die Relativitätstheorie und der dialektische Materialismus. Zu Albert Einsteins 50. Geburtstag am 14. März 1929. – In: Arbeiterstimme 14.3.1929, Nr. 62, Beilage.

Lettau: Die Einsteinsche Relativitätstheorie im Verhältnis zur christlichen Weltanschauung. – In: Furche 11 (1920/21), S. 153-155.

Lewin, Robert Kosmas: Apostaten-Briefe. Wiesbaden: Vlg. Hermann Rauch 1928.

Lewin, Robert Kosmas: Hundert Autoren und Einer gegen Einstein. – In: Allg. Rundschau [München] 29 (1932), S. 156-159.

Lichtenberg, Georg Christoph: Schriften und Briefe. Hrsg. v. Wolfgang Promies. Bd. 1-6. 6. Aufl. Frankfurt/Main: Zweitausendeins 1998.

Lichtenecker, Karl: Glück und Ende einer weltbewegenden Theorie. – In: Der Kunstwart 39 (1926), S. 63-65.

Lieder für die Gemeinde. Ich will Dir danken! Neuhausen, Stuttgart: Hänssler 1991.

Lindenhecken, Mich[ael] von: Die Einstein-Hetz. – In: Vorwärts 27.8.1920, Nr. 426, S. 4.

Linke, Paul: Relativitätstheorie und Relativismus. Betrachtungen über Relativitätstheorie, Logik und Phänomenologie. – In: Ann. d. Philos. u. philos. Krit. 2 (1920), S. 397-438.

Lipsius, Friedrich: Die logischen Grundlagen der speziellen Relativitätstheorie. – In: Ann. d. Philos. u. philos. Krit. 2 (1920), S. 439-446.

Lipsius, Friedrich: Wahrheit und Irrtum in der Relativitätstheorie. Tübingen: Mohr 1927.

Loerke, Oskar: Literarische Chronik. – In: Neue Rundschau 28 (1917), S. 1277-1285.

London, Fritz: Winkelvariable und kanonische Transformationen in der Undulationsmechanik. – In: Zeitschr. f. Phys. 40 (1926), S. 193-210.

Lorentz, H[endrik] A[ntoon], A[lbert] Einstein, H[ermann] Minkiwski: Das Relativitätsprinzip. Eine Sammlung von Abhandlungen. M. Anm. v. A[rnold] Sommerfeld u. Vorw. v. O[tto] Blumenthal. 3., verb. Aufl. Leipzig, Berlin: Vlg. v. B. G. Teubner 1923 (Fortschritte d. math. Wiss. in Monographien. 2).

Lukács, Georg: Die Zerstörung der Vernunft. Berlin: Aufbau-Vlg. 1954.

M.: Naturwissenschaftliche Moden. Schrödinger spricht über die Arbeit des Physikers. – In: BT 25.6.1932, Nr. 299, S. 7.

Mach, Ernst: Die Mechanik in ihrer Entwicklung historisch-kritisch dargestellt. 5. verb. u. verm. Aufl. Leipzig: F. A. Brockhaus 1904.

Madary, Carl: Einstein, E. H. Schmitt und das Ende der Philosophie. Versuch einer Synthese. Berlin: Alberti 1921.

Madelung, E[rwin]: Das Weltbild der Physik. – In: Das Weltbild der Naturwissenschaften. Vier Gastvorlesungen an der technischen Hochschule Stuttgart im Sommersemester 1931. Stuttgart: Ferdinand Enke 1931, S. 1-23.

Mahler, G.: Das Prinzip der Relativität. – In: Korrespondenzblatt f. d. höheren Schulen Württembergs [Stuttgart] 18 (1911), S. 234-240; S. 278-287.

Mainzer, Julius: Kant und Einstein. – In: Münchner Neueste Nachrichten 25.7.1921, Abendausg., S. 1-2.

Mally, E[rnst]: Über den Begriff der Zeit in der Relativitätstheorie. – In: Jahresber. d. K.K. II. Staatsgymnasiums in Graz 9 (1911), S. 3-17.

Mann, Thomas: Gesammelte Werke. [o. Hrsg.] Bd. 1-12. Frankfurt/Main: S. Fischer 1960-1974.

Mann, Thomas: Tagebücher 1918-1921. Hrsg. v. Peter de Mendelssohn. Frankfurt/Main: S. Fischer 1979.

Mann, Thomas: Essays. Hrsg. v. Hermann Kurzke u. Stephan Stachorski. Bd. 1-6. Frankfurt/Main: S. Fischer 1993.

Mannheimer, Ernst: Der philosophische Wahrheitsgehalt der Relativitätstheorie. – In: Die Stimme der Vernunft 17 (1932), S. 215-220.

Marckwald, Willy: Radioaktivität. – In: Neue Rundschau 20 (1909), S. 256-261.

Marcus, Ernst: Kant und Einstein. – In: FZ 9.4.1925; 24.4.1925.

Marcus, Ernst: Die Zeit- und Raumlehre Kants in Anwendung auf Mathematik und Naturwissenschaft. München, Basel: Ernst Reinhardt 1927.

Mathern, Karl: Wie sich der kleine Moritz die Einsteinsche Theorie in der Praxis vorstellt. – In: Hannoverscher Anzeiger 14.11.1920, Beilage.

Maximilian, Herbert: Contra Einstein. Elbing: Hohmann 1931.

May, Eduard: Am Abgrund des Relativismus. Berlin: Dr. Georg Lüttke Vlg. 1941.

Meisel, Ferdinand: Wandlungen des Weltbildes und des Wissens von der Erde. Stuttgart, Berlin: Dt. Vlg.s-Anst. 1913 (Das Weltbild der Gegenwart. 1).

Meister, Anton: Die Presse als Machtmittel Judas. 2., erw. Aufl. München: Vlg. F. Eher Nachf. 1931 (NS Bibliothek. 18).

Mendelsohn, Erich: Zur neuen Architektur. – In: BT 13.12.1923, Nr. 574, 1. Beiblatt.

Menzel, Willi: Deutsche Physik und jüdische Physik. – In: VB 29.1.1936.

Meyer, Hanns: Relativität. Randbemerkungen. – In: Weser-Zeitung 13.2.1921.

Mie, Gustav: Die Einsteinsche Gravitationstheorie. Versuch einer allgemein verständlichen Darstellung der Theorie. Leipzig: Vlg. v. S. Hirzel 1921.

Mie, Gustav: Die Einsteinsche Gravitationstheorie. – In: Deutsche Rundschau 47 (1921), S. 167-184; S. 310-342.

Minkowski, H[ermann]: Raum und Zeit. – In: Physikal. Zeitschr. 10 (1909), S. 104-111.

Mises, Richard von: Über das Gesetz der großen Zahlen und die Häufigkeitstheorie der Wahrscheinlichkeit. – In: Naturwissenschaften 15 (1927), S. 497-502.

Mises, Richard von: Über das naturwissenschaftliche Weltbild der Gegenwart. – In: Naturwissenschaften 18 (1930), S. 885-893.

Mises, Richard von: Über kausale und statistische Gesetzmäßigkeit in der Physik. – In: Erkenntnis 1 (1930/31), S. 189-210.

Mitis, Lothar: Einsteins Grundirrtum. 2. erg. Aufl. Leipzig: Hillmann 1930.

Mitis, Lothar: Das Hauptargument gegen die Relativitätstheorie. – In: Die Quelle [Wien] 81 (1931), S. 880-884.

Moszkowski, Alexander: Das Relativitätsproblem. – In: Archiv f. syst. Philos. 17 (1911), S. 255-281.

Moszkowski, Alexander: Einstein. Einblicke in seine Gedankenwelt. Gemeinverständliche Betrachtungen über die Relativitätstheorie und ein neues Weltsystem. Entwickelt aus Gesprächen mit Einstein. Berlin: F.Fontane & Co. 1922.

Moszkowski, Alexander: Die Welt von der Kehrseite. Eine Philosophie der reinen Galle. Berlin: F. Fontane & Co. 1922.

Müller, Aloys: Das Problem des absoluten Raumes und seine Beziehung zum allgemeinen Raumproblem. Braunschweig: Vieweg 1911 (Die Wissenschaft. 39).

Müller, Aloys: Die philosophischen Probleme der Einsteinschen Relativitätstheorie. 2., umgearb. u. erw. Aufl. d. Buches: Das Problem des absoluten Raumes. Braunschweig: Vlg. v. Friedr. Vieweg & Sohn 1922 (Die Wissenschaft. 39).

Müller, Aloys: Probleme der speziellen Relativitätstheorie. – In: Zeitschr. f. Phys. 17 (1923), S. 409-420.

Müller, Eugen: Über eine einfache Art, den Relativitätsbegriff im Schulunterricht zu behandeln. – In: Verh. d. Vers. Dt. Philologen u. Schulmänner 57 (1929), S. 138.

Müller, Eugen: Über den Relativitätsbegriff im Schulunterricht. – In: Südwestdt. Schulblätter 45 (1930), S. 7-15.

Müller, Fritz: Das Zeitproblem. – In: BT 16.10.1911, Beilage „Der Zeitgeist", Nr. 42, S. 1-2; 23.10.1911, Beilage „Der Zeitgeist", Nr. 43, S. 3.

Müller, Fritz: Fröhliches aus dem Kaufmannsleben. Hamburg-Großborstel: Dt. Dichter-Gedächtnis-Stiftung 1913 (Volksbücher d. Dt. Dichter-Gedächtnis-Stiftung. 37).

Müller, Fritz: Kramer & Friemann. Eine Lehrzeit. Hamburg: Hamburger Handels-Vlg. 1919 (Die Deutschnationale Hausbücherei).

Müller, Wilhelm: Judentum und Wissenschaft. Leipzig: Fritsch 1936.

Müller, W[ilhelm]: Jüdischer Geist in der Physik. – In: ZgN 5 (1939), S. 162-175.

Müller, Wilh[elm]: Zur „Krisis der Physik". – In: ZgN 6 (1940), S. 321-322.

Müller, Wilhelm: Kampf in der Physik. Leipzig: Helingsche Vlg.sanst. 1944.

Müller-Partenkirchen, Fritz: Hessing. Roman eines Lebens. Berlin: Volksverb. d. Bücherfreunde 1929.

Müller-Partenkirchen, Fritz: Der Dreizehnte. Roman eines Lebens. Leipzig: Amthorsche Vlg.sbuchhandl. 1937.

Münch, A.: Relativität. – In: Die Gewerkschaft 33 (1929), Sp. 89-92.

Musil, Robert: Beitrag zur Beurteilung der Lehren Machs und Studien zur Technik und Psychotechnik. Reinbek bei Hamburg: Rowohlt 1980.

Musil, Robert: Briefe 1901-1942. Hrsg. v. Adolf Frisé. Reinbek bei Hamburg: Rowohlt 1981.

Musil, Robert: Gesammelte Werke. Hrsg. v. Adolf Frisé. Bd. 1-2. Reinbek bei Hamburg: Rowohlt 1978.

Musil, Robert: Tagebücher. Hrsg. v. Adolf Frisé. Bd. 1-2. Neu durchges. u. erg. Aufl. Reinbek bei Hamburg: Rowohlt 1983.

Natorp, Paul: Die logischen Grundlagen der exakten Wissenschaften. Leipzig, Berlin: Vlg. v. B. G. Teubner 1910 (Wiss. u. Hypothese. 12).

Naturforschung im Aufbruch. Reden und Vorträge zur Einweihungsfeier des Philipp Lenard-Instituts der Universität Heidelberg am 13. und 14. Dezember 1935. Hrsg. v. August Becker. München: J. F. Lehmanns Vlg. 1936.

Nemitz, Fritz: Mathematik und moderne Kunst. – In: Deutsche Kunst und Dekoration 70 (1931), S. 315-317.

Nernst, Walther: Das Weltgebäude im Lichte der neueren Forschung. Berlin: Springer 1921.

Neue Gemeindelieder. Liedauswahl u. Bearbeitung: Günter Balders, Wolfgang Bauer u. Hartmut Stiegler. 4. Aufl. Wuppertal, Kassel: Oncken Vlg. 1995.

Neumann, Johann von: Zur Theorie der Darstellungen kontinuierlicher Gruppen. – In: Sitzungsber. Akad. Berlin 1927, S. 76-90.

Neumann, Johann von: Mathematische Begründung der Quantenmechanik. – In: Nachrichten Göttingen 1927, S. 1-57.

Neumann, Johann von: Mathematische Grundlagen der Quantenmechanik. Berlin [u.a.]: Springer 1932 (Grundl. d. math. Wiss. 38).

Oesterreich, T[raugott] K[onstantin]: Das Problem der räumlichen und zeitlichen Kontinguität von Ursache und Wirkung. – In: Kant-Studien 34 (1929), S. 125-131.

Ostwald, Wilhelm: Energetische Grundlagen der Kulturwissenschaft. Leipzig: Klinkhardt 1909.

Palágyi, Melchior: Neue Theorie des Raumes und der Zeit. Die Grundbegriffe einer Metageometrie. Darmstadt: Wiss. Buchges. 1967 (Libelli. 82) [unveränd. reprogr. Nachdr. d. Ausg. Leipzig 1901].

Pannekoek, Anton: Das Wesen des Naturgesetzes. – In: Erkenntnis 3 (1932/33), S. 389-400.

Pariser, E. A.: Einstein-Milieu. In: Umschau 33 (1929), S. 194-195.

Patschke, A.: Umsturz der Einsteinschen Relativitätstheorie. Einführung in die einheitliche Erklärung und Mechanik der Naturkräfte. Kreuzigung und Auferstehung des Lichtäthers. 2. Aufl. Berlin-Wilmersdorf: Selbstvlg. 1922.

Pécsi, Gusztáv: Kritk der Relativitätstheorie Einsteins. Innsbruck: Tyrolia 1923.

Pécsi, Gusztáv: Liquidierung der Relativitätstheorie. Berechnung der Sonnengeschwindigkeit. Regensburg: G. J. Manz 1925.

Petraschek, K[arl] O[tto]: Der Grundwiderspruch in der speziellen Relativitätstheorie und seine Folgen. Leipzig: Hillmann 1922.

Petzoldt, Joseph: Das Weltproblem, vom Standpunkte des relativistischen Positivismus aus historisch-kritisch dargestellt. 2. Aufl. Leipzig: Teubner 1912 (Wissenschaft u. Hypothese. 14).

Petzoldt, Joseph: Mechanistische Naturauffassung und Relativitätstheorie. – In: Ann. d. Philos. u. philos. Krit. 2 (1920), S. 447-462.

Petzoldt, Joseph: Die Stellung der Relativitätstheorie in der geistigen Entwicklung der Menschheit. Dresden: Sibyllen-Vlg. 1921.

Petzoldt, Joseph: Das Weltproblem vom Standpunkte des relativistischen Positivismus aus historisch-kritisch dargestellt. 3., neubearb. Aufl. unter bes. Berücksichtigung d. Relativitätstheorie. Leipzig, Berlin: Vlg. v. B. G. Teubner 1921 (Wiss. u. Hypothese. 14).

Pflüger, Alexander: Das Einsteinsche Relativitätsprinzip. Gemeinverständlich dargestellt. 8. Aufl. Bonn: Cohen 1920.

Philipp Lenard der deutsche Naturforscher. Sein Kampf um die nordische Forschung. Reichssiegerarbeit im 1. Reichsleistungskampf der deutschen Studenten 1935/36, ausgeführt von 10 Kameraden des Philipp-Lenard-Instituts der Universität Heidelberg. Hrsg. i. Auftrage d. Reichsstudentenführers. München: J. F. Lehmanns Vlg. 1937.

Physics and National Socialism. An Anthology of Primary Sources. Klaus Hentschel, Editor. Ann M. Hentschel, Editorial Assistant and Translator. Basel [u.a.] Birkhäuser Vlg. 1996 (Science Networks. Historical Studies. 18).

Picker, Henry: Hitlers Tischgespräche im Führerhauptquartier. 3. vollst. überarb. u. erw. Neuausg. Stuttgart: Seewald Vlg. 1976.

Planck, Max: Das Prinzip der Relativität und die Grundgleichungen der Mechanik. – In: Verh. d. Phys. Ges. 8 (1906), S. 115-120.

Planck, Max: Die Kaufmannschen Messungen der Ablenkbarkeit der β–Strahlen in ihrer Bedeutung für die Dynamik der Elektronen. – In: Phys. Zeitschr. 7 (1906), S. 753-759.

Planck, Max: Die Stellung der neueren Physik zur mechanischen Naturanschauung. – In: Phys. Zeitschr. 11 (1910), S. 922-932.

Planck, Max: Die Stellung der neuen Physik zur mechanischen Naturanschauung. – In: Umschau 14 (1910), S. 870-872.

Planck, Max: Scheinprobleme der Wissenschaft. – In: Phys. Bl. 2 (1946), S. 161-168.

Planck, Max: Mein Besuch bei Adolf Hitler. – In: Physik. Bl. 3 (1947), S. 143.

Planck, Max: Vorträge und Reden. Aus Anlaß seines 100. Geburtstages (23. April 1958) hrsg. v. d. Max-Planck-Gesellschaft zur Förderung d. Wissenschaften e.V. i.

Gemeinschaft m. d. Verband Deutscher Physikalischer Gesellschaften. Braunschweig: Friedr. Vieweg & Sohn 1958.

Quint, Heinz: Die Relativitätstheorie. Ein Blick in die Welt Einstein's. Wien: Anzensgruber 1922.

R. P. Leonhard Gossines Handpostille. Katholisches Unterrichts- und Erbauungsbuch mit Erklärungen der Episteln und Evangelien. Neu bearb. u. verm. v. W. Cramer. M. e. feinen Farbentitel, Titelbildern u. vielen Bildern im Text. 4. Aufl. Paderborn: Vlg. d. Bonifacius-Druckerei 1906.

Radovanovitsch, A: Zur Relativitätstheorie. Sprachkritische Skizze nach Fritz Mauthner. – In: Kosmos 18 (1921) [Sonderheft zur Relativitätstheorie], S. 290-292.

Rasch, Wolfdietrich: Erinnerung an Robert Musil. – In: Robert Musil. Leben, Werk, Wirkung. Hrsg. v. Karl Dinklage. Wien: Amalthea-Vlg.; Reinbek bei Hamburg: Rowohlt Vlg. 1960, S. 364-376.

Rathenau, Walther: Zur Mechanik des Geistes. 3. Aufl. Berlin: S. Fischer Vlg. 1913.

Rauschning, Hermann: Gespräche mit Hitler. Zürich, New York: Europa Vlg. 1940.

Rawitz, Bernhard: Raum, Zeit und Gott. Eine kritisch-erkenntnistheoretische Untersuchung auf der Grundlage der physikalischen Relativitätstheorie. Leipzig: Vlg. Otto Hillmann 1922.

Reichenbach, Hans: Relativitätstheorie und Erkenntnis apriori. Berlin: Springer 1920.

Reichenbach, Hans: Der gegenwärtige Stand der Relativitätsdiskussion. Eine kritische Untersuchung. – In: Logos 9 (1920/21), S. 316-378.

Reichenbach, Hans: Erwiderung auf H. Dinglers Kritik an der Relativitätstheorie. – In: Phys. Zeitschr. 22 (1921), S. 379-384.

Reichenbach, Hans: Geschwindigkeiten im Weltall im Lichte der Relativitätstheorie. – In: Kosmos 18 (1921) [Sonderheft zur Relativitätstheorie], S. 292-295.

Reichenbach, Hans: Axiomatik der relativistischen Raum-Zeit-Lehre. Braunschweig: Vlg. v. Friedr. Vieweg & Sohn 1924 (Die Wissenschaft. 72).

Reichenbach, Hans: Die Kausalstruktur der Welt und der Unterschied von Vergangenheit und Zukunft. – In: Sitzungsber. math.-physik. Klasse Bayer. Akad. d. Wiss. 1925, S. 133-175.

Reichenbach, Hans: Raum und Zeit. Von Kant zu Einstein. – In: VZ 4.3.1928, Nr. 55.

Reichenbach, Hans: Die neue Naturphilosophie. – In: DAZ 13.10.1929, Beilage „Das Unterhaltungsblatt", S. 1.

Reichenbach, Hans: Die philosophische Bedeutung der modernen Physik. – In: Erkenntnis 1 (1930), S. 49-71.

Reichenbach, Hans: Hundert gegen Einstein. [Rez. v. Hundert Autoren gegen Einstein.] – In: VZ 24.2.1931, Unterhaltungsblatt Nr. 46, S. 2.

Reichenbach, Hans: Das Kausalproblem in der Physik. – In: Naturwissenschaften 19 (1931), S. 713-722.

Reichenbach, Hans: Naturwissenschaft und Philosophie. – In: FZ 29.4.1931, Nr. 314, S. 1-2.

Reichenbach, Hans: Kant und die moderne Naturwissenschaft. – In: FZ 23.8.1932, Nr. 626, S. 2-3.

Reichenbach, Hans: Vom Bau der Welt. Grundgedanken der Physik. – In: Neue Rundschau 44 (1933), S. 39-60.

Reichenbach, Hans: Kant und die Naturwissenschaft. – In: Naturwissenschaften 21 (1933), S. 601-606; S. 624-627.

Reichinstein, David: Albert Einstein. Sein Lebensbild und seine Weltanschauung. 3. verm. u. verb. Aufl. Prag: Selbstvlg. 1935.

Requard, Fr.: Kausalität und Rasse. – In: ZgN 4 (1938/39), S. 85-95.

Reuter, Otto Sigfrid: Der Himmel über den Germanen. München: Zentralvlg. d. NSDAP, Franz Eher Nachf. [1936] (NS Wiss. 5).

Reuter, Otto Sigfrid: Germanische Himmelskunde. Untersuchungen zur Geschichte des Geistes. München: J. F. Lehmanns Vlg. 1934.

Reventlow, Graf E. [zu]: Einstein: Unser Messias! – In: Hammer 30 (1931), S. 11-15.

Richter, Gustav: Vom Heiligen zum Gravitationsgesetz. Ein philosophisches Bilderbuch der Entwicklung des Alls. Leipzig: Hillmann 1922.

Riebesell, P[aul]: Die Mathematik und die Naturwissenschaften in Spenglers „Untergang des Abendlandes". – In: Naturwissenschaften 26 (1920), S. 507-509.

Riebesell, Paul: Die Behandlung der Grundlagen der Relativitätstheorie in der Schule. – In: Verh. Vers. Dt. Philologen u. Schulmänner 53 (1922), S. 93-94.

Riebesell, Paul: Die Relativitätstheorie im Unterricht. Berlin: Salle 1926 (UMN Beihefte. 5).

Riem[, Johannes]: Der Kampf um die Physik des Aethers. Fricke gegen Einstein. – In: DZ 1920, Nr. 237.

Riem[, Johannes]: Das Relativitätsprinzip. – In: DZ 26.6.1920, Nr. 286, S. 2-3.

Riem[, Johannes]: Gegen den Einstein-Rummel! – In: Umschau 24 (1920), S. 583-584.

Riem, Johannes: Die astronomischen Beweismittel der Relativitätstheorie. – In: Hellweg 1 (1921), S. 314-316.

Riemeier, Elisabeth: Einstein und Kant. – In: Furche 11 (1920/21), S. 156-157.

Riezler, Kurt: Die Krise der „Wirklichkeit". – In: Naturwissenschaften 16 (1928), S. 705-712.

Riezler, Kurt: Die physikalische Kausalität und der Wirklichkeitsbegriff. – In: Kant-Studien 33 (1928), S. 373-386.

Ripke-Kühn, Lenore: Kant contra Einstein. Erfurt: Vlg. d. Keyserschen Buchhandl. 1920 (Beitr. zur Philos. d. dt. Idealismus. Veröff. d. Dt. Philos. Ges., Folge d. Beihefte. 7).

Ripke-Kühn, Lenore: Kant contra Einstein. – In: Hellweg. Westdt. Wochenschr. f. Dt. Kunst 1 (1921), S. 123-124.

Roderich-Stoltheim, F. [d.i. Theodor Fritsch]: Einstein's Truglehre. Allgemeinverständlich dargestellt und widerlegt. Leipzig: Hammer-Vlg. 1921 (Hammer-Schriften. 29).

Rosenberg, Alfred: Nationalsozialismus. – In: VB 28.7.1921.

Rosenberg, Alfred: Der Weltverschwörerkongreß zu Basel. Um die Echtheit der zionistischen Protokolle. München: Vlg. Franz Eher Nachf. 1927.

Rosenberg, Alfred: Der Mythus des 20. Jahrhunderts. Eine Wertung der seelisch-geistigen Gestaltenkämpfe unserer Zeit. 5. Aufl. München: Hoheneichen-Vlg. 1933.

Rosenberg, Alfred: Krisis und Neubau Europas. Berlin: Junker u. Dünnhaupt Vlg. 1934.

Rosenberg, Alfred: An die Dunkelmänner unserer Zeit. Eine Antwort auf die Angriffe gegen den „Mythus des 20. Jahrhunderts". 22. Aufl. München: Hoheneichen-Vlg. 1935.

Rosenberg, Alfred: Der Kampf um die Weltanschauung. Rede, gehalten am 22. Februar 1934 im Reichstagssitzungssaal der Kroll-Oper zu Berlin. 3. Aufl. München: Zentralvlg. d. NSDAP, Franz Eher Nachf. 1936.

Rosenberg, Alfred: Gestaltung der Idee. Reden und Aufsätze von 1933-1935. [Blut und Ehre. II.] Hrsg. v. Thilo von Trotha. München: Zentralvlg. d. NSDAP, Franz Eher Nachf. 1936.

Rosenberg, Alfred: Weltanschauung und Wissenschaft. München: Zentralvlg. d. NSDAP, Franz Eher Nachf. [1937] (NS Wiss. 6).

Rosenberg, Alfred: Kampf um die Macht. Aufsätze 1921-1932. Hrsg. v. Thilo von Trotha. 4. Aufl. München: Zentralvlg. d. NSDAP, Franz Eher Nachf. 1938.

Rosenberg, Alfred: Der Kampf um die Freiheit der Forschung. Vortrag, gehalten am 16. Februar 1938 an der Martin Luther-Universität Halle-Wittenberg. Halle/Saale: Max Niemeyer Verlag 1938 (Schriften d. Hallischen Wiss. Ges. 1).

Rosenberg, Bruno: Einstein-Rummel. – In: Mitteilungsblatt d. Verbandes national-deutscher Juden 1 (1921), S. 3.

Rosenthal-Schneider, Ilse: Kausalität oder Wahrscheinlichkeit. – In: VZ 31.10.1931, Unterhaltungsblatt Nr. 247.

Ruckhaber, Erich: Untersuchung über das Prinzip des Widerspruchs. Inaugural-Dissertation zur Erlangung der Doktorwürde genehmigt von der Philosophischen Fakultät der Friedrich-Wilhelms-Universität zu Berlin. Berlin: Emil Ebering 1927.

Ruckhaber, Erich: Die Relativitätstheorie widerlegt durch das Widerspruchsprinzip und die natürliche Erklärung des Michelson-Versuchs. Das dreidimensionale Raum-Zeit-System. Leipzig: Hillmann 1928.

Ruckhaber, Erich: Relativia. Der Roman eines Propheten. Berlin: W. Kuntz 1929.

Ruckhaber, Erich: Die Ätherwirbeltheorie vielfach bewiesen. Die Folgen für die Relativitätsphysik. Berlin: Vlg. Richard Schikowski 1955.

Rüdiger, Wilhelm: Grundlagen deutscher Kunst. – In: NS Monatshefte 4 (1933), S. 465-472.

Rülf, B.: Die Relativitätstheorie von Einstein und die Grundlagen der Mechanik. – In: Kölnische Rundschau 14.3.1920, Nr. 253, Beilage; 21.3.1920, Nr. 276, Beilage.

Rülf, B.: Gestalt und Größe der Welt nach Einstein. – In: Umschau 25 (1921), S. 65-68.

Rüther, R.: Relativität und ihre Theorien. – In: Deutsche Arbeit 21 (1921/22), S. 271.

Sandgathe, Franz: Das Ende der Einsteinschen Zeittheorie. Bonn: Röhrscheid 1934.

Sauer, Friedrich: Naturgesetzlichkeit und Relativismus. Eine Einführung in die Philosophie des Naturbegriffs. München: Ernst Reinhardt Vlg. 1943.

Sch.: Einstein über amerikanische und englische Wissenschaft. – In: BT 7.7.1921, Nr. 314, S. 2.

Schacherl, Damasus: Einige Bemerkungen zum Einsteinschen Relativitätsprinzip. – In: Divus Thomas. Jahrb. f. Philos. u. speculative Theol. 6 (1919), S. 202-205.

Schäffer, Caesar: Volk und Vererbung. Eine Einführung in die Erbforschung, Familienkunde, Rassenlehre, Rassenpflege und Bevölkerungspolitik. Leipzig [u.a.]: Teubner 1934.

Scheffler, Karl: Der mißbrauchte Einstein oder Ueber die Grenzen der Malerei und Mathematik. – In: VZ 22.2.1931, Unterhaltungsblatt Nr. 45, S. 2.

Scheidt, Walter: Einführung in die naturwissenschaftliche Familienkunde. München: J. F. Lehmanns Vlg. 1923.

Scheidt, Walter: Lebensgesetze der Kultur. Biologische Betrachtungen zum „Problem der Generation" in der Geistesgeschichte. Berlin: Frankfurter Vlg.s-Anst. 1929.

Scheidt, Walter: Kulturpolitik. Leipzig: Vlg. v. Philipp Reclam jun. 1931.

Scheidt, Walter: Das Erbgefüge menschlicher Bevölkerungen und seine Bedeutung für den Ausbau der Erbtheorie. Jena: Vlg. v. Gustav Fischer 1937.

Scheler, Max: Die Stellung des Menschen im Kosmos. Darmstadt: Otto Reichl Vlg. 1928.

Scherbel: Relativitätstheorie und Judentum. – In: Allg. Zeitung d. Judentums 85 (1922), S. 271-272.

Schickedanz, Arno: Ein abschließendes Wort zur Judenfrage. – In: NS Monatshefte 4 (1933), S. 1-39.

Schiffner, Victor: Relativitäts-Prinzip und Gravitations-Problem. Leipzig: R. Voigtländers Vlg. 1931.

Schiffner, Victor: Das Wesen des Alls und seiner Gesetze. Grundzüge einer neuen, einheitlichen Weltanschauung auf physikalischer Grundlage. Leipzig: R. Voigtländers Vlg. 1932.

Schiffner, Victor: Die Probleme des Raumes und der Zeit und die Vorstellung der realen Unendlichkeit. Leipzig: R. Voigtländers Vlg. 1934.

Schimank, Hans: Gespräch über die Einsteinsche Theorie. Versuch einer Einführung in den Gedankenkreis. Berlin: Siegfried Seemann Vlg. 1920.

Schimank, Hans: Gespräch über die Atomtheorie. Eine allgemeinverständliche Einführung in die Fragen und Ergebnisse der modernen Atomphysik. Berlin: Siegfried Seemann Vlg. 1921.

Schlick, Moritz: Die philosophische Bedeutung des Relativitätsprinzips. – In: Zeitschr. f. Philos. u. philos. Kritik 159 (1915), S. 129-175.

Schlick, M[oritz]: Kritizistische oder empiristische Deutung der neuen Physik? – In: Kant-Studien 26 (1921), S. 96-111.

Schlick, Moritz: Raum und Zeit in der gegenwärtigen Physik. Zur Einführung in das Verständnis der Relativitäts- und Quantentheorie. 4., verm. u. verb. Aufl. Berlin: Springer 1922.

Schlick, Moritz: Erkenntnistheorie und moderne Physik. – In: Scientia 45 (1929), S. 307-316.

Schlick, Moritz: Die Kausalität in der gegenwärtigen Physik. – In: Naturwissenschaften 19 (1931), S. 145-162.

Schlick, Moritz: Philosophie und Naturwissenschaft. – In: Erkenntnis 4 (1934), S. 379-396.

Schlick, Moritz: Einige Bemerkungen über P. Jordans Versuch einer quantenmechanischen Deutung der Lebenserscheinungen. – In: Erkenntnis 5 (1935), S. 181-183.

Schmaus, Michael: Gott der Dreieinige. [Katholische Dogmatik. I, 1.] 3. u. 4. umgearb. Aufl. München: Max Hueber Vlg. 1948.

Schmaus, Michael: Gott der Schöpfer und Erlöser. [Katholische Dogmatik. II.] 3. u. 4. umgearb. Aufl. München: Max Hueber Vlg. 1949.

Schmaus, Michael: Das naturwissenschaftliche Weltbild im theologischen Lichte. – In: Vorträge zur Eröffnung des Instituts der Görresgesellschaft für die Begegnung von Naturwissenschaft und Glauben. München: Max Hueber Vlg. 1957 (Naturwiss. u. Theolog. 1), S. 15-41.

Schmidt, Harry: Das Weltbild der Relativitätstheorie. Allgemein verständliche Einführung in die Einsteinsche Lehre von Raum und Zeit. 2., erw. Aufl. Hamburg: Hartung 1920.

Schmidt, Harry: Allgemeinverständliche Einführung in die Grundgedanken der Einsteinschen Relativitätstheorie. 3. Aufl. Altona: Hammerich & Lesser 1921.

Schmitz, Oscar A. H.: Wünschenswerte und nicht wünschenswerte Juden. – In: Der Jude. Sonderheft Antisemitismus und jüdisches Volkstum 1925, S. 17-33.

Schneider, Ilse: Das Raum-Zeit Problem bei Kant und Einstein. Berlin: Vlg. v. Julius Springer 1921.

Schneider, Ilse: Philosophisches über Einsteins Theorie. – In: DAZ 8.5.1921, Unterhaltungsblatt Nr. 106, S. 3-4.

Schnippenkötter, J[osef]: Von mathematisch-philosophischen Grenzfragen, insb. der Relativitätstheorie. – In: Literarischer Handweiser [Freiburg i. Br.] 57 (1921), Sp. 445-452.

Schnippenkötter, J[osef]: Wie steht es mit der Relativitätstheorie? – In: Die Hanse 12 (1926), S. 1107.

Schön, M.: Die Relativitätstheorie. – In: Die Neue Zeit 39 (1921), S. 410-413; S. 435-438.

Schönfelder, W.: Vorstoß gegen den Relativismus. – In: Das Licht 63 (1942), S. 105-110.

Schoenflies, A.: Ein Weg zur Relativitätstheorie für die Schule. – In: ZmnU 52 (1921), S. 1-13.

Scholz, Heinrich: Zur Analysis des Relativitätsbegriffes. – In: Kant-Studien 27 (1922), S. 369-398.

Scholz, Heinrich: Das Vermächtnis der Kantischen Lehre vom Raum und von der Zeit. – In: Kant-Studien 29 (1924), S. 21-69.

Schopenhauer, Arthur: Werke. N. d. Ausg. letzter Hd. hrsg. v. Ludger Lütkehaus. Bd. 1-5. Zürich: Haffmans Vlg. 1988.

Schottky, W[alter]: Das Kausalproblem der Quantentheorie als eine Grundfrage der modernen Naturforschung überhaupt. – In: Naturwissenschaften 9 (1921), S. 492-496; S. 506-511.

Schrade, Hubert: Schicksal und Notwendigkeit der Kunst. Leipzig: Armanen-Vlg. 1936 (Weltanschauung u. Wiss. 4).

Schrade, Hubert: Bauten des Dritten Reiches. Leipzig: Bibliogr. Inst. 1937.

Schrödinger, Erwin: Quantisierung als Eigenwertproblem. (Erste Mitteilung). – In: Ann. d. Phys. 4.F. 79 (1926), S. 361-376.

Schrödinger, Erwin: Quantisierung als Eigenwertproblem. (Zweite Mitteilung). – In: Ann. d. Phys. 4.F. 79 (1926), S. 489-527.

Schrödinger, Erwin: Quantisierung als Eigenwertproblem. (Dritte Mitteilung). – In: Ann. d. Phys. 4.F. 80 (1926), S. 437-490.

Schrödinger, Erwin: Quantisierung als Eigenwertproblem. (Vierte Mitteilung). – In: Ann. d. Phys. 4.F. 81 (1926), S. 109-139.

Schrödinger, Erwin: Über den Comptoneffekt. – In: Ann. d. Phys. 4.F. 82 (1927), S. 257-264.

Schrödinger, Erwin: Der Energieimpulssatz von Materiewellen. – In: Ann. d. Phys. 4.F. 82 (1927), S. 265-272.

Schrödinger, Erwin: Das Gesetz der Zufälle. Der Kampf um Ursache und Wirkung in den modernen Naturwissenschaften. – In: Koralle 5 (1929), S. 417-418.

Schrödinger, Erwin: Die Erfassung der Quantengesetze durch kontinuierliche Funktionen. – In: Naturwissenschaften 17 (1929), S. 486-489.

Schrödinger, Erwin: Über Indeterminismus in der Physik. Ist die Naturwissenschaft milieubedingt? Zwei Vorträge zur Kritk der naturwissenschaftlichen Erkenntnis. Leipzig: Vlg. v. Johann Ambrosius Barth 1932.

Schrödinger, Erwin: Anmerkungen zum Kausalproblem. – In: Erkenntnis 3 (1932/33), S. 65-70.

Schrödinger, Erwin: Die gegenwärtige Situation in der Quantenmechanik. – In: Naturwissenschaften 23 (1935), S. 807-812; S. 823-828; S. 844-849.

Schrödinger, Erwin: Are there Quantum Jumps? – In: Brit. J. Philos. Sci. 3 (1952/53), S. 109-123; S. 233-242.

Schrödinger, Erwin: Was ist Leben? Die lebende Zelle mit den Augen des Physikers betrachtet. A. d. Engl. v. L. Mazurczak. Einf. v. Ernst Peter Fischer. 3. Aufl. München, Zürich: Piper 1989 (serie piper. 1134).

Schulz, Ernst: Gelöste Welträtsel? Zur Relativitätstheorie Einsteins. – In: Berliner Volks-Zeitung 22.2.1920.

Schulze-Soelde, Walther: Politik und Wissenschaft. Berlin: Junker u. Dünnhaupt Vlg. 1934.

Schulze-Soelde, Walther: Weltanschauung und Politik. Leipzig: Vlg. v. Quelle & Meyer 1937.

Schumann, Wolfgang: Deutsche und jüdische „Schuld" und Aufgabe. – In: Der Jude 8 (1924) [unveränd. Nachdr. Vaduz/Liechtenstein: Topos Vlg. 1979], S. 369-385.

Schwarz, Hermann: Christentum, Nationalsozialismus und Deutsche Glaubensbewegung. 2., durchges. Aufl. Berlin: Junker u. Dünnhaupt Vlg. 1938.

Schwarz, Hermann: Ewigkeit. Ein deutsches Bekenntnis. Berlin: Junker u. Dünnhaupt Vlg. 1941.

Schweisheimer, W.: Raum, Zeit, Schwerkraft (Versuch kurzer gemeinverständlicher Darstellung der Einsteinschen Relativitätstheorie) II. – In: Münchner Neueste Nachrichten 25.2.1920, Nr. 83, S. 1-2.

Schwerber, Peter: Nationalsozialismus und Technik. Die Geistigkeit der nationalsozialistischen Bewegung. 2. Aufl. München: Vlg. Frz. Eher Nachf. 1932 (NS Bibliothek. 21).

Seelinger, Alfred: Einsteins Zusammenbruch. [Rez. v. Hundert Autoren gegen Einstein.] – In: Deutschen-Spiegel [Berlin] 8 (1931), S. 1069-1072.

Seitz, Anton: Die Liquidierung der Relativitätsttheorie. [Rez. v. Pécsi: Liquidierung der Relativitätstheorie.] – In: Allg. Rundschau [München] 22 (1925), S. 528-529.

Sensel, G. von: Das Relativitätsprinzip. – In: Zeitschr. f. d. Realschulwesen 37 (1912), S. 398-409.

Seyfarth, Fr.: Relativitätstheorie und Schule. – In: ZpcU 34 (1921), S. 133-137.

Sir Isaac Newton's Mathematische Principien der Naturlehre. Mit Bemerkungen und Erläuterungen hrsg. v. J. Ph. Wolfers. Berlin: Vlg. v. Robert Oppenheim 1872.

Sir Isaac Newton's Optik oder Abhandlung über Spiegelungen, Brechungen, Beugungen und Farben des Lichts (1704). Übers. u. hrsg. v. William Abendroth. Leipzig: Vlg. v. Wilhelm Engelmann 1898.

Skibniewski, Stephan Leo von: Theologie der Mechanik. Paderborn: Vlg. Ferdinand Schöningh 1928.

Skibniewski, Stephan Leo von: Kausalität. Paderborn: Vlg. v. Ferdinand Schöningh 1930.

Sommerfeld, Arnold: Die Relativitätstheorie. – In: Süddeutsche Monatshefte 18 (1920/21), S. 80-87.

Sommerfeld, A[rnold]: Einige grundsätzliche Bemerkungen zur Wellenmechanik. – In: Phys. Zeitschr. 30 (1929), S. 866-871.

Speer, Albert: Erinnerungen. Berlin: Propyläen 1969.

Spengler, Oswald: Der Untergang des Abendlandes. Umrisse einer Morphologie der Weltgeschichte. Bd. 1-2. 63.-68. Aufl. München: C. H. Becksche Vlg.sbuchhandl. 1923.

Spengler, Oswald: Jahre der Entscheidung. Teil 1: Deutschland und die weltgeschichtliche Entwicklung. München: C.H.Beck'sche Vlg.sbuchhandl. 1933.

Spengler, Oswald: Reden und Aufsätze. München: C.H.Beck'sche Vlg.sbuchhandl. 1937.

Spülbeck, Otto: Der Christ und das Weltbild der modernen Naturwissenschaft. Berlin: Morus-Vlg. 1948.

Staat und Kirche in der Zeit der Weimarer Republik. Hrsg. v. Ernst Rudolf Huber. Berlin: Duncker & Humblot 1988 (Staat u. Kirche im 19. u. 20.Jh. 4).

Stark, Johannes: Änderungen der Struktur und des Spektrums chemischer Atome. Nobelvortrag gehalten am 3. Juni 1920 in Stockholm. Leipzig: Vlg. v. S. Hirzel 1920.

Stark, Johannes: Die gegenwärtige Krisis in der deutschen Physik. Leipzig: Vlg. v. Johann Ambrosius Barth 1922.

Stark, Johannes: Die Axialität der Lichtemission und Atomstruktur VII. Zur physikalischen Kritik eines Sommerfeldschen Theorems. – In: Ann. d. Phys. 5.F. 4 (1930), S. 710-724.

Stark, Johannes: Die Axialität der Lichtemission und Atomstruktur IX. – In: Ann. d. Phys. 5.F. 6 (1930), S. 663-680.

Stark, Johannes: Die Kausalität im Verhalten des Elektrons. – In: Ann. d. Phys. 5.F. 6 (1930), S. 681-699.

Stark, Johannes: Fortschritte und Probleme der Atomforschung. Leipzig: Johann Ambrosius Barth 1931.

Stark, Johannes: Adolf Hitler und die deutsche Forschung. Ansprachen auf der Versammlung der Deutschen Forschungsgemeinschaft in Hannover. Berlin: Paß & Garleb 1934.

Stark, Johannes: Nationalsozialismus und Wissenschaft. München: Zentralvlg. d. NSDAP, Frz. Eher Nachf. 1934.

Stark, Johannes: Stellungnahme. – In: VB 28.2.1936, Nr. 59, S. 6.

Stark, Johannes: Philipp Lenard als deutscher Naturforscher. – In: NS Monatshefte 7 (1936), S. 106-112.

Stark, Johannes: „Weiße Juden" in der Wissenschaft. – In: Das Schwarze Korps 15.7.1937, S. 6.

Stark, Johannes: Der germanische Galilei. – In: NS Erziehung 6 (1937), S. 105.

Stark, Johannes: Fortschritte der Physik 1887 bis 1937. Leipzig: Vlg. v. S. Hirzel 1938.

Stark, Johannes: Erinnerungen eines Naturforschers. Hrsg. v. Andreas Kleinert. Mannheim: Binomica-Vlg. 1987.

Steinthal, Walter: Besuch bei Einstein. – In: Kölner Tagblatt 2.9.1920, Nr. 439, S. 1-2.

Stengemann, Herbert: Leo Gilbert. „*Das Relativitätsprinzip*, die jüngste Modenarrheit der Wissenschaft." [Rez.] – In: BT 22.7.1914, Nr. 366, 4. Beiblatt [Literarische Rundschau].

Stettbacher, Alfred: Die neue Relativitätstheorie oder der Untergang des Absoluten. – In: Prometheus 28 (1916), S. 1-4; S. 17-20.

Straßer, Hans: Einsteins spezielle Relativitätstheorie, eine Komödie der Irrungen. Bern, Leipzig: Bircher 1922.

[Strauß und Torney, Lothar von:] Die Quantentheorie. – In: Neue Preußische Zeitung 20.3.1926, Nr. 134.

Strauß und Torney, Lothar von: Weiteres zur Quantentheorie. – In: Neue Preußische Zeitung 29.5.1926, Nr. 244.

Strauß und Torney, Lothar von: Das Kausalprinzip in der neuen Physik. – In: Ann. d. Philos. u. philos. Krit. 7 (1928), S. 49-78.

Szende, Paul: Soziologische Gedanken zur Relativitätstheorie. – In: Neue Rundschau 32 (1921), S. 1086-1095.

Thirring, Hans: Die Idee der Relativitätstheorie. Berlin: Vlg. v. Julius Springer 1921.

Thirring, Hans: Anti-Nietzsche, Anti-Spengler. Gesammelte Aufsätze und Reden zur demokratischen Erziehung. Wien: Vlg. d. Ringbuchhandl. A. Sexl 1947.

Thomas [, Bruno]: Die Weltanschauungskrisis als Folgeerscheinung der Umwandlung des Weltbildes. – In: Neues Sächsisches Kirchenblatt 39 (1932), Sp. 641-644.

Thomas, Bruno: Axiom und Dogma in der Relativitätstheorie. Wien, Leipzig: Wilhelm Braumüller 1933.

Thomas, B[runo]: Müssen wir an die Relativitätstheorie glauben? – In: Der Fels 28 (1933/34), S. 252-257.

Thüring, Bruno: Deutscher Geist in der exakten Naturwissenschaft. – In: Deutsche Mathematik 1 (1936), S. 10-11.

Thüring, Bruno: Kepler-Newton-Einstein – ein Vergleich. – In: Deutsche Mathematik 1 (1936), S. 705-711.

Thüring, B[runo]: Galileo Galilei. – In: ZgN 8 (1942), S. 1-4.

Thüring, Bruno: A. Einsteins Umsturzversuch in der Physik und seine inneren Möglichkeiten und Ursachen. – In: Forschungen zur Judenfrage 4 (1943), S. 134-162.

Timerding, H[einrich] E[mil]: Die Analyse des Zufalls. Braunschweig: Friedr. Vieweg & Sohn 1915 (Die Wissenschaft. 56).

Tirala, Lothar G[ottlieb]: Rasse und Weltanschauung. – In: NS Monatshefte 5 (1934), S. 943-950.

Tirala, Lothar Gottlieb: Rasse, Geist und Seele. München: J. F. Lehmanns Vlg. 1935.

Tirala, Lothar Gottlieb: Massenpsychosen in der Wissenschaft. Tübingen: Vlg. d. deutschen Hochschullehrer-Zeitung (Grabert-Vlg.) 1969 (Deutsche Hochschullehrer-Zeitung. Beihefte. 3/4).

Tobien, Waldemar: Der Einstein-Putsch als Werkzeug zur Verewigung der Jahweherrschaft. Seelenkundlich und naturwissenschaftlich gesehen. Mülheim/Ruhr: Fabri 1938.

Troeltsch, Ernst: Die Absolutheit des Christentums und die Religionsgeschichte. 2. Aufl. Tübingen: Vlg. v. J. C. B. Mohr (Paul Siebeck) 1912.

Trommersdorf, H.: Relativitätstheorie und Schule. – In: UMN 27 (1921), S. 41-47.

Trotha, Thilo von: Vom Wesen einer neuen deutschen Kunst. – In: NS Monatshefte 4 (1933), S. 450-451.

Uexküll, J[akob] von: Die Umrisse einer kommenden Weltanschauung. – In: Neue Rundschau 18 (1907), S. 641-661.

Untermann, Ernst: Amerika feiert Einstein. – In: Sozialistische Monatshefte 37 (1931), S. 556-560.

V., E.: Die Offensive gegen Einstein. – In: BT 25.8.1920, Nr. 399, S. 5.

V., E.: „Wissenschaftliche" Kampfmethoden. – In: BT 26.8.1920, Nr. 190, S. 2

V., E.: Die Einstein-Kampagne. – In: BT 5.9.1920, Nr. 415, S. 5.

Valier, Max: Eine neue Theorie von Licht und Farbe, Schall und Ton. – In: Die Gartenlaube 36 (1921), S. 565.

Voegelin, Erich: Die politischen Religionen. Stockholm: Bermann-Fischer Vlg. 1939 (Schriftenreihe „Ausblicke").

Vogtherr, K[arl]: Wohin führt die Relativitätstheorie? Kritische Betrachtungen vom physikalischen und erkenntnistheoretischen Standpunkte aus. Leipzig: Vlg. Otto Hillmann 1923.

Vogtherr, Karl: „Ist die Schwerkraft relativ?" Kritische Betrachtungen über den Relativismus in der neuesten Physik. Karlsruhe: Macklot 1926.

Vogtherr, K[arl]: Relativitätstheorie und Logik. – In: Ann. d. Philos. u. philos. Krit. 7 (1928), S. 79-109.

Vogtherr, Karl: Das Problem der Gleichzeitigkeit. München: Vlg. Ernst Reinhardt 1933.

Volkmann, Paul: Erkenntnistheoretische Grundzüge der Naturwissenschaften und ihre Beziehungen zum Geistesleben der Gegenwart. Allgemein wissenschaftliche Vorträge. 2., vollst. umgearb. Aufl. Leipzig, Berlin: Vlg. v. B. G. Teubner 1910 (Wiss. u. Hypothese. 9).

Vortisch, Hermann: Die Relativitätstheorie und ihre Beziehung zur christlichen Weltanschauung. Hamburg: Agentur des Rauhen Hauses 1921 (Antw. auf Gegenwartsfragen. 15).

W., L.: Albert Einsteins Kolleg. – In: BT 20.2.1920, Nr. 93, S. 3.

Wallach, Curt: Völkische Wissenschaft – Deutsche Physik. – In: Deutsche Rundschau 69 (1946), S. 126-141.

Wantoch, Rudolf: Die Einstein'sche Relativitätstheorie. Kurze, für jedermann verständliche Besprechung. Wien: Hölder-Pichler-Tempsky 1923.

Weber, Max: Gesammelte Aufsätze zur Wissenschaftslehre. Hrsg. v. Johannes Winckelmann. 4., erneut durchges. Aufl. Tübingen: Mohr 1973.

Weinberg, A[rthur] von: Tendenz im Weltgeschehen und exakte Naturwissenschaft. Frankfurt/Main: Selbstvlg. d. Senckenbergischen Naturforschenden Ges. 1926 (Senckenberg-Bücher. 1).

Weinmann, Rudolf: Gegen Einsteins Relativierung von Zeit und Raum (gemeinverständlich). München, Berlin: Oldenbourg 1922.

Weinmann, Rudolf: Philosophie, Welt und Wirklichkeit. München, Berlin: Oldenbourg 1922.

Weinmann, Rudolf: Anti-Einstein. Leipzig: Hillmann 1923.

Weinmann, Rudolf: Widersprüche und Selbstwidersprüche der Relativitätstheorie. Leipzig: Hillmann 1925.

Weinmann, Rudolf: Versuch einer endgültigen Widerlegung der speziellen Relativitätstheorie. Leipzig: Hillmann 1926.

Weinmann, Rudolf: Kommt der Relativitätstheorie philosophische Bedeutung zu? – In: Philosophie und Leben 2 (1926), S. 154-159.

Weinmann, Rudolf: Anti-Einstein-Quintessenz. – In: Archiv f. syst. Philos. 30 (1927), S. 263-270.

Weinmann, Rudolf: Der Widersinn und die Überflüssigkeit der speziellen Relativitätstheorie. – In: Ann. d. Philos. u. philos. Krit. 8 (1929), S. 46-57.

Weizsäcker, Carl Friedrich von: Christlicher Glaube und Naturwissenschaft. Berlin: Ev. Vlg.s-Anst. 1959 (Ev. Stimmen d. Zeit. 2).

Wesch, Ludwig: Das neue Weltbild der Physik. – In: Ehrungen und Ansprachen zum 80. Geburtstag von Geh. Rat Prof. Dr. phil., Dr. med. h.c., Dr. phil. h.c. Philipp Lenard und zum 70. Geburtstag von Reichspostminister Dr.-Ing. e.h. Wilhelm Ohnesorge. Hrsg. v. d. Universität Heidelberg. Wien: Staatsdruckerei 1942, S. 30-32.

Wesen, Grundsätze und Ziele der Nationalsozialistischen Deutschen Arbeiterpartei. Das Programm der Bewegung. Hrsg. u. erl. v. Alfred Rosenberg. München: Dt. Volksvlg. Dr. E. Boepple 1929.

Westphal, Wilhelm: Wellenmechanik und Fermische Statistik. – In: FZ 24.7.1928, Nr. 546, S. 1-2.

Westphal, Wilhelm: Die Wandlung der herkömmlichen Begriffe in der Quantenmechanik. – In: FZ 23.12.1930, Nr. 953, S. 1-2.

Weyl, Hermann: Elektrizität und Gravitation. – In: Phys. Zeitschr. 21 (1920), S. 649-651.

Weyl, Hermann: Über die physikalischen Grundlagen der erweiterten Relativitätstheorie. – In: Phys. Zeitschr. 22 (1921), S. 473-480.

Weyl, Hermann: Geometrie und Physik. – In: Kosmos 18 (1921) [Sonderheft zur Relativitätstheorie], S. 287-290.

Weyl, H[ermann]: Die Relativitätstheorie auf der Naturforscherversammlung in Bad Nauheim. – In: Jahresber. dt. Mathematiker-Vereinigung 31 (1922), S. 51-63.

Weyl, Hermann: Zur Charakterisierung der Drehungsgruppe. – In: Math. Zeitschr. 17 (1923), S. 293-320.

Weyl, H[ermann]: Massenträgheit und Kosmos. Ein Dialog. – In: Naturwissenschaften 12 (1924), S. 197-204.

Weyl, Hermann: Theorie der Darstellung kontinuierlicher halb-einfacher Gruppen durch lineare Transformationen. I. – In: Math. Zeitschr. 23 (1925), S. 271-309.

Weyl, Hermann: Theorie der Darstellung kontinuierlicher halb-einfacher Gruppen durch lineare Transformationen. II. – In: Math. Zeitschr. 24 (1925), S. 328-376.

Weyl, Hermann: Theorie der Darstellung kontinuierlicher halb-einfacher Gruppen durch lineare Transformationen. III. – In: Math. Zeitschr. 24 (1925), S. 377-395.

Weyl, Hermann: Zur Darstellungstheorie und Invariantenabzählung der projektiven, der Komplex- und der Drehungsgruppe. – In: Acta Math. 48 (1926), S. 255-278.

Weyl, Hermann: Quantenmechanik und Gruppentheorie. – In: Zeitschr. f. Phys. 46 (1927), S. 1-46.

Weyl, Hermann: Gruppentheorie und Quantenmechanik. Leipzig: S. Hirzel 1928.

Weyl, Hermann: Geometrie und Physik. – In: Naturwissenschaften 19 (1931), S. 49-58.

Weyland, Paul: Betrachtungen über Einsteins Relativitätstheorie und die Art ihrer Einführung. Berlin: Köhler 1920 (Schriften a. d. Vlg. d. Arbeitsgem. Dt. Naturforscher zur Erhaltung Reiner Wiss. 2).

Weyland, Paul: Einsteins Relativitätstheorie – eine wissenschaftliche Massensuggestion. – In: Tägliche Rundschau 6.8.1920, Nr. 171.

Weyland, Paul: Der Grundfehler in Einsteins Relativitätstheorie. – In: Die Post 13.8.1920, Nr. 377, S. 2.

Weyland, Paul: Die Naturforschertagung in Nauheim. Die Erdrosselung der Einstein-Gegner. – In: DZ 26.9.1920, 1. Beilage.

Weyland, Paul: Die Sünde wider den gesunden Menschenverstand. Eine Auseinandersetzung mit Paul Dinter. Berlin: Selbstvlg. 1921.

Wiechert, E[mil]: Relativitätsprinzip und Äther. – In: Phys. Zeitschr. 12 (1911), S. 689-707; S. 737-758.

Wiechert, Emil: Der Äther im Weltbild der Physik (Eine Begründung der Notwendigkeit der Äthervorstellung für die Physik mit besonderer Berücksichtigung des Gedankenkreises der Relativitätstheorie). Berlin: Weichmann 1921.

Wien, Wilhelm: Die Relativitätstheorie vom Standpunkte der Physik und Erkenntnislehre. Leipzig: J. A. Barth 1921.

Wiener, Otto: Physik und Kulturentwicklung durch technische und wissenschaftliche Erweiterung der menschlichen Naturanlagen. Leipzig [u.a.]: Teubner 1919.

Wigner, Eugene Paul: Über nicht kombinierbare Terme in der neueren Quantentheorie. – In: Zeitschr. f. Phys. 40 (1926), S. 492-500; S. 883-892.

Wigner, Eugene Paul: Einige Folgerungen aus der Schrödingerschen Theorie für Termstrukturen. – In: Zeitschr. f. Phys. 43 (1927), S. 624-652.

Witte, Hans: Raum und Zeit im Lichte der neueren Physik. Eine allgemeinverständliche Entwicklung des raumzeitlichen Relativitätsgedankens bis zum Relativitätsprinzip. Braunschweig: Vlg. v. Friedr. Vieweg & Sohn 1914 (Slg. Vieweg. 17).

Witte, Hans: Die Umwertung von Raum und Zeit. Zum Verständnis von Einsteins Standpunktslehre (Relativitätstheorie). – In: Suggestion Nr. 123 (Feb. 1921), S. 4-8.

Wolf, Richard: Willensfreiheit im Atom? – In: DAZ 12.1.1930, Nr. 12, Sonntagsbeilage „Das Unterhaltungsblatt".

Wolff, Th[eodor]: Gibt es eine vierte Dimension? Wo bleiben die Gespenster? Die Welt als Raum, Zeit und Stoff. – In: BT 11.12.1926, Nr. 584, 1. Beiblatt.

Wolff, Th[eodor]: Die Achillesferse der Relativitätstheorie. – In: Welt und Wissen [Berlin] 21 (1932), S. 35-38.

Woltereck, Heinz: Großangriff auf die Festung Atom. Die neuesten Fortschritte. – Das „künstliche Gold" ist bald zu erwarten. – In: Universum 37 (1933), S. 1602.

Wulf, P.: Einsteins Relativitätstheorie gemeinverständlich dargestellt. Innsbruck: Tyrolia 1921.

Wundt, Max: Deutsche Weltanschauung. Grundzüge völkischen Denkens. München: J. F. Lehmanns Vlg. 1926.

Zimmer, Ernst: Umsturz im Weltbild der Physik. Gemeinverständlich dargestellt. M. e. Geleitw. v. Dr. Max Planck. 4., erw. Aufl. München: Vlg. Knorr & Hirth 1938.

Zweig, Arnold: Bilanz der deutschen Judenheit. Ein Versuch. Köln: Joseph Melzer Vlg. 1961.

Darstellungen

Alonso, Rafael Garcia: Robert Musil und die Berechnung des Geistes. – In: Rapial 2.2 (1992), S. 3-6.

Amann, Klaus, Helmut Grote: Die „Wiener Bibliothek" Hermann Brochs. Kommentiertes Verzeichnis des rekonstruierten Bestandes. Wien, Köln: Böhlau 1990 (Lit. i. d. Gesch., Gesch. i. d. Lit. 19).

Assmann, Aleida: Erinnerungsräume. Formen und Wandlungen des kulturellen Gedächtnisses. München: C. H. Beck 1999 (C. H. Beck Kulturwiss.).

Bärsch, Claus-Ekkehard: Erlösung und Vernichtung. Dr. phil. Joseph Goebbels. Zur Psyche und Ideologie eines jungen Nationalsozialisten 1923-1927. München: Boer 1987.

Bärsch, Claus-Ekkehard: Die politische Religion des Nationalsozialismus. Die religiöse Dimension der NS-Ideologie in den Schriften von Dietrich Eckhart, Joseph Goebbels, Alfred Rosenberg und Adolf Hitler. München: Fink 1998.

Bartetzko, Dieter: Zwischen Zucht und Ekstase. Zur Theatralik von NS-Architektur. Berlin: Mann 1985 (Gebr.-Mann-Studio-Reihe).

Baumann, Kurt, Roman U. Sexl: Die Deutungen der Quantentheorie. Braunschweig, Wiesbaden: Vieweg 1984 (Facetten d. Physik. 11).

Beck, Horst W.: Götzendämmerung in den Wissenschaften. Karl Heim – Prophet und Pionier. Wuppertal: R. Brockhaus 1974.

Becker, Peter Emil: Zur Geschichte der Rassenhygiene. Wege ins Dritte Reich. Stuttgart, New York: Georg Thieme 1988.

Ben-Itto, Hadessa: „Die Protokolle der Weisen von Zion" – Anatomie einer Fälschung. A. d. Engl. v. Helmut Ettinger u. Juliane Lochner. Berlin: Aufbau 1998.

Beyler, Richard H.: Targeting the Organism. The Scientific and Cultural Context of Pascual Jordan's Quantum Biology, 1932-1947. – In: ISIS 87 (1996), S. 248-273.

Bracher, Karl Dietrich: Die deutsche Diktatur. Entstehung, Struktur, Folgen des Nationalsozialismus. 7. Aufl. Köln: Kiepenheuer u. Witsch 1993.

Brackmann, Karl-Heinz, Renate Birkenhauer: NS-Deutsch. „Selbstverständliche" Begriffe und Schlagwörter aus der Zeit des Nationalsozialismus. Straelen: Straelener Manuskripte Vlg. 1988 (Europ. Übersetzer-Kollegium. 4).

Brenner, Michael: Jüdische Kultur in der Weimarer Republik. München: C. H. Beck 2000.

Brochs theoretisches Werk. Hrsg. v. Paul Michael Lützeler u. Michael Kessler. Frankfurt/Main: Suhrkamp 1988.

Brockhaus, Gudrun: Schauder und Idylle. Faschismus als Erlebnisangebot. München: Vlg. Antje Kunstmann 1997.

Büchel, Wolfgang: Philosophische Probleme der Physik. Freiburg i. Br. [u.a.]: Herder 1965 (Philos. i. Einzeldarst.n. 1).

Bürger, Peter: Prosa der Moderne. Unter Mitarb. v. Christa Bürger. Frankfurt/Main: Suhrkamp 1988.

Burleigh, Michael: Die Zeit des Nationalsozialismus. Eine Gesamtdarstellung. Aus d. Engl. v. Udo Rennert u. Karl H. Siber. Frankfurt/Main: S. Fischer 2000.

Busch, Paul, Pekka J. Lahti, Peter Mittelstaedt: The Quantum Theory of Measurement. Berlin [u.a.]: Springer 1991 (Lecture Notes in Physics. 2).

Carrier, Martin: Aspekte und Probleme kausaler Beschreibungen in der gegenwärtigen Physik. – In: Kausalität. Hrsg. v. Rüdiger Bubner [u.a.] Göttingen: Vandenhoeck & Ruprecht 1992 (Neue Hefte f. Philos. 32/33), S. 82-104.

Cassidy, David C.: Werner Heisenberg. Leben und Werk. A. d. Amerik. v. Andreas u. Gisela Kleinert. Heidelberg [u.a.]: Spektrum, Akad. Vlg. 1995.

Cohn, Dorrit: „Ein eigentlich träumerischer Doppelsinn". Telling Timelessness in *Der Zauberberg*. – In: Germanisch-Romanische Monatsschrift 75 (1994), S. 425-439.

Cohn, Norman: „Die Protokolle der Weisen von Zion". Der Mythos der jüdischen Weltverschwörung. A. d. Engl. v. Karl Röhmer. M. e. komment. Bibliogr. v. Michael Hagemeister. Baden-Baden, Zürich: Elster 1998.

Collins, Harry, Trevor Pinch: Der Golem der Forschung. Wie unsere Wissenschaft die Natur erfindet. Berlin: Berlion Vlg. 1999.

Corino, Karl: Robert Musil. Leben und Werk in Bildern und Texten. Reinbek bei Hamburg: Rowohlt 1988.

Daum, Andreas W.: Wissenschaftspopularisierung im 19. Jahrhundert. Bürgerliche Kultur, naturwissenschaftliche Bildung und die deutsche Öffentlichkeit, 1848-1914. München: Oldenbourg 1998.

Der Exodus aus Nazideutschland und die Folgen. Jüdische Wissenschaftler im Exil. Hrsg. v. Marianne Hassler u. Jürgen Wertheimer. Tübingen: Attempto 1997 (Attempto Studium generale).

Der Fall Spengler. Eine kritische Bilanz. Hrsg. v. Alexander Demandt u. John Farren-kopf. Köln [u.a.]: Böhlau 1994.

Der Nationalsozialismus als politische Religion. Hrsg. v. Michael Ley u. Julius H. Schoeps. Bodenheim bei Mainz: Philo 1997 (Studien zur Geistesgesch. 20).

Die Künste und Wissenschaften im Exil. Hrsg. v. Edith Böhne u. Wolfgang Motzkau-Valeton. Gerlingen: Schneider 1992.

Die Protokolle der Weisen von Zion. Die Grundlage des modernen Antisemitismus – eine Fälschung. Text und Kommentar. Hrsg. v. Jeffrey L. Sammons. Göttingen: Wallstein 1998.

Erscheinungsformen literarischer Prosa um die Jahrhundertwende. [Die literarische Moderne in Europa. I.] Hrsg. v. Hans Joachim Piechotta, Ralph-Rainer Wuthenow u. Sabine Rothemann. Opladen: Westdt. Vlg. 1994.

Elton, Lewis: Einstein, General Relativity, and the German Press, 1919-1920. – In: ISIS 77 (1986), S. 95-103.

Fahlbusch, Michael: Wissenschaft im Dienst der nationalsozialistischen Politik? Die „Volksdeutschen Forschungsgemeinschaften" von 1931-1945. Baden-Baden: Nomos 1999.

Falter, Jürgen W.: Hitlers Wähler. München: C. H. Beck 1991.

Falter, Jürgen W., Michael H. Kater: Wähler und Mitglieder der NSDAP. Neue Forschungsergebnisse zur Soziologie des Nationalsozialismus 1925-1933. – In: Gesch. u. Gesellschaft 19 (1993), S. 155-177.

Fischer, Hermann: Systematische Theologie. Konzeptionen und Probleme im 20. Jahrhundert. Stuttgart, Berlin, Köln: W. Kohlhammer 1992 (Grundkurs Theol. 6).

Fischer, Klaus P.: History and Prophecy. Oswald Spengler and the Decline of the West. New York [u.a.]: Lang 1989 (American University Studies. Series IX, History. 59).

Fischer, Klaus: Jüdische Wissenschaftler in Weimar: Marginalität, Identität und Innovation. – In: Jüdisches Leben in der Weimarer Republik. Jews in the Weimar Republic. Hrsg. v. Wolfgang Benz. Tübingen: Mohr Siebeck 1998 (Schriftenreihe wissenschaftl. Abh. Leo-Baeck-Inst. 57), S. 89-116.

Fischer-Harriehausen, Hermann: Gottfried Benn als Wissenschaftskritiker. – In: Wirkendes Wort 44 (1994), S. 270-278.

Flasch, Kurt: Augustin. Einführung in sein Denken. 2., durchges. u. erw. Aufl. Stuttgart: Reclam 1994 (Reclam Univ.-Bibl. 9962).

Fölsing, Albrecht: Albert Einstein. Eine Biographie. 2. Aufl. Frankfurt/Main: Suhrkamp 1993.

Friedländer, Saul: Das Dritte Reich und die Juden. Bd. I: Die Jahre der Verfolgung 1933-1939. A. d. Engl. übers. v. Martin Pfeiffer. München: C. H. Beck 1998.

Friedrich, Otto: Morgen ist Weltuntergang. Berlin in den zwanziger Jahren. Berlin: Nicolai 1998.

Fuegi, John: Brecht & Co. Biographie. Autoris. erw. u. berichtigte dt. Fassung von Sebastian Wohlfeil. Hamburg: Europ. Vlg.sanst. 1997.

Genno, Charles N.: The Nexus between Mathematics and Phantasy in Musil's Works. – In: Neophilologicus 70 (1986), S. 270-278.

Geschichte der Kaiser-Wilhelm-Gesellschaft im Nationalsozialismus. Bestandsaufnahme und Perspektiven der Forschung. Hrsg. v. Doris Kaufmann. Göttingen: Wallstein 2000.

Geyer, Martin H.: Verkehrte Welt. Revolution, Inflation und Moderne: München 1914-1924. Göttingen: Vandenhoeck & Ruprecht 1998 (Krit. Studien zur Gesch. wiss. 128).

Goldhagen, Daniel Jonah: Hitlers willige Vollstrecker. Ganz gewöhnliche Deutsche und der Holocaust. A. d. Amerik. v. Klaus Kochmann. Berlin: Siedler 1998.

Goodrick-Clarke, Nicholas: Die okkulten Wurzeln des Nationalsozialismus. Graz: Leopold Strocker 1997.

Grüttner, Michael: Studenten im Dritten Reich. Paderborn [u.a.]: Schöningh 1995 (Slg. Schöningh zur Gesch. u. Gegenw.).

Grundmann, Siegfried: Der deutsche Imperialismus, Einstein und die Relativitätstheorie (1914-1933). – In: Relativitätstheorie und Weltanschauung. Zur philosophischen und wissenschaftlichen Wirkung Albert Einsteins. [o. Hrsg.] [Ost-]Berlin: VEB Dt. Vlg. d. Wiss. 1967, S. 155-286.

Grundmann, Siegfried: Einsteins Akte. Einsteins Jahre in Deutschland aus der Sicht der deutschen Politik. Berlin, Heidelberg [u.a.]: Springer 1998.

Hentschel, Klaus: Der Einstein-Turm. Erwin F. Freundlich und die Relativitätstheorie – Ansätze zu einer „dichten Beschreibung" von institutionellen, biographischen und theoriegeschichtlichen Aspekten. Heidelberg [u.a.]: Spektrum Akad. Vlg. 1992.

Hallet, Wolfgang: Bertolt Brecht. Leben des Galilei. Interpretation. München: Oldenbourg 1991 (Oldenbourg-Interpretationen. 51).

Hallet, Wolfgang: Der kleine Mönch und der große Galilei. Einfühlung und Verfremdung in Brechts „Leben des Galilei" und im Literaturunterricht. – In: Diskussion Deutsch 25 (1994), S. 305-312.

Hammerstein, Notker: Antisemitismus und deutsche Universitäten 1871-1933. Frankfurt/Main, New York: Campus 1995.

Hammerstein, Notker: Die Deutsche Forschungsgemeinschaft in der Weimarer Republik und im Dritten Reich. Wissenschaftspolitik in Republik und Diktatur 1920-1945. München: C. H. Beck 1999.

Hans Reichenbach. Philosophie im Umkreis der Physik. Hrsg. v. Hans Poser u. Ulrich Dirks. Berlin: Akademie Vlg. 1998.

Hartung, Harald: Experimentelle Literatur und konkrete Poesie. Göttingen: Vandenhoeck & Ruprecht 1975 (Kl. Vandenhoeck-Reihe).

Hauß, Friedrich: Karl Heim. Der Denker des Glaubens. Gießen, Basel: Brunnen 1960 (Zeugen d. gegenwärtigen Gottes. 148).

Heer, Friedrich: Der Glaube des Adolf Hitler. Anatomie einer politischen Religiosität. München, Eßlingen: Bechtle 1968.

Heftrich, Eckhard: Musil. Eine Einführung. München, Zürich: Artemis 1986 (Artemis Einführungen. 30).

Heftrich, Eckhard: Die Welt „hier oben": Davos als mythischer Ort. – In: Das „Zauberberg"-Symposium 1994 in Davos. Hrsg. v. Thomas Sprecher. Frankfurt/Main: Vittorio Klostermann 1995 (Thomas-Mann-Studien. 11), S. 225-247.

Heiber, Helmut: Joseph Goebbels. Berlin: Colloquium 1962.

Heiber, Helmut: Universität unterm Hakenkreuz. Teil I: Der Professor im Dritten Reich. Bilder aus der akademischen Provinz. München [u.a.]: Saur 1991.

Henderson, Linda Dalrymple: A New Facet of Cubism: "The Fourth Dimension" and "Non-Euclidean Geometry" Reinterpreted. – In: Art Quarterly 34 (1971), S. 411-433.

Hendry, John: Weimar Culture and Quantum Causality. – In: History of Sciences 18 (1980), S. 155-180.

Hendry, John: The Creation of Quantum Mechanics and the Bohr-Pauli Dialogue. Dordrecht [u.a.]: Reidel 1984.

Hentschel, Klaus: Interpretationen und Fehlinterpretationen der speziellen und der allgemeinen Relativitätstheorie durch Zeitgenossen Albert Einsteins. Basel [u.a.]: Birkhäuser 1990 (Science Networks. Historical Studies. 6).

Hermand, Jost: Juden in der Kultur der Weimarer Republik. – In: Juden in der Weimarer Republik. Hrsg. v. Walter Grab u. Julius Schoeps. Stuttgart, Bonn: Burg 1986 (Studien zur Geistesgesch. 6), S. 9-37.

Hermann, Armin: Grosse Physiker. Vom Werden des neuen Weltbildes. 3. Aufl. Stuttgart: Ernst Battenberg Vlg. 1960.

Hermann, Armin: Frühgeschichte der Quantentheorie (1899-1913). Mosbach in Baden: Physik Vlg. 1969.

Hermann, Armin: Die Jahrhundertwissenschaft. Werner Heisenberg und die Geschichte der Atomphysik. Reinbek bei Hamburg: Rowohlt Tb. Vlg. 1993 (rororo science. 9318).

Hermann, Armin: Einstein. Der Weltweise und sein Jahrhundert. Eine Biographie. München, Zürich: Piper 1996 (serie piper. 2303).

Hermann Broch. Das dichterische Werk. Neue Interpretationen. Hrsg. v. Michael Kessler u. Paul Michael Lützeler. Tübingen: Stauffenburg 1987.

Hermann Broch. Modernismus, Kulturkrise und Hitlerzeit. Hrsg. v. Adrian Stevens, Fred Wagner u. Sigurd Paul Scheichl. Innsbruck: Inst. f. Germanistik 1994 (Innsbrucker Beitr. zur Kulturwiss./Germanistische Reihe. 50).

Hermann Broch. Perspektiven interdisziplinärer Forschung. Akten d. int. Symposions Hermann Broch 15.-17. Sept. 1996, József-Attila-Universität, Szeged. Hrsg. v. Árpád Bernáth, Michael Kessler u. Endre Kiss. Tübingen: Stauffenburg 1998 (Stauffenburg Colloquium. 42).

Hermann Broch oder die Angst vor der Anarchie. Hrsg. v. Wilhelm Petrasch u. John Patillo-Hess. Wien: Urania 1993 (Wiener-Urania-Schriftenreihe. 2).

Herre, Franz: Jahrhundertwende 1900. Untergangsstimmung und Fortschrittsglauben. Stuttgart: Dt. Vlg.s-Anst. 1998.

Hildebrand, Klaus: Das Dritte Reich. 5. Aufl. München: Oldenbourg 1995 (Oldenbourg-Grundriss d. Gesch. 17).

Historismus in den Kulturwissenschaften. Geschichtskonzepte, historische Einschätzungen, Grundlagenprobleme. Hrsg. v. Otto Gerhard Oexle u. Jörn Rüsen. Köln [u.a.]: Böhlau 1996 (Beitr. zur Geschichtskultur. 12).

Höhne, Heinz: Die Zeit der Illusionen. Hitler und die Anfänge des Dritten Reiches 1933-1936. Düsseldorf [u.a.]: Econ 1991.

Holmstrand, Ingemar: Karl Heim on Philosophy, Science and the Transcendence of God. Stockholm: Almquist & Wiksell 1980 (Studia Doctrinae Christianae Upsaliensia. 20).

Holton, Gerald: Wissenschaft und Anti-Wissenschaft. Wien, New York: Springer 2000.

Holton, Gerald: Werner Heisenberg and Albert Einstein. – In: Physics Today 53.7 (2000), S. 38-42.

Hünermann, Peter: Antimodernismus und Modernismus. Eine kritische Nachlese. – In: Antimodernismus und Modernismus in der katholischen Kirche. Beiträge zum theoriegeschichtlichen Vorfeld des II. Vatikanums. Hrsg. v. Hubert Wolf. Paderborn [u.a.]: Schöningh 1998 (Progr. u. Wirkungsgesch. d. II. Vatikanums. 2), S. 367-376.

Imai, Michio: Die Dissertation Robert Musils. Studie zu seinem „Beitrag zur Beurteilung der Lehren Machs". – In: The Annual Report on Cultural Studies 31 (1983), S. 1-32.

Ipema, Jan: Gottfried Benn und Ernst Jünger. Eine Konfrontation. – In: Duitse Kroniek 43 (1993), S. 18-33.

Jochmann, Werner: Gesellschaftskrise und Judenfeindschaft in Deutschland 1870-1945. Hamburg: Christians 1988 (Hamburger Beitr. zur Sozial- u. Zeitgesch. 23).

Joung, Phillan: Passion der Indifferenz. Essayismus und essayistisches Verfahren in Robert Musils „Der Mann ohne Eigenschaften". Münster: Lit 1997 (Zeit u. Text. 11).

Karow, Yvonne: Deutsches Opfer. Kultische Selbstauslöschung auf den Reichsparteitagen der NSDAP. Berlin: Akademie Vlg. 1997.

Karthaus, Ulrich: „Der Zauberberg" – ein Zeitroman (Zeit, Geschichte, Mythos). – In: DVjs 44 (1970), S. 269-305.

Kassung, Christian: Entropiegeschichten. Robert Musils „Der Mann ohne Eigenschaften" im Diskurs der modernen Physik. München: Wilhelm Fink 2000 (Musil-Studien).

Kershaw, Ian: Der NS-Staat. Geschichtsinterpretationen und Kontroversen im Überblick. Vollst. Überarb. u. erw. Neuausg. Reinbek bei Hamburg: Rowohlt Tb. Vlg. 1994 (rororo. 9503).

Kershaw, Ian: Hitler 1889-1936. A. d. Engl. v. Jürgen Peter Krause u. Jörg W. Rademacher unter Mitw. v. Cristoforo Schweeger. Stuttgart: Dt. Vlg.s-Anst. 1998.

Kiefer, Klaus H.: Einstein & Einstein: Wechselseitige Erhellung der Künste und Wissenschaften um 1915. – In: Komparatistische Hefte 5/6 (1982), S. 181-194.

Kiefer, Klaus H.: Avantgarde – Weltkrieg – Exil. Materialien zu Carl Einstein und Salomo Friedlaender/Mynona. Frankfurt/Main: [u.a.]: Lang 1986 (Bayreuther Beitr. zur Lit.wiss. 8).

Kleinert, Andreas: Von der Science Allemande zur deutschen Physik. Nationalismus und moderne Naturwissenschaft in Frankreich und Deutschland zwischen 1914 und 1940. – In: Francia 6 (1978), S. 509-525.

Knopf, Jan: Bertolt Brecht: *Leben des Galilei*. Sichtbarmachen des Unsichtbaren. – In: Dramen des 20. Jahrhunderts. Interpretationen. Bd. II. Stuttgart: Reclam 1996 (Reclam Univ.-Bibl. 9461), S. 7-25.

Köberle, Adolf: Das Glaubensvermächtnis der schwäbischen Väter. Akademische Gedenkreden. Hamburg: Furche-Vlg. 1959 (Furche-Studien. 27).

Köberle, Adolf: Karl Heim. Leben und Denken. Stuttgart: Steinkopf 1979.

Kochs, Angela Maria: Chaos und Individuum. Robert Musils philosophischer Roman als Vision der Moderne. Freiburg i. Br., München: Alber 1996.

Könneker, Carsten: Moderne Wissenschaft und moderne Dichtung. Hermann Brochs Beitrag zur Beilegung der „Grundlagenkrise" der Mathematik. – In: DVjs 73 (1999), S. 319-351.

Könneker, Carsten: Hermann Brochs Rezeption der modernen Physik. Quantenmechanik und „Unbekannte Größe". – In: Zur deutschen Literatur im ersten Drittel des 20. Jahrhunderts. Hrsg. v. Norbert Oellers u. Hartmut Steinecke. Berlin [u.a.]: Erich Schmidt 1999 (Sonderheft zu ZfdPh 118 (1999)), S. 205-239.

Könneker, Carsten: Hermann Brochs *Unbekannte Größe*. – In: Orbis Litterarum 54 (1999), S. 439-463.

Köster, Rudolf: Hermann Broch. Berlin: Colloquium 1987.

Kotowski, Mathias: Die öffentliche Universität. Veranstaltungskultur der Eberhard-Karls-Universität Tübingen in der Weimarer Republik. Stuttgart: Franz Steiner 1999 (Contubernium. 49).

Kratky, Karl W.: Der Paradigmenwechsel von der Fremd- zur Selbstorganisation. – In: Grundprinzipien der Selbstorganisation. Hrsg. v. Karl W. Kratky u. Friedrich Wallner. Darmstadt: Wiss. Buchges. 1990, S. 3-17.

Krätz, Otto: Goethe und die Naturwissenschaften. [Unter Mitw. v. Helga Merlin u. Ludwig Veseley.] 2. korrigierte Aufl. Sonderausg. München: Callwey 1998.

Krause, Helmut: Theologie, Physik und Philosophie im Weltbild Karl Heims. Das Absolute in Physik und Philosophie in theologischer Interpretation. Frankfurt/Main: Lang 1995 (Kontexte. Neue Beitr. zur Histor. u. Systhemat. Theol. 16).

Kubismus. Künstler, Themen, Werke 1907-1920. [Ausstellungskat. d. Josef-Haubrich-Kunsthalle Köln. Konzept u. Gestaltung: Siegfried Gohr.] Köln: Wienand 1982.

Kultur und Wissenschaft beim Übergang ins „Dritte Reich". Hrsg. v. Carsten Könneker, Arnd Florack u. Peter Gemeinhardt. Marburg: Tectum 2000.

Kunst, Wissenschaft und Politik von Robert Musil bis Ingeborg Bachmann. Internationales Robert-Musil-Sommerseminar 1985 im Musil-Haus, Klagenfurt. Hrsg. v. Josef Strutz. München: Fink 1986.

Kurzke, Hermann: Thomas Mann. Das Leben als Kunstwerk. München: C. H. Beck 1999.

Lamping, Dieter: Von Kafka bis Celan. Jüdischer Diskurs in der deutschen Literatur des 20. Jahrhunderts. Göttingen: Vandenhoeck & Ruprecht 1998 (Slg. Vandenhoeck).

Leaman, George: Heidegger im Kontext. Gesamtüberblick zum NS-Engagement der Universitätsphilosophen. A. d. Amerik. v. Rainer Alisch u. Thomas Laugstein. Hamburg, Berlin: Argument 1993 (Ideolog. Mächte i. dt. Faschismus. 5; Argument-Sonderbd. AS 205).

Lehmann, Hartmut: Protestantische Weltsichten. Transformationen seit dem 17. Jahrhundert. Göttingen: Vandenhoeck & Ruprecht 1998 (Samml. Vandenhoeck).

Lepenies, Wolf: Das Ende der Naturgeschichte. Wandel kultureller Selbstverständlichkeiten in den Wissenschaften des 18. Und 19. Jahrhunderts. München: Wien: Hanser 1976 (Hanser Anthropologie. 14).

Lepenies, Wolf: Gefährliche Wahlverwandtschaften. Essays zur Wissenschaftsgeschichte. Stuttgart: Reclam 1989 (Reclam Univ.-Bibl. 8550).

Ley, Michael: Genozid und Heilserwartung. Zum nationalsozialistischen Mord am europäischen Judentum. M. e. Vorw. v. Leon Poliakov. Wien: Picus 1993.

Literatur als Text der Kultur. Hrsg. v. Moritz Csáky u. Richard Reichensperger. Wien: Passagen 1999 (Passagen Literaturtheorie).

Lützeler, Paul Michael: Hermann Broch. Eine Biographie. Frankfurt/Main: Suhrkamp 1985.

Lützeler, Paul Michael: Die Schriftsteller und Europa. Von der Romantik bis zur Gegenwart. München: Piper 1992 (serie piper. 1418).

Maier, Hans: Politische Religionen. Die totalitären Regime und das Christentum. Freiburg i. Br. [u.a.]: Herder 1995 (Herder Spektrum. 4414).

Manstein, Peter: Die Mitglieder und Wähler der NSDAP 1919-1933. Untersuchungen zu ihrer schichtmäßigen Zusammensetzung. Frankfurt/Main [u.a.]: Lang 1988 (Europ. Hochschulschr. Reihe 3: Gesch. u. ihre Hilfswiss. 344).

Mauersberger, Volker: Hitler in Weimar. Der Fall einer deutschen Kulturstadt. Berlin: Rowohlt 1999.

Mehigan, Tim: Robert Musil, Ernst Mach und das Problem der Kausalität. – In: DVjs 71 (1997), S. 264-287.

Mehring, Reinhard: Von der Identität des „Mann ohne Eigenschaften". Identität, Ethik und Moral bei Robert Musil. – In: Weimarer Beiträge 41 (1995), S. 547-561.

Mehrtens, Herbert: Moderne – Sprache – Mathematik. Eine Geschichte des Streits um die Grundlagen der Disziplin und des Subjekts formaler Systeme. Frankfurt/Main: Suhrkamp 1990.

Mensing, Björn: Pfarrer und Nationalsozialismus. Geschichte einer Verstrickung am Beispiel der Evangelisch-Lutherischen Kirche in Bayern. Göttingen: Vandenhoeck & Ruprecht 1998 (Arb. zur kirchl. Zeitgesch., Reihe B: Darst. 26).

Metzner, Joachim: Die Bedeutung physikalischer Sätze für die Literatur. – In: DVjs 53 (1979), S. 1-34.

Meyer, Beate: „Jüdische Mischlinge". Rassenpolitik und Verfolgungserfahrung 1933-1945. Hamburg: Dölling u. Galitz 1999 (Studien zur jüd. Gesch. 6).

Michel, Kai: Vom Poeten zum Demagogen. Die schriftstellerischen Versuche Joseph Goebbels'. Köln: Böhlau 1999 (Lit. i. d. Gesch., Gesch. i. d. Lit. 47).

Müller, Christof: Geschichtsbewußtsein bei Augustinus. Ontologische, anthropologische und universalgeschichtlich/heilsgeschichtliche Elemente einer augustinischen „Geschichtstheorie". Würzburg: Augustinus-Vlg. 1993 (Slg. Cassiciacum. XXXIX/2).

Müller, Klaus-Detlef: Bertolt Brechts Leben des Galilei. – In: Geschichte als Schauspiel. Hrsg. v. Walter Hinck. Frankfurt/Main: Suhrkamp 1981 (suhrkamp tb. 2006), S. 240-253.

Müller-Dietz, Heinz: (Ich-)Identität und Verbrechen: Zur literarischen Rekonstruktion psychiatrischen und juristischen Wissens von der Zurechnungsfähigkeit in Texten Döblins und Musils. – In: Die Modernisierung des Ich. Studien zur Subjektkonstitution in der Vor- und Frühmoderne. Hrsg. v. Manfred Pfister. Passau: Rothe 1989 (Pink. Passauer Interdiszipl. Kolloquien. 1), S. 240-253.

Murdoch, Dugald: Niels Bohr's Philosophy of Physics. Cambridge [u.a.]: Cambridge University Press 1987.

Mutschler, Hans-Dieter: Die Gottmaschine. Das Schicksal Gottes im Zeitalter der Technik. Augsburg: Pattloch 1998.

Nach Kakanien. Annäherung an die Moderne. Hrsg. v. Rudolf Haller. Wien u.a.: Böhlau 1996 (Studien zur Moderne. 1).

Naturwissenschaft, Geisteswissenschaft, Kulturwissenschaft: Einheit – Gegensatz – Komplementarität? Mit Beitr. v. Lorraine Daston, Kurt Flasch, Alfred Gierer, Otto Gerhard Oexle u. Dieter Simon. Hrsg. v. Otto Gerhard Oexle. Göttingen: Wallstein 1998 (Göttinger Gespr. zur Gesch.wiss. 6).

Naturwissenschaft, Technik und NS-Ideologie. Beiträge zur Wissenschaftsgeschichte des Dritten Reichs. Hrsg. v. Herbert Mehrtens u. Steffen Richter. Frankfurt/Main: Suhrkamp 1980 (stw. 303).

Naturwissenschaft, Tradition, Fortschritt. Hrsg. v. Gerhard Harig u. Alexander Mette. [Ost-] Berlin: VEB Dt. Vlg. d. Wiss. 1963 (Beiheft zu NTM).

Naturwissenschaft und Technik in der Geschichte. 25 Jahre Lehrstuhl für Geschichte der Naturwissenschaft und Technik am Historischen Institut der Universität Stuttgart. Hrsg. v. Helmuth Albrecht. Stuttgart: Vlg. f. Gesch. d. Naturwiss. u. d. Technik 1993.

Neufeld, Michael J.: Die Rakete und das Reich. Wernher von Braun, Peenemünde und der Beginn des Raketenzeitalters. A. d. Amerik. v. Jens Wagner. 2., überarb. Aufl. Berlin: Henschel 1999.

Nipperdey, Thomas: Machtstaat vor der Demokratie. [Deutsche Geschichte 1866-1918, Bd. II.] München: C. H. Beck 1992.

Nitschmann, Leo: Einstein entsinnlichte den Kosmos. Die Relativitätstheorie als kulturgeschichtliches Ereignis. – In: Die Zeit Nr. 50 (1954), S. 4.

Norden, Günther van: Der deutsche Protestantismus im Jahr der nationalsozialistischen Machtergreifung. Gütersloh: Gütersloher Vlg.shaus Mohn 1979.

Nørregaard, Hans Christian: Zur Entstehung von Brechts „Leben des Galilei". – In: Bertolt Brecht. Die Widersprüche sind die Hoffnungen. Vorträge des Internationalen Symposions zum dreißigsten Todesjahr Bertolt Brechts in Roskilde 1986. Hrsg. v. Wolf Wucherpfennig u. Klaus Schulte. München: Fink 1988 (Text & Kontext. Sonderreihe. 26; Publications of the Department of Languages and Intercultural Studies. Univ. of Aalborg. 3), S. 65-86.

Obermann, Heiko A.: Wurzeln des Antisemitismus. Christenangst und Judenplage im Zeitalter von Humanismus und Reformation. Berlin: Severin u. Siedler 1981.

Oehm, Heidemarie: Die Kunsttheorie Carl Einsteins. München: Fink 1976.

Pahl, Jürgen: Architekturtheorie des 20. Jahrhunderts. Zeit-Räume. München [u.a.]: Prestel 1999.

Petersen, Jürgen H.: Der deutsche Roman der Moderne. Grundlegung – Typologie – Entwicklung. Stuttgart: Metzler 1991.

Petsch, Joachim: Kunst im „Dritten Reich". Architektur, Plastik, Malerei, Alltagsästhetik. 2., veränd. u. erw. Aufl. Köln: Vista Point 1987.

Quantenmechanik und Weimarer Republik. Hrsg. v. Karl von Meyenn. Braunschweig, Wiesbaden: Vieweg 1994.

Radkau, Joachim: Das Zeitalter der Nervosität. Deutschland zwischen Bismarck und Hitler. München, Wien: Hanser 1998.

Ringwald, Alfred: Karl Heim. Ein Prediger Christi vor Naturwissenschaftlern, Weingärtnern und Philosophen. Ein Erinnerungsbild von seinem Schüler. Stuttgart: Vlg. „Junge Gemeinde" 1960 (Gotteszeugen. 61).

Robert Musil. Essayismus und Ironie. Hrsg. v. Gudrun Brokoph-Mauch. Tübingen: Francke 1992 (Edition Orpheus. Beitr. zur dt. u. vgl. Lit.wiss. 6).

Rohkrämer, Thomas: Eine andere Moderne? Zivilisationskritik, Natur und Technik in Deutschland 1880-1933. Paderborn [u.a.]: Schöningh 1999.

Röhm, Eberhard, Jörg Thierfelder: Juden, Christen, Deutsche 1933-1945. Bd. 1-3,II. Stuttgart: Calwer Vlg. 1990-1995 (Calwer Taschenbibl. 8-10; 50-51).

Rose, Paul Lawrence: Heisenberg and the Nazi Atomic Bomb Project. A Study in German Culture. Berkeley [u.a.]: Univ. of California Press 1998.

Rosenbaum, Ron: Die Hitler-Debatte. Auf der Suche nach dem Ursprung des Bösen. A. d. Amerik. v. Suzanne Ganghoff u. Holger Fliessbach. München, Wien: Europa 1999.

Rossbacher, Karlheinz: Mathematik und Gefühl. Zu Robert Musils „Die Verwirrungen des Zöglings Törleß". Akten der Jahrestagung 1982 der französischen Universitätsgermanisten (A.G.E.S.) in Innsbruck. – In: Österreichische Literatur des 20. Jahrhunderts. Französische und österreichische Beiträge. Hrsg. v. Sigurd Paul Scheichl, Gerald Stieg, Rene Girard u. Rudolf Altmüller. Innsbruck: Inst. f. Germanistik d. Univ. Innsbruck 1986, S. 127-140.

Saalmann, Dieter: Fascism and Aesthetics: Joseph Goebbel's [sic!] Novel *Michael: A German Fate Through the Pages of a Diary* (1929). – In: Orbis Litterarum 41 (1986), S. 213-228.

Safranski, Rüdiger: Ein Meister aus Deutschland. Heidegger und seine Zeit. München, Wien: Hanser 1994.

Sauerland, Karol: Gottfried Benn und das Dritte Reich. – In: Convivium 3 (1995), S. 29-48.

Scheil, Stefan: Die Entwicklung des politischen Antisemitismus in Deutschland zwischen 1881 und 1912. Eine wahlgeschichtliche Untersuchung. Berlin: Duncker & Humblot 1999 (Beitr. zur Polit. Wiss. 107).

Schieder, Wolfgang: Die NSDAP vor 1933. Profil einer faschistischen Partei. – In: Geschichte u. Gesellschaft 19 (1993), S. 141-154.

Schlant, Ernestine: Hermann Broch and Modern Physics. – In: Germ. Rev. 53 (1978), S. 69-75.

Schmeisser, Marleen: Goethe und Gottfried Benn. – In: Neue Deutsche Hefte 28 (1981), S. 126-130.

Schmidt-Bergmann, Hansgeorg: Die Anfänge der literarischen Avantgarde in Deutschland. – Über Anverwandlung und Abwehr des italienischen Futurismus. Ein literarhistorischer Beitrag zum expressionistischen Jahrzehnt. Stuttgart: M & P 1991.

Schmitz-Berning, Cornelia: Vokabular des Nationalsozialismus. Berlin, New York: de Gruyter 1998.

Schnell, Ralf: Dichtung in finsteren Zeiten. Deutsche Literatur und Faschismus. Reinbek bei Hamburg: Rowohlt Tb. Vlg. 1998 (Rowohlts Enzyklopädie. 597).

Scholdt, Günter: Autoren über Hitler. Deutschsprachige Schriftsteller 1919-1945 und ihr Bild vom „Führer". Bonn: Bouvier 1993.

Schöps, Julius H.: Das Gewaltsyndrom. Verformungen und Brüche im deutsch-jüdischen Verhältnis. Berlin: Argon 1998.

Schraml, Wolfgang: Relativismus und Anthropologie. Studien zum Werk Robert Musils und zur Literatur der 20er Jahre. München: Eberhard 1994 (Horizonte & Grenzen).

Schröder, Jürgen: „Wer über Deutschland reden und richten will, muss hier geblieben sein." Gottfried Benn als Emigrant nach innen. – In: Literatur in der Diktatur. Schreiben im Nationalsozialismus und DDR-Sozialismus. Hrsg. v. Günther Rüther. Paderborn [u.a.]: Schöningh 1997, S. 131-144.

Schütz, Erhard: „Du brauchst bloß in die Zeitung hineinzuschauen". Der große Roman im „feuilletonistischen Zeitalter": Robert Musils „Mann ohne Eigenschaften" im Kontext. – In: Zeitschr. f. Germanistik N.F.7 (1997), S. 278-291.

Seelig, Carl: Albert Einstein. Eine dokumentarische Biographie. Zürich [u.a.]: Europa 1954.

Seywald, Aiga: Die Presse der sozialen Bewegungen 1918-1933. Linksparteien, Gewerkschaften, Arbeiterkulturbewegung, Anarchismus, Jugendbewegung, Friedensbewegung, Lebensreform, Expressionismus. Kommentiertes Bestandsverzeichnis deutschsprachiger Periodika im Institut zur Erforschung der europäischen Arbeiterbewegung (Bochum), im Institut für Zeitungsforschung der Stadt Dortmund und im Fritz-Hülser-Institut für deutsche und ausländische Arbeiterliteratur der Stadt Dortmund. Essen: Klartext 1994 (Schr. d. Fritz-Hülser-Inst. f. dt. u. ausl. Arbeiterlit. d. Stadt Dortmund. Reihe 2: Forschungen zur Arbeiterlit. 9).

Sieferle, Rolf Peter: Die Konservative Revolution. Fünf biographische Skizzen (Paul Lensch, Werner Sombart, Oswald Spengler, Ernst Jünger, Hans Freyer). Frankfurt/Main: Fischer Tb. Vlg. 1995 (Fischer Tb. 12817).

Siegmund-Schultze, Reinhard: Mathematische Berichterstattung in Hitlerdeutschland. Der Niedergang des „Jahrbuchs über die Fortschritte der Mathematik". Göttingen: Vandenhoeck & Ruprecht 1993 (Studien zur Wissenschafts-, Sozial- u. Bildungsgesch. d. Math. 9).

Siegmund-Schultze, Reinhard: Mathematiker auf der Flucht vor Hitler. Quellen und Studien zur Emigration einer Wissenschaft. Braunschweig, Wiesbaden: Vieweg 1998 (Dokumente zur Gesch. d. Math. 10).

Simonyi, Károly: Kulturgeschichte der Physik. Von den Anfängen bis 1990. 2., durchges. u. erg. Aufl. Thun, Frankfurt/Main: Harri Deutsch 1995.

Singer, Hans-Jürgen: Michael oder der leere Glaube. – In: 1999 2.4 (1987), S. 68-79.

Sokal, Alan D., Jean Bricmont: Eleganter Unsinn. Wie die Denker der Postmoderne die Wissenschaften mißbrauchen. Ins Dt. übertr. v. Johannes Schwab u. Dietmar Zimmer. München: C. H. Beck 1999.

Sorg, Reto: Aus den „Gärten der Zeichen". Zu Carl Einsteins *Bebuquin*. München: Lang 1998.

Sprengel, Peter: Literatur im Kaiserreich. Studien zur Moderne. Berlin: Erich Schmidt 1993 (Philolog. Studien u. Quellen. 125).

Sprengel, Peter, Gregor Streim: Berliner und Wiener Moderne. Vermittlungen und Abgrenzungen in Literatur, Theater, Publizistik. M. e. Beitr. v. Barbara Noth. Wien [u.a.]: Böhlau 1998 (Lit. i. d. Gesch., Gesch. i. d. Lit. 45).

Stöber, Rudolf: Pressefreiheit und Verbandsinteresse. Die Rechtspolitik des „Reichsverbands der deutschen Presse" und des „Vereins Deutscher Zeitungs-Verleger" während der Weimarer Republik. Berlin: Colloquium 1992 (Abhandlungen u. Materialien zur Publizistik. 14).

Stollmann, Rainer: Gottfried Benn. Zum Verhältnis von Ästhetizismus und Faschismus. – In: Text & Kontext 8 (1980), S. 284-308.

Ströker, Elisabeth: Zur Frage des Determinismus in der Wissenschaftstheorie. – In: Determinismus – Indeterminismus. Philosophische Aspekte physikalischer Theoriebildung. Hrsg. v. Wolfgang Marx. Frankfurt/Main: Suhrkamp 1990.

Swassjan, Karen: Der Untergang eines Abendländers. Oswald Spengler und sein Requiem auf Europa. Berlin: Raphael Heinrich 1998.

Tanner, Jakob: „Bankenmacht": politischer Popanz, antisemitischer Stereotyp oder analytische Kategorie? – In: Zeitschr. f. Unternehmensgeschichte 43 (1998), S. 19-34.

Tauber, Gerald E.: Einstein and Germany. – In: Juden in der deutschen Wissenschaft. Hrsg. v. Walter Grab. Tel Aviv: Univ. Tel Aviv. Fakultät f. Geisteswiss. Forschungszentr. f. Gesch. Inst. f. Dt. Gesch. 1986 (Jahrb. d. Inst. f. Dt. Gesch. Beiheft 10), S. 329-344.

The Comparative Reception of Relativity. Hrsg. v. Thomas F. Glick. Dordrecht [u.a.]: Reidel 1987 (Boston Studies in the Philosophy of Science. 103).

Thieme, Frank: Rassentheorien zwischen Mythos und Tabu. Der Beitrag der Sozialwissenschaft zur Entstehung und Wirkung der Rassenideologie in Deutschland. Frankfurt/Main [u.a.]: Peter Lang 1988 (Europ. Hochschulschr. Reihe 22: Soziologie. 171).

Thomä, Dieter: Die Zeit des Selbst und die Zeit danach. Zur Kritik der Textgeschichte Martin Heideggers 1910-1976. Frankfurt/Main: Suhrkamp 1990.

„Totalitarismus" und „Politische Religionen". Konzepte des Diktaturvergleichs. Hrsg. v. Hans Maier u. Michael Schäfer. Bd. 1-2. Paderborn [u.a.]: Schöningh 1996-1997 (Politik- u. kommunikationswiss. Veröff. d. Görres-Ges. 16/17).

Traditionen und Traditionssuche des deutschen Faschismus. Hrsg. v. Günter Hartung u. Hubert Orłowski. Halle/Saale: Abt. Wissenschaftspublizistik d. Martin-Luther-Universität Halle-Wittenberg 1983 (Kongreß- u. Tagungsberichte d. Martin-Luther-Univ. Halle-Wittenberg. Wiss. Beitr. 30).

Vogt-Praclik, Kornelia: Bestseller der Weimarer Republik 1925-1930. Eine Untersuchung. Herzberg: Traugott Bautz 1987 (Arb. zur Gesch. d. Buchwesens i. Deutschland. 5).

Volkov, Shulamit: Jüdisches Leben und Antisemitismus im 19. und 20. Jahrhundert. Zehn Essays. München: C. H. Beck 1990.

Vondung, Klaus: Die Apokalypse in Deutschland. München: Dt. Tb. Vlg. 1988 (dtv. 4488).

Walker, Mark: Die Uranmaschine. Mythos und Wirklichkeit der deutschen Atombombe. [A. d. Amerik. v. Wilfried Sczepan.] M. e. Vorw. v. Robert Jungk. Berlin: Siedler 1990.

Walter, Dirk: Antisemitische Kriminalität und Gewalt. Judenfeindschaft in der Weimarer Republik. Bonn: Dietz 1999.

Wegbereiter der Moderne. Hrsg. v. Helmut Koopmann u. Clark Muenzer. Tübingen: Niemeyer 1990.

Weißmann, Karlheinz: Der nationale Sozialismus. Ideologie und Bewegung 1890 bis 1933. München: Herbig 1998.

Wimmer, Ruprecht: Zur Philosophie der Zeit im *Zauberberg*. – In: Auf dem Weg zum „Zauberberg". Die Davoser Literaturtage 1996. Hrsg. v. Thomas Sprecher. Frankfurt/Main: Vittorio Klostermann 1996 (Thomas-Mann-Studien. 16), S. 251-272.

Winkler, Heinrich August: Weimar 1918-1933. Die Geschichte der ersten deutschen Demokratie. 2. Aufl. München: C. H. Beck 1994.

Wirsching, Anderas: Die Weimarer Republik. Politik und Gesellschaft. München: Oldenbourg 2000 (Enzyklop. dt. Gesch. 58).

Wissenschaft als kulturelle Praxis, 1750-1900. Hrsg. v. Hans Erich Bödeker, Peter Hanns Reill u. Jürgen Schlumbohm. Göttingen: Vandenhoeck & Ruprecht 1999 (Veröff. d. Max-Planck-Inst. f. Gesch. 154).

Wistrich, Robert: Der antisemitische Wahn. Von Hitler bis zum Heiligen Krieg gegen Israel. A. d. Engl. v. Karl Heinz Sieber. Ismaring bei München: Max Hueber 1987.

Zahrnt, Heinz: Die Sache mit Gott. Die protestantische Theologie im 20. Jahrhundert. 3. Aufl. München, Zürich: Piper 1996 (serie piper. 890).

Zimmermann, Hans Dieter: Der Wahnsinn des Jahrhunderts. Die Verantwortung der Schriftsteller in der Politik. Überlegungen zu Johannes R. Becher, Gottfried Benn, Ernst Bloch, Bert Brecht, Georg Büchner, Hans Magnus Enzensberger, Martin Heidegger, Heinrich Heine, Stephan Hermlin, Peter Huchel, Ernst Jünger, Heiner Müller, Friedrich Nietzsche, Hans Werner Richter, Rainer Maria Rilke und anderen. Stuttgart [u.a.]: Kohlhammer 1992.

Personen- und Sachregister